新编制氧工问答

主编　汤学忠　顾福民

北　京

冶金工业出版社

2024

内 容 简 介

全书包括 14 部分，共解答现代制氧生产中的实际问题 713 个。主要有：基本常识，基本概念，制氧流程，制冷与液化，空气的净化，换热，精馏，膨胀机，压缩机与泵，仪表控制与气体分析，安装，小型空分设备的启动、操作与维护，低压空分设备的启动、操作与维护，安全技术等。

每部分、甚至每个问题都有独立性，阅读时不必拘于书中安排的顺序。

本书可供冶金、化工及相关部门的制氧机操作人员阅读或作为培训教材。

图书在版编目（CIP）数据

新编制氧工问答／汤学忠，顾福民主编 .—北京：冶金工业出版社，2001.7（2024.6 重印）

ISBN 978-7-5024-2789-4

Ⅰ. 新…　Ⅱ.①汤…　②顾…　Ⅲ. 氧气—生产—问答　Ⅳ. TQ116.14—44

中国版本图书馆 CIP 数据核字（2001）第 028998 号

新编制氧工问答

出版发行	冶金工业出版社	**电　话**	(010)64027926
地　址	北京市东城区嵩祝院北巷 39 号	**邮　编**	100009
网　址	www.mip1953.com	**电子信箱**	service@mip1953.com

责任编辑　卢　敏　美术编辑　彭子赫　版式设计　张　青
责任校对　栾雅谦　责任印制　窦　唯
三河市双峰印刷装订有限公司印刷
2001 年 7 月第 1 版，2024 年 6 月第 13 次印刷
787mm×1092mm　1/16；25 印张；602 千字；374 页
定价 138.00 元

投稿电话　(010)64027932　投稿信箱　tougao@cnmip.com.cn
营销中心电话　(010)64044283
冶金工业出版社天猫旗舰店　yjgycbs.tmall.com
（本书如有印装质量问题，本社营销中心负责退换）

编写人员名单

主　　　　编　　汤学忠（北京科技大学）
　　　　　　　　顾福民（杭州制氧机研究所）

主要编写人员　　李化治（北京科技大学）
　　　　　　　　叶必楠（杭州制氧机集团公司）
　　　　　　　　赵立合（北京科技大学）
　　　　　　　　陈锡顺（中国空分设备公司）
　　　　　　　　王　立（北京科技大学）
　　　　　　　　薄　达（杭州制氧机研究所）

参加编写人员　　王维敏（上海宝山钢铁集团公司能源部）
　　　　　　　　王太忱（鞍山钢铁集团公司氧气厂）
　　　　　　　　邵文策（首钢集团公司氧气厂）
　　　　　　　　戴宝华（首钢集团公司氧气厂）

主　　　　审　　陈逸樵（杭州制氧机集团公司）

前 言

《制氧工问答》一书从初版发行至今已经历 20 余年,承蒙广大读者的厚爱,虽经 8 次重印,仍然供不应求。

在这 20 余年中,科学技术得到了很大的发展,改革开放政策的实施,使我国的生产技术水平和经济实力也有了很大提高。就制氧技术来说,《制氧工问答》初版时最大的制氧机是 10000m³/h,现在已有了 72000m³/h 的设备;当时切换式换热器自清除流程已算是最先进的技术,现今几乎要被分子筛吸附净化流程所代替;增压透平膨胀流程、全精馏制氩等新流程的出现;计算机集散控制代替了旧式的模拟仪表盘等等,这一切必然要求在新书中对新知识和新技术有充分反映。另外,就制氧工的文化水平来说,当时多数是小学程度,而现在一般都在高中以上。因此,原书实际上早已落后于时代,光靠重印已不能满足读者的需要。

受冶金工业出版社的委托,我们再次审阅了原书,感到无论在技术内容上、还是文字叙述上均有许多不足之处,加之许多单位、术语也已不符合现在的国家规范,甚至不少问题的解答要重写,单靠修订再版也已不够。因此,以《新编制氧工问答》的面目出现,既区别于旧的版本,又显示出二者之间的联系。

事隔 20 年,当时参与编写工作的人员也有了很大的变动。虽然是面向工人的问答式读物,但牵涉的知识面广,还需要有较丰富的实践经验。靠几个人编写好这样的书籍有一定难度。因此,新书的编写队伍进行了重新组织:由北京科技大学和杭州制氧机研究所联合编写,由汤学忠教授和顾福民高级工程师担任本书主编。除原编写人员李化治教授、赵立合教授外,新增加王立教授、薄达、叶必楠、陈锡顺等高级工程师为主要参编人员,并吸收有丰富实践经验的现场技术人员:宝山钢铁公司能源部王维敏高级工程师、鞍钢氧气厂王太忱总工、首钢氧气厂邵文策、戴宝华厂长等为部分题目作解答。这样,把《深冷技术》杂志'制氧工问答专栏'的主要作者组织到了本书的编写队伍中,无疑将大大提高本书的水平和实用性。

《新编制氧工问答》在保持了原有的系统的基础上,删除一些陈旧的内容,改写了许多问题的解答,补充了近 20 年来制氧新技术的相关问题,修改了不符合新的国家标准的单位、术语。为了扩大读者面,《新编制氧工问答》除了以大型低压空分装置为主外,也兼顾小型中压制氧机操作中的理论和实际问题。在问题数目及篇幅上也有相当的增加。

在编写过程中,得到了中国金属学会制氧专业委员会的关心和支持,在此表示谢意。

由于财力和精力所限,未能听取更多专家和读者的意见,书中定有许多不足之处,请广大读者在使用过程中提出宝贵意见。

编 者

2001 年 3 月

目 录

1 基本常识

2 基本概念

3 制氧流程

4 制冷与液化

5 空气的净化

6 换 热

7 精 馏

8 膨 胀 机

9 压缩机与泵

10　仪表控制与气体分析

11 安 装

12 小型空分设备的启动、调试与维护

13 低压空分设备的启动、调试与维护

14 安全技术

1 基本常识

1. 空气分离有哪几种方法？

答：空气中的主要成分是氧和氮，它们分别以分子状态存在。分子是保持它原有性质的最小颗粒，直径的数量级在 10^{-8}cm，而分子的数目非常多，并且不停地在作无规则运动，因此，空气中的氧、氮等分子是均匀地相互搀混在一起的，要将它们分离开是较困难的。目前主要有 3 种分离方法。

（1）低温法

先将空气通过压缩、膨胀降温，直至空气液化，再利用氧、氮的气化温度（沸点）不同（在大气压力下，氧的沸点为 90K，氮的沸点为 77K），沸点低的氮相对于氧要容易气化这个特性，在精馏塔内让温度较高的蒸气与温度较低的液体不断相互接触，液体中的氮较多地蒸发，气体中的氧较多地冷凝，使上升蒸气中的含氮量不断提高，下流液体中的含氧量不断增大，以此实现将空气分离。要将空气液化，需将空气冷却到 100K 以下的温度，这种制冷叫深度冷冻；而利用沸点差将液空分离的过程叫精馏过程。低温法实现空气分离是深冷与精馏的组合，是目前应用最为广泛的空气分离方法。

（2）吸附法

它是让空气通过充填有某种多孔性物质——分子筛的吸附塔，利用分子筛对不同的分子具有选择性吸附的特点，有的分子筛（如 5A，13X 等）对氮具有较强的吸附性能，让氧分子通过，因而可得到纯度较高的氧气；有的分子筛（碳分子筛等）对氧具有较强的吸附性能，让氮分子通过，因而可得到纯度较高的氮气。由于吸附剂的吸附容量有限，当吸附某种分子达到饱和时，就没有继续吸附的能力，需要将被吸附的物质驱赶掉，才能恢复吸附的能力。这一过程叫"再生"。因此，为了保证连续供气，需要有两个以上的吸附塔交替使用。再生的方法可采用加热提高温度的方法（TSA），或降低压力的方法（PSA）。

这种方法流程简单，操作方便，运行成本较低，但要获得高纯度的产品较为困难，产品氧纯度在 93% 左右。并且，它只适宜于容量不太大（小于 4000m³/h）的分离装置。

（3）膜分离法

它是利用一些有机聚合膜的渗透选择性，当空气通过薄膜（0.1μm）或中空纤维膜时，氧气的穿透过薄膜的速度约为氮的 4～5 倍，从而实现氧、氮的分离。这种方法装置简单，操作方便，启动快，投资少，但富氧浓度一般适宜在 28%～35%，规模也只宜中、小型，所以只适用于富氧燃烧和医疗保健等方面。目前在玻璃窑炉中已得到实际应用。

2. 制氧机（空分设备）有哪几种类型？

答：制氧机又叫空气分离设备（简称空分设备），它的种类很多，根据不同的分类方法，有许多不同的类型。

按产品纯度不同,可分为生产氧纯度在99.2%以上的高纯氧的装置;生产氧纯度为95%左右的低纯氧(也叫工艺氧)的装置;生产纯度低于35%的富氧(也叫液化空气)的装置。

根据产品种类不同,可分为单纯生产高纯氧的单高产品装置;同时生产高纯氧和高纯氮的双高产品装置;附带提取稀有气体的提氩装置或全提取装置。

根据产品的形态,可分为生产气态产品的装置;生产液态产品的装置和同时生产气态、液态产品的装置。

按产品的数量不同,可分为800m³/h以下的小型设备;1000～6000m³/h的中型设备;10000m³/h以上的大型设备。

按分离方法不同,可分为低温精馏法;分子筛吸附法和薄膜渗透法。

按工作压力高低,可分为压力在10.0～20.0MPa的高压装置;工作压力为1.0～5.0MPa的中压装置;压力为0.5～0.6MPa的全低压装置。

分类方法是人为的,还可以有其它的分类方法。

3. 空分设备的型号表示什么意思?

答:空分设备的产品由于产量、品种、形式不同,规格繁多。为了便于辨认,国内编制了统一的产品型号代号。它由拼音字母与数字组成,如图1所示。第一个(或一、二个)字母表示产品类别;第二个字母表示流程、结构特点;继后是产品化学元素符号;数字表示各种产品的产量,对气体,都是指标准状态下(0℃,0.101325MPa)的体积;最后为变型设计号。

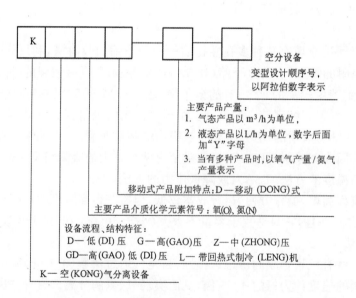

图1 空分设备的型号

与空分设备配套的设备也编制了相应的型号。例如,分馏塔的型号:FON—6000/13000表示:F—分馏塔;ON—氧氮产品;6000—氧产量,m³/h;13000—氮产量,m³/h。液化设备的型号:YPON—200/300表示 Y—液化装置;P—膨胀机;ON—氧氮产品;200—液氧产量 L/h;300—液氮产量 L/h。

4. 氧气有什么用途？

答：氧是地球上一切有生命的机体赖以生存的物质。它很容易与其他物质发生化学反应而生成氧化物，在氧化反应过程中会产生大量热量。因此，氧作为氧化剂和助燃剂在冶金、化工、能源、机械、国防工业等部门得到广泛应用。

(1)钢铁企业最大的氧气用户是转炉炼钢车间，利用吹入高纯氧气，使铁中碳及磷、硫、硅等杂质氧化，氧化产生的热量足以维持炼钢过程所需的温度。纯氧(>99.2%)吹炼大大缩短了冶炼时间，并且提高了钢的质量。

电炉炼钢时吹氧可以加速炉料熔化和杂质氧化，节约电能消耗，逐渐成为固定的氧气用户。

高炉炼铁采用富氧鼓风可以加大煤粉的喷吹量，节约焦炭，降低燃料比。虽然富氧的纯度不高(含氧24%~25%)，但是，由于鼓风量很大，氧气消耗量也相当可观，接近炼钢用氧的三分之一。因此，也成为主要氧气用户。

有色金属冶炼。重金属冶炼中，火法冶炼占主要地位，除靠硫和铁氧化放热外，还需靠燃料燃烧提供热量。为了强化冶炼过程，降低能耗，减少有害烟气量，采用富氧代替空气进行熔炼，同时可提高设备的生产能力。氧浓度在35%~90%。对年产3600t/a铜的闪速炉，需配置生产能力为3000m³/h、氧纯度为95%的制氧机。对100000t/a铅锌的冶炼厂，需配置生产能力为1500m³/h、氧纯度为95%的制氧机。由于它要求的氧纯度不高，相对来说，所需制氧机的容量较小，可以采用分子筛吸附制氧装置。

(2)化学工业，在合成氨的生产化肥过程中，除氮是主要原料气外，氧气用于重油的高温裂化、煤粉的气化等工序，以强化工艺过程，提高化肥产量。一般，一套10万t/a的合成氨装置需配一套10000m³/h的制氧机。

此外，在天然气重整生产甲醇、乙烯、丙烯氧化生产其氧化物，脱硫及回收时，也均需要消耗大量氧气。吨产品耗氧在300~1000m³/t的范围，应配置10000~30000m³/h的制氧机。

(3)能源工业，在煤加压气化时，为了保持炉内氧化层的温度，必须供给足够的氧气。氧气纯度不低于95%，每千克煤的氧气消耗量随煤种、煤质不同而变化。对褐煤，在0.14~0.18m³/kg的范围；对烟煤为0.17~0.22m³/kg。氧气压力由生产工艺要求确定，压力越高，氧气消耗量越少。

对煤气化联合循环发电(IGCC)装置，1kW约需氧气5.6m³。

(4)机械工业，主要用于金属切割和焊接。氧气作为乙炔的助燃剂，以产生高温火焰，使金属熔化。

(5)国防工业，液氧常作为火箭的助燃剂。可燃物质浸泡液氧后具有强烈的爆炸性，可制作液氧炸药。

此外，在医疗部门，氧气也是病人急救和辅助治疗不可缺少的物质。因此，氧气生产已是国民经济中不可缺少的重要环节。

5. 钢铁生产中对氧气的数量和质量有什么要求？

答：(1)转炉炼钢，要求高纯度的氧气，含氧大于99.5%。同时，对压力也有一定要求，工作压力大于 1.3MPa。冶炼吨钢的氧气消耗量在 50～60m³/t。

(2)高炉富氧鼓风。提高高炉鼓风中的含氧，可以增加煤粉的喷吹量，提高生铁产量。当吨铁喷煤量达 200kg/t 时，要求鼓风含氧量在 25%～29%。鼓风中含氧量提高 1%，生铁产量增加 3%，每吨铁的喷煤量可增加 13kg。目前，富氧含量一般为 23%～25%，最高达 27%。高炉鼓风量很大，每吨铁需 12000m³ 的空气，虽然富氧程度不高，氧气的消耗量也是相当大的。含氧提高 1%，对每吨铁约需 16～18m³/t 的氧气。虽然炼铁对氧气纯度没有什么特殊要求，但是，如果专门为炼铁配置单独的制氧系统，与炼钢用氧不能相互调配，所以一般仍由高纯氧系统供氧。氧气一般从鼓风机进口吸入，所以对氧气压力没有要求。

(3)熔融还原炼铁。它用煤对铁矿石进行还原，要求氧气纯度在 95% 以上，每吨铁的氧消耗量为 500～550m³/t。

6. 我国对氧气产品质量有何规定?

答:在 GB/T 3863—1995 中对工业用氧的产品质量作了具体规定。根据产品中水分的含量分为两类，产品氧纯度又分为两级，如表1所示。

表1 工业用氧技术要求(GB/T 3863—1995)

指　标　名　称		指　　标		
		优等品	一等品	合格品
氧含量(体积分数)/%(≥)		99.7	99.5	99.2
水分	每瓶游离水/mL(≤)	无游离水	100	
	露点/℃(≤)	−43		

瓶中的水分含量测定方法有两种:1)露点法，用露点仪测定含水少的情况，测量误差不应大于±1℃;2)倒置法。将充满氧气的气瓶垂直倒置 10min，微开瓶阀，让水流至清洁干燥的容器内。当氧气喷出时，立刻关闭瓶阀，用量筒计量流出的水量。一等品应无游离水。

对气瓶采取随机抽样检查。抽样数如表2所示。当有一瓶为不合格时，应加倍抽样检验。仍有一瓶不合格时，该批产品为不合格产品。

表2 瓶装工业氧抽的样数

产品批量/瓶	1～8	9～15	16～25	26～50	＞51
抽样数量/瓶	2	3	4	5	6

7. 医用氧气与工业用氧相比，有何特殊要求?

答:医用氧气作为治疗用品，被病人直接吸入体内。除了氧气纯度外，还需符合卫生要求。《中华人民共和国药典》规定医用氧含量(体积分数)不低于 99%，还要检查其酸碱度、一氧化碳、卤素含量是否在规定的范围内。GB8982—1998《医用氧气》规定的技术要求是含氧量(体积)不小于 99.5%，水分露点温度小于−43℃，二氧化碳含量、一氧化碳含量、气态酸

4

性物质和碱性物质含量、臭氧及其它气态氧化剂含量应按规定的检验方法检验合格,无异味。因此,医用氧气与工业氧气应分别灌装,应有专门的灌装线和专用瓶库。氧气的压缩最好采用液氧内压缩气化流程,以免在压缩过程中受到污染和增加水分。或者采用膜压缩机进行压缩。整个生产过程应经过卫生部门的检验和认同。

8. 氮气有什么用途,制氧机能同时生产多少纯氮产品?

答:氮的化学性质不活泼,在平常的状态下有很大的惰性,不容易与其他物质发生化学反应。因此,氮在冶金工业、电子工业、化学工业中广泛地用来作为保护气体。例如冷轧、镀锌、镀铬、热处理、连铸用的保护气;作为高炉炉顶、转炉烟罩的密封气,以防可燃气体泄漏,以及干熄焦装置中焦炭的冷却气体等。一般的保护气要求的氮纯度为99.99%,有的要求氮纯度在99.999%以上。

液氮是一种较方便的冷源,在食品工业、医疗事业、畜牧业以及科学研究等方面得到越来越广泛的应用。

在化肥工业中生产合成氨时,合成氨的原料气——氢、氮混合气若用纯液氮洗涤精制,可得到杂质含量极微的纯净气体,而空分装置可以提供洗涤所需的纯氮。

在空气中氮占了78.03%,在采用空气分离的方法制取氧时,同时可获得氮产品。但是,由于空气中还有0.932%的氩存在,如果只实现氧氮分离,则氩分别成了氧氮产品中的杂质。如果要求的氮产量是氧产量4倍,则氮的纯度只能在99.5%。对于采用冻结法清除空气中的水分和CO_2的全低压空分装置,由于要靠足够的返流气体将冻结的水分和CO_2带出装置之外,所以纯氮(99.999%)产量只有氧产量的1.1倍。对于抽取氩馏分的分子筛净化空分流程,纯氮的产量不受上述限制。

9. 我国对氮气产品的质量标准有何具体规定?

答:根据不同的用途,氮产品分为工业用气态氮、纯氮和高纯氮3种。

工业用气态氮一般作为保护气用,技术指标按GB/T 3864—1996规定,如表3所示。

表3　工业用气态氮技术指标(GB/T 3864—1996)

指 标 名 称		指　　标		
		优等品	一等品	合格品
氧含量(体积分数)/%(不小于)		99.5	99.5	98.5
氧含量(体积分数)/%(不大于)		0.5	0.5	1.5
水分	每瓶游离水/mL(不大于)	无	100	
	露点/℃(不大于)	−43		

纯氮用于化工、冶金、电子等行业的置换气或保护气,技术要求按GB/T 8979—1996规定;高纯氮主要用于电子行业或制备标准混合气等,技术要求按GB/T8980—1996规定。具体指标见表4所示。

表4 纯氮及高纯氮的技术要求(GB/T 8979—1996 及 GB/T 8980—1996)

指 标 名 称	纯 氮			高 纯 氮		
	优等品	一等品	合格品	优等品	一等品	合格品
纯度/%(不小于)	99.996	99.99	99.95	99.9996	99.9993	99.999
氧含量/10^{-6}(不大于)	10	50	500	1.0	2.0	3.0
氢含量/10^{-6}(不大于)	5	10	—	0.5	1.0	1.0
一氧化碳含量/10^{-6}(不大于)	5	5	—			
二氧化碳含量/10^{-6}(不大于)	5	10	—	1.0	2.0	3.0
甲烷含量/10^{-6}(不大于)	5	5	—			
水含量/10^{-6}(不大于)	5	15	20	1.0	2.6	5.0

注:1. 表中的纯度中包含微量惰性气体氦、氩、氖;

　2. 液态氮不规定含水量

10. 氩气有什么用途,制氧机能提取多少氩产品?

答:氩是目前工业上应用很广的稀有气体。它的性质十分不活泼,既不能燃烧,也不助燃。在飞机制造、造船、原子能工业和机械工业部门,对特殊金属,例如铝、镁、铜及其合金和不锈钢在焊接时,往往用氩作为焊接保护气,防止焊接件被空气氧化或氮化。

在金属冶炼方面,氧、氩吹炼是生产优质钢的重要措施,每炼 1t 钢的氩气消耗量为 1~3m³。此外,对钛、锆、锗等特殊金属的冶炼,以及电子工业中也需要用氩作保护气。

在空气中含有的 0.932% 的氩,沸点在氧、氮之间,在空分装置上塔的中部含量最高,叫氩馏分。在分离氧、氮的同时,将氩馏分抽出,进一步分离提纯,也可得到氩副产品。对全低压空分装置,一般可将加工空气中 30%~35% 的氩作为产品获得(最新流程已可将氩的提取率提高到 80% 以上);对中压空分装置,由于膨胀空气进下塔,不影响上塔的精馏过程,氩的提取率可达 60% 左右。但是,小型空分装置总的加工空气量少,所能生产的氩气量有限,是否需要配置提氩装置,要视具体情况确定。

11. 空气中含有哪些稀有气体,它们有何用途?

答:空气中除氧、氮、氩外,还含有极少量的氖、氦、氪、氙等稀有气体。按体积分数计,氖约占 15×10^{-6}~18×10^{-6},氦占 4.6×10^{-6}~5.3×10^{-6}。氪只有 1.08×10^{-6},氙占 0.08×10^{-6},俗称"黄金气体"。由于它们的含量很少,提取的工艺复杂,只有在容量大于 $10000\text{m}^3/\text{h}$ 的制氧机上才能考虑是否配置提取装置。

氖、氦的液化温度很低,在常压下氖的液化温度为 27.26K,氦为 4.21K。氖具有很大的惰性,液氖作为低温实验室的冷却剂十分安全。在液氦温度下,导体将失去电阻,电流通过时无损失,形成"超导电性",可制成超导电机。因此,随着超低温技术的发展,液氦将起到越来越重要的作用。

氪具有很大的惰性,在冶炼特种稀有金属钛、锆以及半导体硅、锗等时,要用氪作保护气。对熔点高、厚度大的高级合金的焊接与切割,也需要用氪气保护。

氦具有强烈的扩散性,渗透能力特别强。因此,对要求特别严格的压力容器和真空系统,氦是最好的检漏指示剂。

此外,氦是超低温制冷机的最佳制冷工质。氦液化器、氦制冷机可以获得接近绝对零度的低温。用液氦操作的泵,可以达到电子工业中需要的 $133.32×10^{-9}$ Pa 的高真空度和在宇宙空间研究中需要的 $133.32×10^{-10}～133.32×10^{-12}$ Pa 超真空度。

在原子物理方面,氦的原子核被作为 α 粒子。在原子工业中,普遍应用氦气作为保护气。原子反应堆中氦不仅作为保护气,还可以作为冷却剂。因为氦的化学性质不活泼,对燃烧装置无腐蚀作用,能提高反应堆的温度和效率。由于氦气本身的热导率高,冷却效果好。

在医疗方面,1∶4 的氧和氦的混合气能很快浸透肺部,加速氧和二氧化碳的交换,可以治疗气喘、气管、喉部疾病,以及潜水病等。

在潜水作业中,若用普通空气,在深度 50m 以下,溶解在血液中的氮会引起麻醉,潜水员有生命危险。所以,潜水员在深水作业时,不能用纯氧,而需要用氧、氦混合气代替空气,供潜水员呼吸,可以保证 200m 深水作业的安全。因此,氦气的消耗量很大。

由于氦气比氢气安全,可以用氦气代替氢气充填飞船、气象气球等。氦气还可以作为色谱和载气。

随着宇宙空间技术、激光技术和红外线探测技术的发展,氦还有着广泛的用途。

氖气充填在灯泡中呈红色,长期被用来充填氖信号装置及各种放电管,还广泛用于激光技术、红外线检测等方面。

氖气的气化潜热比氦气大 40 倍,因而可以作为超低温的制冷剂,其最低温度为 $-245.9℃$。氖、氦气还可用于多孔物质的真密度和表面积的测量。

氪、氙主要用于电光源方面。氖、氪、氙混合气充装的灯泡体积小、寿命长、效率高。一般比白炽灯的效率高 4～5 倍,寿命可增加 2～3 倍。闪光灯、频闪观测器等都应用氪、氙气。由于氙灯的放电强度超过太阳光的放电强度,所以用氙气充填的长弧氙灯,俗称"小太阳",其穿雾能力极强,可用于机场、车站、码头等处的照明,也可以应用于战场上。

另外,氙气的分子量较大,有很强的麻醉作用,在医学上是理想的麻醉剂。氙还具有不透过 X 射线的性质,被用于脑 X 光摄影的造影剂,也应用于遮蔽 X 射线。

12. 如何从空气中提取氖、氦气?

从空分装置中提取氖、氦的工序大体分 3 步:第一步制取粗氖、氦气;第二步制取纯氖、氦混合物;第三步氖、氦分离,而获得纯氖、纯氦产品。

粗氖、氦气制备的目的是除掉原料中的氮,使之浓缩。由于氮与氖、氦的沸点相差很大,约为 50K 以上,故可采用分凝法分离。在分凝器或辅塔中,用低压液氮作为冷源,使具有下塔压力的氖、氦原料气中的氮冷凝,得到含氖、氦约为 1%～3%、其余为氮的粗氖、氦混合气,而后进入纯氖、氦气制备工序。有些工序粗氖、氦气要经过除氢和除氮两步。除氢用加氧催化法使氢生成水,再由干燥器吸附清除。其余的氮再用冷凝法或采用活性炭低温吸附清除。

由于氖、氦的沸点相差约为 23K,所以,纯氖、氦混合气的分离可采用冷凝法分离。因氖的凝固温度为 $-248.7℃$,还可以用凝固冻结法将气氦和固氖分离。

13. 如何从空气中提取氪、氙气?

答:因为氪、氙在空气中含量极微,氪的体积分数约为 $1×10^{-6}$,氙的体积分数约为 0.08

$\times 10^{-6}$，所以提取氖、氦十分困难。氖、氦的提取需进行多次。

由于氪、氙沸点高，它们在空分装置中总是混入氧中，所以应以氧产品为原料（含氪、氙只有$0.1\%\sim0.3\%$），而后再制取粗氪（含氪和氙为$40\%\sim80\%$），最后进行氪、氙分离。贫氪和粗氪的分离过程主要是氧和氪、氙的分离。制取纯氪和纯氙可用氪、氙的沸点差反复进行间歇精馏。

空分塔提取氪、氙的方法基本上可分3种类型：

1）以精馏为主的方法；

2）以吸附为主的方法；

3）用大型色谱法。

最常用的为精馏法。在精馏法流程中设置三座氪塔，一氪塔精馏后，获得贫氪；二氪塔获得粗氪。在氪、氙的浓缩同时，其氧中所含的碳氢化合物也随之浓缩在贫氪或粗氪中，所以在一氪塔、二氪塔精馏之后，都要清除碳氢化合物。一般采用加热催化法，将贫氪或粗氪加压至$0.5MPa$，在$500\sim550℃$的条件下，在银、钴触媒接触炉中，使碳氢化合物与氧反应生成水和二氧化碳，而后采用分子筛吸附干燥水分和二氧化碳或用硅胶除水，用烧碱溶液吸附二氧化碳。

14. 氧气站对周围的空气有什么要求？

答：为了保证氧气生产的安全，对空压机吸风口处空气中烃类的可燃杂质有一定限制。根据GB16912—1997《氧气及相关气体安全技术规程》的规定，其杂质含量应低于表5规定的允许极限含量。

表5　吸风口处空气中烃类等杂质的允许极限含量

烃类等杂质名称	允许极限含量（碳含量）/mg·m^{-3}	
	空分塔内具有液空吸附净化装置	空分塔前具有分子筛吸附净化装置
乙　　炔	0.5	5
炔衍生物	0.01	0.5
C_5、C_6饱和与不饱和烃类杂质总计	0.05	2
C_3、C_4饱和与不饱和烃类杂质总计	0.3	2
C_2饱和与不饱和烃类杂质总计	10	10
硫化碳（CS_2）	0.03	
氧化氮（NO）	1.25	
臭氧（O_3）	0.215	

15. 空分设备对冷却水水质有什么要求？

答：空分设备一般用江河湖泊或地下水作为冷却水。这种水中通常都含有悬浮物（泥沙及其他污物）以及钙、镁等重碳酸盐[$Ca(HCO_3)_2$和$Mg(HCO_3)_2$]，称为硬水。悬浮物较多时，易堵塞冷却器的通道、过滤网及阀门等。钙、镁等重碳酸盐在水温升高时易生成碳酸钙（$CaCO_3$）、碳酸镁（$MgCO_3$）沉淀物，即形成一般所说的水垢。一般水温在$45℃$以上就要开始形成水垢，水温越高越易结垢。水垢附着在冷却器的管壁、氮水预冷器的填料、喷头或筛孔等处，不仅影响换热，降低冷却效果，而且有碍冷却水或空气的流通，严重时会造成设备故障，例如氮水预冷器带水,使蓄冷器(或切换式换热器)冻结。水垢比较坚硬,附在器壁上不易清除。因此,冷却水最好是经过软化处理。采用磁水器进行软化处理较为简便,效果尚可。清除悬浮物应设置沉淀池。如果冷却水循环使用,有利于水质的软化,但占地面积较多,基建投资较大。

对压缩机冷却水,温度一般要求不高于 28℃,排水温度小于 40℃。对水质要求为:

pH 值	6.5~8.0
悬浮物含量	不大于 50mg/L
暂时硬度❶	不大于 17°dH❷
含油量	小于 5mg/L
氯离子(Cl^-) (质量分数)	小于 50×10^{-6}
硫酸根(SO_4^{-2}) (质量分数)	小于 50×10^{-6}

氮水预冷系统供排水为独立循环系统。因为冷却水在塔内温升大,排水温度高,结垢严重,所以要求该系统的补充水尽可能采用低硬度水或软水,其暂时硬度一般应不大于 8.5°dH❷,其他要求与压缩机冷却水相同。

充瓶用高压氧压机气缸的润滑水,应采用蒸馏水或软水。

16. 氧化亚氮对空分设备有何危害?

答:氧化亚氮的分子式为 N_2O,也叫一氧化二氮,俗称"笑气"。大气中的氧化亚氮浓度约为 3×10^{-9}。随着生态环境的恶化,它的含量以每年 0.2%~0.3% 的速度增加。

土壤微生物在土壤及海洋中的氧化和脱氮活动生成的氧化亚氮占大气中氧化亚氮含量的 1/3,另外 2/3 是人为生成的。例如:矿物燃料、生物体、废弃物的燃烧、污水处理、发酵源、汽车废气等都会导致 N_2O 的生成。在 N_2O 生成源附近,大气中 N_2O 的含量可达到 3×10^{-6} 以上。虽然 N_2O 的化学性质不活泼,既不会产生腐蚀,也不会发生爆炸,但是它的物理性质对空气分离具有危害。它的临界温度为 309.7K,临界压力为 7.27MPa,其三相点是 182.3K、0.088MPa。在空气分离装置的压力和温度的条件下,它具有升华性质。在常压下,其沸点为 185K,比 N_2、O_2、Ar 的沸点都高,因而,在氧、氮分离过程中,它将浓缩于液氧中。

N_2O 在水中的溶解度很小,N_2O 随加工空气经过空气过滤器、压缩机、冷却器、水分离器后不能将其分离、除去。大部分 N_2O 都会带入分子筛纯化器,分子筛对 N_2O 的吸附能力小于对 CO_2 的吸附能力。N_2O 先穿透吸附床层而进入精馏塔,而且在分子筛对 H_2O、CO_2、C_2H_2 等碳氢化合物的共吸附过程中,CO_2 能够将分子筛已吸附的 N_2O 分子置换出来。所以,分子筛也不能清除 N_2O。在主换热器中,加工空气被冷却到接近液化温度,N_2O 首先冷凝成固体,会造成空气通道阻塞。在加工空气压力为 0.6MPa,N_2O 含量为 1×10^{-6} 时,N_2O 的凝结析出温度为 113K。

在精馏塔中,因为 N_2O 相对 N_2、O_2、Ar 组分为高沸点组分,故它将溶解在液氧中,致使在上塔底无法获得高纯度的液氧和气氧产品。据测定,氧产品纯度为 99.5% 时,N_2O 的平均

---

❶ 暂时硬度=碳酸盐硬度,能引起沉淀。
❷ °dH 表示德国硬度,相当于在 $100cm^3$ 中有 1.62mg Ca(HCO_3)$_2$,或 1.36mg $CaSO_4$,或 1.46mg Mg(HCO_3)$_2$。

含量为 1.4×10^{-6}。并且，在液氧排放不充分时，N_2O 在液氧中不断积累，当液氧中的 N_2O 含量大于 50×10^{-6} 时，就会呈固态析出，阻塞主冷凝蒸发器通道。

在稀有气体氪、氙的生产中，随着氪、氙的浓缩，N_2O 也浓缩。N_2O 的含量可达 $100 \times 10^{-6} \sim 150 \times 10^{-6}$。$N_2O$ 本身不燃烧，但可以热分解。这将影响对粗氪、氙中 CH_4 的催化燃烧的清除以及利用分子筛对生成的水和二氧化碳的吸附。

由于环境的问题，空气中的 N_2O 的浓度不断增加。况且电子等行业对氧产品的纯度要求越来越高（99.99%～99.9999%），因此，对加工空气中的 N_2O 的清除比过去更重要。较好的清除方法是寻找合适的分子筛，在分子筛纯化器中将加工空气中的 H_2O、CO_2、C_2H_2、N_2O 共吸附而清除。

17. 制氧机的电耗指标表示什么意思？

答：氧气站的主要产品是氧气，消耗的能源主要是电能，因此，制氧机的能耗指标通常用生产 $1m^3$ 氧气（标准状态）所消耗的电能（$kW \cdot h$）来衡量，即 $kW \cdot h/m^3$。

电耗指标不是按额定的产量和电动机的功率来计算，而是根据实际的产量和电耗来确定。电机功率的单位是 kW，表示每秒能做 $1kJ$ 的功；电能的单位是 $kW \cdot h$，是功的单位，$1kW \cdot h = 3600kJ$。但是，$5000kW$ 的电机每小时不一定就消耗 $5000kW \cdot h$ 的电能，须用由电度表测量、累计。因此，能耗指标可以根据统计期的总电耗和氧气总产量来计算。

由于氧压机也要消耗相当大的电能，并且，不同的装置压氧的压力也有很大差别，因此，能耗指标分为不包括压氧能耗和包括压氧能耗两种：

1）制氧电耗：包括空压机电耗 W_k（$kW \cdot h$）、制冷机电耗 W_l 以及用于空分生产的水泵、电加热器等其他电耗 $\sum W_q$ 之和。制氧单位电耗 w_O（$kW \cdot h/m^3$）为

$$w_{O_2} = \frac{W_k + W_l + \sum W_q}{V_O}$$

式中 V_O——统计期内氧产量，m^3。

2）压送氧电耗：包括氧压机压送氧的电耗 W_{yO}（$kW \cdot h$）和液氧泵压送氧的电耗 W_{yb} 之和。压氧单位电耗 w_y（$kW \cdot h/m^3$）为

$$w_y = \frac{W_{yO} + W_{yb}}{V_{yO} + V_{yb}}$$

式中 V_{yO}——统计期的气氧压送量，m^3；

V_{yb}——统计期的液氧压送量、气化量，m^3。

3）氧气综合电耗：包括制氧和压氧在内的生产单位氧的电耗。通常将压送氮气及其他与制氧生产无关的电耗扣除后除以氧气总产量来计算。

18. 氧气厂的综合能耗指标表示什么意思？

答：氧气厂（站）除消耗电力外，还要消耗蒸汽、水等其他能源物质。生产单位产品（$1m^3$ 氧气）对蒸气或水（工业水、软化水等）的消耗是对某种能源物质的实物单耗（t/m^3）。

在计算氧气厂的综合耗能量时，需要把在统计期内消耗的所有能源物质的实物量乘以该种能源的等价折算系数，统一折算成标煤量（kg）或能量单位（kJ）后，然后才能累加起来，成为该统计期氧气厂的总综合耗能量 E。即

$$E = \sum_{i=1}^{n} \zeta_i G_i$$

式中　G_i——第 i 种能源物质的实物消耗量,t(或 kW·h);

ζ_i——第 i 种能源物质的等价折算系数,kJ/t(或 kJ/kW·h),或标准煤 kg/t(或 kg/kW·h)。

当氧气厂同时生产氧气、氮气、氩气等多种产品时,需将总耗能量按规定的比例分摊给每一种产品,计算出每种产品的单位能耗 e_i。即

$$E = \Sigma E_i = \Sigma e_i V_i$$

式中　E_i——分摊给各产品的耗能量;

V_i——各产品的产量。

19. 什么叫氧气放散率,如何计算?

答:氧气放散率是指制氧机生产的氧(气态与液态)产品中有多少未被利用而放空的比例。放散率 φ_{fs} 可按扣除利用的部分来计算。即

$$\varphi_{fs} = 1 - \frac{V'_{qO} + V'_{yO} + V'_c}{V_{qO} + V_{yO}}$$

式中　V_{qO}、V_{yO}——生产的气氧和液氧总量;

V'_{qO}、V'_{yO}——送出的气氧和液氧总量;

V'_c——储存的产品增量。

氧气放散率是反映设备配套适应能力和生产组织水平的重要指标。氧气放散率越高,能源浪费越大,综合运行经济效益越差,所以必须通过各种手段降低氧气放散率。

20. 什么叫氧的提取率?

答:在采用空气分离法制取氧气时,总是希望将加工空气中的氧尽可能多地作为产品分离出来。为了评价分离的完善程度,引入氧提取率这一概念。

氧提取率以产品氧中的总氧量与进塔加工空气中的总氧量之比来表示。即

$$\psi = \frac{V_{O_2} \cdot y_{O_2}}{V_k \cdot y_k}$$

式中　ψ——氧的提取率;

V_{O_2}、V_k——氧气产量和加工空气量,m³/h;

y_{O_2}、y_k——产品氧和空气中所含氧的体积分数。

从上式可以看出:对于一定的地点,空气中的含氧量基本不变。当进塔空气量和产品氧纯度一定时,氧提取率的高低取决于氧产量的多少。而氧产量的多少,对于全低压制氧机在进气量一定的条件下,主要决定于污氮中含氧的高低。现以 3200m³/h 空分装置为例,当进塔空气为 18100m³/h,污气氮量为加工空气量的 60.2%,污氮中氧的体积分数为 5.5% 时,氧产量是 3200m³/h,氧纯度是 99.6%。由此可以算出,此时氧提取率为

$$\psi = 3200 \times 99.6/(18100 \times 20.9) = 0.842,即 84.2\%$$

同时可以算出随污氮跑掉的氧气量为 18100(m³/h)×60.2%×5.5%=599.2m³/h。如果污氮中含氧增大至 7.5%,则随污氮跑掉的氧气量为:

$$18100(\text{m}^3/\text{h}) \times 60.2\% \times 7.5\% = 817.2\text{m}^3/\text{h}$$

由此可见,氧气产量将减少$(817.2-599.2)\text{m}^3/\text{h}=218\text{m}^3/\text{h}$,即氧产量为$(3200-218)\text{m}^3/\text{h}=2982\text{m}^3/\text{h}$。此时氧提取率为

$$\psi = 2982 \times 99.6/(18100 \times 20.9) = 0.718 = 71.8\%.$$

所以,应该努力降低污氮中的含氧量,这样可以多产氧,提高氧的提取率。

全低压的精馏塔的氧提取率以前只有$80\%\sim85\%$,现在已提高到$90\%\sim95\%$,最先进的甚至可达99%左右。

21. 空分设备制氧的单位电耗与哪些因素有关?

答:制氧的单位电耗$w_{O_2}(\text{kW}\cdot\text{h}/\text{m}^3)$是氧气生产的重要经济指标之一。在电耗中,空压机的电耗占了最主要的部分。它的电耗$(\text{kW}\cdot\text{h}/\text{h})$与压力比有关,计算公式为

$$W = \frac{\rho V_K R' T \ln(p_2/p_1)}{3600\eta_T\eta_M}$$

式中 ρ——标准状态下空气密度,$\rho=1.293\text{kg}/\text{m}^3$;

     V_K——空压机的排气量,m^3/h;

     R'——气体常数,$R'=0.278\text{kJ}/(\text{kg}\cdot\text{K})$;

     T——环境温度,K;

     p_2——排气压力,MPa;

     p_1——进气压力,MPa;

     η_T——空压机的等温效率;

     η_M——空压机的机械效率。

因此,制氧时消耗于压缩空气的单位电耗$e_{O_2}(\text{kW}\cdot\text{h}/\text{m}^3)$为

$$e_{O_2} = \frac{V_K}{V_{O_2}}\frac{\rho R' T \ln(p_2/p_1)}{3600\eta_T\eta_M}$$

式中 V_{O_2}——氧气产量,m^3/h。

而氧的提取率(见20题)为

$$\psi = \frac{V_{O_2}\cdot y_{O_2}}{V_K \cdot y_k}$$

所以

$$e_{O_2} = \frac{y_{O_2}}{\psi\cdot y_k}\frac{\rho R' T \ln(p_2/p_1)}{3600\eta_T\eta_M}$$

由此可见,制氧的单位电耗大致与压力比的对数及氧气纯度成正比;与氧的提取率及压缩机的效率成反比。因此,在操作时,应尽可能降低工作压力;对压缩机进行充分冷却,以提高压缩机的等温效率;尽可能地提高氧的提取率;在保证产品质量的前提下,不要过高追求产品纯度,以利于降低单位电耗。

2 基本概念

22. 压力表示什么意义,常用什么单位?

答:单位面积上的作用力叫压力。对静止的气体,压力均匀地作用在与它相接触的容器(气瓶、储气罐)的壁面上;对于液体,由于液体本身受到重力的作用,底部的压力高于表面的压力,而且随深度增加而增大。

按国家标准,力的单位为牛(N),面积的单位为 m^2,则压力的单位为 N/m^2,叫帕(Pa)。工程上应用此单位嫌太小,实际常用它的 10^6 倍,即 $1MPa=10^6Pa$。

以前工程上习惯用大气压作为压力单位,并用液柱高度来测量压差。它与 MPa 的关系为:

1 工程大气压(at)$=1kgf/cm^2=0.098MPa\approx0.1MPa$

1 标准大气压(atm)$=760mmHg=1.033$ 工程大气压$=0.1013MPa$

标准大气压目前是作为确定一些理化数据的基准压力,一般不作为压力的单位使用。工程大气压是作为压力的一种单位,一个工程大气压在数值上接近周围大气产生的压力。

液柱高度表示液体在重力作用下的力(重量)对单位面积增加的压力。液柱产生的压力还与液体的密度(ρ)有关,计算公式为

$$p=\rho gh$$

$1mmH_2O$ 产生的压力为:$1000kg/m^3\times9.8m/s^2\times0.001m=9.8Pa$

$1mmHg$ 产生的压力为:$13600kg/m^3\times9.8m/s^2\times0.001m=133.2Pa=13.6mmH_2O$

23. 压力表测量的压力是气体真正的压力吗?

答:压力表测量的压力数值反映压力的高低,但并不是实际的压力。根据压力表的工作原理,测得的压力是实际压力(绝对压力)与周围大气压力的差值。如图 2 所示,当实际压力高于大气压力时,测得的压力叫表压力。绝对压力应等于表压力加上大气压力:

绝对压力=表压力+大气压力

当实际压力低于大气压力时,测得的压力叫真空度,也叫负压。绝对压力等于大气压力减掉真空度:

绝对压力=大气压力－真空度

由于大气压力近似等于 0.1MPa,所以当压力较高时,表压力加上该数值就近似等于绝对压力。例如,下塔的表压力为 0.48MPa,则绝对压力为 0.48MPa＋0.1MPa＝0.58MPa。

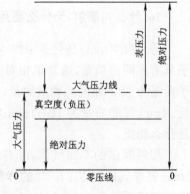

图 2 绝对压力与表压力、
真空度的关系

24. 温度表示什么意义,常用什么单位?

答:通俗地说,温度反映物体冷热的程度。从本质上说,温度反映物质内部分子运动激烈的程度。温度降低到一定程度,水可以变成固体,空气也可以变成液体。定量地表示温度的高低有不同的温标。最常用的是摄氏温标℃,取标准大气压下水的冰点为 0℃,水的沸点为 100℃。将其间分为 100 等分,每一等分为 1 度。低于冰点的温度则为负。例如,氧在标准压力下的液化温度为−182.8℃。

另一种温标为开尔文温标,也叫热力学温标,记为 K。它与摄氏温标的分度相同,但零点不同。0℃相当于 273.15K。即 0K＝−273.15℃。他们的关系如图 3 所示。

$$T(K) = t(℃) + 273.15$$
$$t(℃) = T(K) − 273.15$$

因此,采用开尔文温标,温度均为正值。氧在标准大气压下的液化温度为−182.8℃,开尔文温度为

$$−182.8℃ + 273.15 = 90.35K$$

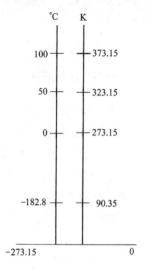

图 3　摄氏温度与开尔文温度的关系

25. 制氧机的容量是如何表示的,什么叫标准立方米?

答:制氧机容量的大小通常用每小时生产的氧气数量来表示,m^3/h。但是,对气体来说,由于气体有很大的可压缩性,同样数量的气体,当压力和温度变化时,体积也会发生变化。因此,当用体积表示气体数量时,必须指明是在什么温度和压力下的体积。通常把 1 标准大气压(0.1013MPa)、0℃的状态称为标准状态,在该状态下占的体积叫标准立方米。因此,表示制氧机各种产品用每小时的体积产量 m^3/h 为单位时,实际都是指标准状态下的体积。

1 标准立方米的不同气体的质量是不同的,对氧气为 1.429kg;对氮气为 1.25kg;空气为 1.293kg。但是,对不同的气体,当它的质量等于它的分子相对质量时,则都具有相同的标准体积。即 32kg 氧气,28kg 氮气,39.95kg 氩气等气体都占 22.4m^3 的标准体积。

26. 什么叫摩尔,为什么要用这个单位?

答:摩尔(mol)是化学中作为物质的量的单位。任何物质均由原子、分子组成,不同的分子具有不同的质量,通常用相对分子质量表示。例如,氧的相对分子质量为 32;氮的相对分子质量为 28。相同的物质的量(mol)的不同物质,表示具有相同的分子数,但具有不同的质量。1mol 氧的质量为 32g,1mol 氮的质量是 28g。因此,用摩尔表示物质的量时,需同时标明是什么物质。

相同摩尔的不同气体,占有相同的体积。在标准状态下(0℃,0.101325MPa)1mol 氧、1mol 氮等气体均占 22.4L 的体积,对 1kmol 气体的体积则为 22.4m^3。因此,对这些物质的热物理性质的数据,例如比焓等,均以每 kmol 给出,这样,要换算成每标准立方米,只需除以 22.4 即可;要换算成每 kg,则只需除以摩尔质量(数值等于相对分子质量)即可。使用这个单位在作理论计算时有许多方便之处,在表示物质的热力学性质的图表中,通常给出的单

位物质的焓、熵值都是指每 1mol(或 1kmol)时的值。

27. 以日产多少吨(t/d)氧表示制氧机容量时,如何与 m³/h 的单位换算?

答:美国习惯用日产多少吨氧(t/d)来表示制氧机的容量。这种单位与温度、压力无关,有它科学之处。但是,这与我国习惯使用的单位不一致。实际上只要知道了物质的相对分子质量和记住了 1kmol 气体都占 22.4m³ 的标准体积,则要换算成体积单位也是很简单的。每吨氧气相当于标准状态下的体积是

$$1000(kg)/32(kg/kmol) \times 22.4(m^3/kmol) = 700m^3$$

对氧气产量为 500t/d 的制氧机,相当于小时氧产量为

$$500(t/d) \times 1000(kg/t)/24(h/d)/32(kg/kmol) \times 22.4(m^3/kmol) = 14580m^3/h$$

或根据气体的密度计算:

$$500(t/d) \times 1000(kg/t)/1.429(kg/m^3)/24(h/d) = 14580m^3/h$$

对氮产量也可用同样的方法换算,氮的相对分子质量为 28,则 1t 氮气的标准体积为

$$1000(kg)/28(kg/kmol) \times 22.4(m^3/kmol) = 800m^3$$

28. 什么叫焓,用什么单位?

答:在有关制氧机的书刊和技术资料中,经常会遇到"焓"这一个名词。它表示什么意思呢?简单地说,焓是表示物质内部具有的一种能量的物理量,也就是一个表示物质状态的参数。单位是能量的单位:kJ 或 kJ/kg。

我们知道,宏观表示物体所具有的能量是动能和位能。动能的大小取决于他的质量和运动速度;位能是由地球的引力产生,取决于物体的质量和离地面的距离。在物质内部,它是由大量分子组成的,分子在不停地做乱运动,具有分子运动的动能。温度越高,分子运动越激烈,分子运动的动能就越大。分子相互之间也有吸引力,分子间距离不同,相互吸引的位能也改变。这种肉眼所不能看见的物质内部具有的能量叫"热力学能"。物质由液态变为气态,是这种能量增大的体现。

对于流体(液体、气体),当在缓慢流动时,虽然宏观运动的动能很小,但是,后面的流体必须为反抗前面的流体的压力做功,才能往前流动。自行车胎打气就是一个做功使气体流入轮胎的过程。根据能量转换定律,这个推进功将转变成流体携带的能量,叫做流动能,它与推进的压力有关,等于压力 p 与体积 V 的乘积 pV。在流动的流体内部,除了热力学能 U 之外,还有这部分流动能。为了方便,将这两部分能量之和,称为"焓",用符号 H(对单位量流体用 h)表示。即

$$焓 = 热力学能 + 流动能$$
$$H = U + pV \quad 或 \quad h = u + pv$$

在给氧气瓶充气时,可以感到气瓶的温度升高,就是因为带入的能量中有一部分是流动能,而进入瓶后不再流动,这部分流动能又转换成瓶内气体的热力学能,反映出温度升高。实际的氧气生产过程要经历气体压缩、膨胀、加热、冷却等,均为流动过程,它的能量变化都体现在焓的变化。因此,在作定量分析计算时,经常要用到焓这个物理量,计算焓的数值。能量的单位是焦(J)或千焦(kJ),焓也具有能量的单位。对单位数量的焓 h(比焓),常用单位为 J/mol 或 kJ/kmol。

29. 什么叫熵,有何用途?

答:熵与温度、压力、焓等一样,也是反映物质内部状态的一个物理量。它不能直接用仪表测量,只能推算出来,所以比较抽象。在作理论分析时,有时用熵的概念比较方便。

在自然界发生的许多过程中,有的过程朝一个方向可以自发地进行,而反之则不行。例如,如图 4a 所示,一个容器的两边装有温度、压力相同的两种气体,在将中间的隔板抽开后,两种气体会自发地均匀混合,但是,要将它们分离则必须消耗功。混合前后虽然温度、压力不变,但是两种状态是不同的,单用温度与压力不能说明它的状态。再如图 4b 所示的两个温度不同的物体相互接触时,高温物体会自发地将热传给低温物体,最后两个物体温度达到相等。但是,相反的过程不会自发地发生。上述现象说明,自然界发生的一些过程是有一定的方向性的,这种过程叫不可逆过程。过程前后的两个状态是不等价的。用什么物理量来度量这种不等价性呢? 通过研究,找到了"熵"这个物理量。

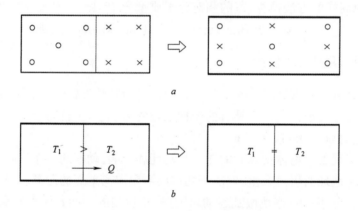

图 4 不可逆过程举例

a—混合过程;b—传热过程

有些过程在理想情况下有可能是可逆的,例如气缸中气体膨胀时举起一个重物做了功,当重物下落时有可能将气体又压缩到原先的状态。根据熵的定义,熵在一个可逆绝热过程的前后是不变的。而对于不可逆的绝热过程,则过程朝熵增大的方向进行。或者说,熵这个物理量可以表示过程的方向性,自然界自发进行的过程总是朝着总熵增加的方向进行,理想的可逆过程总熵保持不变。对上述的两个不可逆过程,它们的终态的熵值必大于初态的熵值。

在制氧机中常遇到的节流阀的节流膨胀过程和膨胀机的膨胀过程均可近似地看成是绝热过程。二者膨胀后压力均降低。但是,前者是不可逆的绝热膨胀,膨胀后熵值肯定增大。后者在理想情况下膨胀对外作出的功可以等于压缩消耗的功,是可逆绝热膨胀过程,膨胀前后熵值不变,叫等熵膨胀。实际的膨胀机膨胀会有损失,也是不可逆过程,熵也增大。但是,它的不可逆程度比节流过程小,增加的熵值也小。因此,熵的增加值反映了这个绝热过程不可逆程度的大小。在作理论分析计算时,引入熵这个状态参数很为方便。

熵的单位为 J/(mol·K) 或 kJ/(kmol·K)。但是,通常关心的不是熵的数值,而是熵的变化趋势。对实际的绝热膨胀过程,熵必然增加。熵增加的幅度越小,说明损失越小,效率越高。

30. 制氧机的产品纯度是如何表示的？

答：在生产中，会遇到要求氧产品纯度不小于 99.5%，氮纯度不小于 99.99%，氩纯度不小于 99.999%等指标。这些指标表示了产品中主要物质的含量。由于产品要做到绝对纯是很困难的，或多或少有些杂质，因此，其纯净的程度称为纯度。气态混合物中某种物质的含量有两种表示方法，一种叫质量分数；另一种叫体积分数。质量分数是指某种成分的质量占混合物总质量的百分数；体积分数是指某种成分的体积占混合物总体积的百分数。同样的含量，两种分数的数值是不同的。例如，空气中氧的体积分数是 20.93%，而质量分数则是 23.1%。

气体混合物是气体均匀地混合在一起的。它们有相同的温度，都充满整个空间。体积分数中每种气体所占的体积是指将混合气体的各种成分分离开，保持原来的温度和压力的情况下，分别所占的体积。如图 5 所示，这时，各种气体所占的体积叫分体积：V_1、V_2 等。分体积之和等于本来的总体积 V。体积分数就是分体积与总体积之比。气体产品的纯度一般是指体积分数。

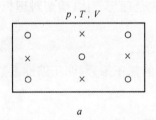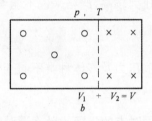

图 5　混合气体的分体积

a—混合状态；*b*—分离状态

31. 如何估算贮氧罐所能贮存和供应的氧气量？

答：通常我们所说的氧气量是指在标准大气压($\approx$0.1MPa)下的体积，对于 100m³ 的贮氧罐，可贮存 0.1MPa(大气压力下)的氧气 100m³。

由于气体的体积随压力升高而缩小，即随着绝对压力升高，在相同的贮气罐内可容纳下更多的气体。当压力不太高，温度不太低时，气体的压力、温度、体积、质量之间有简单的关系，叫理想气体状态方程式，可表示为

$$pV = MRT, \qquad \frac{p_1 V_1}{M_1 T_1} = \frac{p_2 V_2}{M_2 T_2}$$

当贮气罐的体积、温度不变时，则

$$\frac{M_2}{M_1} = \frac{p_2}{p_1}$$

当贮氧罐的压力升高到 3.0MPa 表压时，罐内的压力为原先的(3.0+0.1)MPa/0.1MPa=31 倍，即罐内氧气的质量为原来的 31 倍，也就是相当于常压下的体积为 3100m³。

由于氧气的用户对供氧压力有一定的要求，利用贮氧罐供氧时，最多压力降低至用户所需的最低压力。如果转炉用氧的最低压力为 1.2MPa 表压，则最终罐内还有 100m³×(1.2+0.1)MPa/0.1MPa=1300m³ 的氧气留在罐内，实际能供应的氧气量为(3100−1300)m³=

17

$1800m^3$。充气压力越高,用户需求的压力越低,则一定容积的贮气罐所能供应的氧气量越多。但充气压力受贮氧罐的强度限制,不能超过设计的允许压力。因此,每个贮氧罐所能储存和供应的气量是有限的。

32. 通常说一瓶氧气有 $6m^3$ 氧气是表示什么意思?

答:最常用的氧气瓶的容积是 $40L(0.04m^3)$,氧气充满时的额定压力为 14.9MPa 表压。通常所说的氧气数量是指 0.1MPa 下的体积,而气体所占的体积与绝对压力成反比:

$$\frac{V_2}{V_1} = \frac{p_1}{p_2}$$

所以,充满瓶的氧气换算成 0.1MPa 时的体积为 $0.04m^3 \times (14.9+0.1)MPa/0.1MPa = 6m^3$。

如果充瓶没有达到额定压力,也就是没有充到足够的数量。当然,温度对充气量也是有一定影响的。由于绝对压力与温度(K)成正比,当温度高时,虽然达到相同压力,实际的充气量比温度低时要少。

由于氧气瓶内压力较高,严格来说不能看成是理想气体。需要对理想气体状态方程式作一修正:

$$pV = zMRT$$

式中 z——随温度、压力及气体种类不同变化的修正系数,叫压缩性系数。氧气在 293K 和 14.9MPa 时 $z=0.944$。

33. 在充氧时,同时充的气瓶为什么温升会不一样?

答:在充瓶过程中,为了检查气瓶是否在进气,我们常常用手摸一摸充着气的瓶子的表面,进气的瓶子温度都是上升的。但是,也可发现,有时各瓶的温度升高程度并不相同。

从原理上来说,氧气流入气瓶时有能量(焓)带入。焓包括热力学能(内能)和流动能。当氧气流入气瓶后不再流动,它的流动能将转换成热力学能的一部分(分子运动的动能),反映出温度升高。如果没有氧气充入,温度就不会升高;如果充入的气量少,温度升高的程度也会小。因此,温升不一样,有的是属于正常情况,有些则是不正常的。我们必须善于区分下列几种情况:

1)如果某一个气瓶的瓶阀开度小或者堵塞,就可能要发生不进气或进气慢的现象,气瓶温升就小。如果不及时发觉并消除之,就会发生充压不足或者将未充气的空瓶售出。

2)如果原气瓶内余压较大,充填开始时,压力较大的气瓶内的气体就要流向其它气瓶内。这时,压力较大的气瓶就会因流出的气体带走能量,而使温度降低。所以,在充瓶过程中,这类气瓶的温度开始就比较低的。这种瓶在打开瓶阀时就能发现。

3)气瓶的壁厚不同,重量也不同。对带入同样的流动能,重瓶的热容大,温升就小;轻瓶的热容小,温升就会大些。

34. 为什么氧气瓶在充瓶几小时后压力就会降低?

答:根据气体定律,当容积一定时,一定量气体的压力是和温度成正比的。在充氧时,进入气瓶的氧气带入的流动能转换为热力学能,反映出温度升高;经过一定时间后由于将热量

传递给周围环境,它的温度降至环境温度,虽然没有漏气,瓶内气体的压力也会有所降低。气体定律可表示为:

$$\frac{p_1 V_1}{M_1 T_1} = \frac{p_2 V_2}{M_2 T_2}$$

当 $M_1 = M_2$;$V_1 = V_2$ 时

$$p_2 = p_1 \frac{T_2}{T_1}$$

即对一定量的气体,在一定的体积内,它的压力(绝对压力)是与温度(热力学温度 K)成正比的。充氧结束时,气瓶的温度 T_1 较高,这时所测得的压力 p_1 也是在较高温度下的压力。过几小时后,待温度下降到 T_2,压力也必然要下降。这不见得是气阀漏气的缘故。

例如,当充氧结束时的温度为 $T_1 = 313\mathrm{K}$,表压力为 $p_1 = 14.7\mathrm{MPa}$ 时,如果室温是 $T_2 = 293\mathrm{K}$,则经过若干小时后,气瓶的压力会自动地降至 $p_2 = (14.7 + 0.1)\mathrm{MPa} \times 293\mathrm{K}/313\mathrm{K} = 13.85\mathrm{MPa}$,即表压力降至 13.75MPa。

通常,温度每降低 2℃,瓶内气压要降低 0.1MPa,这属于正常的现象。如果超过此值,则可能是瓶阀泄漏。

35. 为什么空气在中间冷却器中的温降要比冷却水的温升大得多?

答:空气经压缩后温度会升高。为了降低压缩能耗,要尽量减小温升。通常用中间冷却器将空气进行冷却,温度降低后再进一步压缩。通常空气经冷却,温度从 150℃ 左右降到 40～50℃,而冷却水吸热后温度只升高 10℃ 左右。这是因为:

首先,对于相同质量(1kg)的不同物质,温度变化 1℃ 所吸收(或放出)的热量是不同的。这叫做物质的"比热容"不同。水的质量比热容约为空气的 4 倍,因此,水的温升就要小得多。常见的一些物质的比热容如表 6 所示。

表 6　部分物质的比热容 kJ/(kg·℃)

物质名称	比热容 $/\mathrm{kJ} \cdot (\mathrm{kg} \cdot ℃)^{-1}$	物质名称	比热容 $/\mathrm{kJ} \cdot (\mathrm{kg} \cdot ℃)^{-1}$	物质名称	比热容 $/\mathrm{kJ} \cdot (\mathrm{kg} \cdot ℃)^{-1}$
铜	0.377	水	4.187	油	1.674
铁	0.461	冰	2.093	液氧	1.674
铝	0.879	矿渣棉	1.884	空气(定压下)	1.005
玻璃	0.628～0.837	碳酸镁	1.005	氧气(定压下)	0.913
混凝土	1.130	珠光砂	0.670	氮气(定压下)	1.047

其次,温度变化的大小还与物质数量(流量)有关。同样的热量,物质的数量多,则温度变化就小。物质的比热容 c 与数量 M 的乘积称为"热容"。在中间冷却器中,空气放出的热量 Q_1 等于冷却水吸收的热量 Q_2。即

$$Q_1 = Q_2 = M_1 c_1 (t'_1 - t''_1) = M_2 c_2 (t''_2 - t'_2)$$

由于冷却水的热容 $M_2 c_2$ 比空气的热容 $M_1 c_1$ 要大得多,所以,水的温升 $(t''_2 - t'_2)$ 比空气的温降 $(t'_1 - t''_1)$ 要小得多。

36. 什么叫饱和温度、饱和压力，它们与沸点、蒸发温度、冷凝温度等有什么样的关系？

答：饱和温度与饱和压力是气液平衡中的术语。如果在一密闭的容器中未充满液体，则部分液体分子将进入上部空间，称为"蒸发"。随着空间内蒸气分子数目增加，它所产生的蒸气压力也提高，到一定的时候，空间内的蒸气分子数目不再增加，此时，离开液体的分子数与从空间返回液体的分子数达到了动态平衡，也叫达到了"饱和状态"。这时蒸气所产生的压力叫"饱和压力"。对同一种物质，饱和压力的高低与温度有关。温度越高，分子具有的能量越大，越容易脱离液体而气化，相应的饱和压力也越高。一定的温度，对应一定的饱和压力，二者不是独立的。因此，在饱和状态下，饱和压力所对应的温度也叫"饱和温度"。通常可从手册中查到各种物质的饱和温度与饱和压力的关系。

平常见到的水在空气中的气化过程可分为蒸发和沸腾两类。蒸发是在水的表面进行，沸腾是在液体内部同时发生气化的过程。在一定的压力下，当液体温度升高到产生沸腾时的温度叫"沸点 t_s"。

对纯物质来说，蒸发与沸腾没有本质的区别，沸点也叫"蒸发温度"。例如对图 6 中密闭在定压容器内的液体进行加热时，开始液体的温度 t 低于沸点 t_s，全部处于液态，叫过冷液体（图 6a）；当对液体加热温度升高到沸点时（图 6b），液体将开始气化，叫饱和液体；在气化阶段，蒸气的数量不断增加，温度维持沸点不变（图 6c），直至液体全部气化成蒸气（图 6d），叫饱和蒸气。在气化阶段容器内的气液具有相同的温度。沸点与压力的关系，和饱和温度与饱和压力的关系相同。因此，沸点就是同样压力下的饱和温度。二者具有相同的意义，只是不同的说法。把气液共存的状态叫处于饱和状态。对饱和蒸气继续加热，蒸气的温度才升高，超过饱和温度，叫过热蒸气（图 6e）。

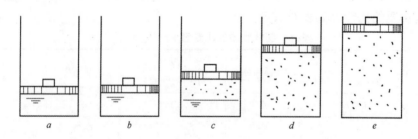

图 6　液体的气化过程

$a—t<t_s；b—t=t_s；c—t=t_s；d—t=t_s；e—t>t_s$

冷凝过程是蒸发的反过程。对纯物质，冷凝温度也叫液化温度，它等于相同压力下的蒸发温度。饱和温度则可将二者统一起来。

37. 什么叫临界温度、临界压力？

答：对同一种物质来说，较高的饱和压力对应较高的饱和温度。提高压力则可以提高液化温度，使气体变得容易液化。即在一定温度下，可以通过提高压力来使它液化。但是，对每一种物质来说，当温度超过某一数值时，无论压力提得多高，也不可能再使它液化。这个温度叫"临界温度"。临界温度是该物质可能被液化的最高温度。与临界温度对应的液化压力叫临界压力。

不同的物质具有不同的临界温度和临界压力,如表 7 所示。

表 7　部分物质的临界温度和临界压力

物质名称	空　　气	O_2	N_2	H_2O	NH_3	CO_2	H_2
临界温度/℃	$-140.65\sim-140.75$	-118.40	-146.90	374.15	132.40	31.00	-239.60
临界压力/MPa	$3.868\sim3.876$	5.079	3.394	22.565	11.580	7.530	1.320

在临界温度及临界压力下,气态与液态已无明显差别;超过临界压力时,温度降至临界温度以下就全部变为液体,没有相变阶段和相变潜热。反之的气化过程也相同。

对内压缩流程,液氧在装置内压缩到所需的压力后再在高压热交换器中复热气化。如果液氧的压缩压力低于临界压力(例如炼钢用氧压力 3.0MPa),则在热交换器的气化过程中,有一段吸收热量、温度不变的气化阶段,然后才是气体温度升高的过热阶段;如果液氧的压缩压力高于临界压力(例如化学工业用氧压力 6.0MPa 或更高),则在热交换器的气化过程中,没有一个温度不变的气化阶段。这将影响高压热交换器的传热性能,在设计时需要充分考虑。

38. 什么叫分压力?

答:由几种不同的气体均匀地混合在一起,所组成的气体混合物叫"混合气体"。空气就是一种混合气体。组成混合气体的每一种成分叫"组分"。

在混合气体中,各种组分的气体分子分别占有相同的体积(即容器的总空间)和具有相同的温度。混合气体的总压力是各种分子对器壁产生撞击的共同作用的结果。每一种组分所产生的压力叫分压力,它可看作在该温度下各组分分子单独存在于容器中时所产生的压力 p_n。

实验证明,混合气体的总压力 p 等于各组分的分压力 p_n 之和:

$$p = p_1 + p_2 + \cdots\cdots + p_n$$

39. 什么叫绝对湿度?

答:由于水的不断蒸发,空气中总含有部分水蒸气。这种含有水蒸气的空气称为"湿空气"。一定体积的空气中含有的水蒸气越多,空气就越潮湿;含有的水蒸气越少,空气就越干燥。因此,空气的干湿程度可以用每立方米空气内所含的水蒸气数量来表示,这叫空气的"绝对湿度",单位为 kg/m^3(或 g/m^3)。

实际上要直接测定空气中的水蒸气含量比较困难。我们知道,水蒸气产生的分压力与其含量有关,是成正比关系。因此,也可以用空气中所含的水蒸气产生的分压力 p_w(Pa)来表示空气的绝对湿度 ρ_w(kg/m^3)。它们的关系为

$$\rho_w = \frac{p_w}{R_w \cdot T}$$

式中　R_w——水蒸气的气体常数,$R_w = 461.7 J/(kg \cdot K)$;

　　　T——湿空气的温度,K。

40. 什么是饱和含量？

答：空气中所能容纳的水蒸气含量是有一定限度的。当达到某一数值时，含量不能继续增多，多余部分会以液态水的状态析出。这个最大允许含量叫饱和含量。

在日常生活中我们可以看到，在密封容器中，水蒸发到一定程度就不再继续蒸发。这是因为在开始时，空间中水蒸气的分子数目较少，液体中有较多水分子可跑到空间中去，使空间的水蒸气分子数目增多。与此同时，也有一部分水蒸气分子会跑到液体中去。当离开液体的分子数目与跑回到液体中去的分子数目相等时，空间的蒸气分子数目不再增加，即蒸气的含量达到最大值。在饱和含量下蒸气不再增加，即蒸气的含量达到最大值。在饱和含量下蒸气分子所产生的分压力叫饱和分压力。在敞开的大空间内，当空气较潮湿时，衣服不易晾干，这也是因为空间中的水蒸气分子达到了饱和，即空气中水蒸气的分压力达到饱和分压力，湿衣服上水分无法再蒸发到空间中去的缘故。

随着温度的升高，分子运动的能量增加，有更多的分子可以脱离液体表面的引力而进入空间，变成蒸气，这就可使蒸发过程加剧。温度降低时则相反，分子运动的能量减少到一定程度，因互相吸引而冷凝成液体。所以，随着温度的升高，空气中能够容纳的水蒸气越多。温度越高，所对应的水蒸气最大含量（饱和含量）也越大；在饱和含量时水蒸气所产生的分压力（饱和水蒸气压）也越高。它们之间有一一的对应关系，可通过实验测定（见表 8）。图 7 是以曲线形式表示了饱和水蒸气压与温度的关系。

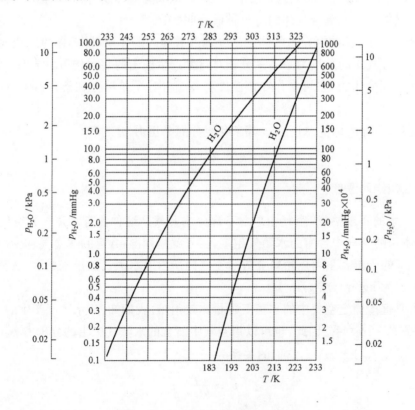

图 7　饱和水蒸气压与温度的关系

表8 空气在不同温度下的饱和水分含量和饱和蒸气压

温度/°C	温度/K	饱和水分含量/g·m⁻³	饱和蒸气压/Pa	温度/°C	温度/K	饱和水分含量/g·m⁻³	饱和蒸气压/Pa
40	313	50.91	7369.98	−10	263	2.14	259.78
38	311	46.00	6619.9	−12	261	1.81	217.42
36	309	41.51	5936.5	−14	259	1.52	181.31
34	307	37.40	5315.66	−16	257	1.27	150.81
32	305	35.64	4750.78	−18	255	1.06	125.09
30	303	30.30	4239.2	−20	253	0.888	103.38
28	301	27.20	3776.9	−22	251	0.736	85.26
26	299	24.30	3358.6	−24	249	0.590	70.07
24	297	21.80	2981.6	−26	247	0.504	57.28
22	295	19.40	2641.8	−28	245	0.414	46.76
20	293	17.30	2336.7	−30	243	0.340	38.1
18	291	15.36	2062.3	−32	241	0.277	30.77
16	289	13.63	1815.8	−34	239	0.226	24.91
14	287	12.05	1594.4	−36	237	0.184	20.1
12	285	10.68	1401.5	−38	235	0.149	16.1
10	283	9.35	1226.99	−40	233	0.120	12.9
8	281	8.28	1072.45	−42	231	0.096	10.25
6	279	7.28	933.9	−44	229	0.077	8.13
4	277	6.39	812.67	−46	227	0.061	6.39
2	275	5.60	704.75	−48	225	0.049	5.06
0	273	4.85	610.04	−50	223	0.038	3.86
−2	271	4.14	516.19	−52	221	0.030	3.06
−4	269	3.52	436.98	−54	219	0.024	2.39
−6	267	3.00	368.36	−56	217	0.018	1.86
−8	265	2.54	309.88	−58	215	0.014	1.46
				−60	213	0.011	1.06

41.什么叫相对湿度?

答:在许多实际问题中,即使绝对湿度相同,由于温度不同,对应的饱和含量也不同,即在空气中能容纳的水分数量也不同。因此,蒸发的快慢就不一样。为了能表示空气中水分含量离饱和状态的远近,采用了相对湿度的概念。相对湿度是指每立方米空气中的水蒸气含量 ρ_w(g/m³)与当时温度下最大允许含量(饱和含量)ρ_s(g/m³)之比;若用 φ 表示相对湿度,则

$$\varphi = \frac{\rho_w}{\rho_s} \times 100\%$$

由于水蒸气的含量与它的分压力成正比,所以相对湿度也可以表示为空气中水蒸气的

分压力 p_w 与当时温度下饱和水蒸气的分压力 p_s 之比。即：

$$\varphi = \frac{p_w}{p_s} \times 100\%$$

例如，空气的温度为8℃时，水蒸气的分压力 $p_w = 800\text{Pa}$（6mm 汞柱），由表8可查得8℃时的饱和水蒸气压力为 $p_s = 1072.45\text{Pa}$（约8mm 汞柱）。这说明水蒸气含量尚未达到饱和，其相对湿度为

$$\varphi = 800/1072.45 \times 100\% \approx 75\%$$

当空气中水分达到饱和时，则相对湿度为100%；干燥空气的相对湿度为0%。因此，相对湿度是在0%～100%之间。

由于饱和蒸气压随温度降低而减小，因此，即使相对湿度均为100%，但是，在不同温度下空气中的水分含量（绝对湿度）是不同的。例如，在空分装置的切换式换热器中，空气温度不断降低，虽然空气的相对湿度始终为100%，但绝对湿度却不断在减少，最终能使空气中的水分全部析出，几乎不含水分。

42. 什么叫露点，为什么能用露点表示空气中的水分含量？

答：在日常生活中我们可以看到，到夜间空气温度降低时，空气中的水分会有一部分析出，形成露水或霜。这说明在水蒸气含量不变的情况下，由于温度的降低，能够使空气中原来未达饱和的水蒸气可变成饱和蒸气，多余的水分就会析出。使水蒸气达到饱和时的温度就叫作"露点"。

测得露点温度，就可以从水蒸气的饱和含量表（表8）中查得其水蒸气含量。由于温度降低过程中水蒸气含量并没有改变，因此，测定露点实际上就是测定了空气中的绝对湿度。如果露点越低，表示空气中的水分含量越少。

露点可用专用的露点仪测定。例如，空气经干燥器后的露点为 -50 ℃，由表8可查得：与 -50 ℃对应的饱和水分含量为 0.038g/m^3，说明空气中尚含有这些水分。如果露点为 -60 ℃，则饱和水分含量为 0.011g/m^3。露点越低，说明干燥程度越高。

43. 为什么空气经压缩和冷却后会有水分析出？

答：在吹除空压机各级的油水时可以看到，从分离器中总有不断吹出大量水分。这些水是从哪里来的呢？这是由于在每立方米的空气中所能容纳水分量主要是取决于温度的高低，而与空气总压力的大小关系不大。例如，在30℃和0.1MPa 压力下，空气中水分的饱和含量为 30.3g/m^3。如果将空气压缩到0.6MPa，温度仍为30℃，则在每立方米的空气中水分的饱和含量仍为 30.3g/m^3。但是，当压力提高时，在每立方米的空气中所包含的空气质量增多，水分量也相应增多。而当温度不变时，其饱和含量不变，则多余的水分就会以液体状态析出。对上述情况，1m³ 压力为 0.6MPa 的空气是由压力为 0.1MPa 体积为 6m³ 的空气压缩而成的。在 1m³ 的空气中水分的含量也增加到 6 倍，即 $6 \times 30.3(\text{g/m}^3) = 181.8\text{g/m}^3$。如果温度不变，空气中仍只能容纳 30.3g/m^3 水分，则有六分之五的水分将析出。随着压力的提高，析出的水分就越多；冷却效果越好，析出的水分也越多。

对中压制氧机，工作压力在 2.0MPa 左右，空气经压缩和冷却后析出的水分可达空气中水分含量的 90% 以上。因此，必须定期进行吹除，以免增加干燥器（纯化器）的清除水分负

担,避免将水分带入分馏塔内。

44. 为什么空气经过冷却塔后水分含量会减少?

答:对低压空分装置,从空压机排出的压缩空气的绝对压力在 0.6MPa 左右。空气经压缩后,单位体积内的含水量增加,使其水分含量达到当时温度对应的饱和含量。空气在流经空气冷却塔时,随着温度的降低,相应的饱和水分含量减少,超过部分就会以液体状态从气中析出。这部分水蒸气凝结成水,同时放出冷凝潜热,不仅使冷却水量增加,而且水温也会有所升高。但空气出塔温度是降低的,因此,空气在冷却塔中,虽然与水直接接触,但水分含量反而会减少。

例如,3200m³/h 制氧机,加工空气量为 19580m³/h,压缩后空气的绝对压力为0.59MPa,空气进空冷塔温度为 50℃,出空冷塔温度为 30℃,在这种情况下,空气经过冷却塔析出的水量可达 220kg/h。

45. 什么叫热力性质图,它表示什么意思?

答:空气在空分装置的不同部位有不同的状态,表示状态的物理量叫状态参数。通常用仪表可直接测量的是温度 T、压力 p 等参数。但是还有一些参数是在做理论分析时常要用到的,例如焓 h、熵 s 等。

这些状态参数之间存在一定的关系,对于不同的物质它们的关系不同。这种关系就反映了它的热力性质。通常是已知其中任意两个独立的状态参数,就可以确定其它参数的数值。例如,可以根据温度 T 和压力 p 确定其焓 h、熵 s 等。

但是,按理论计算则非常复杂。通常是根据实验测定,将它们的关系制成热力性质表,可从表中查取相关的数据,但这也不太方便。因为表中给出的数据不是连续的,往往还要用插入法计算中间的数据。在实际使用时,为了方便,将它们之间的关系用坐标图的形式表示,这种图就叫"热力性质图"。

在平面直角坐标图上,根据纵坐标和横坐标的数值,就可在平面上确定一个点。这正如根据几排、几号可以确定坐位一样,根据经度、纬度可以确定地理位置一样。在热力性质图上的一个点就表示一个状态。在状态点确定以后,可以直接从图上查到其它相关的状态参数。

以哪两个状态参数为坐标是任意的,主要是看如何使用方便。以焓和熵为坐标叫"焓—熵图"(h-s 图);以温度和熵为坐标叫"温—熵图"(T-s 图)。对同一种物质,从不同的热力性质图上查到的结果应该是相同的。

46. 在空分技术资料中经常看到气体的温—熵图、焓—熵图等,如何使用?

答:温—熵图(T-s 图)与焓-熵图(h-s 图)的形状如图 8 所示。对不同的物质(氧、氮、空气等)可分别绘制出不同的热力性质图,但它们具有相似的形状。

在热力性质坐标图上,从纵坐标和横坐标按水平线或垂直线分别可以表示出该状态参数的数值。其他参数以等值曲线的形式表示在图上,以便查到该参数的数值。例如在 T-s 图上(图 8a),纵坐标为温度,横坐标为熵,图上标有等压线、等焓线等;在 h-s 图上(图 8b),纵坐标为焓,横坐标为熵,在图上标有等温线、等压线等。沿等值线上的各点,表示该状态参数相等。根据两个独立的状态参数数值,就可以在图上确定一个状态点,其它状态参数的数值就可以根据该点与等值线的相对位置就可以相应地确定。例如根据T_1和p_1，在图上可以确定点1，相应地可以查到它的焓值h_1和熵值s_1。

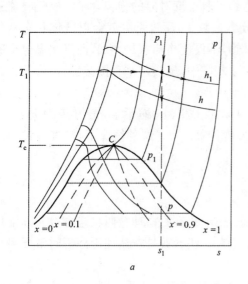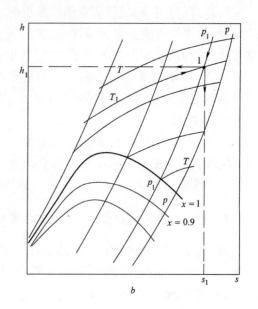

图8　气体的热力性质图

a—T-s 图；b—h-s 图

由于在计算时还会遇到气液共存的饱和状态及液态，在热力性质图上往往也包括湿蒸气及液态的范围。在T-s图上的下方，有一条凸形的曲线（粗线），叫饱和曲线。曲线的顶点C即为临界状态点，左侧的一半饱和曲线是饱和液体线，右侧的一半是饱和蒸气线。曲线的下方为气、液共存的湿蒸气区；上方是过热蒸气区，临界温度T_c以下的左侧区是液体区。

在湿蒸气区，相同压力下整个气化阶段温度保持不变，所以该区域的等压线即为等温线（水平线）。其中气、液的比例（叫干度x）根据它离该压力下饱和液体点（$x=0$）及饱和蒸气点（$x=1$）的相对位置确定，图上也标出了等干度线（$x=0.1,\cdots0.9$等）。

在h-s图上的下方也有一条饱和曲线（粗线），下方为湿蒸气区。在该区域的等压线即为等温线，可从与饱和曲线的交点查到湿蒸气的温度。在上部的过热蒸气区的等温线是微上凸的曲线。从纵坐标上可直接查到它的比焓值（kJ/kmol），所以它对膨胀机的计算最为方便。在湿蒸气区，因为压力和温度不是独立的参数，所以它也表示出了等干度线，以便确定其含湿的状态。

3 制氧流程

47. 低温法空气分离设备常见的流程有哪几种,各有什么特点?

答:低温法分离空气设备均由以下四大部分组成:空气压缩、膨胀制冷;空气中水分、杂质等净除;空气通过换热冷却、液化;空气精馏、分离;低温产品的冷量回收及压缩。各部分实现的方式和采用的设备不同,组成不同的流程。

(1)根据制冷方式分类

1)按工作压力分为高压流程、中压流程和低压流程。高压流程的工作压力高达 $10.0\sim20.0MPa$,制冷量全靠节流效应,不需膨胀机,操作简单,只适用于小型制氧机或液氮机。中压流程的工作压力在 $1.0\sim5.0MPa$,对于小型空分装置由于单位冷损大,需要有较大的单位制冷量来平衡,所以要求工作压力较高,此时,制冷量主要靠膨胀机,但是节流效应制冷量也占较大的比例。低压流程的工作压力接近下塔压力,它是目前应用最广的流程,该装置具有低的单位能耗;

2)按膨胀机的型式分为活塞式、透平式和增压透平式。活塞式膨胀量小,效率低,只用于一部分旧式小型装置。透平式由于效率高,得到最广泛的应用。对低压空分装置,由于膨胀后的空气进入上塔参与精馏,希望在满足制冷量要求的情况下膨胀量尽可能地小,以提高精馏分离效果。增压透平是利用膨胀机的输出功,带动增压机压缩来自空压机的膨胀空气,进一步提高压力后再供膨胀机膨胀,以增大单位制冷量,减少膨胀量。这在新的低压空分流程中得到越来越广泛的应用;

3)按膨胀气体分为空气膨胀流程和氮膨胀流程。膨胀后空气进上塔会影响精馏;氮气膨胀使主冷中氮的冷凝量减少,即进入上塔的回流液减少,同样对上塔精馏有影响,二者各有优缺点。

(2)按净化方式分类

1)冻结法净除水分和 CO_2。空气在冷却过程中,水分和 CO_2 在换热器通道内析出、冻结;经一定时间后将通道切换,由返流污氮气体将冻结的杂质带走。根据换热器的型式不同,又分为蓄冷器和板翅式切换式换热器。这种方式切换动作频繁,启动操作较为复杂,技术要求高,运转周期为 1 年左右;

2)分子筛吸附净化流程。空气在进入主换热器前,已由吸附器将杂质净除干净。吸附器的切换周期长,使操作大大简化,纯氮产品量不再受返流气量要求的限制,运转周期可达两年或两年以上,目前受到越来越广泛的应用。

(3)按分离方式分类

低温法分离空气是靠精馏塔内的精馏过程。

1)根据产品的品种分为生产单高产品、双高产品、同时提取氩产品或全提取稀有气体等流程;

2)根据精馏设备分为筛板塔和规整填料塔等。

（4）按产品的压缩方式分类

可分为分离装置外压缩和装置内压缩两类。装置外压缩是单独设置产品气体压缩机，对装置的工作没直接影响。装置内压缩是用泵压缩液态产品，再经复热、气化后送至装置外。相对来说内压缩较为安全，但是，液体泵是否正常将直接影响到装置的运转。

48. 用深冷法制氧的设备在安全上有何特点？

答：利用深冷法制氧，首先要将空气液化，再根据氧、氮沸点不同将它们分离开来。空气液化必须将温度降到 $-140.6℃$ 以下。一般空气分离是在 $-172 \sim -194℃$ 的温度范围进行的。用深冷法制氧的设备具有以下特点：

1)低温换热器、精馏塔等低温容器及管道置于保冷箱内，并充填有热导率低的绝热材料，防止从周围传入热量，减少冷损，否则设备无法运行；

2)用于制造低温设备的材料，要求在低温下有足够的强度和韧性，以及有良好的焊接、加工性能。常用铝合金、铜合金、不锈钢等材料；

3)空气中高沸点的杂质，例如水分、二氧化碳等，应在常温时预先清除。否则会堵塞设备内的通道，使装置无法工作；

4)空气中的乙炔和碳氢化合物进入空分塔内，积聚到一定程度，会影响安全运行，甚至发生爆炸事故。因此，必须设置净化设备将其清除；

5)贮存低温液体的密闭容器，当外界有热量传入时，会有部分低温液体吸热而气化，压力会自动升高。为防止超压，必须设置可靠的安全装置；

6)低温液体漏入基础，会将基础冻裂，设备倾斜。因此必须保证设备、管道和阀门的密封性，要考虑热胀冷缩可能产生的应力和变形；

7)被液氧浸渍过的木材、焦炭等多孔有机物质，当接触火源或给以一定的冲击力时，会发生激烈的燃爆。因此，冷箱内不允许有多孔性的有机物质。对液氧的排放，应预先考虑有专门的液氧排放管路和容器，不能走地沟；

8)低温液体长期冲击碳素钢板，会使钢板脆裂。因此，排放低温液体的管道及排放槽不能采用碳素钢制品；

9)氮气、氩气是窒息性气体，其液体排放管应引至室外。气体排放管应有一定的排放高度，排放口不能朝向平台楼梯；

10)氧气是强烈的助燃剂，其排放管不能直接排在不通风的厂房内。

49. 为什么大、中型空分设备适合采用全低压流程？

答：降低空分设备的工作压力，可以降低产品的单位能耗。全低压空分设备的工作压力接近下塔的工作压力，而小型空分设备的工作压力是远高于下塔的压力。工作压力低，膨胀产生的单位制冷量也少。为了保持冷量平衡，首先要求单位冷损也小。对大型空分设备，单位跑冷损失随着装置容量增大而减小，同时，设计时也选取较小的热端温差，单位热交换不完全冷损失相对也较小，这为降低工作压力创造了有利条件。

此外，工作压力低，就要求膨胀机有高的效率，以便在同样压差的情况下能产生较大的制冷量。透平膨胀机随着容量增大，最佳转速降低，效率提高。因此，它对大型空分设备最为适合,使降低工作压力成为可能。

对于小型空分设备,相对的冷损大,即使采用透平膨胀机,转速高达 10^5r/min 以上,效率也较低,维护管理要求很高。此外,对于大型空分设备,膨胀量相对于加工空气量较小,膨胀制冷后的空气仍可参与精馏,从中提取氧。而小型空分设备若采用低压流程,因为产生制冷量所需的膨胀气量大,不能全部参与精馏,氧的提取率就很低,单位产品的能耗仍然会很大。因此,全低压流程对大、中型空分装置最为适合。

目前,随着分子筛吸附净化和增压透平流程的采用,以及板翅式热交换器技术的进步,低压空分设备的最小容量已设计到 340m³/h 氧产量,800m³/h 氮产量(KDON−340/800),空压机的排气压力为 0.59MPa。

50. 空气预冷系统有哪几种型式?

答:空分装置希望压缩空气进装置时的温度尽可能低,以降低空气中的饱和水含量和主换热器的热负荷等。而空压机实际上不可能实现等温压缩,末级压缩后的空气温度可高达 80~90℃。因此,空气在空压机后,进空分装置前,要对空气进行冷却。尤其是对分子筛吸附净化流程,由于分子筛的吸附容量与温度有关,温度越低,吸附容量越大。因而降低空气温度可以缩小吸附器的设计尺寸。在运转时,就能保证净化效果,或可延长切换时间,减少切换损失。因此,空气在压缩机后更要求预先将压缩空气冷却到尽可能低的温度,然后再进入吸附器。

目前采用的空气预冷系统有以下几种型式:

1)带低温水的空气冷却塔。用喷淋水与空气直接接触来冷却压缩空气。冷却水来自两部分:用污氮在水冷却塔中降低冷却水的温度后,再用泵供至空气冷却塔;另一部分用冷冻机的蒸发器提供的 4~6℃ 的低温水,进一步将空气冷却到 8~10℃ 的温度(见图9)。这种冷却方式是靠气、液直接接触进行换热的。它的能耗低,但操作不当有可能产生带水事故,使纯化器或主热交换器不能正常工作;

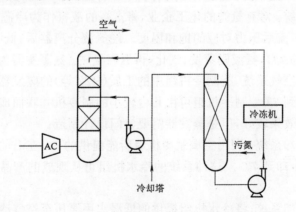

图 9 带冷冻机空气预冷工艺流程

2)低温水间接冷却系统。空气经压缩机末端冷却器冷却至 40℃ 后,再在预冷器中被低温水间接冷却至 8℃。低温水由冷冻机提供。这种系统设备简单,布置紧凑,又可避免吸附器进水,但能耗较高;

3)空气与冷冻机直接换热的系统。压缩空气在经过末端冷却器冷却至 40℃ 后,进入冷冻机的蒸发器,靠冷冻剂蒸发吸热直接对空气进行冷却。这样,不需经过低温水间接冷却,可以减小传热热阻,提高换热效果。同时,还节省了低温水循环水泵。但是,冷冻机的蒸发器需要为冷却空气而专门进行设计,设备投资大,能耗高;

4)污氮蒸发冷却系统。对于氮气产品质量没有要求的用户,可以增大污氮数量,充分利用排出冷箱的干燥污氮的吸热潜力,在水冷却塔中吸收水的蒸发潜热,将冷却水温降至12～14℃,然后再在空气冷却塔中用水将空气冷却至16℃。它类似于原先的氮水预冷系统。由于省去了冷冻机,可以减少这方面的投资,也避免了冷冻机事故对装置运转的影响。但是纯化器的投资会有所增加;

5)直接用机后冷却器冷却。当采用变压吸附再生的净化系统时,对空气的温度要求较宽容,只要小于40℃即可。因此,只要将压缩机的机后冷却器设计得留有一定余地,能将空气冷却到37℃就能满足要求。这样系统大为简化,省去水泵,采用间接冷却还可避免带水事故。

51. 将冻结法净化流程改为分子筛净化流程时,空气预冷系统相应地需要做哪些改造,有哪几种方式?

答:采用分子筛净化系统大大简化了操作,提高了设备的安全可靠度。因此,不少原先采用冻结法清除空气中水分和二氧化碳的低压空分设备的单位也相继考虑对原有设备进行改造。由于要保证分子筛吸附器的净化效果,需要将空气预冷到8℃左右,这样原有的空冷塔已不能满足要求。为了节省改造费用,一般在原有的预冷系统后再增设一套预冷系统,将空气冷却到所要求的温度。

预冷系统首先需要提供一个冷源,它的温度比8℃更低,以便冷却空气;其次是增加一个换热器,实现空气与冷源间的换热;三是将空气温度降低时析出的水分在分离器中预先分离下来,再进入吸附器。

根据冷源或冷却方式不同,现已采用的有以下4种型式:

1)氨蒸发冷却系统。对有氨站的化工企业,将富裕的液氨作为冷源。高压液氨经节流后部分气化,温度降至节流后压力对应的饱和温度。经氨液分离器后,低温饱和氨液进入空气冷却器,将空气冷却到7℃,氨液则蒸发、气化,再返回氨站。氨蒸发器为铝制板翅式换热器;

2)制冷工质冷却空气系统。将制冷机组中的工质(R22等)的蒸发器作为空气冷却器。靠工质蒸发将空气冷却到7℃。制冷机组可由几台较小的制冷机并联而成,以增大调节的灵活性。这种系统的冷却效果较好,但是蒸发器需要专门设计制造;

3)低温水间接冷却系统。利用空调制冷机组所能提供的5℃左右的低温水,作为空气冷却器的冷源,将空气冷却到7℃。这种系统的冷水机组可从现成的产品系列中选择配套,冷量调节灵活;

4)低温水直接冷却系统。将冷水机组提供的低温水用泵压至空气冷却塔顶部喷淋,与空气进行接触式热交换。空冷塔与原先的塔类似。它的冷却效果较好,但需注意防止带水事故。

各单位可以根据实际情况,通过技术经济比较确定最佳方案。

52. 环境条件变化对空分设备的性能有什么影响?

答:环境条件包括大气压力、环境温度、大气湿度以及空气中 CO_2 等杂质的含量等。这些条件随地区、气候条件变化,对相同的空分装置也会显示不同的性能。

1)大气压力的影响。大气压力在 0.1MPa 附近波动。大气压力降低将使空压机的压缩比增大。大气压力降低 0.01MPa,会使空压机的压缩比增加 6%～8%,增加压缩的能耗。此外,由于质量比体积增大(密度减小),空压机的排气量减小,相应的氧产量也会减少,制氧的单位电耗增大。

2)环境温度的影响。环境温度升高,会使空压机的排气量减小,轴功率增大。环境温度升高 3℃,轴功率约增加 1%。此外,环境温度升高也会使空压机的排气温度升高,冷损增大,要求有更多的制冷量来平衡冷损,最终会导致能耗增加。

3)空气湿度的影响。空气的湿度增大,使压缩机功的一部分消耗在压缩水蒸气上,造成空压机的轴功率增大。

4)空气中杂质的影响。空气中的杂质含量增加,使得分子筛吸附器净化的负荷增大。

53. 采用分子筛净化流程与切换式换热器净化流程相比,有什么特点?

答:分子筛净化流程是压缩空气进入冷箱以前,先经过分子筛纯化器,清除空气中的水分、二氧化碳等杂质,不会出现空气在冷却过程中再析出、冻结这些杂质,可保证空分装置的正常工作。与原先采用的切换式换热器净化流程相比,有以下优点:

1)在清除水分、二氧化碳等杂质的同时,吸附乙炔等碳氢化合物,在冷箱内一般不需再设置乙炔吸附器及相应的液氧泵等,使流程大大简化,管道阀门、法兰的数目也可减少;

2)用单纯换热的主热交换器替代切换式换热器,省去频繁工作的切换阀,减少设备故障率,降低了切换噪声。并且,换热器通道不受交变应力,可延长设备寿命;

3)简化了设备操作。特别是在启动阶段,切换式换热器,为了安全度过水分和二氧化碳析出阶段,在操作上有严格的要求,需要有丰富经验的操作工进行操作,以免膨胀机出现堵塞现象。而分子筛净化流程不用担心水分、二氧化碳在设备内冻结,使启动操作大大简化;

4)不需要专门的加热解冻系统。加热干燥可直接利用净化后的低温原料空气,简化了加热操作,减少了设备,也减轻了加热带来的热影响;

5)返流污氮没有从换热器通道带走冻结的水分和二氧化碳的任务,所以对它的数量没有要求,因此,可以增大纯氮的产量。切换式流程氧与纯氮产量比为 1∶1.1,而分子筛净化流程二者之比可达 1∶(2.5～3.5);

6)由于切换式换热器的切换时间约为 4～8min,而吸附器的切换时间可延长到 2～4h,因此大大减少了空气的切换损失,从而可降低能耗,提高氧的提取率;

7)延长设备的运转周期。在正常情况下,分子筛净化的效果优于冻结法自清除的效果,设备连续运转的周期可从 1 年延长到 2 年。

由于以上的这些优点,新的空分装置均采用分子筛吸附净化流程。

54. 采用分子筛吸附净化流程为什么多数要采用制冷机预冷系统?

答:由于使用了分子筛吸附净化流程,可以把压缩后的空气中的水分、二氧化碳及部分的碳氢化合物在纯化器中被吸附掉,这样,在设计中可以取消液空吸附器和液氧吸附器,从而简化了空分生产的工艺流程,同时也延长了设备的运转周期,提高了设备使用率。

但是,要使分子筛能够正常工作,对其吸附介质温度要求比较苛刻。因为温度越高,空气中的水分含量越大,增大纯化器的清除负荷。而分子筛的吸附性能随温度升高而降低,所以,分子筛纯化器的入口温度必须控制在15℃以下才能正常工作,一般要在8～15℃之间。而普通冷却水很难将空气冷却到这样的温度条件,所以一般都需要增加制冷机预冷系统,才能把空气温度降到8～15℃以内,以确保生产顺利进行。

55. 如果分子筛吸附器净化流程不采用冷冻机预冷系统,则需要采取什么措施,这些措施有什么优缺点?

答:由于分子筛吸附器对吸附介质的温度要求比较严格,其分子筛的入口温度必须在15℃以下才能正常工作,通常在8～15℃之间,而普通冷却水很难使空气被冷却到分子筛需要的条件。

如果分子筛吸附器净化流程不采用冷冻机预冷系统,势必造成分子筛的入口温度提高。通过理论计算可知,经过分子筛的气体介质温度每提高1℃,分子筛的负荷量增加5%左右。所以,在可能的条件下,要充分利用污氮的冷量和干燥度,将冷却水在水冷却塔内冷却到尽可能低的温度。

此外,为了抵消由于温度的提高而增加的负荷量,从设计上就要分子筛纯化器进行改进。例如:增大分子筛吸附器的容量,将罐的结构由卧式改为竖式;缩短纯化器的使用周期,减少分子筛的加热和冷吹时间等。

这种措施的优缺点是:

1)减少了冷冻机冷却系统的一次性设计投资,但要加大纯化系统的投资;

2)要减少纯氮气的产量,以便有足够多的污氮来冷却水;

3)立式罐的截面积较小,使气流分配较均匀;

4)提高了分子筛床的高度,增加了分子筛的阻力,使氧气产品能耗增加;

5)随季节的变化,通过分子筛床层的气体温度变化大,使空分生产不够稳定。

56. 为什么分子筛纯化空分流程氩的提取率高?

答:氩气生产需要主塔工况稳定,这样才能保证从精馏塔上塔抽出来的氩馏分的组成不变。从实践得知,尽管精馏塔工况只有微小的变化,氩馏分的组成也会产生较大的变化。通常,氧气纯度变化0.1%,氩馏分中的含氧量变化约为1%,为其变化量的10倍。氩馏分是提取氩的原料,氩馏分组成的变化会直接影响粗氩塔的精馏工况。氩馏分中含氮量高,粗氩中含氧高,氩的产量都会降低,造成氩的提取率下降。氩馏分中含氮量高,还会使粗氩塔冷凝器温差减小,造成粗氩塔回流比下降,精馏工况变差。

切换式换热器流程由于采取冻结法清除水分及二氧化碳,为保证杂质的自清除,必须在几分钟内就切换一次,短的3min,切换时间较长的也只有10min。这势必使空分装置的压力、温度、流量以及精馏塔的精馏工况等,在几分钟内就波动一次。主精馏塔的精馏工况周期性变化,氧、氮的产量及纯度都不够稳定,导致氩馏分的组成和量都不稳定。

分子筛纯化流程的空分设备采用分子筛吸附空气中的水分、二氧化碳、乙炔等其他碳氢化合物。分子筛纯化器的切换是为了分子筛的解吸、再生,全低压分子筛纯化器的切换时间设计为1.5～2.5h,长周期为4～6h。中压分子筛纯化器的切换时间设计为8h。由此可见,分子筛纯化的全低压流程比切换式换热器流程运行波动小,精馏工况相对稳定,所以氩馏分的组成和量都可以稳定。粗氩塔和精氩塔的分离工况都得到了保证，分离比较完善，氩的提取率也就提高了。据统计，切换式换热器流程的全低压空分设备氩的提取率只有30%～35%，而分子筛纯化流程的全低压空分设备氩的提取率可高达60%～87%。

57. 什么是液氧内压缩流程，有什么特点？

答：一般的空分装置生产的氧、氮产品来自上塔的低压氧、氮气体，经换热器复热后出空分冷箱，绝对压力约为0.12MPa。然后再由氧气压缩机将它压缩到所需的压力(3.1MPa)供给用户。液氧内压缩流程是从冷凝蒸发器抽出液氧产品，经液氧泵压缩到所需的压力(约3.1MPa)，再经换热器复热、气化后供给用户。即它是在冷箱内压缩到所需压力的。与原有的流程相比，有以下特点：

1)不需要氧气压缩机。由于将液体压缩到相同的压力所消耗的功率比压缩同样数量的气体要小得多。并且，液氧泵的体积小，结构简单，费用要比氧气压缩机便宜得多。

2)液氧压缩比气氧压缩较为安全。

3)由于不断有大量液氧从主冷中排出，碳氢化合物不易在主冷中浓缩，有利于设备的安全运转。

4)由于液氧复热、气化时的压力高，换热器的氧通道需承受高压，因此，换热器的成本将比原有流程提高。并且，在设计时应充分考虑换热器的强度的安全性。

5)液氧气化的冷量充足，在换热器的热端温差较大，即冷损相对较大，为了保持冷量平衡，要求原料空气的压力较高，空压机的能耗有所增加。

一般来说，空压机增加的能耗与由于采用液氧泵替代氧压机而减少的能耗大致相抵，或略有增加。设备费用也大体相当，或略有减少。但从安全性和可靠性方面来看，内压缩流程有它的优越性。随着变频液体泵的应用，产品氧气、氮气流量的调节非常灵活，产品纯度的稳定性也较好，是目前国际上采用较多的流程。

58. 为什么内压缩流程能将膨胀空气送入下塔？

答：如图10所示，内压缩流程中，冷箱容器内的液氧通过液氧泵6升压、经过高压换热器4与高压空气进行热交换，被复热、气化后直接从冷箱出口得到高压氧气。

该流程的特点为冷箱出口的产品压力即为使用要求压力，所以，根据用户要求的压力不同，设计的换热器所需承受的压力也不同。从换热的角度看，液体在临界压力以上的气化过程与临界压力以下时有很大的不同。前者当温度达到临界温度时，直接由液态变为气态，没有相变的阶段；而后者在达到饱和温度(低于临界温度)时，有一个维持温度不变的气化阶段。而正流空气在换热器中被冷却的过程是没有相变的。

为了使二者在换热器内有尽可能小的传热温差，通过理论计算，对于低于临界压力时的液氧气化，要求通过高压换热器的空气流量大于氧气流量，并且，最佳压力为氧气压力的2～2.3倍；超过临界压力时为1.3～1.6倍，如图11所示。因此，当产品氧压力为2.94MPa时，取空气的压力为6.3MPa。而主空压机1的压力是满足下塔所需的压力，在0.55MPa左右。为此，必须配置有增压机2来提高空气压力，它可与增压膨胀机侧的增压机结合起来设置。

由于增压后的压力很高，这部分流程相当于中压循环，将增压气体供给膨胀机后通至下

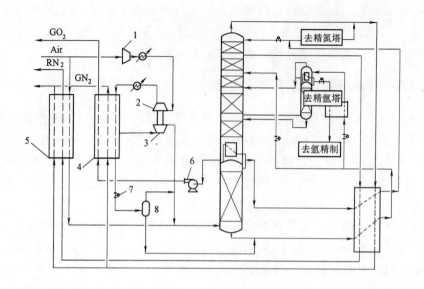

图 10 内压缩工艺流程

1—空压机；2—增压机；3—膨胀机；4—高压换热器；
5—主换热器；6—液氧泵；7—节流阀；8—气液分离器

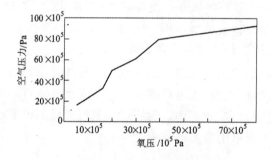

图 11 内压缩流程中液氧气化压力与
最佳空气压力的关系

塔已有足够的压降和单位制冷量，所以，可将主空压机出口的空气分为三部分：一部分在主交换器 5 中冷却后进入下塔精馏；第二部分在增压机中增压至 6.3MPa，经高压换热器环流通道冷却后进入透平膨胀机，膨胀压力为 0.55MPa，空气进入下塔；第三部分在增压机中增压至 6.3MPa，在高压换热器 4 中冷却到饱和温度，然后通过节流阀 7 减压至 0.50MPa，呈液态空气进入下塔中部，增加下塔下部的回流比，并减少下塔上部的上升蒸气量，提高下塔的氮纯度，同时减少了主冷的冷凝量，减少上塔回流液，使氧提取率提高。此流程适用于特大型空分设备，膨胀量的增减对氧、氮、氩纯度影响较小，但对增压机、膨胀机等设备精度要求较高，该流程氧提取率大于 98%。

59. 为什么中压外压缩流程改为内压缩流程后，空气的操作压力要提高？

答：中压外压缩流程改为内压缩流程后，空气操作压力的提高反映了装置所需的制冷量增加。这是因为内压缩流程消耗的冷量（冷损）增加，需要有更多的制冷量，以维持冷量平衡。增加的冷损有以下几方面：

1)液氧泵在装置内对液体进行压缩,将能量传给液体,在压力升高的同时,温度也有升高。例如,将液氧压缩至 10MPa 时,将有 10℃左右的温升。这相当于从外部多传入一部分热量;

2)产品离开装置时的压力升高,即这部分气体的等温节流效应制冷量在装置内没有得到利用。其损失对 1m³ 加工空气而言,有 9～10kJ/m³;

3)高压换热器内的换热,由于液氧有一个从液态转为气态的相变过程,传热温差大于原先单纯的气—气间的换热。其热端温差一般要扩大 2～4℃,造成热交换不完全冷损的增加;

4)由于在冷箱内增加了液氧过冷器、贮液器、液氧过滤器、液氧泵等设备,会增加部分冷损。同时,液体泵密封处若有泄漏,更会增大冷损。

由于上述原因,中压空气操作压力要提高 1.5～2.0MPa,如果部分产品为内压缩,操作压力也要增高 0.5MPa 左右。

操作压力的提高,会增大空压机的能耗。但是,它可以节约氧压机的能耗,装置的运转较为安全。

60.内压缩中压流程小型空分设备中的氧换热器(即氧气化器)的传热特点是什么?

答:内压缩中压流程中氧换热器(即氧气化器)是一种在氧侧具有相变的低温换热器。一侧是空气被冷却;另一侧是液氧受热蒸发,并复热至常温。它的氧气化器往往是为了替代高压氧压机,气化的氧气供充瓶用。其传热特点如下:

1)该换热器的热源是流程内本身的空气,不用外热源,不需要消耗电能和水蒸气能。空气量取决于氧的气化量、流程的压力及热端温差。对小型中压流程(生产医用氧),空气量与氧气量之比为(1.8～1.9):1。空气量之所以大于氧气量,主要原因是在一定的热端温差下,氧的比热容大于空气的比热容。另一个原因是空气的压力低于氧的平均压力,空气的温降小于氧的温升所致。操作压力越高,空气分配量越少。

空气回收氧的冷量后被冷却到一定的温度。如果装置全部生产医用氧,则冷却后的空气被送至高压节流阀前,经节流后进下塔;如果生产部分医用氧,则空气被送至膨胀机前,经膨胀后再进下塔。

2)冷源是经过冷的液氧,其过冷度约为 5℃,以防在液氧泵内产生气化。液氧首先在液氧泵中压缩到所需的压力,再送到氧气化器中气化。进氧换热器后氧的复热状况与工作压力及温度有关。在临界压力(5.037MPa)以上,温度低于临界温度(154.34K)时为液体,高于临界温度时为气体;在临界压力和临界温度以下时,有一相变的汽—液两相区,温度高于压力对应的饱和温度为气体,低于饱和温度为过冷液体。

在利用气化氧充瓶时,压力是一个反复多变的过程。传热计算为了简化起见,取 2/3 的最高压力作为平均压力考虑(约为 10MPa)。由于压力高于临界压力,它的换热特点是分为预热段(临界温度以下)和蒸气段(临界温度以上)两个区段,没有两相共存的气化阶段。两个阶段的传热特性有很大差别(气-液换热及气-气换热),需分别考虑、计算。

在生产部分医用氧时,氧气化器为单独的换热器;在生产全部医用氧时,氧气化器与主换热器做成一体。

氧换热器在运行过程中要注意氧的出口温度是否已达到室温。氧的温度过低,说明空气量分配不够。严重时甚至部分液氧还来不及气化,管道外产生结霜。若不及时加大空气量,低温氧充入瓶内,待温升后可能发生爆炸。因此,在氧气出口管道上应装设温度计,并与液氧泵电机联锁或带报警装置。

61. 液氧的高压气化器有哪几种型式,它们的优缺点是什么?

答:在空分设备上应用的高压气化器,目前在充瓶上使用的有三种型式:

1)水浴式。将盘管放入水中,并伴有蒸汽通入。用热水使液氧(或液氮、液氩)气化。盘管采用单根或多根直径较大的管子(如 $\phi 25mm \times 2 \sim 3mm$)盘绕而成。一般做成一层,上下装有汇流管或叫集合器(单根的没有)。进、出口管都朝上。管子材料需用铝管或不锈钢管。水温保持在 $80 \sim 90℃$。

它的优点是传热性能好,体积小,重量轻,操作较安全。缺点是要消耗一定量压力为 $0.4MPa$ 左右的蒸汽。

2)空浴式。换热器置于大气中,用空气来加热低温液体,使之气化。传热管采用星形大肋片复合管,外管为铝管,内管为不锈钢管。大肋片的外径为 $\phi 113mm$,内径为 $\phi 22mm$,壁厚 $3mm$,肋为 8 片。肋片可使传热强化 8 倍多。

气化器采用立式安装,高度约 $2m$。每个单元组由 8 根星形管串联而成。气化量为 $50 \sim 75m^3/h$。根据总的气化量大小来确定所需并联的单元组数。每组之间设有汇流管,朝下安装。整个气化器安装在一个框架内,并用连接板将肋片固定。

它的优点是不需消耗蒸汽或电能,操作安全。缺点是传热系数小,体积大,重量大,成本高。

3)装于空分塔内,利用加工空气加热。它作为装置内设备的一部分(氧换热器),由空气回收液氧和氧气的冷量,并又返回到塔内,减少了装置的冷量消耗。

氧换热器常做成单管与套管两种。根据流程的压力决定管外或套管之间的空气压力。小型设备一般做成盘管结构,用小口径的紫铜管($\phi 5mm \times 1mm$ 或 $\phi 6mm \times 1mm$)盘绕而成。管内受压为 $15 \sim 16MPa$,管间所受空气压力对中压流程为 $2 \sim 4MPa$,对低压流程为 $0.55MPa$。在 $150m^3/h$ 空分设备上将氧换热器和主换热器做成一体,用多根套管盘绕而成。管子为 $\phi 10mm \times 1mm$ 和 $\phi 5mm \times 1mm$。套管的焊接用银焊。

前两种型式的气化器用于液体贮槽后的增压气化,它的冷量未加回收,冷损大。

62. 什么叫氮膨胀,它与空气膨胀相比有什么优缺点?

答:以氮气作为膨胀机的工质的流程叫氮膨胀。氮膨胀分成纯氮气膨胀和污氮气膨胀两类。纯氮气膨胀流程如图 12 所示,它是从下塔顶部和主冷凝器氮侧顶部抽出纯氮气,一部分经切换式换热器环流通道复热后再汇合进入透平膨胀机,膨胀后的氮气经板翅式换热器作为产品氮气引出。

污氮气膨胀流程如图 13 所示,它是从下塔中部抽出含氧 1% 左右的污氮气,一部分经切换式换热器环流通道复热后再汇合进入透平膨胀机,膨胀后的污氮经过冷液化器和切换式换热器复热回收冷量,再通过蒸发冷却塔吸收冷却水的蒸发热后放空。

由于从下塔抽出氮气,使主冷凝器的液氮冷凝量减少,因此送入上塔的回流液氮减少,使精馏塔的回流比达到比较合理的数值,这样充分利用上塔的精馏潜力,提高氧的提取率。

氮膨胀的优缺点是:

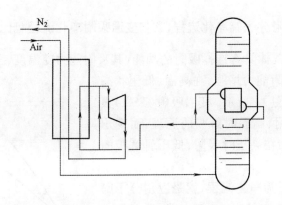

图 12　纯氮膨胀流程

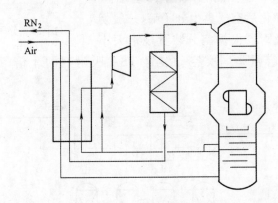

图 13　污氮膨胀流程

1)氮膨胀后气体不进入上塔,因此它不会直接影响上塔精馏工况,它在膨胀后的过热度可以比空气膨胀高,膨胀后的压力也可以比空气膨胀低一些。因而单位制冷量就比空气膨胀要大,在设备冷损一定的情况下,它的膨胀量就可少一些;

2)由于膨胀后的气体不入上塔,并且主冷的热负荷减小,因此上塔的上升气量比空气膨胀的要少,从而塔径可以缩小,结构也可以简化;

3)氮膨胀量增大对主冷温差有一定影响,会使污氮中的含氧量升高,降低氧的提取率,可是对氧纯度的直接影响不太大,对馏分氩的影响则更小,在国外的大型空分装置上已采用氮膨胀;

4)氮膨胀的工质比空气膨胀的工质要干净,因而膨胀机可以在更安全的条件下运行。因为氮膨胀的工质是从下塔上部抽出的,它不可能带有固体二氧化碳等杂质。而空气膨胀的工质是从下面第一块泡罩塔板上抽出的,空气中的二氧化碳就有可能被带入膨胀机内,引起膨胀机的磨损。此外,在氮膨胀时,膨胀后压力是 0.12MPa,温度要到 78.7K 才会出现液滴,因此在膨胀机中不容易产生液体;

5)由于下塔的最小回流比大于上塔精馏段的最小回流比,也就是说下塔回流液比上塔回流液富余得少,所以从下塔能抽取的气氮量要比能送入上塔的空气量少。通常,抽氮膨胀量不超过加工空气量的 16%,而空气膨胀量不超过加工空气量的 25%。

63. 什么是变压吸附分子筛净化流程,它与变温吸附净化流程相比有什么特点?

答:分子筛对混合气体具有选择吸附的功能,其吸附能力随温度、压力的变化而变化。在低温、高压状态时其吸附能力增强,在高温、低压状态时其吸附能力降低,如图 14 所示。变温吸附(TSA)根据分子筛在常温时吸附、高温时解吸的原理,而变压吸附(PSA)根据分子筛在高压时吸附、低压时解吸的原理。

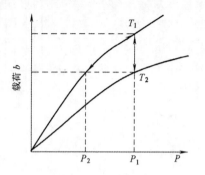

图 14 分子筛吸附性能曲线

所谓变压吸附分子筛净化流程,就是应用分子筛变压吸附工艺除去空气中的水、二氧化碳、碳氢化合物,省去空气预冷系统和再生加热器,如图 15 所示。

利用 1%～1.5%净化后空气再生分子筛,一般切换周期为 9～14min,吸附器根据空分装置规格大小设置 2～6 个,吸附剂容量是同类空分装置 TSA 吸附剂的 4 倍,每台容器设切换阀 6 个。

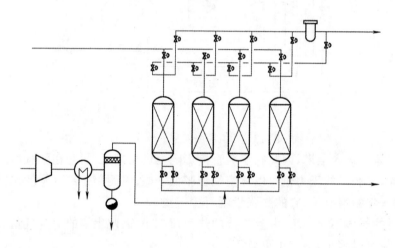

图 15 变压吸附工艺流程

PSA 与 TSA 相比,其优点为:

1)使流程简化,省去空气冷却塔、蒸发冷却塔、低温水泵、再生加热器等设备;

2)没有 TSA 加热再生所需的蒸汽消耗。对于 60000m³/h 的空分装置来讲,可节约蒸气 1800kg/h(约1000kW·h/h)。

它的缺点为:

1)空气切换损失1%～1.5%,多耗电 400kW;

2)切换周期短、切换阀易发生故障;

3)常温再生分子筛解吸难以彻底,随之会影响分子筛吸附性能,使部分有害气体带入空分装置,对大型空分装置的安全性产生一定的影响;

4)投资略大。

64. 为什么现在的低压空分设备多采用带增压透平膨胀机？

答：膨胀机是气体膨胀对外作功的机械，原先的流程多数是用膨胀机带动电机，对外输出电能。对低压空分装置，膨胀机的进口压力取决于下塔要求的空压机压力，膨胀机制冷量的调节主要靠改变膨胀量。但是，膨胀空气直接进上塔参与精馏，膨胀量过大将影响分离效果，降低氧的提取率。

增压透平膨胀机是用膨胀机带动一台增压压缩机，将供给膨胀机的压缩空气压力进一步提高，然后在热交换器内降温后再供至膨胀机膨胀。如图16所示。这样，膨胀机的进口压力可从 0.55MPa 提高到 0.9～1.0MPa，在产生相同的制冷量时，所需的膨胀空气量可减少20%以上。除此以外，还有下述优点：

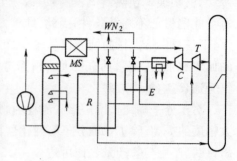

图16　增压透平膨胀空气的分子筛流程

1)降低膨胀后气体的过热度，减小对上塔精馏的影响，使氧的提取率提高。在相同进口温度时，机后过热度可降低9.5K。加之进上塔的膨胀空气量的减少，氧的提取率可提高6.5%～9.4%，相应能耗可降低5%～10%；

2)主冷热负荷增加，有利于提高精馏效率。由于膨胀量减小，进入主热交换器冷段及下塔的空气量增大，出换热器冷空气的焓值略有提高(约1.5%)，主冷的热负荷要增加4%。

3)冷量调节能力大，稳定性好。在正常情况下，膨胀量等于环流量，环流出口温度等于膨胀机进口温度。当需要增大制冷量时，采用旁通增压气与环流气混合而成膨胀量，相应地提高了膨胀机进口温度，有利于增大单位制冷量，减小膨胀量增大的份额。因此，增压流程的适应性强，稳定性好，调节能力大。

65. 进下塔的加工空气状态是如何确定的？

答：当进出精馏塔的和各股物料的量及状态完全符合整个精馏塔的物料平衡、组分平衡以及能量平衡时，精馏工况才能维护稳定运行。通常，从精馏塔引出的气氮、气氧产品处于干饱和蒸气状态，因而进精馏塔加工空气的状态也应该是在其压力下的干饱和蒸气状态。一般下塔压力为 0.5～0.6MPa，其对应的饱和温度约为100～101K，也就是加工空气进下塔的状态是温度为100～101K 的干饱和蒸气。

但是，由于精馏塔存在冷损失，加之膨胀后入上塔的空气为过热空气，为了补偿冷量，导致加工空气进入下塔的状态不仅要达到饱和，而且必须含少量的液体，即加工空气进下塔的状态应该是气液混合物。对于只生产气态产品的塔，进下塔的加工空气含3%～5%的液体；对于同时生产气、液产品的精馏塔，因塔的冷损失加大，加之有部分焓值低的液态产品离开塔，为了维持塔的冷量平衡，进入下塔的加工空气中所含液体的比例势必要增加。

入塔加工空气中的液空，在小型中压制氧机中，由高压空气节流后产生部分空气液化来提供；在全低压切换流程中，其入下塔加工空气中的液体部分在液化器中产生；在全低压分子筛纯化流程中，入下塔加工空气中的少量液空，由主换热器冷段正流空气被冷却后，部分被液化而产生。

假若进塔空气的状态不是气液混合物,而为饱和或过热,塔内冷量就会失去平衡,发生精馏塔中塔板的液体过分蒸发,塔板温度升高,液体减少,甚至液体消失,造成精馏不能正常进行,空气也就无法分离了。

66. 为什么有的精馏塔下塔抽污液氮,有的下塔不抽污液氮?

答:切换式换热器流程制氧机,为了达到水分和二氧化碳的自清除,要求有较大的污气氮量才能保证不冻结条件,因此,纯气氮产品量较少,最多只能达到气氧产量的 1.3 倍。因而,下塔提供给上塔的纯液氮量较少,可以抽出一股污液氮到上塔。这样,还可使上塔精馏段的回流比加大,使它具有更大的精馏潜力,从而允许较多的膨胀空气进入上塔,以防膨胀空气旁通,影响氧提取率。

对于分子筛纯化增压膨胀流程的制氧机而言,因不受自清除的限制,纯气氮产品量有较大幅度的提高。除了保证分子筛纯化器再生用的污氮量而外,其余都可以作为纯气氮产品送出,纯氮产量与氧产量之比可达 3～3.5。这样,下塔需要较大的回流比,才能保证纯液氮的量和纯度,而后再送入上塔作为回流液。

此外,由于这种流程采用增压膨胀,膨胀工质的单位制冷量较高,在补偿同样冷损的前提下,所需的膨胀量较小,一般不会超出上塔允许吹入的空气量。因此,也不需要靠抽污液氮来直接增大精馏段回流比。与此同时,由于不抽污液氮,下塔减少了抽口、管路和阀门,流程也简化了。

总之,纯气氮产品产量较大的制氧机下塔一般不抽污液氮。在采用增压膨胀且膨胀量较小的情况下,下塔抽污液氮就更无必要。

67. 环流量和环流出口温度是怎样确定的?

答:环流量是根据空分流程的要求,由切换式换热器(或蓄冷器)的热平衡来确定的。在冷端温差和热端温差一定的情况下,环流量越大,环流出口温度越低;环流出口温度提高,环流量趋于减少。

就膨胀机来说,膨胀空气是由环流空气与旁通空气汇合而成的。在空分装置冷损一定的情况下,当环流出口降至某一温度时,环流量将增大到与膨胀量相等。如果继续降低环流出口温度,则会出现环流量大于膨胀量的情况,这是不允许的。因此,对一定的冷损就存在一个允许的最低环流出口温度。随着装置冷损的减少,允许的最低环流出口温度将提高。这说明环流出口温度的确定与装置的冷损有关。装置容量增大,冷损相应减小,环流出口温度可提高。有的设备可从 $-120℃$ 提高到 $-90℃$。

在增设氧、氮液化器时,返流的纯氮、纯氧的冷量减少,环流空气放出的冷量要增多,环流空气出口的最低允许温度也相应提高。

环流出口温度的确定还要考虑换热器冷、热段长度的实际情况。随着环流出口温度的升高,冷段相对热段的长度也逐渐增大,二者趋于相等。

68. 膨胀换热器起什么作用,应将其放在什么部位?

答:膨胀换热器一方面是利用上塔返流污氮的冷量,降低膨胀后空气的温度,以减小膨胀空气入上塔的过热度;另一方面起到分配上、下塔冷量的作用。通过它将出过冷器至进切换式换热器(或蓄冷器)之前的污氮的冷量,一部分又返回入上塔,使上塔的精馏得到改善。

膨胀换热器的位置可放在膨胀机前或机后,由流程设计而定。我国的大型空分设备常设置在机前,用一部分出过冷器的污氮冷却膨胀机前的空气,使膨胀机后的温度不致过高,解决空气入上塔的过热度的问题。这样设置的缺点是因膨胀机前温度降低会带来膨胀机的单位制冷量(单位焓降)减少的问题。

在引进的大型空分设备中也有将膨胀换热器置于机后的。这种布置适应于切换式换热器板式单元的长度增加,环流温度提高,使膨胀机前温度提高的情况。机前温度提高,可使膨胀机的单位制冷量增大,进上塔的膨胀空气量减少;而机后换热器又可降低入上塔的膨胀空气的过热度,二者均对上塔的精馏有利,缺点是膨胀后的背压略有提高。但因板翅式换热器的阻力不大,对膨胀机的焓降影响很小。

由于设置膨胀换热器,入下塔空气的含湿量减少,这样可提高液空的纯度,也对塔的精馏有利。

69. 全低压空分设备中液化器起什么作用,为什么可以自平衡调节返流出口温度?

答:在全低压空分流程中,有的设有一个液化器,有的设有两个、甚至三个液化器,分别靠污氮、纯氮或纯氧的冷量使一部分空气液化。有的还把液化器与液空、液氮过冷器连成一体。流经液化器的空气来自下塔的洗涤空气或切换式换热器冷端的低温空气。

液化器的作用与空分流程及启动方式有关。一般有以下几个作用:

1)在启动积液阶段,液化器起到液化空气、积累液体的作用。有的流程不单独设液化器,例如法国液化空气公司的 6500m³/h 空分设备,把液空过冷器、污液氮过冷器和膨胀换热器做成一个整体来回收冷量,启动时完全靠过冷器作为液化器使用来进行液体的积累;

2)在正常运转阶段,在切换式换热器(或蓄冷器)和精馏塔之间,液化器能起到冷量分配、调节的作用。从精馏塔出来的污氮和产品氧、氮的冷量,有一部分在液化器中回收,由液化空气把冷量直接转移到下塔。这样,分配给切换式换热器(或蓄冷器)的冷量就减少了,即热负荷降低了,就可避免冷端空气被液化,使进塔空气温度比干饱和状态约高 1~1.5℃。

特别是当精馏塔工况波动时,由于液化器的自平衡作用,能使污氮出液化器(进切换式换热器)的温度基本不变,保持冷端温差在自清除允许的范围,有利于切换式换热器以及精馏塔工况的稳定性。此外,液化器还能起到调节冷凝蒸发器液面的作用。

液化器的自平衡是指液化器能自动保持其冷气流出口温度基本恒定。这是因为当冷气流(如污氮)量或其入口温度发生变化,即液化器热负荷发生变化时,进入液化器被液化的空气量也会相应地发生变化。例如污氮进入液化器的温度降低,污氮与空气的温差增大,使得液化器的热负荷增大,空气液化量增多。而液化量越大,则液化器内空气侧的压力越低,与下塔(或低温空气管道)之间的压差越大,被吸入液化器的空气量会自动地增加,回收的冷量也就增加,所以污氮出液化器的温度可以基本保持不变。这就满足了切换式换热器(或蓄冷器)对冷端返流气体温度保持恒定的要求。

70. 为什么精馏塔要设置过冷器?

答:空气在下塔经精馏后产生的液空和液氮,通过节流阀供给上塔作为精馏所需的回流液。处于饱和状态的液体经过节流阀时,由于压力降低,其相应的饱和温度也降低,部分液体将要气化。节流的气化率与节流前后的压力、液体的组分及过冷度有关。通常,未过冷时液空、液氮节流后的气化率可达 15%～20%,这就使得上塔的回流液量减少,对上塔的精馏不利。为了减少节流气化率,因而设置了过冷器。它是靠回收污氮、纯氮的冷量,使液空、液氮的温度降低。低于下塔压力所对应的饱和温度就称为过冷。如果过冷度为 3～9℃,则节流后的气化率可减少到 8%～12%。

另一方面,低温氮气经过过冷器后温度升高,这可缩小切换式换热器(或蓄冷器)的冷端温差,有利于自清除,以改善切换式换热器的不冻结性。

此外,过冷器还起到调配冷量的作用。它可使一部分冷量又返回上塔。因此,空气带入下塔的能量(焓值)升高,使冷凝蒸发器的热负荷增加,对上塔的精馏有利。

设置在贮槽及液氧泵前的过冷器是为了减少由于管道跑冷损失以及流阻引起的液体气化损失,防止泵内产生气蚀现象。一般过冷度在 5℃左右。

71. 如何根据过冷器的温度工况来判断由下塔抽出的是液体还是气—液混合物?

答:在正常工况下,从下塔抽出的液空或液氮完全是饱和液体,污气氮或纯气氮在过冷器中放出的冷量全部用来使液体降温。如果抽出的液空或液氮是气、液混合物,则污气氮或纯气氮放出的冷量,首先要使混合物中的蒸气液化。而蒸气在液化过程中温度是不变的,只有在蒸气全部液化以后温度才开始下降。所以,如果有一部分冷量需要用来使气、液混合物中蒸气液化,则不能全部用来降温,液体的过冷度就要减小。因此,从液空或液氮温度的变化,即可判断是饱和液体还是气、液混合物。如果液空或液氮出过冷器的温度高于正常值,而污气氮或纯气氮流量没有变化,就说明从下塔抽出的液空或液氮可能是气、液混合物了。另外,也可从节流阀的手轮或膜头听流动的声音来判断是液体还是气、液混合物。

72. 过冷器与冷凝蒸发器之间有什么关系?

答:过冷器与冷凝蒸发器表面上没有直接的联系。冷凝蒸发器属于精馏塔内部的换热设备。实际上,过冷器不仅可以降低液体节流后的气化率,而且对冷凝蒸发器的热负荷有一定影响。

对于自清除流程,为满足自清除返流气量的要求,污氮气量多于纯氮气量。而过冷器是用污氮过冷纯液氮、用纯氮过冷液空的。这样,纯液氮的过冷度大于液空的过冷度,使得上塔精馏段的回流液增加。从上塔的冷量平衡来看,液体过冷度越大,纯氮、污氮气出过冷器的温度越高,它们的焓值越大。而入上塔的膨胀空气的总焓值是几乎不变的,冷凝蒸发器的液氧面在正常时也是保持不变的,抽出的氧气产品的焓值在一定的压力和纯度下也不变,因此,液氮(包括污液氮)与液空的总焓值就决定了冷凝蒸发器的热负荷。液体过冷得越多,使流入冷凝蒸发器的液体量增加,冷凝蒸发器的热负荷就越大。

当设置有过冷器和液化器时,实际上还有个热负荷分配的问题。冷凝蒸发器的热负荷受上述换热器分配的限制。由于冷凝蒸发器的热负荷增加,上塔上升的蒸气量增加,将对塔的提馏段的精馏有利;而回流液体增加对塔的精馏段的精馏也有利,所以总的效果是可以提高塔的提取率。

对分子筛净化的空分流程,不存在过冷器与液化器的冷量分配问题。冷量只在过冷器中回收。而在非切换式换热器中,空气已有部分液化。所以,它只受主换热器中的空气液化量和过冷器的热端温差的限制。这样对上塔的精馏工况更为有利。

73. 如何实现用全精馏方法提取精氩，它与加氢法相比有何特点？

答：常规的制氩方法先从精馏塔抽取含氩达 9%～12% 的氩馏分，再在粗氩塔中进行氧氩分离，获得 96%Ar＋2.5%O$_2$＋1.5%N$_2$ 组成的粗氩。然后经加氢除氧纯化后，最终在精氩塔实现氩、氮分离，获得 99.999% 的精氩产品。

加氢法除去粗氩中的氧，是一种传统的氩精制法，应用化学原理在粗氩中加入纯氢气，粗氩中氧与氢在钯触媒的催化作用下化合成水，并放出热量，约 1% 的氧可使塔温升高 230℃。

加氢后粗氩经冷冻机降温，除去生成的水，再经活性氧化铝干燥器除去微量水，得到的粗氩含氧量为 1×10^{-6}～2×10^{-6}，含氩量为 97% 左右，其余为氮。这种方法的工艺流程复杂，产品提取率低，设备费用及运行费用高，安全性差。

所谓全精馏制氩，即全部用精馏的方法除去馏分氩中的氧、氮，得到高纯氩气。通常氩—氮的分离都是用全精馏的方法来实现的。由于氧—氩在常压下沸点仅差 3K，非常接近，如果用低温精馏来实现氧—氩分离，约需要 150～180 块理论塔板，用筛板塔来分离的实际塔板数需要 170～200 块塔板，以每块塔板阻力为 0.3kPa 计算，170 块塔板产生的压差为 51kPa。粗氩塔顶粗氩蒸气的冷凝是靠冷凝器另一侧富氧液空蒸发，而蒸发侧的压力与上塔中部的操作压力相平衡，可确定粗氩塔顶部的温度和压力，而粗氩塔底部馏分氩入口的压力取决于上塔中、下部的压力。这样看来，粗氩塔的总压差是有限的，估计在 5～18kPa，允许设置 50～60 块塔板，这样在粗氩塔精馏获得的氩气中含氧量只能在 2%～3%。

规整填料每当量理论塔板的压降是每理论筛板的 1/8 左右，这样在粗氩塔允许的压降范围内就可以设置相当于 170 块理论塔板的规整填料，实现氧—氩的全精馏分离。为了降低粗氩塔的高度，往往采取设置二级粗氩塔，工艺流程如图 17 所示。一级粗氩塔出口氩中氧含量为 2%～3%，二级粗氩塔出口中氧含量小于 10^{-6}，可直接进入精氩塔进行精馏。

两者相比，全精馏法制氩工艺具有流程简化、操作方便、安全、稳定，氩的提取率高的优点，虽然设备投资目前要稍高一些，但随着规整填料的发展，该技术有很大推广价值。

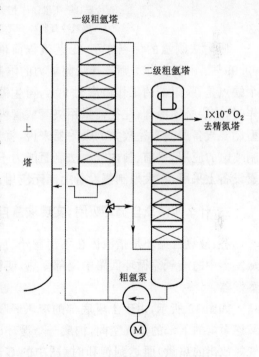

图 17　全精馏制氩工艺流程

74. 何谓吸附法制纯氩，有何特点？

答：氩馏分从上塔抽出后，进入粗氩塔用精馏法进行氧、氩分离。一般粗氩塔顶引出的粗氩组分为：氩大于 98%、氮小于 0.5%、氧小于 1.5%。将纯度大于 98% 的粗氩导入分子筛吸附器。每组吸附器设置 2 台,一台吸附器内装 5A 分子筛,吸附粗氩气中的氮;另一台吸附器内装 4A 分子筛,吸附粗氩气中的氧。为了吸附剂的解吸,吸附器需要设置两组,切换使用。吸附器在 90K 温度条件下工作,粗氩气先进入 5A 分子筛吸附器除氮,然后进入 4A 分子筛吸附器除氧,其流程见图 18。从一组分子筛吸附器出来的气体含氩纯度可达到 99.99%,即为纯氩。

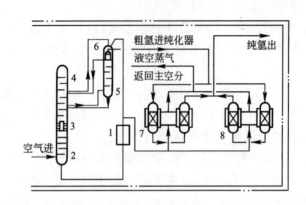

图 18　分子筛吸附制氩流程

1—过冷器;2—下塔;3—主冷凝蒸发器;4—上塔;5—粗氩塔体;

6—粗氩冷凝器;7—吸附器组(Ⅰ);8—吸附器组(Ⅱ)

吸附法制氩的优点在于,工艺流程简单、操作方便、成本低。但是,氩的纯度只能达到 99.99%。由于受分子筛选择吸附能力的限制,无法获得纯度为 99.999% 的高纯氩气。另一个缺点是,吸附器的工作温度为 90K,再生温度为 423K,吸附结构设计较为困难。吸附器工作时,床层必须冷却,往往需采用夹套或管内通液氧冷却。若想达到均一的冷却温度,对于大型制氩设备所需直径较大的吸附器来说,就十分困难。因为有以上两个缺点,限制了吸附法制纯氩的应用。目前,国内吸附法制氩能力不超过 10m³/h,只在 150m³/h 空分设备配套的制氩设备上采用,在大型制氩设备上尚无应用。

75. 什么叫液氧自循环吸附,实现液氧自循环吸附需要什么条件?

答:液氧自循环是指液体在不消耗外功,即不靠泵推动的情况下形成的自然流动。冷凝蒸发器中的液氧靠循环回路中局部受热,使得内部产生密度差而引起的流动,也叫热虹吸式蒸发器。

如图 19 所示,由于上塔底部的液氧经吸附器后与热虹吸式蒸发器相连,蒸发器的顶部又连至塔的下部的蒸气空间,构成一个循环回路。当蒸发器管内的液氧吸收热量(例如下塔气氮放出的热量)而达到饱和时(图中的 C 点)开始气化,随着吸热量增多,气化量逐渐增大,在出口(图中 D 点)达到最大值,C—D 段称为蒸发段。在蒸发段内,由于气、液混合物的密度要比塔底液体的密度小得多,因而塔底的液体与蒸发器内气、液混合物之间产生一个静压差,推动液体自塔底自然地流向蒸发器。而蒸发器内的气、液混合物又不断地返回到塔内,便形成了液体的自然循环,不需要靠液氧泵的推动。蒸发器的热源可用下塔的气氮,即为冷凝蒸发器。因为循环吸附系统有阻力,为此,由密度差产生的静压差应能克服循环系统流动所产生的阻力。阻力越小,循环的液体量越大。因此,只有循环量能够满足安全生产工艺的要求(循环量大于 1 倍的氧产量)时,液氧自循环吸附系统才能实现。

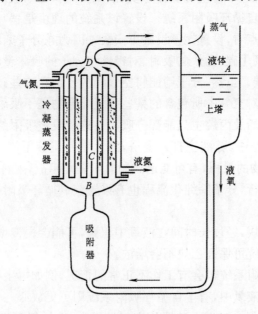

图 19　液氧自循环原理

76. 液氧自循环吸附的型式有哪几种?

答:液氧自循环吸附按热虹吸式蒸发器热源的不同可分为三种:

1)用下塔的气氮为热源。由于气氮冷凝放热而使热虹吸式蒸发器(板式或管式)中的液氧部分蒸发,形成液氧自循环。据资料介绍,液氧的循环倍率可达 6 倍以上,使液氧中的乙炔等碳氢化合物含量经吸附能满足防爆的要求。

冷凝的液氮可以回流入下塔,也可以经节流后送入上塔顶部。这种型式的优点是可作为辅助的冷凝蒸发器,对塔的精馏工况没有影响,并且传热系数较高。为克服循环回路的阻力,它所放的位置要比主冷凝蒸发器低一些。它的缺点是因传热温差小,所以所需的传热面积较大,约为冷凝蒸发器总面积的 10% 以上。这种型式目前在国内外均有被采用的。

2)以来自切换式换热器的饱和空气为热源。空气放热冷凝后回下塔底部。它的优点是热虹吸式蒸发器的传热温差较大,对液氧的循环倍率同样为 6 的条件下,所需的传热面积可小几倍。缺点是液空回下塔会使底部液空的纯度下降,对塔的精馏工况有一些影响。

3)用膨胀后的过热空气作热源。它使热虹吸式蒸发器中的液氧部分蒸发,形成液氧自循环吸附,其循环倍率也能满足要求。

这种热源的优点是传热温差大,经热虹吸式蒸发器后的膨胀空气以接近饱和状态进入上塔,对精馏有利。缺点是热虹吸式蒸发器的空气侧没有相变,传热系数小,所需的传热面积较大。此外,它使膨胀机后的压力提高,减小了膨胀机内的焓降。对相同的制冷量,膨胀量要增加。

77. 为什么在有的分子筛净化流程的空分设备中仍设置液氧自循环吸附系统?

答:关于分子筛净化流程的空分设备中是否还要设置液氧防爆系统,看法不一。德国引进的以及国产的这种流程,不再设置防爆系统。但从美国和法国引进的大型分子筛净化流程的空分设备仍设置液氧自循环吸附系统。设置该系统的理由是:

1)从液氧防爆的观点看,设置比不设置更安全。因为在分子筛纯化器中,分子筛可以对空气中的杂质水分、二氧化碳、乙炔共吸附。对极性水分子的吸附量较大,其次吸附不饱和烃乙炔,而后吸附二氧化碳。虽然,分子筛能将空气中的乙炔和一些碳氢化合物较彻底地吸附并清除掉,但是,分子筛对空气中所包含的某些碳氢化合物是不吸附的,例如:分子筛对甲烷完全不吸附,对乙烷、乙烯及丙烷也只能部分吸附。这些没被吸附的碳氢化合物随空气进入精馏塔下塔,溶解在液空中,随液空打入上塔,随上塔回流液下流,积聚在上塔底部的液氧中。由于这些碳氢化合物的累积,有可能造成制氧机爆炸事故,这种事故也发生过。所以,为了确保制氧机的安全运行,分子筛纯化流程也有设置液氧循环吸附器的,以液相吸附的方式清除各种碳氢化合物。

2)液氧中的微量乙炔,经过长时间在液氧中积聚,可能会慢慢增浓,甚至达到危险浓度。有了液氧自循环吸附系统可保证乙炔不会增浓。

3)考虑到分子筛吸附系统也会有工作不正常的情况。例如再生不彻底,空冷塔带水等因素也会使危险杂质进入液氧中,有了自循环吸附系统则可更放心。

因为大型空分设备每小时进入装置的空气量很大,乙炔等碳氢化合物及二氧化碳等杂质由于分子筛吸附不均匀,或多或少会带进塔内。在流程中没有液空吸附器,增设液氧自循环吸附系统则更为可靠。并且,安设液氧自循环吸附系统后,主冷凝蒸发器的传热面积可以相应减少。

78. 新型小型空分设备与原先的设备相比,在技术上有哪些改进?

答:从 90 年代开始,一些成熟的制氧先进技术也在小型空分设备上得到应用,减少了冷损,提高了效率,降低了操作压力,节约了能源,简化了操作。主要在以下几方面:

1)用板翅式换热器替代绕管式换热器,其结果传热性能提高,减少了金属材料的消耗,还使换热器的热端温差从原先的 5~7℃ 降到 2~3℃,热交换不完全冷损失减少,可使装置的工作压力降低。冷凝蒸发器采用窄流道板翅式换热器后,主冷的传热温差可从 2.5℃ 降至 1.25℃,下塔的冷凝压力可下降 0.04MPa,有利于降低空压机的排压;

2)采用直冷式空气预冷系统。为了提高分子筛的吸附性能,空气在进入纯化器以前,由冷冻机提供冷量对空气进行预冷。为了提高换热效果,采用冷冻剂在蒸发器中与空气直接进行热交换,使冷却系统简化,操作方便;

3)采用长周期吸附器组。将吸附器的切换时间从 8h 延长到 24h,大大简化了操作。而吸附剂的充装量仅增加不到一倍,还减少了再生气和再生功率的消耗;

4)精馏塔试采用规整填料结构(上塔),或铜(环流塔板型精馏塔)与铝(换热器、管路)的混合结构。但要解决铜铝焊接问题;

5)采用立式无润滑空压机和氧压机,大大延长易损零件的寿命,提高机械性能;

6)采用气体轴承透平膨胀机组代替活塞式膨胀机,提高膨胀机效率。

79. 生产医用氧的制氧机有什么特殊要求?

答:医用氧气除在纯度上有一定的要求(对深冷法要求氧纯度为 99.5%)外,还要求水分含量不大于－43℃（露点温度）二氧化碳的体积分数、一氧化碳、气态酸、碱含量,臭氧及其他气态氧化剂等的含量也要符合 GB8982－1998 的要求。因此,一般的工业氧不符合医用氧的要求,即不能用一般的氧压机及氧气瓶来充灌医用氧。

采用膜式压缩机,是保证氧气质量的措施,采用液氧内压缩流程是生产医用氧的一种既安全、又不受污染的流程。即从主冷抽取液氧,经过冷后在柱塞式液氧泵压缩至 16MPa,再在氧热交换器中回收冷量气化成高压气氧。不少氧气厂对 $50m^3/h$、$150m^3/h$ 制氧机作了这种改造。主要反映在以下几方面:

1)氧热交换器是在高压下工作的,在结构上需能承受高压。此外,由于液氧的冷量大,在氧热交换器中冷却的空气量约为氧量的 1.7 倍。主热交换器的热负荷减小,返流低温气体复热不足,使热端温差扩大,冷损增大;

2)采用内压缩流程时,液氧泵消耗的功成为装置的附加冷损失,而高压氧气是带压离开装置,这部分节流效应制冷量没有得到利用。为了平衡冷损,要求增大膨胀机的制冷量。这时,需要提高空压机的操作压力,一般需高于 4.0MPa;

如果装置需要同时生产医用氧和工业氧,则应根据医用氧的需要量,确定相应的液氧过冷器、液氧换热器和液氧泵的大小。这时,冷损增加量较少,操作压力也可降低。

80. 制氧机的供氧系统中为什么要设置中压贮气罐?

答:制氧机生产是连续的,并希望是稳定的. 但是,氧气用户的用氧量往往是波动的。特别是主要氧气用户——炼钢用氧,在转炉每一炉钢的冶炼周期中,平均每吨钢需耗氧在 $50m^3$ 左右,但只是在吹炼期需要大量氧气,瞬间用氧量很大。在其他时间并不需要氧气。制氧机的总产氧量是按小时平均用氧量考虑的,这就需要设置中间贮气罐,它的贮存压力应高于用户所需的压力。当生产的氧气富裕时,贮存在气罐中,罐内的压力升高;当用氧量大于产氧量时,可由贮氧罐补充供氧,以弥补不足。因此,贮氧罐起到补峰填谷,平衡负荷的作用。此外,对于活塞式氧压机来说,贮气罐还起到中间缓冲罐的作用。

贮氧罐的压力在 3.0MPa 左右,属于压力容器。从耐压的角度和在相同容积使钢材消耗最小的角度,做成球形体最为合适。根据氧气负荷波动量情况,确定中间贮存容积的大小。容积越大,在一定的压力下,要求壁越厚。目前,单个容积最大为 $400～600m^3$,因此,往往还需要采用多个贮氧罐组成的贮氧系统。

81. 液氧贮槽有何作用,它所能提供的氧气量如何换算?

答:大型制氧机一般具有生产少量液氧的能力。产生的液态产品贮存在贮槽中,除可外销外,更主要是作为生产保安供氧用。当制氧机发生故障,突然停止生产时,可以靠液氧气化,进行紧急供氧。

液氧的密度为 $1140kg/m^3$,氧气的密度为 $1.429kg/m^3$。因此,每 $1m^3$ 液氧气化后约可提供 $800m^3$ 氧气,有相当大的供气能力。但是,在紧急时,要求快的供气速度,所以在液氧贮槽后还需要有加热气化装置。

对于有液氮、液氩产品的装置,液态与气态的体积关系为:
液氮密度 $\rho=810kg/m^3$,气氮的密度 $\rho=1.25kg/m^3$,所以 $1m^3$ 液氮可产生 $648m^3$ 气氮;
液氩密度 $\rho=1400kg/m^3$,气氩密度 $\rho=1.783kg/m^3$,所以 $1m^3$ 液氩可产生 $785m^3$ 气氩。

82. 液化装置是怎样使氧气、氮气液化的,它在氧气厂起什么作用?

答:液化装置分为低压液化循环和中压液化循环,循环介质可以是空气,也可以是氮气。可根据需要同时生产一定量的液氧和液氮,或全部液氮。这里主要以中压液化循环流程(参见图20)为例,说明氧气、氮气液化原理。

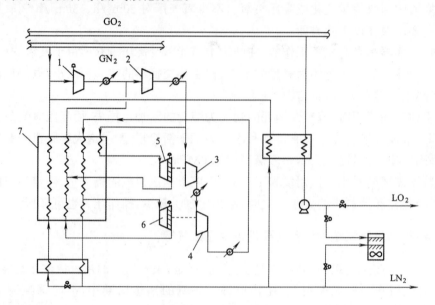

图20 液化装置流程

1—初级氮气压缩机;2—氮气循环压缩机;3—一级增压机;4—二级增压机;

5,6—膨胀机;7—热交换器

从空分装置出口的低压氮气,压力约为50kPa,经过初级氮气压缩机1,压缩到500kPa,经氮气循环压缩机2加压到2.46MPa,一部分在二级增压机3、4,加压到5.28MPa,另一部分直接经热交换器7预冷到270K,进入膨胀机5,出口压力为616kPa,温度为189K,5.28MPa的高压氮气,75%经热交换器冷却到176K,进入膨胀机6,出口压力为583kPa、温度为96K。二股膨胀后的低温氮气复热后均回到循环氮压机进口;另外25%的5.28MPa压力氮气在液化器内与139K 的低压液氮换热节流,生成827kPa液氮,部分与低压氧气热交换使其成为液氧,部分节流后成为液氮。

液化装置能根据氧气、氮气放散量的多少来调节液氧、液氮生成量。因此,在氧气厂中可用来作为调节空分负荷、减少氧气放散量的辅助设备,若配置大型液体贮罐和液体蒸发系统,就可形成氧、氮管网的调峰系统,如图21所示。当管网压力较低时,从液罐取出液氧、液氮,经加压气化成氧气、氮气送入管网,起到调峰作用。

83. 高纯氧的纯度有何要求,怎样制取?

答:大规模集成电路,电视摄像管,激光通讯光导纤维以及分析测试等高科技领域,要求氧的纯度达到99.995%,甚至要求氧的纯度达到99.99999%。我国高纯氧的国家标准规定:氧纯度不低于99.999%,其中氩含量不大于$2×10^{-6}$,氮含量不大于$5×10^{-6}$,甲烷和二氧化碳的含量不大于$1×10^{-6}$,水含量不大于$2×10^{-6}$(全部为体积分数)。

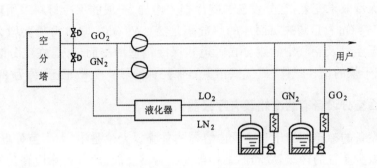

图 21　带液化器的氧、氮管网的调峰系统

高纯度氧的用量不大,通常采用在大中型空分塔附设高纯氧塔方法来制取。高纯氧可以液氧为原料和气氧为原料。

1)以液氧为原料。从主塔主冷中引出液氧,其液氧纯度为 99.5%~99.7%,其他为氮、氩、氖、氙及碳氢化合物。液氧为高纯氧塔的回流液。塔底的冷凝蒸发器,以主塔的主冷凝蒸发器顶部所引出的中压氮作热源,从塔底的冷凝蒸发器的低压侧,可获得高纯气氧或液氧,其含量可达到 99.995%,再进入氧终端纯化器,用分子筛吸附清除一氧化碳、甲烷、二氧化碳及其他微量杂质,获得 99.999% 以上的高纯氧气产品,最后采用膜式压缩机充入经过处理的钢瓶。

2)以气氧作原料。有两种流程:一种流程是采用两个附加高纯氧塔。从主塔主冷引出的 99.5% 的气氧,进入第一精馏塔的下部,塔顶设有冷凝器,以主塔来的液空作为冷源,将上升蒸气冷凝,作为回流液。在塔顶引出气体(已不含比氧沸点高的杂质)进入第二精馏塔的中部。第二精馏塔设上、下冷凝器。上部冷凝器以主冷为冷源;下部冷凝器以下塔富氧蒸气作为冷凝液,通过精馏,去除比氧沸点低的氩、氮等杂质。塔顶引出废气,塔底获得高纯气氧,最后经膜式压缩机压缩充瓶。

第二种流程是采用预净化设备和一个高纯氧塔。从主冷塔引出 99.5%~99.6% 的气氧进入催化反应器,用常温催化法清除碳氢化合物。催化剂为钯或铂,反应温度为 450℃;如催化剂为银—铝,则反应温度为 550℃。反应后生成的二氧化碳和水,再用 5A 分子筛来清除。而后经热交换器冷却,进入纯氧塔底部。塔顶冷凝器以外供液氮作为冷源。在塔底冷凝器中,将含有氮、氖、碳氢化合物的液氧排放;下冷凝器顶部引出氖、氮、氢等杂质;上冷凝器顶部排除含氮、氩的气氧。在纯氧塔偏底部塔板上引出高纯度气氧。

以液氧和以气氧制取高纯度氧的两种方法对比可见:以液氧为原料制取高纯氧的工艺流程简单易行。另外,采用液氧制取 99.999% 高纯氧时,只采用单台高纯塔,需另设置终端纯化器。

84. 为什么空分设备在运行时要向保冷箱内充惰性气体?

答:在空分装置的保冷箱中充填了保冷(绝热)材料,而保冷材料(珠光砂等)颗粒之间的空隙中是充满了空气。空分设备在运行后,塔内的设备处于低温状态,保冷材料的温度也随之降低。由于内部的气体体积缩小,保冷箱内将会形成负压。如果保冷箱密封很严,在内外压差作用下很容易使箱体被吸瘪。如果保冷箱封闭不严,则外界的湿空气很容易侵入,使保冷材料变潮,保冷效果变差,空分设备的跑冷损失增加。一般的保冷材料采用珠光砂,其热导率约为 0.040W/(m·℃)左右;而冰的热导率是 2.2W/(m·℃),可见要增大 50 多倍。所以,为了防止湿空气及空气中的水分在管道和保冷箱壁冷凝而侵入,在空分装置运行时,要向保冷箱内充干燥的惰性气体(氮气或污氮),保持保冷箱内为微正压,约为 200~500Pa。

85. 为什么空分设备有的冷箱装有呼吸器?

答:空分设备的冷箱相当于一个低温容器的外壳。无论是中、大型空分设备还是小型空分设备,为了减少装置的冷损,冷箱的结构都向密封型发展。即冷箱除检修孔外,几乎都是骨架与盖板的焊接结构。

设备在启动后处于低温环境,冷箱内的绝热材料(如珠光砂)内充满了空气。当温度下降后,空气体积缩小,会形成真空状态。为了不致使冷箱因受外压(大气压)而被吸瘪,塔内要充些氮气或污氮气,以保持微正压。但是,这个压力很难控制,压力过高就会产生鼓肚。

为了防止冷箱出现变形,现在往往在冷箱的顶部安装一个或两个便于气体进出的、又能保持冷箱内压力一定的安全装置,叫做冷箱呼吸器。它实际上类似于一个双向安全阀。当冷箱内压力高于某一压力时,气体会自动地排放掉一部分,正如人的呼吸那样,很安全。

但是,该呼吸器的结构复杂,制造费事,操作不便。已逐渐被装有硅胶、并与大气相通的呼吸筒所代替。当冷箱的压力高时,气体可以通过呼吸筒排出;当压力降低时,吸入的气体是经硅胶干燥后的空气,不致带入水分。冷箱内始终保持略高于大气的压力,既起到保护冷箱不变形,内部的珠光砂又不会因受潮而降低绝热性能。

4   制冷与液化

86. 什么叫制冷?

答:在日常生活中我们可以看到,一杯热水会自然地冷却到周围的环境温度为止,一块冰会在 0℃以上的环境中自然融化成水。但是水不会自发地降低到比周围空气更低的温度而结冰。这些现象说明自然界的一个基本规律:热只能自发地从高温物体传给低温物体,而相反的过程不能自发地进行。

用人为的方法获得比环境更低的温度,是可以实现的。但是,这需要花费一定的代价,即消耗一定的能量(功,电能等)才能实现。这种人为地获得低温的过程,就叫"制冷"。

我们常见的冰箱、空调机就是靠制冷机实现制冷过程而获得低温的。它必须要消耗电能,带动压缩机工作。制冷机中循环工作的物质叫"制冷剂"。它是一种低沸点的物质,常用的有氨、氟里昂等。将这些工质在气态压缩后,在常温下就能在冷凝器中放出热量而冷凝成液体。再通过节流膨胀降压,使其饱和温度降低到比环境更低的温度。它就可以通过在蒸发器中蒸发吸热,来冷却别的物质(空气、水、食物等),达到制冷的目的。工质本身则在蒸发器中吸热气化后,又返回到压缩机中再次压缩。如此循环地工作,实现连续制冷。

在制氧机中,要将空气温度降低到液化温度,这也是一个制冷过程,因此,必须有压缩机,并以消耗电能为代价。只是制氧机中是以空气为工质,靠将空气先压缩、再膨胀的方法达到降温的目的。然后再来冷却空气本身,直至达到液化温度而被液化。

87. 什么叫热量,什么叫冷量?

答:两个温度不同的物体相互接触时,温度高的物体会变冷,温度低的物体会变热。这是由于高温物体有能量传递给低温物体。这种能量变化的大小通常用"热量"这个物理量来度量。物体内部能量减少,是因为放出了热量;反之,则是吸收了热量。通常体现在温度或物态的变化。热物体相对于冷物体来说,具有放出热量的能力;冷物体相对于热物体来说,具有吸收热量的能力。因此,热量的单位也就是能量的单位。按照国家标准是采用焦耳(J)为单位,工程上常用千焦(kJ)。

"冷量"是在制冷领域的一种习惯用语。因为要获得比环境更低的温度,是要靠制冷机化费电能才能获得的。也就是说,要从低温物体取走热量是要花费代价的。由于它的温度低于环境温度,就具有了自发从环境吸收热量的能力。它所能吸收热量的最大能力,是将它的温度升高到环境温度时所能吸收的热量。这个吸热能力的大小就称为冷量。物体的温度越低,数量越多,则吸收热量的能力越大,就叫具有的冷量越多。

由此可见,冷量只是对某一种热量的特殊称呼。这种吸热能力是花费代价才得到的,显得更为珍贵。在数量上等于制冷时从低温物体取走的热量,也等于低温物体所能吸收的热量(均以环境温度为基准)。

88. 空气为什么也能变为液体？

答：通常我们看到的空气是处于气体状态，而水则容易变为气态（水蒸气）和固态（冰）。实际上，任何物质都有可能以气、液、固三种状态存在。这种状态之间的转变称为"相变"。产生相变的温度取决于物质的种类和压力。

产生相变的内在原因是由于当温度变化时，组成该物质的分子运动情况发生了变化。温度降低时，分子运动减慢，分子之间的距离缩小，相互之间的作用力增强，直至吸引力增大到处于液体状态。此时的温度就是液化温度。由于空气在大气压力下的液化温度在 -191.3 ～ $-194.3℃$，所以在常温下均以气态形式存在。但是，只要温度足够低，空气不但能转变为液体，甚至也可能转变为固体。

89. 中压制氧机中空气冷至于 $-150℃$ 就有部分被液化，低压制氧机中为什么冷到 $-171℃$ 还是气体？

答：气体的液化温度不仅与气体的种类有关，还与压力的高低有关。压力越高，分子之间的距离越近，越容易互相吸引而转变为液态。因此，液化温度是随压力升高而降低的。对于空气来说，压力为 2.45MPa 时开始液化的温度为 $-149℃$；而在 0.59MPa 的压力下，开始液化的温度降为 $-173℃$。对中压制氧机，一般的工作压力在 2.45MPa 左右，因此，当空气冷至 $-150℃$ 时，已低于开始液化的温度，就有部分液空产生。对于低压制氧机，工作压力在 0.59MPa 左右，因此，在主换热器中冷却至 $-171℃$，也未达到该压力对应的液化温度，还处于气体状态。

采用提高压力的方法来提高液化温度并不是没有限度的。对空气来说，温度高于 $-140.6℃$ 时，即使压力再高也无法使空气液化。也就是说，$-140.6℃$ 是使空气液化的最高温度，叫"临界温度"。对每一种物质，都存在这样一个临界温度，氧为 $-118.4℃$；氮为 $-146.9℃$。通常，越容易液化的物质，相应的临界温度也越高。例如，水在一般情况下均以液态存在，它的临界温度高达 374.15℃。在临界温度下，能使该物质液化的压力叫"临界压力"。空气的临界压力约为 3.87MPa；氧的临界压力为 5.079MPa；氮的临界压力为 3.394MPa。

90. 在空分塔顶部为什么既有液氮，又有气氮？

答：在煮开水时我们可以看到，在大气压力下，温度升高到 100℃，水开始沸腾。但是，水不是一下子全部变成蒸汽的，而是随着吸收热量，蒸汽量不断增加。在汽、液共存的阶段，叫"饱和状态"。该状态下的蒸汽叫"饱和蒸汽"，水叫"饱和水"。在整个汽化阶段，蒸汽与水具有相同的温度，所以又叫"饱和温度"。

精馏塔顶部的情况与此类似，气氮与液氮是处于共存的饱和状态，具有相同的饱和温度。但是，相同温度下的饱和液体及饱和蒸气属于不同的状态。饱和蒸气放出热可冷凝成饱和液体，温度保持不变，这部分热量称为"冷凝潜热"；饱和液体吸收热可气化成饱和蒸气，温度也维持饱和温度不变，这部分热量称为"蒸发潜热"。对同一种物质，在相同的压力下，二者在数值上相等。

91. 为什么液氮过冷器中能用气氮来冷却液氮？

答：液氮过冷器利用上塔引出的低温气氮来冷却从下塔引出的液氮，以减少液氮节流进入上塔时的气化率。

为什么气氮的温度反而会比液氮温度低呢？这是因为对同一种物质来说，相变温度（饱和温度）与压力有关。压力越低，对应的饱和温度也越低（见图8）。在上塔顶部，处于气氮和液氮共存的饱和状态，二者具有相同的饱和温度。氮气出上塔的绝对压力在0.13MPa左右，对应的饱和温度为−193℃，出塔的氮饱和蒸气的温度也为该温度。而下塔顶部的绝对压力为0.55MPa左右，对应的氮饱和温度为−177℃左右。抽出的饱和液氮也为该温度。该液氮的温度要比上塔气氮的温度高16℃左右，因此，两股流体在流经液氮过冷器时，经过热交换，液氮放出热而被冷却成过冷液体，气氮因吸热而成为过热蒸气。

92. 冷凝蒸发器中为什么液氧温度反而比气氮温度低并且液氧吸热蒸发？

答：在冷凝蒸发器中，来自上塔底部的液氧被来自下塔顶部的气氮加热而蒸发，部分作为氧产品而引出，部分作为上升气参与上塔的精馏；气氮则放出热而冷凝成液氮，部分作为回流液参与下塔的精馏，部分节流至上塔顶部参与上塔的精馏。这说明在冷凝蒸发器中，气氮的温度是高于液氧的。

我们知道，在同样的压力下，氮的饱和温度是比氧的饱和温度要低。在标准大气压（0.1013MPa）下，氮的液化（气化）温度为−195.8℃，氧的液化（气化）温度为−183℃。但是，该饱和温度是与压力有关的，随着压力提高而提高。由于下塔顶部的绝对压力在0.58MPa左右，相应的气氮冷凝温度为−177℃；上塔液氧的绝对压力约为0.149MPa，相应的气化温度为−179℃。所以，在冷凝蒸发器中，气氮与液氧约有的2℃的温差。热量是由气氮传给液氧。

需要注意的是，1kg液氧的蒸发潜热与1kg气氮的冷凝潜热是不相等的。在上述温度下，氧的气化潜热为207kJ/kg，氮的冷凝潜热为168kJ/kg。因此，热量由气氮传给液氧后，氮的冷凝量约为氧的蒸发量的1.23倍。

93. 节流膨胀及膨胀机膨胀的温降有限，空气在空分设备中是如何被液化的？

答：在空分装置中要实现氧氮分离，首先要使空气液化，这就必须设法将空气温度降至液化温度。空分塔下塔的绝对压力在0.6MPa左右，在该压力下空气开始液化的温度约为−172℃。因此，要使空气液化，必须有一个比该温度更低的冷流体来冷却空气。

我们知道，空分设备中是靠膨胀后的低温空气来冷却正流压力空气的。空气要膨胀，首先就要进行压缩，压缩就要消耗能量。

空气膨胀可以通过节流膨胀或膨胀机膨胀。但是，这种膨胀的温降是有限的。对20MPa、30℃的高压空气，节流到0.1MPa时的温降也只有32℃。空气在透平膨胀机中从0.55MPa膨胀至0.135MPa的温降最大也只有50℃，还远远达不到空气液化所需的温度。

空分设备中的主热交换器及冷凝蒸发器对液体的产生起到关键的作用。主热交换器是利用膨胀后的低温、低压气体作为换热器的返流气体，来冷却高压正流空气，使它在膨胀前的温度逐步降低。同时，膨胀后的温度相应地逐步降得更低，直至最后能达到液化所需的温度,使正流空气部分液化。空分设备在启动阶段的降温过程就是这样一个逐步冷却的过程。

膨胀后的空气由于压力低,所以在很低的温度下仍保持气态。例如,空气绝对压力为0.105MPa时,温度降至−190℃也仍为气态。它比正流高压空气的液化温度要低。对于小型中、高压制氧机,在启动阶段的后期,在主热交换器的下部,就会有部分液体产生,起到液化器的作用;对于低压空分设备,另设有液化器,利用膨胀后的低温低压空气来冷却正流高压(0.6MPa左右)低温空气,使之部分液化。同时,冷凝蒸发器在启动阶段后期也起到液化器的作用。膨胀后进入上塔的低温空气在冷凝蒸发器中冷却来自下塔的低温压力气体,部分产生冷凝后又节流到上塔,进一步降低温度,成为低温、低压返流气体的一部分,使积累的液体量逐步增加。

94. 什么叫制冷量?

答:制冷就是要从比环境温度低的装置内取走热量,以平衡由外部传入的热量,使装置保持低温状态,或使内部温度不断降低,直至不断积累起低温液体。

热量只能从高温物体传给低温物体,要从低温物体取走热,首先要用人工的方法,造成一个更低温度的状态,使它具有吸收、并带走热量的能力。理论上讲,制冷量就是指这个带走热量能力的大小。根据制冷造成低温的方式不同,制冷量可分为以下三种,如图22所示。

(1)节流效应制冷量

进入空分装置压力较高的空气,在装置内经过节流阀及管路、设备等压力降低而膨胀。通常,节流过程将造成温度降低,气体所具有的带走热量的能力,就是低压气体在离开装置时恢复到进口温度相同时所能带走的热量。这说明,在同样的温度下,压力高的气体具有的能量(焓)比低压时要小,二者能量(焓)的差值就是所能吸收的热量,即叫做节流效应制冷量。

(2)膨胀机制冷量

压力较高的气体经过膨胀机膨胀时,由于气体推动叶轮旋转,对外输出功,因而气体本身的能量(焓)减小,温度显著降低。它所具有的带走热量的能力,就是吸热后恢复到膨胀前的能量。因此,膨胀机膨胀前后的能量(焓)之差就是膨胀机制冷量。

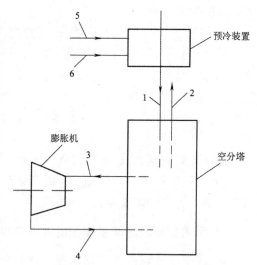

图 22　制冷量示意图

1—进塔空气;2—低压返流气;3—膨胀机进气;
4—膨胀机后气体;5—冷冻水进水;6—吸热后冷冻水

(3)冷冻机提供的制冷量

采用分子筛净化的空分设备,往往用冷冻机的低温工质来预冷空气,以提高吸附净化效果。这是由空分设备外部提供的制冷量,就是指冷冻水从空气带走的热量,它可使所需的节流效应和膨胀机制冷量减少。

制冷量与冷量两个概念有区别又有联系。制冷量是装置的属性,冷量是物质的属性。通过制冷机(包括空分设备的空气压缩、膨胀)制冷,能使物质温度降低;物质在温度降低后具有了吸热的能力,即通过装置制冷,使物质具有了冷量。

95. 冷冻机是如何产生制冷量的?

答:冷冻机利用人工的方法,依靠消耗能量(功或热),不断从被冷却物质带走热量,实现获得低于环境温度的过程。目前最常用的冷冻机是压缩式冷冻机,它的基本组成如图23所示。它以沸点低的物质(氨、氟里昂等)作为工质,叫"制冷剂",在蒸气压缩机 1 中消耗外功 W,将制冷剂压缩到一定的压力,相应的饱和温度将高于环境温度。在经过冷凝器 2时,向冷却水放出热 Q_1 后,本身被冷凝成液体,再经过节流阀 3 节流降压,将有部分液体气化,并且随着压力降低,对应的饱和温度也降低。它的温度可低于被冷介质(冷冻水等)的温度,因此可以在蒸发器 4 中从被冷介质吸收热量 Q_2,制冷剂又蒸发成低压蒸气,重新返回到压缩机循环工作。

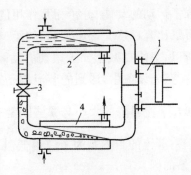

图 23　蒸气压缩制冷机的基本组成
1—压缩机;2—冷凝器;3—节流阀;4—蒸发器

所以,制冷机的制冷与制氧机内的制冷相比,共同点是都有压缩机需要消耗功。不同点是制冷机需要靠低沸点工质的相变,而制氧机内压缩、膨胀的是空气本身。

制冷机的制冷量是指单位时间内从低温物质(冷冻水)带走的热量 Q_2(kW)。需要注意的是,在空分设备内是间接的用冷冻水来冷却空气,所以制冷机的制冷量并不等于空分装置获得的冷量。但是,可以根据冷冻水的流量及进、出口温度,确定所需制冷机的制冷量大小。一般,冷冻水进蒸发器的温度在 16～18℃,出口温度为 5～7℃。在这样的温度范围,常用的制冷剂为 R11、R12 等。

96. 什么叫节流,为什么节流后流体温度一般会降低?

答:当气体或液体在管道内流过一个缩孔或一个阀门时,流动受到阻碍,流体在阀门处产生漩涡、碰撞、摩擦,如图 24 所示。流体要流过阀门,必须克服这些阻力,表现在阀门后的压力 p_2 比阀门前的压力 p_1 低得多。这种由于流动遇到局部阻力而造成压力有较大降落的过程,通常称为"节流过程"。

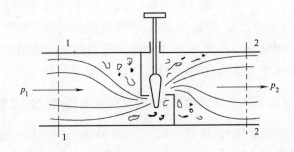

图 24　节流过程

实际上,当流体在管路及设备中流动时,也存在流动阻力而使压力有所降低。但是,它的压力降低相对较小,并且是逐渐变化的。而节流阀的节流过程压降较大,并是突然变化的。例如,空气流经主热交换器的压降约在 0.01MPa 左右,而液空从下塔通过节流阀节流到上塔时,节流前后的压降可达 0.45MPa。

在节流过程中,流体既未对外输出功,又可看成是与外界没有热量交换的绝热过程,根据能量守恒定律,节流前后的流体内部的总能量(焓)应保持不变。但是,组成焓的三部分能量:分子运动的动能、分子相互作用的位能、流动能的每一部分是可能变化的。节流后压力降低,质量比容积增大,分子之间的距离增加,分子相互作用的位能增大。而流动能一般变化不大,所以,只能靠减小分子运动的动能来转换成位能。分子的运动速度减慢,体现在温度降低。在空分设备中,遇到的节流均是这种情况,这也是节流降温制冷要达到的目的。

97. 节流温降的大小与哪些因素有关？

答:节流的目的是为了获得低温,因此希望节流温降的效果越大越好。影响气体节流温降效果的因素有:

1)节流前的温度。节流前的温度越低,温降效果越大。当节流前的压力为 $p_1 = 20$MPa，节流后压力为 $p_2 = 0.1$MPa 时,根据空气的热力性质图,可以查到不同的节流前温度下的温降效果。见表9。

表9 节流前温度对节流温降效果的影响

节流前温度 T_1/K	300	280	260	240	220	200
节流后温度 T_2/K	268	240	213	184	153	120
节流温降(T_1-T_2)/K	32	40	47	56	67	80

2)节流前后的压差。节流前后的压差越大时,温降越大。例如,当节流前的温度和节流后的压力一定,设 $T_1 = 200$K, $p_2 = 0.1$MPa,改变节流前的压力 p_1 时,根据焓不变的规律,由空气的热力性质图可查得节流温降的变化,如表10所示。

表10 压差对节流温降效果的影响

节流前压力 p_1/MPa	20	15	10	5	2.5
节流前后压差(p_1-p_2)/MPa	19.9	14.9	9.9	4.9	2.4
节流后温度 T_2/K	120	132	151	177	189
节流前后温差(T_1-T_2)/K	80	68	49	23	11

要提高节流前压力,则必须提高压缩机的排气压力,相应地要增加压缩机的能耗,这并不是我们所希望的。对于小型高、中压制氧机,节流温降在制冷中起到相当重要的作用。在装置的启动阶段,为了加快冷却速度,往往采用提高压力的方法来增大节流效应制冷量。待设备正常运转后,所需的制冷量减小时,再降低工作压力。

98. 为什么液空、液氮节流后温度会降低,而自来水流经阀门时温度不见变化？

答:下塔的液空节流到上塔时,温度将从－173℃降低至－191℃;液氮节流到上塔时,温度是从－177℃左右降低至－193℃左右。但是,自来水从阀门流出时,并不能见到温度降低的现象。这主要是因为,空分塔中节流的液体是"饱和液体";而自来水是"过冷液体"。

所谓饱和液体是指该液体的温度已达到当时压力下的气化温度而尚未气化的液体。如果对饱和液体继续加热,就开始有饱和蒸气产生,温度保持饱和温度不变。如果降低压力,则对应的饱和温度也降低,将有部分饱和液体气化而吸热,成为低压下的饱和液体和饱和蒸气的混合物,温度等于该压力下的饱和温度。液空、液氮的节流都是属于这种情况。在下塔时的温度为下塔压力对应的饱和温度;节流到上塔降压后,温度降为上塔压力对应的饱和温度,并有部分液体气化。

自来水的温度远远低于水压所对应的饱和温度,因为水在大气压下的饱和温度就有100℃,所以一般的水是处在低于饱和温度的过冷状态。对于压力水,节流后的最低压力是大气压,仍不可能达到饱和状态,因此不可能产生气化现象,也就不会发生温度降低的情况。

99. 为什么设置液空、液氮过冷器可以减少液体节流后的气化率?

答:下塔节流到上塔的液空、液氮是作为参与上塔精馏的回流液,希望进入上塔时尽量减少气化的比例(叫"气化率 y ")。

出下塔的液体是下塔压力所对应的饱和液体,液氮的饱和温度约为 $-177℃$;液空的饱和温度约为 $-173℃$ 。根据节流过程的特点,节流前后的能量(焓)不变,但节流后由于压力降低,对应的饱和温度也降低。低压饱和液体的比焓(h'_2)比节流前的液体比焓(h_1)要小,所以,必定有部分液体(y)气化成低压饱和蒸气,其焓值为 h''_2 ,使气、液二者的能量之和维持不变。即

$$h_1 = (1-y)h'_2 + yh''_2$$
$$y = (h_1 - h'_2)/(h''_2 - h'_2)$$

或者说由于部分液体气化需要吸热,从而使节流后温度降低。一般,空分塔中的饱和液体节流后的气化率 y 可达 $17\% \sim 18\%$ 。

过冷器是利用出上塔的低温气体来冷却出下塔的饱和液体,使之温度降低到低于饱和温度。这种温度低于饱和温度的液体称为"过冷液体";比饱和温度低的温度叫"过冷度"。通常,经过过冷器后液体有 $6 \sim 7℃$ 的过冷度,相应的液体具有的能量(焓 h_1)也减小。由于上塔的压力一定,节流后的低压饱和液体的温度和比焓(h'_2)以及饱和蒸气的焓(h''_2)维持不变。即上式中只使得分子($h_1 - h'_2$)的值减小,分母($h''_2 - h'_2$)维持不变,相应地使气化率降低。通常在上述的过冷度下,气化率可降至 11% 左右。

100. 中压流程空分设备中,空气是在节流阀(节-1)前就有部分液化,还是节流后才部分液化?

答:空气在通过节流阀时,总焓值不变,温度、压力降低。至于节流前后是否产生液体,这取决于节流前的状态和节流后的压力。

从空气的热力性质图(图 25)可以看出,有一条饱和曲线作为状态的分界线。饱和曲线的左半条为饱和液体线,右半条为饱和蒸气线,顶点叫临界点。状态处于饱和曲线以下的区域内,为湿蒸气区,则为气、液混合物,表示其中有部分是液态。

对中压流程小型空分设备,空气节流后的压力为下塔压力,约为 $0.6MPa$ 。对应的饱和液体的比焓为 $-2450J/mol$,饱和蒸气的比焓为 $2550J/mol$ 。如果节流前气体的比焓小于节流后压力所对应的饱和蒸气的比焓,则在节流后会部分液化。例如,当节流前的压力为 $4.5MPa$,温度降低到 $145K(-128℃)$ 时(图中点 1),比焓将小于上述饱和蒸气的比焓,节流后(图中点 2)状态点落在湿蒸气区,表示已有部分液空产生。

另外,空气的临界点(图中点 C)的压力约为 $3.8MPa$,临界温度约为 $132.5K$

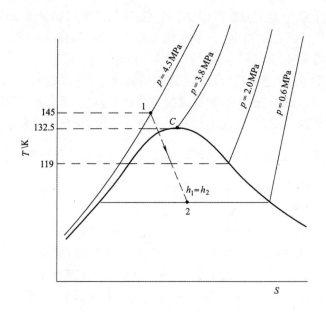

图 25　节流过程在 $T\text{-}s$ 图上的表示

(-140.6℃)。在该点,气、液已无区别。制氧机在启动时,空气压力高于临界压力,如果在主热交换器中温度降至临界温度以下,则空气会直接液化,节流后又有部分气化。在正常生产时,空气压力(例如 2.0MPa)已低于临界压力,对应的饱和蒸气的温度为 119K(-154℃),比焓为 1760J/mol。空气在主热交换器中温度降至上述温度,也将有部分空气开始被液化,热交换器的下部起到液化器的作用。这种含液的空气经节流后,仍在饱和区内,保持有一定的液化率,与膨胀空气混合后,以含湿的状态进入下塔。

101. 空气在等温压缩后能量发生怎样变化,为什么?

答:空气在压缩过程中,是靠消耗电能来提高空气压力的。同时,气体的温度也会升高。随着气体温度升高,气体体积要膨胀,压缩更困难,要压缩到同样的压力需要消耗更多的能量。因此,为了减少压缩机的耗能量,在压缩过程中应尽可能充分地进行冷却,一般设置有中间冷却器和气缸冷却水套,用冷却水进行冷却。在最理想的情况下,空气压缩后温度不升高,与压缩前的温度相等,称为"等温压缩"。

在等温压缩时,由于温度不变,气体分子运动的动能没有变化。而压力升高后的质量比体积缩小,分子之间的距离缩小,分子相互作用的位能减小。所以,空气等温压缩后内部的能量反而是减少的。从空气的热力性质图可查到,在同样温度下的空气比焓随压力升高而减小。

为什么空气在压缩时消耗了大量的电能,空气压力提高,空气的能量反而减小了呢?这是否违反能量守恒定律呢?实际上,空气在压缩过程中,除了从外界得到能量,对空气做功外,还向冷却水放出了大量的热,被冷却水带走。根据能量平衡,如果能量的支出大于收入,则只能靠减少内部积余来弥补。空气在等温压缩时就是属于这种情况,放给冷却水的热大于压缩机消耗的功。

102. 节流效应制冷量是如何产生的？

答：节流效应制冷量是利用等温压缩后的气体在节流膨胀中产生的温降，由此而具有的吸收热量的能力。如图 26 所示，节流效应制冷由压缩、节流、吸热三部分组成。1—2 为压缩机的压缩过程。空气压缩后压力升高，在充分冷却的理想情况下，温度不变（称为等温压缩），如图中的实线所示；2—3 为节流过程。在压力降低的同时，温度也降低；3—4 吸热过程。低温气体流经换热器时，可以从温度较高的气体吸热，将后者冷却，而前者吸热后温度又恢复到节流前的温度。

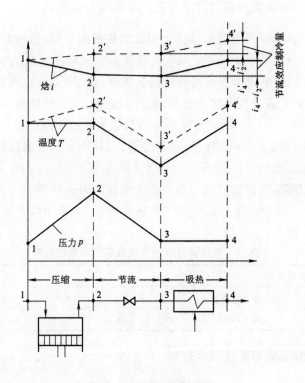

图 26 节流效应制冷量

在换热器中，低温气体所具有的吸收热量的能力，是它恢复到环境温度时能够吸收的热量。在 3—4 的过程中，气体温度升高，能量（焓 h）增加。增加的能量 $(h_4 - h_3)$ 即为制冷量。由于节流过程气体的焓不变，$h_2 = h_3$，所以制冷量等于 h_4 与节流前的焓 h_2 之差。这说明，节流降温过程为吸热作准备，而制冷能力在节流前已具备。节流与吸热是一个综合的过程，所以称为"节流效应制冷量"。

对于等温压缩过程，压缩前后的温度 T_1、T_2 均为环境温度，而吸热后的状态 4 也是恢复为环境状态。因此，$T_4 = T_1$，$h_4 = h_1$。节流效应制冷量 $(h_4 - h_2) = (h_1 - h_2)$，即等于等温压缩时焓减小的数值。所以，也可

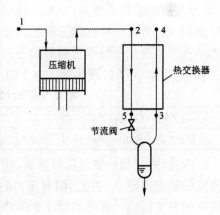

图 27 节流制冷循环

以认为,节流效应制冷量在等温压缩时已经具备,在后两个过程中体现出来,也叫"等温节流效应"或"等温节流制冷量"。

在空分设备的节流制冷循环中,热交换器设置在节流阀前,用节流后的低温、低压气体来冷却节流前的正流空气,如图27所示。但是,换热器只降低节流前温度,不影响制冷量大小。对整个体系来说,正流气体与返流气体在换热器中的热交换属于内部的热量交换,在温度降低的过程中,并不改变制冷量的大小。制冷量是指出体系(4点)时比进体系(2点)时所能带走的能量:$(h_4 - h_2)$。

103. 空气被压缩后温度升高对节流效应制冷量有什么影响?

答:空气在压缩机中的压缩过程实际上很难做到等温压缩,压缩后的温度往往高于吸入时的大气环境温度,压缩后气体的焓值 h'_2 也可能高于压缩前的焓值 h_2。如图26中的虚线上的点 2' 所示。但是,经节流阀节流后温度仍会降低,焓值不变,如图中的点 3' 所示。这时,由于进主热交换器的正流空气温度也提高,返流的低温、低压气体最高可复热到与进口的空气温度 T'_2 相等,即 $T'_4 = T'_2$。相应地吸热后的焓值为 h'_4,如图中点 4' 所示。它从装置带走热量为 $(h'_4 - h'_2)$,这就是当时的节流效应制冷量。这说明在非等温压缩时,节流效应制冷量仍然存在,但并不是在压缩过程就具有。压缩过程是为节流降温创造条件。

随着进气温度升高,节流效应制冷量将比等温压缩时有所减少。例如,当进装置的空气压力为 5.0MPa 和 0.6MPa,排出装置的气体压力为 0.1MPa 时,不同进装置温度下的节流效应制冷量如表11所示:

表 11　进装置温度对节流效应制冷量的影响

进装置空气温度/℃		0	10	20	30	40	50
进装置压力	5.0	节流效应制冷量	377	343	318	285	251	230
/MPa	0.6	/kJ·kmol⁻¹	37.7	35.0	32.6	30.6	28.6	26.8

104. 节流效应制冷量与哪些因素有关?

答:节流效应制冷量首先是与节流前后的压差有关,其次与进装置的温度有关。一般说来,节流前后的压差越大,节流温降也越大,所具有的吸收热量的能力也越大,即节流效应制冷量越大。节流后排出装置的压力是接近于大气压力,变化的范围有限。因此,节流压降的大小主要取决于压缩机压缩后的压力。当排出装置的气体压力为 0.1MPa,进装置的空气温度为 30℃ 时,不同的进装置压力下的节流效应制冷量如表12所示:

表 12　进空分装置压力对节流效应制冷量的影响

进装置空气压力/MPa	0.6	3.0	5.0	10.0	15.0	20.0
节流效应制冷量/kJ·kmol⁻¹	30.6	188	285	586	795	938

但是,进装置的空气压力越高,相应地空压机消耗的电能越大,对管路、设备的安全性及强度的要求也越高。并且,随着压力的升高,制冷量增加的幅度也在减小。所以,小型高压制氧机的最高压力一般也不超过 20MPa,并且,在正常生产时,要尽量降低工作压力。

进装置的空气温度提高,节流效应制冷量略有减少。详见103题的解答。

105. 为什么膨胀机膨胀的温降效果要比节流大得多?

答:空气从0.6MPa节流到0.1MPa的温降只有1℃左右,而通过膨胀机膨胀,理论上温降可达80～90℃,温降效果要比节流好得多。其原因是节流过程不对外输出功,温度降低是靠分子位能增加而引起的。气体在膨胀机内膨胀时,气体要推动叶轮旋转,或推动活塞对外作功,而且膨胀过程进行很快,外界没有能量输入,理想情况下可以看成是一个绝热过程。根据能量守恒定律,输出的功只有靠减少气体的能量(焓)来维持平衡,使得气体分子运动的动能急剧减少,反映在温度大幅度下降。因此,膨胀机膨胀时,气体的温度降低不仅是因为压力降低,造成分子的位能增加,而使分子运动的动能减少引起的,更主要是由于对外作功造成的,所以温降的效果要比节流时大得多。

106. 什么叫膨胀机制冷量,如何确定?

答:膨胀机对外输出功造成气体的压力、温度降低,焓值减小。气体减少了能量,使它增加的吸热能力,称为膨胀机的制冷量。因此,膨胀机的制冷量也就是指它在膨胀过程中对外作功的大小,等于气体在膨胀过程减小的焓值。当膨胀机进口的比焓为h_1,出口的比焓为h_2时,单位数量的气体的制冷量即为h_1-h_2。已知膨胀机进、出口气体的温度和压力,可以从气体的热力性质图上查到相应的比焓值。

目前常用的气体的热力性质图有温-熵图($T\text{-}s$图)或焓-熵图($h\text{-}s$图)。在温-熵图(图28)上,纵坐标为温度T(K),横坐标为熵s(kJ/kmol·K)。在图上画有等压线、等焓线。根据两个参数(温度、压力)可确定一个状态点,可查出相应的比焓及熵值。例如,当膨胀机的进口绝对压力$p_1=3.0$MPa,进口温度为-85℃($T_1=188$K)时,可查到该点的比焓$h_1=4880$kJ/kmol。出口绝对压力为$p_2=0.6$MPa,温度为-125℃($T_2=148$K)时,比焓为$h_2=4040$kJ/kmol。膨胀机的单位制冷量为$\Delta h=(h_1-h_2)=4880$(kJ/kmol)-4040(kJ/kmol)$=840$kJ/kmol。

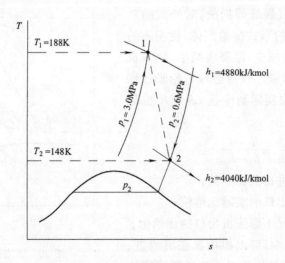

图28　在$T\text{-}s$图上查取膨胀机制冷量

如果利用焓-熵图(图29)也可得到同样的结果。例如,对于低压空分设备,当膨胀机的

进口绝对压力 $p_1=0.55\text{MPa}$,进口温度为 $T_1=131.5\text{K}$ 时,可查到该点的比焓 $h_1=3530\text{kJ}/\text{kmol}$。当出口绝对压力为 $p_2=0.135\text{MPa}$,温度为 $T_2=94\text{K}$ 时,比焓为 $h_2=2540\text{kJ/kmol}$。膨胀机的单位制冷量为 $\Delta h=h_1-h_2=3530(\text{kJ/kmol})-2540(\text{kJ/kmol})=990\text{kJ/kmol}$。

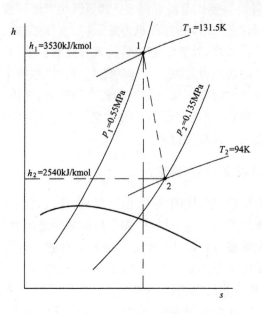

图 29 在 $h\text{-}s$ 图上查取膨胀机制冷量

107. 什么叫膨胀机效率,如何估算?

答:膨胀机是气体通过绝热膨胀对外做功,内部的能量减少(焓降低),以达到降温、制冷的目的。在理想情况下的绝热膨胀过程焓减少最多,单位制冷量就越大,温降也最大。实际的膨胀过程由于有机械摩擦、涡流等损失,对外做的功量减少。它又以热能的形式传给气体,使实际的焓降减小,单位制冷量减少,温降也减小。膨胀机效率 η_p 是表示实际膨胀过程接近理想膨胀过程的程度,即气体的单位实际制冷量 Δh 与单位理论制冷量 Δh_t 的比值:

$$\eta_p=\frac{\Delta h}{\Delta h_t}=\frac{h_1-h_2}{h_1-h_{2t}}$$

式中　h_1——膨胀机进口的比焓值;

　　　h_2——膨胀机出口的实际比焓值;

　　　h_{2t}——理想情况下膨胀机出口的比焓值。

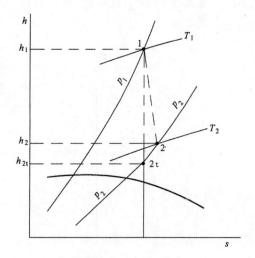

图 30 膨胀机效率的估算

在实际运转过程中,可以根据膨胀机的进、出口压力和温度,利用气体的热力性质图进行估算其效率,检查其性能的变化。采用焓—熵图更为方便。例如图 30 所示,根据膨胀机进口温度 T_1 和压力 p_1,可以从纵坐标上查到相应的比焓值 h_1。根据膨胀机出口温度 T_2 和压力 p_2,

可以从纵坐标上查到相应的比焓值 h_2。理想的绝热膨胀过程应是等熵膨胀过程,膨胀到相同的出口压力 p_2 时的理想比焓值,可以通过进口的状态点 1 画垂直线,得到与出口压力 p_2 的等压线的交点 2_t,该点即为理想膨胀时的出口状态点。从纵坐标上可查到它的比焓值 h_{2t}。

膨胀机效率反映膨胀机性能的好坏。机器内部损失少,实际焓降大,越接近理想的焓降,则效率越高。中压活塞式膨胀机的效率在 $55\%\sim60\%$,低压透平膨胀机的效率可超过 80%,新型高效透平膨胀机的效率已可超过 85%。

108. 膨胀机制冷量的大小与哪些因素有关?

答:膨胀机总制冷量 Q_p(kJ/h) 与膨胀量 V(m³/h)、单位制冷量 Δh(kJ/kmol)有关:

$$Q_p = V\Delta h/22.4 = V\Delta h_t \cdot \eta_p/22.4$$

式中的单位制冷量 Δh 等于单位理论制冷量 Δh_t 与膨胀机效率 η_p 的乘积。而单位理论制冷量取决于膨胀前的压力、温度和膨胀后的压力。因此,膨胀机的制冷量与各因素的关系为:

1)进出口压力、机前温度一定时,膨胀量越大,总制冷量也越大。但是,对于低压空分设备,膨胀空气直接送入上塔参与精馏,过多的膨胀空气量会影响精馏效果。这是分离过程所不希望的。

2)进、出口压力一定时,机前温度越高,单位制冷量越大。例如,当膨胀机前的绝对压力为 0.55MPa,机后压力为 0.135MPa 时,不同的机前温度下的单位理论制冷量如表 13 所示:

表 13　膨胀机前温度对单位制冷量的影响

膨胀机前温度 T_1/K	303	273	243	213	183	163	143
单位理论制冷量 Δh_t/kJ·kmol⁻¹	2850	2470	2300	2010	1720	1510	1300

但是,机前温度提高,膨胀后的温度也会提高,气体直接进入上塔会破坏精馏工况。在正常生产时,温度提高幅度是有限制的。

3)当机前温度和机后压力一定时,机前压力越高,单位制冷量越大。例如,当膨胀机的进口温度为 160K,出口绝对压力为 0.135MPa 时,不同进口压力下的单位理论制冷量如表 14 所示。

表 14　膨胀机前压力对单位制冷量的影响

膨胀机前压力 p_1/MPa	1.0	0.9	0.8	0.7	0.6
单位理论制冷量 Δh_t/kJ·kmol⁻¹	1970	1890	1800	1695	1570

对于低压空分设备,原先流程的膨胀机进口压力取决于下塔压力,即接近空压机出口压力。采用增压透平流程后,利用膨胀机对外作功来带动增压机,压缩来自空压机的膨胀空气,可将膨胀机的进口压力提高到 1.0MPa 左右,增大了单位制冷量。在所需的总制冷量一定的情况下,就可以减少膨胀空气量,有利于上塔的精馏。

4)膨胀机后压力越低,膨胀机内的压降越大,单位制冷量越大。但是,由于膨胀后气体进精馏塔,压力变化的余地不大。

5)膨胀机绝热效率越高,制冷量越大。

109. 全低压空分设备中膨胀机产生的制冷量在总制冷量中占多大的比例?

答:全低压空分设备的工作压力在 0.6MPa 左右,因此,节流效应制冷量很小。对每立方米加工空气而言,只有 1.36kJ/m³。而装置的跑冷损失对每立方米加工空气而言在 4.2~7.5kJ/m³,热交换不完全损失当热端温差为 3℃时,在 3.9kJ/m³ 左右。所以,对不生产液态产品的空分设备,总冷损在 8.1~11.4kJ/m³。由此可见,在总冷损中,绝大部分要靠膨胀机制冷来弥补,所需的膨胀机制冷量为 6.74~10.04kJ/m³,占总制冷量的 83%~88%。一般认为,在正常工况下,对全低压制氧机,膨胀机制冷量约占总制冷量的 85%~90%,节流效应制冷量占 10%~15%。

当装置在启动时,或生产部分液态产品时,则全靠增大膨胀机的制冷量来弥补,这时将占更大的比例。

110. 为什么在空分塔中最低温度能比膨胀机出口温度还要低?

答:空分装置的制冷量主要靠膨胀机产生,但是,空分装置最低温度是在上塔顶部,维持在 −193℃ 左右,比膨胀机出口温度(−180℃左右)要低,这是怎样形成的呢?

空分装置在启动阶段出现液体前,最低温度是靠膨胀机产生的,精馏塔内的温度也不可能低于膨胀后温度。但是,当下塔出现液体,饱和液体节流到上塔时,压力降低,部分气化,温度也降低到上塔压力对应的饱和温度。例如,下塔顶部 −177℃ 的液氮节流到上塔时,温度就可降低至 −193℃。此外,上塔底部的液氧温度为 −180℃ 左右,在气化上升过程中,与塔板上的液体进行热、质交换,氮组分蒸发,气体温度降低,待气体经过数十块塔板,上升到塔顶时,气体已达到纯氮,温度也降到与该处的液体温度(−193℃)相等。因此,塔内最低温度的形成是液体节流膨胀和气液热、质交换的结果。

111. 为什么说主冷液氧面的变化是判断制氧机冷量是否充足的主要标志?

答:空分设备的工况稳定时,装置的产冷量与冷量消耗保持平衡,装置内各部位的温度、压力、液面等参数不再随时间而变化。主冷是联系上、下塔的纽带,来自下塔的上升氮气在主冷中放热冷凝,来自上塔的回流液氧在主冷中吸热蒸发。回流液量与蒸发量相等时,液面保持不变。

加工空气在进入下塔时,有一定的"含湿",即有小部分是液体。大部分空气将在主冷中液化。对于低压空分设备,进下塔的空气是由出主热交换器冷端的空气和经液化器的空气混合而成的;对于中压空分设备,是由膨胀空气和出换热器后经节−1 阀节流降压的空气混合而成的。在正常情况下,它们进塔的综合状态都有一定的"含湿量"(液化率)。进塔的空气状态是由空分设备内的热交换系统和产冷系统所保证的。

当装置的冷损增大时,制冷量不足,使得进下塔的空气含湿量减小,要求在主冷中冷凝的氮气量增加,主冷的热负荷增大,相应地液氧蒸发量也增大,液氧面下降;如果制冷量过多,例如中压装置的工作压力过高时,空气进下塔的含湿量增大,主冷的热负荷减小,液氧蒸发量减少,液氧面会上升。因此,装置的冷量是否平衡,首先在主冷液面的变化上反映出来。

当然,主冷液氧面是冷量是否平衡的主要标志,并不是惟一标志。因为液空节流阀等的开度过大或过小,会改变下塔的液面,进而影响主冷的液氧面的变化。但是,这不是冷量不平衡造成的,而是上、下塔的液量分配不当引起的,液面的波动也是暂时的。

112. 为什么中压空分设备可以通过提高空气压力来提高液氧面？

答：空分塔的冷量是否充足，集中反映在主冷的液氧面上。当冷量不足以平衡冷损时，主冷的液氧面会慢慢下降。如果不是由于设备泄漏等故障，应设法增大制冷量来弥补冷损，恢复液氧面。

对于低压空分设备，空气压力接近下塔压力，并不是随意可以提高。而中压空分设备的空气压力远高于下塔压力，它分别通过节流阀和膨胀机膨胀后再进入下塔。由于工作压力不影响精馏工况，可根据冷量的需要来决定。并且，节流效应制冷量在总制冷量中所占的比例较大。例如，当工作压力为 3.0MPa 时，每立方米加工空气的节流效应制冷量为 $8.4kJ/m^3$，每立方米膨胀空气的膨胀机制冷量为 $37.7kJ/m^3$。一般，膨胀空气量为加工空气量的 70% 左右，因此，节流效应制冷量要占总制冷量的 1/4 左右。对活塞式膨胀机流程，当配合调节膨胀机凸轮和高压空气节流阀，使高压空气压力提高时，则膨胀机制冷量与节流效应制冷量同时增大，对提高液氧液面效果显著。

当膨胀机的凸轮已关得很小，不能靠它调节，但又需要更多的冷量时，可采取关小进膨胀机的通－6 阀来保持高压。这时，虽然膨胀机前的压力没有提高，但节流效应制冷量增大，总的制冷量仍可增加有利于加速液体积累。这种调节方法只有在通－6 阀关得很小（一转以内），高压空气压力与膨胀机前压力不等时才有效。并且每次调节只能转动 3°～5°，不能调得过大。

113. 为什么全低压流程膨胀机的进口温度要设法提高，而中压流程膨胀机进口温度不能提高？

答：在空气膨胀、全低压流程的空分设备中，膨胀空气直接进入上塔参与精馏。如果进入上塔的膨胀空气量越多，则氮平均纯度降低，氧的提取率就越低。因此，在保证所需的制冷量的前提下，设法减少膨胀空气量是提高氧的提取率的重要措施之一。即在一定的加工空气量的情况下，可以提高氧产量。膨胀机的进气温度越高，膨胀机的单位制冷量越大。在装置所需冷量一定的情况下，就可以减少膨胀量。因此，设法提高膨胀机的进口温度是有利的。当然，膨胀机的进口温度受结构的限制，也不是可以任意提高的。

对中压流程空分设备，高压空气经第一热交换器后分成两路：一路经第二热交换器继续冷却，然后节流进入下塔；另一路经膨胀机膨胀后进入下塔，膨胀量与氧的提取率没有直接关系。膨胀空气的量和温度是由整个装置的冷量平衡决定的，由出第一热交换器后两路空气量的分配比例进行调整。如果硬要把膨胀机前的空气温度提高，就需要增加经第二热交换器的空气量，必然会使膨胀后温度升高，同时节流前的温度也会升高。如果膨胀机前空气温度升高，将使单位制冷量增加，而膨胀量减少，仍能保持总制冷量不变，即温度在允许范围内变化，则对空分设备的操作影响不大。如果膨胀空气温度升高而使膨胀机制冷量减少，则因为节流前温度也升高，将使液空量减少，就会造成液氧面下跌。为了平衡冷量，需要相应地提高高压空气的压力，就会增加装置的能耗。因此，对中压流程膨胀机的进气温度应保持在工艺规程要求的范围内，不能随意提高。

114. 能否靠多开一台膨胀机来增加制冷量？

答：膨胀机的制冷量是根据整个空分设备对冷量的需求量来确定的。在装置的启动阶段，为了使装置尽快冷却和积累液体，往往采用多开一台膨胀机，增大膨胀空气量，以增加总制冷量。

装置在正常运转时，制冷量主要是平衡装置的冷量损失和生产少量液态产品所需的冷量。一般来说，按设计工况开一台膨胀机就能满足要求。当开一台膨胀机不能维持正常液面时，一定是有内部泄漏等非正常的冷量损失。这时，光靠增开膨胀机来增大制冷量并不能解决根本问题。而是应该首先找出冷损增大的原因。

如果想增加液态产品的产量而在正常生产时多开一台膨胀机，单从冷量平衡的角度是可以的，但是过多的膨胀空气进上塔，将会破坏上塔的精馏工况，降低氧的提取率。同时，多取液体还会影响塔内换热器的工况及精馏塔的回流比等，所以也是受到限制的。

需要说明的是，膨胀机的制冷量不仅与膨胀量有关，还与膨胀机进、出口的参数有关。也可能出现开两台膨胀机的总制冷量不如一台膨胀机满负荷运转时来得大的情况。例如，一台膨胀量为 $2700\text{m}^3/\text{h}$ 的膨胀机，在机前参数为：$p_1=0.55\text{MPa}$，$T_1=123\text{K}$；机后参数为：$p_2=0.125\text{MPa}$，$T_1=85\text{K}$ 的状态下运转，则单位制冷量为 $\Delta h=h_1-h_2=8270(\text{kJ/kmol})-7264(\text{kJ/kmol})=1006\text{kJ/kmol}$，总制冷量为

$$Q=\frac{V_p}{22.4}(h_1-h_2)=\frac{2700\text{m}^3/\text{h}}{22.4\text{m}^3/\text{kmol}}\times1006\text{kJ/kmol}=121260\text{kJ/h}=33.68\text{kW}$$

如果两台膨胀机同时运转，由于采用机前节流，总膨胀量为 $3500\text{m}^3/\text{h}$，机前参数为：$p_1=0.50\text{MPa}$，$T_1=113\text{K}$；机后参数为：$p_2=0.125\text{MPa}$，$T_1=83\text{K}$ 的状态下运转，则单位制冷量为 $\Delta h=h_1-h_2=7955(\text{kJ/kmol})-7200(\text{kJ/kmol})=755\text{kJ/kmol}$，总制冷量为

$$Q=\frac{V_p}{22.4}(h_1-h_2)=\frac{3500\text{m}^3/\text{h}}{22.4\text{m}^3/\text{kmol}}\times755\text{kJ/kmol}=117970\text{kJ/h}=32.8\text{kW}$$

由此可见，在这种情况下还不如停一台膨胀机，既可减小膨胀量对精馏工况的影响，又可使切换式换热器在正常工况下工作，防止冷端过冷或膨胀机后温度过低。

115. 节流阀与膨胀机在空分设备中分别起什么作用？

答：气体通过膨胀机作外功膨胀，要消耗内部能量，温降效果比节流不作外功膨胀时要大得多。尤其是对低压空分设备，制冷量主要靠膨胀机产生。但是，膨胀机膨胀的温降在进口温度越高时，效果越大。并且，膨胀机内不允许出现液体，以免损坏叶片。

因此，对于中压空分设备，出主热交换器的低温空气是采用节流膨胀进入下塔的，以保证进塔空气有一定的含湿。

对低温液体的膨胀来说，液体节流的能量损失小，膨胀机膨胀与节流膨胀的效果已无显著差别，而节流阀的结构和操作比膨胀机要简单得多，因此，下塔的液体膨胀到上塔时均采用节流膨胀。

由此可见，在空分设备中，节流阀和膨胀机各有利弊，互相配合使用，以满足制冷量的要求。制冷量的调节是通过调节膨胀机的制冷量来实现的；空分塔内的最低温度（-193℃）则是靠液体节流达到的。

116. 空分设备的节流效应制冷量是否只有通过节流阀的那部分气体(或液体)才产生?

答:在空分设备中,制冷量包括膨胀机制冷量和节流效应制冷量两部分。中压空分设备的膨胀空气进下塔液化后,还要通过液体节流进上塔,而低压空分设备的膨胀空气不再通过节流阀。那么,是否只有通过节流阀的那部分气体(或液体)才产生节流效应制冷量呢?实际上并非如此。

节流效应制冷量是由于压力降低,体积膨胀,分子相互作用的位能增加,造成分子运动的动能减小,引起气体温度降低,使它具有一定的吸收热量的能力。对整个空分设备来说,进装置时的空气压力高,离开空分设备时压力降低,理论上温度可复热到进装置时的温度。此时,低压气体的焓值大于进口时的焓值,它与进口气体的焓差就是节流效应制冷量,不论这个压降是否在节流阀中产生。

气体在膨胀机中膨胀时,计算膨胀机的制冷量只考虑对外作功而产生的焓降。实际上,在压力降低时,同时也增加了分子位能,因而也应产生一部分节流效应制冷量。这部分制冷量并不单独计算,而是按出装置时的低压气体与进装置的压力气体的总焓差,已表示了装置的总的节流效应制冷量。在调节膨胀机的制冷量时,也不影响节流效应制冷量的大小。

117. 什么叫冷量损失,冷量损失分哪几种?

答:比环境温度低的物质所具有的吸收热量的能力。这种低温的获得是花费了一定的代价——压缩气体消耗功,将气体压缩后再进行膨胀获得的。如果这部分冷量未能加以回收利用,则称为冷量损失。它包括以下几方面:

1)热交换不完全损失 Q_2(或 q_2)。低温气体的冷量是通过装置内的各个换热器加以回收的。在理想情况下,低温返流气体在离开装置时,应该复热到与正流气体进装置时的温度相等。即热端温差达到零,冷量才能全部加以回收。但是,热量只能从高温物体传给低温物体。在换热器内实现从高温物质向低温物质传递热量,必定存在温差。在热端的温差 Δt 反映了出装置的低温气体温度低于进装置的空气温度,即冷量不可能得到充分回收,该冷量损失叫"热交换不完全损失"。它与该温差的大小成正比。

2)跑冷损失 Q_3(或 q_3)。空分设备内部均处于低温状态,虽然在保冷箱内充填有绝热材料,由于外部的环境温度高于内部温度,或多或少会有热量传到内部。外部传入的热量,实际上就是使低温气体的同样数量的冷量没有得到充分利用。因为外部传入热量,会造成低温气体温度升高。如果要使内部温度维持稳定,就要设法将传入的热量带出装置,即要消耗同样数量的冷量,这称为"跑冷损失"。

3)其他冷损失 Q_1(或 q_1)。除上述两种冷损外,在对低温吸附器进行再生和预冷时,在排放液体时,或当装置、阀门发生泄漏时,都需要额外消耗一部分冷量,或损失掉一部分低温液体(或气体)的冷量。这些冷损属于其他冷损之范围。

118. 空分设备产生的制冷量消耗在什么地方?

答:空分设备在启动阶段,冷量首先用来冷却装置,降低温度,产生液态空气,在塔内积累起精馏所需的液体。待内部温度、液面等工况达到正常后,所需的冷量比启动阶段大为减少,主要是为了保持塔内正常的工况。这时,设备处于低温状态,外部必然有热量不断传入,在换热器的热端必然存在传热温差。产生的冷量首先要弥补跑冷和热交换不完全这两项冷损,以保持工况的稳定。当装置有少量的低温泄漏或存在其他冷损时,则所需的冷量增加。此外,当装置生产的部分液态产品输出装置时,低温产品所带出的冷量 Q_0 也需要生产更多的冷量来弥补。因此,空分设备生产的制冷量 Q 与各项冷量损失及冷量消耗保持相等,才能维持工况稳定,这叫"冷量平衡"。即

$$Q = Q_2 + Q_3 + Q_1 + Q_0$$

如果冷量消耗大于制冷量,则为"冷量不足";冷量消耗小于制冷量,则为"冷量过剩"。这两种情况均会破坏冷量平衡,反映在液氧面下降或液氧面上升。这时,均需对制冷量做相应的调整,以便在新的基础上达到新的平衡。

119. 热端温差对热交换不完全损失有多大影响?

答:热交换不完全冷损是返流低温气体在出主热交换器的热端时,不能复热到正流空气进热交换器的温度而引起的。因此,返流气体与正流空气换热器的热端温差越大,说明复热越不足,未被利用的冷量越多,热交换不完全冷损失就越大。因此,热交换不完全冷损失 Q_2 与热端温差成正比。

返流低温气体由已被分离成产品氧、产品氮及污氮等几股气体组成。它们与正流空气在热端的温差不完全相同,流量及比热容也不同,在计算热交换不完全损失时,应分别计算后再相加,得出总的热交换不完全损失。由于污氮量最大,它的热端温差对热交换不完全损失的影响也最大。

如果各股返流气体的热端温差均相等,它们的气量之和又等于正流空气量。这时,不同的热端温差所产生的热交换不完全损失的大小如表 15 所示。

表 15　热端温差对热交换不完全损失的影响

热端温差/℃	2.0	3.0	4.0	5.0	6.0	7.0
每 $1m^3$ 加工空气的热交换不完全损失/$kJ \cdot m^{-3}$	2.617	3.927	5.234	6.531	7.838	9.144

由表可见,热端温差扩大 1℃,热交换不完全损失将增大 $1.31kJ/m^3$,这将使装置的总冷损增加 10% 以上。因此,尽可能缩小热端温差对减小装置的总冷损有很大的意义。尤其是当发现热端温差扩大,超过规定值时,应注意寻找原因,采取相应的措施。

120. 如何减少热端温差造成的冷损?

答:要使热端温差为零,就要将换热器做成无限大,实际上是不可能的。在设计空分设备时,综合考虑设备投资和运转的经济性,是按选定的热端温差设计的。对大型空分设备,一般允许的热端温差为 2~3℃;对小型中压空分设备,允许温差为 5~7℃。

在实际运转中,换热器的传热面积已经一定。如果热端温差扩大,说明返流气体的冷量在换热器内没有能够得到充分回收。这可能是由于换热器的传热性能下降,在同样的传热面积下能够传递的热量减少;也可能是由于气流量、气流温度的变化造成的。对不同的流程和不同的换热器结构需要具体分析。

对分子筛吸附流程的主换热器,造成传热性能下降的原因主要是吸附器的操作不当。由于分子筛吸附器进水,或者由于受到气流冲击,分子筛粉化,将粉末带入热交换器,粘附在换热器通道表面,影响传热性能,造成热端温差扩大。此外,当吸附器没有将空气中的水分和二氧化碳清除干净就进入热交换器,就会冻结在传热面上,使传热系数减小,传热能力减弱。这种情况还往往会伴随着换热器的阻力增高。例如,某 $6000m^3/h$ 制氧机热端温差从 $3℃$ 增至 $6℃$,主热交换器阻力也从 $10kPa$ 升至 $22kPa$。这时,就需要对主换热器进行加温吹扫,才能使其恢复正常。

当进空分设备的空气温度不正常地升高时,要将气体冷却到一定的温度,需要在换热器中放出更多的热量。而换热器的传热面积一定,只有靠扩大传热温差才能达到,表现在热端温差增大。例如,某 $3350m^3/h$ 制氧机,由于空气进装置的温度从设计值 $30℃$ 增高到 $51.5℃$,造成氮气与空气的温差从设计的 $4℃$ 扩大到 $6.5℃$,氧气与空气的热端温差从设计的 $5℃$ 扩大到 $18.5℃$。这时应检查空气进塔温度升高的原因,予以消除之。

对于切换式换热器,造成热端温差扩大的原因之一是返流气体的冷量太多。例如环流气体量或中抽量太大,会使冷量在热交换器中不能充分回收,出热交换器的返流气体温度降低,使热端温差扩大。这时,应将环流或中抽量调整适当。

121. 跑冷损失的大小与哪些因素有关?

答:跑冷损失取决于由装置周围环境传入内部的热量。跑冷损失的大小与以下因素有关。

(1)绝热保冷措施

在保冷箱内,充填有导热性能差的保温材料,例如珠光砂、矿渣棉等,以减少从外部传入热量。其保冷情况除与保温材料的性能、充填层的厚度、支座的绝热措施等因素有关外,还与充填的情况有关。例如,保冷箱内的死角位置保冷材料是否充满;设备运转后保冷材料有否下沉,使上部产生空隙。影响更大的是保冷材料是否保持干燥。因为干燥的珠光砂的热传导率只有 $0.03\sim0.04W/(m\cdot℃)$,而水的热传导率为它的 $15\sim20$ 倍,冰的热传导率为它的 60 倍。因此,保冷材料受潮将大大降低绝热性能,增加跑冷损失。如果保冷箱密封不严,保冷箱内部温度降低后,外部湿空气侵入,内部就可能出现结露,甚至结冰。因此要保证保冷箱的密封,并充以少量干燥气体,保持微正压。

(2)运转的环境条件

传热量与传热温差成正比。如果周围的空气温度升高,与装置内部的温差就扩大,跑冷损失会增加。因此,跑冷损失在夏天大于冬季,白天大于晚间。

(3)空分设备的型式与容量

因为传热量与传热面积成正比,而保冷箱的表面积并不与装置的容量成正比,所以,随着装置容量的增大,相对于每立方米加工空气的跑冷损失(单位冷损)是减小的。对一些采用管式蓄冷器的旧型空分装置,相同容量的制氧机在保冷箱内的设备多,相对来说表面积要大,跑冷损失也会大一些。

对不同容量和型式的空分设备,相对于每立方米加工空气的单位跑冷损失 q_3 大致如下:

小型设备	$8 \sim 12\text{kJ/m}^3$
1000m³/h 板式	7.5kJ/m^3
3200m³/h 管式	6.3kJ/m^3
板式	6.1kJ/m^3
6000m³/h 管式	5.1kJ/m^3
板式	4.6kJ/m^3
10000m³/h 板式	4.4kJ/m^3
20000m³/h 板式	3.6kJ/m^3
30000m³/h 板式	3.2kJ/m^3

122. 跑冷损失与热交换不完全损失在总冷损中分别占多大的比例？

答：单位跑冷损失随着装置容量增大而减小，而大型空分设备设计的热端温差一般均在 3℃左右，不同装置的单位热交换不完全损失变化不大。因此，随着装置容量增大，单位热交换不完全损失在总冷损中的比例有所增加。不同容量的空分设备，单位热交换不完全损失占总冷损的大致比例如表 16 所示：

表 16　不同容量的空分设备中热交换不完全损失所占的比例

装置容量/m³·h⁻¹	1000	3200	6000	10000	20000
热交换不完全损失所占的比例/%	34.2	39.3	46.0	47.0	52.4

由表可见，大容量空分设备，在 3℃的热端温差的情况下，热交换不完全损失已占总冷损的一半左右。如果温差扩大 1℃，将使总冷损增加 16%左右。为了弥补增加的冷损，就要求增大膨胀机的膨胀量，这会影响整个装置的工作。因此，在运转过程中，要注意热端温差的变化，采取相应的措施，防止温差扩大，避免超过设计值，是操作人员的一项重要工作。

123. 空分设备发生内泄漏时，对冷损有什么影响，如何估算？

答：空分设备内的气体和液体都处于很低的温度。低温气体在环境温度以下，直至 $-193℃$；液态空气为 $-173℃$，液氧为 $-180℃$，液氮为 $-177 \sim -193℃$。这些低温气体和液体都是花费了代价(压缩机消耗的电能)得来的，它们的冷量应尽可能在换热器中加以回收利用。如果管道、阀门甚至设备的局部位置发生泄漏，外漏的那部分低温气体或液体的冷量无法加以回收，不但大大增加了其他冷损项 Q_1，还会在保冷箱内外结露、结冰，增大跑冷损失 Q_3。这部分冷损在设计时是未加考虑的，要弥补这部分冷损，将破坏装置的正常工作，甚至无法维持生产，被迫停机。因此，泄漏是空分装置的大敌，在安装和试压检漏时，必须严格把关，不能马虎、凑合。泄漏往往是越发展越严重，最后达到不可收拾的地步。

液体泄漏与气体泄漏相比，危害性更大，因为它的单位冷量比相同温度的气体要大一倍左右，并且液体的密度又是气体的数百倍。以液氧为例，如果以 1L/min 的速度外漏，则增加的冷损量为 $27200\text{kJ/h}=7.6\text{kW}$，相应地需要增加 600m³/h 的膨胀量来弥补，这时空分设备实际已无法正常工作。因此，对液体管路绝对不允许出现泄漏现象。

124. 空分设备内部产生泄漏如何判断？

答：空分塔冷箱内产生泄漏时，维持正常生产的制冷量显得不足，因此，主要的标志是主冷液面持续下降。如果是大量气体泄漏，可以观察到冷箱内压力升高。如果冷箱不严，就会从缝隙中冒出大量冷气。而低温液体泄漏时，观察不到明显的压力升高和气体逸出，常常可以测出基础温度大幅度下降。

为了在停机检修前能对泄漏部位和泄漏物有一初步判断，以缩短停机时间，许多单位在实践中摸索了一些行之有效的方法。其中之一是化验从冷箱逸出的气体纯度。当氮气或液氮泄漏时，冷气的氮的体积分数可达80%以上；氧气或液氧泄漏时，则可化验到氧的体积分数显著增高。

第二种方法是观察冷箱壁上"出汗"或"结霜"的部位。这时要注意低温液体产生泄漏时，"结霜"的部位偏泄漏点下方。

第三种方法是观察逸出气体外冒时有无规律性。主要判断切换式换热器的切换通道的泄漏。对交替使用的容器，则可通过切换使用来进一步判断泄漏的部位。

以上的这些判断方法往往是综合使用的。为了提高判断的准确性，应当熟悉冷箱内各个容器、管道、阀门的空间位置，并注意在实践中不断积累经验。

125. 生产气态产品的空分设备能否生产部分液态产品，有什么限制？

答：生产液态产品时，液体将冷量 Q_0 直接移至装置外，装置就需要增加同样数量的制冷量，以保持冷量的平衡。液体产品的冷量相当于从环境温度冷却到液化温度，直至变为饱和液体所需要放出的热量，它的数值是相当大的。例如，在0.1MPa的压力下，饱和液氧的冷量为407kJ/kg，饱和液氮的冷量为435kJ/kg。折合成每升液体的冷量，则分别为：液氧465kJ/L；液氮353kJ/L。

对于生产气态产品的空分设备，在启动阶段为了尽快冷却设备和积累液体，其制冷能力比正常生产所需的制冷量要大得多。例如，对小型中压空分设备，可以通过提高空气压力来增加制冷量；对低压空分设备，可以通过增加膨胀量来增加制冷量。因此，从理论上来说，要生产部分液态产品都是有可能的。但是，对低压空分设备，膨胀制冷后的空气是直接进入上塔参与精馏分离的。进塔膨胀空气量过多，将影响精馏效果，从而影响氧气产量。一般将膨胀量控制在加工空气量的25%左右。例如，对于6000m³/h空分设备，在生产气态产品时，膨胀量约为加工空气量的19.6%，当需要同时生产250L/h的液氧时，膨胀量要增加到加工空气量的27%。按这样的膨胀量产生的制冷量，也可用来生产300L/h的液氮。但是，对于1000m³/h这样的小型低压空分设备，在生产气态产品时，需要的膨胀空气量已达加工空气量的28%，已不能全部进塔参与精馏。如果还要生产部分液态产品，则需要更多的膨胀空气量，将有更多的膨胀空气量被旁通到换热器，使加工空气中氧的提取率进一步降低，氧气的产量减少。因此，对于1000m³/h空分设备，已不适宜于再抽取部分液态产品。

根据经验，对50m³/h小型中压空分设备，若每小时抽取4L液氮，则空气压力比正常时需提高0.3~0.4MPa。

5 空气的净化

126. 空气中有哪些杂质,在空气分离过程中为什么要清除杂质?

答:空气中除氧、氮外,还有少量的水蒸气、二氧化碳、乙炔和其他碳氢化合物等气体,以及少量的灰尘等固体杂质。每立方米空气中的水蒸气含量约为 $4\sim40g/m^3$(随地区和气候而异),二氧化碳的含量约为 $0.6\sim0.9g/m^3$,乙炔含量约为 $0.01\sim0.1cm^3/m^3$(在乙炔站和化工厂附近含量可达 $0.05\sim1cm^3/m^3$),灰尘等固体杂质的含量一般为 $0.005\sim0.15g/m^3$,冶金厂附近可高达 $0.6\sim0.9g/m^3$。这些杂质在每立方米空气中的含量虽然不大,但由于大型空分设备每小时加工空气量都在几万甚至十几万立方米,因此,每小时带入空分设备的总量还是可观的。以 $6000m^3/h$ 制氧机为例,每小时随空气带入空压机的水分量约 1t,经空气冷却器和氮水预冷器后有很大一部分水分将析出。即使如此,每小时带入空分设备的水分还有 200kg。每天随空气吸入的灰尘达 $4.8\sim9.6kg$,甚至更多。而这些杂质对空分设备都是有害的。随空气冷却,被冻结下来的水分和二氧化碳沉积在低温换热器、透平膨胀机或精馏塔里,就会堵塞通道、管路和阀门;乙炔集聚在液氧中有爆炸的危险;灰尘会磨损运转机械。为了保证空分设备长期安全可靠地运行,必须设置专门的净化设备,清除这些杂质。

127. 链带式油浸空气过滤器经常发生什么故障,如何防止及改进?

答:链带式油浸空气过滤器是利用过滤网上形成的油膜粘附空气中的灰尘,过滤网回转到下部的油槽时,把所粘附的灰尘清洗掉,从而达到净化空气的目的。这种类型的滤清器在运行中经常发生的故障有以下几种:

1)链带脱落。链带经长期使用后会拉长,这种拉长的链带像自行车的旧链条一样,在运转中很容易与牙盘脱落。两条链子同时脱落的情况较少见,常见的是一侧链子脱落。这样,主动轴转动时,滤网就只有一端被上拉,将滤网扯坏。有时由于滤网的变形(例如滤网长时间不移动,灰尘积存过多,阻力增大,风压增大,使滤网变形),也会造成链带脱落。此外,在安装时如果主动轴与从动轴不平行,链条没有拉紧(从动轴位置一般可调的),滤网与框架在转动中互相卡住等,都可能造成滤网转动时链条脱落。

2)出滤清器空气中含油过多。由于空气通过滤网时具有一定的流速,一般为 $1\sim2m/s$,出滤清器时夹带有少量油滴微粒是难以避免的。造成空气中含油过多的重要原因是空气的局部流速增大。另外还与油的黏度、油膜的厚薄有关。当阻力增大时,吸入端真空度随之上升,油槽中的油被吸入带走。有些滤清器安装的位置较低,下雨时,雨水也会从密封门进入滤清室。如果地面上还有油,就会使油、水带入透平空压机。

3)油槽无油。滤网上粘住的灰尘都是靠油槽中的油清洗掉的。如果长时间不换油,油黏度过大,灰尘就无法洗掉。或滤网长期不转动,滤网阻力增大,会造成滤网前后压力差的增加。当这个压差大到一定程度时,油槽中的油就会被压出油槽,流到地面上。在这种情况下,不仅滤网转动,经过油槽时灰尘无法洗掉,而且大量空气直接从油槽中短路,所带灰尘不受阻挡地进入空压机。

4)电动机烧坏或蜗杆减速装置损坏。这种滤清器如果维护不好,最后往往发生这种故障(一般都是因为滤网变形、卡住,无法转动造成的),使滤清器长期不能转动,只好当作固定的滤网过滤器,其除尘效率将大大降低,空气带油也将大大增加。

链带式油浸空气过滤器是一种结构比较复杂,比较难于维护的过滤装置,尽管它的阻力较小,但由于上述种种容易产生的故障及空气带油,目前正逐渐被干带式和袋式过滤器所代替。使用这种滤清器,应该从认真维护上下功夫,以保证空气的过滤效果。

在检修时,要将两轴的平行度调好,将两条链子都张紧。滤网要清洗干净,油槽内加入比较干净的油。对油的质量也有一定的要求,国内常用 20 号~30 号锭子油、22 号透平油,或用变压器油代用。

为了减少空气带油量,过滤网通常间断运行。例如每半小时转 5min,或时间间隔更短(都设有时间继电器自动控制)。一般应每隔两个月换一次油,并应经常在过滤网转动时检查电动机及减速器的工作情况,定期检查滤网有无歪斜、变形,链条伸出、卡住等现象。对过滤器室内地面上的油也应当尽快清除掉。

128. 干式过滤器有哪几种型式,各有什么优缺点?

答:干式过滤器主要有两种型式:干带转动过滤器和袋式过滤器。

干带转动过滤器由电动机经变速传动,带动干带(一种尼龙丝织成的毛绒状制品,亦可用呢制品代替)转动。空气通过干带时灰尘被滤掉。干带上粘附灰尘越来越多,干带阻力将增大。当超过规定值时(约为 150Pa),带接点的压差计将电动机接通,使干带转动,把积满灰尘的干带卷起来,同时把一段清洁的干带展开。当空气阻力恢复正常时,自动停止转动。这种过滤器效率很高,达 97% 以上,而且过滤后空气中不含油。缺点是干带用过后不能再用。这种过滤器可单独使用,也可串联于链带式油浸过滤器之后,用来清除空气中夹带的细尘和油雾。

袋式过滤器是使空气经过滤袋把灰尘积聚在袋上。当灰尘在滤袋上积到使压差达到某一值时(如 1000Pa),自动吹入反吹空气(由单独的罗茨鼓风机供给),把袋上的灰尘吹落,积存在下面的灰斗中并定期排放。当压差降到某一值时(例如 560Pa),反吹自动停止。滤袋是由羊毛毡与人造纤维织成(像毡子一样),袋的尺寸和数量取决于空气量的大小。这种过滤器效率也很高,在 98% 以上,过滤后空气中不含油,可自动控制,操作方便。空气的灰尘含量不受限制,适应性好。缺点是阻力较大,为 600~1200Pa,空气湿度太大的地区或季节,滤袋容易堵塞。滤袋使用寿命约 3~5a。

129. 小型制氧机的空气滤清器怎样维护?

答:空气滤清器是过滤空气用的,它的作用主要是防止空气中的灰尘等机械杂质进入空气压缩机气缸,以免气缸被过早磨损。小型制氧站的空气滤清器是由多层铁丝网夹装拉西哥环组成的,环和网上粘黏性油,空气通过它时,空气中的灰尘、杂质就被粘附在上面,从而达到过滤的目的。

维护滤清器的目的就是要使它保持这一特性。为此,要定期清洗粘附在上面的灰尘,重新沾上黏性油。在一般情况下,可 2~3 个月检查清洗一次,根据检查结果,也可以缩短或延长清洗间隔时间。

滤清器用油,在夏季可用黏性较大的 13 号或 19 号压缩机油;在冬季为了防止油冻结在网上失去黏性,可选择凝固点较低的油,如 20 号机油或 25 号变压器油。

空压机气缸或活塞环的寿命,在某种程度上与滤清器工作的好坏有关。在检查空压机时,如在一级进气阀箱内发现灰尘、砂粒,就说明空气滤清器过滤效率降低。否则,空压机进气阀箱内应是干净的。

在运行时应注意滤清器的阻力。如果阻力大于 400Pa(指小型),说明滤清器脏了,需进行清洗,否则会造成空压机进气量减少。如果阻力小于 100Pa,说明滤清器网孔太大或层数太少,空气中的机械杂质清除不干净。此时,可选用网孔较小的铁丝网或增加层数。如果油太稀,则应换用黏度较大的油。

130. 脉冲反吹自洁式空气过滤器的结构及工作原理如何?

答:脉冲反吹自洁式空气过滤器的主要部件包括:空气滤筒、脉冲反吹系统、净气室、框架、控制系统。反吹系统由气动隔膜阀、电磁阀、专用喷嘴及压缩空气管路组成。控制系统主要由脉冲控制仪、差压变送器、控制电路等组成。其结构如图 31 所示。

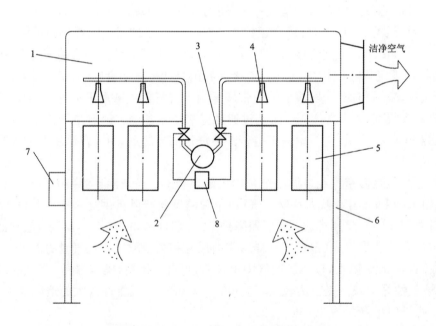

图 31　脉冲式反吹自洁式空气过滤器结构示意图
1—净气室;2—主气管;3—隔膜阀;4—喷嘴;5—滤筒;6—支架;
7—电磁阀电子电路;8—脉冲控制仪差压变送器

自洁式空气过滤器的净气室出口与空压机入口连接,在负压的作用下,从大气中吸入加工空气。空气经过过滤筒,灰尘被滤料阻挡。无数小颗粒粉尘在滤料的迎风表面形成一层尘膜。尘膜可使过滤效果有所提高,同时也使气流阻力增大。当阻力增至高限 600Pa 时,由压差变送器将阻力信号传给脉冲控制仪中的电脑,电脑发出指令,自洁系统开始工作。电磁阀接到指令后,按程序控制、驱动隔膜阀,隔膜阀瞬间释放出压缩空气,其压力为 600～800kPa,经喷嘴整流后,自滤筒内部反吹滤筒,将滤料外表面的粉尘吹落,阻力随之下降。当阻力达到滤料的初始阻力(约 150Pa)时,自洁系统停止工作。

自洁式过滤器的滤筒分成多组,每组包括多个滤筒,每组都设置一个隔膜阀。某一个阀门动作,只反吹它涉及到的那组滤筒,其余各组照常工作,因此自洁系统不影响过滤器的连续工作。

滤筒的使用寿命为 18～24 个月。滤料为优质防水型滤纸。当滤筒阻力经反吹,居高不下,并升至报警值(800Pa)时,表示滤筒需要更换。更换滤筒的操作简单易行,亦无须停机。

131. 脉冲反吹自洁式空气过滤器的性能有何特点?

答:国产的脉冲式反吹自洁式空气过滤器对 $2\mu m$ 粒子过滤效率大于 98%;初始阻力小于 150Pa,正常状态阻力为 400～600Pa,报警阻力为 800Pa,最大安全阻力为 1500Pa;反吹压缩空气压力为 600～800kPa,流量小于 $0.15m^3/min$。每个滤筒的有效过滤面积为 $21.4m^2$。新滤筒的初始阻力见表 17。新滤筒的过滤效果如表 18 所示。

表 17　滤筒的初始阻力

流量/$m^3 \cdot h^{-1}$	500	750	1000	1250	1500
阻力/Pa	45	90	135	185	240

表 18　滤筒的过滤效率

空气粉尘浓度/$mg \cdot m^{-3}$	0.05	0.1	0.5	1.0	7.5
效率/%	86	96	99	99.9	100

脉冲式反吹自洁空气过滤器的优点有:

1)滤筒的过滤效率高,阻力低,使用寿命长,且能抗水雾;

2)自动反吹清扫灰尘,达到自洁。可保证空压机连续 2 年以上不间断运行。实验证明,连续运行 5～10 年的离心式空压机内部无明显结垢,叶片毫无粉尘磨损的痕迹;

3)设备检修维护方便,费用低。滤筒寿命长,更换方便,且可以不停机更换。滤料为优质防水纸料,价格便宜;

4)脉冲反吹自洁式空气过滤器为干式空气过滤器,与湿式空气过滤器相比,加工空气不带油,没有危及空分装置安全的问题。

132. 清除空气中的水分、二氧化碳和乙炔常用哪几种方法?

答:清除空气中的水分、二氧化碳和乙炔的方法最常用的是吸附法和冻结法。

吸附法就是用硅胶或分子筛等作吸附剂,把空气中所含的水分、二氧化碳和乙炔,以及液空、液氧中的乙炔等杂质分离出来,浓聚在吸附剂的表面上(没有化学反应),加温再生时再把它们赶掉,从而达到净化的目的。例如设置干燥器、二氧化碳吸附器、液空吸附器、液氧吸附器。

冻结法就是空气流经蓄冷器或切换式换热器时把其中所含的水分和二氧化碳冻结下来(乙炔不能冻结),然后被干燥的返流气体带出装置,即自清除。

在高压、中压、高低压制氧系统上，曾用碱洗法清除二氧化碳，即用氢氧化钠（NaOH）的水溶液吸收空气中的二氧化碳。由于操作不便，目前已被淘汰。

采用分子筛净化流程可用分子筛同时吸附清除空气中的水分、二氧化碳和乙炔，使流程简化，已在制氧机上普遍地被采用。

133. 什么叫吸附剂，对吸附剂有什么要求？

答：用吸附法净除空气中的水分、二氧化碳和乙炔等杂质。作为吸附用的多孔性固体叫作吸附剂。对吸附剂的要求主要有：

1）吸附剂必须是多孔性物质。因为吸附剂只是在固体表面上进行，孔隙越多，表面积越大，吸附能力就越强。

2）吸附剂必须是选择性吸附。即只吸附掉需要被清除的组分，不能吸附混合物中全部组分。

3）吸附容量要大，就是每公斤吸附剂所能吸附的物质量要大。吸附容量小，所需的吸附剂用量就要多。

4）要有一定的强度，耐压、耐磨，不易破碎。

5）容易解吸再生。

6）价格便宜。

能满足上述几个条件比较好的吸附剂就是常用的硅胶、活性氧化铝、铝胶和分子筛。

134. 硅胶有什么特性，粗孔硅胶和细孔硅胶分别用在什么场合？

答：硅胶既可吸附水分，又可吸乙炔和二氧化碳。随着温度的降低，首先吸附是水分（常温即可，约为 25℃），其次是乙炔和二氧化碳（温度越低，吸附能力越强）。以吸附水分为例，硅胶的性能如表 19 所示。

表 19　硅胶吸附水分的性能

粒度/mm	常温动吸附容量/%	干燥后空气含水量 /$g \cdot m^{-3}$	干燥后空气露点/℃	再生温度/℃
4～8	6～8	0.03	—52	140～160

硅胶对水的吸附容量较大，再生温度较低，价格便宜，故空分装置中硅胶主要用作吸附水分，在低温下也用来吸附二氧化碳和乙炔。它的缺点是粉末较多。

硅胶有粗孔和细孔两种，二者孔径不同。粗孔硅胶孔径是 5～10nm（1nm＝10^{-9}m，叫纳米），每克硅胶的比表面积有 100～300m^2/g 之多。它的吸水能力强，且吸水后不易破碎，机械强度好，常用在干燥器中吸附水分。细孔硅胶孔径是 2.5～4nm，比表面积为 400～600m^2/g。常用来吸附二氧化碳和乙炔，吸附水分易破碎。二氧化碳吸附器的吸附过程是在—110～—120℃低温下进行的，吸附二氧化碳的效果较好，还同时能吸附乙炔。因温度低于—130℃以下将有二氧化碳固体析出，固体二氧化碳不仅不能被硅胶所吸附，而且会堵塞吸附器。吸附乙炔是在液空、液氧吸附器中进行的，其吸附温度在—170～—180℃左右。

135. 什么叫分子筛，有哪几种，它有什么特性？

答：分子筛是人工合成的晶体铝硅酸盐，也有天然的，俗称泡沸石。

分子筛的种类繁多,目前常用的主要有 A 型、X 型和 Y 型三大类型。而每一类型按其阳离子的不同,其孔径和性质也有所不同,又有多种类型,如 3A、4A、5A、10X、13X 等型号。外型有条状和球状,粒度为 2~6mm。

分子筛内空穴占体积的 50% 左右,平均每克分子筛有 700~800m² 的内表面积。吸附过程产生在空穴内部,它能把小于空穴的分子吸入孔内,把大于空穴的分子挡在孔外,起着筛分分子的作用。分子筛的主要特性有:

1)吸附力极强,选择性吸附性能也很好。

2)干燥度极高,对高温、高速气流都有良好的干燥能力。水蒸气含量越低,即相对湿度越小,吸附能力越显著。但相对湿度较大时,吸附容量却比硅胶小。

3)稳定性好,在 200℃ 以下仍能保持正常的吸附容量。分子筛的使用寿命也比较长。

4)分子筛对水分的吸附能力特强,其次是乙炔和二氧化碳。

高、中压装置上采用分子筛吸附器(一般为 5A 分子筛),同时吸附水分、二氧化碳和乙炔,大大简化了工艺流程,操作简单,净化效果好。在全低压大型空分装置上采用分子筛流程,分子筛吸附器一般采用 13X 分子筛。

136. 吸附过程是怎样进行的?

答:气体(或液体)通过吸附器内吸附层时,吸附剂层不是全部同时吸附,而是分层逐步进行的,如图 32 所示。气体(或液体)刚通过吸附剂层时,吸附很快,且效率很高,以致气体

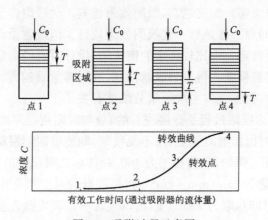

图 32 吸附过程示意图

(或液体)流出吸附剂层时被吸组分可以忽略不计(基本上全部被吸附),如图 32 中 1 所示。此时,大部分的吸附是在最上面(沿气流方向的进口部位)比较薄的一层吸附剂上进行的,被吸组分浓度变化很快,称之为"吸附区域(传质区)"。最上面这一层吸附剂达到饱和后,气体(或液体)流动和吸附继续进行,吸附区域沿吸附剂向下移动。这样逐层下移,当吸附区域接近吸附剂底层时,如图 32 中点 2,由于吸附剂上部已完全被吸组分所饱和,流出气体(或液体)中被吸组分的浓度开始增加,但仍不大。吸附区域刚刚到达吸附剂底层,流出气体(或液体)中被吸组分浓度就要显著增加,即达到了所谓的"转效点",如图 32 中点 3。继续下去,吸附区域就完全离开了吸附剂层,流出气体(或液体)中被吸组分的浓度就接近了进入吸附器时的浓度(初浓度),吸附剂层将不再能起到吸附作用,如图 32 中点 4。从点 3 到点 4 的曲线叫"转效曲线"。这个变化规律对于用硅胶或分子筛吸附水分、二氧化碳和乙炔都适用。

吸附器在使用时没有按规定切换,出口有水分或二氧化碳后,含量就很快增加,无法控制,这就说明吸附剂层已达到"转效点"了。因此,切换再生操作应掌握在吸附区域还未到达最底层时就进行。

137. 吸附剂的吸附性能如何衡量,吸附容量与哪些因素有关?

答:吸附剂的吸附能力以静吸附容量和动吸附容量来表示。静吸附容量是在一定温度和被吸组分浓度一定的情况下,每单位质量(或单位体积)的吸附剂达到吸附平衡时所能吸附物质的最大量,即吸附剂所能达到的最大的吸附量(平衡值)与吸附剂量之比。

动吸附容量是吸附剂到达"转效点"时的吸附量(用吸附器内单位吸附剂的平均吸附量来表示)。通常以"转效时间"来计算,即从流体开始接触吸附剂层到"转效点"的时间。"转效点"是流体流出吸附剂层时被吸组分浓度明显增加的点。由于气体(或液体)连续流过吸附剂表面,吸附剂未达饱和(吸附量未达最大值)就已流走,故动吸附容量小于静吸附容量,一般取静吸附容量的 40%~60%。设计时用动吸附容量。

影响吸附容量的因素较多,主要有:

1)吸附过程的温度和被吸组分的分压力。在相同的被吸组分的分压力(或者说浓度)下,吸附容量随温度升高而减小;而在相同的温度下,吸附容量随被吸组分分压力(或浓度)的增加而增加。但它有一个限度,在分压力增加到一定程度以后,吸附容量就基本上与分压力无关了。由此可见,应尽量降低吸附过程的温度,以提高吸附效果。

2)气体(或液体)的流速。流速越高,吸附效果越差。动吸附容量降低是因为气体(或液体)与吸附剂的接触时间短。流速低一些吸附效果较好。但流速设计得太低,所需吸附器的体积就要很大。所以要选定一个比较合适的流速值(设计时有经验数据可取)。

3)吸附剂的再生完善程度。再生解吸越彻底,吸附容量就越大,反之越小。再生完善程度与再生温度(或压力)、再生气体中被吸组分浓度有关。

4)吸附剂厚度。因为吸附过程是分层进行的,故与吸附剂层厚度(吸附区长度)有关。吸附剂层不能过薄,太薄时因接触时间短,来不及吸附,即使吸附剂层截面积再大也是无用的。吸附剂层厚,吸附效果好。例如,硅胶在压力为 0.6MPa、二氧化碳的含量为 300×10^{-6}、温度为 $-110 \sim -120 \, ^{\circ}\text{C}$、流速为 $1 \text{L}/(\text{min} \cdot \text{cm}^2)$ 时,每克硅胶对二氧化碳具有较大的吸附容量,约为 $25 \sim 50 \text{mL/g}$。设计时,取为 28mL/g,出口气流中二氧化碳含量小于 2×10^{-6}。硅胶对乙炔的动吸附容量,国内常取用 4.5L/kg 或 2.63g/kg(硅胶)。

138. 5A 分子筛与 13X 分子筛各有什么特性,如何选用?

答:5A 分子筛是钙型硅铝酸盐。均匀的孔径约为 $5 \times 10^{-7} \text{mm}$,堆密度为 $700 \sim 800 \text{kg/m}^3$,比表面积为 $750 \sim 800 \text{m}^2/\text{g}$,孔隙率为 47%,机械强度大于 95%,对水分的吸附容量约为 21.5%,对二氧化碳的吸附容量为 1.5%,在吸附水分、二氧化碳的同时对乙炔等碳氢化合物有共吸附作用。

13X 分子筛是钠型硅铝酸盐,均匀的孔径约为 $10 \times 10^{-7} \text{mm}$,堆密度为 $600 \sim 700 \text{kg/m}^3$,比表面积为 $800 \sim 1000 \text{m}^2/\text{g}$,孔隙率为 50%,机械强度大于 90%,对水分的吸附容量约为 28.5%,对二氧化碳的吸附容量为 2.5%,在吸附水分、二氧化碳的同时对乙炔等碳氢化合物也具有共吸附作用。

两种吸附剂相比较,13X 分子筛的吸附性能优于 5A 分子筛。但 13X 分子筛的机械强度及耐磨性稍差,且制造工艺较为复杂,因而价格较高。

小型制氧机的分子筛纯化器的工作压力较高,正常压力为 1.5~2.5MPa,启动压力为 5.0MPa。制氧机的运转周期短(3~6 个月),加工空气通过分子筛纯化器后要求二氧化碳含量小于 5×10^{-6} 即可。所以,以往中压分子筛纯化器多数选用 5A 分子筛。目前,为延长制氧机的运转周期,也改用 13X 分子筛作为中压纯化器的吸附剂。

大型全低压制氧机由于工作压力低(0.5~0.6MPa),分子筛对水分、二氧化碳的动吸附容量降低,且大型制氧机的运转周期长(通常为两年),要求空气净化后二氧化碳含量小于 1×10^{-6},为了减少分子筛用量,低压分子筛纯化器全部使用 13X 分子筛。

139. 干燥器的使用时间与工作温度有什么关系?

答:在水蒸气分压力为 1333.2Pa(10mmHg)的情况下,硅胶对水分的吸附容量与温度的关系如表 20 所示:

表 20　温度与吸附容量的关系

温度/℃	60	49	38	32	27	21
静吸附容量/%	4	7	12.5	17	22	27

由表可见,硅胶的吸附容量随温度的降低而增大。当其他条件不变时,温度越低,硅胶的吸附容量越大,干燥器的使用时间(工作周期)就越长。温度降低,空气中的饱和水分含量也减少。即通过同样多的空气量,带入的水分总量将减少,这也使得干燥器的工作时间延长。因此,干燥器在比较低的温度下工作是有利的。

干燥器的工作周期通常定为 8h,这是按 20℃的工作条件考虑的。如果温度升高到 25℃,带入的水分量增加了 33%,而吸附容量将低到 20℃时的 86.5%,因此,工作周期将缩短为 5.2h。

140. 什么叫再生,再生有哪些方法?

答:再生就是吸附的逆过程。由于吸附剂吸饱被吸组分以后,就失去了吸附能力。必须采取一定的措施,将被吸组分从吸附剂表面赶走,恢复吸附剂的吸附能力,这就是"再生"。

再生的方法有两种:一是利用吸附剂高温时吸附容量降低的原理,把加温气体通入吸附剂层,使吸附剂温度升高,被吸组分解吸,然后被加温气体带出吸附器。再生温度越高,解吸越彻底。这种再生方法叫加温再生或热交变再生,是最常用的方法。再生气体用干燥氮气较好,或用空气。

另一种再生方法叫降压再生或压力交变再生。再生时,降低吸附器内的压力,甚至抽成真空,使被吸附分子的分压力降低,分子浓度减小,则吸附在吸附剂表面的分子数目也相应减少,达到再生的目的。

141. 干燥器再生时为什么出口温度先下降,然后才逐渐升高?

答:干燥器中的硅胶吸附水分达到饱和后,就失去了吸附能力,应当进行再生。再生时通入 130~150℃的干燥气体,利用硅胶高温解吸的原理,把所吸附的水分带出干燥器外。

在开始通入热干燥气体(用干氮气较好或用干燥空气)进行再生时,气体出口温度不是上升而是下降,有时甚至出口结霜或冒汗,以后温度才逐渐上升,如图 33 所示。

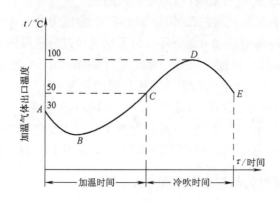

图 33　再生过程温度变化曲线

图中 A 点为刚开始加温时气体出口的温度。因为首先要加热硅胶和容器,所以温度迅速降到 30℃;随着硅胶解吸再生的进行,出口温度继续下降,如曲线 A−B 所示。这是因为将硅胶吸附的水分解吸附,需要一部分热量,称为"脱附热"。其值的大小与硅胶吸附水分时放出的热量(称为"吸附热")相等,对脱附每 1kg 水分约为 3266kJ/kg。加温干燥气体的热量被吸收,出口温度就降低了。被解吸的硅胶逐渐增多,余下的逐渐渐少,所需的脱附热也就逐渐减少,因此出口温度又逐渐升高,如曲线 B−C 所示。出口温度达 50℃时(C 点所示),再生结束,然后进行冷吹。冷吹开始后,温度不是下降而是上升,可达 100℃,如曲线 C−D 所示。这是由于加温结束时干燥器内温度较高,冷吹气流把热气体向下赶,高温区域下移的缘故。它可使下部硅胶进一步再生,弥补加温结束时下部硅胶再生不彻底的不足(因出口温度只有 50℃左右)。冷吹到出口温度降到 30℃时结束,如曲线 D−E 所示,为再次吸附做好准备。

142. 再生温度是根据什么确定的?

答:加温再生是利用吸附剂高温解吸的原理进行的。例如空气中水蒸气分压力 $P_{H_2O}=$ 1333.2Pa(10mmHg)时,硅胶对水分的静吸附容量如表 21 所示:

表 21　温度与吸附容量的关系

温度/℃	25	50	75	100	125	150
静吸附容量/%	22	12	3	<1	~0	0

由表可见,硅胶在100℃时对水分的吸附容量已小于1%;在150℃时等于零,就是已不吸附水分。因此,再生温度应该是吸附剂对吸附质(被吸附组分)的吸附容量等于零的温度。这时已完全解吸,即吸附质已完全从吸附剂中被赶走,吸附剂恢复了吸附能力。

对于干燥器再生,加温气体进口温度控制在 130～150℃,出口温度达 50℃时再生结束,平均温度在 100℃左右。

硅胶在吸附二氧化碳和乙炔时也有上述规律。由于硅胶在常温下基本上不吸附二氧化碳和乙炔,故再生要容易些。加温气体进口温度为 70～90℃,出口温度达 30℃时,即可结束。

143. 为什么吸附器再生后要进行冷吹后才能投入使用?

答:加温是利用高温下吸附剂的吸附能力下降的特性,驱走被吸附剂吸附的水分或二氧化碳等物质。因此,在再生温度下吸附剂实际上已没有再吸附的能力,只有将它冷吹后,温度降至正常工作温度,才能为再次吸附作好准备。

此外,在对干燥器再生时,当加温气体出口温度达50℃就停止加热了,然后进行冷吹。而在50℃时吸附剂并未完全解吸。但是,冷吹可以将气体入口处的硅胶积蓄的热量赶向出口硅胶层,出口温度在冷吹之初将进一步升高到80～100℃,使之进一步再生。因此,冷吹之初也是再生的继续。

144.吸附剂能使用多长时间,哪些因素影响吸附剂的使用寿命?

答:吸附剂的使用寿命正常情况下可达2～4年。影响其使用寿命的因素,一是破碎问题;另一是永久吸附问题。目前使用寿命较短的原因主要是破碎问题。

造成破碎的原因除吸附剂本身的强度问题外,还由于气流(或液体)的冲击和装填不实所引起的,因此,吸附器再生倒换时阀门开关要缓慢,防止气流冲击过于猛烈,以减少硅胶的破碎率。引起硅胶破碎的另一个原因是加热气体含湿,使细孔硅胶破碎。再生温度太高,在240℃以上时,硅胶也要受损坏。不过,再生一般无需加热到这样高的温度。分子筛再生温度可高达300℃。硅胶(或分子筛)经多次吸附和再生的温度交变,也会产生破碎,造成吸附容量降低。此外,吸附器进水也会造成硅破碎。

硅胶破碎后阻力要增加。阻力增加到一定程度时应更换新的硅胶。差不多每年都要更换一部分。

硅胶被油、烃类等饱和后,不能解吸,成为永久吸附,又称为"中毒"。使硅胶对水分的吸附容量大大降低。气流中含油较多时,硅胶的使用寿命将要缩短。

145.吸附器的尺寸是根据什么因素确定的?

答:吸附器的尺寸主要是指筒体的内径与吸附剂层高度(或筒体的高度)。

筒体的内径尺寸取决于流体的流量及所选定的流速。流量与空分装置的大小及工艺流程有关,而确定流速的原则主要是考虑对吸附容量的影响。流速越高,吸附效果就越差,所以流速不宜太高,当然也不能太低。如果流速太高,当气流从下往上流动时,将会造成分子筛跳动;当气流从上往下流动时,会造成底部分子筛破损,并且均会造成阻力增大。但是流速太低,压降小于0.23kPa/m时,就会使床层的气流分布不均匀,影响吸附效果。

经验证明:对于干燥器,推荐空筒流速(即不装硅胶时内筒截面上的流速)为0.2～1L/(min·cm²);对于二氧化碳吸附器,空筒流速推荐为0.5～1L/(min·cm²);对乙炔吸附器空筒流速推荐为50～60cm³/(min·cm²)。中压分子筛纯化器,流速取0.04～0.05m/s;全低压分子筛纯化器取0.15～0.20m/s。有了流量和流速,就可算出筒体内径。一般是先确定筒体内径,然后根据流量计算空筒流速,验算是否在推荐范围内。

吸附剂层高度可根据硅胶装填量和筒体内截面积确定。而硅胶装填量又与流体流量、被吸组分含量、硅胶吸附容量以及工作周期等因素有关。因为是分层吸附,对吸附剂层高度有一定要求,一般需在800mm以上。根据吸附剂层高度就可确定筒高。

146.流量变化对吸附器的工作周期有什么影响?

答:如果通过吸附器的流体中,被吸组分浓度不变,而流量发生变化,则带入吸附器的被吸组分的总量将发生变化，因此，吸附器的工作时间也就跟着发生变化。如果流量增加，吸附器的工作周期就要缩短；流量减少，工作周期将延长。

例如，1500m³/h制氧机的加工空气量为9600m³/h，液空量为加工空气量的0.3835（液空中氧含量为38%），空气中乙炔含量为$0.2×10^{-6}$，液空吸附器的设计工作周期为7昼夜，即168h。若加工空气量减少为8000m³/h，其他量不变，经计算，其工作周期可延长至200h。

147. 再生温度的高低对吸附器的工作有什么影响？

答：再生温度一般是取吸附剂对于该被吸组分的吸附容量等于零的温度。称之为完全再生，即解吸比较完善。再生温度较低时，被吸组分不能完全解吸，即吸附剂表面上还残留有一部分被吸组分没有被赶走，再进行吸附时吸附容量就要降低，吸附器工作周期也要缩短；如果再生温度高，虽然再生完善，但是消耗在加温气体上的能量过大，而且对吸附剂的使用寿命也有影响。所以再生温度过高或过低都是不适宜的。

根据实践经验，再生进口温度为175℃，冷吹期出口温度峰值为80～100℃是实际运行中的较佳值。当再生气冷吹出口温度峰值低于80℃时，吸附的水分将解吸不完全。

148. 倒换干燥器（或分子筛纯化器）时，为什么液氧液面会急剧上升，而过一会又下降？

答：干燥器（或分子筛纯化器）倒换过程是先将已再生、冷吹完毕的一台干燥器阀门打开，缓慢充气。当两台干燥器的压力均衡后，即切断原使用的一台干燥器，使空气只通过再生好的一台干燥器。

当将使用的一台干燥器缓慢充气时，进入精馏塔的空气量将减少，使得在冷凝蒸发器冷凝为液体的氮气量也减少，相应地在其蒸发侧，液氧蒸发量也就减少了。所以，液氧面会产生暂时上升的现象。等倒换完毕后，进入精馏塔的空气量恢复正常，液氧液面也就慢慢下降至正常。

在倒换过程中，除液氧液面上升外，上、下塔压力都会相应地下降。

如果干燥器（或纯化器）在倒换前，节流阀前的空气温度不是过低，则在倒换过程中产生的、暂时性的上、下塔压力的下降及液氧液面的变化，不会破坏氧气的纯度。如果空分装置附带有氩塔，则上、下塔压力的变化及液氧面的变化会破坏氩馏分的组分，进而破坏粗氩及精氩的纯度。

不论是带氩塔还是不带氩塔的制氧装置，倒换干燥器（或分子筛纯化器）的过程要缓慢，不要操之过急。

149. 小型空分设备改用分子筛纯化器净化空气时，应注意哪些问题？

答：实践证明，将碱洗塔—干燥器清除二氧化碳、水分的旧净化流程改为用分子筛纯化器净化空气是完全必要的。在改用分子筛纯化器时，对以下几个问题应引起注意：

1）应特别注意空气压缩末级冷却器的冷却效果。由于空气经末级冷却器后直接进入分子筛纯化器，末级冷却器的冷却效果对分子筛纯化器的工作温度有直接影响。分子筛工作温度越高，吸附能力越差。同时，温度越高，空气中含水量也越多。例如，当空气压力为2.2MPa，温度为40℃时，其饱和含水量为2.31g/m³；30℃时则为1.38g/m³；20℃时降为0.79g/m³。纯化器工作温度越高，工作周期就越短。如果纯化器工作温度过高，两台纯化器就有可能来不及倒换。因此,当末级冷却器效果差时,需设法改进,也可另增设一台冷却器与之串联。如果原用冷却水温度高,可考虑改用深井水冷却。

2)应设法降低进热交换器前(即出分子筛纯化器后)空气的温度。由于分子筛吸附空气中水分和二氧化碳时产生吸附热,出纯化器时的空气温度升高。特别是在切换后最初的10～40min,出口温度上升的幅度最大,空气进、出吸附器温度的最大差值可达16～17℃。如不设法降温,势必使进热交换器前的空气温度上升,影响分馏塔的工作。因此,在纯化器后可增设一台冷却器。该冷却器可用铜管,也可用钢管制作,浸于流动的水槽内即可。

3)防止分子筛粉末。应设法过滤掉分子筛粉末,以免被带进分馏塔,否则将会破坏精馏塔的工作。为此,需在空气出纯化器的冷却器之后、进热交换器之前,设置一个粉末过滤器。该过滤器可用二氧化碳过滤器的陶瓷管改制。

4)应预先除油。尽可能将压缩空气中的机油在进纯化器之前,预先吹除和过滤掉,以免分子筛被油污染后,降低其对水分和二氧化碳的吸附效果。例如,在纯化器前面,可将两个油水分离器和一个棉纱滤油器串联使用。

5)应尽可能地采用球形5A分子筛作吸附剂。其优点是:受气流冲击时粉碎率小;在同体积内可装填的分子筛量多。例如在一台内径为ϕ480mm、筒体长1700mm,封头高165mm的吸附器内,可装填球形分子筛260kg;而装填条形分子筛时,只能装填190kg。

6)应制造结构合理的电加热炉。由于分子筛加热再生所需温度较高,如果电加热炉结构不合理,就会经常发生电炉筒体被烧穿,或电阻丝被烧断等事故。

150. 改用分子筛纯化器净化空气后,操作中应注意哪些问题?

答:操作中应注意以下几个问题:

1)操作压力略需升高一些。至于升高多少,要根据改用分子筛纯化器时,是沿用原有干燥器所用阀门,还是改用大口径阀门;是用原干燥器管路,还是将管路加粗而定。如果阀门改大,管路加粗,操作压力升高就少。如果利用原有干燥器的阀门与管路,上塔压力将上升约0.01MPa,下塔压力也将相应上升。否则在预定的时间内,分子筛纯化器的再生温度达不到要求。

2)要严格控制分子筛纯化器的再生温度。加热氮气出加热炉温度不能过高,也不能过低,一般控制在280～320℃。温度太高,电炉易出故障;温度太低,加热再生周期会延长。加热氮气出纯化器温度升至110℃即可停止加热。切断电炉电源后,加热氮气出纯化器温度还可升至130℃以上。

3)倒换分子筛纯化器时,应使空气从上面充入。分子筛最初装填时虽已装满,但经运转振动后,上部会产生空隙。如果在倒换时空气由下面充入,就会引起分子筛上下跳动,产生摩擦和粉碎。

4)分子筛纯化器倒换时要缓慢,以免造成分馏塔工况波动,或因气流冲击分子筛而产生粉末。带有氩塔时,更需稳缓倒换分子筛纯化器。

5)长期停车要充氮防潮。在长期停车时,最好将纯化器内充入干氮气保压。以防湿空气侵入分子筛,致使再开车时分子筛净化空气的能力降低。

151. 为什么长期停车后,分子筛纯化器净化空气的效果显著降低?

答:用于净化空气的分子筛纯化器经长期停用之后,再行使用时会发现,其使用周期大大缩短。虽然加热用的氮气压力比正常操作时(停用前)高,加热时间长,加热氮气温度为300～320℃,但加热氮气出口温度仍达不到要求,只有80～90℃。经过切换使用,情况会逐渐好转。这是什么原因造成的呢?

主要原因是:在长期停车过程中,由于阀门关闭不严,有水分被分子筛吸附。再开车时,分子筛吸附性能降低,造成使用周期大大缩短。再生时温度加不高的原因也是因为分子筛吸湿,而要从分子筛驱逐所吸水分,需要消耗解吸及蒸发所需的热能所致。

解决办法是:

1)用外热源将分子筛加热至350～550℃进行活化,保温2h以上。这在条件较差的制氧站是很难做到的;

2)停车期间分子筛纯化器内充氮保压,以防分子筛吸湿;

3)选择合适的阀门,并在阀前加过滤网,以免分子筛粉末粘在阀顶、阀座上,影响阀门关闭后的气密性。

152. 在小型空分设备中,分子筛纯化器净化达不到标准的原因是什么?

答:分子筛纯化器后的空气中的二氧化碳含量应不超过$1×10^{-6}$,若达不到标准,一般可以从下列原因中检查:

1)纯化器设计制造不合理(如容量太小,流速过快,气体与分子筛接触时间太短,粉末过滤不佳等);

2)加工空气量增加过多和原料空气中水分、二氧化碳、乙炔含量较高;

3)分子筛质量差,吸附能力低;

4)纯化器中分子筛充装数量不足;

5)纯化器切换速度过快,使分子筛粉碎过多;

6)分子筛在第一次工作前未作彻底活化处理;

7)分子筛再生时,温度、气量不合要求,再生不完善就切换使用。或进口温度过高,使分子筛寿命缩短;

8)分子筛受酸和碱的腐蚀或油的污染;

9)分子筛工作温度较高(空压机末级冷却不良),使吸附能力降低;

10)停车后没有采取防潮措施(充氮气或关紧封住阀门),吸附了空气中的水分及二氧化碳,使得重新开车时吸附能力降低;

11)未按时切换;

12)加工空气压力低于设计压力,使相对含水量增加。

153. 在使用周期不变的条件下,为什么启动阶段使用的一台分子筛纯化器要比正常运转时使用的一台加热速度快?

答:分子筛纯化器(或干燥器)在再生加热时的速度快慢。与吸附剂吸水量的多少、加温气体的干燥度、加温气体的气量大小等因素有关。其中,吸附剂的吸水量多少,又与使用时间、高压空气的温度和压力有关。使用时间越长,高压空气的温度越高和压力越低时,都会使纯化器中的吸水量增加,因此,加温的时间就需延长。

50m³/h制氧机启动时,高压一般控制在5.0MPa,正常运转时约在2.5MPa。假设加工空气为300m³/h,高压空气温度为30℃,则启动时和正常运转时带至分子筛纯化器的水分量为:

在温度为30℃、压力2.5MPa与5.0MPa时,每1m³空气中所含饱和水蒸气量(折算成大气压力下的体积中的水分含量)分别为1.2g/m³和0.6g/m³。

而压力在2.5MPa时加工空气中的水分为

$$1.2 \times 10^{-3}(kg/m^3) \times 300(m^3/h) = 0.36kg/h$$

压力在5.0MPa时为

$$0.6 \times 10^{-3}(kg/m^3) \times 300(m^3/h) = 0.18kg/h$$

从上述计算中可看出,高压压力在5.0MPa下运转时,若其他条件不变,则带入纯化器的水分量只有2.5MPa时的一半。因此,启动时使用的这台纯化器,要比正常运转时使用的同样一台纯化器加热速度要快。

154. 为什么有的分子筛纯化器采用双层床?

答:分子筛双层床是指在纯化器的空气进口处,先装一定量的活性氧化铝,其上再加装一层分子筛。进入分子筛纯化器的加工空气含水量是达到饱和的。中压小型制氧机的中压分子筛纯化器空气入纯化器的温度为30℃时,加工空气的含水量为30.3g/m³;对大型全低压分子筛纯化流程,空气入纯化器的温度一般设计为8~15℃,假若空气的温度为10℃,则其中的饱和含水量为9.35g/m³。纯化器首先吸附空气中的水分,吸附水分后,势必影响对二氧化碳分子的吸附。

对比活性氧化铝与分子筛吸附水的特性可知:活性氧化铝对于含水量较高的空气,吸附容量比较大,但是随着空气含水量的减少,吸附容量下降很快。而分子筛即使在含水量很低的情况下,同样具有较强的吸水性(见图34)。并且,铝胶解吸水分容易,可降低再生温度;它对水分的吸附热也比分子筛小,使空气温升小,有利于后部分子筛对CO_2的吸附;铝胶还具有抗酸性,对分子筛能起到保护作用。基于这些特点,有的纯化器采用了双层床结构,在空气入纯化器进口侧,装一层活性氧化铝。它先将空气所含的大部分水分清除掉,而分子筛则主要用于清除二氧化碳、乙炔及其他碳氢化合物。采用双层吸附床,可以延长纯化器的使用时间。在进行活性氧化铝—分子筛双层床试验得出:纯化器的有效工作时间延长了25%~30%。

此外,分子筛单床层对于水分解吸较为困难,其再生温度要求控制在300~320℃,加热终了温度控制在100~120℃。而活性氧化铝的再生温度只需要控制在200~220℃,加热终了温度控制在30~50℃即可。因此,双层床在再生时,加热时间可以缩短,约为单层床加热时间的1/2~1/3。这样不但可

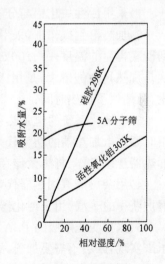

图34　几种吸附剂对水分的吸附特性

以节电能或蒸汽,(据统计,每年电耗可减少50%~60%)而且加热和冷吹的时间也很充裕,还为低压废蒸汽的利用提供了条件,能够有效地保证纯化器彻底再生。

活性氧化铝颗粒较大,且坚硬,机械强度较高,吸水不龟裂、粉化,所以双层床的活性氧化铝层可以减少分子筛粉化,延长分子筛的寿命。活性氧化铝层处于加工空气入口处,还可以起到均匀分配空气的作用。

从中压双层床纯化器使用实践证明,纯化空气的程度比单层床更高。空气的干燥程度由原来露点为-60℃降到-66~-70℃,净化后空气中二氧化碳含量也降低。因此,空分设备的运转周期也就可以延长。

但是,双层床要求设计计算精确,而且在使用时不能偏离设计工况。否则要靠增大两种吸附剂的装载量来保证其性能。此外,两种不同的吸附剂装在同一吸附器中,界面必须隔离,使双床层的压降较大,还需解决隔离层的热膨胀问题。因此,有的场合仍倾向于采用简单的单床层结构。

155. 对分子筛纯化系统有哪些节能措施?

答:分子筛纯化系统目前多数采用加热再生法(TSA),其能耗占总能耗的5%左右。在中、大型空分装置的分子筛纯化系统中,为了减少分子筛的用量,提高分子筛对二氧化碳的吸附容量,取空气入分子筛纯化器的温度8~15℃。为了预先降低空气温度,采用氮-水预冷系统加冷冻机提供冷冻水冷却,或者空气在氮-水预冷系统中冷却后再由氨制冷机加以冷却的措施。这也增加了分子筛纯化系统的能耗。可见,采用对二氧化碳有较强吸附能力的分子筛,提高进入纯化器的空气温度,显然是一条有效的节能途径。例如,现在采用13X分子筛代替5A分子筛。

此外还有以下几条有效的节能措施:

1)采用活性氧化铝与分子筛双层床。这一措施可以降低再生温度,从而达到节能目的;

2)加热再生操作中,采用加热—冷吹分阶段方式。加热时不是将整个床层的吸附剂都达到彻底再生的温度——200℃以上再停止,而是出口达50℃左右就停止加热,转入冷吹。冷吹是加热再生的继续,是用床层本身积蓄的热量来解吸再生。这样的操作既保证了彻底再生,又缩短了加热时间;

3)在纯化系统的电加热系统中设置蓄热器。纯化系统中的再生加热器是间断工作的,使用时要求电加热器的功率较高。如果采用功率较小的电加热器,另外设置一个蓄热器,让电加热器连续工作,将热量储存在蓄热器中。加热再生时,可由蓄热器补充足够的热量;

4)用余热蒸汽加热器代替电加热器。冶金企业和化工企业中都有大量的余热。将余热锅炉获得的蒸汽,用于纯化器的加热再生,可节约能源消耗;

5)采用变压解吸的PSA系统。变压再生的纯化系统(PSA),分子筛床层的再生依靠降压来实现,床层不需要加热,故相对TSA较为节能;

6)用空压机出口的压缩空气预热再生用的污氮。加工空气经空压机压缩后温度可升高至70~80℃,用它来预热再生的污氮气,既可以节能,又可使加工空气得到冷却。

156. 分子筛纯化器的结构型式有哪几种?

答:目前,中、小型空分设备中的分子筛纯化器多采用立式结构。这种立式分子筛纯化器结构简单,占地面积小。为了保证气流的均匀分布,在进气口处设有一个圆筒形气流分布器。

大型空分设备为了减少纯化器的阻力,降低床层高度,多采用卧式结构。卧式结构分子筛纯化器的流动截面积大,可以避免气流流速过快,造成分子筛颗粒的跳动或流化,使床层高度不一致,以致影响吸附效果。卧式分子筛纯化器不仅设置进口气流分配器,而且有的还设置床层耙平机构。立式和卧式结构的纯化器为了克服气体的附壁效应,还敷设有克服附壁效应的结构。

30000m³/h 以上的大型空分设备,由于处理的空气量太大,采用卧式结构会出现占地面积太大、气流分布不均、床层过厚、阻力大等缺点。因此,法国液空公司首先设计制造出立式双层径向流纯化器,如图 35 所示。吸附器由一个外壳、三个带有特殊开孔的中心筒组成。中心圆柱体和中心筒都包有不锈钢丝网,内筒悬挂在外筒上。空气首先进入靠近外筒的空腔然后进入分子筛和氧化铝层,中心筒可以起过滤作用。这种结构可以使气流分布均匀,占地面积只是卧式分子筛纯化器的 1/4 左右。由于立式径向流为圆柱体格栅结构,充分利用了空间,并减少了气流阻力,因而可节约能耗。加之它能够防止床层内分子筛流态化,所以有较广阔的应用前景。

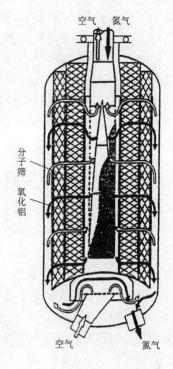

图 35 立式双层径向流纯化器

157. 中压小型分子筛纯化器的吸附温度怎样选取?

答:中压小型空分设备的分子筛纯化器的吸附温度通常选定为 30℃。目前,加工空气经过空压机压缩及冷却后,其中的含水量已达到对应压力和温度下的饱和含湿量。加工空气中的二氧化碳含量则与当地的吸气条件有关,设计要求二氧化碳的含量按体积计算应小于 350×10^{-6}。

中压小型空分设备的操作压力一般为 1.5~2.5MPa。由于原料空气量较少,所以带入空分装置的水分量也少。又因操作压力高,分子筛对水分和二氧化碳的动吸附容量较高。对水的吸附容量可达 15%~20%;对于二氧化碳的吸附容量为 1%~2%。虽然吸附温度设定为 30℃,相对较高,但它是压缩机采用一般的工业冷却水所能达到的温度。并且,对纯化器来说,也不至于造成分子筛用量太多、纯化器尺寸太庞大、设备费过高的问题。

158. 中、大型分子筛纯化器的吸附温度怎样选取?

答:中、大型全低压空分设备的分子筛纯化器,由于加工处理的空气量太大,并且压力低,所以,如何减少净化所需的分子筛量成为设计纯化器的主要问题。降低分子筛的吸附温度可以显著地提高分子筛对水分和二氧化碳的动吸附容量,在温度 $t = 30℃$,压力 $p = 0.65MPa$ 的条件下,13X 分子筛对含有饱和水的空气中的二氧化碳的动吸附容量小于 0.5%;而在 $t = 8℃$,$p = 0.65MPa$ 时,13X 分子筛对二氧化碳的动吸附容量可达 0.9%。而且,加工空气中的饱和含水量也由 30.3g/m³ 降至 8.28g/m³,减少了 2/3 之多。所以,中、大型全低压空分设备的分子筛纯化器,设计吸附温度常取 8～15℃较低的温度。此外,设计时又选取了较短的分子筛切换周期,以解决全低压空分设备的分子筛纯化器分子筛用量过多、设备庞大、设备投资太高的问题。

但是,由于全低压分子筛纯化器要求的吸附温度低,压缩空气的冷却除用冷却水外,还需另提供冷量,以进一步降低空气温度,致使装置的能耗增加。

为了提高全低压大型分子筛纯化器的吸附温度,研制开发新型高效分子筛,以提高对二氧化碳的动吸附容量是重要的途径之一。据资料报道,法国使用新型分子筛已可将大型分子筛纯化器的吸附温度提高到 20℃。

159. 分子筛纯化器的切换时间是怎样选取的?

答:从理论上讲,切换时间最长只能等于分子筛吸附过程的转效时间。转效时间的长短是由分子筛对水分及二氧化碳的动吸附容量所确定的。影响其动吸附容量的参数有空气带入分子筛纯化器的水分、二氧化碳以及乙炔等碳氢化合物的分压力,吸附温度,气体流速等因素。当认为分子筛纯化器吸附温度不变,水分、二氧化碳等的分压力不变时,气体流速提高,因水分子及二氧化碳分子与分子筛的接触时间缩短,则动吸附容量将减少,分子筛吸附过程的转效时间将缩短。考虑到分子筛老化、切换阀动作时间、充气、放气时间等因素,实际设定的切换时间必定小于转效时间。

切换时间长,切换阀动作次数少,可延长使用寿命,而且可以减少切换放空的气体损失。此外,可使空分装置的运行稳定,尤其是还可以提高氩的提取率。但是,切换时间长,则纯化器的气体负荷大,分子筛用量增加,纯化器的尺寸要增大,使设备投资增加。

中、小型空分装置的切换时间一般设定为 8h。大型空分装置为了缩小纯化器的尺寸,又考虑到分子筛老化后需要定期更换的问题,应尽量减少分子筛的用量。因此,采用较短的切换周期。切换时间通常设定为 1.5～2.0h。由于分子筛制造技术的提高,新型分子筛对水分及二氧化碳的吸附容量的增加,所以大型空分装置的分子筛纯化器的切换时间也在延长,长周期的纯化器切换时间已可延长为 4～6h。

160. 启动干燥器与加温干燥器能够相互代用吗?

答:加温干燥器与启动干燥器仅在全面加温或设备启动时用,设备利用率低。在切换式全低压空分装置中,用启动干燥器兼作加温干燥器是合理的。这样既节省投资,又提高了设备利用率。

启动干燥器要求干燥能力大,一般按加工空气量的 80% 考虑。工作压力高,约 0.6MPa。例如 KFD-41000 型空分装置的启动干燥器有一台,通过空气量为 23000m³/h,而解冻空气量为 4800m³/h,两台加温干燥器交替使用,工作周期为 8h。由此可见,启动干燥器兼作加温解冻干燥器是毫无问题的。作解冻干燥器用时,工作时间可以大大延长。一则因为它的硅胶装填量大,处理空气能力大;二则空气压力高,饱和水含量小。但用高压空气作解冻加温气体,需要专门启动空压机,能耗相对较大。

若要将加温干燥器兼作启动干燥器用,则干燥器的强度不够,筒壁需要加厚,而且气量也受到限制。由于装置在启动阶段度过水分析出区的时间很短,可以将两个加温干燥器并联作为启动干燥器使用。

161. 液空吸附器起什么作用,为什么还要设置液空过滤器?

答:液空吸附器作用是用来吸附溶解在液空中的乙炔的,液空过滤器作用是为了过滤液空中的固体二氧化碳颗粒及硅胶粉末。通常是把吸附器和过滤器合在一起,称为吸附过滤器。也有把吸附与过滤分成两个容器的。液空吸附器一般配置两台,互相倒换使用,但也有只用一台的。

液空中的固体二氧化碳颗粒是哪里来的呢? 在切换式换热器(或蓄冷器)中空气流速比较高,二氧化碳不能全部冻结下来,约有 5% 的二氧化碳会被带进塔内。其量的多少与流动工况、运行中操作是否正确等因素有关。据分析,下塔的液氮中几乎没有二氧化碳,二氧化碳主要聚集在液空内。1L 液空中的二氧化碳含量在 2~40cm³(折算为气态)范围内变化。而每升液空中仅能溶解 5~6cm³ 的二氧化碳,余下的二氧化碳将以固态微粒出现,无法用吸附法清除,只能用过滤法。为了清除这部分二氧化碳固体颗粒,所以设置了过滤器。吸附过滤器实际上是清除加工空气中的二氧化碳的继续。

162. 有了液空吸附器吸附乙炔,为什么还要设置液氧吸附器?

答:液氧吸附器用来清除经过液空吸附器后仍然残留下来的乙炔,以及随膨胀空气带入上塔的乙炔。乙炔含量虽然都很少,但是,因为乙炔在液氧中的溶解度很小,在液氧中能溶解的乙炔约为6.5cm³/m³(均折合成气态)。而且,气氧能带走的乙炔量不到液氧中含量的5%,所以,在冷凝蒸发器中随着液氧的蒸发,乙炔含量会越聚越多,当超过液氧中的溶解度时,乙炔就以固态形式析出。

固体乙炔具有很大的化学活性,有爆炸危险。为防止液氧中乙炔的过量积聚,还必须设置液氧吸附器,以不断清除液氧中的乙炔。生产液氧的空分装置可不设置液氧吸附器,因为液氧不断从主冷凝蒸发器内排出,乙炔也将随之带出。但对长期贮存液氧的贮槽,必须定期分析乙炔含量,以防发生危险。

163. 吸附器硅胶泄漏将造成什么后果,是什么原因造成的,如何处理?

答:吸附器内的硅胶一旦发生泄漏,将会造成严重的后果。主要有:
1)堵塞管道系统;
2)进入精馏塔沉积在塔板上,会破坏精馏的正常进行,甚至产生液泛;
3)积聚在阀门里会磨坏阀口,有损密封;
4)影响硅胶吸附性能;

泄漏发生后如不及时处理,容易造成恶性循环。硅胶进塔后很难彻底清除,严重时要停车处理,甚至需将设备切割开才能清除干净。

硅胶是否产生泄漏可从下述现象来判断:
1)从主冷排放的液氧中有硅胶粉末;
2)泄漏严重时上塔阻力较大,氧、氮纯度下降,而且产量提不上去;
3)补充硅胶时充填量不正常。

造成硅胶泄漏的原因有:
1)吸附器中的滤网损坏,起不到过滤作用;

2)吸附器中的压圈与容器壁之间的间隙过大,而又无软填料时,硅胶易漏出被带走;

3)硅胶强度不好,龟裂、粉碎后被带出;

4)由于硅胶充填不实,在气流的冲击下,硅胶粉化后被带出;

5)吸附器解吸时,阀门开得过快,造成硅胶冲击粉碎。

硅胶产生泄漏后首先应查明原因,对症下药,采取相应的处理措施。例如更换新滤网、改进滤网的焊接、加装软填料、采用质量好的硅胶等。对带入塔内的硅胶可采用反吹的办法来清除。如果吹除无效,就只得切割开后进行清扫。

164. 液空吸附器和液氧吸附器加温再生时应注意什么?

答:液空吸附器和液氧吸附器的加温再生一般按使用周期进行。当发现主冷凝蒸发器液氧中乙炔含量超过规定值时,可提前倒换。按设计规定,使用周期一般液空吸附器为 7~10d。液氧吸附器为 30d。倒换过于频繁,则冷损太大,还影响空分装置工况稳定,而且易误操作。

加温再生的操作程序是:预冷另一台吸附器→并联→倒换→排液→静置→加温。下面以液空吸附器为例加以说明。

预冷应按倒换周期提前 4~5d 缓慢进行,直至未使用的吸附器温度达到 −173℃ 结束。操作中应注意,稍开未使用吸附器的出口阀,缓慢引入液空进行预冷。否则液空突然气化,体积将增大约 675 倍,容易造成超压事故。

在并联使用两台吸附器前,最好先将主冷液面提高 100~200mm,以防因未预冷好而对塔内工况产生影响。并联使用时间约需 40min 左右。

倒换要缓慢进行,以免影响空分的正常生产。

排液时需随时观察主冷液氧面,严防因出口阀未关严而发生将液空大量排出的事故。

静置是为了使残留在吸附器中的液体继续蒸发,设备自然升温。

在通加热气体前,应先用干燥氮气冷吹到 −10℃ 左右,以避免吸附器骤然受热,产生热应力而损坏设备。通加热气体切忌过快,冷吹也要缓慢进行,否则会使硅胶破碎。加温气体温度为 70~90℃,当出口温度达到 5℃ 时即可停止加温。一般规定在出口达 30℃ 结束。

165. 什么叫自清除,为什么可用自清除的办法清除空气中的水分和二氧化碳?

答:空气经过蓄冷器或切换式换热器,随着温度的不断降低,水分逐渐析出,以水珠、雪花等形态沉积在蓄冷器的填料或板式换热器的翅片上,至 −60℃ 时空气中已基本上不含水分。空气温度降至 −130℃ 以下时,二氧化碳也逐渐以固体(干冰)形式析出,至 −170℃ 时已基本上不含二氧化碳。空气中的水分和二氧化碳析出、冻结在切换式换热器中,为空分设备安全、可靠地工作提供了良好的条件。但它对传热却带来了不利的影响,而且还会堵塞通道,增加流动阻力。因此,要及时地、定期地把这些析出物清除掉。采用的方法就是让返流气体(如污氮)通过时,把沉积的水分和二氧化碳带走,所以称为"自清除"。

为什么返流污氮能把冻结的水分和二氧化碳带走呢?这是因为从精馏塔上塔来的污氮基本上是不含水分和二氧化碳的不饱和气体,所以水分和二氧化碳能够进行蒸发和升华的过程(由液体或固体变成气体),进入污氮气中。虽然污氮的温度比正流空气低,每立方米的返流污氮中所能容纳的水分和二氧化碳的最大含量(饱和含量)也要比正流空气带入的量少一些,但是由于污氮的压力比正流空气低得多,实际体积流量比正流空气大4~5倍,所以实际所能容纳的水分和二氧化碳的能力比正流时要大,这就有可能将沉积的水分和二氧化碳全部清除干净,达到自清除的目的。

166. 带入空分设备的水分量有多少,它与哪些因素有关?

答:空压机的气源来自大气。空气中的水分含量(g/m^3)一般尚未达到饱和。通常用相对湿度表示其未饱和的程度。水分的饱和含量(或水蒸气的饱和分压力)与温度有关。温度越高,相应的饱和含量(或饱和分压力)也越高。它可从相关的表8中查取。

空气经过等温压缩后,由于每立方米中的空气量(密度)、水分量均增高,其中的水分含量将超过该温度对应的饱和值。或者说,由于总压力提高,水蒸气的分压力也相应提高,它将超过该温度对应的饱和分压力。因此,一部分水分在压缩后将在冷却器中析出。带入空分设备的水分量,在理论上应等于进装置温度所对应的饱和含量。

如果进装置的空气温度越高,带入的水分量也将越多。例如,当进装置的空气温度由26℃提高到40℃时,水分含量由$24.3g/m^3$增加至$50.9g/m^3$。水分增加了一倍多,这就会大大增加蓄冷器(或切换式换热器)清除水分的负担。

如果温度一定,则每立方米的压缩空气中的饱和水分含量(饱和分压P_s)保持相同,与压力无关。但是,压缩后的压力P_2越高,则压力比P_s/P_2越小,表示空气中原有的水分的析出量也越多,压缩空气中的水分含量减少。

例如,将$1000m^3/h$、30℃的空气分别等温压缩到0.6MPa与压缩到2.0MPa,估算一下压缩空气中的水分含量。从表8可以查到30℃时的饱和水分含量为$\rho_s=30.3g/m^3$,水蒸气的饱和分压为$p_s=(31.82\times133.32)Pa=4.242kPa$。

由表8中查得的水分含量是指当时压力下每立方米体积中的含量。而空气从$P_1=0.1MPa$压缩到$p_2=0.6MPa$时,体积缩小到原来的1/6,即在$1m^3$中的空气量是原来的6倍。析出部分水分后,随压缩空气带入空分装置的水分量为

$$M_s=\rho_s\cdot V\cdot\frac{p_1}{p_2}=30.3\times10^{-3}(kg/m^3)\times1000(m^3/h)\times\frac{0.1(MPa)}{0.6(MPa)}=5.05kg/h$$

同理,当空气压缩至$p_2=2.0MPa$时,经析出后所剩的水分量为

$$M_s=\rho_s\cdot V\cdot\frac{p_1}{p_2}=30.3\times10^{-3}(kg/m^3)\times1000(m^3/h)\times\frac{0.1(MPa)}{2.0(MPa)}=1.515kg/h$$

也可根据30℃时的水蒸气的饱和分压P_s计算。当空气压缩到$P_2=0.6MPa$时,水蒸气所占的体积分数是:

$$r_s=\frac{V_s}{V_2}=\frac{P_s}{P_2}=\frac{42.42(Pa)}{6\times10^6(Pa)}=7.07\times10^{-6}$$

则水蒸气所占的分体积是

$$V_s=r_s\cdot V_2=r_s\cdot V_1\cdot\frac{p_1}{p_2}=7.07\times10^{-6}\times1000(m^3/h)\cdot\frac{0.1(MPa)}{0.6(MPa)}=1.178\times10^{-3}m^3/h$$

水蒸气的含量可根据气体的状态方程式计算:

$$M_s=\frac{p_2V_s}{R_sT}=\frac{0.6\times10^6(Pa)\times1.178\times10^{-3}(m^3/h)}{0.4619(J/(kg\cdot K)\times303(K))}=5.05kg/h$$

式中,$R_s=8.314(J/kmol\cdot K)/18(kg/kmol)=0.4619J/(kg\cdot K)$是水蒸气的气体常数。两

种计算方法的结果相同。

167. 水分在蓄冷器(或切换式换热器)内是怎样析出的?

答:空气经空压机末级冷却器和氮水预冷器进入蓄冷器(或切换式换热器)时,空气中水蒸气含量已达饱和状态。此后,随着温度的降低,相应的饱和水蒸气压力在降低,每立方米空气中的饱和水分含量在逐渐减少。由表8可见,温度由30℃降至−60℃时,空气中的饱和水分含量由30.3g/m³减少至0.011g/m³。多余的水分析出在蓄冷器的填料或板翅式换热器的翅片上。在−60℃时,饱和水蒸气压已降低到1.067Pa,可以认为已不含水分,故把30℃至−60℃叫做水分析出区。

水的"三相点"(气相、液相、固相共存的状态)压力为0.613kPa,温度为0.01℃。空气中水蒸气的分压力高于三相点压力时,空气温度达饱和温度,水蒸气以液体状态析出。由气相变为液相称为"凝结"或"液化"。空气中水蒸气分压力低于三相点压力时,空气温度达饱和温度时,水蒸气直接以固体状态析出,不经过液态由气相直接变为固相称为"结晶"或"凝固"。空气温度由30℃降至0℃,水蒸气的分压力(饱和蒸气压)一直高于三相点压力,故在此温度范围的析出物为水珠或水膜。由0℃降至−60℃时,饱和蒸气压低于三相点压力,水蒸气析出物为霜或雪花状(水分含量太大时将冻结成冰)。

168. 二氧化碳的饱和含量与温度有什么关系?

答:空气中的二氧化碳在一定温度下也对应有一个最大含量,叫饱和含量。饱和含量对应有一个饱和分压力。饱和分压力的高低也就反映了饱和含量的多少。温度越高,饱和含量越大,对应的饱和分压也越高。一般通过实验可找出二氧化碳的饱和蒸气压与温度的关系,查相关的二氧化碳性质表。也可将它们的关系用坐标图表示,如图36所示。

图中的横坐标为温度。为了节省空间,在同一位置分别表示了三个不同的温度范围。纵坐标为对应的二氧化碳的饱和蒸气压,它取的是对数坐标,以便使曲线接近于直线。左侧是以mmHg表示的压力值,右侧是换算成Pa后的压力值。同样,不同温度范围对应的二氧化碳的饱和蒸气压有不同的数值,分别查标明Ⅰ、Ⅱ、Ⅲ坐标范围对应的数值。

169. 什么叫"饱和度"?

答:空气中的二氧化碳含量如果小于当时温度对应的饱和含量,则二氧化碳是处于不饱和状态,它与饱和含量的比值叫饱和度。因此,饱和度也就是相当于表示水分含量的相对湿度。例如,如果空气中的二氧化碳的体积分数为0.03%,经压缩至0.6MPa后,二氧化碳的分压力也相应提高,它与体积分数及总压力成正比:

$$p_{CO_2} = y_{CO_2} \cdot p = 0.03\% \times 0.6(MPa) = 0.00018MPa = 180Pa$$

当空气在切换式换热器中冷至−130℃时,由图36查得它的饱和分压力为$p_饱 = 308Pa$,饱和度:

$$\varphi = p_{CO_2}/p_饱 = 180/308 = 58\%$$

这说明CO_2尚未达到饱和。

当空气温度降至−133.5℃时,对应的饱和蒸气压为176Pa,已略低于二氧化碳的分压

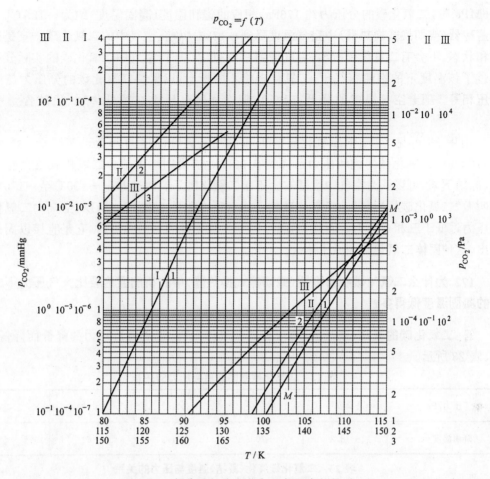

$$p_{CO_2}=f(T)$$

图36　二氧化碳的饱和蒸气压与温度的关系

力,表示已达到了饱和,温度再降低就会有二氧化碳析出。

170. 带入空分设备的二氧化碳量有多少？

答:空气中的二氧化碳含量(体积分数)一般在 0.03% 左右,如果将空气压缩至 0.62MPa,则二氧化碳的分压力为

$$p_{CO_2}=r_{CO_2} \cdot p=0.03\% \times 0.62 \times 10^6=186Pa$$

空气进空分装置的温度所对应的二氧化碳饱和蒸气压力还远远高于二氧化碳分压力,因此,二氧化碳处于未饱和状态,不可能预先析出。带入装置的二氧化碳量完全取决于空气中二氧化碳的含量。对于 6000m³/h 空分设备,如果已知加工空气量 $V=37200m^3/h$,则二氧化碳所占的体积 $V_{CO_2}=r_{CO_2} \cdot V=0.03\% \times 37200(m^3/h)=11.15m^3/h$。而二氧化碳气体在标准状态下的密度 $\rho_{CO_2}=1.96kg/m^3$,因此,带入二氧化碳的总量为:

$$M_{CO_2}=\rho_{CO_2} \cdot V_{CO_2}=1.96(kg/m^3) \times 11.15(m^3/h)=21.8kg/h$$

171. 二氧化碳在蓄冷器(或切换式换热器)中是怎样析出的？

答:空气中二氧化碳的含量为 300×10^{-6}(体积含量为 0.03%)左右。当空气压力为

0.6MPa 时,二氧化碳的分压力约 176Pa,相应的饱和温度(凝固温度)约为−133℃。因此,在蓄冷器(或切换式换热器)中空气温度降到−133℃以前,空气中的二氧化碳一直是处于未饱和状态,不会有二氧化碳析出。温度降到−133℃以下时,空气中二氧化碳的实际分压力已超过了该温度下的饱和蒸气压,二氧化碳将不断析出,以保持二氧化碳的分压力与饱和蒸气压相等。随着空气温度的降低,二氧化碳饱和蒸气压也在降低,二氧化碳含量不断减少。

由图 36 可见,空气中二氧化碳的饱和蒸气压随着温度的降低迅速降低。温度降到−170℃时,二氧化碳的饱和压力已降到 0.05Pa。这说明绝大部分二氧化碳已在此以前析出、冻结下来,可以认为空气中已基本上不含二氧化碳了。故通常把−130℃至−170℃的范围叫做"二氧化碳析出区"。二氧化碳的三相点压力为 0.528MPa,所以,空气中二氧化碳的分压力远低于三相点压力。因此,当温度降到二氧化碳的析出温度时,它是直接以固态形式析出,这种固体二氧化碳叫做干冰。

172. 为什么二氧化碳在蓄冷器(或切换式换热器)中的析出温度要比大气压力下二氧化碳的凝固温度低得多?

答:二氧化碳的凝结(或凝固)温度和其他气体一样,也是随着压力的降低而降低,如表 22、表 23 所示。

表 22　二氧化碳凝固温度与压力的关系

压力/Pa	1×10^5	2×10^5	3×10^5	4×10^5	5×10^5
凝固温度/℃	−78.2	−70.5	−64.5	−61	−58

表 23　二氧化碳液化(凝结)温度与压力的关系

压力/Pa	5.28×10^5	8×10^5	15×10^5	20×10^5	30×10^5	40×10^5	50×10^5	60×10^5
液化温度/℃	−56.6	−46.5	−29	−20	−5.5	5.5	14.5	21.5

二氧化碳三相点压力为 0.528MPa、温度为−56.6℃。二氧化碳压力低于 0.528MPa 时,温度降至凝固温度、由气相直接变为固相;而压力高于 0.528MPa 时,温度降至液化温度,二氧化碳凝结为液体。

由表可见,纯二氧化碳的压力为 0.1MPa 时,其凝固温度为−78.2℃。空气通过切换式换热器时,虽然其压力在 0.6MPa 左右,但空气的压力并不是二氧化碳的压力。空气中二氧化碳的分压力与其在空气中的含量成正比。空气中二氧化碳的体积含量一般为 $300\sim400\times10^{-6}$(体积分数为 0.03%～0.04%),空气压力为 0.6MPa 时,二氧化碳的分压力只不过是 180～400Pa,相应的凝固温度为−132～−135℃。

由于二氧化碳的分压力大大低于 0.1MPa,所以其凝固温度要比−78.2℃低得多。在切换式换热器中,随着二氧化碳的被冻结,空气中二氧化碳的分压力在降低,其凝固温度也随着降低,如表 24 所示。二氧化碳的实际凝固温度比表中所列温度还要低一些。

表 24 二氧化碳凝固温度与空气压力及其中所含二氧化碳量的关系

凝固温度 /℃		二氧化碳含量							
		400	300	100	50	20	10	5	2	1
压力	0.1MPa	-142 $\times 10^{-6}$	-143.5 $\times 10^{-6}$	-149.2 $\times 10^{-6}$	-152.5 $\times 10^{-6}$	-156 $\times 10^{-6}$	-159.5 $\times 10^{-6}$	-162 $\times 10^{-6}$	-165.6 $\times 10^{-6}$	-168 $\times 10^{-6}$
	0.6MPa	-132 $\times 10^{-6}$	-133.5 $\times 10^{-6}$	-140.5 $\times 10^{-6}$	-143.5 $\times 10^{-6}$	-148.5 $\times 10^{-6}$	-151.7 $\times 10^{-6}$	-154.7 $\times 10^{-6}$	-158.5 $\times 10^{-6}$	-161.2 $\times 10^{-6}$

173. 为什么不能在蓄冷器(或切换式换热器)内对乙炔实现自清除?

答:空气中的乙炔在蓄冷器(或切换式换热器)内能否自清除,首先要看看乙炔能否在其中析出,也就是空气的温度是否降低到乙炔分压力所对应的饱和温度(凝固温度)。通常空气中的乙炔含量极少,约为 $0.01 \times 10^{-6} \sim 0.1 \times 10^{-6}$,若每立方米空气中乙炔含量为 0.1cm^3(即 0.1×10^{-6}),在 0.1MPa 下其分压力为 0.01Pa。即使经空压机等温压缩到 0.6MPa,其分压力也只有 0.0587Pa,远远低于乙炔三相点压力(128.3kPa)。这时相应的凝固温度在 -176℃以下,低于 0.6MPa 下空气的液化温度。因此,在蓄冷器(或切换式换热器)中不会有乙炔析出,也不可能实现自清除。

174. 为什么实际带出切换式换热器的二氧化碳比理论值要大得多?

答:空气通过蓄冷器(或切换式换热器)是一流动过程,虽然冷端空气温度已达 -170℃以下,按理论分析,应该基本上不含二氧化碳了。因为二氧化碳的饱和压力(或者说二氧化碳在空气中的分压力)已低到 0.0493Pa。但是由于气流速度很高,二氧化碳来不及完全析出,就被气流夹带走一部分二氧化碳固体颗粒。实际上气流中的二氧化碳是处于过饱和状态,二氧化碳分压力超过了当时温度对应的饱和蒸气压,冷端空气中的二氧化碳含量甚至会超过理论值的 100 倍,如表 25 所示。

表 25 冷端空气中二氧化碳含量

空气平均温度/℃		-173	-172	-171	-170	-169	-165
压力为 0.55MPa 时空气中的二氧化碳含量/cm³·m⁻³	计算值	0.034	0.040	0.066	0.090	0.120	0.280
	实际值	6.80	7.50	7.75	8.10	10.80	20~22

因此,在切换式换热器中沉积的二氧化碳约占空气中二氧化碳含量的 95%,其余的 5% 将被带入下塔。通常,空气通过切换式换热器的流速比通过蓄冷器时要高,且通道较直,故被带走的二氧化碳量也会更多些。此外,它还与翅片的结构型式及二氧化碳析出区段(冷段)的长度有关。

175. 为什么蓄冷器(或切换式换热器)的不冻结性与冷端温差有关系?

答:空气通过蓄冷器(或切换式换热器)时,随着温度的不断降低,其中所含的水分和二氧化碳逐渐冻结在填料(或翅片)上。参与切换的返流气体(如污氮)通过时,除回收冷量而被复热外,还将冻结下来的水分和二氧化碳带出蓄冷器(或切换式换热器)。在一个切换周期中,若带出器外的水分和二氧化碳量与冻结在填料(或翅片)上的量相等,则在长期运转中蓄冷器(或切换式换热器)就不会被冻结物所堵塞。这就表示自清除完善,可以保证其不冻结性。

蓄冷器（或切换式换热器）的不冻结性与冷端温差有什么关系呢？下面以自清除二氧化碳为例来说明。空气通过蓄冷器（或切换式换热器）温度约降到$-133℃$以下时，二氧化碳才逐渐析出，至冷端$-170℃$左右，已基本上不含二氧化碳，即二氧化碳被冻结在温度为$-133℃$的截面（如图37中的1—1截面）至冷端这段范围内。若要保证不冻结性，在一个切换周期中，返流污氮流经1—1截面所带出的二氧化碳量必须等于全部冻结量。

在1—1截面上，空气中二氧化碳的含量达到了该温度下的饱和含量，其分压力为该温度下的饱和蒸气压。在这个截面上，返流污氮经过时，其中所含的二氧化碳量达到最大值，理论上也可达到饱和含量，其分压力为污氮在该处温度下的饱和蒸气压。

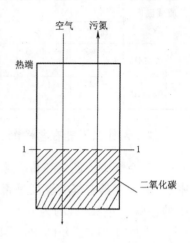

图37　蓄冷器（切换式换热器）内的二氧化碳冻结区

由于传热温差的存在，同一截面上污氮的温度要低于空气的温度。相应地污氮中二氧化碳的饱和蒸气压就要低于空气中二氧化碳的饱和蒸气压。因此，每立方米污氮中所能容纳的二氧化碳量比每立方米空气中所含的量要少（因温度越高，对应的饱和蒸气压越高，饱和二氧化碳含量也越大）。但是，由于返流气体的压力要比空气低得多，即使产品氧、氮不参与切换，污氮的实际体积流量也比空气要大得多。因此，它有可能将冻结的二氧化碳清除干净。

在返流污氮量与空气量的比例以及压力比一定的情况下，污氮中的二氧化碳必须达到某一个饱和含量（或者说饱和蒸气压），才能保证把一个切换周期中冻结下来的二氧化碳全部带出。也就是说，污氮必须达到某一温度以上，在该温度下的二氧化碳饱和含量能满足带走全部冻结量的要求。所以，返流污氮有一个最低允许温度，因此，空气与污氮之间的温度差有一个最大允许值。超过这个最大允许温差，就不能把二氧化碳清除干净。在蓄冷器（或切换式换热器）的实际运行中，应使每一截面上空气与污氮的温度差都小于自清除的最大允许温差，这是保证不冻结性的条件。

自清除的最大允许温差与温度的高低有关。越靠近冷端，温度越低，其允许温差值就越小。所以，在冷端的允许温差值为最小。对于水分的自清除也有个最大允许温差，但其值比二氧化碳冻结区的温差值要大。所以，只要使冷端空气与污氮的温度差小于二氧化碳自清除的最大允许温差，就能保证整个蓄冷器（或切换式换热器）不被水分和二氧化碳冻结物所堵塞。

冷端温差控制值与设备的具体情况有关，不同的空分设备都有具体规定。对于铝带蓄冷器一般为$6\sim8℃$；石头蓄冷器或切换式换热器为$3\sim4℃$。

176. 冷端温差的控制值与什么因素有关？

答：在蓄冷器（或切换式换热器）中，为了满足水分和二氧化碳自清除的要求，需要把冷端温差（空气和参与切换的返流气体的温度之差）控制在一定范围内。冷端温差控制值（保证自清除的最大允许温差）与正、返流气体的压力比，正、返流气体的流量比有关。正流空气的压力越高,返流气体的压力越低,即压力比越大,冷端温差控制值就可大些;返流与正流气体流量的比值越大,冷端温差控制值相应地也可以大一些。实际上,两个因素都是反映返流气体与正流气体的实际体积比。压力越低,同样数量的气体所占的体积越大,容纳水分或二氧化碳的能力越强。

如果允许的冷端温差控制值越大,则自清除条件越容易得到满足,即有利于实现自清除。但是,空气压力越高,整个空分装置能耗就越大,所以在满足工艺要求的条件下,压力要尽可能地定得低些,不能只从自清除的角度来确定压力比,通常要靠增加返流污氮量的办法。所以,自清除流程将使纯氮产品量受到限制。一般使污氮量为加工空气量的65%左右;纯氮产量与氧气产量之比为1.0~1.1。

177. 蓄冷器(或切换式换热器)采用中部抽气或增加一股环流的目的是什么?

答:保证蓄冷器(或切换式换热器)不被水分和二氧化碳的冻结物所堵塞,就必须把冷端温差控制在保证自清除的最大允许温差范围内。影响冷端温差的主要因素是返流气量与正流空气量的比值(空气进装置的温度和冷端污氮的温度也会有影响,但是在正常情况下是基本不变的)。根据物料平衡,在无液态产品时,总的返流气量与正流气流量是相等的。但是,正流空气因为压力高,它的比热容要比低压返流气体大,所以它的温度变化范围比返流气体温升要小。在这种情况下,如果热端温差满足了要求(一般定为2~3℃),则冷端温差会很大。它将超过保证自清除的最大允许温差,而且不能把空气冷却到接近液化温度(约-172℃)。例如,KFD-41000型空分设备经热平衡计算,若热端温差为2℃,冷空气温度只能降到-165℃,冷端温差达9.5℃(冷端污氮进口温度维持在-175℃),远远超过规定的3℃。因此,必须采取某些措施增加返流气体量(即增大冷量)。如果在冷段增加一股环流气体(或在蓄冷器中部抽出一部分正流空气,在冷段亦相当于增加了返流气体量),这样才能把空气冷却到更低的温度,使冷端温差低于控制值。

蓄冷器的中部抽气经二氧化碳吸附器去膨胀机作为膨胀空气,其量约占加工空气量的8%~16%,抽气温度在-90~-130℃之间。因为自清除发生困难是在此温度范围以下,即蓄冷器的冷段。中抽口以上(热段)的正流空气与返流气体量基本上是相等的。

环流气体一般是来自下塔的洗涤空气,或直接引自冷端出来的低温空气。在切换式换热器的环流通道或蓄冷器的盘管内被复热。环流出口温度主要考虑切换式换热器(或蓄冷器)的热平衡和自清除的要求,还与流程设计、膨胀量、机前温度等因素有关。环流量约占加工空气量的10%~15%,环流出口温度一般是-100~-120℃。

调节环流量(或中抽量)的大小,是实际操作中控制冷端温差和中部温度的主要手段。

178. 中抽法与环流法相比有什么优缺点?

答:切换式换热器都采用环流法,蓄冷器则中抽和环流两种方法均有采用。

中抽法的优点是从中部抽走一部分空气后,可以减少蓄冷器的热负荷。为了保证冷端温差所需的返流气体量也能相应地减少,可以生产更多的纯产品,能达到加工空气量的51%左右(而环流法只有41%左右)。其缺点(与环流法相比)是增加了一对二氧化碳吸附器,倒换再生时冷损增加。同时也增加了阻力,降低了膨胀机前压力,使产冷量减少。蓄冷器切换时会使抽气压力波动,对膨胀机及精馏塔的工况也有影响。采用中抽法还要增加自动阀箱,抽气阀故障以及二氧化碳吸附器倒换使用也给操作带来麻烦。所以,中抽法目前已很少采用。

环流法没有上述中抽法的缺点。但在蓄冷器上采用环流法还需增加一组环流盘管,增加铜材消耗,结构也复杂些。不过由于它不需要二氧化碳吸附器、中抽阀等,总的来说设备较为简单。而且,膨胀机的气流工况比较稳定,操作也比较方便。

179. 切换式换热器的切换时间是根据什么确定的?

答:切换式换热器的切换时间是根据保证通道不被冻结来决定的。空气经过切换式换热器时,随着温度的降低,水分和二氧化碳不断析出、沉积在通道翅片上,时间长了就会使阻力增加,甚至堵塞通道。因此,空气和污氮通道要定期切换,以便让污氮把沉积下来的水分和二氧化碳带出装置。

一般规定,在空气通道截面积堵塞20%～30%时即需进行切换。考虑到空气带入的水蒸气量远比二氧化碳量大,所以决定切换时间的主要因素是通道中水分的冻结量。水分在0℃以上时呈液体状态析出,在冰点以下时则以雪花状析出。雪花的体积是冰的体积的20倍,所以从冰点以下开始计算,找到雪花沉积量最大的位置,这就是可能被堵塞的最危险断面。只要该断面上的通道被堵塞25%(设计值)就应该进行切换。切换时间就是根据雪花沉积量最大的截面上,通道被堵塞25%时所需的时间来确定的。

180. 蓄冷器的切换时间根据什么确定?

答:蓄冷器的切换时间是根据不冻结性确定的。蓄冷器内是不稳定的传热过程,污氮进入蓄冷器冷端的温度是一定的,但冷端空气温度在热周期中是不断变化的。随着切换时间的延长,冷端空气温度会升高,冷端温差增大,自清除能力就会变坏。所以,蓄冷器的切换时间就是根据切换后冷端温差增大到控制值(最大允许温差)所经过的时间来确定的,而不是根据通道截面被堵塞25%来计算的。

181. 为什么蓄冷器(或切换式换热器)在切换时需要均压?

答:切换式换热器(或蓄冷器)中的空气与污氮通道是周期性地进行切换的。切换前原来走空气的通道压力为0.56～0.6MPa,而走污氮的通道压力为0.12～0.13MPa。均压就是通过均压阀,使两条通道在交换前压力均衡,平均为0.33～0.36MPa。

均压是为了使切换后空气进入原先走污氮的通道时的冲击减轻,以免损坏设备。并且可使升压速度加快,能很快达到0.56～0.6MPa就向下塔送气。此外,切换前走空气的通道排出一部分空气,可以减少切换后的放空损失和消减放空噪声。

均压时间(均压阀开启持续时间的长短)与换热器的容积大小及管道、阀门的阻力有关,一般在1s左右。对较小的空分装置也可不均压。

182. 什么叫切换损失?

答:蓄冷器(或切换式换热器)由于在切换均压时,造成一部分空气未能进入塔内参与精馏,叫"切换损失"。污氮在进入原先的空气通道之前,必须把均压以后残留的空气先放空掉。所以,切换损失的大小与换热器的容积大小、切换周期长短、切换前后的压差等因素有关。一般是切换式换热器比蓄冷器的切换损失要小些。切换式换热器的切换损失在4%左右；蓄冷器可达7%～8%。对于没有均压过程的空分设备，切换损失还要大些。分子筛纯化流程的切换损失发生在切换纯化器均压时。由于它的切换周期长，所以切换损失要小得多，约为0.4%。

183. 为什么蓄冷器缩短切换时间冷端温差会减小？

答：蓄冷器中的热交换是一个不稳定的传热过程，即各个截面上空气（或污氮）的温度是随时间在周期性地变化的。切换周期越长，温度变化的幅度越大。在全低压空分设备启动阶段，将蓄冷器的切换周期设定较短，其目的就是为了减少蓄冷器冷端及各截面上温度变化的幅度，相应地可以减小温度差，以保证其自清除的能力，不致将水分或二氧化碳带入膨胀机。

在正常运转时，返流污氮进蓄冷器的温度一定，缩短切换时间能减小正流空气在切换周期内、出蓄冷器时温度上升的幅度，可使冷端温差减小，以提高其自清除的能力。在蓄冷器的阻力比正常值有所升高时，可用缩短切换时间的方法来逐渐加以消除。

184. 为什么切换式换热器在切换时要加纯氮抑制阀？

答：在切换过程中，当污氮强制阀关闭时，上塔顶部压力会升高。污氮冲往辅塔纯氮处，将影响纯氮产品的纯度。在制取双高产品的空分设备中，为了保证在强制阀全关时不使纯氮产品的纯度下降，在蓄冷器（或切换式换热器）热端的纯氮管道上，设置一个纯氮抑制阀，通常它在均压阀开启时关闭（抑制），在污氮强制阀开启后约1s再打开，纯氮抑制的时间约6s。它还可起到减少均压时的冷损的作用。

在只制取单高产品的空分设备中，为了减少在切换过程中上塔压力的波动，纯氮不需抑制，可将抑制阀处于常开状态。

185. 为什么切换时污氮先要放空？

答：空分设备排出的污氮一般是送至氮水预冷器的水冷却塔去冷却水。但是，由于在切换过程中（均压以后）原来走空气的通道压力仍有0.33～0.36MPa，为了不使压力较高的污氮冲击氮水预冷器（它的压力较低，只有0.105MPa），以免影响传热效果，和影响预冷器的寿命，所以在污氮管道上均设置放空强制阀，切换后先进行污氮放空，放空时间约6s，然后再送至水冷却塔。

6 换　热

186. 空分设备中有哪些换热器？

答：使热量由热流体传给冷流体的设备称为换热设备，或叫换热器。空分设备中设置许多换热器，主要有：氮水预冷器、切换式换热器（或蓄冷器）、主热交换器、冷凝蒸发器、过冷器、液化器、气化器、加热器以及空压机的冷却器等。这些换热设备是实现空气液化、分离及维持装置正常运转所必不可少的重要设备。而且，换热器工作的正常与否直接影响到空分装置的经济性。

空分设备中的换热器尽管形式繁多，就其传热原理来说可分为三种类型：

1）间壁式。其特点是冷、热两种流体被传热壁面（管壁或板壁）隔开，在传热过程中互不接触，热量由热流体通过壁面传给冷流体，例如管式、板式换热器。

2）蓄热式。其特点是冷、热两种流体交替地流过具有足够热容量的固体蓄热体（如石头或瓷球），热流体流过时蓄热体吸收热量，冷流体流过时蓄热体放出热量，从而实现冷、热流体的换热，例如蓄冷器。它必须成对使用。

3）混合式。其特点是冷、热两种流体的换热是在直接混合的过程中实现的。在换热过程中还伴随有物质的交换，如氮水预冷器等。

187. 换热器中热量（或冷量）是怎样传递的？

答：从实践中知道，只要有温度差存在，就会自发地进行热量传递。而且，热量总是从温度较高的流体传向温度较低的流体。温度差是热量传递的动力。

对间壁式、蓄热式和混合式三种换热器的传热过程并不完全相同，但其基本规律还是相同的。现以使用最广的间壁式换热器为例来进行分析。如图 38 所示，热量通过器壁（例如管壁或板壁）从热流体传到冷流体，冷、热流体一般是沿相反方向流动的。整个传热过程可以分为三个阶段：

第一阶段：热流体（温度为 t_{f1}）把热量 Q 传给壁面 1（温度为 t_{w1}）。通常把这种流体与壁面之间由于温度不同而发生的热量传递过程叫对流换热（或表面传热）。这种过程既包括因流体各部分相对位移（流体分子间的移动和混合）而引起的换热（称为对流，主要发生在管中心部位），也包括流体内的热传导（主要发生在紧靠管壁，流体

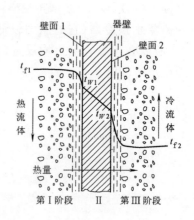

图 38　传热过程

流得很慢的部位），所以，它是对流和热传导的综合作用。这就像激流滚滚的江河，在江河中心漩涡很多，互相搀混得很激烈；而越靠近岸边水流越慢，紧靠岸边的一薄层可认为没有流

动。

第二阶段：热量 Q 由壁面 1 通过器壁内部传到壁面 2（温度 t_{w2}）。这种在固体内部纯粹是靠分子碰撞进行热量传递的过程叫导热（或热传导）。导热在液体和气体中也能进行，不过单纯的导热只可能发生在静止的流体中。

第三阶段：热量由壁面 2 传到冷流体（温度为 t_{t2}）的对流换热过程。

由此可见，间壁式换热器中热量传递的过程一般是由对流-导热-对流三个阶段组成并同时进行的。例如在板翅式切换式换热器中，空气首先把热量传给翅片和隔板，然后再传给返流气体，使氧、纯氮和污氮复热，空气因放出热量而温度降低。蓄热式的热量传递过程是：对流-导热（蓄热或放热）-对流，并由两个周期完成的。混合式热量传递过程很复杂，还包括载体的蒸发或冷凝的相变、传质过程，而相变也需要吸收或放出热量。例如在水冷却塔中，利用氮气冷却水的同时，还有部分水因蒸发到氮气中而吸收热量，使水的温度进一步降低。

188. 影响换热器传热量（热负荷）的因素有哪些？

答：流体通过壁面的传热过程是一个较为复杂的过程，影响传热量的因素很多。实验表明，每小时的传热量 Q（也叫热负荷）与冷、热流体的温度差 Δt（℃）成正比，与传热面积 F（m^2）的大小成正比，写成公式则为

$$Q = 3600 KF\Delta t \text{(kJ/h)}$$

式中的系数 K 叫传热系数，表示当壁面两侧流体温差为 1℃ 时通过单位面积的传热能力，其单位是 $W/(m^2 ℃)$。传热系数反映了除传热面积 F 和温差 Δt 以外所有影响传热各种因素。显然，传热系数 K 值越大，表示传热能力越强。反之则弱。

对空分装置中设置的各种换热器，其传热面积已是确定不变的。但是，如果在使用中因发生泄漏而堵掉板式换热器的一部分通道或管式换热器的一部分列管（或盘管），则传热面积要减少，会使传热量减少。不过设计换热器时，其传热面积都留有一定的裕量，若减少不多，对空分装置的正常运转影响不大。

根据制氧生产工艺的要求，换热器的传热温差在正常情况下也是不变的。偏离设计工况运行时则会有所变化。例如上、下塔的压力波动，液氧液面的波动，液氧、液氮纯度的变化均会影响主冷凝蒸发器的传热温差，影响其热负荷。影响大小视传热温差偏离设计值的多少而定。

传热系数 K 值的大小与壁面两边流体与壁面的对流换热的强弱、通过壁的导热能力的强弱有关。对流换热的强弱与流体的性质、流体的运动情况有关。例如流速越高，流体分子互相掺混得越厉害，对流换热就越强烈。因此，提高流体的流速可使传热系数 K 值增大。但是提高流速会使流动阻力增大，输送流体的能耗增加，所以不能片面强调提高流速。通过壁的导热能力的强弱不仅与壁的材质、厚度有关，还与壁的污染情况有关。如果壁面上积有较厚的污垢，它的导热能力比金属要小得多，将使传热减弱，传热系数 K 值就会减小，生产过程中应注意保持传热壁面的清洁。由此可见，在不同的条件下，传热系数有不同的数值，可以通过理论计算或参照类似设备的实测结果确定。

空分设备中各种换热器的传热系数大致范围如表 26 所示。

表 26　各种换热器的传热系数 K 的概算值

型　　　式		流　　体		$K/\mathrm{W(m^{-2} \cdot {}^{\circ}\!C^{-1})}$
		热	冷	
蓄冷器	卵石	空气	氧、氮	13
	铝盘			29
盘管式	蓄冷器内	空气	氧、氮	29
	热交换器	空气	氧、氮	105～163
	辅助冷凝器	氮气冷凝	液氧蒸发	350
列　管　式		气	气	35～80
		气	水	60～290
冷凝蒸发器	长管式	氮气冷凝	液氧蒸发	815～930
	短管式	氮气冷凝	液氧蒸发	580～770
	板式	氮气冷凝	液氧蒸发	800
板翅式	可逆式换热器	空气	氧、氮	60～80
	过冷器	液空	氮	115
		液氮	氮	85
		液氧	氮	57
	液化器	液空	氧、氮	150

189. 空分设备中的低温换热器为什么多采用铝材或铜材?

答:从传热的角度来看,通过管壁(或板壁)导热能力的强弱会影响到换热器的传热量。材料的导热能力用热导率 λ 表示,它是指当壁厚为 1m,温差为 1℃时,在单位时间(s)通过单位面积($\mathrm{m^2}$)传过的热量的大小(J),单位为 $\mathrm{W/(m \cdot {}^{\circ}\!C)}$。因此,热导率越大,说明导热能力越强。不同物质的热导率不同,就同一物质而言,它还和它的结构、密度、湿度、温度以及压力等许多因素有关,表 27 列出了一些常用材料的热导率的大致数值。由表可见,铜的热导率约为钢的 8 倍;铝的热导率约为钢的 4 倍多。在换热器内,对于一定的热负荷来说,就可以减少所需的传热面积,因此多采用热导率高的铜材或铝材。

表 27　一些常用材料的热导率

名称	热导率 $\lambda/\mathrm{W(m^{-1} \cdot {}^{\circ}\!C^{-1})}$	名称	热导率 $\lambda/\mathrm{W(m^{-1} \cdot {}^{\circ}\!C^{-1})}$
铜	384	矿渣棉	0.041～0.047
铝	204	玻璃棉	0.037
钢	47	珠光砂(珍珠岩)	0.035～0.058
不锈钢	29	碳酸镁	0.026～0.038
木材	0.116	水	0.58
红砖	0.23～0.58	空气	0.023
水垢	1～2	冰	2.21

此外,空分设备中的大部分换热器都在低温下工作,一般的钢材在低温下会产生脆性,而铜和铝仍能保持良好的机械性能,这也是为什么多数空分中的换热器采用铝材或铜材的

原因之一。从价格来说,铝及其合金比铜便宜,所以在大型空分设备中的换热器又以铝材为主。

190. 空压机冷却器内水管积垢对冷却效果有什么影响,积垢后如何清除?

答:空压机冷却器所用的冷却水一般是未经软化处理的工业用水。水中所含的钙、镁等重碳酸盐类在水温较高时会分解成较坚硬的沉淀物积结在管壁上,这就是水垢。形成水垢的多少与水温的高低、时间的长短以及所用的水质有关。一般,水温在45℃以上时容易形成水垢。水垢的热导率只有 $1\sim2W/(m\cdot℃)$,比常用金属材料的热导率要小得多。因此,冷却水管积垢将使传热恶化,不能将空气冷却到所要求的温度,从而将使气量减小,这将直接影响到空分装置运行的经济性和正常生产。

积垢严重时必须把它清除掉。清除方法常用机械法或酸洗法。

机械法就是用铁刷子等把水垢刷掉;酸洗法是用含有10%的盐酸稀溶液用小水泵循环清洗,用酸把水垢溶解、除掉(因水垢一般属碱性),然后用碱中和一下。需要注意酸液不能太浓,以免腐蚀金属。

191. 为什么换热器中冷、热流体多数采用逆流的形式?

答:在换热器中,随着热量的转移,冷、热流体的温度也同时起着变化。例如,切换式换热器中空气温度由30℃降到-172℃;污氮温度从-175℃升高到28℃。因此,沿传热表面不同的截面上,冷、热流体间的温差也是不断改变的。在传热计算中,一般采用一个平均温差来代表整个换热器中冷、热流体间的温度差。

平均温差的大小与冷、热流体的相对流向有关。两流体平行同向流动称为"顺流";平行逆向流动称为"逆流";垂直交叉流动称为"叉流"。在冷、热流体的性质、流量、进出口温度及换热面积都相同的条件下,逆流布置时,冷、热流体之间具有最大的平均温差,叉流次之,顺流最小。在其他条件相同时,平均温差越大,传热量就越大,换热效果就好。对于传递同样多的热量,所需传热面积就可减少。

此外,在换热器中同一截面位置的热流体温度一定高于冷流体温度,如果采用顺流布置,则热流体出口的终温仍需高于冷流体出口的终温;而采用逆流布置,则热流体的出口温度可以远低于冷流体的出口温度。主热交换器就是这种情况。所以,换热器在设计时,冷、热流体的流向绝大多数是采用逆流布置的形式。

192. 空分设备为什么要设置氮水预冷器?

答:全低压空分设备普遍设有氮水预冷器。它主要是利用污氮中水的未饱和度,使部分水蒸发。水蒸发时吸收汽化潜热,使冷却水温降低,再利用它来冷却加工空气,降低进塔空气温度。因此,它包括空气冷却塔和水冷却塔。

设置氮水预冷器的根本目的是降低空气进空分塔的温度,避免进塔温度大幅度地波动。因为进塔空气温度的高低直接影响着切换式换热器和精馏塔的工况以及整个空分设备的经济性。设计时一般把空气进塔温度定为30℃。运行中进塔温度高于设计指标时,将使压缩空气的节流制冷量减小,切换式换热器的热端温差和热负荷都要增大,从而导致冷损及能耗的增大。

例如,污氮复热不足,若增加1℃,将使空分设备能耗增加2%左右。降低进塔空气温度,不仅能提高空分设备的经济性,而且降低了空气中的饱和水分含量。例如,当空气的绝对压力为 0.6MPa,空气温度由 40℃降至 30℃时,每 1kg 空气中的饱和水分含量将会减少约 40%。这就大大减轻了切换式换热器水分自清除的负担,有利于自清除。因此,要管好、用好氮水预冷器,尽可能地降低空气进塔温度。

其次,在空气冷却塔(喷淋冷却塔)中,空气和水直接接触,既换热又受到了洗涤,能够清除空气中的灰尘和溶解一些有腐蚀性的杂质气体,例如 H_2S、SO_2、SO_3 等,避免板翅式切换式换热器铝合金材质被腐蚀,延长使用寿命。由于空气冷却塔的容积较大,对加工空气还能起到缓冲作用,空压机在切换时不易超压。

对于分子筛吸附净化流程,分子筛的吸附容量与温度有关,温度越低,吸附容量越大。对一定大小的吸附器工作周期可以长,或对于一定的吸附周期,设计的吸附器容积可以较小,所以也要求将空气预先冷却到尽可能低的温度。在氮水预冷器中充分回收、利用氮气的冷量来冷却空气。

193. 水冷却塔中污氮是怎样把水冷却的?

答:水冷却塔是一种混合式换热器。从空气冷却塔来的温度较高的冷却水(35℃左右),从顶部喷淋向下流动,切换式换热器来的温度较低的污氮气(27℃左右)自下而上的流动,二者直接接触,既传热又传质,是一个比较复杂的换热过程。一方面由于水的温度高于污氮的温度,就有热量直接从水传给污氮,使水得到冷却;另一方面,由于污氮比较干燥,相对湿度只有 30%左右,所以水的分子能不断蒸发、扩散到污氮中去。而水蒸发需要吸收汽化潜热,从水中带走热量,就使得水的温度不断降低。这种现象犹如一杯热开水放在空气中冷却一样,热开水和空气接触,一方面将热量直接(或通过容器壁)传给空气,另一方面又在冒汽,将水的分子蒸发扩散到空气中而带走热量(汽化潜热),使热开水不断降温,得以冷却。必须指出:污氮吸湿是使水降温的主要因素,因此污氮的相对湿度是影响冷却效果的关键。这也是为什么有可能出现冷却水出口温度低于污氮进口温度的原因。

194. 空气冷却塔有哪几种型式?

答:空气冷却塔也是一种混合式换热器。为了使冷却水与空气充分接触、强烈混合,以增大传热面积,强化传热,通常采用的是"填料塔'或"筛板塔"。也有用空心喷淋塔的。

填料塔是钢制圆形容器,塔内充有填料(瓷环、或塑料环等)。冷却水自塔顶喷淋下来,与自下而上流动的空气相混合,进行热、质交换。空气把热量传给冷却水,使本身温度降低,水温升高。为防止空气带出水滴,在塔的上部一般还装有拉西哥环(或不锈钢丝网)填料分离器(亦称捕集层)以及机械水分离器(惯性分离)。由喷淋装置喷出的冷却水经分配器沿填料层向下流动,在填料层每隔一定距离还设有再分配水的溢流圈,不致使水直接沿容器壁下流而影响传热效果。温度升高了的冷却水从下部引出,送往水冷却塔或放掉(对于开式系统),降温后的空气自塔顶排出送至空分塔或分子筛吸附器。填料塔的缺点是填料易被水垢堵塞,并且将填料结成大块,难以清洗和更换。

筛板塔与精馏塔的筛板塔类似,不过塔板数较少(一般为 5 块左右),筛孔直径和孔间距较大(孔径约 5mm,孔间距约 9mm)。冷却水自顶部经喷淋装置喷出,沿塔板经筛孔逐层下流,空气自塔底逆流穿过筛孔,鼓泡上升。气液两相在筛板上剧烈运动,形成泡沫层,增加了气液的接触面积和扰动程度,使气液能进行良好的热、质传递,效果比填料塔好。

空心塔塔内既无填料,也没有筛板。冷却水经喷淋装置分层向下喷淋,空气自下而上流动,气液直接混合。它比填料塔和筛板塔简单,尺寸小,阻力也小,冷却效果较好。空心塔对喷淋装置和水质要求较高,喷淋出来的水必须保证得到良好的雾化,使气液能够充分接触。

目前我国大型空分设备的空气冷却塔采用上段为填料塔,装新型塑料环;下段为筛板塔(孔径 12mm,间距 24mm),取得较好的效果。顶部的传热温差只有 0.5℃,并彻底解决了结垢的问题。

也有将空分设备的氮水预冷器中的空气冷却塔做成非混合式的(管式),将它和空压机末段冷却器联在一起。例如法国的 6500m³/h 空分设备的空气冷却塔。

195. 水冷却塔有哪几种型式?

答:水冷却塔是一种混合式换热器。目的是将冷却空气后温度升高的冷却水在冷却塔中使水温降下来,以便供空气冷却塔循环使用。不同的型式都是力求增强传热,提高冷却效果,同时流动阻力要尽可能小,使水不易结垢。

我国大型空分设备选用的水冷却塔的结构大致有如下几种型式:

1)填料塔。早期是装有瓷质的拉西哥环,它的传热效果尚好,阻力也不大。但是在自清除低压流程上使用,由于切换系统几分钟切换一次,在切换放空时,气流对瓷环的冲击较大,容易引起瓷环破损,阻力增加。也有改成塑料环的以增加强度。目前在 6000~30000m³/h 的空分设备上使用一种新型的填料塔,采用阿尔法鲍尔环或共轭环及阶梯环。它具有流通量大、阻力小、传热效果好、强度好的优点。热端传热温差在 0.5℃左右,出水的负温差(水温低于氮气温度)可达 4~9℃,视气液比而定。

2)旋流板。它由几块金属结构的旋流塔板组成。这种结构阻力很小,不会损坏,曾在相当长的时间作为改进型使用。但传热效果不如填料塔。

3)筛板塔。塔板采用孔径和孔间距较大的淋降塔板。氮气及水都从筛孔通过。由于水冷却塔不是连续、稳定地工作,冷却效果就不够理想,所以现在已不再采用了。

196. 为什么水冷却塔的污氮出口温度高一点好?

答:通常从可逆式换热器(或蓄冷器)出来的污氮气温度在 27~28℃,相对湿度为 30% 左右,而在水冷却塔中来自空冷塔的热水温度在 35~45℃。因此,在塔内氮气遇到喷淋的热水会吸收热量,使水的温度降低。由于是接触式换热,伴随有部分水蒸发到污氮中。由于吸收蒸发潜热,出水温度可能比进入的污氮温度还低几度。这个温差与冷却水量、进水温度及污氮中允许蒸发的水分量有关。当水量一定时,污氮的出口温度越高,表明它吸收的显热及对应的饱和水分含量越多。即允许蒸发的水分量越多,吸收的蒸发潜热也越多,冷却水出冷却塔的温度可以越低。因此,污氮出口的温度高一点说明水冷塔的冷却效果越好。

当然,污氮的出口温度是不可能高于水的进口温度的。实际测定表明,热端的传热温差与塔的填料特性有关。采用瓷质拉西哥环时,热端温差为 1℃;而采用新型的塑料阿尔法鲍尔环,热端温差可降到 0.5℃,可使污氮的冷量得到充分回收,把冷却水降到尽可能低的温度。

197. 蓄冷器中冷热流体是怎样进行热交换的？

答：蓄冷器是空分设备中用来回收产品氧、氮和污氮的冷量，冷却加工空气，使得它接近液化温度的主要换热设备。它的工作原理是：冷、热两种流体交替地流过某种具有足够热容量的固体蓄热（冷）体，当冷流体流过时，蓄热体蓄贮冷量（或者说放出热量），温度降低，冷流体因吸热而温度升高；热流体流过时，蓄热（冷）体放出冷量（或者说蓄贮热量），温度升高，热流体因放出热量而温度降低。冷、热流体互不接触，而是通过蓄热体作为媒介物，间接地将冷量由冷流体传给热流体。

这种固体蓄热体称为填料。常用的有石头和铝带两种，所以有石头蓄冷器和铝带蓄冷器之分。因为铝带蓄冷器内不能设置纯产品盘管通道，就不能获得高纯度氧、氮产品，所以目前已被淘汰。蓄冷器同时使空气中的水分和二氧化碳在其中冻结，起到净化空气的作用。冻结下来的水分和二氧化碳随着切换后的返流污氮流经时，又被带出装置。

198. 石头蓄冷器中卵石充填不足有什么危害，如何判断卵石量，怎样补充？

答：蓄冷器运行一段时间后，由于气流来回冲击，充填的卵石会逐渐被夯实而下沉。此外，卵石磨损或破碎也会造成卵石量不足。如果卵石充填不严实，气流就会带动卵石上下跳动，容易砸坏内部的盘管，造成管子泄漏。这种现象可从卵石撞击管壁的声音来判断。卵石不足对蓄冷器的蓄热能力也有影响。因此，卵石不足时需要及时进行补充。

补充卵石可在不停车的情况下从蓄冷器上部的卵石补充口加入。补充口都设有密封装置，以防止充填时产生漏气、跑冷。充填前要将卵石清洗干净，以免杂草、泥沙等杂物进入蓄冷器，影响换热效果，并使阻力增加。

199. 板翅式换热器是由哪些基本构件组成的？

答：板翅式换热器属于间壁式换热器。它是一种全铝结构的紧凑式高效换热器，如图39所示。它的每一个通道由隔板、翅片、导流片和封条等部分组成。

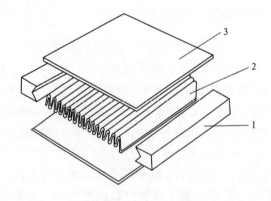

图39 板翅式换热器的基本元件

1—封条；2—翅片；3—隔板

在相邻的两块隔板之间放置翅片、导流片，两边用封条封住，构成一个夹层，称为"通道"。将多个夹层进行不同的叠置或适当的排列,构成许多平行的通道,在通道的两头,再配上冷、热流体进、出口的导流板,用钎焊的方法将它们焊成一体,就构成一组板束(或称单元)。再配上流体出入的封头、管道接头,就构成完整的板翅式换热器。

隔板中间的瓦楞形的翅片一方面是对隔板起到支撑作用,增加强度;另一方面它又是扩展的传热面积,使单位体积内的传热面积大大增加,整个换热器可以做得紧凑。流体从翅片内的通道流过。由于在换热器内要实现冷、热流体之间的换热,冷、热流体的通道要间隔布置。

冷、热流体同时流过不同的通道,通过隔板和翅片进行传热,故称之为板翅式换热器,也叫紧凑式换热器。它是当今空分装置中应用最广泛的换热器(高压的除外)。

200. 板翅式换热器是如何实现几股流体之间换热的?

答:板翅式换热器适应性较大,可用于气—气、气—液、液—液各种不同流体之间的换热,而且通过各种流道的布置和组合,能够适应逆流、错流、多股流、多程流等不同的换热工况,如图 40 所示。

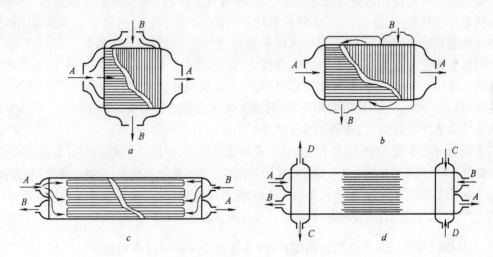

图 40　板翅式换热器通路形式
a—错流形;*b*—多向流路形;*c*—对流形;*d*—多流体形

可逆式换热器的冷段一般是氧、纯氮、污氮、环流四股冷流体和一股热流体(空气)之间的换热。各股流体的流量、密度不同,它们的通道数也不相同。在换热器组装时,按不同流体的通道数分配,把冷、热流体的通道相间布置。在通道的两头利用导流片改变流体的流动方向,把同一股流体的出口和入口分别集中在某一侧。例如空气与污氮设在上、下侧,氧、纯氮、环流设在左、右两侧。

通常,冷、热流体采用逆流或错流布置。然后再接上封头,把同一种流体的各个通道集中起来,再焊接好相应的管道,即可实现几股气流之间的换热。

201. 翅片有哪几种型式,分别用在什么场合?

答:翅片是板翅式换热器最基本的元件,它的作用是增大传热面积。实际上热流体通过隔板将热量传给冷流体时,因为翅片的面积比隔板大得多,大部分热量是隔板先传给翅片,再由翅片传给冷流体的。仅有一小部分是直接通过隔板来完成的。隔板同时还起到支撑和加固隔板的作用,使板束形成有机的整体,增加其强度。

常用的翅片有三种型式:光直型、锯齿型和多孔型,如图 41 所示。

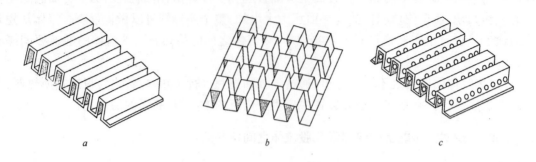

图 41　翅片的形式

a—光直型;b—锯齿型;c—多孔型

光直型翅片是带光滑壁的长方形翅片。这种翅片主要的作用是扩大传热面积,对于促进流体扰动的作用很小。因此,它的传热性能稍差一些,但流动阻力小,宜用于高温流体和低温流体传热温差较大的情况,也可用在流体有相变(冷凝或蒸发)时传热系数很大的情况。

锯齿型翅片是翅片间隔一定距离,有切口,并使之向流体突出。它对促进流体扰动和破坏层流边界层十分有效,所以传热性能很好。与光直型翅片相比,在压力降相同的情况下,传热系数可高出 30% 以上,所以常用于高、低温流体温差较小的切换式换热器中。它一方面可以强化气体之间的换热;二是便于水分和二氧化碳的析出和清除。

多孔型翅片是在光直型翅片上冲出许多孔洞而成的。由于翅片上这些孔洞,层流边界层不断发生破裂,以提高传热性能。这种翅片常作为导流片和用在流体有相变(冷凝或蒸发)的场合。例如在冷凝蒸发器蒸发侧多采用多孔型翅片,以避免乙炔等碳氢化合物杂质结晶的局部集结,同时有利于汽化核心的生成;在冷凝侧,孔洞可破坏冷凝膜边界层,以增强放热。

202. 为什么气体通道采用高而薄的翅片,而液体通道采用矮而厚的翅片?

答:在换热器中,热流体向冷流体传热的总传热系数 K 和两边流体与固体表面之间的传热系数 α_1、α_2 有关:

$$K \approx \frac{1}{\frac{1}{\alpha_1} + \frac{F_1}{\alpha_2 F_2}}$$

如果 $F_1 = F_2$,$\alpha_1 = \alpha_2 = \alpha$,则 $K = \alpha/2$;如果 $\alpha_1 \gg \alpha_2$,则 $K \approx \alpha_2$。而液体侧的表面传热系数 α_1 往往是气体侧的表面传热系数 α_2 的数十倍,因此,总的传热的强弱主要取决于气体侧的表面传热系数 α_2。通过在表面增设翅片,相当于增大传热面积,可以增强传热。尤其是在表面传热系数 α 小的一侧多增加传热面积 F,对增大总的传热系数将起到更显著的效果。所以,一般翅片高度和厚度是根据流体表面传热系数的大小确定的。

此外,翅片的传热是从翅片根部传到上部的过程中逐步传给冷流体的。在翅片内部有一定的温降,将使翅片的效果降低,即翅片效率会较低。因此,为了有效地发挥翅片的作用,使其有较高的翅片效率,在表面传热系数大的场合,例如液体通道,选用矮而厚的翅片。相反,在表面传热系数小的场合,例如气体通道,以选用高而薄的翅片为宜,用多增加换热面积来弥补表面传热系数的不足。现在翅片的规格尺寸已经定型,例如锯齿型翅片主要有两种:高9.5mm,厚0.2mm的用于气体通道;高4.7mm,厚0.3mm的用于液体通道。翅间距向小的方向发展,多采用1.4mm。

203. 切换式换热器与石头蓄冷器相比有什么优缺点?

答:板翅式换热器作为切换式换热器也称为可逆式换热器。与蓄冷器相比它的优点是:

1)结构紧凑,体积小,重量轻。以6000m³/h的空分设备为例,使用切换式换热器能节省130t铜和不锈钢,仅消耗约22t铝材;

2)传热效率高,单位体积内的传热面积大,约有2500m²/m³(卵石为300~400m²/m³)。而且,由于冷、热流体直接进行热交换,基本上是一个稳定传热过程,可保证塔内工况稳定。而蓄冷器中气流和填料的温度将随切换时间周期性地变化,是一个不稳定的传热过程;

3)在自清除性能上,翅片结构具有良好自清除特性,比蓄冷器的填料(卵石或瓷球)为佳;

4)热容量小,可缩短启动时间;

5)设备容积小,切换周期长,切换损失较小;

6)阻力较小。

它的缺点:从目前来看,强度和使用寿命还不如蓄冷器好,而且价格较贵;容量较大的设备,流动的均匀性、检修的方便性不及蓄冷器好。

可逆式换热器与蓄冷器相比,优点多于缺点。并且,随着技术的发展,缺点将不断被克服。目前国内新生产的空分装置已不再采用蓄冷器。

204. 石头蓄冷器和切换式换热器在冷段及热段的布置上各有什么特点?

答:石头蓄冷器都是热段在上、冷段在下。这是由于热段在上可露在冷箱外面,管道和切换阀的布置方便,而且比冷段在上布置时跑冷损失小,保冷箱体积也可小些。和切换式换热器相比,卵石的不规则排列可使空气中析出的水分不易下流到低温段去。另外,从上面补充卵石较为方便,冷损失很小,可不停车进行。

切换式换热器布置方式与蓄冷器相反。对于直立式布置的切换式换热器是热段在下、冷段在上。这主要是由于板翅式换热器的热容量小,临时停车时温度很容易回升。为避免积在通道上的水分下流冻结、堵塞通道而采取上述布置的。但是,热段在下、冷段在上也有它的缺点。短期停车时,冷段的低温气体因密度大而下沉,热段的气体因密度小而上升。并且,板翅式换热器的纵向导热性能也很好,结果使热段变冷,冷段变热,复热很快。由于维持原先温度工况的时间很短,再启动就较困难。而且,热段析出的水分容易产生冻结、堵塞现象,使换热和自清除效率降低。因此,也常采用"Ⅱ"型布置的,即热段与冷段并列,热段在外侧,靠近冷箱壁;冷段在内侧,靠近冷箱中心。与立式布置相比较,可避免短期停车时自然对流引起的复热很快的现象,而且降低了换热器区的保冷箱高度,跑冷损失减小,冷、热段连接管道的自然补偿也好。但保冷箱体积大,占地面积大,管道弯头增多。

205. 蓄冷器(或切换式换热器)的热端温差和冷端温差之间有什么关系?

答:在正流空气入蓄冷器温度(热端温度,与空压机末级冷却器或氮水预冷器的冷却效果有关)及返流气体入蓄冷器温度(冷端温度,与出过冷器、液化器等换热器的温度有关)不变的情况下,蓄冷器的热端温差与冷端温差(都是指正流空气与参加切换的返流气体温度之差)之间有着互相依赖的关系。如果热端温差过大,冷端温差必过小;热端温差过小,冷端温差必过大。这是由蓄冷器正、返流气体冷量平衡所决定的。

当返流与正流气量之比要比正常值偏大时,例如环流量过大或中抽量过大,返流气体可传给正流空气的冷量偏多,而正流空气量相对返流气量而言偏少,造成返流气体冷量过剩。所以,返流气体出蓄冷器的温度降低,热端温差就会偏大。正流空气吸收的冷量要比返流与正流气量之比比正常时所吸收的冷量多,因而空气出蓄冷器的温度降低,造成冷端温差缩小。

如果返流与正流气量之比比正常值偏小,例如环流量减小或中抽量减小,则正流空气量相对返流气量而言偏多,正流空气所需吸收的冷量比返流气体可放出的冷量偏多,即冷量不足,空气出蓄冷器的温度会升高,造成冷端温差偏大。由于返流气量对正流气量而言偏少,可以尽多地放出冷量,返流气体出蓄冷器时的温度要升高,造成蓄冷器冷热端温差缩小。

热端温差大,复热不足,冷量损失大。冷端温差过大,影响二氧化碳的自清除,使阻力增加过快,缩短整个空分装置的运转周期。因此,在操作中要控制好热端温差和冷端温差。调节时既要保持冷端温差在自清除最大允许温差范围内,又要尽量缩小热端温差,二者不能只顾一方。温度工况的调节通常以中部温度为准,用改变中部抽气量(或环流量)、产品氧或氮的流量以及空气量等方法来改变返流与正流气量的比例关系,把热端温差和冷端温差控制在允许的范围内。

206. 怎样测定蓄冷器的热端温差、冷端温差和中部温度?

答:在运行中,正确记录蓄冷器的温度工况,测定热端温差和冷端温差是很重要的,这是判断空分设备运转是否正常的基本数据。蓄冷器的热端温度一般用电阻温度计测量。温度计应装设在蓄冷器顶端至切换阀间的出口管上,而且距顶端越近越好。因为这段管子既通空气,也通返流气体,所以热吹期(通空气)及冷吹期(通返流气体)的温度均能测得。冷端温度用电阻温度计在蓄冷器的底部测量。下面用一些实测数据说明如何测定蓄冷器的温度工况,计算热端温差和冷端温差。

图 42 是在 3200m³/h 空分设备(环流流程)氧蓄冷器的热端所测得的空气和污氮在一个切换周期内温度变化的规律。图中,曲线 1-2-3 和 3-4-5-6-1 分别表示空气和污氮在一个切换

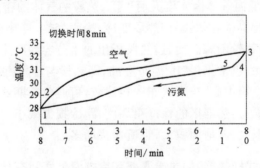

图 42　石头蓄冷器热端温度的变化

周期(16min)中温度的变化。1-2 和 3-4 是切换过程中温度的变化。热吹期中空气进蓄冷器的温度应是固定不变的,但由于管路与切换阀在冷吹期内的蓄冷,热吹期之初空气进入蓄冷器的温度比出空压机末端冷却器(或氮水预冷器)的温度要低些,然后才逐渐升高。因此,热吹期中所测得的空气温度 2-3 不是一条平直线。冷吹期中污氮温度是不断降低的,这是污氮穿过填料层时把冷量传给了填料,使填料温度不断降低。而随着填料温度的降低,为冷却填料消耗的冷量逐步减少,致使污氮到达热端时温度也逐步降低,特别是后半个周期 6-1 尤为明显。冷吹之初,由于水分蒸发、升华的影响,气流温度下降较快,如曲线 4-5 所示

图 43 是在 3200m³/h 空分设备(环流流程)氮蓄冷器的冷端所测得的空气和污氮在一个切换周期内温度变化的规律。图中,曲线 1-2-3-4 和 4-5-6-1 分别表示空气和污氮在一个切换周期中温度的变化。1-2 和 4-5 是切换过程中温度的变化。在冷吹期内污氮温度应该是不变的,但由于管路和自动阀箱在热吹期中的蓄热,冷吹之初污氮的温度有个急剧下降的过程,如 5-6 所示,然后温度趋于平稳。在热吹期中空气温度是不断升高的,这是因为空气穿过填料层时,把热量传给了填料,使填料温度不断升高。而随着填料温度的逐步升高,加热填料的热量消耗逐步减少,所以空气到达冷端时的温度也逐步升高。前半个周期温度升高较快,如 2-3 所示。

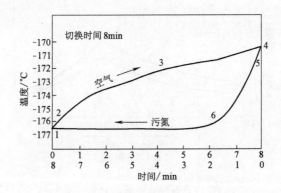

图 43　石头蓄冷器冷端温度的变化

由图 42 和图 43 可以看出:空气和污氮的温度在一个切换周期中都在不断地变化,热端温差和冷端温差该怎样计算呢?应该取整个热吹期和冷吹期中空气、污氮的平均温度作为计算热端及冷端温差的温度,得到的是空气与污氮平均温差。在实际操作中,为了简便起见,只固定测量蓄冷器热吹期及冷吹期期末的瞬时温度,即在每次切换前测量其温度,以该温差近似地代替整个热吹期及冷吹期的平均温差。这样测出的热端及冷端温差实际是温度变化的幅度。

因为温度变化的幅度与温差是成比例,所以它也就反映了温差的大小。在考核一台蓄冷器的热端及冷端温差时,就需要比较严格地测量,而不能以温幅代替温差了。

中部温度或中抽温度在一个切换周期中也是不断变化的,通常也是在切换前测量的。

207. 怎样测定切换式换热器的热端温差、冷端温差及中部温度?

答:在切换式换热器中,正、返流气体同时流过不同的通道,直接进行热交换。因此,在正常情况下,基本上是一个稳定的传热过程,即换热器各个截面上的温度(正流和返流气体以

及隔板、翅片的温度)基本上不随时间而变化。尽管翅片、隔板等的热容量很小,但仍有一定的影响。表现在切换后的 2～3min 内温度变化较大,其余大部分时间各部分温度基本上是不变的。所以在测量空气、污氮温度,计算热端及冷端温差时,和蓄冷器一样,还是统一在切换前测量为好。

208. 为什么进装置空气温度升高会造成蓄冷器(或切换式换热器)热端温差扩大?

答:如果空压机末端冷却器(或氮水预冷器)换热效果不好,或者冷却水温较高,大气温度较高,都会使空气进装置的温度升高。如果保持空气量不变,这时把空气冷却到接近液化温度所需要的冷量相应要增加。但返流气体量及其进蓄冷器(或切换式换热器)的温度基本不变,传热面积也不变,所以传热温差就会扩大。因此,返流气体的热端温度虽然有所升高,但是要比空气进装置温度升高得少。在冷端不能把空气冷却到原先要求的温度。即正、返流气体在蓄冷器(或切换式换热器)的冷端、中部和热端的温差都要扩大,如图 44 所示。图中的曲线 1 表示正常情况,曲线 2 表示进装置空气温度升高时正、返流气体温差沿蓄冷器(或切换式换热器)高度方向(或随正流空气温度)的变化情况。

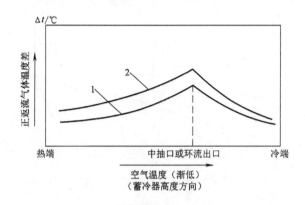

图 44 空气温度与温差的关系

进装置空气温度升高,不仅使蓄冷器(或切换式换热器)的热负荷增加,而且带入的水分量也增加了,这就增加了自清除的负担。水分冻结量增加,降低了传热效率。在换热器传热面积一定的情况下,热负荷增加了,传热效果差了,必然导致传热温差增大,即冷端和热端温差都要扩大。例如某厂曾因空压机级冷却器的冷却效果不好,氮水预冷器未投入运行,使得进装置空气温度一般在 45℃左右,甚至高达 68℃,造成热端温差由正常的 2℃扩大到 7～8℃,破坏了蓄冷器的正常工况。

209. 为什么蓄冷器(或切换式换热器)温度工况的调整要以中部温度为准?

答:蓄冷器(或切换式换热器)温度工况的调整是以中部温度为基准的。这里所说的"中部",不是指几何尺寸上的正中位置,而是指靠近中部抽气或环流出口处筒体(或环流通道出口管)上的温度。它也与温度计安装的位置有关。温度工况调整的目的是将冷端温差和热端温差保持在规定的范围内。那么,为什么要以中部温度为准呢?这就要看一看中部温度与冷端温差、热端温差之间有什么关系,沿蓄冷器(或切换式换热器)高度方向温度变化遵循什么规律。

蓄冷器(或切换式换热器)温度工况变化,一般是由于正、返流气体流量或其入口温度发生变化造成的。例如正流空气量增加,返流气体量及其冷端入口温度不变,则冷量就显得不足,不能把空气冷却到原先要求的温度。即空气在冷端的出口温度会升高,冷端温差扩大。同时,沿蓄冷器高度各个截面上的空气温度都会有所升高,因而传热温差增大,使传递的冷量有所增加。返流气体放出的冷量多了,在热端的出口温度及其沿蓄冷器高度各个截面上的温度也都会有所升高,热端温差就会减小(空气入口温度不变时)。这样,又会使传热温差有所回升,但是不可能回复到工况未改变前的传热温差,比原先有所增大,所以返流气体放出的冷量还是会增加一些。但是,由于空气量的增加,每 1kg 空气所能吸收的冷量减少了,否则就不可能达到新的热平衡关系。这必然导致冷端温差扩大,热端温差减小。因此,传热温差平均值虽然是增加了,但在蓄冷器的上半部温差还是减小的,只是在下半部增大了。这就造成正、返流气体流经填料(或翅片)传递的冷量的分配比例是上半部减少,下半部增多;空气在上半部温降减少,下半部温降增大。总起来说,空气的温降还是减少了,只不过在温降分配比例上有些变化。这样,中部温度必然要升高,而且要比冷端温度升高得多,因为下半部空气的温降增大了。

由此可见,中部温度的升高就反映冷端温度升高、冷端温差扩大、热端温差减小。而且,中部温度变化的幅度比端部要大。端部变化 1℃,中部约变化 10℃。

如果返流气体量增大,正流空气量及其入口温度不变,则情况与上述正相反。即中部温度降低,冷端温度降低,冷端温差减小,热端温差扩大。而中部温度变化的幅度同样要比端部大。

综上所述,中部温度的变化既能反映冷端也能反映热端温度工况变化的情况,而且变化显著,易于觉察。另外,当调节中抽气量或环流气量时,在中抽口或环流出口处正、返流气量的比例有个突变,温度的变化较为剧烈。所以说中部温度最灵敏、最有代表性,操作中常根据中部温度进行调整,把中部温度保持在与规定的冷、热端温差相适应的数值上。

210. 蓄冷器(或切换式换热器)的中部温度怎样调整?

答:中部温度能比较灵敏地反映蓄冷器(或切换式换热器)的温度工况。控制中部温度的目的在于控制冷、热端温度和温差。中部温度的控制范围,对不同的设备规定的数值也不同。

在实际操作中,主要是根据两组蓄冷器或两组切换式换热器的中部温差来调节组间的温度平衡。组间的中部温差一般控制在 10℃ 以内。另外,在操作中实际控制的往往是环流出口或中抽口空气的温度,而不管是不是实际的中部温度。

中部温度控制得低一些,可使冷区扩大,二氧化碳冻结面积增大,能减少带入精馏塔的二氧化碳量。如果由于冰和固体二氧化碳残留而引起阻力增加尚不大时,可用适当降低中部温度,缩小冷端温差和缩短切换时间等方法,以加强自清除能力,在长期运转中使阻力逐渐降下来。

调节中部温度的方法主要是调整正、返流气量的比例关系。常用的有:改变中抽气量或环流量;改变蓄冷器(或切换式换热器)各组间空气进气量的分配,或产品氧、氮气量的分配等。例如,中部温度偏高,可关小空气进口阀,减少空气进气量或增加环流量(或中抽量)。对于蓄冷器也常采用延长切换时间的方法,即对中部温度偏高的蓄冷器走返流气时,对中部温度偏低的蓄冷器走正流气时适当延长切换时间。当一组蓄冷器温度工况不正常、另一组蓄冷器温度工况正常时,为不影响另一组蓄冷器,操作中将所需延长的时间分成两等分,分别加在另一组蓄冷器切换的前后,这就是通常所说的1/2延时法。如果一次不行,下个周期可再来一次,但每次延时应不超过15s,以免工况波动太大。这个方法对运行工况突然有波动(例如正流或返流气量有个突然变化),然后又恢复原状的情况,调整中部温度迅速有效。如果不再回到原工况,则应采用其他调节方法,以建立新的稳定工况。上述几种调节中部温度的方法,在操作时采用哪种最合适,这要视设备的具体情况而定。

中部温度的变化是许多因素综合作用的结果,而在采取措施进行调节以后,又会使与其关联的其他工况产生变化,因此对蓄冷器(或切换式换热器)中部温度的调整要有一个整体概念,防止孤立片面的看法。应对其影响的诸因素进行综合分析,抓住主要矛盾,采取有力措施。

中部温度发生偏差时要及早调整。因为偏差很少时,只要稍加调整很快就可恢复正常。若偏差发展到很大程度再采取措施,调整就变得困难。调整过程中应采取少量多次,即每次调节的量要少,但调节的次数可多些,使其中部温度平稳地趋于均匀。在调节过程中要防止急躁情绪,以免产生新的干扰因素。

211. 为什么蓄冷器中部温度在返流气体通过之初,其指示温度逐步升高,而空气通过之初其指示温度逐步降低?

答:空气通过蓄冷器时,蓄冷器处于热吹期,各个截面温度应逐步上升,中部温度计的指示温度也应逐步上升。但在切换之初,往往不是上升反而下降。返流气体通过蓄冷器时,蓄冷器处于冷吹期,各个截面温度应逐步下降,中部温度计的指示温度也应逐步下降。但在切换之初,往往不是下降反而上升。这种现象不是蓄冷器的反常现象,也不是温度计接错造成的,往往是由铂电阻温度计的滞后现象造成的。滞后时间的长短还与温度测点的位置、温度计测杆插入的深度有关。如果测杆插入较深,温度反映就较灵敏。反之则滞后时间较长。

212. 为什么改变环流量(或中抽量)能调整切换式换热器(或蓄冷器)的温度工况,调整时,应注意什么问题?

答:调整切换式换热器(或蓄冷器)的温度工况主要是调整中部温度,并使它们尽可能地保持较小的偏差。用改变环流量(或中抽量)来调整中部温度是最常用的方法,也是有效的方法。

环流是在切换式换热器(或蓄冷器)冷段增加的一股返流气体,改变环流量就改变了冷段正、返流气体流量的比例关系。增加环流气量时,冷段的冷量相对增加,可把空气冷却到更低的温度,因此冷端空气温度降低,冷端温差减小。由于环流空气放出的冷量增加,冷段返流气体放出的冷量相应地要减少些,热端返流气体温度随之降低,热端温差增大。正、返流气体在中部的温度都要降低,但因热段返流气量没有增加,故空气在中部温度的降低量比返流气体温度的降低量要小,所以正、返流气体在中部的温差会增大。这一点与用改变返流气量的方法来调整温度工况产生的效果不同。减少环流气量时,情况与上述相反,冷端温差增大,热端温差减小,中部温度升高,中部温差减小。

中部抽气是从蓄冷器中部抽出一部分正流空气作为膨胀空气,使冷段通过的空气量减少,相当于增大返流气量。增加或减少中抽量与增加或减少环流量对温度工况的影响相同,不再重述。

在调整切换式换热器(或蓄冷器)中部温度的时候,要注意到环流量(或中抽量)的变化对其他温度工况的影响。加大环流量将导致冷端温差减小,中部温度下降,热端温差扩大。所以,加大环流量存在一个上限,即要避免冷端空气出现液化,热端冷损增加。减少环流量将导致冷端温差扩大、中部温度上升。所以,减少环流量也存在一个下限,要避免二氧化碳在冷段的冻结。

此外,在改变环流量的分配时,要避免引起环流总量的变化,必要时应辅以调整旁通气量。若在运转中发现切换式换热器各单元中部温度均偏低、冷端温差偏小,热端温差偏大时,说明环流总量过大,应适当减少。

213. 为什么可用改变空气量或产品气体量分配的方法调整切换式换热器(或蓄冷器)的温度工况,怎样进行调整?

答:在设计工况下,切换式换热器(或蓄冷器)的热段正、返流气量基本上是相等的。而冷段则必须是返流气量大于正流空气量,并保持一定的比例关系,以使冷端温差处在水分和二氧化碳自清除所要求的范围内,而且热端温差也要比较合适。在实际运行中,当温度工况发生波动时,也常用改变空气量或产品气体量分配的方法进行调整。

当切换式换热器两大组之间(或两组蓄冷器之间)中部温度发生偏差时,可用空气入口截止阀(或薄膜蝶阀)进行调节。中部温度偏低的一组开大一些,增加空气通过量。这样,所需冷量增多,而返流气量不变,就会显得冷量不足,因此可使中部温度回升。中部温度偏高的一组把空气入口截止阀(或薄膜蝶阀)关小一些,减少空气通过量。由于冷量充足,可使中部温度降低。调节时应注意使空气总量基本保持不变。如果切换式换热器中部的产品通道和环流通道的温度均匀,其他通道中部温度偏差很大时,这是由于空气量不足引起的偏流,要设法增加空气进气量,一般用在粗调上。

产品氧、氮是返流气体,改变其流量分配同样可达到调整温度工况的目的。切换式换热器各单元组一般都设有产品调节阀(蓄冷器没有),例如国产 6000m³/h 空分设备的切换式换热器的 10 个单元组均设有氧出口蝶阀,每一大组还有一个纯氮出口蝶阀。对中部温度偏高的单元组开大产品调节阀,增加产品通过量,即增加冷量,可使中部温度降低;对中部温度偏低的单元组关小产品调节阀,减少产品通过量,即减少冷量,可使中部温度回升。根据中部温度的高低来调整产品通过量的分配,但不应使产品总量发生变化。各单元组间温度不平衡时,首先要调整中部温度最高和最低的两组。调整产品量的分配不能过大,一般在±2%左右。在实际操作中采用这种方法调整中部温度,还是比较麻烦的,故仅用于微调上。

增加空气通过量或减少产品通过量,会引起冷端温差扩大、热端温差缩小、环流出口(或中抽口)温度升高,如图 45 中曲线 3 所示(返流小于正流,指的是热段)。在减少空气量或增加产品通过量时,将导致冷端温差缩小,热端温差扩大,环流出口(或中抽口)温度降低,如图 45 中曲线 1 所示(返流大于正流)。曲线 2 表示返流=正流(指的是热段)的情况。因此,在增加空气通过量或减少产品通过量的时候,要注意冷端和中部温差的扩大;而在减少空气通过量或增加产品通过量时,要注意热端的冷损。必要时应辅以环流的调节。

上述的用改变空气量或产品气体量分配的方法调整温度工况,实质上是组间的冷量平衡调节,只是把一组过剩的冷量向冷量不足的一组转移。若各组中部温都有升高(或降低)的

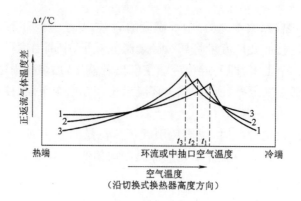

图 45　流量与温度、温差的关系

1—返流＞正流；2—返流＝正流；3—返流＜正流

趋势时，则应采用增加（或减少）膨胀机的制冷量来调节。

214. 返流气体冷端温度的变化，对蓄冷器（或切换式换热器）的温度工况有什么影响？

答：返流气体冷端温度的变化，对蓄冷器（或切换式换热器）的温度工况有着直接的影响。

返流气体冷端温度降低，则冷端温差、热端温差均会扩大，不过冷端温差扩大得要小一些。如果冷端温度过低，空气将在冷段某处开始液化，冷端空气温度不再降低。此时，冷端温差将进一步扩大，中部温度降低。冷端温差进一步扩大的原因是返流气体通过冷端时温度不断回升，而空气部分液化后温度几乎不变所致。这既不利于自清除，又增加了热端的冷损。

返流气体的冷端温度升高时，则热端温差会减小，中部温度回升，正流空气的冷端温度也升高，使二氧化碳有可能析出不干净，自清除也难以保证。

215. 切换式换热器各组之间阻力不同时，对温度工况有什么影响，如何保证各组之间阻力尽可能地均匀？

答：气体流经切换式换热器时存在流动阻力。阻力的大小常用返流气体通过时的压力降来表示，约为 10kPa。阻力的大小除与气体流量的多少有关外，还与设备的制造质量、水分或二氧化碳的积聚情况有关。自动阀箱漏气也会造成阻力增加。切换式换热器各组之间阻力不同时，气体将产生偏流，造成气体流量分配不均匀。阻力小的一组返流气量大，使冷端温差缩小，热端温差扩大，这有利于自清除，但热端冷损会增大；阻力大的一组返流气量小，使冷端温差扩大，自清除不彻底，水分和二氧化碳冻结量会增加。而这又将促使阻力进一步增大。由此形成恶性循环，越堵越严重，越来越不好处理，将影响空分装置的正常生产，甚至有可能需要被迫停车加温。因此，要尽量采取措施，使各组之间阻力均匀一致。

为防止发生偏流，在设计、制造时对板式单元的阻力差应有严格要求。例如，日本规定各单元组阻力差要控制在 ±4％ 以内，两条切换通道阻力差要在 ±1.5％ 以内。各制造厂对每个单元体都要进行气阻试验（按设计规定的压力和流量），把每股通道的阻力值都标在单元体的外表面上，供组装时选配，以保证各组之间阻力相近。否则在操作中温度工况难以控制。

此外，配管是否合理对各组气流分配是否均匀也有很大影响。在配管时往往把切换式换热器集气总管做成具有一定的锥度,沿气流方向直径越来越小,这样可避免靠近集气总管末端的单元组气体流量大而前端的流量小的情况,使气流分配趋于均匀。

阻力的增加与切换式换热器的温度工况密切相关。中部温度控制得好,阻力就增加得慢;控制得不好就增加得快。当冰和固体二氧化碳残留而引起阻力增大时,应采取缩短切换时间、增大环流量或减小冷端温差的措施来处理。当某一组或某一单元阻力增大时,应将其中部温度控制得稍低一些,以缩小冷端温差。但这种调节方法只能在阻力增加不大时采用,而且要在长期运转条件下才能加以消除。也可以采取短期停车,进行反吹的方法来消除。如果阻力太大,则只能停车进行加温处理。

216. 蓄冷器(或切换式换热器)冷端空气液化有什么危害,是什么原因造成的,如何避免?

答:从蓄冷器(或切换式换热器)自动阀箱吹出液体或冷端返流污氮温度低到$-180℃$左右,这都是蓄冷器(或切换式换热器)冷端空气被液化的标志。冷端空气液化的危害是很大的,主要有:

1)液化的空气有一部分在自动阀箱(或蓄冷器底部)沉积下来,一部分随空气带入塔内,使进塔空气含湿量增大,液空纯度(含氧量)将降低。下塔的上升蒸气量和冷凝蒸发器中的冷凝量减少了,对塔的精馏工况也有一定影响;

2)在蓄冷器(或切换式换热器)切换后,返流污氮由于压力降低,将沉积下来的液态空气汽化。液空的大量蒸发,要吸收汽化潜热,使得返流污氮温度降低,这就扩大了冷端温差,不利于自清除;

3)冷端返流污氮温度降低,热端温差也要扩大,使复热不足冷损增大,膨胀量要增大,产品量减少;

4)可能产生液击,易损坏自动阀。

总之,冷端空气液化有百害而无一利,其中以扩大冷端温差危害最大。

造成蓄冷器(或切换式换热器)冷端空气液化的原因是比较多的,主要原因之一是操作不当,中抽量(或环流量)过多和纯氧、纯氮进蓄冷器(或切换式换热器)的温度偏低引起的。例如某厂板式$6000m^3/h$空分设备,空气量只有$33000m^3/h$,而环流量有$5200m^3/h$,造成切换式换热器冷端出现空气液化。当环流量减少到$3400m^3/h$时,各单元气量分配合理,液化现象就消失了。此外,它还与液空过冷器、液氮过冷器、液化器的工作好坏有关。例如某厂因液空过冷器堵塞,液空量减少,使得污氮的温度偏低,造成切换式换热器冷端空气液化。在启动过程积累液体阶段,几台膨胀机同时运转,膨胀机制冷量过大,液化器无法全部回收时,蓄冷器(或切换式换热器)冷端也可能出现空气液化。

为了避免冷端空气被液化,操作中就要注意掌握好环流量(或中抽量)。环流量(或中抽量)的大小要根据蓄冷器(或切换式换热器)的热端温差、冷端温差和中部温差来调节,不能机械地定死,因为空气量和塔的工况在不断地变化中。此外要注意过冷器、液化器的工作状况,发现问题及时处理。启动过程积累液体时,如果是膨胀量过大,则应适当减量。

217. 切换式换热器某单元组因通道损坏而被切除时,对温度工况有什么影响?

答:切换式换热器某个单元组因通道损坏而被切除时,就换热器来说,总的换热面积减少了,所能传递冷量的能力也相应减少。如果通过的空气量不变,则不能把空气冷却到原来设定的温度,冷端温差也将扩大,这不利于自清除,阻力会增加得很快。同时热端温差也会扩大,造成热端冷损失增加。因此,遇到这种情况,要适当减少加工空气量(氧、氮产品量也相应减少)。这样,如果切换式换热器两大组气量分配得合适,对温度工况的影响就不大了,可以维持正常运转。

218. 主热交换器(非切换式板翅换热器)与切换式换热器相比有什么优点?

答:非切换式板翅换热器就是指该换热器的所有通道,包括空气、氧、氮和污氮的通道都是不随时间改变,且稳定流动的多股流的换热设备。一般用在分子筛的低压流程上,也有用在中压流程上。它是空分设备中最主要的换热器,也通称为主热交换器。

通道内的气体不切换,因此在设计上可以取较高的流速,使传热系数提高,而且截面的传热温差也不受自清除条件的限制。为了减少热端冷量不完全回收损失,因此热端温差仍取得较小值(2~3℃)。而冷端温差因不受自清除限制,可取得比切换式换热器的冷端温差大得多。所以在这种流程中可不设置液化器,而是尽量使上塔出来的纯氮和污氮用过冷器来回收冷量。液化器的任务由该换热器的冷段来完成。入塔空气的含湿量由精馏系统根据塔的热平衡来确定的。

由于主热交换器的传热温差比切换式换热器大,传递同样的热量所需的传热面积可以减小,所以非切换式板翅换热器的长度一般要比切换式换热器短。板式单元的长度约为5.4m,而切换式换热器长度需要6m。

由于装置内设备简单,冷损较小,换热器的中抽温度一般可以取得较高,或与长板式切换式换热器的环流温度差不多。

板翅式换热器单元的截面积因流速提高而可以比切换式换热器小。所以对同样的设备,非切换式板翅换热器的质量要轻,而且它的配管简单,操作方便,设备启动快,获得越来越广泛地应用。

219. 主热交换器与切换式换热器在冷段和热段的布置上各有什么不同?

答:近年来,采用分子筛净化流程的空分设备越来越多,其主换热器均采用非切换式板翅换热器。这种换热器不管用于什么流程,在冷段和热段的布置上与切换式换热器有所不同。

对冷段和热段分开的板翅式换热器,常布置成热段在上,冷段在下;对冷段与热段做成整体的板翅式换热器,也是按热段在上、冷段在下布置。这样布置的好处是空气经过冷端后去下塔的管道可以较短,阻力较小。在停车时,冷的在下,热的在上不易产生对流。塔内的冷气体出来也是先经过低温,再到高温,冷损失较少。

它的缺点是热管道在上面,对试压不太方便。此外,当空冷塔发生故障,水进入分子筛系统,再进入板翅式换热器时,水会进入低温区,加温解冻比较麻烦。

国内的高氮设备也有采用热段放在下面,将冷段倒装的。这样布置既可使在冷段有部分液化的含湿空气容易流出,去精馏塔的管道也比较短;又可以避免试压时要爬高的缺点,同时还缩短了外部管道。并且,万一遇到跑水,经分子筛吸附器进入板翅式换热器时,水会自动往下流,不致进入低温段而堵塞通道。

220. 主热交换器对增压通道的布置有什么要求,为什么增压通道布置不合理会延长启动时间?

答:对分子筛净化增压流程的非切换式板翅换热器,其增压通道是为了将增压后的空气进行冷却,然后至膨胀机膨胀的。它与非增压通道不能共用,而膨胀机在启动时需开两台,正常时只需开一台,使通过增压通道的气量有较大的变化。而与增压通道相邻布置的返流通道由于压力较低,不可能任意增加气量以提供更多的冷量。鉴于这个特点,在增压通道侧的返流气体通道要布置得多一些(产品通道也要考虑),当膨胀量增加时也能把它冷下来。

国产某大型空分设备由于预先未考虑这个特点,空分设备启动后膨胀机一直处于高温下膨胀的工况,热交换器非增压通道的热端温差扩大到10℃,造成冷损很大,塔内积液很慢,以致要用5天启动时间才能正常起来。所以在设计分子筛净化增压流程的板翅式换热器时,其增压通道的流速要取得低一些,附近的返流通道要足够,以免在启动时由于膨胀量大而通道不够用。

在返流通道的具体布置方面,由于刚启动时还没有产品气体,放空阀开得较小,污氮的排量大,所以在增压通道附近要多设置污氮通道。对污氮抽量不多的塔,则在增压通道附近要设置纯氮和氧通道,可把氮、氧放空阀开得大一些。

考虑了启动工况后的增压流程的板翅式换热器,启动时间大约在30h就可送氧。

221. 主热交换器的热端温差及中抽温度怎样控制?

答:对分子筛净化增压流程的非切换式板翅换热器的控制,在稳定工况不像自清除流程对切换式换热器的温差控制那样要求严格。由于没有自清除问题,热交换器只需控制热端温差和中部抽气温度即可。它的热端温差的控制也比较简单。若采用多组并联的大型板翅式换热器组,只需控制大组(由若干个小组并联而成)分配给氧、纯氮和污氮的空气量即可,各小组内不设置调节阀门。对小型的非切换式板翅换热器,一般空气侧不设置氧、氮及馏分(或污氮)的气量分配阀。氧、氮产品量抽的多少对冷端相邻的空气出口温度的影响不加考虑,让其自平衡。在稳定工况下,空气出冷端汇合后的温度几乎是不变的。

中抽温度与装置的冷量平衡有关。若需要增加制冷量,即增加膨胀量,中抽温度就会下降。当有几组并联的板翅式换热器工作时,中抽温度可以通过大组中抽量的调节阀来保持之:温度高的一组开大一些,反之则关小一点。至于膨胀机的温度还可以用旁通空气(热交换器出口的低温空气)来调节。

总之,对非切换式板翅换热器只要控制了热端温差不让其扩大,中抽温度在一定的范围,换热器的工况就基本稳定了。即使有些变化,只要冷量能平衡,也不需要多作调节了。

222. 为什么在冷凝蒸发器及液化器中要装设氖、氦吹除管?

答:氖、氦、氮和空气几个基本物理参数如表28所示。

表 28　氖、氦、氮的基本物理参数

气体种类	氖(Ne)	氦(He)	氮(N₂)	空气
标准沸点/℃	−245.91	−268.79	−195.65	−191.2
标准密度/kg·m⁻³	0.8713	0.1769	1.251	1.293

由上表中可以看出,虽然氖、氦气在空气中所占的比例很少,氖在空气中占的体积分数为 $15×10^{-6}$～$18×10^{-6}$;氦在空气中占的体积分数为 $4.6×10^{-6}$～$5.3×10^{-6}$。由于它们的液化温度都比氮低,所以在下塔氖、氦气上升至主冷凝蒸发器冷凝侧的上部(即主冷顶盖处)时冷凝不下来。这样,它们就占据了冷凝器的部分位置,使其换热面积不能充分利用。氖、氦越聚越多,例如 $6000m^3/h$ 制氧机在主冷顶部 8h 聚集的氖、氦气有 $6m^3$ 左右。这么多的不凝结气体将严重影响冷凝蒸发器的正常工作。

为了将所需冷凝的氮气量冷凝下来,只能靠提高下塔压力,以增大传热温差,这样就会增大空分设备的能耗。因此,在冷凝蒸发器顶部都装有氖、氦吹除管,运行中需定期打开氖、氦吹除阀,将它们排放掉。同理,在液化器中空气液化时,也会有氖、氦不凝性气体积聚,所以在液化器上部也装有氖、氦吹除管,定期进行排放。

223. 冷凝蒸发器在空分设备中起什么作用?

答:氧、氮的分离是通过精馏来实现的。精馏过程必须有上升蒸气和下流液体。为了得到氧、氮产品,精馏过程是在上、下两个塔内实现双级精馏过程。冷凝蒸发器是联系上塔和下塔的纽带。它用于上塔底部的回流下来的液氧和下塔顶部上升的气氮之间热交换。

液氧在冷凝蒸发器中吸收热量而蒸发为气氧。其中一部分作为产品气氧送出,而大部分(70%～80%)供给上塔,作为精馏用的上升蒸气。气氮在冷凝蒸发器内放出热量而冷凝成液氮。一部分直接作为下塔的回流液,一部分经节流降压后供至上塔顶部,作为上塔的回流液,参与精馏过程。

由于下塔的压力高于上塔的压力,所以下塔气氮的饱和温度反而高于上塔液氧的饱和温度。液氧吸收温度较高的气氮放出的冷凝潜热而蒸发。因此而得名叫"冷凝蒸发器"。冷凝蒸发器是精馏系统中必不可少的重要换热设备。它工作的好坏关系到整个空分装置的动力消耗和正常生产。所以要正确操作和维护好冷凝蒸发器。

224. 冷凝蒸发器有哪几种型式,各有什么特点?

答:冷凝蒸发器常见的型式有板翅式和管式两种。其中管式又分长管、短管和盘管 3 种。板翅式冷凝蒸发器采用的是全铝结构,具有板翅式换热器的一般特点。主要优点是结构紧凑、重量轻、体积小,用铝材代替了贵重的铜材,而且制造容易。因此,在大、中型空分设备中得到了日趋广泛的应用。板式单元一般采用立式星形布置。因板式单元的高度受到安全上的限制,在塔径范围内所能布置的换热面积有限,在大型空分设备中有采用双层或多层(四层)星形布置的。

长管和短管式冷凝蒸发器都是列管式,把紫铜管按同心圆或等边三角形垂直排列,上、下装有黄铜管板,管子与管板用锡焊焊牢。长管式管内为液氧蒸发,短管式管内为气氮冷凝。长管式的管长在 3m 左右。对于相同的传热面积,长管比短管所用的管数少,因而可缩小冷凝蒸发器的直径。而且,由于它是管内蒸发,蒸发过程中不断产生气泡,对流动扰动激烈,传热系数较大,约为 800W/(m²·℃),金属材料的消耗量可减少。一般用于中型空分设备中。长管式的缺点是不能直接安装在上、下塔之间,配管要复杂些。短管式管长在 400~1000mm 之间,是管外蒸发、管内冷凝,传热系数较小。它的优点是可以直接安装在上、下塔之间,结构简单,布置紧凑。一般用于小型空分设备中。

盘管式一般用于辅助冷凝蒸发器,液氧在管内沸腾,气氮在管间冷凝,盘管中无固定液面。由于传热系数较小,已逐渐被淘汰。日本日立 6000m³/h 制氧机的主冷凝蒸发器(采用液氧自循环)也是采用盘管式。

随着空分设备向大型化发展,其主冷凝蒸发器的换热面积也在增大。如果采用管式则管数要在 20000 根以上,这给制造上带来很大困难,目前已完全被板翅式所代替。

225. 管内沸腾的冷凝蒸发器的液氧面为什么要保持 50% 左右的列管高度?

答:冷凝蒸发器的液氧面都要求保持在一定的高度(由设计制造单位提供数据),以强化换热和保证运行安全。

冷凝蒸发器的换热过程是气氮冷凝放出冷凝潜热,把热量传给液氧使之汽化成气氧的过程。换热的强烈程度与气氮冷凝、液氧蒸发的过程有关。以长管式冷凝蒸发器为例,液氧在管内蒸发、沸腾的状态自下至上大致可分为 3 个区段:即预热段、沸腾段和蒸气段,如图 46 所示。

3 个区段的换热情况不同,其中以沸腾段换热最为强烈。为了得到比较大的沸腾传热系数(表示流体对流换热能力强弱的表面传热系数,其单位是 W/(m²·℃)),必须选择适当的条件,以缩短预热段和蒸气段的长度,扩大蒸发段的长度。影响蒸发、沸腾强度的因素有:单位热负荷(单位时间、单位面积的传热量)、管子的几何尺寸和液面相对高度(管内静液面高度与管长之比)。实验表明,在一定的管子的几何尺寸和热负荷的情况下,液面相对高度 $h=0.3~0.4$ 时,沸腾传热系数较大。这时,管内沸腾段与预热段分配比较合理。液氧面过低或过高都将引起传热性能变差。液氧面过低 ($h<0.2$),在管子上部有较长的干蒸气区,使这段管子的传热面积

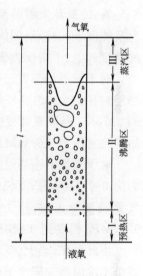

图 46　液氧在立管内
的蒸发过程

没有得到充分利用;液面过高($h>0.7$),则沸腾区中的液氧有可能被带出而不能形成传热效果最好的液膜段,沸腾强度就要减弱。

此外,液氧面过高时,由于液面高度的静压作用,将导致液氧平均温度升高,传热温差减小,单位热负荷降低。若保持传热温差不变,则需提高下塔压力,这也是不利的。液氧面过低不安全,造成过量的乙炔在表面积聚,有爆炸的危险。

设计这种冷凝蒸发器时,一般将相对液面的值取得稍高些,取 $h=0.5$ 以上,在这样的高度运行时工况较稳定,容易操作。

现在考虑安全第一,国内外都推荐把板式冷凝蒸发器浸泡在液氧里,稍牺牲传热效果以保设备安全。

对于冷凝侧也要注意液氮液面不能过高,它也会影响传热效果(相当于传热面积不足),

致使气氮冷凝量和液氧蒸发量均减少,空气吃不进,液氧面上涨,上塔压力降低。

226. 对管外沸腾冷凝蒸发器为什么液氧面要控制在列管高度的 80％～90％ 左右而不能过高?

答:在小型空分设备的冷凝蒸发器中,大多数液氧是在管间蒸发,气氮在管内冷凝的。液氧面的高低反映着传热面的大小。液氧面太低,换热面积不足。为了增大换热面积,就要使液氧面尽量高。但是液氧面太高,上部液氧对下部液氧产生的静压就大,液氧的蒸发温度提高,与气氮的平均温差缩小,又不利于液氧的蒸发。并且,液面过高的话,还可能有一部分液氧从氧气出口管路带出,从而使液氧进入热交换器底部,影响氧的热端温差。若液氧面满到上塔底部塔板,就会使此块塔板失去精馏作用,还会造成上升蒸气中带液。所以液氧面不能过低,也不能过高,一般控制在列管高度的 80％～90％。例如对 150m³/h 空分设备,液氧柱压力一般控制在 48×10² ～58×10²Pa。

227. 冷凝蒸发器温差的大小受什么因素影响?

答:冷凝蒸发器温差一般是指气氮和液氧的平均传热温差。它是基于氧和氮在不同的压力及纯度下的沸点(即饱和温度)不同而建立起来的。因此,冷凝蒸发器温差的大小受氧、氮的纯度和上、下塔压力变化的影响。

对于液氧的蒸发过程,当压力一定时,液氧的纯度提高,蒸发温度(沸点)就提高。例如,当绝对压力为 0.14MPa 时,如果氧纯度从 98％ 提高到 99.5％,则蒸发温度从 93.1K 提高到 93.5K。当液氧纯度一定时,压力提高,蒸发温度也提高。例如当液氧纯度为 99.55％ 时,如果绝对压力从 0.14MPa 提高到 0.15MPa,则蒸发温度会从 93.5K 提高到 94.25K。

对于气氮的冷凝过程,当压力一定时,气氮的纯度提高,则冷凝温度下降。例如当绝对压力为 0.57MPa 时,氮纯度从 98％ 提高到 99.9％,则冷凝温度则从 96.1K 下降到 95.9K。当气氮纯度一定时,压力提高,则冷凝温度也提高。例如氮纯度为 99.9％ 时,绝对压力从 0.57MPa 提高到 0.6MPa,则冷凝温度会从 95.9K 提高到 96.6K。

由此可见,当上、下塔压力一定时,提高液氧的纯度会缩小主冷温差,提高气氮纯度也会缩小主冷温差。若气氮的纯度和压力不变,在液氧纯度一定的情况下,提高上塔压力可使冷凝蒸发器的温差缩小。在开车的积液阶段,通常用适当提高上塔压力、缩小冷凝蒸发器温差的方法,来降低冷凝蒸发器的热负荷,以加快液体的积累。

长管式和板翅式冷凝蒸发器的平均温差通常取 1.6～1.8℃。正常运行中冷凝蒸发器的温差基本上是不变的。当冷凝蒸发器的传热面不足,或传热恶化时,温差会扩大,反映出下塔压力提高。冷凝蒸发器一般不装设温度计,液氧的温度(取平均值)和气氮的温度,可根据其压力和纯度,由热力性质图查得。实际操作中控制的都是上、下塔的压力和气氮、液氧的纯度以及液氧面的高度,而不是直接测定冷凝蒸发器的温差。

228. 为什么冷凝蒸发器的传热面不足会影响氧产量?

答:在一定的换热条件(K、ΔT 不变)下,冷凝蒸发器的传热面不足,它的热负荷就要降低,即传热量减小。因此,液氧的蒸发量就会减少,气氮的冷凝量也相应减少。这会直接影响上、下塔的精馏工况。同时,下塔进气量就会减少,空气吃不进,氧产量随之要降低。

此外,当冷凝蒸发器的传热面不足时,要保证一定的热负荷,势必要靠提高下塔的压力来增大传热温差。根据离心式空压机的特性曲线,随着排气压力的升高,气量也会减少,从而也会使氧产量降低。

229. 全低压空分设备的冷凝蒸发器应怎样操作?

答:在正常运行中,冷凝蒸发器的操作主要是保持氧液面在规定的高度上。引起主冷液面波动的原因较多,但归结起来是不外乎是冷量不平衡或液体量分配不当造成的。

制冷量的多少是整个空分设备冷量平衡所要求的。制冷量大于需要量时,冷凝蒸发器的液面会升高,就应相应地减少制冷量。在液面降到合适高度时,还需要稍增加一点制冷量才能使其平衡、稳定。如果装置的冷损增加或由于其他原因制冷量小于需要量时,则冷凝蒸发器的液面会下降,就应增加制冷量。当液面长到合适的位置时还要稍微减少一点制冷量,才能使液面稳定。这种操作是对指示滞后的人工反馈。

对全低压空分设备来说,增加或减少制冷量主要是靠增加或减少膨胀机的膨胀量(或改变机前压力和转速)。

冷凝蒸发器液面过高或过低时,还要看看其他液面是否合适。如果冷凝蒸发器液氧面过高而下塔液空面过低,可能是由于打入上塔的液空量过大。此时应关小液空节流阀。反之,若冷凝蒸发器液氧面过低而下塔液空面过高,则要开大液空节流阀,以保持冷凝蒸发器的液面稳定。

当冷凝蒸发器液面过高时,可以排放一部分液氧。这不仅能使液面迅速下降,还可以清除一部分杂质,有利于安全运行。

如果是带氩塔的设备,应事先提高液氧液面,积聚冷量,然后再启动氩塔。

230. 冷凝蒸发器的热负荷是怎样调节的?

答:根据溶液热力学原理,工质的冷凝与蒸发温度仅取决于它的组分与压力。例如,氧、氮二元混合物的冷凝与蒸发温度可根据它们的 T-h-p-x-y 图查得。冷凝蒸发器的工作原理是冷凝侧(气氮)的温度必须高于蒸发侧(液氧)的温度,利用两侧的一定温差,使气氮冷凝,液氧蒸发。温差越大,沸腾工况越剧烈。冷凝蒸发器的工作温差与其冷凝蒸发的传热机理有关。例如是管内还是管外冷凝,或是槽内冷凝;是管内还是管外沸腾,或是槽内沸腾;是立式还是卧式等结构形式有关。

空分设备中实际应用的冷凝蒸发器的结构型式有 3 种:即短立管、长立管及板翅式。一般短立管用于小型空分设备,采用管内冷凝,管外沸腾;长立管用于中型空分设备,传热形式相反;板翅式在各种空分设备中都有采用,主要用于中、大型空分设备。它是气氮和液氧分别在相邻的通道内进行冷凝与蒸发的。

对它们的热负荷的调节,要根据其不同的工作原理来进行。对于第一种型式,通常采用改变蒸发侧液面的高低,即改变传热面积的大小来调节。这样的调节工况比较稳定,上、下塔压力的变化较小。

对第二种型式,因管内的液氧当其视观液面达到 30% 时已能建立起翻腾工况,传热面已能全部发挥传热作用,因此不能用改变蒸发侧的液面来调节。通常用改变冷凝侧的液氮面来调节相应的传热面积。该类型常用于全低压流程因受空压机压力的限制,上、下塔压力不能随意改变,只能随着进塔空气量的变化而改变的情况。

对于第三种型式,基本上与第二种型式的传热情况类似。只有在小型板翅式单元很短时,沸腾的液体翻腾不激烈,传热情况才与第一种型式相类似。

对于一定的精馏工况,冷凝蒸发器的热负荷是一定的,也是不需要调节的。当环境条件及用户的需求和塔内的工况有变动时,它的热负荷才需要相应地改变。操作工要适应其工况的变化,否则会影响到精馏工况。

231. 有的空分流程设置有辅助冷凝蒸发器,它起什么作用?

答:在主冷凝蒸发器中随着液氧的不断蒸发,其中所含的乙炔及其他碳氢化合物将不断浓缩。为安全起见,必须设法将其清除之。设置辅助冷凝蒸发器就是清除方法之一。

该法是从主冷凝蒸发器底部引出一部分液氧(相当于产品氧气量),让它在辅助冷凝蒸发器中蒸发。随着液氧的蒸发,乙炔等可爆物也在浓缩。这部分乙炔浓度较高的液氧(相当于1%的产品氧气量)被引至乙炔分离器,积存在分离器底部被定期排放掉。这种防爆的方法曾在高低压流程的3350m³/h空分设备上引用过,可以防止主冷凝蒸发器内乙炔的积聚,保证主冷凝蒸发器的安全。

232. 为什么长管式冷凝蒸发器的管长均取 3m 左右?

答:长管式冷凝蒸发器是管内蒸发、管外冷凝,其沸腾强度和冷凝强度都与管子的几何尺寸有关。实验表明,当单位热负荷q(指单位面积、单位时间的传热量)一定时,管长l与管内径d_i之比l/d_i愈大,沸腾放热愈强烈。例如,当l/d_i增大5倍时,沸腾传热系数几乎增加2倍。所以,管内沸腾的冷凝蒸发器都作成长管式。但是,沸腾传热系数随l/d_i增大的趋势是不断减小的,在$l/d_i>500$以后已趋于稳定,因此一般取$l/d_i<500$。考虑到工艺制造上的原因,实际上管长选在3m左右,这时,液氧液柱静压的影响仍然不是很大,因为沸腾过程中形成的汽液混合物的密度比较小,对于管外冷凝,也是管子愈长,其冷凝放热愈好。一般$l>1.2$m 时,冷凝液膜的流动就已成湍流(紊流)工况。所以,在满足了管内沸腾的要求时,管外冷凝也就得到了满足。而且,因为冷凝传热系数大于沸腾传热系数,为了提高总传热系数,主要矛盾在沸腾侧,一般不需要对冷凝放热过程采取什么强化措施。

233. 为什么板翅式冷凝蒸发器的液氧面要把板式单元全浸?

答:板翅式冷凝蒸发器的板式单元是否采用全浸操作,这个问题也有一个认识和实践过程。刚从国外引进板翅式冷凝蒸发器时,规定液氧面浸渍率约为70%。当然这样已能满足传热的要求,不影响精馏工况。随着板翅式冷凝蒸发器发生过多次氧通道局部爆炸事故,从安全的角度考虑,国外提出了板翅式冷凝蒸发器的板式单元要全浸操作。随后我国也作了相同的规定。

采用全浸操作的优点是:

1)从氧通道流动的角度来看,板式单元外是液氧面,氧通道内是密度较小的气液两相混合物,实际上构成了一个液氧自循环回路。当热负荷一定时,液氧面越高,氧通道内液氧循环倍率越大。即液氧对通道壁面冲刷的能力越好,使得乙炔等碳氢化合物不容易在壁面析出,

二氧化碳颗粒也不容易堵塞通道截面;

2)从传热的角度,由于板翅式冷凝蒸发器的液氧侧的沸腾传热系数与流体的流动有关,流动越好,传热系数越大。当液面提高后,氧通道内的流速加快,不断冲刷壁面的气泡,将使蒸发侧的传热系数提高。对于冷凝侧的传热,由于它的传热系数大于蒸发侧,并且,当板式单元的高度确定时,冷凝传热系数几乎不变,所以,冷凝蒸发器的总传热系数主要取决于蒸发侧的传热情况,液面高对提高传热系数有利。

虽然提高液氧面会使氧的平均饱和温度略有提高,对传热平均温差不利(略有降低)。但是由于传热系数增高的幅度大,所以不必靠提高下塔的压力来增大传热温差,实际的下塔操作压力还略有下降。这与长管式冷凝蒸发器的传热情况不完全一样,因为管内沸腾传热与槽内沸腾传热的机理有所不同的缘故。板式冷凝蒸发器采用全浸操作既安全,又合理。

234. 为什么大型板翅式冷凝蒸发器的单元高度取在 1.8～2.1m?

答:大型空分设备板翅式冷凝蒸发器的板式单元往往由多个组成,单元的高度的确定既要考虑传热,又要考虑安全。

从传热的角度看,根据管内沸腾的机理,要求高径比(对板翅式为单元高度与通道当量直径之比)在 300 以上,其传热系数较高。从安全角度看,要求蒸发通道出口处的汽化率不大于 4%,即液体的循环倍率要大于 25。如果通道的高径比过大,对传热虽然有利,但在通道内液氧的汽化率也增大,从安全角度看却使人不放心。

从液氧的汽化温度(饱和温度)来看,液氧面过高,则液氧面上、下的静压差越大,液氧的平均压力越高,相应的饱和温度也提高。为维持冷凝蒸发器的传热温差,就要提高下塔的压力。从这个角度不希望将板式单元做得太高。

从制造工艺来说,原先受盐浴炉尺寸的限制,板式单元最长只能做到 2.1m,断面尺寸为750mm×700mm～1100mm×1000mm。目前虽然随着技术的发展,最长的板式单元已可做到 6m 长。对冷凝蒸发器来说,翅片是采用翅高为 6.5mm,翅间距为 1.4mm,翅厚为 0.2mm的小间距多孔翅片,它的当量直径只有 2.016mm。对于高度为 1.8m 的板式单元,它的高径比已达 900,因此,从安全的角度看已不宜将冷凝蒸发器板式单元做得更高。根据所需的传热面积,可以将多个单元并联,按星形布置或多层布置。所以目前空分设备的冷凝蒸发器的板式单元的高度仍维持在 1.8～2.1m。只是少数国家在热虹吸式蒸发器上采用较长的单元高度。

235. 冷凝蒸发器采用表面多孔管传热有什么特点?

答:表面多孔传热管是指冷凝侧(管内)采用纵向凹槽,蒸发侧(管外)喷涂一层金属粉末(铝粉)的一种双侧强化传热的高效传热管。用这种传热管做成的冷凝蒸发器不仅两侧传热面积大,传热性能好,传热温差缩小,而且多孔金属使沸腾侧很安全。70 年代中期,美国联合碳化公司林德分公司已将多孔表面强化传热应用于58300m³/h 空分设备上,多孔管采用铝管。

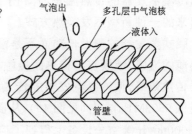

图 47　多孔表面沸腾模型

表面多孔管的传热机理是:在沸腾侧表面的多孔金属薄层内,有大量相互串通、可产生气泡的小孔穴,即气化核心。即进入孔穴的液体只需很少的热量就能产生蒸汽泡,大大地降低了液体壁面的过热度。液体在孔穴中产生的气泡迅速长大、脱离,穿透表面最后破裂。而泡核在孔穴中又长大成为下一个气泡的核心,如图47所示。如此接连不断,液体借助表面张力的作用,不断进入孔穴,并在孔穴中受热蒸发。这样,在孔穴内受气泡膨胀、收缩而起到一个"泵"那样的持续循环作用,对沸腾换热产生强烈的扰动作用,使传热系数比光管提高6~8倍。此外,由于多孔表面微孔的毛细管作用,液体在孔穴中具有较高的循环倍率,较好地改善了液氧侧的流动工况,能有效地防止有害杂质局部浓缩和积聚带来的爆炸危险。

在冷凝侧的纵向凹槽,不仅增大了换热面积,而且还可利用冷凝侧的表面张力来强化垂直壁面的层流膜状凝结放热。当饱和氮气与管子圆周纵向凹槽波峰接触时,蒸汽先在波峰凝结,冷凝液膜受表面张力的作用,由波峰流向波谷,致使波峰和凹槽两侧壁面上的冷凝液膜变得非常薄,大大降低了液膜热阻,如图48所示。同时,流至波谷的液体在重力的作用下,沿波谷迅速下流,顺纵槽排出,因而使冷凝传热系数显著提高。

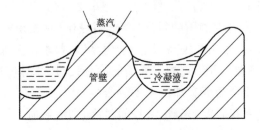

图48　凹槽冷凝模型

新型的冷凝蒸发器(铜制)在150m³/h空分设备上使用后,传热温差由原先的2.5℃减小至1.2℃;传热系数由原来的600W/(m²·K)提高到1500W/(m²·K);能耗可降低5%~7%。

236. 什么叫膜式蒸发器,它有什么特点?

答:一般的冷凝蒸发器中的液氧侧是受热面浸在液氧内的,在受到另一侧的气氮的热量后,在传热表面产生气泡,在液体内部产生"沸腾",使液氧气化。由于气泡的扰动作用,沸腾侧的传热系数比无相变时要高得多,为700~900W/(m²·K)。但是,尽可能强化沸腾传热,降低冷凝蒸发器的传热温差,有利于降低工作压力,节约能耗。膜式蒸发器是以此为目的开发出来的一种新型蒸发换热方式。

膜式蒸发器的蒸发传热面不是浸在液氧中,而是靠液氧泵将液氧喷淋到传热面上,形成一层薄的液膜,液膜在与传热面接触、受热的过程中,直接蒸发成气体。这种换热方式大大增强了传热效果,使冷凝蒸发器的传热温差从1.3~1.5℃下降到0.7~0.8℃,可使下塔的压力降低0.02MPa左右(见图49),从而节约空压机的能耗。这种蒸发技术在引进的72000m³/h、20000m³/h等空分设备上得到了应用。

但是,这些年来,国内外的大型空分设备虽然均采取了分子筛净化流程,但仍然有几起主冷爆炸事故发生。确切的爆炸原因并没有探明,但是,采用膜式蒸发似乎会增大溶解在液氧中的碳氢化合物,在蒸发过程中在传热面析出的可能。不如浸没式蒸发器安全。因此,为

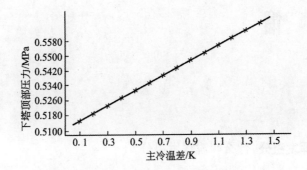

图 49　主冷温差与下塔顶部压力的关系

了提高设备的安全可靠性,宁愿降低一些传热效果,目前暂不提倡采用膜式蒸发器。对已采用的,要注意保证液氧泵的液氧循环量。

7 精　　馏

237. 什么叫易挥发组分,什么叫难挥发组分?

答:对每一种液体,在一定温度下总有一部分液体分子会蒸发成蒸气分子,蒸气分子所产生的压力叫蒸气压。如果温度不变,蒸发过程最终会达到平衡,蒸气分子的数目不再增加,通常说达到了饱和蒸气压。对于同一种液体,每一个温度只对应有一个饱和蒸气压。例如:氧在100K时对应的饱和蒸气压为0.259MPa。对于不同物质,由于分子间引力的不同,在同样温度下蒸气出来的分子数目也不同,产生的饱和蒸气压也不同。例如:氮和氩在100K时饱和蒸气压分别为0.795MPa和0.344MPa。

在同一温度下,饱和蒸气压高的物质说明它的分子从液体中蒸发得多,也就是容易挥发。反之,则表示难于挥发。这里的"难"与"易"是相对而言的,例如,对由氧、氩、氮组成的混合液体,其中每一种成分叫组分。氮相对于氧和氩来说,饱和蒸气压高,是易挥发组分,而氩与氮相比是难挥发组分,与氧相比又是易挥发组分。

对难挥发组分来说,如果要让它达到与易挥发组分有同样的蒸气压,则必须提高它的温度,让它有更多的液体分子蒸出来。饱和蒸气压对应的温度叫饱和温度。因此也可以说,在相同的饱和蒸气压下,难挥发组分对应的饱和温度高,易挥发组分对应的饱和温度低。

238. 为什么单纯用降温、冷凝的方法不能将空气分离为氧、氮?

答:空气中的氧、氮等气体分子处在混乱的运动状态中,并且相互之间互相吸引,互相影响。虽然氧的液化温度比氮的要高,但是,当温度降低到一部分空气开始冷凝成液体时,最初冷凝的不仅仅是氧分子,而且还有一部分氮分子在氧分子的吸引下,同时开始液化,使液体中也有了氮组分,造成液体中的氧纯度降低,不能形成纯液氧。同样,在液层上的蒸气中氮分子对氧分子也有吸引,使部分氧分子不能先冷凝成液体,所以蒸气中也不可能是纯氮。假设在1标准大气压(0.1013MPa)下,将空气冷却到81.3K,其液相中氧的摩尔成分也只有53%O_2。

由于上述的原因,用单纯降温冷却的方法是不能将空气分离为氧、氮的。并且,空气的液化温度也不是恒定的,它是处在纯氧、纯氮的液化温度之间。例如,在0.1013MPa下,纯氧的液化温度为90.19K,纯氮的液化温度为77.347K,而空气开始冷凝的温度为81.81K,全部冷凝时的温度为78.8K。

239. 为什么对液空用简单加热蒸发的方法不能制取纯液氧?

答:在将液化空气加热时,虽然氮的沸点低于氧沸点,氮应该是先蒸发。但是,由于氮、氧分子的相互影响,在氮分子从液体中蒸发的同时,也伴有氧分子蒸发,只是氮分子的蒸发相对地比氧分子容易而已,即在蒸气中的氮组分要比液体中的氮组分大。例如,氮的摩尔成分为 79.1%N_2 的液空在 0.1MPa 下加热蒸发时,开始产生的蒸气中的氮摩尔成分为 93.7% N_2,其余为氧。当液空蒸发了 50% 以后,由于有更多的氧也蒸发出来,蒸气中的氮的摩尔成分降为 89.8%N_2,液体中氧的摩尔成分为 31.5%O_2(68.5%N_2);当液空蒸发了 90% 以后,蒸气中氮的摩尔成分为 82%N_2,液体中氧的摩尔成分为 47%O_2(53%N_2)。虽然液体中的氧浓度随着蒸气中含氧量增加而提高,但是由于蒸气中氧的摩尔成分最高也只能达到 20.9%O_2(当液空全部蒸发完时),所以,最后蒸发的液体中氧的摩尔成分最高也只有 51.5%O_2(48.5%N_2)。

240. 什么叫精馏?

答:对两种沸点不同的物质(例如氧与氮)组成的混合液体,在吸收热量而部分蒸发时,易挥发组分氮将较多地蒸发;而混合蒸气在放出热量而部分冷凝时,难挥发组分氧将较多地冷凝。如果将温度较高的饱和蒸气与温度较低的饱和液体接触,则蒸气将放出热量给饱和液体。蒸气放出热量将部分冷凝,液体将吸收热量而部分蒸发。蒸气在部分冷凝时,由于氧冷凝得较多,所以蒸气中的低沸点组分(氮)的浓度有所提高。液体在部分蒸发过程中,由于氮较多的蒸发,液体中高沸点组分(氧)的浓度有所提高。如果进行了一次部分蒸发和部分冷凝后,氮浓度较高的蒸气及氧浓度较高的液体,再分别与温度不同的液体及蒸气进行接触,再次发生部分冷凝及部分蒸发,使得蒸气中的氮浓度及液体中的氧浓度将进一步提高,这样的过程进行多次,蒸气中的氮浓度越来越高,液体中的氧浓度越来越高,最终达到氧、氮的分离。这个过程就叫精馏。

概括地说,精馏是利用两种物质的沸点不同,多次地进行混合蒸气的部分冷凝和混合液体的部分蒸发的过程,以达到分离的目的。

241. 为什么空分塔一般都用双级精馏塔,用单级精馏塔行不行?

答:通常空分塔是在下塔(压力塔)中将空气预分,精馏成富氧液空和纯氮,然后在上塔(低压塔)中进一步精馏,得到氧、氮产品。联系上、下塔的纽带是冷凝蒸发器。它用下塔的压力氮来加热上塔的液氧,使液氧蒸发,同时气氮被冷凝。采用双级精馏塔的优点是使产品有较高的提取率,并使同时取得高纯氧和高纯氮成为可能。

采用单级精馏塔也可能制取氧、氮产品,但它分别只能制取一种产品。如图 50 所示,图 50a 为生产纯氮的单级精馏塔。它类似于双级精馏塔的下塔,在塔顶可得到纯氮产品,在塔底为富氧液空。靠富氧液空节流后的低温液体使氮气在冷凝器中冷凝,作为精馏所需的回流液。同时富氧液空吸热蒸发,作为副产品引出。其中还含有大量氮组分(60%左右)未能作为产品提取。图 50b 为生产纯氧的单级塔。空气被液化后,节流至塔顶作为回流液,在塔底可得到高纯液氧。但是,由于在塔顶喷淋的液体中含氧较高,顶部排出的蒸气不可能是纯氮,约含有 7% 的氧,即有三分之一的氧未能作为产品提取而损失掉。

由此可见,单级精馏塔分离空气是不完善的,实际采用较少。但它的结构简单,也有被用于生产单种产品的小型空分设备上。

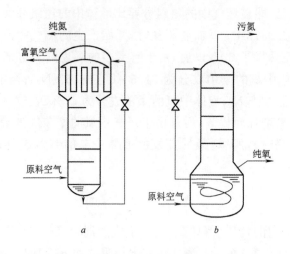

图 50　单级精馏塔

a—纯氮塔；b—纯氧塔

242. 精馏塔内的空气是怎样被分离成氧和氮的？

答：精馏塔是设有多层塔板（对筛板塔，填料塔的工作原理相同）的设备。在塔板上有一定厚度的液体层。精馏塔一般多为双级精馏塔，分为上塔和下塔两部分。

压缩空气经清除水分、二氧化碳，并在热交换器中被冷却及膨胀（对中压流程）后送入下塔的下部，作为下塔的上升气。因为它含氧21％，在0.6MPa下，对应的饱和温度为100.05K。在冷凝蒸发器中冷凝的液氮从下塔的顶部下流，作为回流液体。因其含氧为0.01％～1％，在0.6MPa下的饱和温度约为96.3K。由此可见，精馏塔下部的上升蒸气温度高，从塔顶下流的液体温度较低。下塔的上升气每经过一块塔板就遇到比它温度低的液体，气体本身的温度就要降低，并不断有部分蒸气冷凝成液体。由于氧是难挥发组分，氮是易挥发组分，在冷凝过程中，氧要比氮较多地冷凝下来，于是剩下的蒸气中含氮浓度就有所提高。就这样一次、一次地进行下去，到塔顶后，蒸气中的氧绝大部分已被冷凝到液体中去了，其含氮浓度高达99％以上。这部分氮气被引到冷凝蒸发器中，放出热量后全部冷凝成液氮，其中一部分作为下塔的回流液从上往下流动。液体在下流的过程中，每经过一块塔板遇到下面上升的温度较高的蒸气，吸热后有一部分液体就要气化。在气化过程中，由于氮是易挥发组分，氧是难挥发组分，因此氮比氧较多地蒸发出来，剩下的液体中氧浓度就有所提高。这样一次、一次地进行下去，到达塔底就可得到氧含量为38％～40％的液空。因此，经过下塔的精馏，可将空气初步分离成含氧38％～40％的富氧液空和含氮99％以上的液氮。

然后将液空经节流降压后送到上塔中部，作为进一步精馏的原料。与下塔精馏的原理相同，液体下流时，经多次部分蒸发，氮较多地蒸发出来，于是下流液体中的含氧浓度不断提高，到达上塔底部可得到含氧99.2％～99.6％的液氧。从液空进料口至上塔底部塔板上的精馏是提高难挥发组分的浓度，叫提馏段。这部分液氧在冷凝蒸发器中吸热而蒸发成气氧，在0.14MPa下它的温度为93.7K左右。一部分气氧作为产品引出，大部分作为上塔的上升气。在上升过程中，部分蒸气冷凝，蒸气中的氮含量不断增加。由于上塔中部液空入口处的上升气中还有较多的氧组分，如果将它放掉，氧的损失太大，所以应再进行精馏。从冷凝蒸发器中引出部分含氮99％以上的液氮节流后送至上塔顶部，作为回流液，蒸气再进行多次部分冷凝,同时回流液多次部分蒸发。其中氧较多地留在液相里,氮较多地蒸发到气相中,到了上塔顶,便可得到含氮99%以上的氮气。从液氮进料口到液空进料口是为了进一步提高蒸气中低沸点组分(氮)的浓度,叫精馏段。如果需要纯氮产品还需要再次精馏,才能得到含氮99.99%的纯氮产品。这就是精馏塔内将空气分离成氧、氮的过程。

243.筛板的结构如何,筛板的形式有几种?

答:筛板是由筛孔板、溢流斗、无孔板组成的。筛孔板上分布有许多小孔,蒸气自下而上穿过小孔,经塔板上的液体层传热、传质后上升。液体按照一定路线从塔板上流过,液体由稳定流速的蒸气托持着,经溢流斗流到下一块塔板的无孔板(受液盘)。液层的厚度由塔板上的进口挡板和出口挡板高度来决定。依据液体在塔板上的流动方向,筛板的形式分为对流、径流、环流式,环流式还分为单溢流和双溢流,如图51所示。

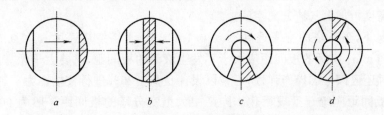

图 51　筛板型式示意图

a—对流(中小型);*b*—径流(大型);*c*—环型(单溢流);*d*—环流(双溢流)

液体在塔板上流动路线长,气液接触时间也长,热、质交换充分,但是塔板阻力大,精馏分离的能耗升高。所以,中压小型制氧机通常采用环流塔板,50m³/h制氧机多采用单溢流的环流板。300m³/h中压制氧机采用双溢流环流板。对于全低压制氧机,由于塔板阻力直接影响制氧机能耗,且环形塔板直径大,因此,多数采用对流或径流板。全低压中、小型制氧机通常采用对流板;全低压大型制氧机采用径流板。

244.溢流斗起什么作用?

答:为了保证精馏塔内精馏过程的进行,必须有一定的下流液体沿塔板逐块下流。对筛板塔,在塔板的溢流口处装有溢流斗的作用,更主要是为了使上升气与下流液能在塔板上充分接触,让蒸气穿过筛孔上升,而不会从溢流口处短路,即溢流斗可起到液封的作用。溢流斗下部位置低于增位板高度,如图52所示。液体在塔板上流动,液面必然高于增位板高度,在溢流斗出口处造成"液封",使蒸气无法短路通过。同时,由于塔板下部的蒸气压力比上部高,要保证液体顺利流下,也需要靠溢流斗内积聚起液体,其液面比塔板上的液面高,靠其液柱静压力下流。此外,溢流斗还可起到分离下流液挟带的蒸气泡的作用,防止经过精馏提高了氮纯度的气体又返回到氮浓度较低的塔板上。

由此可见,溢流斗对保证精馏过程的正常进

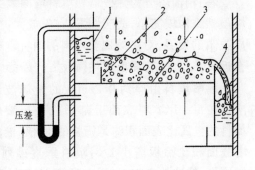

图 52　塔板内气、液流动工况

1—溢流斗;2—增位板;3—筛板;4—出口挡板

131

行起着重要的作用,制造时应保证工艺要求。

245. 塔板间距是怎样确定的,它的大小对精馏有什么影响?

答:塔板的间距决定了整个精馏塔的高度,因此,希望塔板间距尽可能小一些。最小的板间距受两个条件限制:1)要避免发生液泛。即板间距要大于保证液体从上一块塔板顺利地流到下一块塔板的最小间距。由回流液通过溢流斗的流动阻力来计算。显然,它和溢流斗的结构形式密切相关,并与塔板进口挡板高度有关;2)要保证无雾沫夹带。在塔板上,蒸气通过筛孔,经过液层鼓泡而上升,筛板上的传质区域基本上由以下几个部分组成:紧贴筛板为静液层,它很薄;而后为鼓泡层;其上为蜂窝状结构的泡沫层。由于泡沫的破裂并受蒸气的喷射作用,其中还夹带着飞溅的液滴,这就形成了雾沫层。如果蒸气夹带着液滴上升到上一块塔板,即形成雾沫夹带。为了保证精馏工况的正常进行,保证无雾沫夹带的最小塔板间距,应该是塔板泡沫层高度再加上气液分离空间。

一般情况下,当下塔的空塔速度 $w_n \leqslant 0.1 \mathrm{m/s}$ 时,上塔空塔速度 $w_n \leqslant 0.3 \mathrm{m/s}$ 时,分离空间为 15~20mm。实际的板间距应大于不发生液泛的板间距,又要大于无雾沫夹带的板间距。在设计时还应该考虑操作弹性,通常以设计负荷 ±20% 进行校核。为了制造的方便,一个精馏塔的板间距应统一且规格化。国产中大型空分塔的板间距一般为 90mm、110mm、130mm、150mm,每一级相差 20mm。

246. 波纹塔板的结构及精馏过程有何特点?

答:波纹塔板是由上下均匀的波纹板排列组成,波纹与水平方向成 45°角,塔板的上波纹开有成正三角排列的均匀孔,下波纹无孔。气体从不同的塔板由下而上通过气孔,与下流液体进行传质传热的交换。

这种塔板的缺点是塔板的效率较低。但是,波纹塔板的结构决定了各层塔板贮存液体的能力较强,因此,空分在开工时容易建立起精馏工况,气液的热、质交换充分,有利于调节产品纯度。空分停车后,将有部分液体存留在下波纹中。当空分塔需要恢复生产时,由于在每层塔板都有液体,这样,空分很快就能建立起精馏工况,可缩短恢复生产的时间。

247. 规整填料精馏塔与筛板塔相比有什么特点?

答:精馏塔分为筛板塔和填料塔两大类。填料塔又分为散堆填料和规整填料两种。筛板塔虽然结构较简单,适应性强,宜于放大,在空分设备中被广泛采用。但是,随着气液传热、传质技术的发展,对高效规整填料的研究,一些效率高、压降小、持液量小的规整填料的开发,在近十多年内,有逐步替代筛板塔的趋势。

规整填料由厚约 0.22mm 的金属波纹板组成,一块块排列起来的金属波纹板,低温液体在每一片填料表面上都形成一层液膜,与上升的蒸气相接触,进行传热传质。规整填料的金属比表面积约是筛板的 30 倍,液氧持留量仅为筛板的 35%~40%。而且,因为精馏塔截面积比筛板塔小 1/3,填料垂直排列,不存在水平方向浓度梯度的问题,只要液体分布均匀,精馏效率较高,压力降较小,气体穿过填料液膜的压差比穿过筛板液层的压差要小得多,约只有 50Pa。上塔底部压力的下降,必然可导致下塔压力降低,进而主空压机的出口压力相应降低,使整套空分的能耗降低。同时,规整填料液体的滞留量小,因此,对负荷变化的应变能力较强。

归纳起来,规整填料塔与筛板塔相比,有以下优点:

1)压降非常小。气相在填料中的液相膜表面进行对流传热、传质,不存在塔板上清液层及筛孔的阻力。在正常情况下,规整填料的阻力只有相应筛板塔阻力的 1/5~1/6;

2)热、质交换充分,分离效率高,使产品的提取率提高;

3)操作弹性大,不产生液泛或漏液,所以负荷调节范围大,适应性强。负荷调节范围可以在 30%~110%,筛板塔的调节范围在 70%~100%;

4)液体滞留量少,启动和负荷调节速度快;

5)可节约能源。由于阻力小,空气进塔压力可降低 0.07MPa 左右,因而使空气压缩能耗减少 6.5% 左右;

6)塔径可以减小。

此外,应用规整填料后,由于当量理论塔板的压差减小,全精馏制氩可能实现,氩提取率提高 10%~15%。

规整填料精馏塔一般分为 3~5 段填料层,每段之间有液体收集器和再分布器,传统筛板塔的板间距为 110~160mm,而规整填料的等板高为 250~300mm,因此填料塔的高度会增加。

一般都选择铝作为规整填料的材料,这样可减轻重量和减少费用,但必须控制好填料金属表面残留润滑油量小于 50mg/m²。在这样条件下,可认为铝填料塔和铝筛板塔用于氧精馏是同样安全的。

当然,规整填料的成本要比筛板塔高,塔身也较高。但是,它的优点是突出的,所以,进入 90 年代后,许多空分设备生产厂首先在上塔和氩塔用规整填料塔替代了筛板塔,并有进一步在下塔也加以采用的趋势。

248. 为什么精馏塔的下塔一般不以规整填料塔取代筛板塔?

答:规整填料塔的每 1m 填料相当的理论塔板数与上升气体的空塔流速成反比,与气体的密度的 1/2 次方成反比。由于下塔的压力高,气体密度大,当处理的气量和塔径一定时,每米填料的理论塔板数减少,即需要有较高的下塔才能满足要求,这将使阻力增大,能耗增加;如果靠增大塔径来降低流速,提高每米填料的理论塔板数,则会增加下塔的投资成本。因此,下塔是否采用规整填料,需要权衡利弊。目前还是以采用筛板塔居多。

249. 为什么化验时液氧纯度与气氧纯度是不同的,它们之间有什么关系?

答:生产中发现,化验气氧的纯度都比液氧的纯度要低。如果主冷压力是 0.14MPa,液氧纯度是 99.6%O₂,气氧纯度只有 99.4%O₂;如果液氧纯度是 99.86%O₂,则气氧纯度是 99.6%O₂。这是怎么回事呢?是否是化验的误差呢?实际上这是正常现象。

因为气氧是从液氧中蒸发出来的,而液氧并不是 100% 的纯氧。当然,如果液氧中的氧浓度越高,蒸发出来的气氧浓度相应地也会高。但是为什么两者不相等呢?如果每分钟流到冷凝蒸发器中的液体含氧 99.6%O₂,其余 0.4% 则是沸点比氧低的氮等物质。它被另一侧气氮加热后就要蒸发成气体。在液氧面稳定的情况下,流入主冷的液氧量与蒸发的气氧量应相等。由于氮是易挥发组分,在蒸发过程中,氮比氧更多地从液体中蒸发出来,于是气氧的纯度就达不到 99.6%。这样一来,进入主冷的液氧中的氧组分就会多于离开主冷的气氧中的氧组分,液氧中的氧浓度就会不断地增高,直到液氧纯度提高到从它蒸发出去的气氧浓度也达到 99.6%O_2 为止,此时进出的氧组分达到平衡,液氧的纯度将高于 99.6%O_2,在达到某一平衡值(99.86%)后不再提高了。由此可见,在冷凝蒸发器液面稳定的情况下,主冷中的液氧纯度就是要高于气氧,而流入主冷的液氧纯度与气氧纯度相同。具体的数值可以从气液平衡图查得。

对生产气氧的装置,应以分析气氧纯度为准。但是,同时分析气氧和液氧纯度,有助于分析判断主冷是否有泄漏的现象。

250. 下塔液空的氧纯度是怎样规定的,它对精馏过程的影响如何?

答:下塔液空主要来自从下部第一块塔板流下的液体。从上一块塔板上流下的液体与进塔空气在第一块塔板上接触,部分液体蒸发,液体中的氧浓度有所增高后再流入液釜的。但是,它的氧浓度受到进塔空气的氧浓度(20.9%O_2)的限制,总要比它的平衡浓度低一些。例如,当下塔压力为 0.55MPa 时,与含氧 20.9% 的蒸气相平衡的液体中氧浓度为 40.8%,而实际液空中氧浓度应低于这个值。

平衡浓度与压力有关。随着压力的提高,平衡浓度降低,液空中氧浓度也随之减小。例如,当压力为 0.6MPa 时,液体中的平衡浓度为 40.1%O_2。

此外,根据塔的能量平衡,进塔空气应是含湿的。对于中压流程的制氧机,膨胀空气与节流空气混合后应含有部分液体;对于低压流程的制氧机,切换式换热器冷端空气是稍有过热的,则必须使一部分空气在液化器中液化,使其综合状态是含湿的。装置的冷损越大,或生产液体产品,则要求进塔空气含湿越大。而进塔的这部分液体中的氧浓度是较低的,因此,含湿的大小将影响到液空的氧浓度。冷损越大,液空的氧浓度越低。例如,对生产气氧的设备,液空的氧浓度为 38%O_2~40%O_2;对于生产液氧的设备,液空的氧浓度为 35%O_2~37%O_2。

在实际运转中,液空的氧纯度还受下塔物料平衡的制约。如果液氮调节阀关得过小,液空量增加,液空氧纯度就必然降低,而液氮纯度会提高。反之,则液空的氧纯度提高。

液空氧纯度的高低对精馏是有影响的。其影响程度不能笼统而言,应作具体分析。例如,在液氮纯度保持不变及回流量一定的情况下,液空纯度越高,则氧气纯度提高;液空纯度越低,则氧气纯度难以提高。当然,这还要看上塔是否有潜力而异,操作人员最好按规定的指标操作。

251. 什么叫回流比,它对精馏有什么影响?

答:在空气精馏中,回流比一般是指塔内下流液体量与上升蒸气量之比,它又称为液气比。而在化工生产中,回流比一般是指塔内下流液体量与塔顶馏出液体量之比。

精馏产品的纯度,在塔板数一定的条件下,取决于回流比的大小。回流比大时所得到的气相氮纯度高,液相氧纯度就低。回流比小时得到的气相氮纯度低,液相的氧纯度就高。这是因为温度较高的上升气与温度较低的下流液体在塔板上混合,进行热质交换后,在理想情况下它们的温度可趋于一致,即达到同一个温度。这个温度介于原来的气、液温度之间。如果回流比大,即下流的冷液体多或者上升的蒸气少时,则气液混合温度必然偏于低温液体一边,于是上升蒸气的温降就大,蒸气冷凝得就多。因氧是难挥发组分,故氧组分冷凝下来相应也较多些,这样离开塔板的上升气体的氮浓度也提高得快。每块塔板都是如此,因此在塔顶得到的气体含氮纯度就高。另一方面,因为气液混合温度偏于低温液体一边,于是下流液体的温升就小,液体蒸发得也少,因而液体中蒸发出来的氮组分相应也少些,这样离开塔板的下流液体中氧浓度就提高得慢。每块塔板都是如此,因而在塔底得到的液体的氧浓度就低。

回流比小时则与上述情况相反,不再重复。精馏工况的调整,实际上主要就是改变塔内各部位的回流比的大小。操作工人常说的精馏塔塔温高,实际就是指回流比小;塔温低,就是回流比大的情况。

252. 为什么下塔液氮取出量越大,液氮纯度越低,而液空纯度会提高呢?

答:在进塔气量和进气状态以及膨胀气量和操作压力一定的情况下,冷凝蒸发器热负荷基本上是一定的,即液氮的冷凝量一定。如果下塔液氮取出量加大,下塔回流液体量就要减少,下塔回流比也就相应减少,因而塔板上的气液混合温度就要升高,上升蒸气在每块塔板的温降就要减小。这样,上升蒸气部分冷凝就不充分,蒸气中氧组分冷凝下来的数量就相应减少,于是在塔顶得到的气氮纯度就降低,到冷凝蒸发器后冷凝成的液氮纯度也低。另一方面,由于各块塔板上的气液混合温度升高,下流液体在各块塔板上的温升也增大。这样,液体部分蒸发较为充分,下流液体中的氮组分蒸发出来的数量就相应增加,因而液体的氧纯度提高得就快,故在塔底得到的液空纯度就相应提高。

253. 为什么说液氮节流阀可调节下塔液氮、液空的纯度,而液空节流阀只能调节液空液面?

答:空分设备在运转中,只要进塔空气量及操作压力以及冷损不变,冷凝蒸发器生成液氮量基本上一定。下塔液空和液氮的纯度主要决定回流比的大小,而液氮节流阀的开度直接影响到下塔回流比。液氮节流阀开大,送到上塔的液氮量多了,下塔回流液就少了,因而回流比相应减小,所以液空的氧纯度提高,液氮的纯度降低。反之,关小液氮节流阀,送到上塔的液氮量减少,下塔的回流液体增加,回流比相应增大,所以液空的纯度就降低,液氮纯度提高。而液空节流阀的开度,在一般情况下不能改变下塔的回流比,所以它不能调节液氮和液空的纯度。但它的开度将影响到下塔液面的高低,而且影响上塔的精馏工况。如果液空节流阀的开度正好与生成的液空量相适应,则下塔液面将保持稳定。如果开度小,则液空通过的数量减少,液空液面就要上涨;反之液面就下降。但液空节流阀的开度直接影响送到上塔液空量的多少,因而能改变上塔的回流比,从而影响上塔产品的纯度。

当液空液面稳定时,液空节流阀的开度将反映液空纯度的高低。因为液空节流阀的开度小,一定是下塔回流的液体量少,液空中氧纯度升高。当液空节流阀开度大时,则液空的氧纯度降低。但是这不是液空节流阀调节的结果。

当下塔液空液面过低,通过液空节流阀夹带有气体时,则会使下塔的上升气减少,回流比增大,液空中氧纯度下降。并且,它将对上塔精馏工况、氧气的纯度带来较大的影响,这在操作中是不允许的。因此,控制液空液面本身也包含着确保精馏工况正常的意义。

254. 为什么说调整下塔纯度是调整上塔产品纯度的基础?

答:双级精馏塔分离空气是先将空气在下塔分离成富氧液空和液氮,然后再送到上塔进一步分离成纯氧和纯氮产品。由此可见,如果下塔提供的中间产品不合格,上塔是很难生产出纯度和数量都合乎要求的氧、氮产品的。这是因为在设计上塔时,是根据氧、氮产品的数量和一定的液空和液氮量计算出上塔的回流比,再根据液空和液氮的纯度和回流比以及一定的操作压力,确定为分离出合格产品所需的塔板数。对全低压流程的上塔,还需要考虑膨胀空气的影响。也就是说,只有当液空、液氮的数量和纯度以及膨胀空气入上塔的状态和数量都符合要求,并在规定的操作压力下,经过这么多块塔板的精馏,才能获得纯度和数量都合格的产品。如果液空和液氮的纯度和数量改变了,上塔回流比一定会发生变化,如果还是用这么多块塔板来进行精馏,就不能得到纯度和数量都符合要求的产品了。因此,下塔工况的调整就成为从上塔获得合格产品的基础。

255. 怎样控制液空、液氮纯度?

答:下塔的液空、液氮是提供给上塔作为精馏的原料液,因此,下塔精馏是上塔精馏的基础。妥善地控制液空、液氮纯度的目的在于保证氧、氮产品纯度和产量。

液空纯度高时,氧气纯度才可能提高。液氮纯度高而输出量大时,氮气纯度才能达到理想纯度。但是,液空、液氮的纯度是互相制约的。一种纯度提高,另一种纯度必然降低。并且,液空、液氮的纯度和各自的输出量也互相制约,提高其纯度,流量必然减少。

从以上种种制约可以看出,液空、液氮的纯度和导出量有个平衡点,这就需要稳步地、认真仔细地寻求。

下塔的操作要点在于控制液氮节流阀的开度。具体地说,就是要在液氮纯度合乎上塔精馏要求的情况下,尽量地加大其导出量。这样可以为上塔精馏段提供更多的回流液。回流比的增大可使氮气纯度得到保障。与此同时,下塔回流比也会因此而减少,液空纯度会得到提高,进而可以使氧气纯度得到提高。

液氮节流阀究竟开到什么程度合适呢?这可以通过液氮纯度与气氮的纯度差额来判断。在正常情况下,喷淋液氮与出上塔气氮纯度相等或者液氮稍低,允许液氮纯度低于气氮纯度0.51%～2%。纯度越低,其差值愈大;纯度越高,差额愈小。当气氮纯度高于99.9%时,则应使液氮纯度相当于气氮纯度。

如果出现液氮纯度很高,而气氮纯度比液氮纯度还低的不正常现象,则说明导入上塔的液氮量太少,从而造成上塔顶部塔板的液体不足,精馏段回流比不够,氮气纯度无法提高。同时,下塔也会因液氮节流阀开度太小,回流比增大,液空纯度下降,进一步造成氧气纯度降低,此时,液氮节流阀开度必须加大。这时,液氮纯度虽然会有所下降,但是气氮纯度却反而能提高。

在具有污液氮节流阀和纯液氮节流阀的流程中,在操作时,通常用污液氮节流阀控制液空纯度,而用纯液氮节流阀控制液氮纯度。

256. 小型空分塔在正常生产时,液氮纯度很好,为什么气氮纯度会自动降低,将液氮节流阀开大一点,为什么气氮纯度就会上升?

答:精馏分离空气必须具备两个条件:一是有一定的回流液,二是有一定的上升蒸气量。若其比例(回流比)不合适,就不能制取高纯的氧、氮产品。当上升蒸气量过少,回流液过多,液体中的氮分子由于蒸气传入热量不够而不能充分的蒸发,氧纯度就降低;反之,当回流液相对过少时,回流液不能使蒸气中的氧分子充分地冷凝下来,氮纯度就降低。

空分塔在正常生产中,上塔精馏段和提馏段的回流液都有一定的比例,才能获得一定量合格的氧、氮产品。有时,虽然节流阀的开度并没有变化,但由于二氧化碳等杂质带入塔内,最容易在节流阀处堵塞,上塔回流液量改变,影响出塔产品纯度。因此,当液氮纯度很好,气氮纯度自动下降时,可以转动一下液氮节流阀,刮去阀口的结霜,或稍加大一点开度,使上塔精馏段回流比增大一点,气氮纯度很快就会升高。

257. 液空调节阀的液体通过能力不够时,将对精馏工况带来什么影响?

答:如果在设计时选择的液空调节阀通过能力过小,或在安装时与液氮调节阀换错,或在运行中调节阀或液空吸附器、过冷器堵塞,均能造成液空的通过能力减小。即使在液空调节阀开至最大,液空液面也会不断上升。为了维持下塔液面的稳定,不得不采取开大液氮调节阀,减少下塔回流液的方法,这将破坏下塔的正常精馏工况。由于液氮取出量过大,液氮纯度下降,上塔氮气纯度也随之下降,氧的提取率降低,氧产量减少。同时,液空中氧纯度虽然有提高,但是在上塔精馏段的液体中由于回流比增大而氧含量下降,因此,总的结果仍使产品氧纯度下降。

在出现上述情况时,氧气产量与质量往往达不到指标,必须针对原因,采取措施。如果是阀门通过能力不够,可增加一个旁通阀。在液空管路系统堵塞严重,无法维持正常生产时,只得停车加温。

258. 为什么液氮节流阀调节液氮纯度会有一个最灵敏的位置?

答:当小型制氧机用液氮节流阀调节液氮纯度时可以发现,阀门在某一开度范围内调节,对液氮的纯度影响不大;而在某一位置,阀门开度变化1°～2°,就会使液氮纯度发生较大的变化。也就是说,液氮节流阀的开度与液氮纯度的变化并不是一个简单的比例关系,而是调节有一最灵敏的位置。

这种现象与下塔顶部的结构有很大关系。如图53a所示,下塔顶部是与主冷相连,氮气上升进入主冷的管内后冷凝成液氮下流,在主冷的下部设有液氮接液槽。液氮槽内的液氮通过液氮管流至上塔,处于液氮槽内圈的冷凝管中冷凝的液氮将直接回流至下塔作为回流液。当液氮节流阀的开度过大,液氮槽中液面过低时,通过液氮管路的将是汽液混合物,如图53b所示。这时,在主冷中冷凝的液氮量相应减少,下塔的回流液也减少,所以液氮纯度较低。

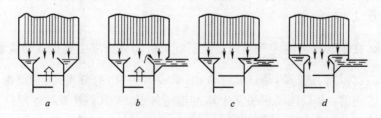

图 53 下塔回流液情况

当关小液氮节阀时,通过节流阀的蒸气量逐渐减少,下塔回流液有所增加,液氮纯度逐渐上升。当液氮节流阀关小到管内已没有蒸气通过,而液氮槽内的液氮还未满到溢流的程度时(图53c),即使关小液氮节流阀也不会改变下塔回流液的多少,因此,液氮纯度基本不变。当继续关小节流阀,使流入液氮槽的液体不能全部通过节流阀,而液面上涨到有部分溢流回下塔时,如图53d所示,下塔的回流液增多,液氮纯度会有较大幅度提高。再继续关小节流阀,由于下塔回流液继续增加,液氮纯度将继续提高,但变化是缓慢的,不会发生突变。并且,液氮量过少,液空中氧纯度过低,对上塔精馏也无益。由上述可知,在图53d的情况是调节液氮的灵敏位置。在操作时,要经常分析液氮纯度,找出每一设备的纯度变化灵敏点相应的液氮节流阀开度。

259. 为什么简单的双级精馏塔,若不抽取氩馏分就不能同时制取高纯度的氧、氮产品?

答:在空气中除了含有20.95%的氧和含有78.09%的氮外,还含有0.932%的氩。从物料平衡的观点看,如果要得到100%的纯氧,则空气中的氩就只好全部跑到产品氮中去了。也就是说,这时的氮气是由0.932%的氩和78.09%的氮所组成,它们的总量是(0.932%+78.09%)=79.022%,其中含氮78.09%,故氮纯度为(78.09%/79.022%)=0.988,即为98.88%。

如果要得到100%的纯氮,那空气中的氩只好全部跑到氧气中。这时的氧气是由0.932%的氩和20.95%的氧组成,它们的总量是(0.932%+20.95%)=21.882%。其中含氧20.95%,故氧纯度为(20.95/21.882)=0.9517,即95.17%。

由此可见,如不排除氩的影响,即不抽取氩馏分的话,在一般的双级精馏塔中是不能同时生产高纯度氧和高纯度氮的。

260. 小型制氧机在制取高纯度氮时为什么要抽出部分馏分气?

答:空气中含有0.932%的氩,在上塔欲制得99.6%的氧气时,在排氮中必定含有1.05%的氩。从分离过程来看,在上塔的提馏段(液空入口以下)则基本上是氧—氩分离,而在精馏段(液空入口以上)则基本上是氮—氧(氩)分离。氩与氧的沸点比较接近(0.1013MPa下氧的沸点为-182.97℃,氩的沸点为-185.7℃),要分离是比较困难的。在精馏段往往会产生这样的情况,在氮—氧分离过程中,氧组分分离不干净,氩组分基本上与排氮中的氧组分一起逸出,使氮气纯度降低。如果要求制取高纯氮,氧组分要从氮中完全分离,氩组分就会有可能与氧组分一起被下流液冷凝下来。其结果是在减少排氮中氧组分的同时,使产品氧中的氩组分增加了,氧气纯度就会降低。

为了在提高氧气纯度的同时制造出高纯度氮气,就需在精馏段抽出含氩浓度较高的一定气量作为馏分气。

261. 为什么在制取双高纯度产品的全低压制氧机的分馏塔中要抽取污液氮和污气氮?

答:因为在空分塔内进行的是三元混合物(氧—氮—氩)的分离,不抽氩馏分时,要得到高纯度氮是不可能的。全低压制氧机从上塔抽走污气氮,实质上就是抽氩馏分。为了保证切换式换热器自清除的需要,作为返流气体的污气氮的数量比中压制氧机中抽取氩馏分的数量要多得多。

为了保证氮气产品的纯度,要求从塔顶喷淋的液氮也有足够高的纯度(99.99%N₂)。对下塔来说,为了从塔顶得到高纯度液氮,又要保证底部液空的纯度,从中部抽取一部分污液氮,这对下塔精馏是有利的。它可使抽口以上的塔板有足够大的回流比,以保证纯液氮纯度,同时使抽口以下的塔板回流比减小,有利于提高液空的氧纯度。

262. 为什么制氧机在运转中不但要注意产品氧的纯度,还应注意氮纯度?

答:制氧机在生产中应力求做到优质、高产,以降低生产成本。如果只注意产品氧纯度,只顾了优质一个方面;要做到高产,则必须同时注意氮的纯度。因为,当加工空气量一定时,氮气纯度越低,说明氮气中带走的氧也越多,则氧气产量一定减少。氧气产量与氮气纯度的关系为:

$$V_O = \frac{y_N - y_B}{y_N - y_K} V_A$$

式中　　V_O——氧气产量,m^3/h;

　　　　V_A——加工空气量,m^3/h;

　　　　y_N——平均氮纯度,对不抽污氮的分馏塔即为排氮纯度(体积成分),$\%N_2$;

　　　　y_B——空气中氮的体积分数,$y_B = 79.1\%N_2$;

　　　　y_K——氧气中氮的体积分数,$\%N_2$。

例如,加工空气量为 $300m^3/h$,平均氮纯度为 $y_N = 96\%N_2$,氧纯度为 $99.5\%O_2$($y_K = 0.5\%N_2$),则氧产量为:

$$V_O = \frac{96 - 79.1}{96 - 0.5} \times 300 = 53.2 m^3/h$$

如果将排氮纯度提高到 $98\%N_2$,在保证产品氧纯度的情况下,则氧气产量为:

$$V_O = \frac{98 - 79.1}{98 - 0.5} \times 300 = 58.2 m^3/h$$

由此可见,在生产中只化验氧纯度,对氮纯度不予以过问,这样的做法是欠妥的。

263. 什么叫平均氮纯度,它受什么条件限制?

答:在低压流程生产双高纯度产品的双级精馏塔,从上塔引出的氮气有两股:一股是含氮达 99.99% 的纯氮气,一股是含氮为 94% 左右的污氮气,氮气带走的氧量要看两股氮气的平均值。

所谓平均氮纯度就是纯气氮与污气氮纯度的平均值。由于两股氮气的数量是不一样的,平均值还与它们的数量有关。它用下式来表示:

$$y_{N_2} = \frac{V_{CN} \cdot y_{CN} + V_{WN} \cdot y_{WN}}{V_{CN} + V_{WN}}$$

式中　　y_{N_2}——平均氮纯度;

　　　　y_{CN}——纯氮纯度;

　　　　y_{WN}——污氮纯度;

V_{CN}、V_{WN}——纯气氮与污气氮量,m^3/h。

平均氮纯度的高低主要取决于纯氮、污氮的纯度和数量,由于污氮的纯度低、数量又大,它一般占加工空气量的 60% 左右;而纯氮数量小,仅占加工空气量的 20% 左右。因此,污氮的纯度对平均氮纯度的影响较大。若提高污氮纯度,平均氮纯度也能相应提高。但是,污氮纯度是不能任意提高的。因为要同时生产高纯度的氧和氮气,必须通过抽取大量的污氮来排除氩的影响。而氩、氧的沸点接近而不易分离，在氮气中含有一定的氩量，也就相应地含有一定的氧量。

此外，平均氮纯度的高低还与装置的冷损、塔板的精馏效率等因素有关。由于低压装置的膨胀空气被送入上塔参加精馏，在塔板数一定的情况下，送入的膨胀空气越多（由于装置冷损大而需要冷量多时），则会引起平均氮纯度下降。一般，平均氮纯度能在96%～98%左右。

264. 为什么全低压空分设备能将膨胀空气直接送入上塔？

答：全低压空分设备的冷量大部分靠膨胀机产生，而全低压空分设备的工作压力即为下塔的工作压力，为0.55～0.65MPa。该压力的气体在膨胀机膨胀制冷后，压力为0.13MPa左右，已不可能像中压流程那样送入下塔参与精馏。如果膨胀后的空气只在热交换器内回收冷量，不参加精馏，则这部分加工空气中的氧、氮就不能提取，必将影响到氧、氮的产量和提取率。

由于在全低压空分设备的上塔其精馏段的回流比大于最小回流比较多，就有可能利用多余回流液的精馏潜力。因此可将膨胀后的空气直接送入上塔参与精馏，来回收膨胀空气中的氧、氮，以提高氧的提取率。

由于全低压空分设备将膨胀空气直接送入上塔，因此，制冷量的变化将引起膨胀量的变化，必然要影响上塔的精馏。制冷与精馏的紧密联系是全低压空分设备的最大特点。

265. 进上塔的膨胀空气量受什么条件限制？

答：进上塔的膨胀空气量增加，精馏段的回流比相应减少。为了达到所要求纯度的氮气产品，需要设置更多的塔板数。当回流比减少到需要设置无数块塔板才能使氮气纯度达到要求的数值时，这时的回流比叫最小回流比。进上塔的膨胀空气量首先受最小回流比的限制。当回流比越接近最小回流比时，为保证产品纯度所需的塔板数增加得越快，这将造成投资增加，塔板阻力增加，操作压力升高，能耗增加。因此，膨胀空气进上塔后的回流比应大于最小回流比。

当要求氮气纯度低时，最小回流比也减小，允许进上塔的膨胀空气量就可以多些，这时氧的提取率也相应地降低。此外，如果液空纯度高，液空量就较少，相应的液氮量就会增大。这将使精馏段的回流比增大，允许送入上塔的膨胀空气量也就可适当增加。氧气的纯度低一些，允许送入的膨胀空气量也可以多一些。总之，送入上塔的膨胀空气量应综合考虑回流比、塔板数、氧、氮及液空纯度等诸因素的影响，以便在既保证产品纯度和不使氧提取率下降过多，又不致过多地增加塔板数和能耗的情况下，送入适量的膨胀空气。目前一般允许送入上塔的膨胀空气量是0.15～0.25的加工空气量。对于大型设备，冷损较小。为弥补冷损所需的膨胀空气量是不会超过上述要求的，因此可将全部膨胀空气量送入上塔。对中小型设备，冷损较大。膨胀气量若大于上述要求时，如将全部膨胀空气送入上塔，塔板数将增加太多，同时能耗也显著增加。在设计时宁愿只将部分空气送入上塔，另一部分膨胀空气旁通至换热器，仅回收其冷量，则更为经济、合理。

266. 送入上塔的膨胀空气过热度对精馏有什么影响？

答：全低压制氧机由于上塔精馏段具有一定的精馏潜力，从而膨胀后的空气可以在一定限度内直接入上塔参与精馏。膨胀后空气的状态及引入量将对精馏工况有直接的影响。从有利于精馏方面考虑，因塔板上的气、液都处于饱和状态，因此在膨胀空气吹入上塔时，最好也能达到饱和状态。从补偿塔的冷损考虑，膨胀空气入上塔的状态则以含有少量液体的气液混合物为宜。

但是，由于受膨胀机的结构所限，空气在膨胀机出口既不能达到饱和，更不能产生液体。否则膨胀机就会发生液击事故，造成膨胀机损坏。鉴于此因，膨胀后的空气温度必然高于其所处压力下的饱和温度，即存在一定的过热度。

在膨胀机的进出口的压力一定时，膨胀后的空气温度是由膨胀前温度所决定的。膨胀前的空气温度高，焓值高，膨胀时作功能力强，单位制冷量大，温降也大，这就是所谓的膨胀工质的"高温高焓降"。

由经验得知，当膨胀机入口空气温度约为 $-140℃$ 时，膨胀机膨胀的温降大约只有 $30℃$；当入口温度为 $-100℃$ 时，膨胀后温降能达到 $50℃$ 以上。在获得同样制冷量的情况下，膨胀工质的单位制冷量大，所需膨胀量就少。目前在制氧机设计时，膨胀机入口温度一般取为 $-90\sim-100℃$，膨胀后的温度为 $-140\sim-150℃$。膨胀后的压力一般为 $0.13\sim0.135MPa$。其对应的饱和温度为 $-188\sim-189℃$，过热度约为 $40℃$。虽然膨胀气量小了，但过热度增大了。入上塔膨胀空气的量及过热度对精馏都有较大影响。膨胀空气吹入口处塔板上的液体会大量蒸发，塔板温度升高，精馏段回流比下降，精馏能力下降。若吹入量过大，过热度过高甚至会破坏精馏工况，产品纯度降低，提取率下降。

近年来，为了减少膨胀空气吹入的影响，在设计精馏塔上塔时，增加了液空进料口至膨胀空气吹入口区段的塔板数。以往此区段只有 $2\sim3$ 块塔板，而今已经增加到 $5\sim6$ 块塔板。

此外，在设计时采用提高膨胀机前的温度以达到减少膨胀量的目的。同时在流程设计中采用膨胀后换热器，用污氮的冷量来冷却膨胀后空气，降低膨胀后空气的过热度，使膨胀空气的过热度降到 $10\sim20℃$ 后再吹入上塔。新型的空分流程中，采用增压膨胀也能减少膨胀空气的膨胀量和过热度。

267. 膨胀空气全部送入上塔是否总比部分旁通要好？

答：空分设备在实际运转中，由于冷损的变化，膨胀空气量会也有变化。有人认为，不管膨胀空气量多少，全部送入上塔参加精馏，总可回收一部分氧。而如果部分旁通，则这部分空气中的氧将全部被放空，因此，将膨胀空气全部送入上塔总是有利的。实际上这种观点是不全面的。

因为在设计精馏塔时，是根据进塔膨胀空气量和要求的氧、氮纯度，设置一定的塔板数的。在实际运转中，如果膨胀量超过设计值，将使氮纯度下降，氧的提取率降低。而部分空气旁通时，虽然这部分空气中的氧全部没有回收，但是进塔参加精馏的空气的提取率可保持较高的值，二者综合起来，氧的提取率可能高于全部送入上塔时的值。

例如，在氧纯度为 $99.5\%O_2$，上塔理论塔板数为 30 块的情况下，相当于 23% 加工空气量的膨胀空气全部进入上塔时，平均氮纯度为 96%，则氧产量与加工空气量之比为

17.15％。当膨胀空气量为30％加工空气量,并全部进入上塔时,平均氮纯度为94.5％,则氧产量为16.45％加工空气量。如果将7％的膨胀空气旁通,虽然只有93％的空气参加精馏,但是,由于进上塔膨胀空气少(23％加工空气量),平均氮纯度高,氧产量为加工空气的17.75％,即相当于空气量的17.75％×93％=16.5％。由上例可见,虽然旁通掉一部分膨胀空气,氧产量不但没有减少,反而略有提高。对不同的设备,到底多少膨胀空气送入上塔最有利,最好先按规程规定的数值进行操作,也可在实践中进一步摸索。

268. 空气增压膨胀流程制氧机为什么精馏的氧提取率高?

答:在膨胀机中空气膨胀推动叶轮转动而作功,空气所作的功可以由制动电机回收一部分为电能,也可以在叶轮的轴上安装一个增压轮,将空压机出来的压力约为0.6MPa的空气部分引入增压轮增压,使之压力升高到0.9~1.1MPa,再进入膨胀机膨胀,膨胀到0.13~0.14MPa引入上塔。其增压膨胀流程见图54。增压膨胀的实质是将膨胀空气所作的功回收给膨胀工质本身。增压后的膨胀空气将从0.9~1.1MPa膨胀至0.13~0.14MPa,其单位制冷量增加。在制氧机补偿同样冷损的前提下,所需膨胀量大大减少,即吹入上塔的过热膨胀空气量大为减小。它可使上塔精馏段的回流比相对较大,气相中氧组分冷凝充分,从而气氮纯度高,随氮带出的氧量减少,可以提高氧的提取率。

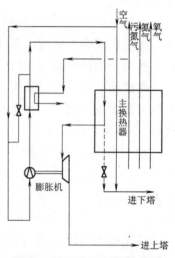

图54 增压透平膨胀机系统

269. 全低压空分设备双高产品的下塔的精馏工况如何进行调整?

答:对制取双高产品的精馏塔下塔,一般在中部有污液氮抽口。分别有液氮、污液氮、液空3个调节阀。并且,在主冷氮侧冷凝的液氮还专门有一回流到下塔的回流阀,如图55所示。

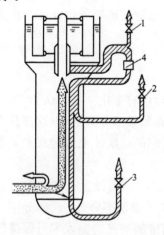

图55 下塔的气液平衡
1—液氮调节阀;2—污液氮调节阀;
3—液空调节阀;4—液氮回流阀

下塔精馏是上塔精馏的基础。调整下塔的精馏工况就是为上塔提供纯度符合要求的、一定数量的液空、污液氮和液空。调整的方法是使各阀门的开度相互配合,以调节各段回流比的大小。

由于下塔中部抽走一部分污液氮,因此,抽口以上与抽口以下的回流比不同,抽口以下的回流比抽口以上的要小。纯液氮量越小,纯液氮纯度越高,相应地污液氮纯度提高。因此,纯液氮纯度主要通过纯液氮调节阀与液氮回流阀互相配合进行调节。为了提高液氮纯度而关小液氮调节阀时,应相应地开大回流阀,否则会使主冷内液氮液面升高,影响到主冷的有效换热面积。通常,当通过液氮节流阀为上塔提供一定数量和纯度的纯液氮的情况下,可通过回流阀来保持一定的液氮液面。

污液氮调节阀的开度可改变抽口以下的回流比,从而改变液空纯度。通常,液空纯度通过污液氮调节阀来保证。如果污液氮量过大,液空量过少,液空的氧纯度虽然很高,但是会使污液氮纯度降低过多,从而影响到上塔的精馏工况,氧产量、纯度下降。如果通过污液氮调节阀的液体中挟带气体,上塔精馏工况更为恶化。因此,在保证液空纯度的前提下,开度不应过大。当液空纯度正常时,应与液氮回流阀配合调节。回流阀开大后,调节阀也应相应开大。

液空调节阀是不能改变下塔回流比的,即不能调节下塔的液空、液氮纯度,而主要是调节液空液面。在全低压空分设备中,液空液面有自动调节系统,根据液面高低,自动调节液空节流阀的开度。

270. 为什么不能用纯液氮回下塔阀来调节液面和纯度?

答:气氮在主冷中冷凝成液氮后分成两路:一股经调节阀去上塔,一股通过回流阀回下塔。回流阀的开度要与调节阀相适应,不让液氮在主冷中积存。如果回流阀开度过小,液氮在主冷中积聚,它将占去了一部分换热面积,液氧蒸发不出去,导致液面上涨。反之,液氮从主冷中流出,换热面积增加,液氧急剧蒸发,液面马上下降。

既然回流阀开度可以改变液面,为什么不能用它来调节呢? 首先,如果液面不足是冷量不足引起的,那么关小回流阀使液面升高是暂时的,最后还是要下跌的。其次,当主冷换热面减少太多时,将使下塔压力升高,进塔空气量减少,因而将使氧气产量减少或氧气质量变坏。在开大回流阀时,液面下跌也是暂时的,跌到一定程度就会停下来。因此,调节液面只能靠改变膨胀机的制冷量来达到。

回流阀关小时,下塔回流液减少,液氮纯度下降,反之则上升,但这也是暂时现象。因为回流阀关小后,液氮在主冷中积聚起来。当液面高度达到一定程度时,液氮回下塔的量又会自动增多,使液氮纯度恢复到原来的情况。不仅如此,它还将带来主冷温差扩大和液氧液面改变等不利的影响。因此,液氮纯度只能靠液氮调节阀,不能靠回流阀来调节。但回流阀的开度应与调节阀的开度相适应,以保证液氮在主冷内不积聚。

271. 哪些因素可能会影响到产品氧的纯度,如何调整?

答:影响氧气纯度的因素有:

1)氧气取出量过大。从物料平衡来看,当加工空气量一定、氮气纯度一定时,如果要求一定的氧气纯度,只能取出一定数量的氧气。如果取出量过多,纯度必然达不到要求。从精馏角度看,氧气取出量过大,上塔提馏段上升蒸气的数量减少,回流比增大,液体中氮(氩)蒸发不充分,将使氧纯度下降。这时应适当关小送氧阀,减少送氧量,同时开大送氮阀,以保证上塔压力一定。

2)液空中氧纯度过低。液空中氧纯度低,必然是液空量过大。它一方面将使上塔提馏段的分离负担加大,另一方面回流液多而难以使氮(氩)组分蒸发充分,从而造成氧纯度降低。这时应对下塔精馏工况进行调整,适当提高液空含氧量。

3)进上塔膨胀空气量过大。进上塔的膨胀空气量越大,排氮纯度越低。要保证送氧量,氧纯度必然下降。当进上塔的膨胀空气量过大时,将破坏上塔的正常精馏工况,使氧纯度大幅度下降。这时,如果是塔内冷量过剩,则应对膨胀机减量。如果液氧液面正常,则需要将部分膨胀空气旁通,以减少进上塔的膨胀空气量。

4)冷凝蒸发器液氧面过高。当主冷液氧面上升时,说明下流液量大于蒸发量,提馏段的回流比增大,造成氧气纯度降低。这时可对膨胀机进行减量。当液氧面很高,而氧纯度很差,一时不容易调好时,可排放部分液氧,使冷凝蒸发器换热面积得到充分利用,然后重新调整。主冷液氧面上涨也可能是由于在液氧中挟带有大量固体二氧化碳,造成传热恶化,液氧蒸发不出来,迫使氧气取出量减少。必要时只得停车加温。

5)塔板效率下降。精馏塔板由于变形、塔体歪斜或筛孔被固体杂质堵塞,则将影响每块塔板上气液传质效果,造成纯度下降。如果运转周期已很长,并且塔板阻力增加,应停车加温。

6)精馏工况异常。当精馏塔发生液泛或液漏等情况时,破坏了精馏塔的正常精馏工况,造成纯度下降。这时要根据具体情况采取措施,消除不正常工况。

7)主冷泄漏。当冷凝蒸发器钎焊质量不好或蒸发管磨漏,或局部爆炸,造成局部微小泄漏时,均可引起压力较高的气氮漏入压力较低的氧侧,造成氧纯度下降。当纯度下降不多时,可通过分析液氧与气氧纯度差来判断。当两者的差别超过正常的气液平衡浓度差时,则往往是由于泄漏造成的,只得停车检修。

272. 精馏塔的塔板数是根据什么来确定的,是否越多越好?

答:塔板数是根据要求的氧、氮产品的数量和纯度,设定的液空、液氮的纯度,以及上、下塔的工作压力确定的。通过精馏过程计算得出的是理论塔板数。如果膨胀空气送入上塔,上塔塔板数还与膨胀空气的数量和状态有关。由于实际精馏工况达不到理想情况,实际所需的塔板数要比理论计算的要多。通常是考虑一个塔板效率,在求出理论塔板数后,除以塔板效率就得出实际塔板数。在实际设计中,还需参考同类型设备的塔板数来确定实际塔板数。

为什么理论计算与实际有出入呢?这是因为在进行精馏计算时,是假设在塔板上进行的热质交换是充分的,即离开塔板的气液达到了平衡。实际上由于气液均有一定的流速,热质交换不可能完善。另外热质交换的完善程度还与塔板的结构有关。因此,离开塔板的气液均达不到平衡状态,即气液浓度均低于理论值。若欲达到规定的浓度,就需要更多的塔板。考虑到制造、安装的误差,如塔板拼接不良造成的液漏及塔板不平等引起的精馏效率降低,都要求比理论塔板更多的塔板才能达到所需的气液浓度。另外,在进行精馏计算时,若把空气只看成是氧、氮混合物,则与实际的误差就更大了。塔板效率实际上考虑了上述诸因素影响,因此实际塔板数要比理论塔板数要多。

然而,塔板数是否越多越好呢?实际并非如此。从精馏角度讲,在进料条件和回流比一定的情况下,产品纯度越高,需要的塔板数也越多。但塔板数越多,塔板阻力就越大,塔的操作压力相应也要提高,这将使分离效果反而降低。而且,空压机的排气压力也得提高,电耗就要增加。此外,塔板数多,塔的成本也提高。因此,塔板数应该适当,不能说越多越好。

273. 精馏塔内各块塔板上的温度为什么不同,它受什么因素影响?

答:塔板上的温度决定于它上面的气、液温度,而气、液温度的高低又决定于它的压力和它们的含氧(或氮)浓度。在压力一定的情况下,含氧浓度高,它的温度高;含氧浓度低(即含氮高),它的温度低。众所周知,无论是上塔或下塔,气、液的含氧浓度都是下部较高,越往上含氧浓度越低。因而它们的温度也是下部高,越往上温度越低。另外,阻力越大,塔内的压力越高,对应的气、液饱和温度也越高;压力越低,相应的饱和温度也越低。虽然上塔底部液体含氧 99.6%,因其压力为 0.14MPa,故它的饱和温度是 93.2K。而下塔顶部气体含氧 0.01%(含氮 99.99%),压力为 0.6MPa,故它的饱和温度为 96.1K,此时下塔氮的温度比上塔氧的温度还高。

从上面的分析可以看出,精馏塔的压力和纯度发生变化时,塔板上的温度也将发生变化。对每一块塔板来说,流到塔板的液体温度比蒸气温度要低。气液进行接触后,发生传热过程,液体部分蒸发,蒸气部分冷凝,液体中氧浓度提高,蒸气中氮浓度提高,最后温度达到接近相等,再分别离开塔板。因而,凡是使压力和纯度发生变化的因素,如产品氧、氮和污氮蝶阀,以及液空、液氮和污液氮节流阀的开度改变都会对塔板温度有所影响。当回流比增加时,液体量相对增多,气、液混合后相对来说液体的温升较小,液体部分蒸发不充分,使得塔温偏低;回流比减小时,则相反。而气体出口阀的开度还将影响到塔的压力。

274. 塔板阻力是如何形成的,它包括哪些部分?

答:塔板阻力是指上升蒸气穿过塔板筛孔和塔板上液层时产生的压降。当蒸气穿过塔板筛孔时,由于流道截面发生变化而对流动产生阻力。这个阻力不管塔板上有无液体都是存在的,故又叫干塔板阻力。它与蒸气穿过筛孔的速度、筛板的开孔率以及孔的粗糙度等因素有关。其中,筛孔速度对它的影响最大,它是与筛孔速度的平方成正比。其次,上升蒸气还必须克服液体的表面张力形成的阻力,才能进入和逸出液层,这个阻力叫表面张力阻力。它与液体的表面张力成正比,与筛孔的直径成反比。此外,上升蒸气还要克服塔板上液层的静压力形成的阻力才能上升,这个阻力就是液柱静压力。它与液层的厚度和液体的密度有关。由此可见,每块塔板产生的阻力就是由干塔板阻力、表面张力阻力和液柱静压力三部分组成,一般在 200～300Pa。精馏塔内测量的下塔阻力,上塔上部、中部、下部各段的阻力,分别是指各段内每块塔板阻力的总和。

275. 哪些因素会影响塔板阻力的变化,观察塔板阻力对操作有何实际意义?

答:影响塔板阻力的因素很多,包括筛孔孔径大小、塔板开孔率、液体的密度、液体的表面张力、液层厚度、蒸气的密度和蒸气穿过筛孔的速度等等。其中,蒸气和液体的密度以及液体的表面张力在生产过程中变化很小。孔径大小与开孔率虽然固定不变,但当筛孔被固体二氧化碳或硅胶粉末堵塞时,也会发生变化,造成阻力增大。此外,液层厚度和蒸气的筛孔速度取决于下流液体量和上升蒸气量的多少,在操作中也有可能发生变化,从而影响塔板阻力的变化。特别是筛孔速度对阻力的影响是成平方的关系,影响较大。

所以,在实际操作中,可以通过塔内各部分阻力的变化来判断塔内工况是否正常。如果阻力正常,说明塔内上升蒸气的速度和下流液体的数量正常。如果阻力增高,则可能是某一段上升蒸气量过大或塔板筛孔堵塞;如果进塔空气量、膨胀空气量以及氧、氮、污氮取出量都正常,也即上升气量没有变化,那就可能是某一段下流液体量大了,使塔板上液层加厚,造成塔板阻力增加;如果阻力超过正常数值,并且产生波动,则很可能是塔内产生了液悬;当阻力过小时,有可能是上升蒸气量太少,蒸气无法托住塔板上的液体而产生漏液现象。因此阻力大小往往可作为判断工况是否正常的一个重要手段。

276. 为什么下塔压力比上塔高？

答：为了实现上、下塔的精馏过程，必须使下塔顶部的气氮冷凝为液氮，使上塔底部的液氧蒸发为气氧。这个过程是通过冷凝蒸发器，用下塔的气氮来加热上塔的液氧，使其蒸发成气氧，而气氮本身因放出热量而冷凝成液氮来实现的。为此，要求冷凝蒸发器的冷凝侧（即氮侧）的温度高于蒸发侧（即氧侧的温度），并保持一定的温差（一般在 $1.0\sim2.5℃$）。

我们知道，在同样压力下，氧的沸点比氮高，无法达到上述目的。但是，气体的液化温度和液体的气化温度与压力有关，而且随压力的增加而升高。例如在 0.14MPa 下，液氧的蒸发温度是 93.2K，气氮的冷凝温度是 80K；而在 0.58MPa 下，气氮的冷凝温度是 95.6K。为实现用气氮来加热液氧的目的，就必须把氮侧的压力提高，使氮的冷凝温度高于氧的蒸发温度，并保证一定的传热温差才行。因为冷凝蒸发器的氧侧与上塔底部相连。它与上塔底部具有相同的压力；其氮侧与下塔顶部相连，它与下塔顶部具有相同的压力。所以，下塔压力比上塔高就是要保证主冷的正常工作，以实现上、下塔的精馏过程。

277. 上塔压力低些有什么好处？

答：上塔的低温产品气体出塔后要通过换热器回收冷量，经复热后再离开装置。上塔的压力需要能够克服气体在通过换热器时的阻力。但是，要求在满足需要的情况下，尽可能地低。这是因为：

1）在冷凝蒸发器中冷凝的液氮量不变、主冷温差不变的情况下，如果上塔压力降低，则下塔压力相应地会自动降低。通常，上塔压力降低 0.01MPa，下塔压力可降低 0.03MPa。例如，上塔压力为 0.05MPa（表压），主冷温差为 2℃，则下塔压力为 0.485MPa（表压）；如果上塔压力为 0.06MPa（表压），则下塔压力要升至 0.515MPa（表压）左右。对于全低压制氧机，随着下塔压力降低，空压机的排气压力亦可降低，进塔空气量会增加，从而可以增加氧产量和降低制氧机能耗。对于中压制氧机，下塔压力降低就能增大膨胀机前后的压差。当要求制冷量一定时，就可以降低高压压力，节约电耗。

2）上、下塔压力降低，可改善上、下塔的精馏工况。因为压力低时，液体中某一组分的含量与其上方处于相平衡的蒸气中同一组分的含量的差数要大些，而压力高时此差数会减小。例如，在 0.05MPa（表压）时，液体中氮浓度为 50%，则平衡蒸气中氮的浓度为 83%；如果压力升高到 0.1MPa（表压），液体中含氮仍为 50%，则蒸气中氮的浓度会减少到 81%。气、液相浓度差越大，则氧、氮的分离效果越好。即在塔板数不变的情况下，压力低一些，有利于提高氧、氮的纯度。因此，在操作时，要尽可能降低上塔压力。

应该指出，上塔压力降低的程度是有限的。因为氮、氧产品的排出压力有一定的要求，在排出过程中，还要克服换热器和管道的阻力。

278. 双级精馏塔内的温度是怎样分布的？

答：加工空气由下塔底部进入，已达到了所处压力下的饱和温度。进入下塔的空气温度约为 100K。空气在下塔进行预精馏，随蒸气逐渐上升，其含氮量逐板增加，在下塔顶为纯气氮（含氮 99.99%～99.999%），在冷凝蒸发器中全部冷凝成液氮，所对应的饱和温度为 94～95K。因为冷凝蒸发器的温差为 1～2K。因而上塔底（主冷液氧侧）的饱和温度为 92～93K。

精馏塔的上塔仍然是自下而上含氮量逐板增加,塔板的温度逐渐下降。在液空进料口处,下塔富氧液空(含氧 38%)节流后的温度约为 87~88K。在污氮出口处,污氮的纯度为 94%~96%,其相应的饱和温度为 80~80.5K。在上塔的辅塔顶纯氮取出口处,相对应压力约为 0.12MPa,对应的纯氮气(含氮 99.99%~99.999%)的饱和温度为 77.5~78K。精馏塔各处的温度是随着塔板上的气、液组成而变化的。由于氮是低沸点组分,它的含量增加,温度就下降。反之,含氧量增多,温度就会升高。

总之,双级精馏塔的各截面温度是自下而上降低的。下塔底的压力为 0.6MPa 温度约为100K;下塔顶 94~95K;上塔的温度也是自下而上降低,下部温度范围为 92~94K,顶部温度为 77.5~78K。

279. 下塔的压力、温度、纯度之间有什么关系?

答:进入下塔的原料空气经精馏后在顶部获得纯度较高的氮气。氮气进入主冷向液氧放出热,最后冷凝成液氮。如果液氧温度一定,主冷的传热面积一定,气氮的冷凝量越多,则需要放出的热量也越多(主冷热负荷越大),这要求主冷的温差也越大,即气氮的温度要越高。

塔内的气体是饱和蒸气,它的温度与压力、纯度之间存在有固定的关系:

1)当压力一定时,气体的含氮量越高,则液化温度越低。例如,在 0.55MPa、气体含氮为100% 时,相应的液化温度为 -177.8℃;含氮为 96% 时,液化温度为 -176.9℃。

2)当下塔顶部温度不变时(相当于上塔压力、液氧纯度和液氧液面没有改变,气氮的冷凝量没有改变时),含氮量越高,相应的液化压力也越高。例如,当下塔顶部温度为-177.1℃,气体含氮为 99.99% 时,相应的液化压力为 0.58MPa;含氮为 98% 时,则压力为0.57MPa;含氮为 94% 时,则压力为 0.55MPa。

在大型空分设备中,同时制取纯氧、纯氮的设备比单独生产纯氧的设备,生产每立方米氧气的成本要高,其中主要原因就是在制取纯氮时,对下塔提供的液氮纯度要求提高,下塔压力相应提高,这样电耗就要大,氧气成本就提高。

3)当气氮的纯度一定时,温度越高,液化所需的压力也越高。例如,当下塔顶部含氮为96%,温度为 -178.1℃时,液化压力为 0.5MPa;温度为 -174.7℃时,则液化压力为0.65MPa。

当进塔空气量增加,主冷传热面显得不足或主冷传热效果由于传热面脏污而下降时,为保证一定的热量传递(一定的热负荷和液氧蒸发量),只能扩大传热温差。这就要求下塔顶部气氮的温度升高,下塔压力必然要升高。

280. 什么叫液悬(液泛)?

答:在精馏塔内,液体沿塔板通过溢流斗逐块下流,与温度较高的蒸气在塔板上接触,发生传热和部分蒸发、部分冷凝的过程。如果塔板上的液体难于沿溢流斗流下,造成溢流斗内液面越涨越高,直至与塔板上的液面相平,液体无法下流,就叫"液悬"或"液泛"。如图 56 所示,当溢流斗内液面超过溢流斗高度的 50% 时,就认为开始发生轻微的液泛。

精馏塔内气液在正常流动时,由于蒸气是自下而上地流动,要克服塔板的阻力。因此,上部的压力(P_2)要比下部的压力(P_1)低。其压差(P_1-P_2)反映了每块塔板阻力的大小。液体自上而下流动是从压力低处流向压力高处,因此,溢流斗内的液面一定要比塔板上的液面高到一定程度才能流出。同时,液体在流过溢流斗时,液体还要克服在出口处的阻力,因此,溢流斗内的液面只有上升到液柱所产生的压力能够克服塔板上、下的压差和溢流斗的阻力时,才能保证液体顺利流过,液面保持稳定。

当塔板阻力增加,造成塔板上、下的压差增加,或溢流斗的阻力增加时,靠溢流斗内原有的液体高度已不足以克服压差和阻力,则液体暂时不能流下。当溢流斗内液面涨到一定高度时,又达到新的平衡。当塔板阻力或溢流斗阻力过大时,必将引起溢流斗内液面继续上涨,直至与上一块塔板的液面相平,塔板上的液体也随之上涨。当塔板上的液体上涨到上升蒸气无法托持住时,就会从筛孔一泻而下。如果产生液泛的原因没有消除,则又会重复上述过程。

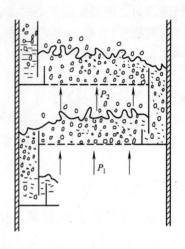

图 56 液泛现象

由此可见,当塔内发生液泛时,阻力、液面将发生很大的波动。同时破坏了塔内的精馏过程,产品纯度往往达不到要求,并且波动很大,无法维持正常生产。在操作中应尽力避免液泛的发生,并及时进行处理。

281. 产生液悬的原因是什么?

答:如第 280 题所述,造成溢流斗内液面上涨的原因是由于塔板阻力增加和溢流斗阻力增大两个方面。

塔板阻力的大小取决于上升蒸气量的多少和筛孔阻力、塔板上液层的厚薄。塔板阻力增大的原因有:1)空气量增大。尤其是在阀门开得过快时发生,向下塔送入的空气或往上塔送入的膨胀空气骤然增多,造成气速突然增高;2)塔板筛孔被固体二氧化碳或硅胶粉末等堵塞。

溢流斗阻力的大小取决于下流液体量的大小和溢流斗出口处的结构形状(出口流道大小等)。造成溢流斗阻力增加的原因有:1)下流液体量过多。特别是在操作液空、液氮节流阀时动作过快,使上塔或下塔的下流液体量突然增大;2)溢流斗加工装配不正确或塔板变形,造成溢流斗出口处流道变窄。

在正常生产中发生液泛往往是阀门动作过猛或运转周期已很长时发生。因此,阀门开关要细心、缓慢是制氧机操作要点之一。

282. 下塔液悬有哪些象征?

答:当下塔产生液悬时,最有说服力的象征是液氮纯度无法调整至标准值,有时甚至高于液空中含氧量。采取关小液氮节流阀来提高液氮纯度的办法是无效的,只能引起中压压力升高,增加下塔压力和液空液面的波动幅度。此时,打开氪氙吹除阀会出现液体,小型制氧机的中压加温阀会有结霜现象。

液空纯度很不稳定,波动很大,有时高于标准;有时甚至低于空气中的含氧量。液空液面波动也很大。

大型设备的下塔装有阻力计。当下塔发生液悬时,首先下塔阻力明显地增加,液空液面逐渐下降到零。当阻力增大到一定的程度时,突然下降,此时液空液面激增。随后,下塔阻力开始上升,又重复上述过程。与此同时,下塔的压力和进塔空气流量波动也很大。

下塔液悬时,氧气纯度有可能提高至标准值,但产量加不大。氮气的纯度始终无法提高至标准值,液氧液面和低压压力显得不稳定。

283. 上塔液悬有哪些象征?

答:上塔液悬明显的象征是液氧液面波动很厉害,而且是无法控制的。液悬初期氧液面大幅度地下降后又迅速上升。氧气纯度无法调整,也是随着氧液面的波动而大幅度的波动。氧液面下降时,氧纯度明显升高;氧液面突然上升时,氧纯度很快下降。这种反复的过程根据液悬的不同程度而呈周期性地变化。

小型设备的上塔产生液悬时,热交换器后的高压空气温度会出现自动下降的现象,高压、中压压力也随之下降。此时,下塔液空纯度无法调整至标准,液氮的纯度可以达到标准。如果想采取开大液氮节流阀的办法来提高液空纯度,其结果只能使液氮的纯度变坏。若关小液空节流阀,只能引起液空液面的上升。低压加温阀会出现结霜的现象。

大型空分设备液悬时,明显地反映在上塔中部的阻力上。液氧液面随着阻力的上升而下降,上塔压力随着阻力的上升而升高。下塔的压力随着氧液面的下降而上升,进塔的空气量随下塔压力的升高而减少。氧纯度随着氧液面的下降而升高,氮纯度随着氧纯度的升高而降低。膨胀后的压力随上塔压力的上升而升高。此时,打开自动阀箱吹除阀(走污氮时)会吹出液体。当上塔的中部阻力突然下降时,液氧液面激升,上、下塔压力开始下降,进塔空气流量增大,氧纯度下降。间隔一段时间又重复上述现象。总之,上塔液悬时,上塔的阻力,蓄冷器冷端温度,氧、氮纯度和上、下塔压力显得极不稳定,切换器恢复缓慢。

284. 上、下塔同时产生液悬时有哪些象征?

答:当上、下塔都产生液悬时,塔内各种参数变化很大。当下塔阻力逐渐上升时,下塔压力也逐渐上升,液空液面慢慢下降,同时上塔的液氧面开始下降,上塔的压力和阻力开始升高,并逐渐增加到一定程度,氮气流量计开始波动,此时说明上塔的液体已带入热交换器(或蓄冷器)底部,其冷端温度下降,下塔压力自动降低,阻力下降,液空液面激增。随之,液氧液面开始上升直至液面计满格,上塔的阻力急降,上塔的压力慢慢开始降低。待上塔压力下降至稳定以后,进入下塔前的空气温度开始回升至地正常,接着下塔的阻力又开始上升,重复上述过程。这种反复周期性变化是随液悬轻重程度不同而不同。时间长则3～4h反复一次,短则几十分钟反复一次。但是,不管周期长短,液氮和气氮的纯度始终是达不到要求的。氧气纯度可能达到要求,但很不稳定,产量很少。

上、下塔都发生液悬时,上塔液悬和下塔液悬的象征都得到反映,并互相影响,有机地联为一体。

285. 产生液悬时如何处理?

答:产生液悬时首先应找出液悬的原因,然后对症下药。

1)如果是设计制造上的毛病,例如是由于塔径过小、溢流斗没有对正、挡液板倾斜等引起的,只能停车加温,进行更换或纠正。但是,这类毛病是在首次试车中就可发现的,经过试车合格的产品是不会发生的。

2)由于设备运转已到周期末或已超过运转周期,微量的水分和二氧化碳带入塔内,久而久之使塔板上的小孔堵塞,使塔内阻力增加而引起的液悬。这时只能停车加温。但在生产急需用氧时,则可采取减少进塔的空气量,在低负荷下运转的应急措施。

3)由于硅胶粉末、空气中的灰尘清除不彻底,或有杂质带入塔内,也会引起的液悬。这时应停车进行彻底加温吹除,必要时应进行清洗。

4)小型设备在关阀期间,由于液空、液氮节流阀关得过快或降压过快引起的液悬较为多见。对这种液悬应有思想准备,严格掌握关阀的要点和方法。如果出现液悬,则应重新开大液空、液氮节流阀,待中压稳定、液氧液面上升时再慢慢地把两阀关小。如果采取这种方法无效时,可把高压空气进口阀关闭(空气由油水分离器放空),关闭节流阀和停止膨胀机运转。把液空、液氮节流阀开大,打开氮气放空阀,使在塔板上的液体流下来,静止 15～30min,必要时可排除部分液氧,再重新启动。如果确属关阀引起的液悬,一般是能消除的。

5)小型设备由于加工空气量过多,而造成液悬。这时应排放一部分空气,待塔内工况稳定后,再缓慢地、分多次送入空气。每送一次间隔半小时左右,待空分塔各参数稳定后继续再送。

6)由于纯化器使用周期过长造成的液悬。应立即切换纯化器,减少空气量和降低下塔及上塔的压力,或排掉部分液氧和液空,待工况正常后再把空气送入。若采用上述方法无效时,则只能停车加温。

7)由于分馏塔加热不彻底引起液悬。在关阀降压过程中,塔内的参数还是正常的。但到调整氮气纯度时,才反映出上塔产生液悬。这种情况只能停车加温吹除。

8)大型空分塔由于二氧化碳吸附器使用周期过长而引起液悬。这时应立即切换二氧化碳吸附器、膨胀空气过滤器,减小膨胀空气送入上塔的量。若调节无效的话,应采取改变上塔压力的办法使二氧化碳能随气流带出来,即停止膨胀空送入上塔,走启动短路,打开污氮管上的吹除阀进行吹除。可以把膨胀空气进入上塔阀时开、时关,反复进行,直至吹出的气体中无明显的二氧化碳为止,然后再重新调整。若采用上述方法无效时,只能单独加温上塔。

286. 当大型空分塔产生液悬时,除了采用停止膨胀机、切断气源静置的方法消除外,有无其他不影响正常生产的办法?

答:采用停止膨胀机、切断气源静置的方法消除液悬,势必造成氧压机、氮压机停运,对正常生产带来损失。为此,可采用适当排放液氮的方法来消除液悬,较为简单可行,不影响正常生产。如果在排液氮的同时,加大膨胀量则效果更佳。具体操作方法如下:

在将氧气流量关至比正常时稍小些、其他各阀开度不变的情况下,只要将液氮排放阀适当打开,加大膨胀量后(一台膨胀机的最大膨胀量),从污氮气经过冷器后的温度显示可看到,2～3min 就达到正常值,即−173℃左右。接着阻力压差开始下降,主冷液面开始上升。同时,从氧分析仪可以看到氧纯度的变化,开始略有下降,10min 后就慢慢上升。待阻力基本达到正常值后,逐渐关小液氮排放阀,直至完全关闭。

用这种方法处理液悬,也可能一次不行,还需进行第二次处理的情况。这主要是需要根据工况恶化的程度决定液氮排放量。在操作时要注意将进塔空气量控制稳定;调节某项参数时,阀门的开闭要缓慢。

该操作方法的原理是:在进装置空气量稳定不变、氧气流量比正常值稍小的情况下,排放液氮会使进入下塔的空气量增加。但是,增加膨胀量除为了补充排液的冷损外,由于膨胀空气进上塔,实际进入下塔的空气量反而是减少的。这样,下塔压力会有所降低,使主冷的传热温差减小,同时热负荷也减少(因入下塔空气量减少),致使主冷中液氧蒸发量减少,从而使上塔的上升气速下降,压差减小,液悬问题得到解决。

287. 为什么溢流斗的尺寸一定要正确?

答:在制造和修理塔板时,溢流斗的尺寸一定要正确。溢流斗太长或太短都是不行的。溢流斗太长主要是溢流斗制造尺寸太长,或者是制造尺寸合格而安装时焊接位置太靠下造成的。这些因素都会使溢流斗和下层塔板间的间隙变小,此层塔板上的液体经溢流斗下流时来不及外流,就会造成此层塔板液体越积越多,以致产生液悬,使塔板的精馏工作无法进行。液悬的程度随溢流斗下间隙缩小的程度不同而异。

由于上述原因造成的液悬,一般发生在此块塔板以上。如果这种塔板出现在上塔上部,就会造成氮气纯度无法提高,但是氧气纯度还是可以达到标准,只是氧产量下降。如果此块塔板出现在上塔下部,那么氧、氮纯度都要受到影响。甚至使氧、氮纯度都无法达到标准。不管上述情况出现在哪个部位,上塔的阻力都会显著地增加,上塔压力也就会因此而上升,并使液氧液面上升很慢,或者不上升甚至有所下降。也有可能发生液氧液面的波动。

此种溢流斗太长的塔板如出现在下塔,其位置越低,其影响就会越大。最明显的特征是液氮纯度无法调节,液空纯度下降,下塔阻力、压力上升。

总之,溢流斗长的塔板所处的位置越低,对氧、氮产品纯度、产量的影响就越大。

一般说来,溢流斗过长所引起的阻塞不会很严重,其影响也不太大。不过,只要有一处塔板的溢流斗阻塞而使液体在塔板上悬浮起来,其位置又处于塔的下部,则造成的后果就比较严重了。

如果塔板溢流斗太短,溢流斗和下一层塔板上的接液槽之间就形不成液封。没有液封,上升蒸气就会从溢流斗中流过。这样,这层塔板由于没有上升蒸气从塔板小孔中上升,也就失去了进行传质、传热的精馏作用。不过,上述影响只是使一块塔板失去作用。如果这种塔板在整个塔中仅有一块或二三块,其影响是不显著的,难以发觉。数量越多,影响就越严重。

由于溢流斗漏气,塔的精馏情况变坏,反映到仪表上就会出现塔的阻力、压力降低,氧、氮纯度下降,出现在下塔就使液氮纯度下降。

288. 精馏塔板有哪几种形式,分别用在什么场合?

答:在空分塔中采用的精馏塔板目前有筛孔塔板、泡罩塔板和浮阀塔板等几种。

筛板塔的塔板上均匀分布有直径为 0.8~1.3mm,间距为 2.1~3.25mm 的小孔。蒸气由筛孔穿过液层鼓泡而上,塔板上的液体靠一定的蒸气速度而被托持住,只能沿塔板按一定方向流动。这种塔板制造简单,有较高的效率,对负荷的变动有一定的适应性,因此得到最广泛的应用。它的缺点是负荷过低时,液体可能通过筛孔漏下(叫液漏)。在停止进气时,液体就一泻而下,全部流至底部。再启动时,塔板上需重新积累液体。

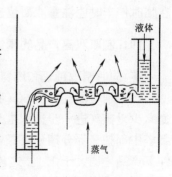

图 57　泡罩塔板

泡罩塔板的结构如图 57 所示。蒸气通过升气管进入泡罩,再通过泡罩的齿缝穿过液层鼓泡而出。这种塔板操作稳定,适应范围广,但结构复杂,设备投资大。在空分塔中一般只用于下塔第一块塔板。这种塔板不会被二氧化碳堵塞,可起到洗涤作用和使气流均匀分布的作用。对带氩塔的空分塔,在氩馏分抽口以上的一段塔板,由于上升蒸气减少而容易产生液漏。为了保证操作的稳定,也有采用泡罩塔板与筛孔塔板交替布置的。

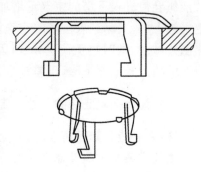

图 58　浮阀塔板

浮阀塔板如图 58 所示。它由一些升启高度可以随气速变化的浮阀组成。这种塔板对负荷变化的适应性大。由于制造复杂,在空分塔中也只作为下塔第一块洗涤塔板。

289. 为什么精馏塔塔体歪斜会影响精馏效率?

答:在制造精馏塔时,各块塔板的平行度都有一定要求。安装时,只有保证塔体垂直,才能保证各块塔板有良好的水平度。如果塔体歪斜,塔板就不能保持水平,必然造成塔板上液层厚薄不均。液层厚的地方,阻力就大,通过的气体减少;液层薄的地方阻力就小,气体通过增多。这样一来,轻则造成鼓泡不均匀,也就是说有的地方鼓泡,有的地方不鼓泡。在气体大量通过的地方气流速度快,气、液接触时间减少,不鼓泡的地方没有热质交换。由于气、液接触的面积和时间都减少了,因而造成精馏效率降低,产品纯度下降,严重时局部地方还可能产生漏液。这将严重地影响精馏效果和产品纯度。根据安装规范要求,当塔高小于 10m 时,塔体不垂直度不得大于 5mm;高度大于 10m 时,不垂直度不得大于 10mm。

290. 临时停车时,液空液面和液氧液面为什么会上升?

答:在正常运转时,上升蒸气穿过小孔时具有一定的速度,能将分馏塔塔板上的液体托住,阻止液体从小孔漏下,而只能沿塔板流动,再通过溢流斗流至下块塔板。停车后,由于上升蒸气中断,塔板上的液体失去上升蒸气的托力,便由各块塔板的筛孔顺次流至底部,积存于冷凝蒸发器和液釜中。因此,临时停车时,液氧、液空液面均会上升,甚至超过膨胀空气、氧气引出管口的位置,在再启动时易造成膨胀机带液或切换式换热器冷端带液的事故。因此,在临时停车时应注意液面位置,必要时可排放掉部分液体。

291. 制取双高产品的精馏塔有哪几种型式?

答:同时制取纯氧和纯氮的精馏塔一般有两种型式:

1)带辅塔段。如图 59a 所示。它是在上塔顶部加一辅塔,在辅塔下部抽走大量馏分(污氮),少量蒸气进一步进辅塔分离,在顶部得到 99.99% 的纯氮。为了保证纯氮纯度,通常在下塔中部抽一部分馏分液氮,并适当增加塔板,保证顶部的纯液氮纯度。它通常用于纯氮与纯氧产品之比大于 1.1。这种流程的特点是较简单,但增加塔板数后会使阻力增大,空压机排气压力升高,电耗增加。

2)带纯氮塔。如图 59b 所示。它是另外单独设置一个纯氮塔,从下塔顶部抽出部分氮气,在纯氮塔内进一步精馏,提高纯度后作为产品引出,氮纯度可达 99.99%。它通常用于生产少量高纯氮(氮/氧＝0.2～0.5)。由于这种流程对下塔顶部的氮气纯度要求低,保证主冷温差所需的下塔压力也可降低。同时,上、下塔塔板数均可减少,可进一步降低下塔压力,减小电耗。但流程设备稍为复杂些。

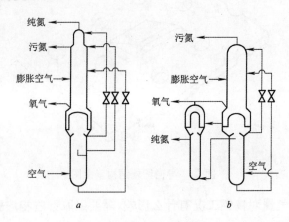

图 59　双高精馏塔流程

a—带辅塔；b—带纯氮塔

292. 如何将双高塔改成生产单高产品,为什么一般能提高些产量?

答:当不需要纯氮产品,只生产气氧时,可将双高塔作如图 60 所示的改装。即在纯氮调节阀前至污氮调节阀后加一调节阀(调—4)。操作时,下塔不再抽污液氮,即将污氮调节阀关死。将下塔顶部的液氮纯度降低到 98％左右。主冷中的液氮通过纯氮调节阀和调—4 阀进入上塔。当调—4 阀口径足够大时,也可将纯液氮调节阀也关死,相当于将辅塔切除。从而可减少上塔阻力,降低下塔压力,以增加进塔空气量,增加氧气产量。

293. 导向筛板塔的结构如何,有什么优点?

答:导向筛板塔是一种新型的强化筛板。在筛板上先冲压筛孔,再压出导向孔,然后校平,其结构如图 61 所示。在筛孔直径 $d＝$ 0.9mm,间距 $t＝2.35$mm,筛板厚度 $\delta＝1$mm 时,导向孔长 $b＝$ 4mm,宽度 $k＝2.1$mm,高度 $h＝0.65$mm。导向孔的比例约占 10％。

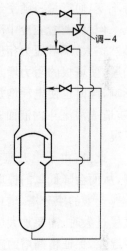

图 60　双高塔改单高生产流程

筛板塔增加了导向孔,可以改善塔板上液体的流动工况。首先表现在导向筛板阻力小。据实验报导,在溢流强度为 20m³/(m·h),筛孔速度 5m/s 时,导向筛板比普通筛板阻力小 30％;在筛孔速度 10m/s 时,阻力小 50％。一般大型空分塔的平均溢流强度约为 20m³/(m·h),筛孔速度为 4m/s,阻力可下降 25％,上塔阻力由 25kPa 可降至 17.5kPa。下塔阻力由 10kPa 可降至 7.5kPa,因而可使制氧机的能耗降低约 3％。

导向板由于筛板液面落差小,并随气体负荷的增加液面落差减小,所以在高负荷操作的条件下,导向板的阻力增加也比较缓慢,这样就可以使精馏塔的操作强度增大,即操作弹性大。在同样操作负荷条件下,导向塔板精馏塔的塔径可以缩小。采用导向塔板的精馏塔,还可以改变导向孔的分布,以改善塔板上液体的流动状态,提高塔板精馏效率。

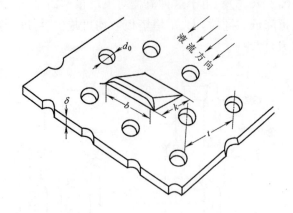

图 61　导向筛板结构示意图

294. 增加加工空气量对精馏工况有什么影响,需要采取哪些相应的措施?

答:当加工空气量增加时,将使精馏塔内的上升蒸气增加,主冷内所需冷凝的液体量也相应增加,因此对塔内的回流比没有影响。增加的气量在一定范围内,氧、氮的纯度能基本保持不变,而产量将随空气量的增加而按比例增加。

但是,随着主冷中冷凝液体量增加,主冷的热负荷加大。当传热面积不足时,主冷的温差必然扩大,下塔压力相应升高。同时,由于塔内气流速度增加,下流液体量增加,塔板上液层加厚,使塔板的阻力增加,上、下塔的压力也会相应地提高。这将对氧、氮的分离带来不利的影响,同时也使电耗增加。当气量过大时,塔板阻力及下流液流经溢流斗的阻力均会增大很多,造成溢流斗内液面升高,甚至发生液体无法流下的液泛现象,这时将破坏精馏塔的正常工况。

此外,由于上升蒸气流速增加,容易将液滴带到上一块塔板,影响精馏效果,氮纯度下降,从而会降低氧的提取率。

一般的空分塔,增加 20% 左右的空气量也能正常工作,不需要采取什么措施。当加工空气量过大时,需要加大塔板上筛孔的孔径,以降低蒸气速度。加大主冷的传热面积,以缩小主冷温差,保证精馏塔的正常工作。

295. 加工空气量不足对精馏工况有什么影响?

答:当空气量减少时,塔内的上升蒸气量及回流液量均减小,但回流比仍可保持不变。在正常情况下,它对氧、氮产品纯度影响不大。根据物料平衡,加工空气量减小时,氧、氮产量都会相应地减少。

当气量减小时,蒸气流速降低,塔板上的液量也减少,液层减薄,因此塔板阻力有所降低。同时,由于主冷热负荷减小,传热面积有富裕,传热温差也可减小。这些影响将有利于降低上塔和下塔的压力。

当气量减少过多时,可能出现由于气速过小而托不住筛孔上的液体,液体将从筛孔中直接漏下,产生漏液现象。下漏的液体没有与蒸气充分接触,部分蒸发不充分,氮浓度较高。这将使精馏效果大大下降,影响到产品氧、氮的纯度,严重时甚至无法维持正常生产。因此,对精馏塔均规定有允许的最低负荷值,这与塔板的结构型式及设计时参数的选择有关。

154

296. 为什么有的精馏塔下塔抽污液氮,有的下塔不抽污液氮?

答:对于切换式换热器流程的制氧机,为了达到水分和二氧化碳的自清除,污气氮量比较大,才能保证不冻结条件,因此,纯气氮产品量较少,最多只能达到气氧产量的 1.3 倍,因而下塔提供上塔的纯液氮量较少,这样可以抽出一股污液氮到上塔,使上塔精馏段的回流比加大,具有更大的精馏潜力,从而允许较多的膨胀空气进入上塔,以防膨胀空气旁通,影响氧提取率。

对于分子筛纯化增压膨胀流程的制氧机,因无自清除的限制,纯气氮产品量有较大幅度的提高,除保证分子筛纯化器再生用的污氮量而外,都可以作为纯气氮产品送出,纯氮产量与氧产量之比可达 3~3.5。这样,下塔需要较大的回流比,才能保证纯液氮的量和纯度,而后送入上塔作为回流液。

此外,由于这种流程采用增压膨胀,膨胀工质的单位制冷量较高,在补偿同样冷损的前提下,所需的膨胀量较小,一般不会超出上塔允许进入的空气量,因此,也不需抽污液氮来直接增大精馏段回流比。同时,由于不抽污液氮,下塔减少了抽口、管路和阀门,也简化了流程。

总之,纯气氮产品产量较大的制氧机下塔一般不抽污液氮。在采用增压膨胀,并且膨胀量较小的情况下,下塔抽污液氮就更无必要。

297. 什么叫分离过程最小功,精馏分离过程怎样节能?

答:空气是混合气体,气体分离过程不能自发地进行。为了实现氧、氮的分离,就必须消耗功。如果分离过程是可逆,也就是没有任何能量损失时,所消耗的功为最小,即称为分离最小功。设环境状态的有效能为零,将空气分离成氧、氮,也就是与环境处于不平衡的状态,就需要消耗能量,也就是被分离的产品具有有效能。

由于原料空气处于环境状态,其有效能为零。对理想的分离过程,组分分离的功全部转化为有效能。例如:在环境状态为 $p_0 = 0.1013MPa$、$T_0 = 298K$ 的情况下,按空气含氧 20.9%、含氮 79.1%计算,氧的有效能为 $e_{O_2} = 173kJ/m^3$,氮的有效能为 $e_{N_2} = 25.9kJ/m^3$。$1m^3$ 空气被分离成氧、氮产品后的有效能之和为 $e_B = (0.209 \times 173 + 0.791 \times 25.9)kJ/m^3 = 56.64kJ/m^3$。而为了分离空气,将加工空气压缩到 0.6MPa 就需要消耗的功(有效能)为 $e_A = 234.3kJ/m^3$。因此,空分设备的有效能效率 $\eta = e_B/e_A \times 100\% = 56.64/234.3 \times 100\% = 24.2\%$。由此可见,有 75%以上的能量在分离过程中损失掉了。

这些能量损失主要发生在压缩过程,其次是精馏过程。精馏过程的损失主要表现在三个方面:

1)气、液流动时的压力降;

2)气、液传热时有温差;

3)气、液传质时存在浓度差。

对于精馏塔,在生产过程中为了达到节能的目的,应注意以下几点:

1)减小塔板阻力,防止塔板堵塞;

2)塔板的结构设计应保证使气、液充分接触,使其传热、传质加强,气、液浓度接近气液相平衡浓度;

3)调节精馏塔工况,使之具有适宜的气液比;

4)减少膨胀空气量和过热度；

5)在设计、制造精馏塔时，采用高效塔板，改进塔结构。例如：筛板塔增大筛孔直径、开发导向型塔板、波纹塔板等，使分离更为完善。目前，筛板塔改为规整填料塔，由于填料塔的阻力只有筛板塔阻力的 $1/6\sim1/7$，因此，填料塔精馏比筛板塔精馏能够显著节能。

298. 稀有气体在空分塔中是如何分布的？

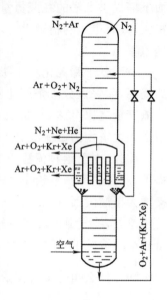

图 62　双级精馏塔中稀
有气体的分布

答：稀有气体是指氩、氪、氙、氖、氦气。由于它们的沸点不同，在空气中的含量又相差悬殊，所以各组分汇集在精馏塔中的不同部位，分布情况见图 62。氪、氙的沸点最高（在标准大气压下，氪的沸点为：$-152.9\,^\circ\!C$，氙的沸点为：$-108.1\,^\circ\!C$），随加工空气进入下塔后，氪、氙均冷凝在下塔液空中。再随液空经节流阀进入上塔，逐板下流汇集于上塔底部的液氧及气氧中。因此，若想从空分装置提取氪、氙，通常是将产品氧引入氪塔，用精馏法制取贫氪、氙原料气。

氖的沸点（$-245.9\,^\circ\!C$），氦的沸点（$-268.9\,^\circ\!C$）相对氮组分要低得多。所以，加工空气中的氖、氦组分总和低沸点的氮组分在一起。加工空气进入下塔后，氖、氦组分随氮组分一起上升到主冷凝蒸发器的氮侧，气氮被冷凝，而氖、氦由于沸点低，尚不能冷凝，在主冷中成为"不凝性气体"。因此，可从主冷氮侧的顶部引出，作为提取氖、氦的原料气。

氩的沸点为 $-185.7\,^\circ\!C$，介于氧、氮沸点之间，且接近于氧。进入下塔空气中的氩大部分随液空进入上塔，小部分随液氮进入上塔，在上塔的精馏段和提馏均有氩组分的富集区。精馏段的上部主要是氮、氩分离。提馏段的下部主要是氧、氩分离。

299. 提取稀有气体有哪几种基本方法？

答：提取稀有气体的基本方法主要是利用它们沸点不同和分子的差异。但由于它们的含量非常小，往往需要逐步浓缩，分阶段来提纯，即经过粗制和精制两个阶段，因此工序比较复杂。此外，这些稀有气体的沸点差比氧、氮要大，因而可采用的分离方法也更多一些。目前采用的主要方法有：

1)精馏法。这是通过多次重复的蒸发和冷凝过程来使组分分离。例如在粗氩塔中进行氧、氩分离。精氩塔中进行的氩、氮分离。氖塔中进行的氧、氖、氦的分离都是精馏法的具体应用。

2)分凝法。当稀有气体和杂质的沸点差较大时，可以采用分凝的办法将它们分开。例如，可用分凝的方法将氮和氖、氦初步分离，得到粗氖氦气。

3)冷凝冻结法。当稀有气体间的沸点差很大时，可用此法将其中高沸点的组分冷凝冻结出来。例如，在分离氖氦时，由于氖在 24.3K 时已凝固冻结，而氦的液化温度为 4.178K，所以可用液氢为冷源（它在标准大气压（0.1013MPa）时的沸点为 13K）来实现氖、氦分离。

4)吸附法。利用吸附剂（如分子筛、活性炭等）具有选择性吸附的特性使稀有气体组分分离或者进一步提纯。例如粗氖的净化，氪、氩、氖、氙的提纯都采用此法。

5)催化反应法。利用催化剂使杂质发生化学反应,然后加以净除。例如粗氩加氢,经过催化剂使氧与氢发生化学反应而将氧除去。在氖、氦提纯时可通过催化剂去除其中的碳氢化合物。

应该指出:在提取稀有气体时,实际上并不是采取单一的分离方法,往往要几种方法联合起来使用才能得以分离。例如氖、氦的提取就同时采用了分凝、吸附、冻结等几种方法。

300. 空分设备在提取稀有气体时,对装置有什么影响?

答:若从空分设备提取稀有气体时,必须附加一些设备。这些设备多数是在低温下工作,这就必然导致冷损增加,因此需要增加冷量。而全低压设备冷量是紧张的,因此,设计时除考虑如何增加冷量外,还要合理地使用冷量和减少冷损。在操作中,亦应十分注意这个问题。应按工艺要求合理地分配冷量,尽量减少因泄漏或温差过大造成的冷损,否则就会因冷量不足而无法生产。

在提取稀有气体时,必须从精馏塔的相关部位抽取含该稀有气体的馏分气或馏分液体,经过分离后再返回精馏塔。有的还需要抽取液空、液氮或中压气体作为附加设备的冷源或热源。这样一来,必然会使主塔内的回流比发生一定的变化,还会影响有关稀有气体在精馏塔内的分布以及稀有气体塔的工况。因此,除在设计时需考虑选择合理的抽口位置和塔板数外,在使用时一定要使操作尽量地稳定。在主塔各部位参数都稳定地达到要求后,再缓慢地、细心地启动有关提取稀有气体的设备。

301. 氩在精馏塔内分布在什么部位,它的分布受什么因素影响?

答:空气中氩的体积分数为 0.932%,它的沸点介于氧、氮之间。当它进入下塔并沿塔板逐块上升时,由于氩、氧相对氮来说是难挥发组分,它们要比氮更多地冷凝到液相中去。通常,气相中的氩浓度应逐渐降低,但是,由于空气中含氧量比氩大得多,而且氧与氩相比又是难挥发组分,因此,氧比氩更多地冷凝到液相中去,所以在最初的几块塔板上,气相含氩浓度相对地有所提高。但随着氧的大量冷凝,气相含氧量减少,氩冷凝相对逐渐增加,因此,气相含氩量逐渐减少,到塔顶后只有百分之零点几的含量。由于氧、氩对氮来说是难挥发组分,它们比氮更多地冷凝到液相中去,所以液相的含氧、氩浓度大于气相的含量。氩在下塔的分布如图 63a 所示。由于液空中氮还占 60% 左右,因此,氩大部分冷凝在液空中。一般来说,下塔液空中含氩在 1.3%~1.6%,液氮中含氩才百分之零点几。

氩在上塔的分布情况见图 63b。由图可见,在液空进料口上、下分别有两个富氩区。原因是含氩 1.3%~1.6% 的液空从液空进料口下流时,在塔板上遇到上升的蒸气,有部分液体要蒸发出来。其中,易挥发组分氮要比氧、氩更多地蒸发到气相中去,所以液相的氧、氩浓度逐渐提高。但是,经过一定数量的塔板,液相中的氮基本蒸发完了,剩下的仅有氧、氩组分,液体再往下流实际上是进行氧、氩分离了。由于氩对氧来说是易挥发组分,在下流过程中氩比氧蒸发得多,因此液体中含氩量又逐渐减少,这样就形成液空进料口以下的富氩区。

提馏段的上升蒸气和液空节流后的蒸气中都含有一定数量的氩。蒸气在上升过程中遇到下流的冷液体后,就有部分蒸气要冷凝成液体。其中难挥发组分氧、氩要比氮更多地冷凝到液相中去,因此气相中氩含量本应逐渐减少,但因为气相中氧的含量大于氩,而且氧对氩来说是难挥发组分,所以氧比氩更多地冷凝到液相中去,因而在最初的几块塔板处氩的浓度

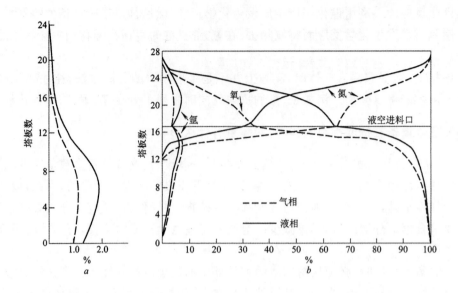

图 63　氩在精馏塔内的分布

a—氩在下塔的分布;b—氩、氧、氮在上塔的分布

相对有所提高。随着氧的大量冷凝,氩冷凝量相对增加,气相中氩的含量逐渐减少。这样就形成了液空进料口以上的富氩区。

氩在上塔的分布是随氧、氮产品和浓度的变化而变化。氧产量减少,氧的纯度就要提高,此时富氩区就往上移,即精馏段的富氩区的含氩量要增高,而提馏段富氩区的含氩量减少。这是因为在同一块塔板上气相中氧、氩、氮含量的总和应该是 100%,液相中氧、氩、氮含量的总和也是 100%。如果产品氧的纯度提高了,也就是说提馏段每塔塔板上气相和液相的含氧浓度增加,而氧、氩、氮三者之和是 100%,因此氩、氮含量必然减少。又由于空气中的含氩量是一定的,提馏段的含氩量减少,精馏段的含氩量必然相应增加。如果氮产量减少,氮的浓度就要提高,此时富氩段要下移。即精馏段的富氩区含氩量要减少,提馏段富氩区的含氩量要增加。

302. 为什么氩馏分抽口不能设在含氩量最大的部位?

答:从氩在上塔的分布图可以看出,在上塔有两个富氩区:一个在精馏段(液空进料口以上),一个在提馏段(液空进料口以下)。通常,提馏段富氩区的气相氩浓度比精馏段富氩区的高。从分布图还可看出:在整个精馏段富氩区中均含有氧、氩、氮 3 种组分;而提馏段富氩区,在上部含有氧、氩、氮 3 种组分,而在下部仅含氧、氩两种组分。

由此可见,在制氩时,氩馏分抽出口设在提馏段富氩区是比较有利的。但是,抽口为什么不设在提馏段氩馏分最大的地方呢?这是因为在粗氩塔中进行氧、氩分离,气氩馏分中的氧在上升过程中绝大部分都被冷凝下来,而低沸点的氮组分是不冷凝的,将全部留在粗氩中,致使粗氩中的含氮量将比氩馏分中的含氮量大几十倍。因此,如果氩馏分的含氮量太多,一则使粗氩纯度降低,而且会导致粗氩冷凝器的温差减小,甚至使温差为零(即产生"气塞"),此时粗氩塔便停止工作。并且,粗氩中含氮过多将给制取精氩带来困难,所以氩馏分的抽口应该设在含氮尽量少的地方。一般含氮不应超过 0.06%。从氩在上塔分布图看出,在提馏段富氩区含氩量最高的地方,还含有较多的氮组分。因此宁可将氩馏分抽口设在氩馏分含量最大的位置稍低的地方。氩馏分的含量为:含氩 8%～10%,含氧 90%～91%,含氮小于0.1%。

303. 空分设备在提取粗氩时,粗氩塔如何配置?

答:粗氩塔将从主塔抽出的氩馏分经过初步分离,得到含氩 95%～98%,含氧 1%～3%,其余为氮的粗氩。因此,在粗氩塔内主要是实现氧、氩的初步分离,氩是易挥发组分。它的配置一般如图 64 所示。在粗氩塔顶部有冷凝蒸发器,以主塔经过液空过冷器的液空作为冷源。从主塔馏分抽口抽出的氩馏分沿粗氩塔上升,在穿过塔板时与下流的回流液进行热、质交换。经过多块塔板进行精馏过程,使得上升蒸气中的氩馏分不断增加,而回流液中的氧组分不断增加。在粗氩塔的顶部得到粗氩,而且大部分在冷凝蒸发器中冷凝成液体。其中大部分作为回流液下流,小部分作为半成品从顶部引出。粗氩塔底部含氧较高的液体返回到主塔馏分抽口的同一块塔板,或者馏分抽口下面的 1～2 块塔板。

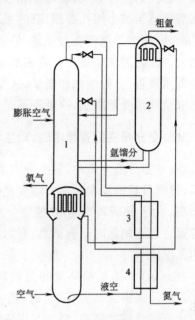

图 64 粗氩塔的配置
1—主塔;2—粗氩塔;3—液氮过冷器;
4—液空过冷器

通过粗氩塔冷凝蒸发器的液空可以有 3 种配置方法:一种是主塔的液空全部通过它,部分蒸发后将蒸气和液空一起送回上塔。这种方式使冷凝蒸发器的冷源充足,对粗氩的工况有利,但对主塔的影响大;第二种方式是部分液空送入粗氩塔的冷凝蒸发器后全部蒸发,再将蒸气送入上塔,它的特点与第一种相反。因此,一般是采用介于两种方式之间的第三种方式,即部分液空通过粗氩塔,但不是全部蒸发。这样既可保证粗氩塔的正常工作,又能减少对主塔的影响。

304. 空分塔在制氩时,能抽取多少氩馏分? 它受什么限制?

答:氩馏分在粗氩塔中进行氧、氩分离。氩馏分从下部进入,顶部得到含氩约 95% 的粗氩。由于氧、氩的沸点接近,分离较困难,约有三分之二的氩被洗涤下来。同时,氩馏分从下部进入,底部液体中含氩很高,它又回到主塔参加精馏。因此,氩馏分中的氩只有一部分作为粗氩产品提取,所需的氩馏分量约为粗氩量 35～40 倍。

在全低压空分设备上提取粗氩时,由于冷量紧张,膨胀量过大将对上塔精馏带来不利影响,因此氩馏分的抽取量不能太大,约为加工空气量的 8%～15%。因此,氩的提取率较低,最高只有 30%～35%。而对高、中压装置,冷量较为富裕,增大膨胀量不影响精馏,因此氩馏分抽取量可达 25%～28% 加工空气量,氩的提取率最高可达 60%。分子筛纯化增压全低压空分设备氩的提取率最高可达 87%。

305. 空分塔在制取氩时对主塔的工作有什么影响?

答:空分塔主塔与粗氩塔通过氩馏分抽口位置、液空进料方式和进料口位置有机地联系在一起。

在抽取氩馏分时,有利于氧、氮的分离,改善上塔的精馏工况,提高氧、氮产品纯度,提高氧的提取率。在抽氩馏分后,对主塔液空进料口以下至馏分抽口的工况影响很大。因为上升蒸气量减少,回流比增加,要保证液氧纯度需要有更多的塔板数。此外,在这一段内由于抽走30%～40%的上升蒸气,流速也相应降低,如果不采取措施,容易产生漏液而降低精馏效果。因此需要适当减小筛孔面积,有的采取泡罩塔板与筛孔板交叉布置。

此外,在制氩时需要抽主塔的一部分液空、液氮作冷源,同时,由于设备增加,冷损也相应增大。因此要求装置生产更多的冷量来保持冷量平衡。对中压装置,需要提高高压压力;对全低压装置,只能增加膨胀量,从而影响到上塔的精馏工况,降低氮平均纯度。因此,当进塔膨胀空气量受到限制,冷量不足时,只能减少氩馏分量。

306. 空分塔在配置氩塔时,对主塔有什么要求?

答:在空分塔主塔中,氩的分布是随液空进料口的位置不同而变化的。液空进料口位置提高,提馏段氩的富集区最大浓度也提高,同时可使馏分中含氮降低。但是,在下流液中含氩也增高。为了保证氧纯度,在氩馏分抽口以下需要更多的塔板数。因此,在制氩时,液空进料口位置应比不制氩时适当提高。有的设备设置了两个液空进料口位置,分别满足制氩与不制氩的工况。

在制氩时,为了提高氩的提取率,必须降低氧、氮中的含氩量。当排氮中氩含量超过0.3%,产品氧中含氩为0.7%时,氩的提取率不可能超过60%。因此,在配氩塔时,主塔的塔板数比不配氩塔时要多。增加下塔塔板数,可提高液氮纯度;增加精馏段塔板数,可提高排氮纯度,均可减少氮气带走的氩量,使氩的提取率增加。增加馏分至主冷的塔板数,有利于氩、氧分离,可提高氩馏分中含氩量和减少液氧中含氩量。

307. 为什么带氩塔的空分设备要求工况特别稳定,氩馏分发生变化时如何调整?

答:氩在上塔的分布并不是固定不变的。当氧、氮纯度发生变化时,即工况稍有变动,氩在塔内的分布也相应地发生变化。但氩馏分抽口的位置是固定不变的,因此,氩馏分抽口的组分也将发生变化。经验证明,氧气纯度变化0.1%,氩馏分中含氧量就要变化0.8%～1%。氩馏分中含氩量是随氧纯度提高而降低的。氩馏分组分的改变就直接影响进入粗氩塔的氩馏分量。在粗氩塔冷凝器冷凝量一定的情况下,氩馏分中含氧越高,进入粗氩塔的氩馏分量就越多。反之就少。同时,上塔的液气比也随之变化。这样,粗氩塔的工况就不稳定,甚至不能工作。其具体影响如下:

如果氩馏分含氧过高,将导致粗氩产品含氧量增高,产量降低,氩的提取率降低。同时也可能引起除氧炉温度过高。

如果氩馏分含氮量高,使粗氩塔冷凝器中温差减小,甚至降为零。这样,粗氩气冷凝量减少或者不冷凝,使粗氩塔无法正常工作。这将使氩馏分抽出量减少,上升气流速度降低,造成塔板漏液。并且,随着氩馏分抽出量减少,上塔回流比也相应减少,氧纯度提高,使得氩馏分中含氮量也相应减少。于是,冷凝蒸发器温差又会扩大,馏分抽出量将自动增大,氩馏分中的含氮量又随之增大。这样反复变化,使粗氩塔无法正常工作。因此,只有在空分设备工况特别稳定,氧、氮纯度都合乎要求时才能将粗氩塔投入工作。

当氩馏分不符合要求,含氮量过大时,可关小送氧阀,开大排氮阀。这时,提馏段的富氩区上升,氩馏分中含氮下降;同时含氧量增加,含氩量也有所下降。当馏分中含氩量过低时,关小液氮调节阀,提高排氮纯度,可提高馏分中的含氩量。在操作时,应特别注意液氧面的升降。氧、氮产量的调节,空气量的调整都要缓慢进行,并要及时、恰当,力求液氧液面的稳定。

308. 如何净除粗氩中的氧?

答:氩馏分经粗氩塔精馏后制取的粗氩中含氩 95%~98%,含氧 1%~3%,含氮 3%~5%。为了制取精氩,还需进一步净除其中的氧和氮。粗氩除氧最常用的方法是加入一定数量的氢,通过催化剂使氧和氢化合成水,再经干燥器后达到净除的目的。为使反应进行得完全,氢的加入量应略大于与氧进行化学反应所需的氢气量。这部分多余的氢叫过量氢,一般控制在 2%左右。因此,加氢量与粗氩中的含氧量有关。

加氢除氧所用的催化剂有下面几种:

1)铜触媒。这种触媒是先使氧与热的铜(400~450℃)化合生成氧化铜,然后被氢还原成水和铜。在开始时需先将铜加热,反应开始后,仅靠反应热就能维持所需的温度。粗氩必须低速通过铜炉,因此催化剂的用量较大。此法的优点是价格便宜,而且当粗氩含氧高时也能适用,经铜炉后含氧小于 $0.5 \times 10^{-6} \sim 5 \times 10^{-6}$。

2)活性氧化铝镀铂。这种催化剂可在常温下直接使氧与氢化合成水,反应后温度升至130~400℃。它的除氧效率较高,净除后含氧小于 0.5×10^{-6},而且不需要外加热源。但价格昂贵。

3)活性氧化铝镀钯。这种方法也可使氧和氢直接化合成水,不需要外加热源,能将含氧1%~3%的粗氩降低到 0.15×10^{-6}。而且触媒制作较方便,价格比较便宜。但此法要求对粗氩的含氧量和过量氢都要严格控制,否则将影响除氧效果或烧坏催化剂。

309. 如何制取精氩?

答:粗氩经除氧干燥后得到的工艺氩,此时还需进一步净除其中的氮和过量氢,才能获得精氩(含氩 99.99%以上)。一般采用精馏法在精氩塔中除氮和氢,它的原理如图 65 所示。工艺氩在热交换器中冷却后节流进入精氩塔中部,氩相对于氮是难挥发组分,因此在下流液中的氩含量不断提高,在塔底可得到高纯度液氩。上升蒸气经多次部分冷凝后,氮和少量的过量氢均在塔顶中(氢的液化温度比氮更低,所以不可能冷凝),其中含氩仍有 40%左右。精馏所需的上升气一部分来自塔底蒸发的氩气。液氩的蒸发是用来自下塔的气氮作为热源。精馏所需的回流液是来自上升气在冷凝器中部分被冷凝的液体。冷源采用经节流后的液氮,一部分来自主塔,一部分来自在底部蒸发器中被冷凝的液氮。精氩产品可以以液态方式引出,也可以经加压回收冷量后充瓶。

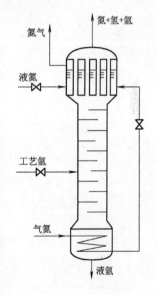

图 65 精氩塔

精氩塔的操作工况主要取决于冷凝器与蒸发器的工作能否很好配合。如果冷凝器的冷量过多,冷凝量过大,回流液过多,则氮部分蒸发就不充分,底部的氩可能被氮污染,降低氩纯度。如果压力气氮量过少,蒸发器中蒸发的气量减少,使回流比过大,也会出现上述现象。冷凝器压力过低,液氮温度过低,氩还可能冻结成固体而堵塞冷凝器管。因此,在操作中必须控制好压力及阀门开度。

8 膨胀机

310. 透平膨胀机是怎样工作的,为什么会产生冷量?

答:透平膨胀机是一种旋转式制冷机械,它由蜗壳、导流器、工作轮和扩压器等主要部分组成。当具有一定压力的气体进入膨胀机的蜗壳后,被均匀分配到导流器中,导流器上装有喷嘴叶片,如图 66 所示。气体在喷嘴中将气体的热力学能(内能)转换成流动的动能,气体的压力和焓降低,出喷嘴的流速可高达 200m/s 左右。当高速气流冲到叶轮的叶片上时,推动叶轮旋转并对外做功,将气体的动能转换为机械能。通过转子轴带动制动风机、发电机或增压机对外输出功。

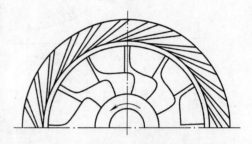

图 66 透平膨胀机的喷嘴、叶片和叶轮

从气体流经膨胀机的整个过程来看,气体压力降低是一膨胀过程,同时对外输出了功。输出外功是靠消耗了气体内部的能量,反映出温度的降低和焓值的减小,即是从气体内部取走了一部分能量,也就是通常所说的制冷量。

311. 为什么小型制氧机原先采用活塞式膨胀机,而大型制氧机均采用透平膨胀机?

答:透平膨胀机具有通过的气体流量大,效率高,无摩擦部件,运转平稳,工作可靠等优点。对于大型制氧机来说,均采用全低压流程。由于压降小,单位制冷量小,并且膨胀空气是送入上塔参加精馏,因此希望膨胀机有尽可能高的效率,以减少膨胀量对精馏的影响。透平膨胀机可以满足这方面的要求,它的效率可达 80% 以上,而活塞式膨胀机的效率只有 60% 左右。

同时,随着装置容量的增大,膨胀量也增大。而透平膨胀机是高速运转的机械,特别适合于大流量、低压降的情况,它的体积小,金属材料消耗少。而活塞式膨胀机相对来说体积庞大,结构笨重,不适合于大容量装置。

此外,大型制氧机的用户要求能长期、连续供气,而透平膨胀机更能满足连续和长期运转的要求。

综上所述,目前大型制氧机均采用了透平膨胀机。但是,由于透平膨胀机的制造工艺技术要求高,尤其在小流量的情况下,转速要达 10^5r/min 左右,一般的轴承也无法承受这样高的转速。并且,对高压透平膨胀机来说,结构也较复杂。所以,目前在小型制氧机上多采用活塞式膨胀机,它的制造较方便,转速低,适合于大压降、小流量的情况。随着科学技术的发展,生产水平的提高,在中小型制氧机上也已开始采用透平膨胀机,以充分发挥透平膨胀机的优点。例如,目前 50m³/h 以上的中压国产制氧机上就开始采用透平膨胀机。

312. 透平膨胀机中的导流器是怎样使气体速度增高的，它能产生冷量吗？

答：在日常生活中我们可以看到，河道越窄的地方水的流速越高。在膨胀机的导流器内，喷嘴叶片使流道截面形成一定的形状，气流由于受截面变化的限制，流速将不断增加。

当导流器前后存在一定的压差时，气体就会从喷嘴中流过。当喷嘴流道形状造成气体流速提高时，气流的动能增加。导流器是固定元件，气流流过时并没有接受外功，也没有吸热（可以看作是绝热过程），它的动能增加只能靠消耗气体内部的能量，因此表现出在导流器后气体的温度降低，焓值减少。在不考虑摩擦时，其动能的增加值等于焓的减小值。

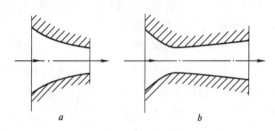

图 67 喷嘴的形状

a—渐缩形喷嘴；*b*—缩扩形喷嘴

在一般情况下，流道断面逐渐变窄，则流速逐渐升高。这种喷嘴叫渐缩形喷嘴，如图 67a 所示。但是，对气体来说，当压力降低时，体积膨胀，体积流量也增大。当气流速度超过声速时，体积的增加速度很快，这时，流道断面只有逐渐扩大才能满足加速流动的要求。因此，要获得超声速的高速气流，喷嘴要做成缩扩形，如图 67b 所示。在最小断面处，气流达到声速，在渐扩段气流超过音速。设计时采用哪一种喷嘴形式是根据导流器前后压差的大小来决定的。压差大时，为了使气体的压力能有效地转换成气流的动能，要用缩扩喷嘴。

气体在流过导流器时，动能的增加靠内部焓的减小。这属于气体内部两种不同形式的能量之间的转换，并没有能量输出，气体所具有的总能量并没有减少。因此，不能认为气流在流过导流器时，其内部焓值降低了，就是产生了冷量。因为导流器后没有用这股高速气流去推动叶轮对外做功，则这股动能除用于克服摩擦、撞击而使压力有所降低外，其余部分又将转换成气体焓值增加。这种情况与气流流经阀门节流的情况相同。在通过阀门处，由于流道很窄而流速升高，经过阀门后由于流道扩大，流速又降低，动能又转换成焓的增加，因此在节流前后焓值保持不变。由此可见，导流器只是为气体输出外功，产生冷量做准备，它本身并不产生冷量。

313. 透平膨胀机导流器出口的气流是怎样进入叶轮的？

答：目前最常用的透平膨胀机均为向心径—轴流式，即气流流经叶轮的方向先是从轮外缘朝轴心作径向流动，然后再转向轴向排气。它的形状如图 68 所示。气流进入叶轮的方向最好是顺着叶片的方向。这样，气流与叶片的冲击损失最小，叫做无冲击进气。但是，由于叶轮本身在作旋转运动，即叶片本身有一旋转的圆周速度 u_1，如果导流器出口气流向着轴心方向流动，则实际进入叶轮的气流方向对叶轮来说是向后倾斜的。正如下落的雨滴落在前进的列车玻璃窗上不是垂直向下，而是向后斜一样。

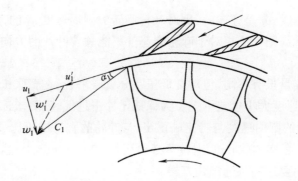

图 68　叶轮的进气过程

　　因此,从导流器出口的气流速度的实际方向(叫绝对速度 C_1)应该朝着叶轮旋转的方向有一定的倾斜,即与叶轮旋转的圆周速度成一定的夹角 α_1。这样,当叶轮旋转时,只要圆周速度 u_1 与绝对速度 C_1 配合得当,可以保证气流速度相对于叶片是沿着叶片作径向流动。气流相对于叶片的速度叫相对速度 w_1,其方向由绝对速度、圆周速度与产生的相对速度所构成的速度三角形决定,如图所示。根据速度三角形可以看出气流进入叶轮的方向。

314. 气流在透平膨胀机的叶轮中是怎样流动的?

　　答:根据气流在叶轮中的流动情况不同,膨胀机分为冲击式和反动式两种。冲击式膨胀机的叶片短小,它完全靠从喷嘴喷出的高速气流冲击叶轮旋转而对外输出功。在叶轮中只完成将气流的动能转换成机械能的过程,而气体内部的能量转换成动能的过程全部在喷嘴中完成,即气流的膨胀(压力降落)完全在喷嘴中进行,在叶轮中压力基本不再变化,气体的焓除在喷嘴中转换成动能后有所降低外,在叶轮中也基本不再变化。

　　反动式膨胀机中的气流在喷嘴内只进行部分膨胀,便以一定的速度进入工作轮,推动工作轮旋转。气流进入工作轮后还进一步膨胀,靠气流的进一步膨胀所产生的反冲力进一步推动工作轮旋转对外做功。这个反冲力正像从火箭发动机尾部喷出的高速气流推动火箭前进一样。对反动式膨胀机来说,压力分成在导流器和工作轮中的两次降落。气体的焓值变化也是如此,即在导流器中转换一部分能量,到工作轮中又转换一部分能量。通常把透平膨胀机在工作轮内能量转换的多少(即焓值的降低数值)与通过导流器和叶轮整个级内能量转换的数量(总焓降)之比称为透平膨胀机的反动度。显然,对冲击式透平膨胀机来说,反动度为零,对反动式透平膨胀机,反动度一般在 0.5 左右。

　　由于在冲击式透平膨胀机中气流在喷嘴内的压降很大,一般从 0.55MPa(绝对压力)左右降至 0.135MPa(绝对压力)左右,喷嘴出口气流的速度很高,流动损失大,因而效率较低,效率一般只有 68%～72%。对于反动式透平膨胀机,在喷嘴中的压力降一般是从 0.55MPa 降至 0.27MPa 左右,喷嘴出口气流速度相对较低,流动损失也较小。膨胀机效率一般可达 80%～90%。因此,目前的膨胀机多数是采用反动式膨胀机。

315. 为什么透平膨胀机叶轮有很高的转速,并且气量越小转速越高?

　　答:透平膨胀机在导流器中将一部分压力能转换成动能,导流器出口的气流速度通常在 200m/s 左右。导流器喷嘴叶片的安装角 α_1 一般为 16°,而叶轮的叶片是径向的。要保证气流相对于旋转叶轮的速度 w_1 是径向的,则对叶轮旋转的圆周速度 u_1 的大小有一定的要求。否则,如果圆周速度过低,则气流相对于叶轮的速度不能顺着叶片的方向,如图 68 中的 w'_1 所示。

透平膨胀机的容量虽有不同,但对全低压空分设备来说,在膨胀机内的压力降相差并不大,气体出导流器的速度大小也差不多。为保证无冲击进气,就要求工作轮的圆周速度也相差不多。而叶轮轮缘的圆周速度与转速成正比,与叶轮的直径成正比。如果要求的圆周速度 $u_1=190\text{m/s}$,叶轮直径 $D=200\text{mm}$,则转速必须达到 19000r/min 才能满足要求。因此,透平膨胀机的转速一般均要达到每分钟几万转。

膨胀机的气量越小,导流器的流道尺寸也越小,相应的叶轮直径也越小。要使膨胀机有较高的效率,就要求保持一定的圆周速度,也即要求工作轮有更高的转速。因此,膨胀机的容量越小时,设计的转速也越高。国产的空分设备所配置的透平膨胀机的叶轮直径和转速如表 29 所示。

表 29 部分国产透平膨胀机的主要技术参数

装置容量/m³·h⁻¹	300	1000	1500	3200	6000
膨胀机 流量/m³·h⁻¹	1560	2200	2500	4000	7000
				4500	8000
	1800	2600	3000	5000	9000
叶轮直径/mm	70	100	120	160	190
转速/r·min⁻¹	41700	35000	30500	23190	19000

对于容量更小的透平膨胀机,转速将高达每分钟十几万转甚至几十万转。目前世界上转速最高的透平膨胀机的转速已达每分钟一百多万转,采用一般的油膜轴承已无法满足要求,必须采用更精密的空气轴承。

316. 透平膨胀机产生冷量,为什么制动风机出口气流温度是升高的?

答:膨胀机产生冷量是指气体经过膨胀后对外做功,使气体本身能量减少,即对从气体内部取出一部分能量而言的。反映出膨胀气体经膨胀后温度降低,焓值减小。膨胀机带动制动风机叶轮旋转是为了接受膨胀机输出的外功,即制动风机是作为膨胀机的外部"负载"而工作的。因此,制动风机是接受外功,使空气压缩的机械。它与一般的风机的工作情况一样,空气在风机叶轮中接受外功,受到压缩,使气体的能量增高。在没有对气体冷却的情况下,压缩后不但压力增大,同时温度也会升高。这正是证明膨胀气体输出了能量,转移给了制动风机中的空气,从而产生了冷量。因此,不能有膨胀机产生冷量也使外部气体温度降低的误解。

317. 透平膨胀机出口的扩压器起什么作用?

答:气体经过导流器和叶轮膨胀后,在叶轮出口气流还具有一定的速度。这部分动能没有转换成机械能对外做功,由此产生的动能损失叫做余速损失。从叶轮结构形状的合理性考虑,该速度应在 45~70m/s。

如果在叶轮的出口接上一段断面逐渐扩大的短管,如图 69 所示,则可使流速降低,动能减小,将气流的一部分动能转换成压力能,在短管出口的压力将升高。因此,该短管称为扩压

器。在空分设备中,在扩压器出口的气流速度一般在$5\sim$
10m/s。经过扩压器后,气体的温度也有所升高。

对空分装置用的膨胀机来说,扩压器后的压力 p_3 取
决于上塔压力。因此,安装扩压器的好处是可以使膨胀机
叶轮出口的压力 p_2 降得更低些,气体在膨胀机中的焓降
相应增大,可以对外作更多的功,相应地提高了膨胀机的
效率。

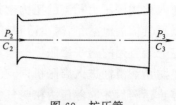

图 69 扩压管

通常测定的膨胀机后的压力和温度是指扩压器后管道中的气体压力和温度。由此求得
的制冷量是将膨胀机作为整体来考虑的,即进蜗壳的气体焓值与出扩压器的气体焓值之差。
膨胀机的效率也是将扩压器包括在内的。

此外,由于扩压器出口的气体温度比膨胀机叶轮出口气体的温度要高,在扩压管出口气
体没有液化时,在膨胀机叶轮出口可能已降到液化温度。因此,在判断膨胀机内是否出现液
体时必须考虑这个因素。

318. 透平膨胀机对机器零件的材质有什么要求?

答:透平膨胀机中在低温区工作的零部件常处在 70℃(加温时)至 −180℃左右的温度
范围内。在这样的低温下,一般的黑色金属已成为脆性材料,不能满足要求。而高镍合金钢,
铜、铝的合金以及钛合金在低温下具有良好的机械性能,因此透平膨胀机使用的零部件多用
这些材料。

对导流器来说,它是固定部件。由于气流在导流器内的流速很高,主要考虑它的耐磨性
和加工工艺性。因此,一般采用 H62、HFe59-1-1 黄铜或 2Cr13 不锈钢制成。

蜗壳一般采用铸造,应考虑到材料的可铸性,同时还应有足够的强度。因此,一般采用铸
硅铝合金 ZLSi101 或铸黄铜 ZHSi80-3。

对工作轮,除考虑材料的强度外,还应考虑材料的密度。由于叶轮作高速旋转,材料的密
度越大,则由离心力产生的应力也越大,因此希望选用密度小的高强度材料。在采用精密铸
造时,可用铸铝合金 ZLZn506。

对风机叶轮,虽然它处在常温下工作,但是它与膨胀机具有同样高的转速,且直径比膨
胀机叶轮大。因此,也应选用高强度的轻合金,一般用 LD5 锻铝合金整体铣制。

对转轴,由于一端处于低温下工作,需用 40Cr 钢或高镍合金钢 1Cr18Ni9Ti 材料。

319. 透平膨胀机为什么要使用带压力的密封气?

答:透平膨胀机要求进入膨胀机的气体全部能通过导流器和工作轮膨胀,产生冷量。但
是,由于工作轮是高速转动的部件,机壳是静止部件,低温气体有可能通过机壳间隙外漏。这
将使膨胀机的总制冷量下降,同时将增加冷损。此外,冷量外漏还可能使轴承润滑油冻结,造
成机械故障。因此必须采用可靠的密封。目前普遍采用的密封有两种类型:迷宫式密封和石
墨密封。

迷宫密封的结构如图 70 所示。当气体流经密封间隙时,压力逐渐降低。泄漏量的大小
取决于密封间隙的大小和两个密封空间的压差大小。如果密封空间越多,或外侧的压力越
高,对每个密封间隙两侧来说,压差越小,泄漏量也减少。因此,将密封装置分成两段,在中间

通入比周围压力稍高的压力密封气,压力可为 0.05~0.10MPa(表压)。这样,一方面可减少低温气体的泄漏量,减少冷损,同时也可防止轴承的润滑油渗入密封处,进入膨胀机内。目前空分装置用的透平膨胀机一般均需通带压力的密封气,密封气可以用氮气或氖氦吹除气。为了防止润滑油进入膨胀机内,在启动膨胀机油泵前,应先供压力密封气。在停机时,需在油泵停止运转后才能停压力密封气。

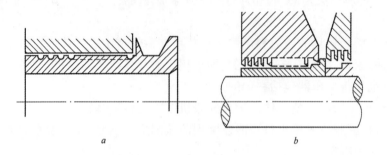

图 70 迷宫密封装置

a—轴体迷宫;*b*—壳体迷宫

320. 透平膨胀机的效率与哪些因素有关?

答:透平膨胀机的实际制冷量总比理论制冷量要小,因此,膨胀机的效率总是小于 1。膨胀机的效率越低,则在相同进、出口压力和进口温度下,膨胀机的单位工质制冷量越小,反映出膨胀机的温降效果越小。在实际操作中,应该了解哪些因素影响膨胀机的效率,以便尽可能保证膨胀机在高效率下运转。

膨胀机的效率高低取决于膨胀机内的各种损失的大小。由于各种损失的存在,使气体对外做功的能力降低。而这些损失(如摩擦、涡流等)又以热的形式传给气体本身,使气体的出口温度升高,温降效果减小。其损失主要有以下几种:

1)流动损失。气流流过导流器和工作轮时,由于流道表面的摩擦、局部产生漩涡、气流撞击等产生的损失属于流动损失。

流动损失的大小与流道形状是否与气流流动方向相适应、表面光洁程度等因素有关。流道除了与设计、制造技术水平有关外,膨胀机内流道的磨损、杂质在表面积聚、转速变化而使气流进入叶轮时产生的撞击等,都会增加流动损失。一般情况下,导流器内的流动损失约占总制冷量的 5%,工作轮内的流动损失约占总制冷量的 6%。

2)工作轮轮盘的摩擦鼓风损失。工作轮在旋转时,轮盘周围的气体对叶轮的转动有一摩擦力,轮盘将带动气体运动。由此产生的摩擦热将使气体的温度升高,这种损失称为摩擦鼓风损失。它与工作轮的直径及转速等因素有关,一般占总制冷量的 3%~4%。

3)泄漏损失。泄漏损失包括内泄漏和外泄漏两种,如图 71 所示。内泄漏是指一部分气体经过导流器后不通过叶轮膨胀,而直接从工作轮与机壳之间的缝隙漏出,与通过叶轮

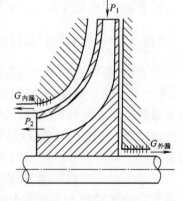

图 71 泄漏损失

168

膨胀的气体汇合。这小股泄漏气体未经过叶轮的进一步膨胀,温度较高,因而使膨胀机的制冷量减小,降低了膨胀机的效率。内泄漏量的大小取决于转子与机壳之间的间隙,因此在安装时必须严格控制在规定公差范围之内。

外泄漏是指通过轮盘后部沿轴间隙向外泄漏出的气体。这部分气体的泄漏对膨胀机的效率没有影响,但是将减少总的制冷量。同时外漏气体的冷量也无法回收,所以它对产冷的影响是很大的。外泄漏量的大小与密封装置结构、间隙以及是否通压力密封气有关。

4)排气损失。通过膨胀机的气体在出口还具有一定的速度,叫做余速。余速越高,能量损失也越大,这部分损失叫做排气损失或余速损失。排气损失不仅与设计有关,在运转过程中当转速变化偏离设计工况时,也会使气流出口速度增加,效率降低。

321. 透平膨胀机采用改变转速调节制冷量有什么缺点?

答:在实际生产过程中,当需要稍微减小制冷量时,对采用风机制动的透平膨胀机来说,习惯上采用适当开大风机风门,以降低膨胀机转速的方法。采用这种方法调节制冷量时,膨胀机进、出口的压力和进口温度基本没有变化,膨胀量也基本不变,因此,它是靠降低膨胀机的效率来减少总制冷量的。

我们知道,每台膨胀机均有一个设计的额定转速。在这个转速下,能保证从导流器流出的气体顺着叶轮叶片的方向流入,不产生气流对叶片的冲击现象,叫无冲击进气。此时的流动损失最小。保持在额定转速下运转,膨胀机的效率最高。当转速降低时,由于导流器出口的气流速度和方向没有什么变化,因此,气流相对叶轮的速度方向不能沿着叶片方向进入,而对叶片有一冲击角,使流动损失增加,膨胀机的效率降低。此外,它也将影响到工作轮出口的气流速度,使余速损失增加。在实际操作中,当膨胀机的转速降低时,膨胀机后气流温度有所升高,这是由于膨胀机效率降低的缘故。

对全低压空分设备,膨胀空气进上塔参与精馏。在可能的条件下,尽可能减少膨胀量,对提高氧的提取率、增加氧产量是有好处的。当制冷量可以减少,而采用改变转速进行调节时,膨胀量没有减少,膨胀后的过热度却略有提高,这对精馏没有带来任何好处。这种调节方法虽然可行,但不是好的方法。此外,膨胀机长期在非设计的低效率工况下工作,容易造成膨胀机流通部分的机械损坏,对膨胀机本身来说也是不利的。

322. 透平膨胀机内出现液体时有什么现象,有什么危害,如何预防?

答:气体在膨胀机内膨胀时,温度显著降低。在膨胀机内,温度最低的部位是在工作轮的出口处。如果在膨胀机内气体的温度低于当地压力所对应的气体液化温度,则将会有部分气体液化,在膨胀机内出现液体。

由于透平膨胀机工作轮的旋转速度很高,液滴对叶片表面的撞击将加速叶片的磨损。更有甚者,液滴在离心力的作用下,又被甩至叶轮外缘与导流器的间隙处。液体温度升高,产生急剧气化,体积骤然膨胀。这可以从间隙压力表看出指针大幅度摆动,严重时甚至超过该表的量程范围,将压力表打坏。由于膨胀机内部气化的气体会对导流器出口和叶轮产生强烈的冲击,严重时会造成叶片断裂,因此,在膨胀机内是不允许出现液体的。

当膨胀机内出现液体时,从机后的压力表可以观察到指针在不断地抖动。间隙压力大幅度升高,并产生波动。

为了防止膨胀机内出现液体,只要控制机后温度高于机后压力所对应的液化温度.液化温度与压力有关,机后压力愈高,对应的液化温度也愈高.图72给出了空气膨胀和氮气膨胀时机后压力对应的液化温度曲线和实际运转的温度控制极限线.

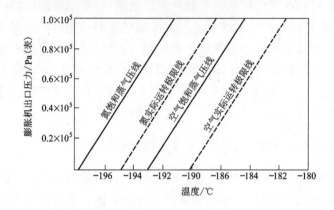

图72 膨胀机后温度控制线

例如,当机后压力为0.04MPa(表压)时,空气的液化温度为-188.5℃。实际测定的膨胀机后温度是机后管道中的温度,而温度最低点是在叶轮出口处.如果在管道中的气体已接近液化温度时,在叶轮中可能已出现液滴.因此,实际控制的机后最低温度应比液化温度高3℃以上.

323. 哪些原因会造成透平膨胀机内出现液体?

答:透平膨胀机机后温度过低主要是由于机前温度过低所引起的.造成机前温度过低的原因有:

1)旁通量过大.膨胀空气一般由两股气流汇合而成:一股来自主换热器的环流或中抽气,温度较高;另一股来自下塔的低温旁通空气.膨胀机前温度取决于两股气流的混合比例.

如果旁通量过大,将使机前温度降低.这通常发生在膨胀量比正常工况时大得多的时候,例如装置启动时的积液阶段.由于环流或中抽量是根据换热器的冷端温差决定的,因此受到一定的限制.为了满足膨胀量的需要,往往只能增加旁通量,从而造成机前温度过低,甚至达到-155℃以下,机后温度达到-190℃.出现这种情况时,应适当减少膨胀量,以减少旁通空气量,保证机前温度不致过低.

2)环流或中抽温度过低.当机前温度过低时,有时想用增加环流或中抽量的办法来提高机前温度.实际上,这种措施是有一定限度的.因为,当中抽或环流量过大时,主换热器冷量过剩,会使环流或中抽温度降低,难以实现调节机前温度的目的.

此外,环流或中抽温度不仅与环流或中抽量本身有关,还与整个主换热器的温度工况有关.如果主换热器中冷气流的冷量过剩,将造成整个主换热器中部温度过低.有的生产厂曾发生过这样的故障,由于上塔发生液悬,液氮被带入污氮管道,使污氮的温度急剧降低,结果使中抽温度也降低,机前温度降到-160℃左右.

3)膨胀机前带液空.由于下塔液空液面过高,造成旁通管路内进液体,带至膨胀机前,造成机前温度急剧降低.这种情况是最危险的,变化也是较突然的.

造成下塔液空液面过高的原因有:

液空至上塔的通路堵塞,使液空无法进上塔。例如,液空过滤器被二氧化碳堵塞;液空吸附器过滤网破损,造成硅胶将液空过冷器堵塞;液空过滤吸附器预冷不充分,造成液空急剧气化,产生"气堵"现象等,均可使下塔液面升高;

停车时造成下塔液面过高。停车时,塔板上的液体全部下流至塔底,造成液面急剧升高,如果不及时切断膨胀机空气入口阀,则液空也会大量涌入膨胀机;

节流阀调节不当或发生故障。

上述情况发生在液空液面计又失灵而无法判断液面时,则更为危险。

324. 膨胀机机后温度过低应怎么办?

答:发现膨胀机机后温度过低时,首先应找出造成机前温度过低的原因,并采取相应的措施。其中,采用机前节流的方法是立竿见影、行之有效的方法。

所谓机前节流是通过关小机前调节阀,以降低进膨胀机前的压力。经过调节阀节流后,机前温度并没有升高,甚至略有降低。例如:膨胀机前压力原为 0.45MPa(表压),−147℃,经节流后压力降至 0.35MPa(表压),则机前温度为−148℃。这是节流会产生降温效应的缘故。但是,经节流后,机前与机后的压力差减小,使膨胀机对外做功的能力降低,温降效果减小。对于低压透平膨胀机,机前压力每降低 0.1MPa,机后温度可提高 5℃左右。

另一方面,采用机前节流后,使膨胀量减小。如果环流量(或中抽量)不变,则来自下塔的低温旁通空气量可以减少。这将使机前温度提高,也有利于机后温度的提高。

如果膨胀机前由于带液空而温度过低,应采取适当措施解决下塔液空液面过高的问题,并可暂时全部关闭旁通空气阀,以免液空继续进入膨胀机。

325. 膨胀机的进气温度变化对制冷量有什么影响?

答:膨胀机的进气温度会影响膨胀机的单位制冷量。对一定的膨胀机来说,它的流道尺寸一定,所能流过的气体流量(折算成标准状态下的体积)将随温度的升高而减小。由于气体的密度与热力学温度 T_1 成反比,当体积流量一定时,温度越高,流过的质量流量越少。而在导流器内的气体流速与热力学温度 T_1 的平方根成正比,即温度越高,体积流量越大。因此,实际的膨胀量与绝对温度的平方根成反比。

例如,一台 $V_0=7000\text{m}^3/\text{h}$ 的膨胀机,膨胀量是指在设计进口压力为 0.55MPa(绝对压力)和进口温度为 $t_0=-145℃(T_0\approx128\text{K})$ 时的体积流量换算成标准状态下的体积流量 V_1。如果进气温度改变为 $T_1=140\text{K}$,则膨胀量为

$$V_1=V_0\sqrt{\frac{T_0}{T_1}}=7000\times\sqrt{\frac{128}{140}}=6700(\text{m}^3/\text{h})$$

膨胀机的单位理论制冷量随着进气温度的提高而增加。例如,当进气压力为 0.55MPa(绝对压力),出口压力为 0.135MPa(绝对压力)时,不同的进气温度下的单位理论制冷量如图 73 所示。它基本上是与热力学温度成正比的。

膨胀机的总制冷量与膨胀量和单位理论制冷量成正比。虽然膨胀量随进气温度的升高按平方根关系减小,但是单位理论制冷量随进气温度的升高按正比关系增加。所以,总制冷量还是随着进气温度的增高,按平方根的关系增加。因此,提高膨胀机的机前温度对增加制冷量是有利的。

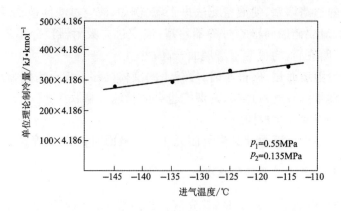

图 73　膨胀机单位理论制冷量与进气温度的关系

326. 为什么同一台空分设备配置的透平膨胀机外形尺寸完全相同,膨胀量却不同?

答:空分设备在不同的生产工况下,或在不同的季节,所要求的制冷量也不同。配制容量不同的几台膨胀机,可以适应不同的制冷量要求,以保持膨胀机在高效率(设计工况)下工作。通常每台容量相差 10% 左右。例如 6000m³/h 制氧机配置的 3 台膨胀机容量分别为 7000、8000、9000m³/h。它们的外形尺寸却完全相同。只是导流器的喷嘴高度不同,分别为 7.7、8.8 和 9.9mm。也就是说,增加喷嘴高度,膨胀量就可增加。

对同一台空分设备配置的膨胀机来说,设计的进出口温度、压力和转速也相同,因此,设计的喷嘴出口速度是一样的。膨胀量的大小只取决于喷嘴出口截面积的大小。当导流器的直径不变时,只要增加喷嘴的高度即可增加流通截面积,使膨胀量增加。

由于设计的喷嘴高度均很小,稍稍改变喷嘴高度即可满足膨胀量变动 10% 的要求。而工作轮叶片的高度要比喷嘴高度大得多,因此,不同的喷嘴高度不会影响到叶轮的进气。所以只要单纯改变喷嘴高度,不必改动其他部件即可改变膨胀量,而从膨胀机外形上看不出任何差别。

327. 透平膨胀机采用风机制动、发电机制动和增压机制动各有什么优缺点?

答:气体通过膨胀机膨胀对外做功,必须有制动器消耗这部分功。否则膨胀机的转速将失去控制,造成飞车事故。膨胀机带动的风机或发电机就是起吸收和消耗膨胀机所发出的功率的作用。

风机制动的优点是风机叶轮可以直接装在膨胀机轴的一端,设备简单,机组紧凑,体积小,制造容易,造价低,维护工作最小,操作方便。其缺点是膨胀机发出的功率全部浪费掉,同时,风机会产生很大的噪声,需要有专门的隔离室,排气口也需加消音器。

发电机制动的优点是膨胀机发出的功率可以回收,转变成电能可向电网送电。从而降低空分设备的电耗,使运行费用降低。此外,电机制动的噪声也小。其缺点是需要一套发电机设备。同时,由于膨胀机的转速大大超过发电机的转速(发电机转速最高为 3000r/min),必须有一套精密度较高的减速器,所以造价较高。此外,当电网发生故障时,膨胀机突然被卸除制动负载,容易发生因超速而使机件破坏的现象。

从投资和运转经济性两方面综合考虑,一般来说,对功率较大的透平膨胀机,为了提高设备运转的经济性,应采用功率回收的方式。有的国家在15kW以上就开始使用发电机回收功率;有的要大于100kW才开始回收。

随着空分设计和制造技术的发展,目前采用增压机(增压透平压缩机)吸收膨胀机功率的工艺流程用的越来越普遍。增压机的叶轮装在膨胀机轴的另一端,膨胀空气对膨胀机叶轮做功使之转动,增压机的叶轮也同速转动,并将进膨胀机前的膨胀气体增压后再引入膨胀机的工作轮。这样就将透平膨胀机的功回收给膨胀工质本身,提高了膨胀工质进膨胀机的入口压力,从而增加了膨胀机的单位工质制冷量,减少进上塔的膨胀空气量,有利于提高氧的提取率。这种制动方式是目前比较先进的制动方式,正在广泛地推广使用。

我国目前在$6000m^3/h$容量以上的空分设备上基本都采用了能量回收的制动方式。

328. 增压透平膨胀机的性能有什么特点?

答:增压透平膨胀机是膨胀机直接带动增压机,将输出的外功转换成气体的压力能,而增压的气体又供给膨胀机膨胀,如图74所示。增压机与膨胀机互为依存关系:它们具有相同的转速,相同的气量,相同的功率(膨胀机输出的功率全部传递给增压机),增压机出口压力略高于膨胀机进口压力。因此,在二者的热力参数应互相匹配,膨胀机的单位制冷量(kJ/m^3)等于增压机的单位功耗。同时,膨胀机的制冷量还要满足整个装置的冷量平衡。配$6000m^3/h$空分设备的增压透平膨胀机的参数如表30所示。

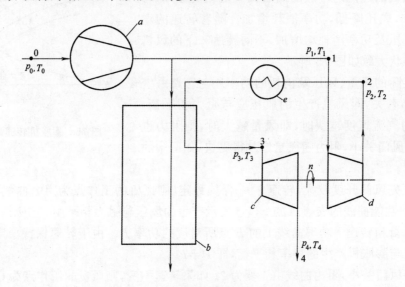

图74 增压透平膨胀机性能参数
a—空压机;b—主换热器;c—透平膨胀机;d—增压机;e—冷却器

表30 配$6000m^3/h$空分设备的增压透平膨胀机的参数

项目名称	膨胀机	增压机
气量/$m^3 \cdot h^{-1}$	2880~4600	2880~4600
进口压力/MPa	0.935~0.954	0.652~0.662
出口压力/MPa	0.146~0.15	0.96~0.99
压比	6.2~6.4	1.45~1.50
进口温度/K	165.6~173.3	290.0
出口温度/K	108.7~116.4	331.6~333
等熵效率/%	80.7~83.5	68.1~74.1

对增压机来说,进口压力 p_1 等于空压机的出口压力;而膨胀机的出口压力 p_4 接近上塔压力。因此,膨胀机的压比 p_3/p_4 要比增压机的压比 p_2/p_1 大得多,它能产生较大的单位功。但是,增压机的效率比膨胀机要低,需要消耗较多的单位功;并且,膨胀机的进口温度低,也使膨胀机的单位焓降可减小一些。在设计时,对各种因素进行全面考虑,通过理论计算,使膨胀机输出功与增压机消耗功相匹配。

在允许的最高转数下,改变转速 n,不但使气量按比例变化,同时增压比也与转速的平方关系变化,在增压机所需功率减小的同时,也使膨胀机的制冷量减小,以维持输出、入功的平衡。根据需要,还可对膨胀机机前的进气进行调节,以减小输出功。

329. 为什么改变蝶阀的开度可以调节风机制动的膨胀机的转速?

答:风机制动的膨胀机,风机叶轮直接安装在膨胀机的轴上。当膨胀机输出的功率与风机消耗的功率相等时,则转速维持一定;一旦当输出功率大于风机消耗的功率时,则转速会升高,然后在较高的转速上达到新的平衡。反之,当输出功率小于风机消耗的功率时,转速将下降,然后在较低的转速下达到新的平衡。因此,转速与风机的特性密切相关。

制动风机的性能与一般的离心式风机相类似,随着风量增加,风压降低,功率消耗增加。随着转速的增加,风量、风压及功率消耗均增加,不同转速 n 下的风机性能曲线形状大致如图 75 所示。

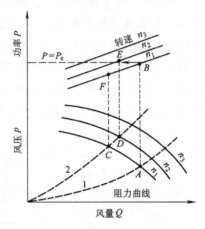

图 75　膨胀机转速的调节

风机实际的风量、风压及消耗的功率还与管路系统的阻力大小有关,即风机产生的风压应与阻力相平衡。当管道内的气流速度越快时,即风量越大时,则阻力也越大。如果风门关小,阻力随风量增加得更快,如图中的曲线 2 所示。

如果原先风门开度较大,转速在 n_1 保持稳定,则风机的工作点为阻力曲线 1 与风机在转速 n_1 下的性能曲线的交点 A 点。该点表示产生的风压与阻力相平衡。它所消耗的功率为在同样的风量和转速下功率曲线上的 B 点所对应的功率 P。由于转速保持稳定,即风机消耗的功率又与膨胀机产生的功率相平衡,即 $P=P_e$。

如果将风门关小,阻力曲线由 1 变为 2。如果转速不变,则风机的工作点为 C。该点所对应的功率曲线上的点 F 所消耗的功率比原先的要低,这是由于风门关小使风量减少的缘故。因此,如果膨胀机的进、出口压力和温度不变,则膨胀机产生的功率基本不变,这时,它将大于风机消耗的功率,会使转速增加。

随着转速增加,风机的风量、风压、功率消耗也在增加。它沿阻力曲线 2 至某一转速 n_2 时的交点 D。若该点所对应的功率曲线点 E 与膨胀机产生的功率相平衡,则在 n_2 转速下保持稳定运转。但它比风门开度较大时的转速 n_1 要高。

因此,用风门调节来改变膨胀机的转速,主要是改变风机负荷的性能,以保持膨胀机在最佳转速下工作,并不是为了改变制冷量。实际上,在转速变化时,由于膨胀机效率有所改变,所以制冷量也会有所变化,P_e 并不是固定值。有的运行人员采用通过调节风门改变膨胀机的转速来微调制冷量。

330. 为什么透平膨胀机在启动时制动风机的进、出口蝶阀要全开？

答：如图75所示，当风机的风门全开时，管路阻力小，所需的风压低。根据风机的性能曲线，风压越低，对应的风量越大，功率消耗也越大。因此，风机在较低转速下所需的功率即能与膨胀机的输出功率相平衡。

在设计时，应考虑当膨胀机的进口压力达正常值后，与风门全开时功率相平衡的转速应低于额定转速。这样，在启动时，如果将风门全开，就可防止膨胀机发生超速现象。待膨胀机进口压力达正常值后，再逐渐关小风门，将膨胀机的转速调至额定转速，保持膨胀机在高效率下运转。

331. 风机制动的透平膨胀机在什么情况下会发生飞车现象，如何处理？

答：透平膨胀机在运转中要输出一定的功率，由制动风机所消耗。当输出功率与制动功率相等时，转速维持一定；当输出功率大于制动功率时，转速就会升高。当输出功率大于制动功率过多时，就可能发生飞车现象。

风机制动的透平膨胀机产生超速和飞车现象是由于风机的制动功率减小的缘故。由于风机叶轮直接与膨胀机轴相连，当膨胀机运转时，同时带动风机叶轮转动，始终有一定的负载。制动功率的大小取决于风机管路系统的阻力。阻力越大，通过风机的风量越小，制动功率也越小。当开大制动风机的风门时，制动功率增加，膨胀机的转速下降。如果风门关得过小，就可能产生超速。有时，风机的风门已开到最大，但膨胀机仍然发生超速。这种超速现象往往是逐渐发展的。因为风机管路系统的阻力不仅取决于风门的开度，而且还与吸气过滤器、消音器的阻力有关。如果风机前的过滤网严重堵塞，也会造成系统阻力增加，使风量减小，从而降低了制动功率，使转速升高。因此，对这种情况，首先应检查过滤网，然后再寻找可能引起风管阻力增加的原因，并采取相应的措施。

有时，由于风门（一般为电动碟阀）失灵，易造成阀瓣突然关闭。这时的制动功率骤然减小，转速将迅速升高而造成飞车。这时应该迅速关闭膨胀机前的紧急切断阀。所以，平时应注意对紧急切断阀的维护，以保证其工作的可靠性。

332. 为什么制动风机的风门不能关得过小？

答：如329题所述，关小制动风机的风门，将使风机的制动功率减小。若膨胀机的输出功率不变，则必须在更高的转速下才能与输出功率相平衡。因此，如果风门关得过快、过小，则可能产生超速现象。

此外，当膨胀机的输出功率（制冷量）根据装

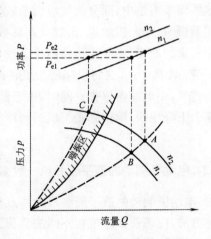

图76 制动风机的喘振

置的冷量平衡需要减小时，如图76所示，膨胀机功率由 P_{e1} 减至 P_{e2}。这时，如果风门的开度不变，风机的工作点将由 A 转移至 B，转速由 n_2 降至 n_1。如果要使它恢复到额定转速、则必

须关小风门,以改变阻力曲线的位置,使风机的风量减小,风压增高,制动功率减小。此时,工作点将移至图中 C 点所示的位置。

离心式风机有一个不稳定工作区,叫做"喘振区"。如果风门关小到使工作点落入该区域,则风量、风压很不稳定,消耗的功率及转速也有波动,风机产生振动和声响。当出现这种现象时,应开大风门,降低转速,使风机的工作点离开喘振区。

为了防止出现风机喘振现象,规程上规定有风门的最小开度。但对不同的风机,规定的最小开度也不同。有的规定不能小于 20%,有的则规定不得小于 10%。

333. 风机制动的透平膨胀机一般采用什么方法调节制冷量?

答:目前,为了调节风机制动的透平膨胀机的制冷量,最常用的调节方法是关小机前调节阀,降低膨胀机前的压力,使膨胀机中的膨胀压降减小,单位制冷量减少,同时膨胀量也有所减少。这种调节方法为的是改变了膨胀气体的质量,一般叫质调节。这种调节方法结构简单,工作可靠,操作方便。并且,对风机制动的膨胀机来说,由于转速可以通过改变风门开度进行调节,在制冷量减小时,仍可将转速调至最佳转速。所以这种调节方法对膨胀机的效率影响较小。当机前压力降低后,导流器出口的气流速度也减小,要保证气流能顺着叶片方向流入叶轮,不产生冲击损失,也要适当降低叶轮旋转的圆周速度。此时的最佳转速比额定的转速要低一些。

另一种调节方法是不改变膨胀机的进气压力,只改变膨胀量的大小,叫量调节。改变膨胀量的方法是改变喷嘴的通道面积。具体方法有:

1)将喷嘴高度做成可调节的;

2)将导流器上的喷嘴分成几组,每组分别用阀门控制,根据所需膨胀量的大小,可以关掉其中一组喷嘴,即分组喷嘴调节;

3)将喷嘴叶片做成可转动的,在不同角度,喷嘴的截面积不同,即转动喷嘴叶片调节。

这些调节方法中,除分组喷嘴调节较为简单外,其他的调节机构较复杂,加工要求高,并且在用量调时,膨胀机的进、出口状态参数均未改变,此时喷嘴出口速度也不变。但是,由于膨胀空气量的改变,膨胀机的总制冷量改变,使输出功率也随之改变。若此时制动风机风门开度不变,则 $P_e \neq P_f$,这将引起膨胀机转速的改变,即叶轮的圆周速度要改变。从而造成有冲击的进气,引起冲击损失。同时,由于圆周速度的改变,会增加排气速度损失,因而膨胀机的效率会下降很快,单位膨胀工质的制冷量减少。所以在风机制动时不希望采用量调节的方法。

334. 电动机制动的透平膨胀机一般采用什么方法调节制冷量?

答:电动机制动的透平膨胀机的特点是在不同的负荷下转速基本保持不变。选择调节制冷量的方法,应该使膨胀机在不同的负荷下,尽可能保持高的效率。如果采用节流调节,由于机前压力降低,将使导流器出口的气流速度降低。在叶轮转速不变的情况下,则不能保证气流顺着叶片流入(无冲击进气),从而产生冲击损失,降低膨胀机的效率。因此,对于电动机制动的透平膨胀机,不适宜用节流调节(质调节)方式,而应采用量调节的方法。一般采用分组喷嘴或转动喷嘴叶片调节方法。

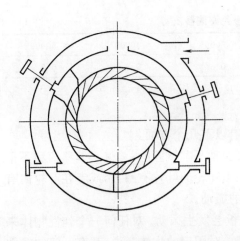

图 77　分组喷嘴调节

分组喷嘴调节如图 77 所示。它是将喷嘴环分成若干组，分别由调节阀加以控制。在将某一组喷嘴调节阀关闭时，该组喷嘴不进气，这相当于减少了喷嘴的总流通截面积，从而使膨胀量减少。但是，由于喷嘴组有限，这种调节方式是跳跃式的，中间负荷还要靠部分节流调节。当负荷下降 50% 时，效率下降 10%～15%。这种调节方式简便可靠，在中、小型空分设备上仍有被采用。

转动喷嘴叶片调节如图 78 所示。在每个喷嘴叶片上装有固定的小轴，通过调

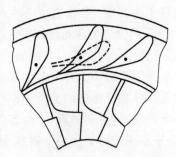

图 78　转动喷嘴叶片调节

节机构，可使所有叶片同步地旋转一定的角度，使喷嘴出口的宽度发生变化，从而改变了喷嘴环的总通道截面积，调节了膨胀量。这种调节方法的特点是可以减少膨胀量。当叶片朝逆时针方向旋转时，还可以增大膨胀量。因此，膨胀机的设计负荷可选择在最大负荷的 75% 左右。当增大或降低负荷时，效率变化很小。在负荷变动±35% 时，效率只变化 3%～4%。因此，它的调节性能十分良好，在大、中型空分设备中得到普遍的应用，其结构较为复杂，制造工艺要求较高。

335. 什么是转子的动平衡？

答：由于膨胀机的转速很高，转子有微小的不平衡也会引起很大的振动。因此，每个转子都应经过平衡试验。要保证整个转子有较好的平衡，首先应使转子上的每个零件，如工作轮、风机轮、轴等本身有良好的平衡。

平衡包括"静平衡"和"动平衡"两种。静平衡是检查转子重心是否通过旋转轴中心。如果二者重合，它能在任意位置保持平衡；不重合时，它会产生旋转，只有在某一位置才能静止不动。通过静平衡试验，找出不平衡质量，可以在其对称位置刮掉相应的质量，以保持静平衡。

经过静平衡试验的转子，在旋转时仍可能产生不平衡。因为每个零件的不平衡质量不是在一个平面内。当转子旋转时，它们会产生一个力矩，使轴线发生挠曲，从而产生振动，因此，转子还需要做动平衡试验。动平衡试验就是在动平衡机上使转子高速旋转，检查其不平衡情况，并设法消除其不平衡力矩的影响。

由于透平膨胀机在低温下高速旋转，而且转动零件之间的动间隙也比较小，因此对动平衡的要求也比较高，属于精密级的要求。我国对全低压空分设备用透平膨胀机转子的动平衡试验，对转子重心允许偏移值的要求如表 31 所示。

表 31　透平膨胀机转子重心允许偏移值

转速 $n/r \cdot min^{-1}$	5000～10000	≤20000	≤30000	≤40000	≤50000
允许偏移值 $\rho/\mu m$	1.2	1.0	0.8	0.3	0.2

336. 透平膨胀机振动过大是由哪些原因造成的？

答：造成透平膨胀机振动过大的原因很多，主要有以下几个方面：

1）转子的动平衡不良。转子在出厂前是做过严格的动平衡试验的，其重心偏移值和不平衡质量控制在允许范围内。但是，在运转过程中如果工作轮的叶片有磨损，或者在叶轮内有杂质冻结，这时将破坏转子的动平衡，由此引起过大的振动。

2）转子的共振。当我们在一块木板上行走时，木板会发生振动。对任何一个弹性物体来说，在受到一个短暂的外力作用时，都会产生这种现象。对固定的物体来说，都有一定的振动频率（每分钟振动的次数），叫固有自振频率。这个自振频率与物体的支承方式、尺寸大小、材料的弹性等因素有关。对一定的膨胀机转子，它也有固定的自振频率。

如果外界加给物体的力是周期性的，并且这个外力的频率与物体的自振频率相同，则振动会不断加剧，这种现象称为"共振"。对于旋转式机械，当转子在旋转时，由于转子的弹性变形，相当于不断给转子加一个周期性的外力，这个外力的频率与转子的转速有关。如果转子的转速与转子的自振频率相同，则振动将加剧，这个转速称作"临界转速"。在设计时，转子的转速应远离临界转速，以免产生共振现象。

如果设计不当，工作转速与实际临界转速相近，则转子振动会很严重，使膨胀机无法正常工作。因此，由共振造成的膨胀机振动，往往是在试运转时就会发生，并且，随着转速的变化，振动的幅度变化较大。对这种情况，只有修改设计，例如加粗转轴直径，缩短轴的长度及悬臂长度，减小悬臂轴上零件的质量等，以改变其自振频率，使它远离工作转速。

3）油膜振动。目前，透平膨胀机多数采用滑动轴承。它是靠轴在旋转时，轴颈与轴承之间形成油楔。油楔中的油将轴微微抬起，并在轴颈和轴承之间形成油膜，使轴颈与轴承互不接触，不致产生干摩擦。因此，随着轴颈的转动，有一层油膜跟着旋转。但是，间隙的变化，使油膜的厚度发生周期性的变化，会引起所谓"油膜漩涡振动"。油膜被破坏，则会产生机械摩擦，造成烧瓦，甚至引起密封损坏。

油膜振动的振幅与轴承间隙有关。如果轴承间隙过大，振幅就会增大。另外还与悬臂长度及转子质量有关。因此，在安装时应注意保证安装间隙。

4）膨胀机内出现液体。当膨胀机内温度过低而出现气体液化时，液体被甩至叶轮外缘，温度升高，又急剧气化，会使间隙压力大幅度波动，造成膨胀机振动。

5）制动风机喘振。对于风机制动的透平膨胀机，当风门关得过小时，风机的工作点可能进入喘振区，造成风机工作不稳定而产生振动。这种振动比较容易判断，也容易消除。

6）润滑油系统故障。例如润滑油温度过低，黏性过大；油不干净或混入水分；油压过低，造成润滑油不足等原因均可能造成膨胀机的振动。

在实际操作中，应根据产生振动的大小、时间长短以及各种有关工况进行综合分析处理。

337. 透平膨胀机对润滑系统有什么要求？

答：透平膨胀机的转速很高，轴承间隙小，对润滑系统要求非常严格。润滑油一般采用22号透平油。除了油的牌号和指标必须符合要求外，对油的清洁程度要求也很高。一般需要经过二级过滤，过滤掉大于 $5\mu m$ 的微粒。

为了有足够的油量从摩擦表面带走摩擦热，并能形成稳定的油膜，一般都需采用压力油强制连续循环润滑。进润滑点的油压在规程中均有具体规定。油压过低应自动报警、并启动辅助油泵，直至自动停车。

经润滑点后的油温会升高。为了进行循环润滑，必须将润滑油在油冷却器中进行充分冷却，以保证进油温度不至于过高。为此，油冷却器应有足够的冷却面积和冷却水量。

由于透平膨胀机在低温下工作，使用中应注意以下问题：因为膨胀机的转子直接与低温气体接触，膨胀机侧的轴承温度较低，所以膨胀机的供油温度不宜太低，一般控制在 $35\sim40℃$。否则由于油温低或油量不足致使润滑不良，造成轴承研磨或轴承温度升高。油温低于 $20℃$ 时，膨胀机不应运转。

为了保证膨胀机在突然停电时轴瓦不至被烧坏，还应设置紧急供油箱（一般采用压力油箱或高位油箱），在油泵突然停止运转的情况下，仍能靠紧急供油箱保证供应 5min 以上的润滑油量。因此，在压力油箱内必须随时贮备一定的油量和充有一定压力的气体。

338. 透平膨胀机发生堵塞有什么现象，如何消除？

答：对于切换式换热器流程的空分设备，透平膨胀机在空分设备的启动阶段，通过水分及二氧化碳冻结区时，由于膨胀机内温度逐步降低，水分及二氧化碳可能以固态的形式在膨胀机内析出。严重时可能会造成膨胀机堵塞。

由于气体在膨胀机内的膨胀过程分为在导流器内膨胀和在叶轮内膨胀两步进行，因此，堵塞可能发生在导流器内，也可能发生在叶轮内。

堵塞使膨胀气量减少，温降减小，制冷量减少。对风机制动的膨胀机来说，表现为转速下降。而电机制动的膨胀机则表现为电流下降。

导流器的喷嘴叶片通道既可能被雪花、也可能被干冰堵塞，使通道阻力增加，导流器后压力降低。叶轮通道被水分冻结的可能性较大，因为松散的干冰在高速的叶轮中难以积聚。当工作轮被堵塞时，工作轮内的阻力增大，将使导流器后的压力升高。

堵塞的部位除了喷嘴和叶轮外，由于离心力的作用，还可能在喷嘴和叶轮之间的间隙处发生。

当膨胀机发生轻微堵塞时，可先用加大环流量，提高机前温度的办法解决。对二氧化碳的冻结，可先用反吹法将通道吹通。当上述方法无效时，只能采取停机加温。为了保证启动过程的正常进行，每台膨胀机的启动时间应错开 15min 左右，以免同时发生被堵塞的现象。

339. 透平膨胀机的喷嘴叶片和工作轮叶片为什么会磨损，如何防止？

答：由于透平膨胀机的转速很高，导流器内的气流速度也很大。如果在气流中夹带有少量的机械杂质或固体颗粒，会造成导流器和叶轮的磨损，甚至打坏叶片。为了防止发生上述事故，一般在透平膨胀机前设置有机前过滤器。它靠铜丝布过滤掉金属杂质、卵石和硅胶粉末、雪花及固体二氧化碳等。当过滤器被堵塞时,阻力将增大。当压降超过 0.1MPa 时需要进行加温吹除。

此外,膨胀机在启动前,对机前管路的加温吹除要彻底,防止金属碎屑、灰尘杂物及水分冲击和磨损膨胀机的流通部分。

在空分设备的启动阶段,膨胀机内可能会有水分和二氧化碳析出,加速流道的磨损。为此,应尽可能缩短析出阶段的时间。一旦发现膨胀机内有固体颗粒堵塞,应及时进行加温处理。膨胀机内出现液体也会产生冲击和加剧磨损,所以应避免机前温度过低。

导流器与叶轮的磨损还与它们的材质有关。导流器用不锈钢制作,就要比用铜材耐磨得多。

340. 造成膨胀机前压力过低的原因是什么,如何消除?

答:膨胀机前的整个通路(包括膨胀换热器、膨胀过滤器、中抽流程的二氧化碳吸附器、中抽或环流通路的管道、阀门等)中任何一部分发生堵塞或阻力过大,均会引起机前压力降低。机前压力过低将使膨胀量减少,单位工质制冷量降低,从而造成总制冷量的减少。

造成机前压力过低的原因有:

1)膨胀过滤器堵塞,极大可能是被硅胶粉末堵塞,特别是当吸附器的过滤网破损时则更为严重。此外还可能被雪花和固体二氧化碳堵塞。在切换式流程的启动阶段,度过水分冻结区和二氧化碳冻结区时,更容易出现这种现象。所以应尽快度过两个冻结区,并注意过滤器的阻力变化,及时进行倒换加热或反吹。

如果在启动前加温吹除不彻底,使水分带入过滤器而发生冻结,机前压力会下降较多。

对于中抽流程,如果中抽温度过低,二氧化碳在吸附器内以固体形式析出,不但会堵塞吸附器,可能造成过滤器堵塞。

过滤器被雪花或固体二氧化碳堵塞,通常采用加温吹除的方法即可消除。但是,如果被硅胶粉末堵塞,消除较困难。应及时检查吸附器的过滤网。

2)调整机前温度时操作不当。在没有膨胀前换热器的流程中,机前温度取决于来自下塔底部的旁通空气和环流(或中抽)气的比例。在用调节控制两股气流的阀门来改变机前温度时,应同时考虑温度和压力的变化。只顾关小阀门就容易出现机前温度虽符合要求,而机前压力却会降低的现象。

341. 透平膨胀机机后压力过高是什么原因?

答:低压透平膨胀机膨胀后的空气是送至上塔参与精馏的。它要送入上塔,机后压力必须略高于上塔进气处的压力。因此,机后压力取决于膨胀机至上塔管路的阻力以及上塔压力。而上塔压力又取决于塔板阻力和低温返流气体管路系统(包括过冷器、液化器和主换热器等)的阻力。其中任一部分阻力增大,均可能造成机后压力过高。

最常见的是切换式换热器冻结,阻力增大而造成机后压力升高。例如某厂曾发生过由于空分设备的蓄冷器被水分冻结、堵塞,而使机后压力长期高达 0.06~0.065MPa(表压)。所以,要想使机后压力降低,首先要求切换式换热器不被水分或二氧化碳堵塞。

为了防止机后压力过高,膨胀空气送入上塔的阀门应处于全开的位置,以减少不必要的额外阻力。

342. 膨胀机轴承温度过高是什么原因造成的,如何解决?

答:膨胀机在高速旋转时,轴颈和轴承处将产生摩擦热。这部分热量需要靠润滑油及时带走,才能使轴承温升保持在允许范围之内。

造成轴承温度过高的原因来自两方面:一方面是产生的摩擦热过多,这通常是由于轴承的间隙不当或转子振动过大引起的。一般发生在设备新安装或检修之后。另一方面是润滑油不足或油温过高,来不及将热量带走。这可能是由于油压过低,润滑油量不足;或润滑油不干净,造成油管堵塞或摩擦热增加;润滑油变质,黏度不合要求;油冷却器冷却效果不良等原因造成的。

因此,造成轴承温度过高的原因是多方面的,应根据具体情况,仔细分析,找出原因加以以解决。

343. 膨胀机轴承温度过低是什么原因造成的,如何解决?

答:膨胀机在很低的温度下工作。如果冷气外漏过多,将造成工作轮侧的轴承温度过低。这将引起润滑油温度过低,使油的黏度增加,难以形成油膜,严重时甚至会损坏轴承。

气体外漏增多的原因可能是未通压力密封气。这时应检查密封气的压力。如果是由于密封磨损,间隙增大,这时必须更换密封套。

膨胀机在停车时,发生轴承温度过低,这是由于冷量通过轴直接传递过来引起的。这将使转子转动不灵活,甚至启动不起来。这可通过预先加强润滑油的循环来提高温度。

344. 什么是气体轴承,它是怎样工作的?

答:一般的旋转机械的转轴与滑动轴承之间,为了减小摩擦力和带走由于摩擦产生的热量,通常靠润滑油加以润滑。但是,油的黏性与温度的关系很大,润滑油温不能过高,也不能过低。对于转速每分钟高达数10万转的机械来说,油润滑的缺点更为显著。

气体轴承是以气体作为润滑剂的轴承。当一定压力的清洁气体由外界供入轴承与轴颈的间隙表面内,使轴转动时不与轴承相碰的,称为气体静压轴承。依靠一定的轴承结构,在轴转动时自动在间隙中形成一层压力气膜的,称为气体动压轴承。

由于气体的黏度比油要小得多,例如,在20℃时空气的黏度只有锭子油的1/4000,所以气体轴承的摩擦阻力极小,产生的摩擦热及耗功也很小。它的缺点是承载力要比油轴承低得多。但是,它非常适合于转速高、要求机械效率高、不允许油污染,而且负载较小的场合,还可省去复杂的供油系统,简化操作。目前,气体静压轴承已较广泛地应用于小型高转速的空气透平膨胀机。

气体径向轴承的工作原理如图79所示。压力为 p_s 的气体通过供气小孔进入轴颈与轴承形成的环形间隙。气体经小孔节流后压力降低至 p_c。由于上、下的间隙不同(偏心距 e),与环境压力 p_a 的压差也不同,上部的压差($p_c' - p_a$)较下部的压差($p_c'' - p_a$)要小,其差值的合力(图中的阴影部分)与外载荷 W 相平衡。形成一个气隙。轴颈与轴承之间的气隙使二者不直接接触,在转动时靠气体进行润滑。

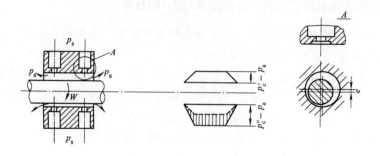

图 79　径向气体轴承的工作原理

345. 小型气体轴承透平膨胀机是怎样工作的？

答：小型气体轴承透平膨胀机的工作原理与全低压空分设备中普遍采用的径流向心式透平膨胀机相似，它是采用风机制动方式，如图 80 所示。只是由于膨胀量小，相应的每分钟的设计转速需在 10 万转以上。

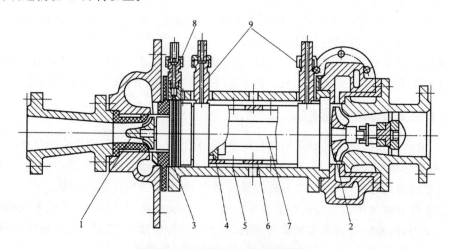

图 80　气体轴承透平膨胀机结构

1—膨胀机；2—制动风机；3—密封套；4—空气轴承；5—外筒体；6—轴承套；
7—转子；8—密封气接头；9—轴承气接头

工作轮与风机轮均用 LD5 铝合金制造，主轴用 2Cr13 制成。轴支承在两个完全相同的空气轴承上，它把径向轴承和止推轴承复合于一体。径向轴承有两排小孔，每排开有 8 个孔。止推轴承带有气囊环槽，其上有 16 个小孔。轴承气的压力为 0.5～0.6MPa。轴承外的"O"型胶圈能起阻尼、减振作用。两个轴承的同轴度将对整机的性能有极大的影响。主轴与轴承在运转时的最小间隙只有 0.01mm 左右。

密封套与主轴的密封轴颈组成迷宫密封装置，工作时中部通入常温清洁空气，可以有效阻止低温气体外流。密封气压力为 0.6～0.7MPa。

346. 如何防止气体轴承膨胀机发生卡机现象？

答：气体轴承要靠一定压力的清洁气体在轴承与轴颈之间形成的间隙，使轴转动时不与

182

轴承相碰。如果不能很好形成气隙,二者直接接触,高速旋转时产生激烈摩擦,将出现相互"咬住"的卡机现象。

出现卡机前的征兆是轴承气压力不稳,转速不稳,伴有异常声响。这时应立即停车检查。

在设备正常的情况下,产生卡机的原因有:

1)对轴承气的操作顺序不当。未按先供气、再开机;先停机,后断气的要求操作;

2)启动、停机太快、太急,使转速急剧变化,失去平衡,破坏了润滑气膜;

3)润滑用空气不洁净,带有油水,破坏气膜的形成,或将轴承的供气小孔(对配 150m³/h 空分设备的膨胀机,轴承供气小孔只有 0.35mm)堵塞。

为了防止出现卡机现象,应采取以下措施:

1)加强责任性,严格按操作顺序进行操作;

2)开机、停机时,开关阀门一定要缓慢。停机时先打开空压机放空阀,以减轻负荷。停机后应仍保持轴承气 0.6MPa 的压力;

3)将两台粉末过滤器定期(例如每隔 15 天)切换使用,及时清洗滤芯,清扫滤筒,做好保养记录;

4)在保养时,现场要清洁无尘,轴承及气孔疏通,清洗、吹除要彻底,间隙调整要精确。起浮试验一定要保证在 0.1MPa 下进行,否则不准装机。

347. 活塞式膨胀机是怎样工作的,为什么会产冷?

答:活塞式膨胀机是对外做功并产生冷量的机械。它靠压力气体在气缸内的膨胀,推动活塞运动对外做功。气体做功后,自身的内部能量减少,这个能量的减少就称为膨胀机制冷量。

活塞是在气缸内做往复运动的,活塞来回动作一次,就完成进气—膨胀—排气—余气压缩一个循环。现在以典型的活塞式膨胀机为例说明它的工作过程,如图 81 所示。

1)进气过程 1-2。当活塞顶部离上止点前 10°时,凸轮机构把进气活门顶开(1 点),高压空气开始进入气缸。当活塞经过上止点,向下移至 2 点时,进气活门关闭,进气过程结束;

2)膨胀过程 2-3。这一过程中,进、排气活门全部关死,气缸内高压空气膨胀推动活塞向下移动。高压空气在气缸内膨胀时压力降低。当活塞离下止点前 2°30′(3 点)时,排气活门被凸轮机构顶开,膨胀过程结束;

3)排气过程 3-4。排气活门打开后,开始排气。由于飞轮的惯性,活塞到达下止点后继续向上运动,活塞运动到 4 点时,排气活门关闭,完成排气过程;

4)余气压缩过程 4-1。为了减小充气损失和充气冲击力,排气活门在进气活门打开前提前关闭。在这一进、排气活门同时关闭阶段,气缸中的余气在活塞继续向上运动时被压缩,使气缸内的压力升高。直至活塞离上止点前 10°,进气活门打开时为止。然后又重复上述各过程。

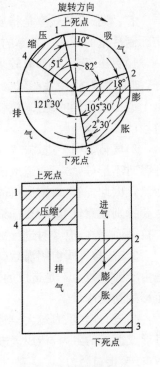

图 81　活塞式膨胀机的工作过程

膨胀机活塞做如上所述的往复运动,通过曲柄连杆向外输出功,带动电机工作并输出电能。因此,膨胀机实际上是一个冷气发动机,膨胀机拖动电机输出电能可视为一个发电机组。气体对外做功完全靠消耗气体内部的能量,反映出气体压力降低,温度降低,能量(焓)减小。即当气体通过膨胀机时,从气体内部引走一部分能量,转化成机械功。而自身的能量减少,温度降低,就称为产生了冷量。

348. 活塞式膨胀机的余隙有什么作用?

答:在维修活塞式膨胀机时,在上紧气缸头后,都要用铅丝从气缸头侧孔处测量活塞上升到最高点(上止点)时与气缸头的距离。这段纵向间隙称做"余隙"。

活塞式膨胀机中气缸余隙极为重要,一般规定余隙为 1~1.5mm。余隙过小,活塞运转到最高点(上止点)时会有冲击声,机器振动大;当余隙为零时,则会造成顶缸事故,使机器损坏。但余隙过大,膨胀机气缸中残留的空间大,影响气缸的有效容积。同时,在进气时,首先要使余隙空间中充到工作压力,使这部分气体的能量未能有效利用,从而会降低膨胀机效率。

由于制氧机的冷量主要来源于膨胀机,膨胀机效率降低,液化阶段所需时间就长,启动时间相应地也就延长。在转入正常生产时,为保持氧液面不下降,就要维持在高于正常时的高压压力,运行电耗就会增加。所以,调整活塞式膨胀机气缸余隙要十分注意,既考虑到机器的安全运行,又要有较高的效率。

349. 活塞式膨胀机效率的降低主要是由哪些原因造成的,如何避免?

答:膨胀机的效率是指实际膨胀制冷量与理想绝热等熵膨胀制冷量的比值。效率降低即实际制冷量的减小。效率的降低主要有以下几方面的原因引起:

1)保冷不良,外部有较多热量传入。膨胀机在低温状态下工作时,如果绝热材料质量不好,加上受潮,保冷性能就会下降,使膨胀机效率降低。因此,绝热材料应保持干燥,最好定期烘干或更换干燥的绝热材料。在需要经常检查的部位,如阀杆的安装孔等处,也应用绝热材料堵严。

2)气体泄漏。进、排气阀不严密;进、排气阀座压套顶丝过松;活塞皮碗不严;进、排气阀杆密封不严等,均可能造成漏气。漏气将造成部分气体不参与膨胀对外做功,从而减少了制冷量。因此,漏气对膨胀机的效率影响很大,严重时甚至使设备无法维持生产。所以在检修时要特别注意,检修后要仔细检查试压。对密封不严的皮碗、密封圈应及时更换。如果因气缸拉毛而漏气,应及时进行更换。

3)进、排气阀启闭滞后。进、排气阀开启滞后,往往是由于凸轮的磨损造成的;关闭滞后是由于弹簧拉力不足造成的。气阀启闭不正常,将影响膨胀机在一个循环中的做功过程,进而影响到制冷量。

4)进、排气阻力过大。当进、排气阀体的进、出气口与管路及气缸的进、出气口没对正时,将形成额外的阻力,造成气缸内进气压力降低,排气压力升高,制冷量减少。因此应注意尽量减少进、出口阻力。

5)摩擦热过大。如果皮碗太紧,摩擦力太大,将造成摩擦热传给气体而使制冷效率降低。这种现象往往发生在刚检修后。因此,在检修时应注意密封的松紧要适度。

6)余隙过大。它将使充气损失增加而减少单位气缸容积制冷量。因此,应将余隙调整在规定的范围。

350. 活塞式膨胀机阀与阀座密合不严是怎样造成的,如何处理?

答:膨胀机阀与阀座密合不严,主要由下列原因造成:

1)阀与阀座间有异物进入。应把异物取出,并研磨阀与阀座,必要时进行更换;

2)阀与阀座长期撞击,使阀与阀座材料表面部分脱落。解决办法是需重新研磨或更换;

3)阀体外面的两个铅垫圈压得不平,致使阀与阀座偏离中心位置。解决办法是需更换铅垫圈,并要压平;

4)阀杆的密封皮碗安装不正,使阀杆偏斜。解决办法是需重新安装密封皮碗并找正;

5)阀杆的密封皮碗上得太紧。解决办法是需重新安装密封皮碗,使其松紧适当;

6)阀杆下面弹簧断裂。需更换新弹簧;

7)阀杆下部的弹簧顶面或底面不平,把阀杆拉偏。解决办法是需更换新弹簧;

8)阀杆下部的弹簧上得太松。需上紧弹簧;

9)拉杆、阀杆密封皮碗漏气严重,中间座温度低,使阀杆下面的弹簧弹力减弱。解决办法是需更换密封皮腕;

10)中间座氮气进口阀开得大小,或中间座两个小窗长时间打开,造成中间座温度过低,阀杆下面的弹簧弹性减弱。此时需开大氮气进口阀或上紧中间座两个小窗,使中间座内有一定的气压,保持一定的温度。

351. 单独开大活塞式膨胀机的进气凸轮后,对温度工况有什么影响?

答:开大活塞式膨胀机的进气凸轮后,通过膨胀机的气量增加,则通过第二热交换器的高压空气量就要减少。这时,从热交换器中返流的氧、氮量没有变。因此,通过第二热交换器的空气能冷却到更低的温度,使节流前的空气温度 T_3 下降。由于返流气体在第二热交换器中回收的冷量减少,进入第一热交换器的温度降低,使出第一热交换器的空气温度,即进入膨胀机前的温度 T_1 也下降。随着 T_1 的下降,膨胀后的温度 T_2 也就要下降。这是一种结果。随着膨胀机凸轮的开大,高压空气的压力下降,中压上升,膨胀机前、后压差缩小,产冷量减少,膨胀后温度亦随之升高。这是另一种结果。

因此,在开大膨胀机凸轮后,有两种因素影响着 T_2 温度的升降,二者的作用相反。至于温度 T_2 最终是上升还是下降,要看两种因素的影响哪一个大。当两种因素的影响正好抵消时,T_2 温度不变。

如果仅开大凸轮而不相应地开大空气节流阀,那么就会因为 T_1 温度的下降,使热端冷损增加。所以,在调节凸轮的同时,要根据 T_3 温度的变化,相应的调节空气节流阀的开度,使 T_3 温度维持在最佳值($-155 \sim -165 \, ^\circ\mathrm{C}$)附近,以缩短启动调整的时间。

352. 活塞式膨胀机排气阀打不开有何危害,怎样排除?

答:如果进气阀开闭正常,而排气阀杆在应打开时没有开启,则气缸内的气体无法排出,活塞向上运动时空气又被压缩,迫使高压空气压力升高。这时,气缸内的压力会大大超过原进气压力,致使电机超负荷,皮带可能出现打滑,或电机转子撞击发出咚咚的响声,或者由于电流过大而熔断保险丝,严重时机械运转部件过载而将气缸头顶掉。因此,这种情况的危害是很大的,应尽力避免。

这种现象在正常运转过程中较少出现,主要是在停车或检修后重新启动时出现。由于柱塞油泵缺油或密封不良,油管内进入空气,造成排气阀打不开。为了避免上述现象发生,在试车时,应先使膨胀机在无负荷下运转,检查排气阀杆动作是否正常,待正常后再向膨胀机送入压缩空气。正常运转中,应注意贮油盒内的油面不低于油面计的三分之二。

一旦在运转中发生上述现象,应立即打开干燥器吹除阀卸压。并将排气放油针打开,排出气泡后再关闭。在排气阀工作正常后,再关干燥器吹除阀,进行升压。

353. 怎样判断活塞式膨胀机的内部漏气?

答:当膨胀机漏气时,膨胀机的效率就会降低。这样,在正常运转时,就必须提高压力。启动时应保持高压,否则就会延长启动时间。因此,膨胀机漏气导致电耗增加,必须及时消除。

膨胀机发生漏气的现象有:排气温度上升,液氧液面下降,下塔压力升高等。为维持液氧液面不降,就要升高高压压力。但是,发生上述现象可能是漏气,或其他原因造成的。所以,要确定膨胀机是否漏气和漏气的部位,还要作进一步的分析、检查。

在加温后检查膨胀机漏气方法如下:

以 50m³/h 制氧机为例,关闭空气节流阀(节-1),液空节流阀(节-2)和液氮节流阀(节-3),打开高压空气总进口阀,使高压压力慢慢升高。加压前,打开氮氢吹除阀,用胶管接吹除阀于试杯内,杯内盛水。如果高压漏向中压,则杯内有气泡鼓出,由气泡鼓出的情况可知泄漏与否。检查膨胀机进气阀密封面是否漏气,可转动进气阀杆或上紧弹簧以观察漏气量的变化。如果转动阀后无变化,则漏气的地方很可能是在进气阀套的垫圈上。检查排气阀密封面是否漏气,可在排气油压系统放气针打开的情况下,用人力扳动飞轮,并用检查进气阀相同的方法,观察漏气量是否有变化,以帮助进一步判断。

这样的检查方法很重要的一点就是要确定节-1阀是否漏气。当节-1阀处于关闭状态,而节流阀前的温度紧跟膨胀机出口温度而下降,就说明节-1阀漏。当节-1阀漏时,可采用检查用阀杆代替阀针,或关闭膨胀机出口阀,根据膨胀机排气压力的变化来判断漏气情况。

在上述检查中如果未发现漏气现象,则说明进气阀和其阀套的垫圈密封完好,就可进行下一步检查。先将高压压力放掉,顶起进气阀杆,再慢慢升压。如在高压压力上升的过程中有漏气现象,漏气的地方很可能是排气阀或活塞。此时再转动阀杆,可判断排气阀的密封情况。如仍不漏气,则说明膨胀机无漏气。

当进、排气阀杆都在关闭位置时检查不漏,可顶起排气阀。这时如漏气,则说明进气阀漏而排气阀不漏。此时再转动进气阀杆,可判断进气阀门的泄漏情况。

354. 与活塞式膨胀机相连的电动机在启动时带动膨胀机转动,为什么在正常工作时却成为发电机输出电能?

答:我们知道,从发电厂发出的交流电是按一定规律变化的,每秒钟变化的次数叫电网的频率。我国电网的频率规定为 50 周/秒,也叫 50 赫兹(Hz)。电动机的转速与电网的频率有关。如果电动机的磁极为两个极,它的转速为:频率×60s/min=3000r/min。这个转速叫同步转速,同步电机的转速就是与电网同步。而异步电机的转速与同步转速略有差别,我们从异步电机的铭牌上可看到它的转速为 2950r/min 等。异步电机的特点是,当它的转速低于同步转速时,是起电动机的作用,从电网输入电能,电动机输出功,拖动其他机器工作。但是,当由外部机械(如膨胀机等原动机)带动异步电机旋转时,则电机的转速就会升高。当它的转速超过同步转速时,则电机就自动转入发电机的工作状态,此时消耗机械功而向电网输出电能。

与活塞式膨胀机相连的电动机在合闸时,膨胀机尚未进气,因此是电机带动膨胀机旋转,这时的电机转速一定是低于同步转速的。当膨胀机进气后,气体推动活塞对外做功。这时,膨胀机的旋转已不需要消耗外功,反而是膨胀机输出功带动电机转动,因此电机转速将升高。由于电机仍与电网相通,当电机转速超过同步转速时,就自动地向电网输出电能,电机成了膨胀机的"负载",转速略高于同步转速而不会无限止升高。如果电网断电或电机损坏,膨胀机对外作的功无法通过电机向电网输出,膨胀机失去制动力矩,就会出现膨胀机"飞车"现象。

355. 活塞式膨胀机的"飞车"是怎样造成的?

答:活塞式膨胀机都有一定的额定转速,超过额定转速,习惯上称为"飞车"。"飞车"一般由以下几种原因造成:

1)皮带过松、打滑,使机械功不能转换成电机的电能输出。皮带若沾上油脂,油脂对橡胶有溶解作用,会使皮带逐渐伸延、拉长而松弛,摩擦力减小。因此,应有效地防止轴头和油泵漏油,以及不应使保冷箱上的冷凝水滴在皮带上。这种飞车现象不是突然发生的,而且超速有限。当皮带滑脱或断裂时则会造成快速飞车;

2)电源突然切断(如突然停电,熔断器烧断),膨胀机进气活门的制动机构失灵,膨胀机气源不能迅速切断时,就会发生"飞车";

3)膨胀机的输出功率超过电机的制动功率。这除了因为设备配套的电机功率不够外,还与操作调整有关。例如在进气压力相当高的情况下,较大幅度地开启凸轮,大量压缩空气突然进入膨胀机,使机械功率骤然增加。在超过电机的制动负荷时,膨胀机就会飞车。这种飞车是暂时的,并且,一般在设计时,电机制动功率考虑了余量,能满足膨胀机的最大功率。

356. 如何防止和处理活塞式膨胀机的"飞车"现象?

答:为防止膨胀机"飞车",皮带的松紧度要适当。一般用手按之力(相当于 10kg 的力),可将皮带按下 3~4cm 为宜。另外要使皮带保持清洁,不沾油水。

在开车前,要检查安全装置。在启动时,因进气压力较高,凸轮调节要缓慢。

膨胀机飞车会使膨胀机转动机构损坏,还会造成下塔超压。一旦出现飞车应沉着冷静,首先切断空气进入膨胀机的气源,停止膨胀机运转。然后查明飞车原因。如飞车系皮带打滑,应调整皮带的松紧度。若因调整过快所引起,则调小凸轮是有效的,这时可不必停车。特别是启动制动功率不够的膨胀机,开启凸轮更应该缓慢进行。当转速加快时,应马上关小凸轮。

由于飞车发生很快,因此"关闭"膨胀机进气是制止飞车的关键。为使操作迅速,膨胀机进气截止阀(通—6 阀)平时不应开得太大。当然关得大小会造成高压空气节流而使产冷量减小,也不合适。开启的程度可以通过压力表的指示来判断,阀门应开到膨胀机和分馏塔的高压表无压差的极限开度,一般在1/4~1圈的位置上。启动时,高压压力高,流速慢,开度小些即可。随着分馏塔逐步正常,高压压力逐渐下降,阀门就要相应开大。

357. 活塞式膨胀机为什么会发生"顶缸"现象?

答:活塞式膨胀机在运转过程中,活塞与气缸头发出撞击声,即发生了"顶缸"现象。加温后,这种现象又会消失。这是由于物体均具有热胀冷缩的特性。当我们在维修膨胀机时,由于气缸、活塞杆处于同一环境中,温度基本上相同。即使此时气缸的余隙很小,盘车也不会有卡住的感觉。但是,开车后,气缸温度慢慢下降,于是气缸的长度也就慢慢收缩。但此时活塞杆却因受刚刚换过的新密封皮碗的摩擦而温度渐渐上升,活塞杆的长度也就慢慢变长了。因此,气缸的余隙就会渐渐减小,在余隙值变到零以后,顶缸现象就出现了。

气缸随温度的继续下降而缩短,活塞杆却随摩擦温度的上升而膨胀,气缸的余隙也就越来越小,因此顶缸现象也就越来越严重了。

在检修膨胀机时,既要防止顶缸事故的发生,又要不使膨胀机的效率降低。所以在检修后一定要准确地测定余隙。因为对同一台膨胀机,皮碗厚度的变化就会影响到余隙的大小。

358. 为什么开大膨胀机进气凸轮反而会使制冷量减小,如何用凸轮调节制冷量?

答:开大膨胀机的进气凸轮,使进气活门开启的时间加长,进气量加大,即膨胀量增大。但是,在制氧机的启动调整阶段,当液氧液面继续上涨,制冷量有富裕,需要减少制冷量时,也是采用开大膨胀机进气凸轮的调整方法。

为什么增大膨胀量反而会减少制冷量呢?这是因为膨胀机的制冷量不仅取决于膨胀量,还与膨胀空气的单位制冷量有关。而单位制冷量与膨胀前后的压力、温度有关。当机前压力降低时,单位制冷量减少。当膨胀机进气阀开大时,将使高压空气的压力降低,膨胀机的单位制冷量减少,同时使节流效应制冷量也减少,所以,总制冷量反而是减少的。因此,膨胀机制冷量的大小不能只看进气凸轮的开度。还要看膨胀机前的空气压力。

制氧机在启动时,空气节流阀(节-1)尚未打开,而活塞式空压机的压气量基本上是一定的。因此,如果凸轮在某一开度下,高压压力已稳定,则压缩的空气已全部通过膨胀机。这时,再开大凸轮并不能增加制冷量,反而会使高压压力降低而减少制冷量。因此,在开大凸轮的同时,应使高压压力保持在允许的最高压力,这样才能产生最大的制冷量。

在降压操作、减少制冷量时,如果正常操作的高压压力越低,装置的电耗越省,所以应尽可能发挥膨胀机的制冷能力。当开大凸轮,增加膨胀机的进气度时,可以提高膨胀机的效率,多生产一些冷量。所以凸轮的开度一般都在最大进气位置,少量的冷量调节靠改变节-1阀的开度,用以改变高压空气的压力。

359. 为什么膨胀机进气凸轮与高压空气节流阀要互相配合进行调节,怎样调节?

答:对于50m³/h和150m³/h制氧机,压缩空气经第一热交换器后分成两路:一路是经膨胀机膨胀后进下塔;另一路是经第二热交换器进一步冷却后通过节-1阀节流入下塔。由于高压空气的气量基本不变,即使膨胀机进气凸轮的开度不变,当节-1阀的开度改变时,也将影响到膨胀空气量与节流空气量两股气量的分配比例,相应的高压压力也发生变化。单独调节膨胀机凸轮时,情况也是如此。而两股气量的分配比例变化,将影响到主热交换器的换热情况,也就影响到节流前的温度(T_3)和膨胀机前的温度(T_1),同时会影响到膨胀机后的温度(T_2)以及热端温差。因此,在调节制冷量时,要参照三点温度,凸轮与节−1阀互相配合进行调节。

在启动之初,进膨胀机的空气温度较高,即使膨胀机的凸轮全开,高压压力仍继续升高,说明膨胀机不能通过全部空气量。这时需稍开节−1阀,同时维持高压压力在最高值。当随着温度的降低,膨胀机的进气量增大,高压压力下降时,应将节−1阀关小。

在开始积累液体时,由于膨胀机后并不产生液体,需要通过第二热交换器和节−1阀产生部分液体。因此,当膨胀机后温度降至−140℃时,应开节−1阀(每次只能开5°∼15°),使部分空气通过第二热交换器,温度逐渐降低,直至产生部分液体。同时要适当关小凸轮,保持高压压力,以产生最大的制冷量。

在液体积累起来,需要降压、减少制冷量时,如果只是开大凸轮,则会使通过第二热交换器的空气量减少,T_3温度过低。所以也要相应地开大节−1阀,维持T_1在−155℃左右。

当膨胀机凸轮已开至最大,而制冷量仍有富裕时,则可进一步开大节−1阀来降压。

当冷量亏损较多,液氧面下降较快时,在关小节−1阀的同时,为了避免通过节流阀的空气过少,T_3温度过低,需要同时适当关小凸轮,以保持T_3温度。

360. 用关小膨胀机凸轮与关小通−6阀来提高高压压力,对增加制冷量的效果是否相同?

答:通−6阀作为高压空气经第一热交换器至膨胀机的通过阀,一般不作为调节阀。因为靠关小通−6阀来提高高压空气的压力,必然使膨胀机前的压力降低,使膨胀机的制冷量减少,只是增加了节流效应制冷量。因此,在一般情况下,为了增大制冷量,应采用关小凸轮,相应地关小节−1阀来提高高压压力。

但是,在启动的后阶段,空分塔积累液体的阶段,当高压压力下降,膨胀机后温度低于−140℃,而膨胀机凸轮已关至最小位置,仍无法控制高压压力时,为了生产尽可能多的冷量,缩短启动时间,可以关小通−6阀(一般开度在一圈以内调节才有效),来提高高压空气的压力。这时,虽然没有增加膨胀机的制冷量,但增加了节流效应制冷量,总制冷量仍是增加的。

9 压缩机与泵

361. 什么叫活塞式压缩机的排气量？

答：活塞式压缩机的排气量，通常是指单位时间内，在压缩机的排气端测得的排出气体体积，换算成压缩机第一级吸气条件（压力、温度、湿度等）下的数值。其常用单位为 m^3/min 或 m^3/h。不过，在换算时，应注意以下两点：

1)对于实际气体，换算时应顾及气体压缩因子的影响；

2)对于含有水蒸气的气体，经压缩后，水蒸气分压力也提高，气体在中间冷却器中有可能凝结出水分，并在液气分离器中被分离掉。

在作粗略估算时，按干燥气体考虑。根据在末级测得的气体体积值 $Q_d(m^3/min)$，排气量 $Q_0(m^3/min)$ 为

$$Q_0 = Q_d \frac{P_d T_1}{P_1 T_d}$$

式中　　p_d——Q_d 所对应的气体压力，MPa；

　　　　T_d——Q_d 所对应的气体温度，K；

　　　　p_1——第一级进口状态下的气体压力，MPa；

　　　　T_1——第一级进口状态下的气体温度，K。

对小型活塞式压缩机，多采用容积法计算排气量。对大型压缩机的排气量是用流量计测定的。当用空气试验时，常将排出的有压力空气经流量计直接排入大气。这时压缩机的排气量可按流量计的计算公式直接求算，然后再加入析出的水分等。

362. 什么叫活塞式压缩机的余隙容积，余隙容积过大或过小对压缩机的工作有什么影响？

答：活塞式压缩机在排气终了时，由于活塞不可能与气缸端部的壁面相贴合等原因，气缸内必然残存一小部分高压气体，这部分高压气体在该状态下所占据的气缸容积叫做压缩机的余隙容积。

余隙容积如图 82 所示，由三部分组成：

1)为避免运动的活塞在气缸内与气缸端部发生碰撞，在活塞到达止点时其端面与气缸盖之间留有的间隙所占的容积 V_{01}；

2)气缸工作面与活塞外圆（从活塞端面到第一道活塞环）之间存有的一个环形间隙所占的容积 V_{02}；

3)气缸端面至气阀阀片间的整个通道容积 V_{03}。

显然，压缩机在一个循环的排气终了时，由于余隙容积内仍存有未能排出的高压气体，所以余隙容积的存在直接减小了压缩机的排气量。

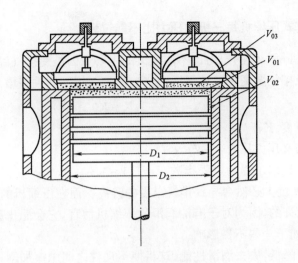

图 82　余隙容积的组成

同时,余隙容积内所残存的高压气体在活塞回程的初始阶段首先进行膨胀,只有当这部分气体膨胀至气缸内压力与吸气管内压力(吸气压力)相同或稍低时,气缸才能开始吸气,所以余隙容积的存在还造成了吸气过程的推迟,吸气量的减少。吸气量的减少最终也自然要影响到压缩机的排气量。

另外,余隙容积内的气体随着活塞的往复运动,时而膨胀,时而又被压缩,压缩机需要对这一部分气体不断地做着无用功。

总之,余隙容积对压缩机的生产能力和效率是有影响的,余隙容积过大会使压缩机的生产能力和效率急剧下降。因此,在保证压缩机安全运行的前提下,余隙容积应尽可能地小。

但余隙容积过小会增加活塞与气缸端盖相碰撞的危险性,所以决定余隙容积的大小还应该首先考虑到安全运行的要求。

363. 造成活塞式压缩机排气量减少的原因有哪些?

答:影响活塞式压缩机排气量的因素很多,大致归纳为如下几点:

1)带动压缩机的原动机(通常为电机)的转速的降低(由于电压过低或电网频率降低)或皮带过松而造成压缩机转速降低,均会使排气量减少;

2)余隙容积超过设计值过大,排气量将明显下降;

3)吸入阻力(包括空气滤清器阻力、吸入管路和气阀阻力)增加,会使吸入气缸内的气体压力降低,吸气量减少,从而排气量也相应减少;

4)气缸冷却不充分,缸壁温度升高,使吸入气体被加热,体积膨胀而造成吸气量减少,最后自然也影响到排气量的减少;

5)压缩机外泄漏的增加将直接使排气量减少。外泄漏分为两类:其一是气体直接漏入大气或第一级进气管道中,这部分泄漏直接漏到压缩机之外,显然属于外泄漏;其二是在第一级气缸膨胀或吸气过程中,由于排气阀关闭不严所造成的高压级通过一级排气阀漏向一级气缸的气体,也属于外泄漏。外泄漏常常发生在填料函、活塞环、吸排气阀等位置。所以,这些部位密封不严,将造成压缩气体发生外泄漏,影响压缩机的排气量。

364. 为什么活塞式压缩机每一级的压力比不能过大?

答:活塞式压缩机每一级的压力比不能过大的主要原因是受排气温度 T_d 的限制。

压缩机的每一级排气温度是随该级压力比的增加而按下列关系增高的:

$$T_d = T_s \varepsilon^{\frac{n-1}{n}} \quad (K)$$

式中　T_s——吸气温度,K;

　　　ε——级的名义压力比,$\varepsilon = p_d / p_s$;

　　　n——气缸内压缩过程的过程指数,$n = 1.1 \sim 1.3$。

因此,级压力比 ε 过大必然会导致排气温度的升高。而在压缩机的实际运行中,过高的排气温度是绝对不允许的,因为对于有油润滑的压缩机而言,它会恶化甚至破坏气缸内润滑油的性能,从而导致如下一些不良影响:

1)润滑油的黏度降低,失去润滑性能。这将使运动件之间摩擦加剧,零件磨蚀损坏,降低机器寿命;

2)润滑油中的轻质馏分迅速挥发,造成"积炭"现象。积炭能使排气阀的阀座和升程限制器通道堵塞,甚至堵塞排气管道;

3)积炭还能使活塞环卡死在环槽里,失去密封作用;

4)积炭燃烧还会造成爆炸事故。

因此,一般动力用固定式活塞空气压缩机的每一级排气温度通常规定不得超过180℃,这也就限制了级压力比不能过大。

对于无润滑压缩机而言,过高的排气温度将会使氟塑料活塞环等密封元件磨损加剧。因此,不允许排气温度过高,通常规定不得超过160℃。

因此,在设计压缩机时,为了有效降低排气温度,当总压力比一定时,可采用较多的级数,使各级压力比降低以保证排气温度不超过允许值。

365. 当压缩机排气温度偏高时,如何降低排气温度?

答:压缩机排气温度已在设计时予以充分考虑,如果在实际运行中出现排气温度偏高,应该首先分析原因并采取相应措施。以下几项措施可供参考:

1)降低进气温度无疑可有效地降低排气温度。而各级进气温度与中间冷却器的冷却不完善度有关,因此应尽力保证中间冷却器的冷却效果,或因地制宜采用一些特殊冷却措施以降低进气温度,力求降低排气温度。

2)气缸内的进气终了温度也是影响排气温度的因素之一。而进气终了温度与进、排气压力损失有关,因此在压缩机维修中,应注意阀门的安装和弹簧的选择,在保障阀门正常运行的前提下,尽量减小进、排气压力损失,以达到降低排气温度的目的。

3)压缩过程指数也会影响排气温度。在实际运行中,压缩过程指数主要与气缸冷却状况有关。冷却效果越好,指数越小,排气温度越低。因此,可通过强化气缸的冷却以降低排气温度。

4)实践表明,内泄漏是造成排气温度偏高、甚至过高的最重要原因之一。特别是在压缩机某级膨胀及吸气过程中,如果该级排气阀门关闭不严,造成排气管内未来得及冷却的高温高压气体又回流(内泄漏)到气缸,将使该级排气温度急剧升高。为此,应特别注意防止此类情况的发生。

5)对于多级压缩机,要调整或降低某级排气温度,情况往往不是单一的。例如,若发现某级排气温度较高,如果用调整(加大)余隙容积的办法,适当降低该级的压力比,这样虽然可使该级排气温度下降,但将会使其前一级的压力比增加,排气温度上升;若企图用加强该级气缸冷却,降低压缩过程指数的办法来降低其排气温度,则同时会使该级压力比下降、后一级压力比上升和后一级排气温度增加;当采用加强该级级前的中间冷却器冷却效果时,虽然能通过降低进气温度以求降低排气温度,但该级的进气压力也相应降低,从而使该级压力比上升,因此降低排气温度的作用并不明显。所以需采取综合方法,例如在加强级前冷却的同时,又适当增加该级余隙容积,使该级压力比维持不变,则不仅可以有效地降低该级排气温度,而且也不影响其前、后级的排气温度。

366. 为什么要采用多级压缩,级数是如何确定的?

答:实行多级压缩有如下优点:

1)降低排气温度。当压缩机的排气压力较高时,如仍采用单级压缩,则压力比将很大,从而造成排气温度远远高于允许值,使机器不能正常运行。如果采用多级压缩,则每一级的压力比可以减小,而且可以在级间施以中间冷却措施,使每一级的吸气温度也很低(通常可以与第一级吸气温度相近),这样压缩终了气体排气温度便会大大降低,如图 83 所示,由 T_2 降至 T_2'。计算表明,在吸气温度为 27℃、吸气压力为 0.1MPa 的条件下,当排气压力为 0.5MPa 时,一次压缩($n=1.4$)的排气温度可高达 197℃,所以要想使压缩机提供高压气体必须采用多级压缩。

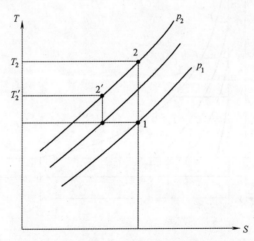

图 83 一级与两级压缩的排气温度比较

2)节省功率消耗。采用多级压缩,可以通过在级间设置中间冷却器的方法,使被压缩气体在经过一级压缩后,先进行等压冷却,以降低温度,再进入下一级气缸。温度降低、密度增大,这样易于进一步压缩,较之一次压缩可以大大节省耗功量。图 84 中斜线所标出的面积代表了两级压缩比一级压缩所节省的功。

3)提高气缸容积利用率。由于制造、安装以及运行三方面的原因,气缸内的余隙容积总是不可避免的,而余隙容积不仅直接减小了气缸的有效容积,而且其中所残留的高压气体还

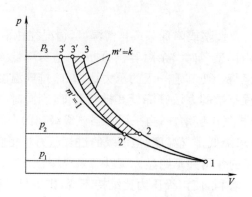

图 84　单级压缩与两级压缩示功图比较

必须膨胀至吸气压力,气缸才能开始吸入新鲜气体,这样就等于进一步减小了气缸的有效容积。不难理解,如果压力比愈大,则余隙容积内残留气体膨胀愈剧,气缸有效容积则愈小。在极限情况下,甚至能够出现余隙容积内的气体在气缸内完全膨胀后,压力仍不低于吸气压力,这时就无法继续吸、排气,气缸的有效容积就变成了零(图 85)。如果采用多级压缩,则每一级的压缩比很小,余隙容积内残留气体稍微膨胀即可达到吸气压力,这样自然就可以使气缸有效容积增大,从而提高气缸容积的利用率。

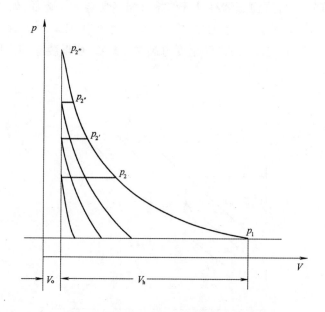

图 85　压力比对气缸有效容积的影响

4)降低活塞上的最大气体作用力。当压缩比较高时,如果采用单级压缩,则较高的终压力作用在较大的活塞面积上,于是传递给运动机构的力也较大。若是多级压缩,气体压力逐级升高,而气缸的直径却逐级减小,这样,在低压级较大的活塞面积上作用的气体压力小,而高压级是较高的气体压力作用在较小的活塞面积上。从而各级作用于运动机构上的力都比较小。如果再把各级合理配置,则更可以减小作用在运动部件上的力。

压缩机采用多级压缩,级数的确定一般应综合考虑这样几条原则:每一级的压缩温度在允许范围之内;压缩机的总功耗最少;机器结构尽量简单,易于制造;运转可靠。

在遵循上述原则前提下,现有进气压力为大气压的压缩机,其终压力与级数通常按表32的统计值选取:

表 32　压缩机终压力与级数的统计关系

压缩机终压力/MPa	0.5～0.6	0.6～3.0	1.4～15.0	3.6～40.0	15.0～100
级　　　数	1	2	3	4	5

对于无润滑氟塑料氧压机来说,通常级数相应要多些,从而使各级压力比小些,这样有利于延长氟塑料的工作寿命。例如终压为 3.0MPa 的氧压机一般都采用三级压缩。

367. 活塞式空气压缩机启动时一般要掌握哪些要点?

答:活塞式空压机在启动时,一般要掌握如下几个要点:

1)要首先启动循环油泵,并检查各运转部件内是否充油,油压是否正常;启动高压注油器马达,检查各注油器下油是否正常;各气缸润滑点内是否有油注入。

2)打开冷却水阀,并检查各气缸,各冷却器回水是否畅通。

3)启动盘车器或手动盘车,检查电动机定子与转子间有无摩擦和异响,各级气缸内有无障碍,传动机构是否正常。然后将转子盘至开车位置,脱开盘车器与转子啮合之齿轮,并给以固定。

4)检查各阀门开关位置是否正确,得以空载启动。

5)检查各指示仪表是否处于完好正常指示状态。

6)与前后工序取得联系,准备开车。

7)开车加压时必须使压力缓慢上升,并注意各级压力比的情况。

368. 活塞式空压机在运转中一般要注意哪些问题?

答:活塞式空压机运行人员在机器运转时必须注意力集中,经常进行巡回检查,发现故障,及时排除。并根据仪表指示和工作要求进行必要的调整。一般而言,要注意以下几方面的问题:

1)润滑方面:

根据循环润滑系统油管上的压力表和空压机主轴承及运动部分的温度指示,应注意齿轮油泵供油情况;

注意空压机曲轴箱的油位;

注意油环润滑的轴承内的油位和油环的正常回转;

注意注油器的贮油量和滴油情况;

注意各运动部分润滑系统内润滑油的温度。

2)冷却方面

要注意各级冷却水的排出情况和温度。

3)温度、压力指示方面

要注意压缩空气在每级压缩后的温度不应超过 160℃;

要注意在经过中间冷却器之后的各级吸气温度比第一级吸入空气温度不应高过 10℃;

要注意各个压缩段中压力的分配是否正确;

要注意检查压缩机各摩擦部分的温度指示是否正常。

4)电机方面

要随时通过电流表、电压表、观察电机的工作情况是否正常。

5)其他方面

要注意各连接部件、紧固部件(螺钉等)是否安全可靠,不应松动;

要注意传动机构的工作情况,倾听是否有异响;

对于小型空分设备中的空压机还要注意及时排放各段的油水。

369. 空压机在启动前,气缸内为什么不能存在有压力?

答:拖动空压机的电机的启动特性表明:电动机在启动时,启动电流要比正常运转中的电流大好几倍。强大的启动电流对电机本身和对变压器以及输电线路都有着很大的影响,因此,我们必须尽量缩短启动时间和减小启动电流。空载启动是保证这种要求的有效措施。

基于电动机的这种要求,空压机在启动前,气缸内不得存在有压力。如果气缸内存在压力,则启动力矩就会变大,这样,电动机的启动电流比空载启动时的电流也要增大,容易造成电机过载或电网事故。所以压缩机在启动时要检查各级压力表的压力,如有存气,首先应进行放气、卸压。

370. 为什么活塞式空压机发现断水后应马上停车?

答:活塞式空压机需要用水冷却的部件有气缸、中间冷却器、后冷却器以及润滑油冷却器等。

对于气缸和中间冷却器来说,冷却的目的之一在于降低排气温度,使排气温度不超过允许范围。由此可知,活塞式空压机断水后,气缸和中间冷却器得不到冷却,而空压机的排气温度急剧升高。这不仅会造成气缸内润滑油失去润滑性能,使运动部件急剧磨损,而且会使润滑油分解,油中易挥发组分与空气混合,引起燃烧、爆炸等事故。

对于后冷却器来说,空压机断水也同样会使后冷却器失去冷却作用。这样,将使送入空分设备的空气温度有很大的升高,破坏空分设备的正常工况。

对于润滑油冷却器来说,空压机断水将使润滑油得不到很好的冷却,润滑油温度提高。这样,轻则使润滑油黏度下降,润滑性能变差,运动部件磨损加剧,降低机器寿命和增加功耗;重则使润滑油分解,油中易挥发组分混入空气中,引起一系列事故。

总之,活塞式空压机在运行中,冷却是必不可少的一个环节,应该时刻注意冷却水的情况,一旦断水必须马上停车检查。

371. 活塞式压缩机发生撞缸有哪些原因?

答:活塞式压缩机在运行和启动中,当活塞到达内、外(或上、下)止点时,与气缸端面直接或间接发生撞击,称做"撞缸"。撞缸会造成气缸、活塞、活塞杆、活塞销、十字头等一系列机件的严重破坏,因此应该引起高度警惕,防止此类事故的发生。

发生撞缸往往有以下几种原因:

1)压缩机在运行中,由于种种原因活塞和气缸的相对位置发生变化,当这种变化大于活塞与气缸盖之间预先所留的间隙时,就会发生缸盖与活塞的直接撞击。例如某厂ZY-33/30-I型氧压机,二级十字头与活塞杆连接处的止动锥形螺栓头磨损,从而使活塞杆松动、上移,造成了活塞与气缸盖相撞击的严重事故,使二级活塞撞碎,二级十字头体破裂。因此在检修、安装时,要严格注意能够影响活塞位置的各种间隙,防止由于活塞位置的移动而引起撞缸。

2)冷却水或润滑水(对于老式氧压机而言)大量进入气缸,会造成活塞与气缸盖的间接撞击,此种原因造成的撞缸又称做"液压事故"。这类事故多发生在开车过程中。如某厂2—20/20型氧压机在一次停车期间未关闭润滑水阀,使润滑水由阀室流入吸气管道而大量积存起来,在重新开车时又未很好地检查,在开车后,吸入管道中的积水随氧气一起由吸气阀进入气缸,压缩时发生液压事故,一声巨响,整个气缸就被活塞向前顶出,中间座断开,基础断裂,活塞撞碎,活塞杆弯损,压缩机严重破坏。

造成气缸内进水因素很多,例如,停车时未关润滑水阀,润滑水积聚;气缸冷却水套与缸套之间的O型胶圈密封不严,冷却水在停车时大量漏入;中间冷却器泄漏,冷却水在停车时大量漏入吸气管道;有时气封冷却水套漏水也会进入气缸。

为了防止液压事故发生,除了搞好设备维修,堵住各处漏洞外,在启动前一定要盘车检查。如无把握,可卸下气缸两头的两个气阀进行吹除,确保气缸内无水后再正式开车。

3)异物进入气缸,造成活塞与缸盖的间接撞击。常见的是气阀的碎断阀片,中心螺栓以及阀座掉入气缸。碎断阀片的危害尚小,如果中心螺栓或阀座落入气缸,就会造成活塞或缸盖撞碎的严重事故。然而,此类事故发生前一般总是有一定征兆的,因为异物来自气阀,而气阀的损坏必然首先反映在各级排气压力上。当发现各级排气压力变化,并且这种变化是由于气阀工作不正常造成时,应及时检修。在检修过程中也一定要防止异物进入气缸。启动前要进行盘车。运转中要随时注意气阀的工作情况和注意倾听气缸内有无异常响声,防止撞缸事故。

372. 活塞式压缩机阀门(气阀)经常卡住和断裂的原因有哪些,如何处理?

答:活塞式压缩机吸、排气阀门的运动部件有阀片和弹簧,因此,阀门卡住和断裂也是由于阀片和弹簧运动不良造成的。

在实际运行过程中,发生阀门卡住的原因大致有以下几种:

1)阀门中心螺栓松动,使阀片起落不能正常地导向,从而有可能发生阀片卡住的现象。此时应卸下阀门,紧固中心螺栓;

2)对于环形阀片,如果在选配阀片时,阀片内外圆与导向凸台间的间隙过小,也容易发生阀门卡住。这时应对阀片进行更换;

3)环形阀阀片沿导向块运动,边缘不免被磨损。当磨损过大时,也有可能卡死在导向块上。处理办法是更换新阀片;

4)对于活塞式空压机,如果阀室内油泥过多,也有可能粘住阀片,使之不动作。这时应该对阀及阀室进行清洗;

5)用水润滑的老式氧压机,如果阀室内积垢过多,也有可能将阀片卡住。这时同样要对阀及阀室进行清洗;

6)阀门弹簧如果用圆形截面的钢丝绕制,当旋绕比(旋绕比是指弹簧的平均直径与钢丝直径之比)较大时,弹簧各圈之间容易发生错位,引起弹簧卡住(卡死在弹簧槽内不再伸缩)。对于此种情况,处理办法只有改用其他形式的弹簧。

阀门弹簧和阀片断裂的故障在实际运行中是经常发生的,而断裂的原因主要是外载荷引起的断裂、磨损和腐蚀。阀片在工作中主要承受着反复的撞击载荷。撞击能量虽然并不大，但由于重复次数很多，例如压缩机转速为 150r/min 时，则阀片每天就要撞击 432000 次。这种多次撞击会引起阀片的疲劳破坏，发生径向断裂。另外，弹簧在阀门全闭时还承受安装预压缩力，而在阀门全开阶段，承受最大压缩力。所以，在压缩机连续工作时，弹簧承受着脉动循环（交变）载荷，这种脉动循环载荷也会引起弹簧的疲劳破坏，发生断裂。

阀片和弹簧在不停地运动中不免要发生磨损，磨损后强度下降，使之更容易断裂。

被压缩气体对于阀片和弹簧的腐蚀作用，使阀片和弹簧表面出现麻点、凹坑等，引起应力集中，在交变载荷作用下，使之也容易断裂。

材料的内部缺陷，如夹渣、裂纹等，都会引起应力集中，在交变载荷作用下，成为疲劳破坏的根源，引起阀片或弹簧的早期破坏和进一步断裂。

弹簧选配必须一致，如果同一个阀门所选用的各个弹簧的弹力或高度不一致，都容易造成阀片的断裂。这是在安装和拆修阀门时应引起注意的问题。气阀发生断裂时必须及时更换。

373. 如何判断活塞式压缩机气阀发生了故障？

答：活塞式压缩机气阀在实际运行中发生最普遍的故障是，由于各种原因（诸如阀片磨损、弹簧断折等等）而造成气阀关闭不严，引起气体的泄漏。

气阀漏气可由温度、压力的变化和声响综合进行判断。

1) 温度。如果某级气缸吸气阀关闭不严，则当气缸内气体被压缩时，缸内气体会漏向吸气管道，这样将使吸气温度上升，用手触摸吸气阀罩即可感觉出来；如果某级气缸排气阀关闭不严，则当气缸内停止排气后开始吸气时，排气管道内的高压气体会倒灌回气缸内。倒灌回的气体未经冷却，温度很高，从而使排气温度相应升高，这可以从温度计上观察得到。

2) 压力。如上所述，吸气阀关闭不严会使气缸内高压气体漏往吸气管道，这无疑将使吸气压力上升，同时影响排气压力，使之有所下降；排气阀关闭不严则会使排气管内的高压气体倒流回气缸，使排气压力下降，同时造成吸气困难，吸气压力憋高。

总之，我们可以根据温度、压力的变化对气阀的故障做出判断，并且还可以进一步判明是吸气阀还是排气阀的故障。其规律如表 33 所列：

表 33 气阀漏气的规律

项目	吸气压力	排气压力	吸气温度	排气温度
吸气阀漏气	升高	下降	升高	基本不变
排气阀漏气	升高	下降	不变	升高

判断气阀漏气最常用的方法还可借助听棒听取漏气处发出的一种嘶嘶声。在实际工作中应综合使用上面的判断原则和方法，以期作出准确、及时的判断。

不过需要说明的是，对于多台压缩机并联运行情况，由于其吸气和排气均由总管联在一起，所以一级气阀故障主要由一级出口压力和温度来判断；末级气阀故障主要由末级入口压力和温度进行判断。

374. 活塞式压缩机气阀弹簧过硬或过软对压缩机的工作有什么影响？

答：弹簧是气阀中一个极其重要的零件。气阀在全闭状态时，弹簧将阀片顶在阀座上，起到一部分密封力的作用;当阀片开启时,弹簧的弹力随着阀片的升起而逐渐增大,从而限制了阀片的移动速度,减小了阀片对升程限制器的冲击;当阀片关闭时,弹簧力克服缸内外气体压力差,将阀片及时关闭到阀座上。

如果弹簧过硬,则弹簧力过大,那么阀片在全闭状态情况下,弹簧对阀片的顶力也就相对要大。这样,阀片开启压力就要增高,从而造成气阀延迟开启和开启不全的现象;而在关闭时,阀片则有可能提前关闭。气阀延迟开启和提前关闭及开启不全都会造成气阀阻力增加和输气量减小。

相反,如果弹簧过软,则弹簧力过小,那么阀片开启压力就相应减小,从而会造成提前开启和延迟关闭的现象。无论对于吸气阀还是排气阀,气阀的延迟关闭都会使气体倒流。这一方面要增加损失,另一方面则会减少输气量,从而影响到压缩机的生产能力和效率。

另外,弹簧过软,则对于阀片在开启过程中的缓冲作用减弱,加之延迟关闭造成的气体倒流,这种倒灌气流将使阀片以很大速度撞向阀座(特别是排气阀,如果延迟关闭,气体倒灌回气缸的速度更大),对阀片的耐用性极为不利。

375. 活塞式压缩机阀门的阀片行程过大或过小对压缩机的工作有什么影响?

答:活塞式压缩机阀门的阀片行程通常根据压缩机的转速和压力进行合理的选择,过大或过小对压缩机的工作都是不利的。

阀片行程过大,则阀片不仅有可能出现不全开的现象,而且因为运动零件(如阀片、弹簧、缓冲片、弹簧帽)的运动惯性影响,还容易出现阀片滞后关闭的现象;同时,阀片行程过大,则阀片在开启和关闭时的运动速度会增大,这样对升程限制器和阀座的冲击也增大。

阀片行程过小,则气阀的缝隙面积较小,气阀的通流能力较差,阻力损失较大,将影响压缩机的生产能力和效率。

376. 三级活塞式压缩机如果发现二级排气压力过高,其他级压力没有变,是哪些原因造成的?

答:原因可能有以下几种:

1)三级吸气阀提前或延迟关闭。按照压缩机正常运行规律应是:当二级排气的同时三级应该吸气,也就是说二级的排气阀门和三级的吸气阀门应该同时开启和关闭。如果三级吸气阀提前关闭,则在三级吸气阀关闭后的极短暂时间里,二级仍处于排气状况,二级排气便不能进入三级气缸,这样二级的排气压力自然要憋高;对于三级吸气阀滞后关闭的情况,则在二级排气阀关闭后的一个短暂时间里三级吸气阀仍处于开启状态,这时三级气缸内活塞已经开始对气体进行压缩,受压缩的高压气体倒灌回二级排气管道,这样二级的排气压力的指示自然也要出现过高的现象。

2)三级排气阀泄漏。当二级排气阀排气时,三级的排气阀应该关闭,三级的吸气阀应该开启。而如果三级排气阀关闭不严,这样三级排气管道里的高压气体在三级吸气的同时会倒灌回三级气缸,影响到三级气缸的正常吸气,从而二级排气也相应困难,迫使二级排气压力增高。

3)三级排气阀延迟关闭。与上面的道理相仿,在二级排气阀和三级吸气阀开启的同时,如果三级排气阀尚未能及时关闭,则三级排气管道里的高压气体倒灌回三级气缸,影响二级排气,使二级的排气压力增高。

阀门不能及时开启和关闭的根本原因多在控制阀片升降的弹簧上。弹簧过软则阀门容易提前开启和延迟关闭,弹簧过硬则阀门容易延迟开启和提前关闭。

4)三级双作用活塞环泄漏。气体从高压侧向低压侧泄漏也将会影响二级排气,使之压力升高。

5)二级冷却器的冷却效果差。二级冷却器的冷却效果如果变差,三级吸气温度就会升高,这样三级吸气量就要减少,二级排气压力自然要憋高。

6)二级排气管路及冷却器的气体流通阻力增大,使二级排气受到阻碍,不易排出,从而排气压力也会有所升高。

377. 活塞式压缩机吸入压力降低,对压缩机的工作有什么影响?

答:压缩机进气压力降低,则一级气缸内吸入的气体密度减小,而一级气缸的容积未变,所以吸入气体的质量要减少,从而使压缩机最后排出的气体质量也相应减少。

另外,如果压缩机是并入管网工作的,则会由于管网条件不变,压缩机最后一级的排气压力也必须维持不变。

压缩机最后一级排气压力虽然没有改变,但是第一级及中间各级的排气压力却要降低,其原因是由于第一级和中间各级的级压比主要是由各级气缸的工作容积决定的,所以在第二级气缸的工作容积未发生变化、中间冷却情况也不改变、乃至其他条件均不变的前提下,第一级的排气压力必然降低。又由于二级吸气压力与一级排气压力基本是相同的,所以一级排气压力的降低便自然引起二级吸气压力的降低。从而,压缩机中间各级吸气、排气压力便均要随着一级进气压力的降低而相应下降了。

这样,压缩机最后一级的吸气压力也是降低的,而排气压力由于管网的缘故并未改变,所以最后一级的压力比增大,压缩机最后一级的排气温度有所升高。

378. 为什么空压机经过检修后,有时空气量反而减少?

答:空压机生产能力降低的原因很多,但是,对于刚刚经过检修后的空压机,在最初开动的时候,往往也出现空气量减少,其原因主要如下:

1)检修、安装有误;

2)如果检修、安装确实无误的话,则主要是空气分配机构(控制空气进入气缸和自气缸排出的整套装置)和活塞部件尚未磨合好的原因。

任何机器安装后都要经过一定的磨合,然后才能正常工作。空压机也同样如此,检修完未经磨合的空压机,它的空气分配机构和活塞部件还不可能严密配合,这样,吸入阻力以及气体泄漏都可能较大,空气量自然要较小。

379. 空压机一级进口增设风机后,其排气量如何估算?

答:设空压机原来的排气量为 Q_{d0},一级进口增设鼓风机后的排气量为 Q_d,当鼓风机后空气冷却到与原进口温度相等时,则 Q_d 与 Q_{d0} 之间近似存在着如下关系:

$$Q_d = \frac{p}{p_0} Q_{d0}$$

式中　p——空压机增设风机后,一级进口管道内的空气绝对压力,MPa;

　　　p_0——空压机未增压时,一级进口空气绝对压力,MPa。

利用上述关系可以对增设风机后的空压机排气量进行大致估算,但所选择的鼓风机的风量应与空压机相适应,要另加旁通阀,并且要对鼓风后的空气进行冷却,才能取得增量的效果。

380. 开口式活塞环有哪几种结构形式,各有什么优缺点?

答:活塞环开有切口是为了获得弹力,以维持外圆与气缸工作表面的贴合。特别是在经长时间运行而有所磨损后,开口式活塞环仍能紧密地贴合在气缸工作表面上。开口式活塞环的这一特点被称作"自紧作用"。

根据切口形状的不同,开口式活塞环可分为 3 种形式:直切口、斜切口、搭接切口活塞环,如图 86 所示:

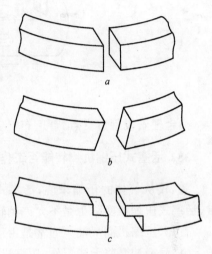

搭接切口活塞环的气体泄漏量较小,但加工困难,且容易在根部折断;直切口活塞环加工容易,但气体泄漏量大,密封性不好;斜切口活塞环介乎两者之间,通常多采用斜切口形式。

斜切口活塞环在安装时,应注意将相邻的各环切口倾斜方向相反,并且互相错开位置,这样可以有效地减少气体泄漏。

图 86　活塞环的切口形式
a—直切口;b—斜切口;c—搭接切口

381. 活塞式压缩机为什么会产生振动,如何消除?

答:活塞式压缩机产生振动的根本原因在于受交变载荷作用。作用在活塞式压缩机装置内的交变载荷有两种:其一是未被平衡的活塞惯性力;其二是活塞式压缩机供气不连续、气体管路强大的压力脉动所引起的干扰力。显然,对于前者所产生的装置振动,即便在机器空载运行条件下也会存在;而对后者所产生的装置振动,则只有当气流压力脉动较大时才会明显地观察到。

对于惯性力不平衡所引起的振动,主要应从机器的结构上使之尽量消除和减小。例如合理地布置曲柄错角;适当配置往复运动部件的质量:一级活塞采用铝合金,二级活塞采用空心铸铁,三级活塞采用实心铸铁,这样可以相互抵消一部分惯性力。另外,在压缩机基础的设计和建造中也要严格要求,机器的安装也必须合乎规定,从而使机器的振动尽量减小,水平振幅和垂直振幅都能保持在允许范围之内。

对于气流压力脉动所引起的装置振动,经常采用如下几种方法消除:

1)安装缓冲器。在气缸排气管接管附近加设缓冲器,如图 87 所示。使气缸内排出的脉动气流首先流入这个具有一

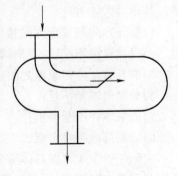

图 87　缓冲罐示意图

定容积的缓冲装置,经过缓冲,即可以接近不变的压力继续流入输气管路,从而有效地消除或减轻气体管路的振动。

2)设置孔板。在气体管道上设置孔板,如果孔板孔径和安设位置选择合适,可以很好地消除振动。此法通常应用在气缸至缓冲罐距离较远,接管较长的管道里。

3)应用减振器。减振器的构造如图88所示。

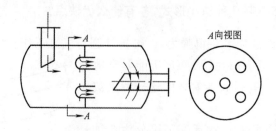

*A*向视图

图88　减振器示意图

4)合理安设管道支点,管道布置应尽量平直,尤其要避免拐直角弯。

382. 活塞式压缩机倒转能否工作?

答:仅从气体的压缩来说,活塞式压缩机正、倒转似乎是无所谓的,但由于结构上的特点,活塞式压缩机实际上是不允许倒转工作的。

首先,压缩机润滑油泵通常是由压缩机主轴驱动的。如果压缩机倒转,则油泵也相应倒转,这样润滑油泵将无法工作,压缩机的润滑将发生障碍,从而使压缩机不能正常工作。

另外,活塞一般是靠十字头与连杆连接的,十字头沿着固定于机身上的滑板作往复运动。当活塞压缩气体时,力的传递由连杆传给十字头,十字头把一部分力传给活塞的同时,将另一部分力作用在十字头的下滑板上。如果压缩机倒转工作,则会有一部分力作用在十字头的上滑板上,这样,容易使机身受损,所以从这个角度来说,活塞式压缩机也是不允许倒转工作的。在电动机接线后,应检查其转动方向与压缩机要求的转向一致。

383. 齿轮油泵为什么有时打不上油,如何处理?

答:齿轮油泵是借一对相互啮合的齿轮,将机械能转换为油压能的装置。在空压机的润滑系统中被广泛采用。油泵在运转中的故障通常是润滑系统中油压降低,甚至有时打不上油。其原因大体有:

1)旋转方向与规定方向相反;

2)吸油管路不严密,单向阀卡住;

3)油泵的泵体与泵盖之间密封不良;

4)油槽内油量不足;

5)油泵零件严重磨损;

6)吸油过滤网被堵塞。

实际工作中应根据具体情况进行不同处理。在检修中应特别注意吸油管道的密封,以及泵体与泵盖之间的密封。吸入端如果密封不良,则油泵进口漏入空气,造成油泵抽空,自然就要打不上油。

384. 柱塞油泵工作不正常有哪些原因？

答：柱塞油泵又称注油器。工作不正常主要表现为油压过低，甚至打不上油，使之不能对气缸进行很好地润滑。造成的原因有二：

1）注油器进油管堵塞，油吸不进去；

2）长期运转造成柱塞与注油器本体缸套的磨损，引起间隙增大，因此打不上油。

柱塞油泵工作不正常会使气缸润滑不良，这将造成很大危害。因此，在运行中必须经常检查柱塞油泵的滴油情况和注油箱的贮油量。

注油器的另一种不正常工作表现为油压指示过高，其原因有二：

1）注油管上止逆阀失灵，气缸内的气体被压入油管，油压急剧升高，并且油管发热，注油器停止滴油；

2）注油器通往润滑点的管道堵塞。

385. 对活塞式压缩机气缸用油有什么要求？

答：空压机的气缸部分由于处于高温、高压的状态，所以对润滑油的要求也较高。具体有以下几点：

1）润滑油应在高温条件下具有足够的黏性。因为只有具有足够的黏性，才能保证润滑油的润滑性能和密封能力；

2）润滑油应在高温高压条件下具有足够的稳定性。所谓稳定性，即指润滑油在高温高压条件下不变质，不与被压缩的空气中的氧气发生化学反应，形成积炭；

3）润滑油应该纯净，不得混有机械杂质和灰分，也不得混有水分。油中含水，在高温高压条件下容易形成蒸汽，冲破油膜，破坏润滑。

润滑油只有达到上述要求，才能对空压机提供良好的润滑条件。这对空压机的安全运行是一个重要环节，必须引起足够的重视。一般采用13号或19号压缩机油。

386. 润滑油中混入水分应如何处理？

答：润滑油中混入水分，水与油形成一种乳化物，这将大大降低润滑油的黏性，不利于运动机件的润滑。特别是空压机气缸用油，如果混入水分，则润滑油中的水分在压缩过程中由于升温，一部分水分形成蒸气，冲破气缸的润滑油膜，将加速气缸的磨损。为此，润滑油中如果混入水分，必须进行净化处理。

净化的方法很多，最简单的方法是静置沉淀，即将润滑油在沉淀槽内加热至 90℃ 左右，进行 3～4h 沉淀。但这种方法只能除去部分水分；其次是蒸馏法，将润滑油进行蒸馏也可去除其中的水分。不过，通常采用分油器（系列化代号为 FYQ）进行油水分离。分油器以较高的速度旋转，转速一般在 4000～7000r/min。利用离心力把相对密度不同的油和水进行分离，以达到净化目的。

387. 如何判断空压机中间冷却器泄漏？

答：为了降低压缩机功率消耗和保证压缩机的可靠运行，各级之间均设置有中间冷却器。在中间冷却器中，通过对流换热的方式，由冷却水将气体冷却。如果中间冷却器泄漏，则气体通道与冷却水通道相通,其泄漏的方向视气体与冷却水的压力而定。

空压机第一级后面的中间冷却器,冷却水压力通常高于气体压力。因此,如果第一级中间冷却器发生泄漏,则冷却水会进入气体侧,气体中将夹带有水,使第一级油水分离器吹除的水量明显增加。

空压机第二级以及以后各级中间冷却器中,冷却水压通常低于气体的压力。因此,如果发生泄漏,则气体会漏往冷却水中。这样在冷却水收集槽里就会发现有大量气泡溢出。根据以上两种现象即可作出中间冷却器泄漏的判断。

388. 对小型空分设备的活塞式空压机,为什么一级的油水分离器比二、三级吹除次数要多些?

答:活塞式空压机的油水分离器之所以要定时进行吹除,是为了排除由空气中分离出来的油分和压缩后析出的水分。

由于空压机第一级的活塞直径比以后各级都要大,因此润滑油自然要多。另外,在第一级压缩前,空气要经过滤清器,也会有油分夹带。不过,更主要的是空气经第一级压缩和中间冷却后,空气中凝结析出的水分比以后各级要多得多。例如,假定一级压缩后的压力为0.3MPa,二级压缩后压力为0.9MPa,三级压缩后压力为2.7MPa,冷却后的温度均为30℃,则一级压缩后可析出60%左右的水分,为二级析出水分的2.4倍,三级的6.7倍。因此,第一级油水分离器的吹除次数应多一些。

389. 活塞式压缩机停车时应注意哪些问题?

答:活塞式压缩机停车前应该首先与前后工序取得联系,然后准备停车。停车时应注意如下几点:

1)首先解除压缩机的负荷,即切断对系统的供气,同时开启放空阀。但切断供气和开启放空阀的过程中不要太急,而且两个阀门的动作要紧密配合,既不要使压缩机由于切断供气而将出口压力憋高,也不要让放空阀开启过猛、过大,造成气体流速过快而产生摩擦静电和着火(对氧压机而言)。

2)压缩机各段压力卸完后,即可停下电动机。但是,如果遇到事故紧急停车,也允许不首先解除压缩机的负荷而立即切断电源,使压缩机带负荷停下来。

3)当电动机停止转动后,再停下循环油泵、注油器马达,最后关闭冷却水阀。如果停车时间较长时,还必须把冷却水排掉,尤其是在冬季更要注意排掉冷却水。

390. 活塞式压缩机的旁通调节原理是什么,有什么优缺点?

答:活塞式压缩机的旁通调节又称进排气连通调节。它是将进气管和排气管用旁通管路加以连通,并在旁通管路上设置旁通阀门,通过阀门的开度来达到对排气量的调节。

旁通调节的调节原理是当用气量变化时,例如要求气量减少时,这时压缩机的排气量会出现"过剩"而发生"堆积",从而使排气压力升高,升高后的压力信号可控制旁通阀门的开度,使排气管道中有更多的气体返回到进气管道,从而减小了压缩机供给用户的气量,使之与用户所需气量相平衡,并保持压力稳定,以满足用户的要求。当用户需气量增加时,则自动关小旁通阀的开度。

此种调节方法的特点是:装置结构简单,但经济性较差。经济性差的原因是为了实现排气量的调节,需将一部分压缩气体通过节流减压,又送回到吸入口,并再次进行压缩。这样,压缩机对这部分气体就不断地做着无用功,从而增加了功率的消耗。不过,在有些情况下,例如对某些有毒性气体或贵重气体(稀有气体等)的压缩,采用这种调节方法可以避免气体向大气的放散。

391. 什么叫无润滑压缩机,它适用于哪些场合,无润滑压缩机常用哪些自润滑材料?

答:在活塞式压缩机的活塞与气缸、填料函与活塞杆之间,采用自润滑材料做活塞环、导向环和填料函,而不再另设气缸和填料部分的油(或其他润滑剂)润滑系统,此类压缩机称为无润滑压缩机。

无润滑压缩机特别适用于压缩气体不能与油接触的场合,主要用于:

1)压缩气体与油接触会引起爆炸的氧气压缩机;

2)压缩气体中含油会造成使用压缩气体的设备发生故障的仪表空气压缩机。

不过,近些年来,无润滑压缩机的应用市场已经大大扩大了。即便是普通的空气压缩机,现在也多采用无润滑压缩机结构形式。这是因为在实际应用中,无油润滑会给生产带来许多方便。

自润滑材料是指本身具有良好润滑性能的材料。早期采用的自润滑材料为石墨,后因其韧性差、易脆裂,已经不再单独使用。目前国内外普遍采用的自润滑材料有:填充聚四氟乙烯、聚酰胺、聚酰亚胺等。

纯聚四氟乙烯是一种高分子材料,它的摩擦系数小($f<0.1$),而且在与金属对磨时,其表面分子能转移到金属表面而形成一层薄膜,因而具有良好的自润滑性能。它的化学稳定性好,耐腐蚀,能耐温到 $200℃$ 左右。但是,纯四氟乙烯的热膨胀系数大,导热性差,机械性能差,不耐磨,此外还有冷流性。冷流是指这种高分子化合物在外力作用下产生高分子转移而变形。为克服这些弱点,常加入适量的填充剂以改善其性能。加入填充剂后的聚四氟乙烯称作填充聚四氟乙烯,又称为氟塑料。为适应不同操作条件和气体介质,应选用不同的填充配方。

聚酰胺通称尼龙,如尼龙 6、尼龙 66 等,它也有自润滑性,其机械强度比聚四氟乙烯高,且无冷流性,但耐热性差,在有负荷的情况下只能用于 $100℃$ 以下。

聚酰亚胺是 60 年代发展起来的高分子材料,其机械强度较高,耐热性好,可长期使用于 $200\sim230℃$,其主要缺点是摩擦系数较大。国内有用聚酰亚胺为主,加入聚四氟乙烯、石墨等的填充聚酰亚胺,以用作高温、高压差的无油润滑密封材料。

近年来,在氟塑料的基础上,又结合粉末冶金的方法,制成多孔性的金属骨架,再在真空状态下浸渍聚四氟乙烯,制成一种新制品。它既具有金属的强度高、膨胀系数小,导热性好的优点,又有氟塑料的良好自润滑性。国内已在氮氢压缩机的五、六级上使用。

各种自润滑材料都有着广阔的发展前景。但目前工业上仍以填充聚四氟乙烯应用最广。

392. 聚四氟乙烯密封件有什么特点,常用哪些充填材料,它们分别起什么作用?

答:目前,在无润滑压缩机上应用较成熟的是填充聚四氟乙烯。

纯聚四氟乙烯密封件有如下优点:

1)摩擦系数低。纯聚四氟乙烯的摩擦系数是目前固体中最小的,仅为0.02~0.10,因此摩擦阻力很小;

2)具有高度的化学稳定性。它可以耐各种酸碱腐蚀。通常被称为"塑料王";

3)耐温性能也较好,一般在80~200℃的条件下可以正常工作;

4)吸湿系数小,吸水率为0.01%。

但它也有一定的缺点:

1)线胀系数较大,纯聚四氟乙烯在20~60℃时线胀系数$\alpha=1\times10^{-4}$℃$^{-1}$;在100~200℃时,$\alpha=2\times10^{-4}$℃$^{-1}$;

2)导热性较差。热导率$\lambda=0.47W/(m\cdot K)$;

3)不仅具有冷流性,而且在高温、高压下,也容易产生塑性变形;

4)机械强度差,硬度低,弹性小。

为了弥补纯聚四氟乙烯的上述不足,而发挥其优点,实际应用时经常加入一些充填材料,以改善它的性能。常用的充填材料及其作用是:充填石墨、二硫化钼可提高导热性能和耐磨性能;充填青铜、钼、银粉等可提高机械强度和导热性;充填玻璃纤维、石棉、陶瓷等可增加耐磨性和改善抗压能力,降低收缩率。总之,填充聚四氟乙烯既保持了原来的优良性能,又使其强度、硬度、弹性等得到改善。

393. 什么叫迷宫式压缩机,它有什么特点?

答:活塞与气缸之间采用迷宫密封形式的压缩机称为迷宫式压缩机,在制氧装置中通常亦用来压缩氧气。

迷宫式压缩机的活塞外表面上开有一系列环槽,如图89所示。活塞上的环槽和气缸工作表面形成一系列迷宫小室,从而可以依靠气体的节流有效地防止气体的泄漏,达到密封的目的。

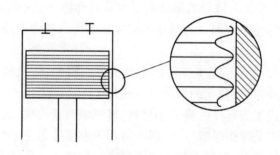

图89 迷宫式压缩机示意图

迷宫式压缩机的特点是:

1)不装活塞环,气缸与活塞之间不接触,从而可在没有任何润滑条件下工作;

2)加工和安装质量要求很高。为了保证气缸与活塞的间隙均匀,通常只有采用立式带十字头的结构形式,才能得以保障。另外对机器的刚性要求也比一般活塞式压缩机高。

394. 活塞式空压机与活塞式氧压机在结构和材质方面各有什么不同?

答:活塞式空压机多采用油润滑(现在的新型空压机也开始采用无润滑形式),活塞式氧

压机多采用氟塑料无润滑活塞环。二者的压缩介质不同,活塞环、填料函等在结构上和材质上也有所不同。其具体情况是:

1)膨胀间隙。由于氟塑料的膨胀系数较大,为了保证氟塑料活塞环和填料密封圈在工作温度下不至膨胀卡死,无润滑活塞式压缩机比有油润滑活塞式压缩机要留有较大的膨胀间隙;

2)活塞及活塞环结构。由于氟塑料强度较金属低,所以氟塑料活塞环断面尺寸较金属环要大,断面一般是方形。此外,为了保证环在气缸上有预压力,一般氟塑料环内还要衬有金属弹力环。同时,为了避免活塞在干摩擦情况下与气缸接触,发生氧气爆炸的危险,氧压机活塞上还增设导向环和支承环,而且活塞与气缸的间隙也较空压机为大;

3)材质。由于氧气对金属有强烈的氧化作用,当无润滑活塞式压缩机用作氧压机时,气缸内接触氧气的部件应用防氧化性强的材料或作防锈处理,如活塞杆用不锈钢,气阀阀片也用不锈钢,气缸及阀杆最好用抗腐蚀性强的合金铸铁。氧压机活塞的材质最好用铜合金;

4)加强冷却。由于氟塑料的导热能力差,在高温下,环磨损快而且容易产生变形,因此无润滑活塞式压缩机要加强对气缸及填料函部分的冷却。

5)气阀。无润滑活塞式压缩机的气阀在干摩擦条件下工作,因此阀片、弹簧寿命较短,泄漏也要大些。

395. 为什么氧压机的各级压力比不正常时要停车检查?

答:氧压机的各级压力比是根据一定原则进行分配的,其中很重要的一条是要考虑到各级排气温度不得超过允许值(160℃)。如果由于某种原因,氧压机在运行中各级压力比发生变化,则必然有的级压力比下降,有的级压力比升高。对于压力比升高的级,排气温度也会相应升高。这样,由于氧压机工质是纯净的氧气,而氧气在较高的排气温度下,一则对所接触的机器零、部件的氧化腐蚀作用大大增强,二则发生着火和爆炸的可能性也大大增加,所以这是绝对不允许的。因此,如发现氧压机的各级压力比不正常时,要及时停车,查明原因。

396. 为什么氧压机中凡和氧气接触的零部件大都用铜或不锈钢制作?

答:纯净的氧气有着强烈的氧化作用,特别是在压缩过程中温度比较高的条件下,与氧气接触的零部件更容易被氧化而锈蚀。锈蚀不仅对零部件是一种不可允许的损坏,而且锈蚀后容易有铁锈层剥落,在氧气气流的冲击下产生火花,引起着火和爆炸事故。因此氧压机中凡和氧气接触的零部件均应该采用耐氧化性能强的、不易产生火花的铜材或不锈钢制作。

397. 如何防止高压氧压机烧缸事故?

答:充瓶用的高压氧压机的工作压力高,操作、管理不当就容易发生烧缸事故。为了防止此类事故发生,在使用和维修时应注意下列事项:

1)对于压氧机零件、维修工具和检修人员的手必须严格脱脂清洗,最后用洁净的四氯化碳做彻底清洗。在拉出活塞进行检修时,特别要注意及时清除活塞杆下端的油污,以免玷污

密封函。密封器、刮油器磨损时要及时更换,防止带油;

2)润滑用的蒸馏水绝对不能中断。蒸馏水箱要比气缸盖高2m以上,水位计及滴水器要便于监视。蒸馏水用量,对2—1.67/150型氧压机为每小时10kg左右;对2—2.833/150型为每小时15kg左右。发现一级、二级上密封器漏水时要及时修理,活塞环卡死要及时更换。要保证蒸馏水正常连续带入三级气缸;

3)必须严格校正活塞中心,以防发生磨偏和擦缸现象。发现压缩比不正常时要及时消除故障;

4)运转中要经常注意冷却水温度,排水温度不得大于45℃;

5)与氧气接触的零件不能用碳素钢制造。不得任意改变填料密封函、垫片等图纸规定的材质。管道要干净,应清除焊渣和杂物;

6)加强监护和管理,发现压力异常、排气温度升高、声音不正常时,应及时停车检查。

398. 活塞式压缩机与透平式压缩机相比,各有什么优缺点?

答:与透平式压缩机相比,活塞式压缩机有如下优点:

1)能达到的压力范围广。活塞式压缩机从低压到高压都可适用,特别是要求达到很高的压力时,透平压缩机是不能实现的。目前工业上使用的活塞式压缩机的最高压力已可达到320MPa,实验室中使用的活塞式压缩机最高压力已达到700MPa;

2)效率高。若以等温效率作为比较标准,中、大型设计精良的活塞式压缩机的效率在75％以上,而离心式压缩机则通常低于70％;

3)适应性强。活塞式压缩机的排气量可以在较大范围内选择,特别是在高压、小排气量的情况下,透平式压缩机则因效率极低而不宜采用。另外,当压缩不同介质时,活塞式压缩机较易改造。

但是,活塞式压缩机与透平式压缩机相比,也存在着一定的缺点:

1)外形尺寸和重量相对较大,因此对基础的要求也较笨重;

2)所能达到的最大输气量较小,因此在大型装置中如果采用活塞式压缩机,势必要多机组并联运行,这使基本投资、操作和维修费用等也都相应增大;

3)机器的结构复杂,零部件多,特别是易损零部件多,故障多,日常维护、管理工作量大,连续运转时间受限制;

4)惯性力大,限制了机器转速的提高;

5)输出的气流不连续,有脉动性。

399. 离心式压缩机的工作原理是什么,为什么离心式压缩机要有那么高的转速?

答:离心式压缩机用于压缩气体的主要工作部件是高速旋转的叶轮和通流面积逐渐增加的扩压器。简而言之,离心式压缩机的工作原理是通过叶轮对气体作功,在叶轮和扩压器的流道内,利用离心升压作用和降速扩压作用,将机械能转换为气体压力能的。

更通俗地说,气体在流过离心式压缩机的叶轮时,高速旋转的叶轮使气体在离心力的作用下,一方面压力有所提高,另一方面速度也极大增加,即离心式压缩机通过叶轮首先将原动机的机械能转变为气体的静压能和动能。此后,气体在流经扩压器的通道时,流道截面逐渐增大,前面的气体分子流速降低,后面的气体分子不断涌流向前,使气体的绝大部分动能又转变为静压能,也就是进一步起到增压的作用。

显然,叶轮对气体作功是气体压力得以升高的根本原因,而叶轮在单位时间内对单位质量气体作功的多少是与叶轮外缘的圆周速度 u_2 密切相关的:u_2 数值越大,叶轮对气体所作的功就越大。而 u_2 与叶轮转速和叶轮的外径尺寸有如下关系:

$$u_2 = \frac{\pi D_2 n}{60}$$

式中　　D_2——叶轮外缘直径,m;

　　　　n——叶轮转速,r/min。

因此,离心式压缩机之所以要有很高的转速,是因为:

1)对于尺寸一定的叶轮来说,转速 n 越高,气体获得的能量就越多,压力的提高也就越大;

2)对于相同的圆周速度(亦可谓相同的叶轮作功能力)来说,转速 n 越高,叶轮的直径就可以越小,从而压缩机的体积和重量也就越小;

3)由于离心式压缩机通过一个叶轮所能使气体提高的压力是有限的,单级压比(出口压力与进口压力之比)一般仅为 1.3~2.0。如果生产工艺所要求的气体压力较高,例如全低压空分设备中离心式空气压缩机需要将空气压力由 0.1MPa 提高到 0.6~0.7MPa,这就需要采用多级压缩。那么,在叶轮尺寸确定之后,压缩机的转速越高,每一级的压比相应就越大,从而对于一定的总压比来说,压缩机的级数就可以减少。所以,在进行离心式压缩机的设计时,常常采用较高的转速。但是,随着转速的提高,叶轮的强度便成了一个突出的矛盾。目前,采用一般合金钢制造的闭式叶轮,其圆周速度多在 300m/s 以下。

另外,对于容量较小的离心式压缩机而言,由于风量较小,叶轮直径也较小,可采用较高的转速;而容量较大的压缩机,由于叶轮直径较大,相应地转速也应低一些。例如,为国产 3200m³/h 空分设备配套的 DA350-61 型离心式压缩机,转速为 8600r/min;而为国产 10000m³/h 空分设备配套的 1TY-1040/5.3 型空气压缩机,转速为 6000r/min。

400. 什么叫临界转速,了解临界转速有何意义?

答:概而言之,临界转速是指数值等于转子固有频率时的转速。转子如果在临界转速下运行,会出现剧烈的振动,而且轴的弯曲度明显增大,长时间运行还会造成轴的严重弯曲变形,甚至折断。

装在轴上的叶轮及其他零、部件共同构成离心式压缩机的转子。离心式压缩机的转子虽然经过了严格的平衡,但仍不可避免地存在着极其微小的偏心。另外,转子由于自重的原因,在轴承之间也总要产生一定的挠度。上述两方面的原因,使转子的重心不可能与转子的旋转轴线完全吻合,从而在旋转时就会产生一种周期变化的离心力,这个力的变化频率无疑是与转子的转数相一致的。当周期变化的离心力的变化频率和转子的固有频率相等时,压缩机将发生强烈的振动,称为"共振"。所以,转子的临界转速也可以说是压缩机在运行中发生转子共振时所对应的转速。

一个转子有几个临界转速,分别叫一阶临界转速、二阶临界转速……。临界转速的大小与轴的结构、粗细、叶轮质量及位置、轴的支承方式等因素有关。

了解临界转速的目的在于设法让压缩机的工作转速避开临界转速,以免发生共振。通常,离心压缩机轴的额定工作转速 n 或者低于转子的一阶临界转速 n_1,或者介于一阶临界转速 n_1 与二阶临界转速 n_2 之间。前者称作刚性轴,后者称作柔性轴。刚性轴要求:

$$n \leqslant 0.7 n_1$$

柔性轴要求:

$$1.3 n_1 \leqslant n \leqslant 0.7 n_2$$

所以,在一般的情况下,离心式压缩机的运转是平稳的,不会发生共振问题。但如果设计有误,或者在技术改造中随意提高转速,则机器投入运转时就有可能产生共振。另外,对于柔性轴来说,在启动或停车过程中,必然要通过一阶临界转速,其时振动肯定要加剧。但只要迅速通过去,由于轴系阻尼作用的存在,是不会造成破坏的。

401. 行星齿轮增速器是怎样增速的,为什么要用行星齿轮增速器?

答:离心式压缩机的转速高于电动机的转速,需要通过增速器来增速。图 90 中有两套压缩机组,图 91a 中增速器的输入轴和输出轴在一条轴线上,它就是行星齿轮增速器;b 图中增速器的输出、输入轴不在同一条轴线上,叫做定轴增速器。为什么要用行星齿轮增速器呢?还得从定轴增速器说起。

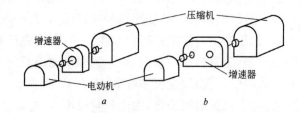

图 90 压缩机组示意图
a—同心轴传动;b—平行轴传动

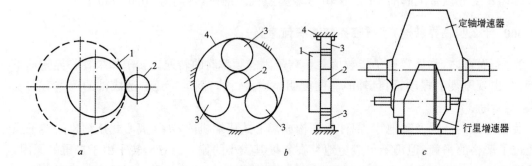

图 91 增速器传动简图
a—定轴增速器传动;b—行星增速器传动;c—增速器外形尺寸比较
1—低速主动轮;2—高速从动轮;3—行星齿轮;4—内齿圈;5—中心轮

图 91a 是定轴增速器里一对齿轮的简图,1 和 2 分别是低速的主动齿轮和高速的被动齿轮。传动时,齿轮的轴绕它本身的固定轴线旋转。增速比 i 是:

$$i = \frac{n_2}{n_1} = \frac{z_1}{z_2} = \frac{d_1}{d_2}$$

式中,n、z、d 分别代表齿轮的转速、齿数和直径,下脚标 1、2 分别代表主动齿轮和从动齿轮。

如果要增加速比 i，而小齿轮直径不变，势必要加大大轮直径（图中虚线所示）。这样一来，不仅增速器外廓尺寸增加，而且大型的高速齿轮的设计和制造都有不少困难，于是就开发了行星齿轮增速器。

图 91b 是行星齿轮增速器中行星齿轮的传动简图。输入的低速主动轴与转架（行星架）l 固定在一起。转架上装有可以转动的三个或三个以上的行星齿轮 3。行星轮 3 既环绕它本身的轴线自转，又绕中心轮（太阳轮）2 公转，有如行星似的。外面的内齿圈 4 固定不动。增速比是：

$$i = \frac{n_2}{n_1} = 1 + \frac{z_4}{z_2} = 1 + \frac{d_4}{d_2}$$

式中，z_4、d_4 是内齿圈的齿数和直径；z_2、d_2 是中心轮的齿数和直径。即使是 d_4/d_2 与定轴传动的增速比相同，例如等于 5，那么行星齿轮传动的增速比就是 $1+5=6$。而实际设计出的行星增速器却小得多。图 91c 是增速比都是 6 的相同承载能力的两种增速器的外廓尺寸的比较。

由上面的简单分析可以看出，行星增速器的主要优点是在小的外廓尺寸下可以得到较大的增速比，此外输出、输入轴为同一轴线，对结构和安装等也都很方便。

行星齿轮增速器在制造和装配精度上要求高，若某个零件损坏，拆换比较费事，这些是它不如定轴增速器之处。此外，在设计上还必须注意解决几个行星轮之间的载荷平均分配问题。

402. 离心式压缩机的风量和风压有固定的数值吗，压缩机特性曲线的含义是什么？

答：每一台压缩机的铭牌上均标有风量和风压等数值。例如，国产 DA350—61 型离心式空气压缩机标明的流量为 370m³/min，压力为 0.735MPa，轴功率为 1810kW。这些数值实际上只是设计工况下的数值。当实际工况偏离设计工况时，例如当通过离心式压缩机的流量变化时，所产生的风压和所消耗的能量（功率）也随之发生变化。因此，即使对同一台离心式压缩机，它的风量和风压等并不是一个固定的数值。

如果将一台压缩机在一定转速和一定吸气条件下的出口压力（或压力比 ε）、等温效率 η 及功率 P 与体积流量 Q 的关系采用曲线形式描绘出来，这就叫作压缩机的特性曲线（或称性能曲线）。严格说来，特性曲线应由制造厂家进行产品检验时，在试车台上测定绘制，大型离心式压缩机也需在现场安装完毕试车时实测得到。但实际上往往用一个具有代表性的实测特性曲线覆盖整个型号。

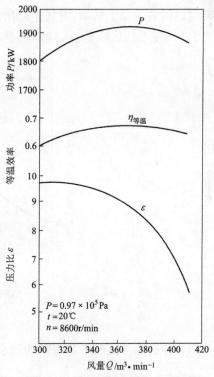

图 92　DA350-61 型离心式压缩机的特性曲线

图 92 就是 DA350-61 型离心式压缩机的特性曲线。其横坐标表示体积流量 Q，纵坐标分别为压力比 ε（出口压力与进口压力之比）、等温效率 η（等温压缩时所消耗的理论功率与实际消耗的功率之比）及功率 P。它是在一定的吸气条件（吸气压力为 0.097MPa，吸气温度为 20℃）和一定的转速下（n＝8600r/min）测得的。当这些条件改变时，特性曲线也相应地有所变化。

由图可见，压缩机特性曲线的含义在于：表明了压缩机某些重要特性参数随着流量的变化而变化的定量关系。

403. 什么叫管网，管网特性曲线的含义是什么？

答：压缩机总是通过管路系统（包括管路系统中的某些设备，例如净化设备、冷却设备等）与用户相连接的。这种连于压缩机与用户之间的管路系统，不管其长短及复杂程度如何，均称管网。

由于气体在管网中的流动阻力与流量的平方成正比，即：

$$\Delta p = AQ^2$$

式中　Δp——管网的阻力损失；

　　Q——管网中的气体流量；

　　A——管网的阻力系数。

管网的特性曲线如图 93 所示。图中的二次曲线代表了气体在管网内流过时，阻力损失与流量之间的关系。例如，当气体流量为 Q 时，管网的阻力损失为 Δp。因此，当用户的使用压力为 p_r、使用气体流量为 Q 时，则要求压缩机所提供的压力为 p_c：

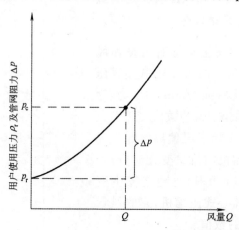

图 93　管网特性曲线

$$p_c = p_r + \Delta p$$

404. 什么叫作压缩机与管网的联合工作点？

答：压缩机通过管网与用户相连，三者之间在稳定工况下的平衡关系是：

1）压缩机的排气量＝通过管网的气体流量＝用户的用气量

2）压缩机的排气压力－管网的阻力损失＝用户的使用压力

压缩机与管网能够符合这种平衡关系，并满足用户对压力和气量两项要求的共同工作点,称为联合工作点。

显而易见,如将压缩机的性能曲线与管网的特性曲线相叠合,则两条曲线的交点就是压缩机与管网的联合工作点(参看题 405 及图 94),因为只有这一交点才能够满足上述平衡关系的要求。

405. 离心式压缩机的实际供风量是如何自动变化的?

答:空分设备在运行过程中,有时并没有对空压机进行调节,风量却会自动变化。例如,在板翅式换热器的一个工作周期内,随着加工空气中的水分和二氧化碳的逐渐冻结,进塔空气量会自动减少;而当水分和二氧化碳被清除后,空气量又会自动增加。其原因是因为压缩机在实际工作时,它所提供的风量不仅与压缩机本身的性能有关,而且取决于与压缩机相连的管网特性的变化情况。

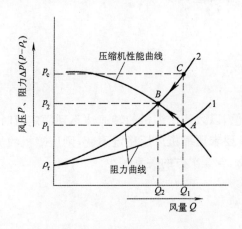

图 94　离心式压缩机的工作点

对于管网来说,管网特性曲线的具体位置与反映管网特性的阻力系数有关。管网的阻力系数变大(例如随着板翅式换热器内水分和二氧化碳的逐渐冻结,使通道阻力增加。),则曲线变陡,如图 94 中曲线 2 的阻力系数就比曲线 1 的阻力系数大。

由图 94 还可看出,在特性曲线 1 所对应的稳定工况下,压缩机与管网的联合工作点为管网特性曲线与压缩机性能曲线的交点 A。该点所对应的流量 Q_1 风压 p_1,即为压缩机实际产生的风压与风量。当管网阻力增加时,管网特性曲线由 1 变为 2,则压缩机与管网的联合工作点由 A 变为 B,压缩机所产生的风压与风量分别变为 Q_2 和 p_2。如果此时仍要保持原风量 Q_1,则管路的阻力与用户使用压力之和(C 点所对应的压力数值)超过了压缩机所产生的压力。由于压缩机的压力无法克服这样大的阻力,因而迫使风量减少,管网的阻力也就相应地减小。当管网阻力由 C 点减小至 B 点,压缩机的工作点由 A 点移至 B 点时,阻力与压力又达到新的平衡,B 点即为压缩机与管网的新的联合工作点。显然,$Q_2<Q_1$,离心式压缩机的实际供风量就是这样自动地变化的。

此外,在积液阶段,随着进塔空气的不断冷凝而压力降低,或当下塔压力增高时,进塔空气量也会出现自动增加或减少的情况。

406. 电网的电压对离心式压缩机的工作有什么影响?

答:因为异步电机的转矩与电压的平方成正比,所以离心式压缩机如果是由异步电动机拖动的话,电网电压的下降就会造成电机转速的下降,从而压缩机的转速亦随之下降,压缩机性能曲线的位置也相应改变。图 95 给出了不同转速($n_1<n_2$)下的性能曲线。此时,如果要

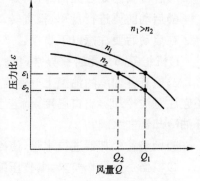

图 95　转速对压缩机性能的影响

213

保持原来的压力比 ε_1，则气量需减少为 Q_2；如果要保持原气量 Q_1，则压力比要降低为 ε_2。

如果离心式压缩机是由同步电动机带动的话，由于电动机本身有一套增加电流的补偿装置，所以电网电压的下降，在一定范围内，不会影响压缩机转速。但是，电压下降超过允许值时，电机就会不能工作，造成压缩机停车。

407. 电网频率的变化对离心式压缩机的性能有什么影响？

答：离心式压缩机一般由同步或异步电动机拖动，电网频率的变化会影响电动机的转速变化，而转速的变化就会引起离心式压缩机的性能变化。
从实验和理论上都可得出：离心式压缩机的流量近似地与它的转速成正比，出口压力近似地与转速的平方成正比，所消耗的功率近似地与转速的立方成正比。即：

$$\frac{Q_1}{Q_2}=\frac{n_1}{n_2};\quad \frac{p_1}{p_2}=\frac{n_1^2}{n_2^2};\quad \frac{P_1}{P_2}=\frac{n_1^3}{n_2^3}$$

式中　　Q_1、Q_2——不同转速下的容积流量；

p_1、p_2——不同转速下的出口压力；

P_1、P_2——不同转速下的功率；

n_1、n_2——不同的转速。

因此，在实际运转中，当因电网频率低于额定值，以致使压缩机的转速达不到额定值时，压缩机的出口压力和流量都将降低。如果空分设备要求压缩机风压稳定不变，则压缩机的流量需要进一步减少。此时，实际的风量将与转速成 2～3 次方的关系减少。

408. 离心式压缩机在启动时应注意哪些问题？

答：启动前，首先应做好以下准备工作：
1）检查机组是否具备启动条件（包括检查上次停车的原因及检修情况；检查机组周围是否有障碍物；启动的工具、听针、记录表等是否已准备好）；
2）检查电机、电气、仪表、灯光信号是否正常，特别是事故连锁系统是否能正确动作（包括断水、油压低、轴向位移等项）；
3）供油润滑系统是否正常（油箱油位、油箱底部有无积水、辅助油泵及油路正常）；
4）冷却系统及冷却水情况（包括冷却器阀门是否灵活、供水压力及水量等）；
5）各种阀门是否灵活好用，是否能按要求关闭或打开；
6）启动前要进行盘车，检查转动部件是否灵活，轴位指示器有无变化。
在启动后要注意以下事项：
1）机组各部分是否有异常声响，以及振动是否超过允许值；
2）检查各轴承的油温上升速度。若轴承温升太快，接近最高允许值时应立即停车。同时还应注意油冷却器出口温度，倘若上升到允许范围 35～40℃，应切断油加热系统，并慢慢打开油冷却器进水阀；
3）调整各冷却器进口水量，使冷却器后介质温度不超过允许值。
4）根据空分操作要求，调整压缩机的排出压力；
5）在膨胀机启动后，密切观察压缩机排出压力与进口流量变化情况，防止机组发生喘振。

409. 什么叫"喘振",透平压缩机发生喘振时有何典型现象?

答:喘振是透平式压缩机(也叫叶片式压缩机,参见 432 题)在流量减少到一定程度时所发生的一种非正常工况下的振动。离心式压缩机是透平式压缩机的一种形式,喘振对于离心式压缩机有着很严重的危害。

离心式压缩机发生喘振时,典型现象有:

1)压缩机的出口压力最初先升高,继而急剧下降,并呈周期性大幅波动;

2)压缩机的流量急剧下降,并大幅波动,严重时甚至出现空气倒灌至吸气管道;

3)拖动压缩机的电机的电流和功率表指示出现不稳定,大幅波动;

4)机器产生强烈的振动,同时发出异常的气流噪声。

410. 喘振的内部原因是什么,如何防止?

答:机理性研究结果表明,喘振产生的内部原因与叶道内气体的脱离密切相关。

当气体流量减少到一定程度时,压缩机内部气流的流动方向与叶片的安装方向发生严重偏离,使进口气流角与叶片进口安装角产生较大的正冲角,从而造成叶道内叶片凸面气流的严重脱离。此外,对于离心式压缩机的叶轮而言,由于轴向涡流等的存在和影响,更极易造成叶道里的速度不均匀,上述气流脱离现象进一步加剧。气流脱离现象严重时,叶道中气体滞流、压力突然下降,引起叶道后面的高压气流倒灌,以弥补流量的不足和缓解气流脱离现象,并可使之暂时恢复正常。但是,当将倒灌进来的气体压出时,由于级中流量缺少补给,随后再次重复上述现象。这样,气流脱离和气流倒灌现象周而复始地进行,使压缩机产生一种低频高振幅的压力脉动,机器也强烈振动,并发出强烈的噪声,这就是喘振的内部原因。

411. 喘振的外部原因是什么?

答:从压缩机性能曲线的角度来看,压缩机在发生喘振时,其工作点肯定进入了喘振区,因此严重的压缩机喘振还与管网有着密切关系。或者说,一切能够使压缩机与管网联合工作点进入喘振区的外部原因均会造成喘振。

在压缩机的实际运行中,以下因素都会导致喘振发生:

1)空分系统的切换故障。进主换热器或分子筛吸附器的阀门不能及时打开,造成空压机排出压力超高,导致管网特性曲线急剧变陡,压缩机与管网联合工作点迅速移动,进入喘振区导致喘振;

2)压缩机流道堵塞。由于冷却器泄漏或尘埃结垢,级的流道粗糙,并且局部截面变小;

3)压缩机进气阻力大,例如过滤器堵塞或叶轮进口堵塞;

4)电网质量不好,电网周波下降或电压过低,使电机失速,造成压缩机流量降至喘振区;

5)压缩机启动操作升压过程中,操作不协调,升压速度快,进口导叶开度小;

6)电气故障或连锁停机时放空阀或防喘振阀没有及时打开。

412. 预防喘振的措施有哪些?

答:为了防止喘振发生,离心式压缩机都设有防喘振的自动放散阀,一旦出口压力过高,压缩机接近喘振区或发生喘振时,该阀应自动打开。如没有打开,应及时手动打开。要经常

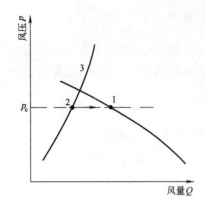

图 96　恒压控制
1—设定压力；2—放空阀开启点；
3—放空阀开启线

检查和保养自动放散阀，使之灵活好使。

目前较为广泛采用的防喘振措施有两种：

1) 压力控制。它属于单参数控制。通常设有压力调节器，压缩机在设定压力下工作。高于设定压力时，防喘振阀打开，放掉部分压力，使排出压力保持在设定压力下。同时防喘振阀与电机连锁，电机跳闸停机时防喘振阀自动打开。

比较先进的压力控制是一些压缩机设置的恒压调节，见图 96。它是使压缩机在设定压力下运行，压力调节器控制进口导叶，压力高时关小，压力低时开大。由于进口导叶关小，流量减少，进入喘振区时防喘振阀会自动打开，增加进口流量或降低出口压力，以解除喘振。这种防喘振——恒压控制系统对动力站的空压机是很有效的。

2) 双参数控制。双参数是指压力和流量控制。从控制方式上看更为先进一些。由于有了智能手段，所以也比较可靠。

如图 97 所示，图中曲线 $Q=ap$ 为保护曲线，a 为常数。当 $Q/p<a$ 时，开大进口导叶，增加流量。如果还不能满足要求而进入了喘振区，则打开放空阀，压力下降，流量增大，使离开喘振区。正常运转时的工作点离开保护线 15% 左右。

413. 哪些因素会影响到离心式压缩机的排气量？

答：影响离心式压缩机排气量的因素很多，除与设计、制造、安装有关外，在压缩机运行中能够影响排气量的因素主要有：

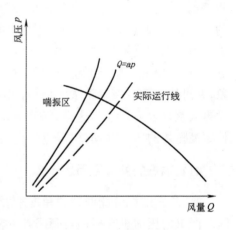

图 97　双参数控制

1) 空气滤清器堵塞或阻力增加，引起压缩机吸入压力降低。在出口压力不变时，使压缩机压比增加。根据压缩机的性能曲线，当压比增加时，排气量会减少；

2) 空分设备管路阻塞，阻力增加或阀门故障，引起空压机排气压力升高。在吸入压力不变的条件下，压比增加，造成排气量减少；

3) 压缩机中间冷却器阻塞或阻力增大，引起排气量减少。不过，不同位置的阻塞，情况还有所区别：如果冷却器气侧阻力增加，就只增加机器的内部阻力，使压缩机效率下降，排气量减少；如果是水侧阻力增加，则循环冷却水量减少，使气体冷却不好，从而影响下一级吸入，使压缩机的排气量减少；

4) 密封不好，造成气体泄漏。包括：①内漏，即级间窜气。使压缩过的气体倒回，再进行第二次压缩。它将影响各级的工况，使低压级压比增加，高压级压比下降，使整个压缩机偏离设计工况，排气量下降；②外漏，即从轴端密封处向机壳外漏气。吸入量虽然不变，但压缩后的气体漏掉一部分，自然造成排气量减少；

5)冷却器泄漏。如果一级泄漏,因水侧压力高于气侧压力,冷却水将进入气侧通道,并进一步被气流夹带进入叶轮及扩压器。经一定时间后造成结垢、堵塞,使空气流量减少。如果二、三级冷却器泄漏,因气侧压力高于水侧,压缩空气将漏入冷却水中跑掉,使排气量减少;

6)电网的频率或电压下降,引起电机和压缩机转速下降,排气量减少;

7)任一级吸气温度升高,气体密度减小,也都会造成吸气量减少。

414. 哪些因素能影响压缩机中间冷却器的冷却效果,中间冷却不好对压缩机的性能有什么影响?

答:空压机中间冷却器一般是壳管式结构。管内通水,管间通气体,通过管内外流体的热交换起到冷却的作用。影响压缩机中间冷却器冷却效果的原因有:

1)冷却水量不足。空气的热量不足以被冷却水带走,造成下一级吸气温度升高,气体密度减小,最终造成排气量减少。所以,在运行中应密切监视冷却水的供水压力控制供水量。工艺上通常要求冷却水压要大于 0.15MPa(表压);

2)冷却水温度太高。水温高使水、气之间温差缩小,传热冷却效果降低。即便冷却水量不减少,也会使气体冷却后温度仍然很高;

3)冷却水管内水垢多或被泥沙、有机质堵塞,以及冷却器气侧冷却后有水分析出,未能及

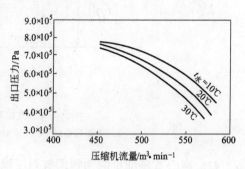

图 98 冷却水温对压缩机性能的影响

时排放,这都会影响传热面积或传热工况,影响冷却效果。冷却效果不好,使进入下一级的气温升高,影响下一级的性能曲线,使其出口压力和流量都降低。图 98 表示某台压缩机由实验得出的当冷却水温度由 10℃升至 30℃时的性能曲线变化。此外,当下级吸气量减少时,造成前一级压出的气量无法全部"吃进",很容易使前一级的工作进入喘振区,在该级发生喘振。

处理方法有:检查上水温度及水压,并进行调整;如上水温度及压力正常,就停车解体检查,用物理、化学方法清洗冷却器或更换冷却器;如冷却器漏,就更换冷却器。

415. 离心式压缩机通常采用什么样的密封形式?

答:在离心式压缩机中,为了减少压缩机转子与固定元件之间的间隙漏气,必须有密封。密封按其位置可分为四种:轮盖密封、级间密封、平衡盘密封和(前、后)轴封。密封的形式通常采用梳齿式的迷宫密封(图99),此外尚可采用石墨环密封、固定套筒液膜密封、浮动环密封以及机械密封等。

迷宫密封的工作原理如图 100 所示:当气流通过梳齿形密封片的间隙时,气流近似经历了一个理想的节流过程,其压力和温度都下降,而速度增加。当气流从间隙进入密封片间的空腔时,由于截面积的突然扩大,气流形成很强的旋涡,从而使速度几乎完全消失,温度又回复到密封片前的数值,而压力却不能再恢复,保持等于通过节流间隙时的压力不变。气流经过随后的每一个密封片间隙和空腔,气流的变化重复上述过程。所不同的是由于气流质量体积逐渐增加,在通过间隙时的气流速度和压力降越来越大。由此可见,当气流通过整个迷宫密封时,压力是逐渐下降的,最后趋近于背压,从而起到密封作用。

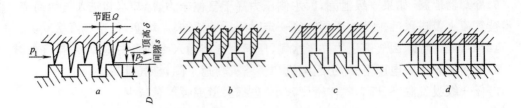

图 99　离心式压缩机的梳齿式密封

a—整体式梳齿密封；b—单片镶嵌式梳齿密封；

c—组合镶嵌式梳齿密封；d—双侧镶嵌式梳齿密封

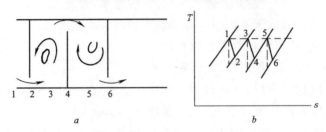

图 100　梳齿式迷宫密封的工作原理

a—气体在密封中的流动；b—气流通过三个密封片时的 $T-s$ 图

416. 离心式压缩机的密封漏气对压缩机的性能有什么影响？

答：轮盖密封与级间密封处的泄漏均属于内泄漏。严重的内泄漏会使压缩机能量损失增加，级效率及压缩机效率下降，排气量减少。不过，两者的影响机理也有所不同：轮盖密封的泄漏是使压缩过的气体重新回到叶轮，再进行第二级压缩，从而主要使级的总耗功增加；级间密封的泄漏为级间窜气，从而会使低压级压比增加，高压级压比下降。

平衡盘密封的严重泄漏虽然对压缩机的性能影响不大，但对离心式压缩机的安全运行却关系极大。

轴封的泄漏属于外泄漏。外泄漏是指气体从密封处漏往机壳以外。不言而喻，严重的外泄漏将直接造成压缩机排气量的减少。

417. 离心式压缩机产生振动可能由哪些原因引起的，如何消除？

答：离心式压缩机属于比较精密的高速回转机械，振动过大将会造成严重的机械故障，因此国家标准规定各轴承部位的振动幅度一般不允许超过 0.03mm。产生振动的原因及消除办法如下：

1)转子的工作转速接近于临界转速，易引起共振。详细内容参看题 400。消除办法只能是让转子的工作转速远远避开临界转速；

2)转子动平衡不良（详细内容参看题 418）。有的属于制造、安装的问题，出厂时就没有严格进行动平衡检查；有的是运转一段时间以后，叶轮被污染、磨蚀或者结垢，或由于其他原因造成的轴的变形，失去了动平衡。如果是此原因引起的振动，则要针对具体情况进行补救，并重新对转子作动平衡校正；

3)传动齿轮加工精度不够，啮合不良。离心式压缩机的增速齿轮副的圆周速度通常大于

120m/s,属于典型的高速齿轮传动。因此,根据国家标准,其加工精度应不低于5级,最好在4级或以上。否则,将会在齿轮动载荷较大时引起超标振动;

4)轴与轴之间的对中不好。消除办法只能是对压缩机轴与增速齿轮箱的从动轴和增速齿轮箱的主动轴与电动机轴之间重新检查、找正;

5)压缩机前后管道连接不当。在进出口上应设置膨胀器或采用软连接装置。硬连接管道将对压缩机产生外力,给空压机的运转带来不利影响;

6)轴承加工不良或损坏。消除办法只能是更换或检修;

7)油膜振荡。详细内容请参看题419;

8)主轴弯曲。需要校直主轴;

9)操作不当引起喘振。详细内容参看题410和411;

10)基础不坚固或地脚螺栓松动。基础应严格按照厂家提供的数据和要求,严格按照有关规范,由有资格和有经验的设计单位进行设计。应常检查地脚螺母有否松动,并用扳手拧紧;

11)机壳内叶轮上有积水或固体物质,影响叶轮的动平衡而引起振动,或在铝质气封片处有脏污沉积。应找出产生积水的原因,排出积水;或将固体物质清除干净,并对空气过滤室进行检查,以保证其正常清除灰尘的作用。要注意空压机的吸气管是否有锈蚀现象。要注意级间(特别是3、4级)冷凝水的有效排除。有的空压机装有对叶轮喷水除垢的装置,并要定期除垢;

12)电机转子与定子的间隙不均匀引起电机振动,带动压缩机振动。应注意检查修理电机;

13)轴承进油温度过低。应保持进油温度在35~45℃;

14)转子与气封片发生接触摩擦。应按技术要求重新调整密封间隙;

15)轴承盖与轴衬间压合不紧密。应调整垫片,保持轴承盖与轴衬间有0.02~0.05mm的过盈预紧力。

418.离心压缩机的转子为什么要做静平衡和动平衡检查?

答:离心压缩机主轴上的叶轮及其他零、部件随同轴一起作高速回转运动,统称为离心式压缩机的转子。转子在装配之前,每一个叶轮和其他零、部件虽然都各自做过静平衡检查,但是转子整体仍需进行严格的动平衡检查。这是因为转子的转速很高,极其微小的不平衡都会引起很大的振动。

如上所述,平衡包括静平衡与动平衡两种。静平衡是动平衡的基础,主要用于检查和修正转子上的叶轮等零、部件的单独平衡情况。静平衡检查的内容是看其重心是否正好与旋转轴心重合。若重合,则它能在任意转角位置保持平衡,否则便会发生转动,只能在某一位置(重心在轴线的正下方时)才能静止不动;静平衡修正是指通过静平衡试验,找出不平衡质量(附加该质量,使其达到平衡),并在对称位置设法去掉等量不平衡质量的办法,使被检查的零、部件达到静平衡。

离心式压缩机的转子虽然经过了严格的静平衡,但仍不可避免地存在着极其微小的偏心,转子旋转时仍会产生不平衡力。特别是因为每个零件的不平衡质量不在同一个平面内,因此它们还会产生一个力矩,使轴线发生挠曲,从而产生振动。因此还需对转子作动平衡试验。动平衡试验是在动平衡机上进行的,转子在旋转的情况(最好达到工作转速)下,检查其不平衡情况,并设法消除其不平衡力矩的影响。

离心压缩机转子的动平衡要求通常较高。具体数值主要视其转速而定,一般在微米数量级。

419. 径向滑动轴承的工作原理是什么,油膜振荡是怎么一回事儿,如何防止?

答:离心式压缩机通常采用径向滑动轴承,借助楔形间隙实现动压油膜的润滑,如图101所示。具体而言,轴承在工作前,轴径是静止的,它处在轴承的最下方位置(图101a)。由于轴颈半径总是小于轴承孔的半径,所以在轴心和轴承中心连线的两侧,轴颈表面和轴承表面自然形成两个楔形间隙。当轴开始转动时,由于轴颈有一定的转向,只能在中心连线一侧形成收敛间隙。如果轴颈按顺时针转动,则收敛间隙处于中心连线的右侧,左侧则为发散间隙(图101b)。根据流体动力学原理,只要轴颈达到一定的转速,在收敛间隙的油膜中间就会产生流体动压力,将轴颈浮起,并推向一边(图101b)。在一般情况下,轴颈就处于这样一个偏心位置上稳定运转。这就是径向滑动轴承的工作原理。

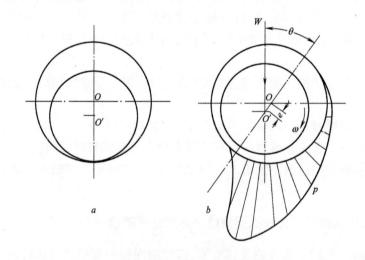

图101　径向轴承的楔形间隙

a—轴径静止时的位置;b—收敛油膜

轴心连线 OO' 与外载荷 W 的作用线间的夹角 θ 称为偏位角,OO' 的长度 e 称为偏心距。当轴承处于某一特定的 e 和 θ 下稳定运转时,这种状态称为轴承的稳定工作状态,简称为稳态或静态。实际上轴承往往是在变动的 e 和 θ 下工作的。

当载荷稳定、轴的转速不太高时,轴径中心就处在一个稳定的 e、θ 下工作,轴径中心此时所在的位置叫做平衡位置。当轴的转速增加到某一数值时,轴径中心不再维持在这个平衡位置上运转,而开始围绕平衡位置涡动,即轴心绕平衡位置做一封闭轨迹的运动,如图102所示。这时轴开始产生振幅较小的振动,其振动角频率约为转子角速度的一半,故称半速涡动。

如果转子的转速升至两倍的临界转速时,则半速涡动的频率恰好等于转子的固有频率,适时转子—轴承系统将发生激烈振动,这就是通常所说的油膜振荡。

油膜振荡不仅使振动加剧,而且会造成设备破坏。预防方法主要是在设计时要予以充分考虑,在现场只能靠增加轴承的单位比压以作为应急采取的措施。

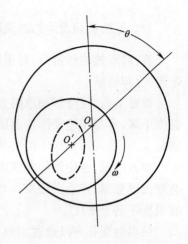

图 102　轴心的涡动

420. 透平压缩机对润滑油有什么要求,使用中应注意什么问题?

答:透平压缩机的运转情况与汽轮机相似,转速高,负荷较大,所以润滑油都选用汽轮机油。目前使用较多的是 N32 防锈汽轮机油(相当于 ISO 标准的 VG32),HU-20,HU-30 汽轮机油。

润滑油品性能的理化指标较多,其中闪点、黏度、酸值、机械杂质、水分等指标对使用影响较大。表 34 中给出了汽轮机油的质量指标。使用应注意以下问题:

1)应定期检查油黏度、机械杂质、水分等指标。压缩机的说明书中一般都有规定,例如,德马克压缩机规定新装润滑油每一个月检查一次,运行 2000h 后三个月检查一次,一个月排一次油箱里的水;

2)油箱应封闭好,防止机械杂质和水进入油冷却器,油中含水量大时会使润滑油乳化;

3)机械杂质通过过滤方法除去,过滤细度要求 $10\mu m$。在滤纸或滤网上无尘埃即达到要求。

表 34　汽轮机油的质量指标

名　称	代　号	运动黏度/$m^2 \cdot s^{-1}$		闪点(开口)/℃	酸值[①]/$mg \cdot g^{-1}$	机械杂质	水分
		40℃	50℃				
防锈汽轮机油(SY-1230-83)	N32	$28.8\times10^{-6}\sim$ 35.2×10^{-6}		180	≤0.03	无	无
汽轮机油(GB2537-81)	HU-20		$18\times10^{-6}\sim$ 22×10^{-6}	180	≤0.03	无	无
	HU-30		$28\times10^{-6}\sim$ 32×10^{-6}	180	≤0.03	无	无

①酸值是以滴定的碱性物 KOH 量来表示。滴定量不大于表中的值为合格。

421. 离心式压缩机轴承温度升高可能有哪些原因,如何处理?

答:离心式压缩机轴承工作温度一般应在 45～50℃,最高温度不应超过 65℃。一般规定 65℃为报警温度,75℃为连锁停机温度。造成轴承温度过高的原因有:

1)轴瓦与轴颈间隙过小,应进行刮瓦,调整间隙;

2)轴承润滑油进口节流圈孔径小,进油量不足,应适当加大节流圈孔径;

3)进油温度太高。应调节油冷却器的冷却水量;

4)油内混有水分或脏污、变质,影响润滑效果。应检查油冷却器,消除漏水故障或更换新油;

5)脏物进入轴承,磨坏轴瓦。应清洗轴承和润滑油管路,并刮研轴衬;

6)轴瓦破损,应重新浇铸轴瓦。

422. 压缩机润滑油的油温过高或过低对压缩机的工作有什么影响,应采取什么措施?

答:润滑油的作用是:对压缩机的轴承起润滑作用,减少摩擦力,同时将摩擦产生的热量带走,冷却轴承。

油温过高,使冷却轴承的效果不好,造成轴承温度升高;此外,油温升高还会使润滑油的黏度下降,容易引起局部油膜破坏,润滑失效,降低轴承的承载能力,甚至发生润滑油碳化而烧瓦。

油温过低,会使油的黏度增加,从而使油膜润滑摩擦力增大,轴承耗功率增加。此外,还会使油膜变厚,产生因油膜振动引起的机器振动。因此,润滑油进油温度不应低于 25℃,出油温度不高于 60℃。

油温的变化可以通过加热器及冷却器的冷却水流量的大小来调节。油温过低时,可启动油加热器,关闭或调小冷却水流量;油温过高时,可以开大冷却水量。如果仍然不见效,应检查油压是否下降,冷却器是否脏污或堵塞,再者检查轴承是否损坏。

423. 压缩机润滑油的油压过高或过低对压缩机的工作有什么影响?

答:压缩机是高速旋转的机械,靠润滑油注入轴承,使轴颈与轴瓦之间形成液体摩擦,同时带走轴承中因摩擦产生的热量。此外,为保证增速器高速齿轮的稳定工作,也必须有足够的润滑油强制循环润滑。

如果油压过低,润滑油在克服油系统阻力后的流动能力就会减小,润滑油量就会减少,轴承中产生的热量就不能全部带走,轴承及油温则会升高。

同时,轴承中油膜的建立也需要一定油压供油,否则油膜容易破坏,造成研瓦和烧坏轴承的事故。

在某些压缩机里,一定压力的润滑油还通往液压式轴向位移安全器及恒压防飞动装置,对压缩机起控制和保护作用。其油压也要求在一定范围内,过高或过低,都会使之产生误动作,影响机器的安全运转。

正常的润滑油压一般控制在 0.1~0.15MPa(表压)。当油压低于 0.06MPa(表压)时将发出声光报警信号,并自动启动辅助油泵。当不能恢复正常,油压继续下降到 0.05MPa(表压)时,将自动停车。

油压下降的原因及排除措施有:

1)齿轮油泵间隙过大。需重新按要求进行调整;

2)油管破裂或联结法兰有泄漏。要更换新油管或法兰;

3)滤油器堵塞。要认真清洗;

4)油箱内油量不足。要补充新油;

总之,应根据不同情况及时进行处理。

424. 润滑系统的高位油箱与辅助油泵有什么作用?

答:空压机的正常供油是由主油泵承担的。它连在增速器齿轮轴上,如果一旦机组突然停电、停车,主油泵就无法供油了。但此时空压机由于其惯性仍在旋转,因而易产生研瓦事故。为避免此类事故的发生,润滑系统设置有高位油箱或辅助油泵以作应急之用。另外,在正常启动或停车时,也必须由辅助油泵供油。

在开车时,油泵应先向高位油箱供油,待油灌满油箱后,油会从上部回油管上的小孔溢出,回至油箱。当机组由于突然停电而停车时,油压低于 0.05MPa(表压)后高位油箱即通过下部管子向各润滑点供油。

有的压缩机组备有直流电机拖动的紧急备用辅助油泵系统,可在停电时自动启动供油。

总之,压缩机只要还在转动,一刻也离不开润滑油。需要有各种应急措施,以保设备的安全。

425. 有哪些原因能造成空压机烧瓦,如何防止?

答:造成空压机烧瓦的原因主要有:

1)油质不好。油质不好常常是由于润滑油脏,使用前未过滤,油路未彻底清洗,以及油冷却器泄漏,油中有水等原因;

2)油冷却器冷却效率降低,润滑油温度过高,油黏度降低,难以形成润滑油膜;

3)油泵吸入端管道法兰泄漏,吸入大量空气,使润滑油吸入量锐减;

4)油泵出口管道或法兰、容器泄漏,油箱油位降低或回油柱塞调节不当;

5)压缩机倒转。此种情况常发生在带压停车,出口逆止阀失灵的情况下。另外,在高压电路检修后,定子三相电流接错也有可能发生。这时,齿轮油泵将无法正常供油,轴承缺乏必要的润滑,将发生严重的烧瓦事故;

6)紧急停车时断油。常发生在无备用油泵,也没设置高位油箱,只靠手摇油泵作应急之用的离心式压缩机上;

7)推力瓦研坏。一般是由于轴向位移过大造成的。

总之,发生研瓦的主要原因是油质不好,油压或油量不足。因此,在操作中应经常化验油质,保证油压在规定的范围内。油量必须充足,经常检查油箱油位,并及时消除漏油。多数压缩机已设有油压报警及联锁装置,以确保安全。

426. 离心式压缩机的轴向位移是如何产生的,如何防止轴向位移过大?

答:离心式压缩机产生轴向位移,首先是由于轴向力的存在。而轴向力的产生过程如下:

在气体通过工作轮后,提高了压力,使工作轮前后承受着不同的气体压力。由于轮子两侧从外径 D_2 到轮盖密封圈直径 D_f 的轴向受力是互相抵消的,因此,它的轴向力如图 103 所示,由以下三部分组成:

1)F_1——在轮盘背部从直径 D_f 到轴颈密封圈直径 d_f 这块面积上所承受的气体的力;

2)F_2——在工作轮进口部分,从直径 D_f 到 d 这块面积上所承受的气体压力;

3)F_3——进口气流以一定的速度对轮盘所产生的冲击力。

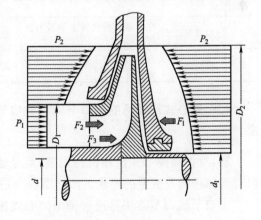

图 103 工作轮的轴向力

在一般情况下，$F_1 > (F_2 + F_3)$，所以每个叶轮的轴向推力方向都是由叶轮的轮盘侧指向进口侧（轮盖侧）。如果所有叶轮同向安装，则总轴向推力相当可观。

为了减少轴向推力，通常采用平衡盘，利用平衡盘两侧的压力差产生与上述轴向力方向相反的力，来平衡掉轴向力的 70%～90%。除此之外，还可以在设计时使不同级的工作轮进气方向相反，或采用双面进气叶轮来减小轴向力。剩余的部分由止推轴承来承受。

在压缩机运行中，当平衡盘密封被破坏，或平衡盘后低压腔通大气的小管被堵塞等原因，而失去抵消一部分轴向推力的能力时，则转子的轴向力将急剧增加，致使止推轴承难以承受，并最终造成较大的轴向位移。

另外，当止推轴承合金过度磨损，或因其他突然事故（例如润滑系统突然断油）而熔化时，也会产生过大的轴向位移。

为了安全起见，离心式压缩机均设有轴向位移安全指示器。当轴向位移超过允许值时，指示器会发出声光报警或自动停机。

切记！在任何情况下，轴向位移过大均须立即停车处理，以免发生转子与固定件相碰的重大事故。

427. 离心式压缩机常用的调节方法有哪几种，各有什么优缺点？

答：离心式压缩机常用的调节方法如表 35 所列：

表 35　离心式压缩机常用的调节方法

序号	调节方法	调节的实施	调节原理	优　缺　点
1	变转速调节	1)采用汽轮机或直流电机等拖动；2)采用变频调速装置或其他变速装置	改变压缩机的性能曲线以改变联合工作点	1)调节的经济性最好；2)可作为一种防喘措施；3)调节范围广；4)设备成本高
2	进口节流调节	在进气管上装设蝶形阀门	改变压缩机的性能曲线以改变联合工作点	1)方法简单；2)经济性较好；3)调节范围广较宽
3	可转进口导叶调节	在每一级叶轮进口加装可以转动的导流叶片	改变压缩机的性能曲线以改变联合工作点	1)调节范围广较宽；2)经济性较好；3)结构复杂
4	出口节流调节	在压缩机排气管上装设节流阀门	改变管网的特性曲线	1)方法简单；2)经济性差
5	放空调节	在出口管路上装一可控的旁通管路	增设附加管网通向大气	经济性最差

428. 离心式压缩机的出口节流与进口节流调节方法在原理上有何不同，各有什么优缺点？

答：所谓对离心式压缩机的调节，就是通过改变压缩机与管网的联合工作点，以满足用户对气体压力及流量的要求。出口节流与进口节流是两种最简单、而又常用的调节方法。

出口节流调节方法是通过调节离心式压缩机出口阀的开度，以改变管网特性曲线的位置，达到改变联合工作点的目的。调节原理在 p-Q 图上的表示如图 104 所示。

进口节流调节方法是通过调节离心式压缩机进口蝶阀的开度，以改变压缩机性能曲线

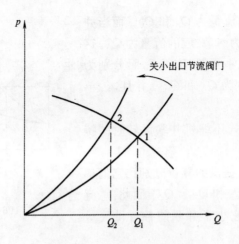

图 104　出口节流调节原理

的位置,达到改变联合工作点的目的。调节原理在 p-Q 图上的表示如图 105 所示。

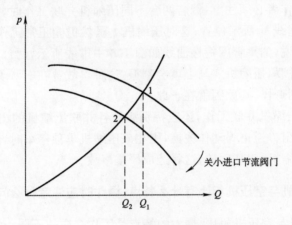

图 105　进口节流调节原理

显而易见,这两种调节方法的根本区别在于联合工作点的改变分别是通过改变管网的特性曲线和压缩机的性能曲线而达到的。前者在用户要求流量减小时,依靠增加管网阻力而实现,从而使阻力损失增加;后者与之相比,较为经济。另外,当用户要求流量减小时,出口节流方法使压缩机的工作点移向喘振点,也是它不如进口节流方法之处。

429. 两台离心式压缩机并联运转有什么特点,操作时要注意什么问题?

答:对具有多套空分设备的车间,过去往往将几台离心式压缩机并联工作。有的空分设备也采取两台压缩机并联向一台空分塔供气的方式。

当两台压缩机并联时,不管两台压缩机的性能是否相同,在两台压缩机的出口管的交汇处压力应相等。也就是说,如果两台(不同)压缩机的性能曲线分别如图 106 中的曲线 Ⅰ 和 Ⅱ 所示,在并联工作时,两台机器应在排出压力相等的情况下工作,而排出的总气量应为两台气量之和。因此,并联后的总性能曲线是由相同的出口压力下,两台机器流量迭加起来得到的曲线 Ⅲ。

如果管网的性能曲线一定,如图中的曲线 Ⅳ 所示。则当压缩机单独供气时,工作点应

分别为 B 和 C 点,对应的流量为 Q_B 和 Q_C。而当并联工作时,则总工作点应为 A,对应的流量为 Q_A。这时,两台压缩机的工作点不再是 B 和 C,而分别为 A_1 和 A_2,对应的流量分别为 Q_{A1} 和 Q_{A2}。并且,$Q_A = Q_{A1} + Q_{A2}$。

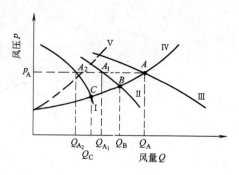

图 106 压缩机的并联工作

由图可见,两台离心式压缩机并联运转时的特点是:

1)并联的每台压缩机提供的气量分别比它们单独工作时要小,即:$Q_{A1} < Q_B$ 和 $Q_{A2} < Q_C$。因此,总流量 Q_A 虽然是增加了,但它小于并联前各自供气量之和,即:

$$Q_A < Q_B + Q_C$$

2)并联后的出口压力较原来单独工作时提高了。

上述特点提醒操作者必须注意:倘若两台不同压缩机并联工作时,如果管网特性曲线变陡,如图 106 中移至虚线 V 所示位置,这时压缩机 I 虽然仍能正常工作,但压缩机 II 却已进入喘振边界。也就是说,如果管网特性曲线如图 106 中虚线所示,两台压缩机单独工作均不会发生喘振,但一经并联,压缩机 II 马上就会喘振。这种事故曾在一些现场发生,而且很久不被人们认识,甚至感到奇怪,其原因就在于此。

另外,两台不同压缩机并联工作,还应特别注意各并联压缩机的出口逆止阀是否正常。如果其中一台压缩机出口逆止阀动作失灵,则在该压缩机单独停车时,总输气管内大量高压气体就会倒流到该压缩机,使其反转,这将造成严重事故。

430. 离心式氧压机与空压机相比有什么特点,操作时应注意什么问题?

答:离心式氧压机与空压机相比,最大的特点是工作介质的不同。氧气属于强氧化剂和助燃剂,因此,在设计、制造、安装和使用管理上,对于安全方面有更严格的要求。例如:

1)在选材上,氧压机的叶轮一般为不锈钢,有的机壳流道要镀铜等;

2)轴承侧的气封要充氮气密封,防止氧气外逸;

3)系统设有灭火装置,有的甚至设有喷水装置与各级排气温度连锁;

4)安装或检修时要求严格脱脂等。

操作时应注意以下问题:

1)压缩机的安全装置要定期校验,出现故障要及时处理;

2)各级的排气温度要控制在规定范围内,达到报警值时要查明原因,进行处理;

3)与氧接触的管件、机器部件要严格脱脂,使用的工具不得被油污染;

4)保持机器的清洁,轴承不允许漏油、漏气,发现泄漏要及时处理;

5)注意轴位移的指示变化,达到报警值时要停机,查明原因进行处理;

6)氧压机在运转时,操作人员不要进入隔离墙内。

431. 什么叫轴流式压缩机,其结构如何?

答:简而言之,因为此种压缩机中的气体流动方向与轴平行,故称做轴流式压缩机。

轴流式压缩机的结构如图 107 所示,主要由装有动叶的转子、静叶和机壳(气缸)组成。转子的分类列于表 36。

表 36　轴流式压缩机的转子分类

分类	简　图	特　点
鼓筒	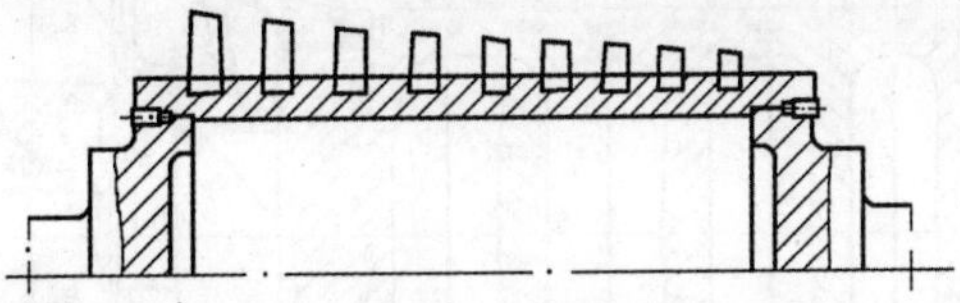	结构简单,加工量少,刚性好(多为刚轴),动叶周向装入。但强度差,轮缘许用周向速度低,$u \leqslant 150 \sim 180 \mathrm{m/s}$
盘轴式	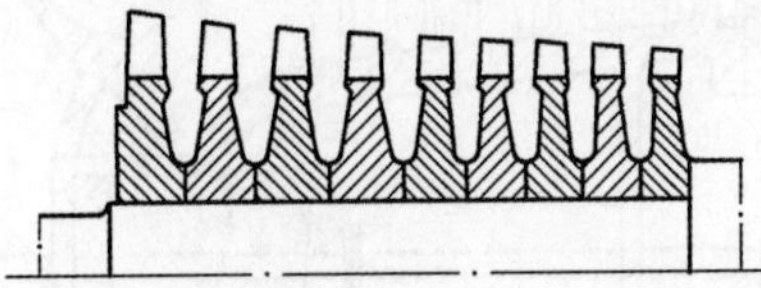	叶轮与轴用过盈紧固。可以不用键而靠过盈预紧力传递扭矩。动叶可轴向装配。刚性较差,一般为柔轴
盘鼓式　焊接式	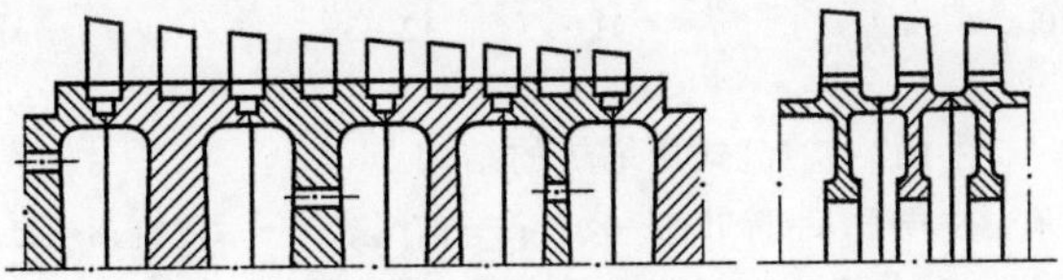 *a*　　　　　*b*	刚性、强度都较好,使用最广泛。它又分: 1)焊接式。要求焊接技术较高,薄叶轮要求使用先进焊接技术,如电子束焊等; 2)径向销钉式。叶轮过盈配合并压入轴向销钉; 3)拉杆式。有中心拉杆和外圈拉杆两种。传递扭矩有:轴向销钉传递扭矩,端面齿传递扭矩,端面摩擦传递扭矩
盘鼓式　径向销钉式	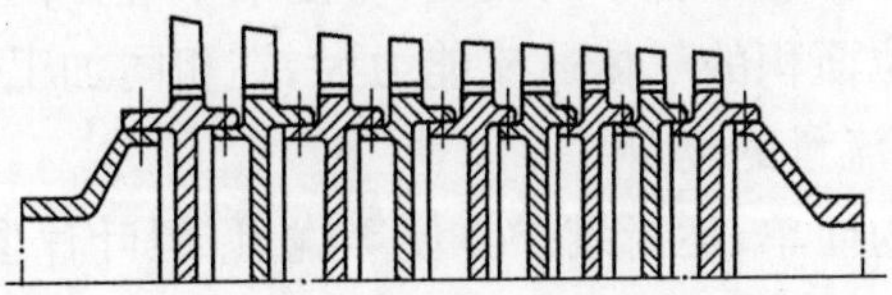	
盘鼓式　拉杆式	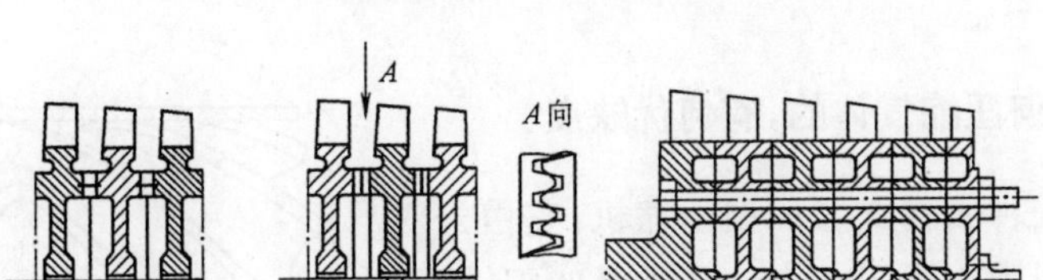 *a*　　　*b*　　　　*c*	

432. 轴流式压缩机与离心式压缩机有何异同？

答:轴流式压缩机与离心式压缩机都属于速度型压缩机,均称为透平式压缩机。

速度型压缩机的含义是指它们的工作原理都是依赖叶片对气体作功,并先使气体的流动速度得以极大提高,然后再将动能转变为压力能。

透平式压缩机的含义是指它们都具有高速旋转的叶片。"透平"是英文"TURBINE"的译音,其中文含义为:"叶片式机械",对于这一英文单词,全世界不管哪种语言,都采用音译

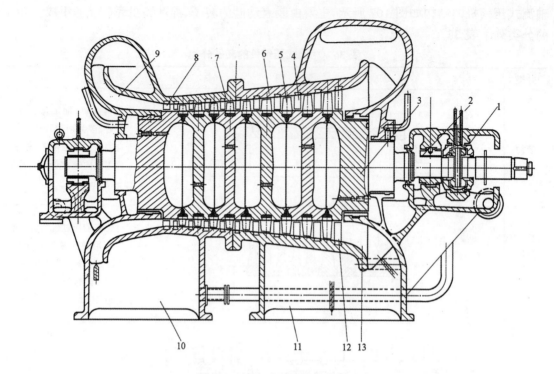

图 107　轴流式压缩机的结构

1—止推轴承；2—径向轴承；3—转子；4—静叶；5—动叶；6—前气缸；7—后气缸；8—出口导
流器；9—扩压器；10—出气管；11—进气管；12—进气导流器；13—收敛器

的方法，所以"透平式压缩机"的意义也就是叶片式的压缩机械。

　　与离心式压缩机相比，由于气体在压缩机中的流动，不是沿半径方向，而是沿轴向，所以轴流式压缩机的最大特点在于：单位面积的气体通流能力大，在相同加工气体量的前提条件下，径向尺寸小，特别适用于要求大流量的场合。

　　另外，轴流式压缩机还具有结构简单、运行维护方便等优点。但叶片型线复杂，制造工艺要求高，以及稳定工况区较窄、在定转速下流量调节范围小等方面则是明显不及离心式压缩机。

433. 螺杆压缩机是如何压缩气体的，有何优缺点？

　　答：螺杆式压缩机是一种回转式容积型压缩机。它由一对相互啮合的转子组成，如图 108 所示。主动转子又叫阳转子，有 4 个凸起的齿，与原动机相连；另一个转子又叫阴转子，有 6 个凹型齿，由正时齿轮（图中未画出，在阴、阳转子另一端）带动作反向旋转。转子的齿面为螺旋面，互相啮合，并装在∞字形的机壳中。

　　螺杆式压缩机的转子中每一螺旋齿槽与机壳内表面、端面构成了封闭容积。每一对齿在啮合过程中的吸气、压缩及排气过程如图 109 所示。随着转子旋转，a 为齿槽与进气口相通，气体充满了整个容积，为吸气过程；b 为凹齿与凸齿啮合后，槽内的气体与进气口隔断，

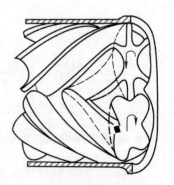

图 108　螺杆式压缩机
转子示意图

开始压缩过程；c 为随着齿的啮合，气体体积缩小，压力提高，为压缩过程；d 为齿槽与排气口相通，经压缩后的气体从排气口排出，直到将全部气体挤出为止，称做排气过程。

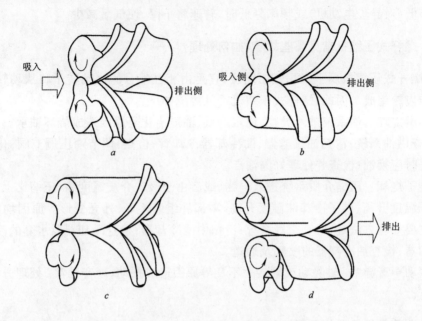

图 109　螺杆式压缩机的压气过程（一对齿）

螺杆式压缩机的优点是：

1）运动方式与离心式压缩机相仿，都是高速旋转机械，因此外形尺寸小，重量轻；

2）就工作原理而言，属于容积型压缩机，排气量几乎不随着排气压力变化；

3）转子每转一周要排气数次，所以基本上是连续排气，脉动性比活塞式压缩机小；

4）没有直接接触的零件，磨损小，易于操作和维修。

螺杆式压缩机的缺点是：

1）加工比较复杂，精度要求高；

2）运转中噪声大。

434. 哪些因素会影响螺杆压缩机的实际排气量？

答：螺杆压缩机的理论排气量取决于齿间容积、齿数和转速。齿间容积由转子的几何尺寸决定。对于压缩机，实际排气量小于理论排气量可能的原因有：

1）泄漏。转子之间及转子与外壳之间在运转时是不接触的，保持有一定的间隙，因此就会产生气体泄漏。压力升高后的气体通过间隙向吸气管道及正在吸气的啮槽泄漏时，将使排气量减小。为了减少泄漏量，在从动转子的齿顶做有密封齿，主动转子的齿根开有密封槽，端面也加工有环状或条状的密封齿。如果这些密封线磨损，将使泄漏量增加，排气量减少；

2）吸气状态。螺杆式压缩机是容积型压缩机，吸气体积不变。当吸气温度升高，或吸气管路阻力过大而使吸入压力降低时，气体的密度减小，相应地会减少气体的质量排气量；

3）冷却效果。气体在压缩过程中温度会升高，转子与机壳的温度也相应升高，所以在吸气过程中，气体会受到转子和机壳的加热而膨胀，因此相应地会减少吸气量。螺杆式空气压缩机的转子中有的采用了油冷却，机壳用水冷却，其目的之一就是为了降低其温度。当冷却

效果不好时,温度则升高,排气量便会减少;

4)转速。螺杆压缩机的排气量与转速成正比。而转速往往会随电网的电压、频率而变化。当电压降低(对异步电动机)或频率降低时,转速将下降,使气量减少。

435. 螺杆式压缩机常见哪些故障,如何处理?

答:螺杆式压缩机属于容积式压缩机,它是由相互啮合的主动转子和从动转子、机体及一对同步齿轮组成。因此,螺杆式压缩机常见故障如下:

1)轴承烧坏。油系统进入异物、油压降低、油质劣化等原因造成烧坏轴承。主要处理方法是:检查供油系统;清扫油过滤器、油冷却器冷却管;检查、调节油压调节阀;化验油质量,质量不好时应换油;检查并处理好漏油点。

2)转子烧坏。压缩介质系统进入异物、或者由于吸入介质温度高、压缩比上升等原因造成的转子温度升高、转子冷却油温度升高,零部件组装不好、外壳变形等原因均能造成烧坏转子。主要处理方法是:检查空气系统;清扫中间冷却器;检查冷却器及水套的冷却水量;清扫油冷却器;检查油冷却器的喷嘴及通道。

3)振动声音异常。轴晃动或轴接手不良等原因造成振动,声音异常。处理方法往往需要解体检查。

436. 罗茨鼓风机是如何压缩气体的,有何特点?

答:在全低压制氧机中,通常采用罗茨鼓风机提供加温气源。它的工作原理如图110所示。在外壳内包含有两个位差90°的腰形转子。靠一对正时齿轮带动作反向等速旋转。当转子在 a 位置时,左面部分与进气口相通,其中气体压力等于进气压力。右面部分与排气口相通,故其中气体压力等于排气压力。上转子与外壳所围的空间中,包含有与进气压力相同的气体。当转子旋转一个微小角度到达 b 的位置时,上部的空间与排气口相通,排气管内的高压气体突然由间隙倒流到空间中,使其中的气体压缩,由吸气压力升高到排气压力。当转子继续旋转时,上部开始排气,达到 c 的位置时,与 a 的情况相同,只不过是上下转子互换位置

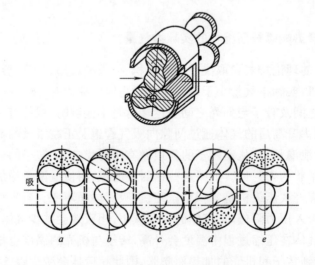

图 110　罗茨鼓风机的工作过程

而已。达到 d 的位置时,下部空间内的气体先被压缩,然后开始排气。e 的位置与 a 已完全相同。因此,转子每旋转一周,排气量为上、下空间所围的体积之和的一倍。

罗茨鼓风机的特点是:

1)结构简单;

2)风量基本上不随风压而变化。风压可在允许范围内加以调节,最高风压在 35～70kPa 的范围;

3)运行中无金属接触,无磨损部分;

4)安装间隙要求较高,一般在 0.2～0.5mm;

5)排气不含油分;

6)运转时噪声较大。

437. 罗茨鼓风机在操作上应注意什么,为什么?

答:罗茨鼓风机由于是一种容积型压缩机,所以其风量基本上不随风压而变化,但功率消耗却随风压增高而直线上升,其关系如图 111 所示。

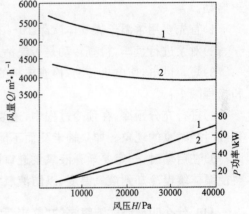

另外,又由于罗茨鼓风机的排气压力完全取决于排气管网的阻力,因此在操作时不能用调节排气阀门的方法来改变气量,那样只能使排气压力升高而造成电动机过载,甚至在阀门关死时,还会造成风机爆炸。所以,当需要调节气量时,只能将一部分空气放空。

罗茨鼓风机在启动时,为了减小启动电流,也应使鼓风机空载启动,但不能采用关闭排气风门的方法,而只能将出口的放空阀打开,或打开进、排气管的旁通阀,使气体不受压缩,待启动后再逐渐关闭放空阀。

图 111　罗茨鼓风机的性能曲线
1—LG—80 型;2—LG—60 型

438. 离心式液氧泵的扬程表示什么意思,在运行中如何估算液氧泵的扬程?

答:液氧泵一般采用离心泵,其扬程表示每 1kg 液氧通过泵后所获得的有效能量。通常,在液氧泵的铭牌上给出泵的扬程是多少米液(氧)柱 H,它与压力 $p(Pa)$ 的关系为

$$p = \rho g H = 9.8\rho H$$

式中　ρ——液氧密度,$\rho = 1140 kg/m^3$;

g——重力加速度,$g = 9.8 m/s^2$。

但要注意的是:

1)液氧泵的扬程并不表示泵能把液氧提升到这么高的高度。因为液氧通过泵获得的有效能量不仅用来使液氧提高位头,而且还要用来克服液氧在输送过程中所经管道的阻力,以及用来提高液氧的静压头和速度头;

2)液氧泵的实际扬程是随流量变化而变化的,并不是一个固定不变的数值。铭牌上给的数值是指这个泵的最高效率点所对应的扬程和流量。

在实际运行中,液氧泵的扬程可根据泵的入口压力和出口压力之差近似地确定。当进、出口压力表的测点是在同一水平位置,并忽略进出口流速变化时,扬程即为出口压力与进口压力之差。如需将单位换算成液氧柱高度,则再除以液氧的密度与重力加速度的乘积。例如,如果泵的出口压力 $p_2=0.23MPa$(表压),进口压力 $p_1=0.08MPa$(表压),则进出口压差为:$p_2-p_1=(0.23-0.08)MPa=0.15\times10^6Pa$。扬程 H 则为:

$$H=\frac{p_2-p_1}{\rho g}=\frac{0.15\times10^6}{1140\times9.8}=13.4m(液氧柱)$$

439. 离心式液氧泵在启动时应注意哪些问题?

答:液氧泵在启动前要做好一切准备工作。尤其是新安装的泵,一定要做好下列工作后再启动。

1)首先要用常温干燥气体吹除 10～20min,将残存的水分或氧气和油蒸气吹除干净;

2)对泵进行盘车,检查转动是否灵活;

3)短暂供电,使电机转动,检查电机的旋转方向是否正确。转向相反时将造成泵的流量和扬程减小;

4)进行充分预冷。在预冷过程中,还要经常用手盘车,检查轴转动是否灵活,不允许有卡死或时轻时重的现象。如果轴卡死而不能转动,切不可硬扳或强行启动;

5)在启动时,一定要渐开液氧泵进口阀,并打开液氧蒸气放空阀,直至液氧排出后为止。要使泵体缓慢冷却到液氧温度,以防液氧大量气化,发生"气堵"现象和"气蚀"过程。

440. 什么叫离心式液氧泵的"气堵"和"气蚀"现象,有何危害?

答:在全低压制氧机中,离心式液氧泵有时会发生排不出液氧,出口压力升不上去或发生很大的波动,泵内有液体冲击声,甚至泵体也发生振动,使液氧泵无法继续工作。这种现象称为液氧泵的"气堵",气堵是由于泵内液氧大量气化而堵塞流道造成的。

"气蚀"不同于"气堵","气蚀"是一种对泵的损害过程。离心泵在运转时,叶轮内部的压力是不同的,进口处压力较低,出口处压力较高。而液体的气化温度是与压力有关系的:压力越低(或越高),所对应的气化温度也越低(或越高)。如果液体进到泵里的温度高于进口压力所对应的气化温度,则部分液体会产生气化,形成气泡。而当气泡被液体带到压力较高的区域时,由于对应的气化温度相应提高,蒸气又会重新冷凝成液体,气泡迅速破裂。这时,由于气、液的密度相差几百倍,所以在气泡凝结、体积突然缩小的瞬间,周围的液体便以很高的速度冲向气泡原来所占的空间,在液体内部发生猛烈的冲击。这种现象如果发生在叶片的表面,则金属材料因反复受到很高的冲击应力而被侵蚀,所以叫做气蚀。气蚀过程发生时,出口压力激烈波动,流动的连续性遭到破坏,泵的流量急剧下降。

当然,气蚀发生严重时,常常伴随有气堵现象。不过,不同于单纯的气堵现象之处在于:气蚀要对泵造成严重损坏。

441. 如何避免离心式液氧泵的气蚀现象?

答:液氧泵产生气蚀的外部原因尽管很多,例如除与泵本身的结构有关外,还与安装、操作密切相关,但是根据产生气蚀的根本原因是由于部分液氧在泵内气化,所以防止液氧气化是避免液氧泵气蚀的根本措施。

为了防止液氧气化,一方面可以提高液氧的压力,以提高它的气化温度;另一方面应减少外部能量的传入,以免液氧温度提高。为此应注意下列事项:

1)降低泵的安装高度,以提高泵的进口压力。例如,精馏塔内液氧面处的压力如果为0.045MPa(表压),由于它处于饱和状态,温度为液氧面上的压力所对应的饱和温度,可以查出该处液氧的温度约为94K。这样,如果将液氧泵的安装位置定在低于液氧面5m处,则液氧柱产生的静压会使液氧泵的进口压力提高0.057MPa,从而使液氧泵进口压力提高到(0.045+0.057)MPa=0.102MPa(表压)。这时,它所对应的液氧饱和温度则提高到97K,即液氧具有了3K的过冷度,就不容易发生气化了;

2)加强液氧管路的保冷,以防液氧因吸收热量造成温度升高而气化;

3)不要让液氧泵在空转状态运转时间过长。因为当液氧泵的出口阀关闭时,有效功率为零。电机消耗的功率只用于搅拌泵内的液体,将使液氧的温度升高,以致造成气化。一般规定,在启动前将出口阀打开1/3为宜;

4)液氧吸附器要预冷彻底。因为如果预冷不彻底,液氧进入吸附器后会部分气化,使吸附器压力升高,液氧流量下降,而功率消耗减少不多。一部分功耗便以热能的形式传给液氧,使液氧温度升高。因此,预冷吸附器时应直至能放出液体为止。旁通阀的关闭过程也不要操之过急;

5)如果一旦发生气蚀现象,应立即进行排气,直至停泵处理,以确保液氧泵的安全。

442. 怎样合理地调节离心式液氧泵的密封气压力?

答:液氧泵在运转中经常出现因密封气压力调节不当,而打不上液体或产生泄漏的现象。

定性来说,当密封压力过大时,将有气体通过迷宫密封漏到泵内,造成叶轮内带气甚至只空转,因此打不上液体或压力降下来;当密封前气体压力过低时,就会出现液氧泄漏。

定量来说,对于如图112所示之结构,当$(p_1-p_3)\geqslant 0.005\sim 0.01$MPa 时,密封气将进入泵壳内,出现带气;$p_3>p_1$时就要漏液。

采用密封气(干燥氮)的目的是为了防止或减少液氧的外泄,但不允许出现带气现象。因此,调节密封压力的原则是让泵在极少量的液氧外漏、气化的情况下进行运转。压力的高低与密封结构、排气孔位置、泵的间隙等很多因素有关,难以硬性规定数据,需要在实际中摸索,找到合适的压力。

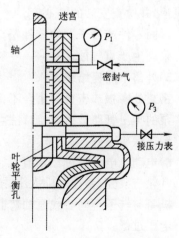

图 112　液氧泵密封气

通常,密封气前后的压力差(p_1-p_3)在 0.005～0.0lMPa 范围内比较好。例如,有的厂原先规定密封气压力要高于液氧泵排压,实际并不合适,往往造成带气掉压。后来将密封气压力降低到比泵出口压力低 0.02MPa 时,才能保证正常工作。

443. 离心式液氧泵一般容易发生哪些故障,如何处理?

答:液氧泵最常见的故障是密封处泄漏。对于机械密封的结构,关键是摩擦副动静环的密封面接触不良。它与密封面的研磨质量、泵轴及波纹管的装配质量、摩擦副的材质有关。

对于迷宫式密封结构,则与密封间隙及密封气压力的调整有关。其他故障及处理方法如下:

1)泵不能启动:

电流不通。应重新检查电路,接通电流;

转子卡住或间隙太小。应拆泵检查,调整间隙。

2)启动后不排液:

泵的转向相反。检查电机转向,改变电源接线;

泵未充分预冷,有气体产生。应停泵,重新进行充分预冷;

泵的进口管道堵塞或进口阀未开。需停泵,拆开管路检查。

3)泵的出口压力降低或流量不足:

电压低,电动机转速下降。应检查电源电压;

进口压力过低。检查液氧液位和泵进口压力,检查进口阀是否冻结,进口管路是否堵塞;

泵出口管路破裂、接口法兰处有泄漏,或出口阀冻结;

叶轮堵塞或损坏。应拆下清洗或更换叶轮;

密封损坏。应更换已损坏的零件。

4)泵发生振动及噪声:

电动机轴与液氧泵轴安装不同心。应调整到技术要求范围之内;

滑动轴承磨损太大,径向定位作用消失。需更换新的滑动轴承;

旋转零件与固定零件发生摩擦或咬住。应按要求调整间隙,咬伤严重的部位应进行修理或更换,并检查安装的同心度;

紧固零件或转子上的零件松动。应均匀拧紧;

泵产生严重气蚀。

5)外露中间座结霜:

密封处磨损或密合面密合不良;

泵的排出管路破裂或接口法兰泄漏;

绝热保冷不好。

6)电动机电流超过额定值:

叶轮与泵壳、泵盖间隙太小,或有杂质微粒落入间隙。应停泵调整或清洗;

机身与转子不同心或泵轴弯曲,应检查装配质量;

电压过低。

444. 离心式液氧泵在操作上应注意什么问题？

答：离心式液氧泵主要用来提高液氧压力，达到输送液氧的目的。常用做主冷凝蒸发器中液氧循环泵，并列布置的上、下塔之间的工艺液氧泵，内压缩流程的产品液氧泵和贮罐用液氧泵。

其工作原理与一般的水泵相类似，是利用离心力使液氧的压力升高。但是，它是处在低温下工作，并且液氧是产品，又是强烈的助燃剂，所以在操作液氧泵时，有特殊的要求。首先要注意使泵达到其额定流量、扬程、转速、功率和效率等。

在启动前，必须用液氧充分冷却液氧泵。打开泵上部的排气阀和泵底部的排放阀，见排放管结霜有液体后，关闭二阀；

注意检查泵的叶轮有否卡涩。打开泵的出口旁通阀，间断点动液氧泵；

正式启动后，注意泵的出口压力是否稳定。如果压力波动或不上升（即产生"汽蚀"），必须再打开泵体上部排气阀，继续冷却液泵，然后再启动。

"汽蚀"现象的产生不但使叶轮材料受到强烈的冲击，在材料表面出现蚀点，而且破坏了叶轮内液体的稳定流动和正常速度及压力的分布，使泵的扬程骤然下降，效率急剧降低，泵体发生强烈振动而中断运转，这是操作中最需要避免发生的故障。

另外，在液氧泵操作中要注意液氧罐内压力的变化。由于液氧泵在启动过程或运转中有部分液体或气体返回液氧罐内，其流量的大小必然会影响罐的内压，因此在操作中要有专人监视该压力表。

对于贮罐用液氧泵，当需要蒸发液氧来补充给气氧用户时，在预冷、启动泵后，在出口压力达到所需压力时，要检查泵体和管道是否有漏液，排放阀是否已关闭，并确认蒸发器内已通入蒸气，氧气出口手动阀已打开后，方可送出液氧，并逐渐调节氧气送出流量。检查氧气出口管道有无结霜，一旦发现氧气出口温度过低，应立即关闭出口阀，停止液氧蒸发。通常将蒸发器氧气出口温度控制器设定在 $-15℃$ 左右，低于该温度时，氧气送出阀应自动切断，以避免碳素钢管道冻裂。

445. 活塞式液氧泵常见故障有哪些，如何处理？

答：高压液氧泵的常见故障有：

1）出口压力低。泵的转向错误、泵的转速不够、泵内有蒸气、进口过滤器堵塞等原因都可能造成泵的出口压力降低。处理方法是：停泵查看转向，如转向错误就调换电机接线；如转速不够需通知电工检查处理；如是泵内有蒸气就应停泵，打开排气管路，重新预冷；如是过滤器堵塞，就需拆开检查处理。

2）马达过载。叶轮组装不好、马达轴承润滑不好、输入电流过大等原因可能造成马达过载。需拆泵检查叶轮间隙、并作调整；填加润滑脂；请电工检查输入电流并加处理。

3）轴承温度低。冷却时间过长或密封泄漏可能造成轴承温度低。处理方法是：检查密封气的流量及压力。

446. 如何保证活塞式高压液氧泵能正常压氧？

答：柱塞式液氧泵要将液氧压缩到 $6.0～15.0MPa$ 的高压，再在蒸发换热器中气化后提供给用户或充瓶。要使液氧泵能将液氧压缩到额定的压力,必须保证柱塞与缸套、阀头与阀座配合的严密性。液氧泵的泵体内绝对不能与平衡室的液体有窜气现象。

进、排液阀不但要经过配研,还要保证在使用时的同心度。配研时可采用氧化铝系列粒度号数为 W5 的研磨粉,配研 10min 左右。然后用汽油、煤油或四氯化碳作渗漏试验,停留 5～10min 不得泄漏。对排液阀要做气密性试验,当压力升至 6.0～10.0MPa 时不能有明显泄漏,并且对阀头要转动几个角度进行试验。

泵的进液管道必须绝热良好和尽量减少流动阻力损失。不能有倒 U 形连接管,以免产生气堵。部分气化的液氧的回气管路应垂直向上,以保证回气畅通。

使用时应避免机械杂质进入液氧泵。泵前的过滤器要及时加温、吹除,避免因阻力过大而发生气蚀现象。

447. 活塞式低温液体泵打不上压是什么原因,如何解决?

答:活塞式低温液体泵是容积式泵。因为液体基本上是不可压缩的,所以压力上不去实质是没有流量。出现这种现象的因素有:

1)液体介质部分气化,在液体缸内存在气体。这部分气体在液缸内压缩、膨胀,液体不能进入液缸,所以也不能排液。

解决的方法是:首先应分析产生气体的原因。这与工艺流程、管路布置、保冷情况等因素有关。通常用进口排气、增压、增加液体过冷度或增加液面高度来解决;

2)进液阀或排液阀不密封,使液体漏回液缸,严重时就没有流量。产生的原因是阀门的密封面制造不良或受损,或被异物卡住。应检查原因,加以消除。若阀门损坏应修复或更换;

3)活塞环磨损或失效。它是一个渐变过程,应在检查后修复或更换;

4)泵的转速过低。当转速下降到排量与泄漏量差不多时,就没有实际流量了。这时应设法减小泄漏量,同时适当提高转速;

5)泵进口液体的过冷度不足。在设计时,考虑有一定的过冷度,以防发生气化。应检查造成过冷度减小的原因并解决之。

10　仪表控制与气体分析

448. 空分设备常用的温度计有哪几种型式,分别用于什么场合?

答:空分设备常用的温度计有以下几种:

1)工业内标式玻璃液体温度计。它是利用水银或酒精受热后体积膨胀的原理制成的。使用范围为−100～600℃,常用量程为0～100℃。优点是结构简单,反应快,准确。缺点是只能就地测量,不能远距离传送,无法实行自动控制。在小型空分装置中用于空压机、氧压机各级气体测温和冷却水的测温以及加温解冻时的测温。

使用时应把温度计尾部全部插入被测介质中。由于温度计是玻璃制品,要防止断裂和急冷急热。

2)热电偶温度计。测温元件由两根不同的金属丝组成。一端焊接起来,称为工作端或热端,与被测对象接触。另一端用导线连接至显示仪表,如图113所示。由于两端的温度不同时会产生热电势,对于一定材料组成的热电偶,如果冷端温度保持不变,热电势随热端的温度变化,因此,测出热电势就能确定温度高低。

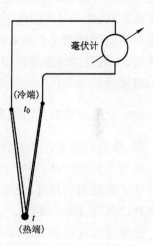

图113　热电偶工作原理

热电偶温度计在工业上可用在测量0～1800℃范围内的液体、气体、蒸气和固体表面温度,目前还在向低温领域扩大。它具有结构简单、使用方便、准确度高、范围宽的优点,便于远距离传送进行集中检测和自动控制。在空分装置中常用在测量压缩机的气体温度。通常采用镍铬—镍硅(分度号 K),0～1300℃;镍铬—康铜(分度号 E),0～800℃。一般用于纯化器或干燥器的测温和控制。

3)热电阻温度计。它是由热电阻和与它配套的显示仪表组成的。热电阻元件利用金属(或半导体)的电阻值随温度变化的特性制成,因此,测出电阻的变化就可以测出温度的变化。铂热电阻(分度号为Pt100)在工业上可用来测量−200～650℃范围内的温度。它除具有热电偶的优点外,还具有在低温范围内测量精度高的优点,因此在低温领域中应用更为广泛。在空分装置中用在保冷箱内的低温测量。

4)压力式温度计。它是利用密封容器内的气体(或蒸气,液体)的压力随温度变化的原理制成的。测温时把温包插入被测介质中。当温度变化时,温包内气体(或蒸气、液体)的压力发生变化,经毛细管传给弹性压力计,根据压力的变化就能测出温度的变化。它可测量−100～600℃范围的温度,在空分设备中常用 WTZ-288 型电接点压力式温度计,测量范围为0～100℃,用来测量润滑油温度。

449. 为什么测量低温常用铂电阻温度计？

答：金属材料的电阻值都是随温度而变化的，但要用来制作电阻温度计，对材质就有一定的要求：

1）需要在测温范围内有较高的电阻温度系数，也就是当温度变化1℃时，电阻值的变化较大，能使灵敏度较高，而且最好电阻值与温度的关系是线性关系；

2）化学稳定性强，易于提纯和复制；

3）在一定温度下，单位长度、单位截面上导线的电阻值较大（即比电阻大），以使温度计的体积能较小；

4）价格便宜。实践证明：适合制作热电阻元件的材料有铂、铜、铁、镍等。

铂是比较理想的一种材料，它的化学稳定性强，容易得到高纯度的铂丝，比电阻较大，测温精度高，在−200～0℃范围内电阻与温度成近似的线性关系。铜虽然具有价格便宜、电阻温度系数高等优点，但是测温范围比铂小，一般在−50～150℃之间，比电阻较小，体积大，灵敏度低。铁、镍等虽有很高电阻温度系数，但电阻与温度的关系不是线性的，且难以提纯，一般很少用。因此测量低温常用铂电阻温度计。它与热电偶相比，在低温下有较高的灵敏度、准确度，不需要冷端温度补偿，便于远传送、集中检测，因此在空分塔冷箱内几乎全都采用铂电阻温度计。

450. 测温仪表常见故障有哪些？

答：热电偶温度计常见故障为指示值低，或者停止在零位。这是由于热电偶产生问题，可能是接触不良或断路，一般不出现指示偏高的现象。

为了保证测量精度，使用中应正确进行冷端温度补偿（常用补偿导线法），并注意热电极和大地之间有良好的绝缘。

热电阻温度计常见故障：有时指针总是指向最大。这是电阻温度计测温元件断路，使电阻无限大，或是两端接触不良，接触电阻大；另一种现象是指针指向零位，或者向负的方向偏转。原因是测温元件发生短路，电阻为零，或是由于电阻温度计保护套管漏气或者结冰引起；还有一种现象是指针不动，这是由于电桥本身出了问题，没有工作引起的。

在使用中要严防水分进入热电阻保护管内，显示仪表后不得开路或短路。在检查热电阻时，测量电流不应大于5mA。

451. 压力式温度计使用中应注意哪些问题？

答：压力式温度计是利用密封容器内的工作介质（气体，蒸气或液体）随着温度的变化，压力发生改变的原理制成的。在使用、安装中要注意下面几个问题：

1）充气体或液体的压力式温度计的仪表读数不仅与温包的温度有关，而且受毛细管和弹簧管温度的影响，也就是受周围环境温度的影响，虽然采用了一定的补偿办法，但还不能使环境温度的影响得到完全的补偿。因此规定了使用时环境温度的变化范围。实际使用时要注意这个问题。

2）使用充蒸气的压力温度计应注意以下几点：

如被测温度低于室温，毛细管和弹簧管内的蒸气就要冷凝成液体。如果温包在压力计上方,液体的静压力就作用在压力计上,产生读数误差,应加以修正。

不宜测量接近于室温的温度。因为被测温度在室温附近波动,毛细管和弹簧管内的蒸气一会儿汽化,一会儿冷凝,不能正确、及时反映温度的变化。

使用时温度一定不能超过其测量上限值。一旦超过后,温包内所有液体全部汽化,这时的蒸气压力已不是饱和蒸气压了,因此与温度响应关系发生了变化,测量结果肯定是不准确的,甚至还会由于蒸气的剧烈膨胀而损坏仪表。

3)压力式温度计的毛细管容易发生断裂和渗漏,安装时要注意不要铺设在容易被破坏和被磨损的地方。在选择适当位置稍微拉紧后,用夹子固定,并用角铁保护,转弯处不可成直角。毛细管不应与蒸汽管等高温热源靠近或接触。

452. 常用的压力表有哪几种型式?

答:常用的压力表有两大类:液柱式压力计和弹性压力表。

液柱式压力计用来测量较小的压力和压差。在 U 形管内充有工作液体(水银、水、酒精等),当两端所受的压力不同时,出现的液柱高度差反映两边的压力之差。压差与液体的密度及液柱高度差成正比。即 $\Delta p = \rho g h$。这种压力计结构简单,价格低廉,但只能就地测量,只在小型空分装置中还有应用。

弹性压力表是根据弹性元件在压力作用下变形的原理制成的。常用的弹性元件有弹簧管、弹性膜片、膜盒、波纹管等,其工作原理相同。弹簧管压力计的结构原理如图 114 所示。它是一根弯成 270°圆弧的空心金属管子,管子截面呈椭圆形或扁圆形,管子自由端封闭,另一端固定在接头上。当通人被测压力后,由于弹性和截面形状的改变,自由端发生位移。对一定材质形状的弹簧管来说,自由端位移的大小取决于被测压力的大小,且与压力成线性关系。由于此位移很小,用一套杠杆齿轮放大机构进行放大,指针偏转,在面板的刻度标尺上指示出被测压力的数值。

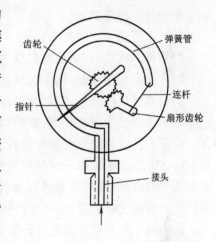

图 114 弹簧管压力表结构示意图

弹性压力表结构简单,价格低廉,精度较高,安装方便,测压范围较宽,装上电接点后可以报警,是目前应用最广泛的压力表。空分设备中常用压力表型号有 Y-60 和 Y-100 型,表壳直径分别为 60mm 和 100mm,用在就地指示;Y-100T 或 YO-100T(氧用,禁油)用在仪表盘上。压力真空表为 YZ 型,用于压缩机进口压力的测量。膜片、膜盒和波纹管等弹性元件组成的压力计常用来测量较低压力(0.1~10kPa),如氧、氮产品的压力测量,常用 YEJ-111 膜盒式压力表。

453. 弹簧管压力表在安装、使用时应注意什么问题?

答:在选择压力表时要注意:

1)确定压力表量程。当被测压力较为平稳时,应使常用被测压力位于压力表量程的 1/3~1/2 范围内;当被测压力变化剧烈时,应选在量程的 1/3~1/2 之间,以使测量较准确和延长压力表使用寿命;

2)根据生产工艺允许的最大误差,确定仪表精度。常见的精度等级分为 0.5、1.0、1.5、2.5 级;

3)根据生产要求、介质性质、测量范围、环境情况等选用合适类型的压力表。测量氧气压不能用其他介质压力表代用。

在安装时,为了使测压点的选择能代表被测压力的真实大小,应注意以下几点:

1)要选在被测介质流动的直管部分,不要选在管路的弯头、分叉、死角或其他容易形成旋涡的地方。

2)测量流动介质压力时,应使取压点与流动方向垂直,清除钻孔的毛刺。

3)测量液体压力时,取压点应在液体下部,使导压管内不存气体;测量气体压力时,取压点应在管道上部,使导压管内不存液体。

导压管是传递压力、压差信号的,为使信号传递迅速而准确,要注意:

1)导压管不能太细、太长或太粗。一般内径为 6～10mm,长度不大于 50m;

2)导压管不宜水平铺设,应保持 1:10～1:20 的倾斜度,以利管内液体的排出;

3)若被测介质易冷凝或冻结,必须安装加热管,并加保温;

4)当测量液体压力时,在导压管系统的最高处应设集气管。若测气体压力,应在最低处设水分离器。被测介质可能产生沉淀物析出时,仪表前应加分离器,以排出沉淀物。

在安装时应注意:

1)位置应易于安装检修;

2)避免温度影响,要远离高温热源或加隔热挡板,不得超过仪表规定的最高工作温度;

3)介质有腐蚀性时,须采取保护措施。如加适当的隔离容器,或加保护膜片;

4)在有振动的场合,应加装各种弹簧式或软垫式减振器,或把压力引向无振动的地方;

5)当被测压力波动频繁、剧烈时(如压缩机和泵的出口等),可采用阻尼装置;

6)压力计密封处应加密封垫片。低于 0.6MPa(表压)时用胶质石棉垫或聚四氟乙烯垫;在 80～450℃,5MPa 以下时用石棉纸或铝片;温度、压力更高时用退火紫铜或铅垫。另外还应考虑介质的影响:如空分塔以及其他和氧气直接接触的压力表,必须严格禁油,不得用浸油垫片和有机化合物垫片,并要严格脱脂。

压力表在使用前必须经过计量部门校验合格的,才能投入使用。应注意定期检验,在有效期内使用。

454. 压力继电器是如何工作的?

答:压力继电器又称压力开关。它的作用是当压力高于或低于某一规定值时,能切断或接通电流,进行报警。其结构原理是一个弹性元件(如波纹管)与弹簧配合,当压力增加(或减小)到某一规定值时,通过杠杆机构传给微动开关,使开关接通或打开,进行报警。

455. 差压变送器是如何传递压差信号的?

答:差压变送器有电动和气动的两种。这里只介绍一下气动差压变送器的结构原理,如图 115 所示。

差压变送器的作用是把差压信号转变成 0.02～0.1MPa 的气压信号,进行远距离传送,并到显示仪表显示或记录下来。

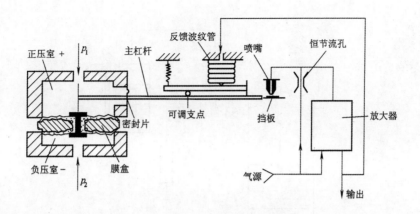

图 115　气动差压变送器原理示意图

把被测压差 p_1 与 p_2 分别引入正压室与负压室。因为 $p_1>p_2$，在压差 $\Delta p=p_1-p_2$ 的作用下，膜盒向下移动，带动主杠杆以密封片中心为支点产生一个逆时针方向的力矩，使右端的挡板靠近喷嘴，喷嘴的背压增高，放大器的输出压力上升。为使挡板与喷嘴能稳定地保持一定距离，把输出压力的一部分送到反馈波纹管，对主杠杆产生一个顺时针方向的力矩。当这个力矩与测量信号产生的力矩大小相等时，主杠杆停止转动，这时喷嘴与挡板间的距离就不再变化，放大器稳定地输出一个信号压力。当被测压差增高时，变送器又迅速重复上述动作，重新稳定在新的平衡位置上，输出与被测压差成正比例的压力信号，再送到显示仪表，如气动条形指示仪，气动一针、二针、三针记录仪记录显示。

如果把膜盒改成膜片、波纹管或弹簧管，就成了各种型式的气动差压变送器。

456. 差压变送器使用中应注意哪些问题?

答：在使用中要避免使仪表单向受力，尤其在开车和停车时要注意。开车时应先关闭高、低压阀，再打开均压阀，然后再慢慢打开高（或低）压阀门，使被测介质进入变送器的正（负）压室。如果测量液体，应把正（负）压室的气体从上面的排气螺钉孔排干净；如果测量气体，应把正（负）压室的积存液体从下面的排液螺钉孔排出。排完气（液）后关闭均压阀，再打开另一边的阀门。停车时也应注意先关高（或低）压阀，后打开均压阀，然后再关另一边的阀门。有时在测量空气流量时，正负压室或管道有水，应把仪表停下，放出存水。有时有一根管子堵塞，使变送器单向受力，输出压力为零或超过满刻度，则可以反方向打进 1.0~5.0MPa 压力并保持几分钟。待压力消除后，若能回到零，表示膜盒未坏。否则要检查是否弹簧片弯曲或是膜盒破裂漏油。这时需要重新换膜盒。

457. 汉普逊液面计(低温玻璃液面计)是怎样测量液面的?

答：当低温的液空、液氧和液氮从分馏塔或贮罐内由导管引出时，必然会气化，用普通的玻璃液面计无法测量液面，必须用一种特殊结构的液面计进行测量，原理如图 116 所示。它也是利用液体静压的原理。

液面计由筒体和两根导管组成。筒体被隔板 5 分成两部分，容器的上部（气相部分）与负压室 1 相连通；容器的底侧经气化器 6 与正压室 2 相连。气化器的作用是使液体全部气化（如果管线上传进的热量足以使液体全部气化就不用气化器），气化器内压力等于正压室的

241

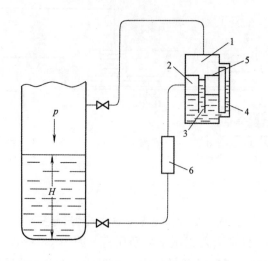

图 116　汉普逊液面计工作原理

压力。气化器压力为液面上的压力 p 与液柱产生的压力 $H\rho g$ 之和（H 为液柱高度，ρ 为液体密度），而负压室的压力为 p，则正负压室压差为 $H\rho g$。负压室有管子 3 与正压室相通，在正负压室压差 $H\rho g$ 的作用下，液位管的液面上升，旁边的指示玻璃管的液面与液位管液面高度相同。假设液面计的读数为 h，工作液体密度为 ρ'，则 $h\rho'g=H\rho g$，$h=H\rho/\rho'$，$H=h\rho'/\rho$。液面计的指示高度与容器的实际液面高度就可用上式换算。例如，液氧的密度为 $\rho=1140\text{kg/m}^3$，四溴乙烷的密度 $\rho'=2960\text{kg/m}^3$，液面计的指示高度为 500mm，则实际的液氧面高度为 $H=500(\text{mm})\times2960(\text{kg/m}^3)/1140(\text{kg/m}^3)=1300\text{mm}$。

　　当液面波动频繁时，进入气化器的气压随液面而波动，造成读数上的困难，所以气化器的容积要尽可能大一些，以便起缓冲作用。这种液面计在小型空分设备中被广泛应用。

458. 汉普逊液面计易发生哪些故障，使用中应注意哪些问题？

　　答：液面计出现问题有三种现象：指示偏高、偏低或不稳定。

　　首先要检查液面计是否漏气，在正压室通入一个气源，把负压室堵住，看是否漏气。指示偏高一般是由于负压室漏气，使压差增大；指示偏低是正压室漏气，使压差减小，或者是由于管路堵塞，压力不能传递到正压室而引起的。液面不稳的原因可能是管路漏气，或玻璃管两端密封处填料不严密。

　　另外，当正负压差特别悬殊，压差超过液面计的额定值时，筒内工作液被迫向上进到负压室，此时工作液和气体的混合物容易吹入玻璃管，造成玻璃管内夹杂气泡。这时要关闭正压室进口阀门，再重复开闭几次，把气泡赶出。

　　在更换液面计工作液体时，应把正、负压入口阀门关闭，打开正负压室间的均压阀，使两边压差为零，再打开入口盖更换液体。否则管内的工作液在压差的作用下可能喷出。内部装的工作液体的种类不能搞错。

　　液面计在装置启动前应先打开上、下阀。如在运行中使用，应先开上阀，后开下阀，且开阀速度要缓慢。

459. 差压式液面计是如何测量液面高低的？

答：汉普逊液面计是利用液体静压原理制成的。将液面高度反映在工作液柱的高度上。这种方法不适合远传集中检测。在中、大型空分设备中均采用差压式液面计。它是将液面产生的上部与底部的静压差，通过差压变送器将信号传送到远处，由显示仪表显示出液面的高度。图 117 是气动差压式液面计的工作原理图。精馏塔底部的取压管与差压变送器的正压室相连，液面上部与负压室相连。差压变送器将它转换成与液面高低成正比的压力信号传送给显示单元。常用的是气动记录仪和色带指示仪等。对电动单元组合仪表则将差压转换成电信号传送给显示、调节单元，或进一步变换成数字信号输入计算机。

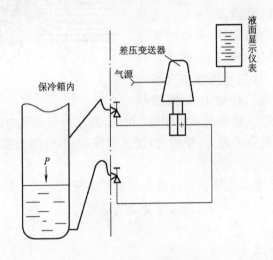

图 117　差压式液面计原理

当被测介质中含有固体杂质或结晶颗粒时，可能引起管道的堵塞。我们可以采用法兰式差压变送器使弹性膜合直接与被测对象连接，避免连接管道的堵塞，原理和普通变送器是一样的。

460. 怎样测量流体阻力大小？

答：流体阻力是流体在流过管道、阀门，或设备时所产生的压力降。实际的流动过程压力都是逐步降低的。为了保证工艺所需的最终压力，就要求压力源（气体压缩机或泵）提供更高的压力，即要消耗更多的能量。因此，阻力大小反映了能量损失的大小。在氧气生产中，流动阻力的大小还与生产工艺过程密切相关，例如对于切换式换热器阻力之测量是判断自清除好坏的根据；精馏塔阻力过大就会破坏正常精馏工况。阻力的大小（即能量的损失）可用流体流经管道容器前后的压力降来表示。

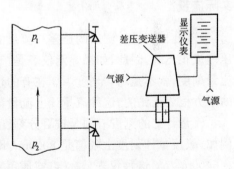

图 118　阻力的测量

如上塔底部的表压力为 0.038MPa，到达顶部时的压力为 0.025MPa，通过塔板时的压降为（0.038－0.025）MPa＝0.013MPa。因此，阻力的测量就是流体流经管道或容器前后压差的测量。从测量原理上来说是与液面测量相同，各种差压仪表都可用来测量流动阻力。对主换

243

热器或精馏塔阻力的测量如图 118 所示.测量设备的阻力,需要将差压变送器的正压管接气流的上游端,负压管接气流的下游端.如果通道中的气流方向经常在切换,又要测定正、反流向时的阻力时,则需注意变送器的正压室接和负压室的接向.

461. 孔板流量计是怎样测量流量大小的?

答:目前,对气体流量的测量,使用最多的是孔板流量计.如图 119 所示,在气体流经的直管中,安设一块开有圆孔的孔板.当流体流经孔板时,由于孔口较小,在孔口附近的流速就会增大.由于惯性的作用,在断面 B—B 处流体收缩最厉害,流速最高.到断面 C—C 处流动又恢复平稳.根据能量守恒定律,流体的流速增加后,动能增大,其静压位能必定减小.因此,在断面 A—A 与 B—B 之间可测出有较大的压差.如果设计的孔板孔径越小,则流速越高,孔板前后的压差也越大,越容易测量准确.但是,相应地流动阻力损失也越大.对一定截面的管道和设计确定的孔径来说,流量增大,流速也提高,测得的压差也增大,压差的变化反映了流量的变化.

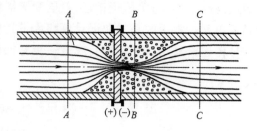

图 119　孔板流量计

由理论分析可知,流量与孔板前后的静压差的平方根成正比.即

$$q_v = K \sqrt{\Delta p}$$

式中　q_v——体积流量;

　　　Δp——孔板前后的压差;

　　　K——流量系数.取决于管径、孔板设计孔径、流体密度等因素.

因此,只要测出孔板前后的压差,就可换算出流量的大小.

462. 流量显示仪表的刻度为什么有均匀刻度和不均匀刻度两种,怎样从流量计上读出实际流量?

答:孔板流量计测出的压差与流量的关系是平方根关系,而差压变送器输出的信号是与压差成正比的.因此,如果显示仪表是按差压刻度,则应是均匀刻度;如果把差压刻度转换成流量刻度,就不是均匀刻度了.在有的仪表中带有开方器,经过开方器输出的信号是与压差的平方根成正比的,这种流量计上流量刻度是均匀的.

流量计上的刻度有的是按百分刻度的,从 0~100%.它表示的是流量上限值的百分数.例如,氧流量计刻度上限值是 8000m³/h,仪表指示为 80%,则实际流量为 8000m³/h×80%＝6400m³/h.这种仪表是标准(或通用)式的,可配用多种流量计.还有一种是专用刻度表,能直接读出流量值.当最大流量改变时,就不能用了.

如果是从压差计读流量,压差计的刻度为等百分刻度,则需作出专门的流量与压差的换算线.压差与流量的关系如表 37 所示.

表 37　孔板压差与流量的关系

差压/%	0	10	20	30	40	50	60	70	80	90	100
流量/%	0	31.62	44.72	54.77	63.32	70.71	77.46	83.66	89.44	94.87	100

在确定流量计的刻度时,流量公式中的系数 K 是根据设计的流体温度、压力、孔板尺寸等参数计算确定的。但是,在使用时,流体的实际温度、压力与设计值不见得相同,因此,读数与实际流量有一定的误差。当需要精确地核算流量(例如鉴定设备性能)时,需根据温度、压力进行修正:

$$q_v = q_{v0} \sqrt{\frac{T_0}{T} \cdot \frac{p}{p_0}}$$

式中　q_v——实际流量;

　　　q_{v0}——流量计指示流量;

　　　T——测量时孔板前实际流体温度,K;

　　　T_0——设计时所取的流体温度,K;

　　　p——测量时孔板前实际流体压力,MPa;

　　　p_0——设计时所取的流体压力,MPa。

463. 哪些因素会影响孔板流量计读数的准确性?

答:孔板流量计读数不准与下列因素有关:

1)孔板加工质量。孔板的入口边缘必须特别注意做得尖锐,不能圆滑;孔板的入口面和内孔面要光洁,不能有斑点、飞刺、划痕等缺陷;孔板及环室不应锈蚀或脏污。

2)安装质量。孔板安装位置应在直管段内,在孔板前 10D(管径)和孔板后 5D 的一段距离的管道内,不允许有突出的垫料、焊痕和脏物。孔板的安装方向不能搞错,入口尖锐边缘应对向流体的流向(通常在孔板上打有"+"号);孔板中心必须和管道中心重合。对不同流体的孔板(例如氧、氮流量孔板)不能换错,因为流量计算公式中的系数 K 与流体密度等因素有关,流量和压差的关系也就不同。

3)使用条件。当被测流体中有水分时,应注意气水分离,并对测管进行加热,防止水分析出或冻结;要保证取压管的气密性,不得漏气;当实际温度及压力与设计值差别过大时,应对读数进行修正。

464. 流量积算器怎样算出某段时间内流过的流量?

答:流量积算器是与流量计配套使用,累计在一定时间间隔内流过管道的流体总量。积算器的使用方法如下:

1)算出积算常数 K。K 的意义就是积算器的每一个字(单位计数)所代表的流量值。

$$K = \frac{q_{v,\max}}{R}$$

式中　$q_{v,\max}$——与积算器配套的流量计最大刻度;

　　　R——当输入流量为 $q_{v,\max}$ 时,积算器在 1h 内所走过的字数,称为积算器常数。

2)计算流量。在一定的时间间隔内,积算器两次读数的差乘上积算常数 K 就是这段时间内流过的总流量。用公式表示:

$$q_v = (R_2 - R_1)K$$

式中　K——积算常数;

　　　R_1——积算器第一次读数;

R_2——积算器第二次读数。

例如,6000m³/h 制氧机用的产品氧流量积算器配用的流量计最大刻度是 8000m³/h 时,选用积算器常数 R＝400。在 8h 内走了 2440 个字。则积算常数为:$K=8000/400=20m^3/$字。

8h 内氧气总产量为:

$$Q_v = 2440 \times 20 = 48800m^3$$

每 1h 平均产氧量为:

$$q_v = 48800/8 = 6100m^3/h$$

465. 什么是单元组合仪表,变送器、显示表、调节器、薄膜调节阀的关系是什么?

答:单元组合仪表就是把整套仪表划分成许多单元,每一个单元有一定的功能,各单元之间用统一的信号联系,根据实际需要可以选用其中的几个单元组成所需要的自动检测系统。这些单元有变送单元(B)、调节单元(T)、显示单元(X)、定值单元(G)、计算单元(J)、转换单元(Z)、辅助单元(F)、执行单元(K)。

变送器是变送单元,例如气动差压变送器就是把压差变换成 0.02～0.1MPa 的统一信号,再送到显示仪表进行指示或记录,如气动条形指示仪或气动记录仪等。这些显示仪表就是显示单元。变送器也可以把信号送给调节器(也就是调节单元),调节器把送来的信号与规定信号进行比较,得出偏差值,然后对偏差进行比例、积分、微分等运算,把结果送到执行单元(如薄膜调节阀),调节阀根据调节器来的调节信号使阀杆移动,将阀门关小或开大,待偏差消除后停止动作,以达到自动调节的目的。

单元组合仪表分为电动和气动两种。电动的以 220V 交流电源为能源;气动的以洁净的压力为 0.14MPa 的压缩空气为能源。采用统一的直流电信号(0～10mA)或气压信号(0.02～0.1MPa)联系。这类仪表有很大的灵活性和通用性。电动单元组合仪表用符号 DDZ 表示;气动单元组合仪表用 QDZ 表示。

466. 什么叫气动薄膜调节阀,它由哪几部分组成?

答:气动薄膜调节阀是气动单元组合仪表的执行机构部分,用来改变输送管道上流体的流量,以达到调节流量、液面、压力或温度的目的。在空分设备中,常用在液空量、液氮量和透平膨胀机膨胀量的调节,以及氮水预冷器水量的调节。

气动薄膜调节阀由气动薄膜执行机构和调节阀两部分组成。气动薄膜执行机构由上下膜盒、波纹膜片、压缩弹簧、推杆等组成。当调节器或手动操作器的信号压力进入由膜盒膜片构成的膜室时,在膜片上产生推力,使推杆移动,弹簧压缩。当弹簧产生的反作用力与薄膜的推力平衡时,推杆停止移动。一般薄膜调节机构的信号压力为 0.02～0.1MPa 或 0.04～0.2MPa。即当信号压力为 0.02(或 0.04)MPa 时,推杆开始动作;当信号为 0.1(或 0.2)MPa 时,推杆走完全行程。薄膜调节机构又分为正作用式和反作用式两种。正作用式的信号压力由膜片上部引入,当信号压力增大时,膜片带动推杆向下移动;反作用式是将信号压力由膜片下部引入,信号压力增大时,推杆向上移动。

调节阀由阀盖、阀芯、阀座、阀杆、填料函等组成。阀杆上端与薄膜机构推杆下端相连,推杆带动阀杆移动,使阀芯移动,改变了阀芯与阀座间流体的流通面积,从而改变了流体的流量,达到调节的目的。

调节阀的上阀盖形式有普通型(适用工作温度为-20~225℃)、散热型(适用于-60~450℃)和长颈型(适用于-250~-60℃)。流体的温度越低,阀套、阀杆应越长。

调节阀又分为单座阀和双座阀两种。单座阀适用于低压差的场合;双座阀适用于压差较大的场合。

气动薄膜调节阀备有手轮机构,在气源中断时可以随时进行手动调整。有的还配有阀门定位器,可以提高调节阀的调节性能。

当薄膜调节阀的前后压差不变时,介质流过阀门的相对流量和阀门的相对开度间的关系称为流量特性。相对流量=某一开度时流量/全开时最大流量;相对开度=某一开度时阀杆行程/全开时阀杆行程。目前我国生产的调节阀有三种流量特性:直线型、对数型(等百分比型)、抛物线型。等百分比型的特点是当阀杆移动相同距离时,流量小时,流量的变化也小;流量大时,流量的变化也大。实践证明,此种特性有较强的适应性。一般空分设备中对液面、压力、流量和温度的调节都采用等百分比型。

467. 什么叫气开式薄膜调节阀,什么叫气闭式薄膜调节阀,它们分别用在什么场合?

答:当没有压力信号输入时,阀门关死;有压力信号时,阀门开始打开,而且输入信号越大,阀门开度越大,这种薄膜调节阀称为气开式薄膜调节阀。当没有压力信号输入时,阀门全开;而有压力信号输入时,阀门开始关闭;输入信号越大,阀门开度越小;到输入信号达最大时,阀门全关,这种薄膜阀称为气闭式薄膜调节阀。

实际应用中,气开、气闭的选择主要从生产的安全要求出发。考虑原则是看没有压力信号时(如气源故障)调节阀处于什么状态对生产的危害最小。如果阀门打开时危害最小,要选用气闭式;如果阀门关闭时危害最小,就选用气闭式。

例如,液空、液氮调节阀,透平膨胀机前的空气量调节阀都是气开式。在断气时,阀门处于关闭状态;而风机制动的透平膨胀机风机出口调节阀在断气时,阀门必须打开,使膨胀机在最大的制动负荷下工作,防止飞车事故发生,所以要采用气闭式。贮氧罐上的放空阀、上塔氮气放空阀都采用气闭式,一旦发生故障,停电、停气时都能放空,以保证安全。

468. 气动薄膜调节阀的选型主要参数是什么?

答:选用调节阀的主要参数是流通能力 C。C 的意义是指当阀两端的压差为 0.1MPa 时,流体的密度为 $1000kg/m^3$ 的水每 1h 通过阀门的流量,用 m^3(或 t)/h 来表示。C 值反映了调节器的容量,它和公称直径 D 是不完全对应的,而与阀座直径 d 相对应,在使用时应注意不能换错。各种规格调节阀的流通能力在表上可以查到。定性地说,流量越大,C 值越大;阀前后压差越大,C 值越小。

此外,阀门的行程 L、公称压力 P_g、使用温度 t 都是调节阀的基本参数。根据这几种参数选定阀盖的形状、阀体阀盖的材质和阀座的形式。例如,在一般的常温、低压下,阀体、阀盖用灰铸铁;低温、低压时用不锈钢或黄铜,阀盖为长颈型。阀的前后压差较小时,选用单座阀(ZMP),气密性较好;压差大时选用双座阀(ZMN)。选用单座阀时,阀体前后允许的最大压差可从表上查出。最后根据工艺流程的安全性选用气开式或气闭式。

469. 气动薄膜调节阀常出现什么故障？

答：调节阀在运转中最容易出现的故障是泄漏。有的在焊接处泄漏，有的在填料密封处泄漏。在焊接处泄漏时，可在检修时补焊；填料密封处泄漏，可更换新的填料。有时薄膜执行机构的薄膜损坏，阀杆不能随气压信号正常动作，就需要更换新的薄膜。

为了避免阀杆变形影响调节机能，调节阀在安装时最好正立在管道上。对低温薄膜调节阀不宜水平安装，要与水平成15°以上的夹角，使填料密封处不受液体影响。斜装的阀门必须支吊。

在操作时，要经常注意调节阀是否有卡住现象。密封填料不宜拧得过紧，以免影响阀杆运动。当调节阀的调节范围不够用时，可在调节阀旁边加上旁通阀，以扩大调节范围，或者改用大量程的调节阀。

470. 自动和手动操作倒换时应注意什么？

答：空分设备在正常运转过程中一般采用自动调节，但有时还需要手动操作。"自动"与"手动"操作的倒换是通过切换开关进行的。在使用气动调节器时，从"手动"往"自动"倒换时，应该使手动操作的输出值稳定在调节器的给定值上，才能把切换开关从"手动"打到"自动"，否则在切换时会使阀门急剧开关，造成工况波动。当从"自动"工作状态切换为"手动"时，应把手动拨盘拨到与指示的输出值相应的位置，再把开关从"自动"切换到"手动"，以免在倒换时输出信号发生变化。

这种在手动与自动相互切换的过程中，使送到执行器去的压力或电流信号保持稳定，不发生波动的操作方法称为"无扰动操作"，所有的调节系统的操作都要注意这个问题。

471. 气动遥控板起什么作用，使用时应注意什么问题？

答：气动遥控板与气动单元组合仪表配合使用时，可用来测量调节器输出压力和手动操作定值器输送给阀门的压力，其系统如图120所示。它可以进行自动、手动的切换，如QFB-100型。副线板有的是作单独手操遥控使用，带有一个手操定值器，如QFB-200型遥控板。

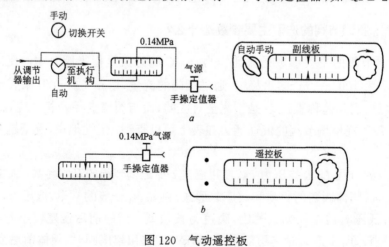

图120　气动遥控板

a—QFB—100型；b—QFB—200型

测量原理是当输入信号进入测量波纹管时,压缩弹簧,产生位置移动,通过四连杆机构,把直线位移变成指针偏转角度的变化,指针指示的读数就是输入信号压力的大小。在使用时应注意区别调节阀是气开式还是气闭式。对气闭式,指示值为最大时,表示阀门为全关;对气开式则正相反。

472. 如何保证空冷塔液面自动调节系统正常工作?

答:空冷塔液面自动调节系统如果失灵,容易造成空分塔进水事故,因此必须提高液面自调系统的可靠性。在安装时应注意:
1)差压变送器应安装在与空冷塔塔底同一基准水平面上;
2)正压、负压引压管道应在同一水平面上引入差压变送器;
3)在冬季,为防止引压管道内静止水冻结,应采取加热和防冻措施。
为了提高它的工作稳定性和准确性,可在负压引出管中加装一个标准液面容器,如图121所示。在标准液面容器中,液面高度 H 靠补充水和溢流管维持恒定,一般取与允许的塔内最高液面相一致。这样,使气动差压变送器正负压室同时都进水,消除了原负压管(气管)因进入少量水而造成的测量误差。负压室感受的压力恒定($=\rho g H_0$,ρ 为水的密度),其输出信号与空冷塔液面高度 H 成正比:$\Delta p = \rho g (H - H_0)$。采用标准液面容器后,使用效果很好,工作稳定可靠,保证了自动调节。

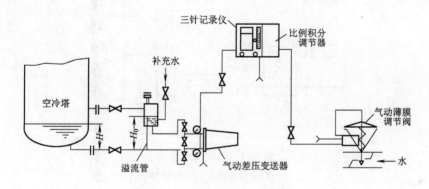

图 121 空冷塔液面调节系统

473. 下塔液空液面是怎样实现自动调节的?

答:下塔液空经液空吸附器、过冷器后,受薄膜调节阀的控制进入上塔。因此,下塔液面的高低可以通过调节送往上塔的液空量来控制,其原理如图122所示。
差压变送器把由液空液位产生的差压转换成 0.02～0.1MPa 的压力信号,一方面送到显示仪表显示记录,另一方面送给调节器。调节器把送来的信号与给定值相比较,输出一个0.02～0.1MPa 的标准信号给气动薄膜调节阀,使阀处于某一开度,以达到调节送往上塔液空量的目的。
当液空液面在规定值时,调节器输出一个固定压力,使调节阀处于某一合适的开度。当液位高于规定值时,调节器输出压力升高,阀门开度增大,送往上塔的液空量增加,使液面降到规定值;若液位低于规定值时,调节器输出压力降低,阀门开度减小,从而减少了送往上塔的液体量,使液面上升到规定值。在装置的启动阶段,工况达到稳定前,不要急于投入自动调节系统，可以用手动操作控制调节阀。在手动向自动切换时，要尽量做到无扰动操作。

474. 什么叫电磁阀，它起什么作用？

答：电磁阀是通过一个电磁线圈来控制阀芯位置，以达到改变流体流动方向的目的，或者是为了切断或接通气源。

常用的四通电磁阀的电磁部件由固定铁芯、动铁芯、线圈等零件组成。阀体部分由滑阀芯。阀体、滑阀套、弹簧底座等组成。

四通电磁阀的工作原理如图 123a 所示。当有电流通过线圈时，产生励磁作用，固定铁芯吸合动铁芯，动铁芯带动滑阀芯并且压缩弹簧，改变了滑阀芯的位置，从而改变了流体的方向。当线圈失电时，依靠弹簧的弹力推动滑阀芯，顶回动铁芯，使流体按原来的方向流动。这种电磁阀可用在切换系统中强制阀的开关。

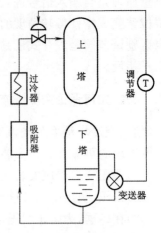

图 122　下塔液空液位的调节

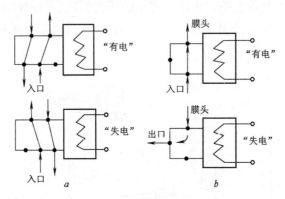

图 123　电磁阀示意图
a—四通电磁阀；b—三通电磁阀

三通电磁阀的工作原理如图 123b 所示。它可以用来接通或切断气源，从而对气动控制膜头气路进行切换。它由阀体、阀罩、电磁组件、弹簧及密封结构等部件组成。动铁芯底部的密封块借助弹簧的压力将阀体进气口关闭。通电后，电磁铁吸合，动铁芯上部带弹簧的密封块把排气口关闭，气流从进气口进入膜头，起到控制作用。当失电时，电磁力消失，动铁芯在弹簧力作用下离开固定铁芯，向下移动，将排气口打开，堵住进气口，膜头气流经排气口排出，膜片恢复原来位置。三通电磁阀可用在透平膨胀机进口薄膜调节阀的紧急切断及制动风机紧急加负荷的控制部分。

电磁阀的工作介质为过滤后的干净压缩空气，工作压力为 $0.3\sim0.5MPa$。

475. 切换机构有哪几种型式，它们是怎样工作的？

答：制氧机所使用的切换机构，属于比较简单的程序控制机构。它像一般的程序控制器一样，主要由程序信号发生系统及程序信号执行系统组成。不同的切换机只是在这两大部分采用了不同的原理，使用了不同的设备。

1)机械凸轮切换装置。它是早期使用的一种切换机构,上述两部分装在一起,利用带有凹槽或凸起的圆盘转动,直接控制各个气阀,给出程序压力信号。同时,由这些压力较高的信号气体(通常表压力为 0.3～0.5MPa)直接驱动强制阀。

这种切换机构的构造比较简单,也比较结实、可靠,但比较笨重,同时切换时间不可调,使它的应用范围受到限制。

2)电气气动式切换装置。为了适应切换式换热器对切换时间可调的要求,曾经较普遍地使用了带有计时器的电动小凸轮—四通电磁阀切换机构。它的工作原理框图如图 124 所示。

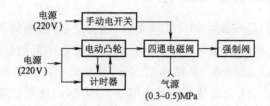

图 124　电气气动式切换装置原理图

由于采用了计时器,电动凸轮的转动可以定时控制,因而可以改变切换周期。电动凸轮与计时器是互相控制,间歇轮流工作的。当电动凸轮停止转动时,计时器开始工作,进行计时。计时到整定值时,将电动凸轮启动,同时停止计时。电动凸轮压下或松开许多微动开关,给出一组电信号,使对应的四通电磁阀动作,从而改变为气信号,驱动了强制阀,这种切换机构的结构紧凑,工作可靠。由于使用的部件较多,维护工作量大,并且,当电源中断时就不能工作。

3)气动程序控制器。它是应用了气流的喷射及接收,被称为"射流切换机",它的工作原理框图如图 125 所示。

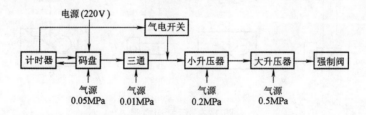

图 125　气动程序控制器原理图

"码盘"是气动程序信号的发生器。它利用码盘上不同的通槽与挡板对喷管中喷射气流的通过及阻挡作用,使各对应的接收喷管中产生不同的信号,这些程序信号(压力在 0.01MPa 以下)经过二次放大,变成 0.5MPa 的信号去驱动强制阀。"码盘"与计时器也是相互控制,轮流工作的。这种切换机构工作也很可靠,但使用的部件较多,维护量就相对大一些。当断电时,可以用手动三通阀开、关强制阀,这是它的一个优点。

4)电子切换器。它是一种新型的切换装置,工作原理框图如图 126 所示。

它用晶体管电路代替了原有的大、小机械凸轮或码盘,用电脉冲的发生、计数、译码、寄存给出程序信号从而控制强制阀的开关。这种切换装置体积小、紧凑、受外界干扰小,目前得到广泛的应用。

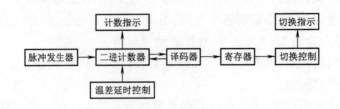

图 126　电子切换器原理图

476. 什么叫切换阀，它是怎样动作的？

答：切换阀（强制阀）是安装在切换式换热器（或蓄冷器）热端的气动开关阀。切换阀的开关是由通过电磁阀来的信号压缩空气控制的。根据在流程中起的作用不同，有空气、污氮切换阀，纯氮抑制阀、污氮三通阀等。从结构型式分，有立式和卧式两种。立式切换阀又可以分为气开式和气闭式两种。气开式是指信号压缩空气断气时，阀瓣依靠自重能自动打开；反之为气闭式。气开、气闭的选择由装置的安全性确定。氮气切换阀用气开式，空气切换阀用气闭式。

由于切换阀的动作是由电磁阀来控制的，除了注意选择气开、气闭式，以防止气源故障带来危害之外，还应注意电磁阀状态与切换阀状态的配合，以使电源发生故障时不致危及设备安全。现分别说明如下：

1）污氮切换阀。当四通电磁阀有电时，切换阀关闭（图127b）。失电时，切换阀开（图127a）。而且当电源失电时，气源失压时，也能借自重打开。从而保证了出现故障时，上塔气体能通过蓄冷器放空，不致造成超压。

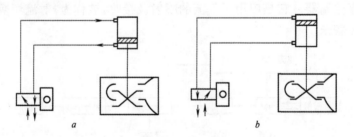

图 127　污氮切换阀

a—失电；b—有电

2）空气切换阀。当四通电磁阀有电时，切换阀打开（图128b）。失电时，切换阀关闭（图128a）。当控制电源故障失电时，切换阀关闭；当控制气源故障失压时，切换阀借自重关闭，保证出现故障时原料空气不进入空分塔。

3）污氮（纯氮）三通切换阀。四通电磁阀有电，三通切换阀处于排送位置（图129b）；四通电磁阀失电，三通切换阀处于放空位置（图129a）。当电源故障失电时，三通切换阀处于放空位置；当气源故障失压时，三通切换阀能借自重处于放空位置。

477. 切换周期计时器起什么作用？

答：切换周期计时器是一个计时装置，用它来确定两次切换之间的时间。计时器内部有

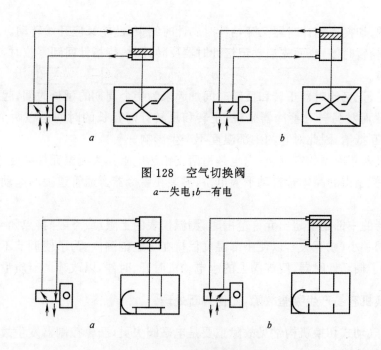

图128　空气切换阀

a—失电；b—有电

图129　污氮三通切换阀

a—失电；b—有电

一个计时马达和一个常开接点,一个常闭接点。当计时器线圈得电时,常开触点闭合,计时马达转动,开始计时,常闭触点打开,使凸轮马达停止转动。当运转到规定时间时,计时器内部的机械结构使常开触点打开,计时马达停止转动,常闭触点闭合,凸轮马达转动,带动凸轮程序控制器转动。当转动到某一角度时,计时器失电,指针回到原来位置,为下一次计时作准备。

切换周期计时器的启动是由凸轮控制器控制的。到一次切换完结时,凸轮控制器控制微动开关,继电线路使计时器得电,同时停止凸轮马达转动。

478. 如何实现蓄冷器中部温度的自动调节,记忆计时器起什么作用?

答:蓄冷器中部温度采用两种自动调整方法,一对蓄冷器用调整切换周期的办法;另一对蓄冷器用调整进入蓄冷器的空气量的办法,以免相互干扰。

1)调整蓄冷器的切换周期。用两支铂热电阻分别装在蓄冷器中部作测温元件,配用带控制接点的晶体管自动平衡电桥。当中部温差超出允许值时(常出现在蓄冷器即将切换以前),温差电桥的接点闭合。等切换以后,凸轮停止转动,靠继电线路启动记忆计时器(记忆计时器是靠可逆电机带动一套时针机构和极限开关),与此同时停止了切换周期计时器。记忆记时器转动时间根据温差超出的大小而定。当记忆计时器正转到规定时间,切换周期计时器开始动作计时。到计时时间后,凸轮转动,另一对蓄冷器进行切换。切换后

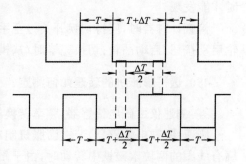

图130　二分之一延时法调整原理

253

凸轮停止转动,切换周期计时器又开始计时。计时结束,凸轮又应开始转动。由于继电线路的保证,使凸轮暂时停止。而先启动记忆计时器反转计时,待指针回到零位时,才启动凸轮控制器进行切换。

由此可见,记忆计时器正转和反转时间加起来为半个周期的延长时间,起到了调整中部温差的作用。而对另一对蓄冷器来说,正转和反转计时延长的时间是在两个半周期内(图130),作用相互抵消,因此对它的中部温度不产生影响。

2)调整进入蓄冷器的空气量。它也是用两支铂热电阻作为测温元件装在蓄冷器中部,配用带上、下限控制点的晶体管自动平衡电桥,靠装在蓄冷器旁通管道上的电动蝶阀来调节空气量。

当蓄冷器的中部温度超出允许范围时,测温仪表的上限(或下限)接点闭合,通过继电线路使电动蝶阀关小(或开大),以使中部温度保持在一定范围内。为了使调节不致太突然或避免过调,采用了循环计时器,使蝶阀上的小电动机时开、时停,以改善调节质量。

479. 切换机容易产生哪些故障,如何判断处理?

答:电气气动式切换机构常见故障主要是电磁阀失灵,凸轮控制器发生故障和计时器出问题。

1)电磁阀故障主要有:电磁阀内弹簧力过大或不足;电压低;线圈烧坏;气流过滤器堵塞等都能影响电磁阀正常动作。有时由于电磁阀密封垫片损坏而造成漏气,使强制阀气源不足,动作迟缓。

一般来说,若是信号灯"不亮"或"不灭",就是电磁阀没有动作,需要人为地使电磁阀改变状态。如果切换时声音正常,但是灯亮得慢,这是由于电磁阀脏污,需要更换。

2)凸轮机构发生故障。一般是凸轮片错位或微动开关接触不良。可从凸轮控制器本身的信号灯是否正常判断。若信号正常,则是电磁阀有问题;若信号不正常,则应检查凸轮控制器。同时把切换开关打至手动,用手动控制切换动作。

3)计时器故障。计时器不工作,首先检查凸轮控制计时器的开关是否正常,再检查计时器的电磁离合器动作是否正常,再看计时器的马达是否被烧坏。

有时计时器计时已超过规定时间,凸轮仍不转动,则要检查终止极限开关。

计时器的问题有时不易发现,只有从检查系统中周期过长报警或看中部温度记录曲线时才能发现。

检查计时器时,应将切换开关打至手动,接通手操回路,切除计时器电源。切换时按下凸轮启动按钮,启动凸轮;切换完毕时(从模拟屏上看出),按停止按钮,凸轮停转。

480. 透平膨胀机的转速如何测定?

答:测速仪由磁电传感器、频率转换器和晶体管自动平衡电位差计组成。

测速头(磁电传感器)装在膨胀机制动风机转轴上,与转轴不接触,当铣有扁势的转轴在绕有线圈的两块永磁铁中转动时,由于磁电感应,线圈中产生感应电势。频率和转速的关系是

$$f = \frac{2n}{60}$$

式中　　n——转速,r/min;

　　　　f——频率,Hz(次/s)。

传感器输出频率为 f 的电势送给频率转换器,经过整形、放大、积分,变为 $0\sim1mA$ 的直流电信号传给记录仪,仪表可直接按转速刻度。

481. 透平膨胀机联锁保护控制系统如何工作,使用中应注意什么问题?

答:透平膨胀机的保护控制系统主要是防止发生"飞车"事故和轴承烧坏。具体措施是先切断膨胀机进气,后卸负荷。

1)对于电机制动的膨胀机,飞车事故大都是由于电机故障引起的。在运转过程中,电机处于发电机制动状态,一旦电机线路或电机本身发生故障,制动力矩消失,电机失去了制动作用,就会造成膨胀机超速。它的保护系统如图 131 所示。它用一测速发电机来测量转速。在启动时,膨胀机转速逐渐升高,到一定转速时,测速发电机发出信号,使制动电机合闸,膨胀机在制动状态下工作。一旦超速,测速发电机的信号使三通电磁阀断电,同时报警。三通电磁阀控制的活塞式蝶阀气缸内的空气迅速排空,切断膨胀机进气。同时阀杆转动,碰上挡板和限位开关,将电机电源切断,紧急停车。限位开关的作用是使电机必须在确实切断进气后再停电,以确保先断气,后卸负荷。

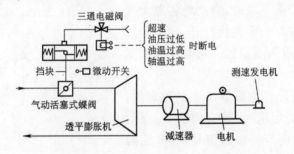

图 131　电机制动的透平膨胀机保护控制系统

此外,当油压过低或轴承温度升高时,都能通过继电线路切断三通电磁阀电源,使膨胀机紧急停车。

2)风机制动的膨胀机的保护系统由气动薄膜调节阀、三通电磁阀、气动遥控板等组成。如图 132 所示。薄膜调节阀平时作调节流量用,发生事故时作紧急切断用。当膨胀机超速时,安装在转速计上的超速继电器使负荷风机上的三通电磁阀断电,切断到调节阀膜头的信号压力,将阀迅速打开,使膨胀机在最大负荷下运转,转速下降。如果转速仍然升高,则转速计上另一继电器切断膨胀机进口三通电磁阀,使低温薄膜调节阀膜头内的空气迅速放空,阀门关闭,切断膨胀机进气,并发出声光报警信号。

气动遥控板用在正常操作时调节膨胀机进气和转速。进气薄膜阀选用气开式。断气时,阀门关闭,切断进气。而风机出口调节阀选用气闭式,当气源失压时,阀门开大,加以最大负荷。

膨胀机进口快速切断阀常发生阀门动作不迅速、关闭不严或不动作等故障。平时要注意维护,防止因生锈、冻结引起的卡死。而且,管道阻力太大也会引起控制失灵,要勤检查入口管道是否畅通。

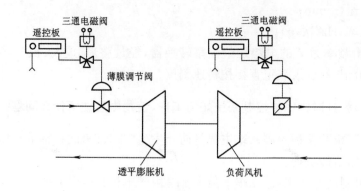

图 132　风机制动的透平膨胀机保护控制系统

482. 透平空压机防喘振装置是如何工作的?

答:透平空压机在输出压力一定而流量减小到某一数值时,就将发生喘振。为了防止喘振发生,要保持流量不进入喘振区。压缩机在运行中,当管路系统阻力升高时,流量将随之减小,有可能降低到允许值以下。防喘振系统的任务就是在流量降到某一安全下限时,自动地将通大气的放空阀或回流到进口的旁通阀打开,增大经过空压机的流量,防止进入喘振区。系统原理如图 133 所示。

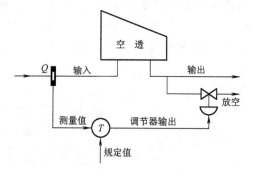

图 133　透平空压机防喘振系统

它取流量安全下限作为调节器 T 的规定值。当流量测量值高于规定值时,放空阀全关;当测量值低于规定值时,调节器输出信号,将放空阀开启,使流量增加。完善的防喘振装置应根据空压机出口压力和流量两个信号来进行控制。

483. 氧压机的进口压力是怎样自动调节的?

答:钢铁厂的氧压机是将空分塔出来的低压氧气压缩到 3.0MPa 左右送至贮气罐再供给用户的。为了保证空分塔内压力稳定,就要求氧压机进口的吸入压力稳定。现以透平氧压机与活塞氧压机串联使用的情况为例,说明进口压力调节系统。

1)透平氧压机吸入压力调节。如图 134 所示,调节器 T_1 控制透平氧压机可转动吸气叶片的开度来改变压缩机的流量,以保持吸入压力 p_1 不变。当叶片全开时压力 p_1 仍在上升,说明氧气产量大于透平氧压机的最大输送量,这时要靠打开放空阀并控制开度,以维持压力不变。调节器 T_1 要控制两个执行机构,可用分程控制的方法,即用前一半信号(0.02～0.06MPa)控制叶片开度,用后一半信号(0.06～0.1MPa)控制放空阀开度。

2)活塞式氧压机吸入压力调节。活塞式氧压机的排气量一定,当吸入压力 p_2 升高时,说明送入量大于它的排气能力,这时就需要放空一部分氧;当吸入压力 p_2 下降时,说明送入量小于压送能力,这时可以将压出的一部分氧气返回到氧压机的进口。打回流的方法又分为外回流和内回流两种。外回流是在压缩机外通过回流管实现的;内回流是在压缩机内部将吸气阀压开一部分,使压缩时有部分氧气又从吸气阀返回吸入管道。

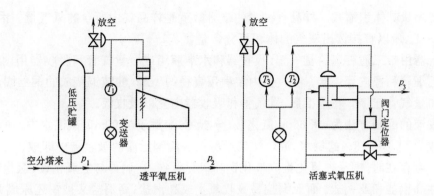

图 134 氧压机调节系统

调节器 T_2 分段控制内回流和外回流。0.02～0.06MPa 范围的信号控制内回流,可通过放大器放大后顶开吸入阀。它能调节约 30％ 的压送量;0.06～0.1MPa 范围的信号控制外回流,由气闭式薄膜调节阀控制。调节器 T_3 控制放空阀,它的规定值应比 T_2 的规定值稍高一点。

484. 空压机轴向位移指示器的工作原理是什么?

答:常见的空压机轴向位移指示器有电磁式和液压式两种。电磁式轴向位移指示器由发讯器、继电器和指示表三部分组成。发讯器的工作原理如图 135 所示。压缩机转子的凸缘位于"山"形铁芯当中,中间铁芯线圈由稳压电源提供交流电。当转子位移时,转子凸缘和左右两部分铁芯距离发生变化,两边线圈中产生的感应电势大小不同,通过继电器及指示仪表可以读出轴向位移的大小。

液压式轴向位移指示器的工作原理如图 136 所示。它由喷嘴和转子轴上的凸缘

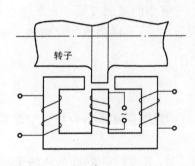

图 135 电磁式轴向位移指示器

组成喷嘴挡板机构。进油压力调到 0.6MPa 左右。当发生轴向位移时,间隙 ΔS 发生变化,则喷嘴的背压随之改变。根据输出压力 p 的变化,可以指示出轴向位移的大小,同时可连到电接点压力表报警。

485. 哪些因素会影响手工分析氧纯度的精确性?

答:根据工业用气态氧的国家标准,分析氧气纯度采用铜氨溶液吸收法。目前小型制氧机生产中都采用这种方法。对于大型制氧机生产,可作为校核自动分析仪的标准方法。

该分析方法的原理是:用量气管取 100mL 样品气,然后把取好的样品气送入充满吸收液和铜丝圈的吸收器内。氧气经反应后被吸收,样品气体积骤减。再把吸收后剩余的气体引

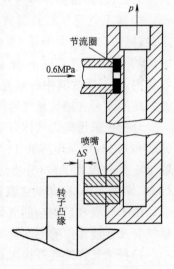

图 136 液压式轴向位移指示器

257

回量气管测量其体积缩减。样品气减少的毫升数就是样品气中所含的氧气量。因为样品气量为 100mL,所以直接读出氧气的体积百分含量。

分析器由带三通旋塞的量气管、吸收器和水准瓶组成。量气管和吸收器用内径为 2mm 的玻璃毛细管和橡皮管连接。吸收器内装满用直径约 1mm 的纯铜绕成的铜丝圈,水准瓶用橡皮管和量气管连接。在水准瓶、量气管和吸收器内充以吸收液。

吸收液的配制方法为:将 600g 氯化铵(分析纯)溶解于 1000mL 蒸馏水中,加入 1000mL 质量分数为 25%~28% 的氨水,混合均匀后倒入装满铜丝圈的吸收器中即成。

在有氨存在时,铜易被氧化生成氧化铜和氧化亚铜。它们再与氢氧化铵、氯化铵作用,生成可溶性高铜盐和亚铜盐。而亚铜盐易吸收氧生成高铜盐,高铜盐又被铜还原成亚铜盐。如此反复循环作用,达到吸收氧的目的。

影响分析准确性的因素有:

1)仪器的气密性。特别是三通旋塞应经常涂抹润滑脂,使之转动灵活,又不漏气。

2)吸收剂。铜丝会不断消耗,应注意经常补充,保持在吸收瓶容量的 4/5 左右。吸收液出现黄色时就应更换。更换时要留下约 1/5 的旧溶液,以增加新换溶液中的亚铜盐。

3)取样。分析管中不能有残气,取样前要吹洗管道;取样动作要迅速,以免因边取样边被吸收,将影响准确度;取样数量要准确。

4)分析。气体送入吸收瓶后要充分摇晃,使氧被充分吸收;气体返回量气管时,速度不能过快,以免空气漏入分析器;读数时,水准瓶中的液面应与量气管中的液面在同一水平面上;为检验分析结果是否精确,可再次将剩余气体送入吸收瓶吸收,然后再回到量气管读数。如果两次分析结果相差不大于 0.01%,则说明分析是正确的。

486. 如何分析氮气的纯度?

答:对于非高纯氮,是把氮气看成是氧、氮二元混合物。分析氮纯度常采用分析其中的氧含量的方法,剩余部分即为氮纯度。

根据工业用气态的国家标准,当氮中含氧量小于 0.5% 时,采用铜氨溶液比色法来测定;当氮中含氧量大于 0.5% 时,采用焦性没食子酸碱性溶液吸收法来测定。吸收法的具体方法如下:用量气管取 100mL 样品氮气,然后把样品送入装有焦性没食子酸碱性溶液的吸收器内,让其吸收其中的氧,反复吸收数次。待吸收完全后,再用量气管测量被吸收的氧量,氮的纯度便可直接从量气管读得。

分析仪采用奥氏气体分析仪。在量气管和水准瓶内,装入氯化钠饱和溶液,并加入 5% 硫酸和 0.1% 甲基橙溶液 3~5 滴染色。在吸收器内装入吸收液。吸收液用如下方法配制:称取 20g 焦性没食子酸(分析纯),溶于 100mL 蒸馏水中;称取 60g 氢氧化钾(分析纯),溶于 40mL 蒸馏水中,冷却至室温;将上述两种溶液混合均匀即成。

由于经吸收后剩余的气体体积占很大比例,为保证测试准确,除了要保证气密性,要把量气管及连接管内的空气置换干净。要反复操作至读数恒定外,还应注意以下几点:

1)在量气管外要外加水套,充满室温水,造成恒温条件。防止反应中放出热量使温度升高,氮气体积膨胀,无法准确测量。在分析前后,应让气体在量气管中停留 1~2min,与水温平衡后再读数。

2)在吸收液暴露在空气的液面上加液体石蜡,使它与空气隔绝,避免吸收空气中的氧而使吸收液的使用寿命缩短。

3)每次用两个吸收器。先用第一个吸收,然后用第二个吸收。当第一个吸收器中的吸收液所吸收的氧量小于含氧的 50%时,应立即更换。

487. 氧气纯度自动分析仪是怎样进行分析的?

答:常用的氧气纯度自动分析仪有热磁式和陶瓷式两种。

1)热磁式氧分析仪。在大型空分设备中应用很广,可以实现自动指示和记录,是测量 0～100%范围内较好的分析仪器。

热磁式氧分析仪的工作原理如图 137 所示。它是利用不同的气体在磁场中的磁化率不同,有的(例如氧气)会受到磁吸引,称为顺磁物质。并且温度越高,磁化率越低,磁场对它的吸引力越小。图中的发送器是一个具有中间通道的圆环,称为环室 1。中间通道的一旁装有一对磁极 2、3,间隙中是不均匀磁场。在间隙中放有两个热电阻线圈 4、5,电阻 4 为测量元件,阻值为 r_1;电阻 5 为参比元件,阻值为 r_2。它们与电阻 R_1、R_2 组成电桥的四个臂,电桥的不平衡信号从 A、B 两点取出,输送给二次仪表。

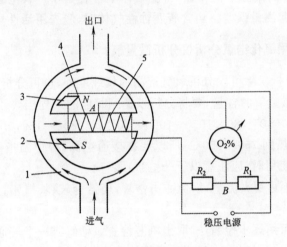

图 137　热磁式氧分析仪
1—环室;2、3—磁极;4、5—线圈

当气体从入口进入环室,沿环室两侧通道流动时,不靠磁场的右边一路直接由出口排出;左边的一路由于受磁场的作用,把氧气吸入中间通道。热电阻 4、5 在通电加热后,使中间通道温度维持在 $100～250℃$ 之间的某一定值,因此使吸入的氧气温度升高,磁化率相应降低,磁场吸引力减小。受热的氧分子不断被冷的氧分子排挤而排出磁场外,在中间通道形成了稳定的氧气对流,叫热磁对流,俗称磁风。对流的结果使热电阻的热量被不断带走,温度降低,阻值 r_1 下降。阻值降低的值取决于热磁对流的大小,也就是氧含量的高低。气体流过热电阻 5 时,由于又被加热,温降不多,阻值 r_2 的变化较小,所以电桥失去平衡。根据输出的不平衡信号,就可在二次仪表上直接读出被测气体中的氧含量。

2)陶瓷式氧分析仪。它是属于电化学法分析仪。如图 138 所示,将经过特殊处理的氧化锆加工成管子形状作为电介质。管壁的内、外表面各镶上一圈金属作为电极。在外部用导线把两极连接起来,串上适当的负荷电阻 R。当温度达到 $850℃$ 时,电极两侧如果存在含氧浓度不同的气体,氧离子就从浓度高的一极穿过氧化锆向另一极移动,使两极间产生电流。如果管外侧与基准气体(例如空气)相接触,管内侧通入待测气体。在管内、外气体压力相等、流量恒定的情况下,两极间的电动势的大小取决于氧的浓度。此电势可直接或通过放大后进行指示、记录。

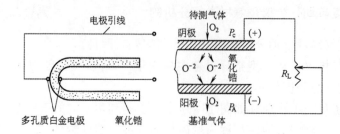

图 138 陶瓷式氧分析仪

基准气体根据被测气体的氧浓度而定。当氧浓度低于 20% 时,一般可用空气作为基准气;如果氧浓度在 98%～100% 时,则用已知纯度(99%～100%)的氧作为基准气。

由于它是在 850℃ 的高温下操作,若待测气体中含有氢和一氧化碳时,它们会与氧发生反应,氧浓度降低,引起测量误差。当含有腐蚀性气体时,应先用活性炭过滤。

488. 如何正确使用氧化锆氧分析仪分析微量氧?

答:用氧化锆氧分析仪除可以分析氧气产品的氧纯度外,也可分析高纯氩和高纯氮中的微量氧。根据气体中微量氧的含量,要将分析仪调到相应的量程档次。例如:0.1×10^{-6}～10×10^{-6},8×10^{-6}～100×10^{-6},80×10^{-6}～1000×10^{-6},0.08%～1%,0.8%～10% 等。它在测定时首先要将气源加热到 750～850℃,所以要在接通电源,待炉温指示灯闪亮后方可进行氧含量值的测定。在使用时,应注意以下一些事项:

1)控制流量。切不可用大流量,以免冲击锆管,使锆管破裂、损坏。流量一般为 500mL/min。

2)检查气密性。可用逐步检漏法,取出机芯检查。锆管有一个三通接头,容易发生漏气的有两处:一处为流量计漏气;另一处为氧化锆管破裂。先通入微量气体,使流量转子升至顶端满刻度处,然后堵住流量计出气管口。如果流量转子下不来,则说明流量计漏气;如果堵住仪器出口转子下不来,则说明锆管破裂。

3)用于氩气分析时,流量计读数在左侧;用于氮气分析时,流量计读数在右侧。

4)用于分析高纯氩或高纯氮时,如果将量程放在最小挡,指针一直靠左边,表明气中有还原性气体,例如 H_2、C_mH_n、CO 等。应设法除去,否则就无法测定。

5)测定含氧量小于 0.1×10^{-3} 时,不宜用乳胶管连接,应用金属管连接。

489. 二氧化碳含量如何测定?

答:空气中含有微量二氧化碳,如果带入空分设备,将逐步析出、积累,会影响到装置的正常生产。空气中微量二氧化碳的测定一般采用电导分析法。它的原理是当溶液中通入含有二氧化碳的气体时,化学反应将使溶液的电导率发生变化。如果它是作为电桥的一个臂时,将使电桥失去平衡。其电阻的变化可以用平衡电桥来测量,从而推算出其中的二氧化碳的含量。平衡电桥如图 139 所示。

图中的电阻 R_3 为电导池电阻,内充一定浓度的氢氧化钠稀溶液。它具有一定的电导率。当含有二氧化碳的气体通入溶液时,将发生化学反应而生成碳酸钠。碳酸钠的电导率比氢氧化钠小,因此,随着溶液中的碳酸钠不断增加,电导率逐渐降低。电桥中 R_4 是标准电导池电阻, R_1 是固定电阻, R_2 是滑线电阻。当 R_3 发生变化时,可调节 R_2 使电桥保持平衡。如果预先求得一定量的二氧化碳与滑线电阻的关系,就可计算出空气中二氧化碳的含量。

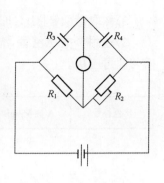

图 139 平衡电桥

液氧中二氧化碳含量的测定原理是:因为液氧温度远低于二氧化碳沸点,从试样中蒸发出来的二氧化碳在液氧温度下冻结,再在常温下用干氮吹出、气化,用一定量的氢氧化钡吸收,生成碳酸钡沉淀,然后用已知浓度的盐酸滴定剩余的氢氧化钡。根据盐酸的消耗量可以计算出二氧化碳含量。或根据生成碳酸钡后溶液的混浊程度,与标准溶液的浊度进行比较,定性地确定它的含量是否低于允许值。

490. 乙炔含量的化验有哪几种方法?

答:液空和液氧中的乙炔含量分析有很多。例如:

1)气相色谱法。将乙炔用镍催化剂转化成甲烷,再用气相色谱法测定甲烷含量,然后换算出乙炔含量。或用带氢火焰离子化检测器的气相色谱法直接测定乙炔含量。这种方法灵敏度高,取样量少,分析速度快,可以实现自动定时取样分析,直接给出分析结果或报警。但仪器价格昂贵,操作及维护要求也较高。

2)比色法。此法操作简单,易于掌握,可基本满足分析要求。但一次分析时间较长。

当乙炔与一价铜盐的氨溶液互相作用时,即生成乙炔铜,并使溶液呈紫红色。然后将所得溶液的颜色和标准比色管相比较,与标准比色管颜色相当的乙炔含量即为溶液所吸收的乙炔量。当用于分析液空或液氧中的乙炔时,由上述测得的乙炔量除以所取的液空或液氧的体积,就可以求得每升液空或液氧中的乙炔含量(mL/L)。

乙炔吸收液按下法制备:

1)称取 33g 硝酸铜[$Cu(NO_3)_2 \cdot 3H_2O$]溶于 1L 蒸馏水中。

2)取 25% 的氨水 400mL,并用蒸馏水稀释至 1L,再标定上述 10% 的氨溶液每 1mL 中的含氨量,并求出氨含量为 0.53g 时的毫升数。

3)称取 57.5g 盐酸羟胺[$NH_2OH \cdot HCl$]溶于 1L 蒸馏水中。

4)称取 2g 白明胶,在加热情况下(40~60℃),溶于 100mL 蒸馏水中,待溶成均匀胶体后密封冷藏保存。

5)在 100mL 容量瓶中,加入 15mL 硝酸铜溶液,10% 氨水约 5.3mL(使氨含量为 0.53g),40mL 盐酸羟胺溶液(注意不要震荡),待溶液还原成无色后加压 2% 白明胶溶液 4.5mL,95% 无水酒精 28mL,最后用蒸馏水稀释至 100mL 刻线,震荡均匀。在震荡过程中,要把反应生成的氮气及时释放,以免容量瓶爆破。配好的溶液于暗处保存,有效期约 24h。

标准比色管用下法配制:

1)称取硝酸钴[$Co(NO_3)_2 \cdot 6H_2O$]20.3g,溶于 100mL 蒸馏水中。此溶液称为 A 液。

2)称取硝酸铬[Cr(NO₃)₃·9H₂O]10.2g,溶于100mL蒸馏水中。此溶液称为B液。

3)选用9支比色管,洗净、烘干,按表38依次加入A液、B液和蒸馏水,然后密封,轻轻摇匀即可应用。

表38　比色液的配制

比色管号	A液量/mL	B液量/mL	蒸馏水量/mL	相当于乙炔含量/[mL(乙炔)/mL(吸收液)]
0	0	0	10	0
1	0.40	0.25	9.35	0.001
2	0.98	0.47	8.55	0.002
3	1.55	0.68	7.77	0.003
4	2.15	0.88	6.97	0.004
5	2.80	1.06	6.14	0.005
6	4.20	1.40	4.40	0.007
7	5.70	1.70	2.60	0.009
8	7.95	2.05	0	0.012

分析液空和液氧中乙炔的步骤如下:

1)用洁净、干燥的烧瓶取500mL待分析液体,用带两根不同长度支管的橡皮塞塞紧(两根支管中短的一根不能插入液体),长支管用螺丝夹夹紧,短支管串接上洁净干燥的蛇形冷凝管。

2)将蛇形冷凝管慢慢浸入装有液氧的保温瓶中,使待分析液体蒸发,而带出来的乙炔就被冻结在蛇形管中。

3)所有待分析液体蒸发完毕后,在长支管上接入氮气,调节螺丝夹,用缓慢的氮气流吹洗15min。将烧瓶中残余的乙炔全部带入蛇形冷凝管中,同时将冷凝管中的氧赶走。

4)在吸收管内加入10mL吸收液,关闭氮气,把吸收管串接于冷凝管后,并慢慢将冷凝管从液氧中取出。此时,应让因热膨胀的气体以一个气泡接一个气泡的速度通过吸收管,切忌过快。然后慢慢通入氮气,吹洗至吸收管内溶液不再加深时为止。

5)取下吸收管,与标准比色管进行比色,即可求得乙炔含量。

491. 如何测定气体中的含水量?

答:分析干燥后的气体含水量可以检查它是否符合空分设备加热及仪表空气对含水量的要求,以检查吸附剂的吸附性能。主要的测定方法有两种:

1)重量测定法:用五氧化二磷吸收气体中的水分,使质量增加。从吸收前后的重量差来计算水分含量。具体操作时把掺有五氧化二磷的玻璃丝装入干燥管中,管上端盖一层玻璃丝,然后用分析天平称出重量。

将湿式流量计连在干燥管后面,调节气体流量为每小时60L左右,连续通气100~200L后,停止通气。称量干燥管,记下通入气体体积、温度及大气压力。则

$$水分(g/m^3)=通气前后重量差(g)×1000/[取样气体体积(L)×f]$$

式中——测定状态下的体积换算成标准状态下的气体体积时的换算系数。

2)露点测定法。气体中水蒸气的冷凝温度(即露点)与气体中水蒸气的含量有关。利用

液氮或干冰慢慢冷却金属棒的镜面,气体经过镜面时,其中的水分会在镜面上被冷却而结露。再利用热电偶测量露点温度,即可算出气体中水分含量。

具体操作时要先用四氯化碳擦去镜面污物,吹除管路中的水分,调节气体以 $100\sim200mL/min$ 的流速通入露点仪,再逐渐冷却铜镜面。当接近露点时,温降速度保持在 $3\sim5℃/min$。当出现结露时,根据测得的露点温度,可按表查出它的含水量。或根据测得的露点温度,查出该温度对应的水的饱和蒸气压 p_1,再按下式计算气体中的水分含量 C_s(g/m³):

$$C_s = \frac{p_1(\text{Pa})}{101300(\text{Pa})} \times \frac{18(\text{g/mol})}{22.4 \times 10^{-3}(\text{m}^3/\text{mol})} \times \frac{273(\text{K})}{293(\text{K})} = 0.0074 p_1 (\text{g/cm}^3)$$

492. 在分析液氧中乙炔含量时,采用 mL/L,mg/L,ppm 等不同单位,如何换算?

答:乙炔含量的单位中,分母表示每升(L)液氧,分子表示乙炔的质量(mg)或体积(mL)。另外,还可用体积(折算成标准状态下)分数,或质量分数来表示。由于含量很小,以前用 ppm 来表示百万分之一,现在已不允许采用这个非标单位,可表示成 10^{-6},或 $10^{-4}\%$。

因为乙炔的相对分子质量为 26.04,1mol 气体所具有的标准体积是 22.22L。所以 1mg 乙炔所占的标准体积是 $22.22/26.04 = 0.853mL/mg$。而 1L 液氧气化所占的标准体积是 800L。所以,当乙炔的含量为 1mg/L 时,表示成体积分数是 $0.853 \times 10^{-3}/800 = 1.06 \times 10^{-6}$。当乙炔含量为 1mL/L 时,表示成体积分数为 $1 \times 10^{-3}/800 = 1.25 \times 10^{-6}$。

如果要表示成质量分数,则因液氧的密度为 1.140kg/L;乙炔的密度为 $26.04/22.22 = 1.172g/L$。所以,乙炔含量为 1mg/L 时的质量百分数为 $1/(1.140 \times 10^6) = 0.88 \times 10^{-6}$。乙炔含量为 1mL/L 时的质量分数为 $1.172/(1.140 \times 10^6) = 1.03 \times 10^{-6}$。

493. 为什么要分析液氧中的总含碳量,如何换算?

答:在液氧中,除了乙炔(C_2H_2)以外,还有甲烷(CH_4)、乙烷(C_2H_6)、丙烷(C_3H_8)、乙烯(C_2H_4)、丙烯(C_3H_6)等其他碳氢化合物。这些物质均是可燃物质,有时,虽然乙炔含量没有超标,但是,碳氢化合物含量过高,也有产生爆炸的危险,因此,要求这些碳氢化合物的总量控制在允许范围以内。通常,以每升液氧中的总含碳量来表示,要求总含碳量在 30mg/L 以内。

液氧中碳氢化合物的组分较多,但甲烷约占有 $80\%\sim90\%$,因此,测定碳氢化合物的总含量的方法是将它们在催化剂的作用下加氢转化成甲烷后测定甲烷的含量。当液氧中甲烷的体积分数为 1×10^{-6} 时,即甲烷含量为 0.8mL/L,或是 $0.8 \times 16/22.4 = 0.57mg/L$。由于甲烷的相对分子质量为 16,其中碳占的份额为 0.75,所以,表示成碳含量为 $0.57 \times 0.75 = 0.428mg/L$。如果要控制液氧中总碳量在 30mg/L 以下,就需控制甲烷的含量在 $30/0.75 = 40mg/L = 50mL/L$ 以下,即体积分数在 $50 \times 22.4 \times 10^{-6}/16 = 70 \times 10^{-6}$ 以下。

494. 如何分析测定液氧中碳氢化合物的含量?

答:为了生产的安全,空分设备在生产过程中,要求对液氧中的碳氢化合物的含量进行监测。通常要求对危险性最大的乙炔含量单独测定,同时检测碳氢化合物的总含量。

对于大型空分设备,已开始采用在线分析仪。

1)对碳氢化合物总含量的测定,常用两种测定方法:

用带氢焰检测器的总烃气体分析仪,进行在线连续监测;

用带氢焰检测的气相色谱仪,进行非连续取样测定。

2)测定乙炔含量。采用氢焰气相色谱仪,对乙炔的检测,灵敏度一般应小于 0.1×10^{-6},而对乙炔的监控要求应小于 1×10^{-8},所以难以满足要求。现在有一种放电气相色谱仪,检测的灵敏度高,可以满足检测要求。并且,如果配上合适的样气系统,检测灵敏度可达到小于 4×10^{-9},可有效地保证检测需要。但是这种仪器价格较贵。

495. 空分设备中常用的电动机有哪几种型式,分别用在什么场合?

答:在空分设备中常用的电动机几乎全是三相交流电动机。三相交流电动机又分为异步电动机和同步电动机两大类。同步电动机的转速与电网的频率保持严格不变的关系,即

$$n=\frac{60f}{P}$$

式中　P——磁极对数;

　　　f——电网频率,正常情况为 50Hz;

　　　n——电机转速,r/min。

例如,对两极($P=1$)的同步电动机,同步转速为 3000r/min;对四极电机,$P=2$,$n=$ 1500r/min。而异步电动机的转速总要小于同步转速,它是靠其相位差产生转动力矩的。

异步电动机使用最为广泛。它由定子和转子两部分组成,并分别有定子及转子绕组。定子绕组由外包绝缘的铜(铝)导线制成。随着转子绕组不同,异步电动机又分为鼠笼式及绕线式两种。鼠笼式电动机转子绕组形式像个笼子,一般用浇铸而成。绕线式电动机转子绕组由包绝缘的导线制成,三相绕组每相末端引出一根导线接到滑环上。

鼠笼式电动机的结构简单、运转可靠、造价便宜、启动简单,使用得最多。但功率因数低。在空分设备中的液氧泵、水泵、鼓风机等功率较小的机械都用鼠笼式电动机。

绕线式电动机转子构造比鼠笼式电动机复杂。但它具备鼠笼式电动机没有的特性。在启动时转子线圈中串入电阻器或频敏变阻器,可使启动电流减小而启动转矩增大。调节转子串入的电阻值还可以调节电动机转速。绕线式电动机用在功率较大的空压机、氧压机上。

同步电动机的定子与异步电动机相同,只是转子铁芯上套有直流激磁绕组,它有两根引出线接到两个滑环上,由外界供给激磁直流电,以便形成恒定磁极。同步电动机的转速不随负载大小变化而变化。此外,它的电能利用率高,也就是功率因数高。同步电动机主要用在空气压缩机、氧气压缩机这种要求恒速的、功率较大的设备上。

496. 异步电动机有几种启动方法,应注意什么问题?

答:一般电动机在启动时,电机定子从电网中取用的电流约为电机额定电流的 5～7 倍。小电机启动后经一两秒钟,随转子转速逐渐升高,电流迅速减小;而大电机要经十几秒,甚至几十秒后转子才能达到稳定转速。即要到启动结束,电流才降为额定值左右。

异步电动机启动电流大,会对使用带来什么问题呢?如果这台电机使用时启动次数频繁,电机则会由于启动电流的影响而发热严重,会影响电机正常使用寿命。此外,如果所使用的电机启动次数虽然不频繁,当它的容量超过电源变压器容量的 30% 时,由于启动电流大,会造成变压器对外供电的输电线上的电压降过大,从而影响接在同一台变压器上的其他用

电设备的工作。因而在启动时必须采取一定的措施，以限制启动电流不致过大。由于使用电机种类不同，生产情况不同，所以电机启动方法也不同。

对于鼠笼式电动机，只要电网许可，并且启动次数不太频繁，应尽量采用直接启动。即将定干绕组接好后，直接接入额定电压。采用直接启动最简单也最经济，不需要启动设备。如果鼠笼电动机容量相对较大，为限制它的启动电流，一般采用降压启动。降压启动是在电机启动时不给电机加上额定电压，而是加上一个较低的电压。这样可以大大降低启动电流。常用的降压方法为 Y-△启动。这种方法可用于风机、水泵等启动负载较小的电机上。降压启动方法较多，但鼠笼电机采用 Y-△启动，所用的设备简单，体积小，重量轻，易维修，价格低，所以最常用。

绕线式电动机在启动时常带较重负载，为限制启动电流，采用定子接额定电压而转子电路中串入电阻或频敏变阻器。这种方法既能减小启动电流，又可增大启动转矩。

497. 同步电机用什么方法启动，应注意什么问题？

答：同步电动机转动原理是：

定子接通三相电，产生磁场在旋转。

转子接通直流电，转子磁极就出现。

旋转磁场吸转子，转子跟着同步转。

以两极同步电动机为例，定子旋转磁场以 3000r/min 的转速旋转，但转子和转轴上所连的机械是有惯性的，启动时它还没有来得及转起来，定子旋转磁场平均作用力矩为零，所以同步电动机自己不能启动。

同步电动机常采用异步启动法。就是在转子磁极的极掌上装有和鼠笼式异步电动机转子绕组相类似的启动绕组，让同步电动机像异步电动机那样先启动起来。等到电动机的转速接近同步转速时，把转子线圈倒到直流电源上，使转子励磁。这时，旋转磁场就能紧紧牵引住转子一起转动起来，以后两者的转速就保持相等。

11 安 装

498. 对氧气管道法兰的垫片有什么要求?

答:为了保证氧气生产的安全,对氧气管道法兰的垫片要求采用不含油脂的非可燃物质。并且,对不同压力的氧气管道的垫片,选用不同的材质,如表 39 所示。

表 39 氧气管道法兰的垫片

工作压力 p/MPa	垫 片
≤0.6	橡胶石棉板
0.6~3	缠绕式垫片,波形金属包石棉垫片,退火软化铝片
>10	退火软化铜片

499. 对氧气管道的材质有什么要求?

答:氧气在一定条件下,尤其是在高压下,遇到摩擦、冲击和火花,有可能与钢中的碳反应,所以,对氧气管道,根据压力和敷设方式,对材质除按表 40 所示的要求外,在压力或流量调节阀组的下游侧,应采用一段长度大于管外径 5 倍、不小于 1.5m 的不锈钢管(GB2270—80)或铜基合金管;在氧气放散阀的下游侧的工作压力大于 0.1MPa 的氧气放散管段,也应采用不锈钢管。

表 40 氧气管道管材的选用

敷设方式	工作压力 p/MPa		
	≤1.6	>1.6~≤3	≥10
	管 材		
架空或地沟敷设	焊接钢管(GB3092—82) 电焊钢管(YB242—63) 无缝钢管(YB231—70) 钢板卷焊管(A_3)	无缝钢管(YB231—70)	铜基合金管
埋地敷设	无缝钢管(YB231—70)		

铜基合金管是指铜管或黄铜管。

钢板卷焊管只用于压力小于 0.1MPa,且管径超过现有焊接钢管、电焊钢管、无缝钢管产品管径的情况。

500. 氧气管道用的阀门,在材质上有什么要求?

答:在阀门处是气流发生扰动、冲击最厉害的地方,为了安全,工作压力为 0.1MPa 或 0.1MPa 以上的压力或流量调节阀的材质,均应采用不锈钢或铜基合金,或以上两种材料的组合。

阀门的密封填料,应采用石墨处理过的石棉或聚四氟乙烯材料,或膨胀石墨。其他阀门所用的材料随工作压力而异,见表 41 所示。

表 41　氧气阀门材料的选用要求

工作压力 p/MPa	材　　料
<1.6	阀体、阀盖采用可锻铸铁、球墨铸铁或铸钢
	阀杆采用碳素钢或不锈钢
	阀瓣采用不锈钢
≥1.6～3	采用全不锈钢、全铜基合金或以上两种材料的组合
>10	采用全铜基合金

501. 在对氧气管道试压、试漏时,对试验介质及压力有什么要求?

答:管道试验分为强度试验和严密性试验两种。强度试验的压力高于工作压力。在以气体作强度试验时,应制订有效的安全措施,并经有关安全部门批准后进行。

试验用的空气或氮气,必须是无油脂和干燥的;水应是无油和干净的。不同试验所用的介质和试验压力见表 42。

表 42　氧气管道试验用的介质和压力

管道工作压力 p/MPa	强度试验		严密性试验	
	试验介质	试验压力/MPa	试验介质	试验压力/MPa
≤0.1	空气或氮气	$1.1p$	空气或氮气	$1.0p$
≤3	空气或氮气	$1.15p$	空气或氮气	$1.0p$
>10	水	$1.5p$	空气或氮气	$1.0p$

502. 怎样安装小型分馏塔?

答:小型分馏塔的安装顺序为:

1)根据制造厂图纸和当地土壤条件做好基础。清洗好基础孔,准备好 10 块左右的垫铁(推荐为 100mm×60mm×15mm,斜度比为 1:12)。检查木箱外表,后开箱清点备、配件;

2)根据不同分馏塔重量选择合适的钢丝绳,将塔平吊在枕木上,进行气密性试验;

3)把钢丝绳扎捆在上筒壳下部,四周用 10mm 左右的木板垫好,以防外壳变形,然后用吊车吊到规定的位置;

4)分馏塔就位后,穿好垂直线,调整垫铁使分馏塔垂直度小于 1/1000;

5)装上底脚螺钉。底脚螺钉安装法有两种:一种是利用分馏塔底板孔,另一种是用压板将底板压住。并进行一次灌浆;

6)灌浆后保养 7 天,将螺钉拧紧后再次复查塔的垂直度有否变化。然后将垫铁和底板点焊牢,四周进行封浆;

7)安装好连接管路,并对连接管法兰、焊口进行气密性检查。一般用肥皂水检查无气泡为合格;

8)打开分馏塔顶盖小盖板,充满珠光砂;

9)装上安全阀(事先应校验好启跳压力)、温度计、液面计、流量计等附件；

10)装上加温炉和分馏塔连接管路及其附件，并经 0.5MPa 的气密性检查。

503.分馏塔安装不垂直为什么会影响氧、氮的纯度？

答：安装分馏塔时，必须注意筒壳外边的上、下两块"垂直校正铁"，其垂直度不得大于 1/1000。如果分馏塔安装得不垂直，那么就意味着塔板不水平。这样，在分馏塔运行中，塔板上液体层的厚度就会不均匀，有的地方厚一些，有的地方薄一些，甚至有的地方没有液体。液层薄的地方阻力小，从小孔上升的蒸气量就多；液层厚的地方阻力大，通过的蒸气量就少，甚至没有。

空气在分馏塔塔板上的精馏过程就是依靠上升的蒸气和塔板上的液体之间的传质和传热的作用，气、液在塔板上接触越充分，精馏过程就越完善，也就越有利于氧、氮分离。

由于塔板上的液层厚度不均，薄处通过的气体量过多，流速很高，和液体接触的时间很短，蒸汽中的氧不能得到充分冷凝，相应地放出冷凝热就少，液体中的氮分子就得不到充分的蒸发，这就影响氧、氮的分离。液层厚处的上升蒸气量少，气体中的氧虽冷凝得很充分，但因量少，冷凝潜热也很少，液体中的氮蒸发量也就少，也影响精馏。由于塔板的精馏效率降低，氧、氮纯度就会受影响。影响的程度根据塔板的倾斜程度不同而异。

若分馏塔在运输过程中，把筒壳外边上下两块校正铁碰断或丢失时，应将分馏塔内的珠光砂卸出，从上塔顶至冷凝蒸发器挂一垂直线，从上、中、下测定垂线与塔体的距离，其垂直度偏差不得大于 1/1000。每隔 90°测一次，测得值要基本一致。若不一致，可用分馏塔底加垫铁进行调整，使其达到要求。为了下次便于检查垂直度，在塔的外壳(离地 6~7m 处)焊上带有 ϕ1mm 小孔的校正铁，吊上重垂线，在外壳离地 150mm 处焊上校正铁板，并在垂直中心处的校正板上打上点，便于今后检查。

504.怎样对小型分馏塔进行气密性试验？

答：分馏塔在出厂前已做过气密性试验，但由于运输中振动，可能会导致设备损坏。因此，在安装前应再次做气密性检查。此外，空分塔在运转后如果发现筒壳结霜严重，或大修后也需做气密检查。具体方法如下：

1)准备工作。试验用的气源应是无油、干燥的空气或氮气，压力要高于热交换器最高压力。试验用的压力表应经校验准确，忌油，精度高于 1.5 级，表盘直径大于 ϕ100mm，盘上的刻度应满足量值的要求(量值应在刻度盘的 1/3~2/3 之间)。高压空气进口法兰和氧、氮、馏分出口法兰用盲板密封，膨胀机进出口可利用阀关严。拆除安全阀，换上试压用的闷头螺塞。

2)热交换器管内试验。关闭高压空气节流阀和膨胀机高压空气进口阀，装上高压压力表并打开其阀门。打开下塔和上塔各一个吹除阀，气源从吹—2 阀引入，打开吹—1 阀检查有无气排出，然后关闭。当热交换器压力升到 1MPa 时暂停进气，检查外部连接部位有无漏气。若有漏气，应排放掉气体，待消除后再次进行升压。每上升 1MPa，暂停进气，检查一次，直至达到设备允许的最高工作压力。拆除气源进气管接头。用肥皂水检查高压空气进口法兰、膨胀机进口阀、高压吹除阀和压力表等处有否漏气。待消除外部泄漏后方可进行停压试验。将热交换器升至最高工作压力后，停压 1h，压力无明显下降为合格。

3)下塔系统压力试验。关闭液氮节流阀、液空节流阀、液空去氩塔的阀门。关闭下塔系统的吹除阀、分析阀、液面计上、下阀及加温阀。打开上塔吹除阀,装好压力表并打开其阀门。缓慢打开高压空气节流阀,使下塔压力慢慢上升。当压力升至 0.3MPa 时暂停升压,用肥皂水检查外部连接法兰、阀门是否有漏气。检查的部位有:膨胀机出口阀、中压安全阀、乙炔吸附器安全阀的接头、下塔、乙炔吸附器加温阀及其吹除阀、液空液面计上、下阀、液氮、液空分析阀、氮氩吹除阀、高压空气节流阀和通—1阀的密封填料处。消除漏气后,可继续升压。当压力达到 0.6MPa 时,对上述部位再检查一遍。消除外部漏气后方可进行停压试验。排除热交换器压力,下塔系统在 0.6MPa 压力下停压 2h,压力无明显下降为合格。

4)上塔系统压力试验。关闭分馏塔筒壳的所有阀门和氩塔连接阀门。然后打开馏分抽出阀,装上上塔压力表并打开其阀门。缓慢地打开液氮节流阀,使上塔压力慢慢上升。当其压力达到 0.03MPa 时暂停升压。用肥皂水检查上塔安全阀接头,氧、氮、馏分出口法兰,上塔加温、吹除阀,液氧排放阀,液氧、气氧、氮气分析阀,液氧液面计上、下阀,液空、液氮节流阀和馏分抽出阀的密封垫料压帽处等有否漏气。消除漏气后将压力升到 0.065MPa,排放掉下塔和热交换器内的气体,停压 2h,上塔压力应无明显下降为合格。

塔内气密性试验合格后,拆除盲板和螺塞,将设备管路连接好。此后只需将该系统升至工作压力,用肥皂水检查法兰及焊口无冒泡就可投入运转。

505. 如何正确安装和使用分馏塔空气进口和返流气出口的温度计?

答:分馏塔空气进口和返流气出口的温度计是用来测量其温差的。进塔空气温度与出塔返流气温度之差称"热端温差",这是操作的重要依据之一。小型空分设备多用玻璃温度计测量其温度。若温度计安装不正确,指示值不准确,就有可能造成误操作。

在操作中,有以下几种不正确的使用情况:

1)不测量热端温差。管道中不接温度计接头;有的有温度计接头,但不装温度计;

2)没有温度计接头,只是把温度计直接捆绑在管道上测量温度;

3)把温度计插管直接装在管道的外壁上,测温部位不与介质接触;

4)虽然把温度计接头插进流体管内,但测温部位仍不能与介质接触;

5)温度计本身不准,测得返流气体的温度比空气温度高,热端温差是负的,也未发现其问题;

6)测定温度时,把温度计从套管里抽出来再读数。

正确的安装、使用方法是:先在空气进口管和返流气管离地约 1.6m 处分别开孔,并焊上与主管道成 45°的温度计接头。若用铂电阻温度计或带金属外壳的玻璃棒温度计,应将测温元件点插入主管道内径 1/3~1/2,使测温元件对准流体。若是采用普通玻璃棒温度计,应事先用 ϕ12mm×1.5mm 的 T2 紫铜套管,尾端缩口焊密封,套管的长度约 100mm,插入主管的长度视管道直径而定,然后将其焊在主管道上。在使用时,在紫铜套管内要注入甘油,以减小测温误差。所用的温度计应经校验,误差不应大于±0.2℃。在检测温度时,不能把温度计从套管中抽出来看。

506. 空分塔对基础有什么要求?

答:空分塔对基础有下列要求:

1)为确保精馏塔板的水平,应尽量避免基础的不均匀沉降;

2)应采取有效的隔冷、散冷和防水、排水措施,以防地基发生冻胀和基础破裂;

3)应尽量选择在地势较高,地下水位低,地表排水良好和地基冻胀性小的场地上;

4)严禁采用易燃、易爆材料。

为使基础防冻和抗渗,其表面需有一层细石混凝土,必要时四周需加铜皮或铝板的金属防水层。基础本体采用具有防水和抗冻性能的混凝土(200 号防水混凝土)。为了减少跑冷,上部应敷设一层厚度不小于 300mm 的珠光砂混凝土砂浆、其抗压强度不得低于 7.5MPa,热导率不得大于 0.2W/(m·℃),并且不得有裂纹。

为了防止地下水冻结,基础本身可设有通风孔,或在基础下部土层中埋设通风管,并做好基础四周的排水工作。基础标高一般为 800~1000mm。

为监视基础在使用过程中的温度变化和标高变化,在隔冷层上、下及基础底面应设置测温点,基础表面四周应埋设沉降观测点。

507. 空分塔内管路安装应注意什么问题?

答:当空分塔由常温转到低温时,经常出现管道拉裂、阀门卡住等现象。其原因主要是安装预应力过大及冷补偿不好。为减少安装预应力及冷变形应力,安装中应做到:

1)配管时一般应先大后小,先难后易,小管让大管,热管让冷管;

2)在容器、阀门定位后,按实际情况配制管道。当阀门与管道连接焊口错位过大时,不要勉强安装;

3)据现场经验,一般每道焊口冷却后约冷缩 1.5mm。为此,凡与阀门、容器联结法兰处的安装焊口可视具体情况,在焊前将连接法兰不加垫片而拧紧法兰螺栓,待焊后再加进垫片,这样可降低螺栓预紧力及管道应力;

4)将阀门吊架改成刚性支架,可防止管道冷缩时阀门产生位移而造成阀杆变形;

5)在安装、查漏中,要避免将小管和阀杆当脚手架;

6)空分塔的温度变化很大,从常温降至 -190℃。温度的变化会引起管道的热胀或冷缩,所以在管路的设计中要考虑冷热的补偿问题。在实际安装中,对设计考虑不周的部位应增加管道弯头或增加膨胀节来补偿。

508. 如何减少保冷箱内由于配管不当造成的冷损?

答:保冷箱内的管路多数为低温液体或低温气体管路,但它们的温度水平也不同。为了尽量避免不必要的冷损,在配管时应注意下列事项:

1)各管路不得相碰,冷热管不应靠得太近,间距应大于 100mm。最好不要相互平行布置;

2)各种液体管路或冷管应尽量靠近内部冷容器,而气体管路布置在液体管路之外;

3)气体管路离保冷箱壁的距离(也就是绝热层厚度)应在下列范围:在 -50~-130℃时,应大于 200~400mm;在 -130~-196℃时,应大于 300~600mm;

4)液体排出管路应特别注意防止液体不断气化而增加的冷损。引出管宜向上倾斜,并在靠近保冷箱约 800mm 范围内做成向上的弯管,高度约为 6~10 倍直径,但不得小于200mm。图 140 所示的为不合理的配置,整根排液管都充满了液体,而靠近保冷箱外壳处由于温度升高,管内液体将气化。气泡向上运动又会返回容器内,同时新的液体又继续下流。这样不断往返,整根管内始终有液体不断气化,四周筒壳温度降低,产生冷结霜现象,甚至冻裂保冷箱体,冷量不断地散失掉。而图140的配置较合理。当阀门关闭时形成一个液封,液体不会不断流到阀门侧气化。有的对液体排出管路加有加温套管,以防冻结;

5)为了减少通过管路及设备支架的冷损,安装时应加导热性能差的石棉垫。

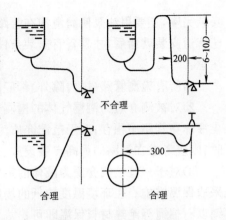

图140　液体排出管的配置

509. 氧气管道在安装时应注意什么问题？

答:安装时应注意以下事项:

1)氧气管道内氧气流速按 GB50030－91《氧气站设计规范》规定:压力大于 10MPa 时,氧气流速应小于 6m/s;压力在 3MPa 至 10MPa 时,流速不应大于 10m/s;压力为 0.1MPa 至 3MPa 或以下时,不应大于 15m/s;

2)在阀门前后、弯管、变径管三通等部位,应采用铜管或不锈钢管;

3)弯管直径大于 5 倍的管径,弯头前后应有大于 3 倍直径的直线管段;

4)填料及法兰密封垫应采用不易燃烧的无棉石棉、聚四氟乙烯、退火铜片、退火铝片等物质;

5)氧气管道必须清洗、脱脂后才能进行安装;

6)厂房内氧气管道,应沿墙壁或支柱敞露敷设。所有管道的连接点及其附属设备,应置于醒目和便于检查之处;

7)敞露敷设的情况下,允许氧气管道与其他管道同时敷设,但氧气管应敷设在单独的支架或吊架上,并应敷设在其他管道之上。氧气管与其他管道间的距离大于 250mm;

8)敞露敷设时,氧气管道与绝缘电缆间的距离大于 500mm,与裸电线间距离大于 1000mm。禁止与动力线、照明线、电话线敷设在同一沟道内;

9)当氧气管道穿过天花板、间壁及其他建筑结构时,氧气管应置于大套管中。套管直径应大于氧气管直径 10～20mm。处于套管内的氧气管段,应该没有焊接接合处。在套管的两个端点处,氧气管道与套管间的缝隙应用石棉或其他不燃烧的纤维质材料填塞;

10)地下氧气管道,当需通过土路、公路和铁路时,也应装在套管内。套管内的氧气管应尽量减少焊接接合处;

11)输送潮湿氧气的地下管道应敷设在冻结线以下。干燥氧气的地下管道,可以敷设在冻结线以上,但深度不小于 0.8m,以免地面运输负荷导致管道断裂。其他规定可按有关规定执行;

12)氧气管道应有导静电的接地装置;

13)安装氧气管道前,应认真学习、理解 GB50030－91《氧气站设计规范》的有关规定。

510. 仪表检测管路的安装有什么要求？

答:凡用于氧气通路的所有仪表管路及管件,在安装前均要用四氯化碳或酒精进行严格脱脂处理。对润滑油系统的检测管路,应注意清除内部的锈皮、杂质,以保持润滑油的清洁。

安装完毕,还要用油泵使润滑油在管路内反复循环,进一步清洗。检测管路只有在设备及工艺管道安装就绪后,才具备有安装条件。它的安装质量将影响到仪表测量的精度,安装时应注意:

1)所有检测管路(塔内除外)都应在测点一端装活节头或截止阀,以便吹除和检修;

2)对被测介质为潮湿气体的检测管路,应在其管路的最低点上设置冷凝排除装置,以防止液体在管路中积存;对于被测介质为液体的检测管路,当管路和仪表处在高于测点的位置时,则应考虑在管路的最高点装设放空阀,以防止气体在管路中积存;

3)对于一些被测介质为液体的室外检测管路,为了防止冬天结冰阻塞和冻裂管道,必须采取保温措施。在环境温度较低的场所,可采用蒸汽或电加热保温。一般情况下,在管路上缠以石棉绳等绝热材料保温即可;

4)在测量活塞式压缩机及类似设备的压力时,必须在管路中加减振器,以防止压力表元件损坏。减振器通常是采用带节流孔的缓冲容器,或者直接用针阀来代替截止阀;

5)用于蒸汽或其他冷凝气体的近装式仪表的检测的管路上,必须加环形或 U 形冷凝隔离管,以防止测量元件过热;

6)对于流量和液位的正、负压检测管路,应尽可能保证其长度和弯头数量一致,以使得正、负压管路的阻力相同,消除因管路局部阻力所引起的仪表误差;

7)凡是在塔内的仪表检测管应用胶木板夹住,再固定在角铁架、槽钢上,严禁铝管直接与角铁、槽钢接触,防止电位差引起铝管的腐蚀。

511. 阀门在安装时应注意什么?

答:安装时应注意:

1)阀门一般应在管路安装之前定位。配管要自然,位置不对不能硬扳,以免留下预应力;

2)低温阀门在定位之前应尽量在冷态下(如在液氮中)做启闭试验,要求灵活无卡壳现象;

3)液体阀应配置成阀杆与水平成 10°倾斜角,避免液体顺着阀杆流出,冷损增加;更主要的是要避免液体触及填料密封面,使之冷硬而失去密封作用,产生泄漏;

4)安全阀的连接处应有弯头,避免直接冲击阀门;另外要保证安全阀不结霜,以免工作时失效;

5)截止阀的安装应使介质流向与阀体上标示的箭头一致,使阀门关闭时压力加在阀顶的锥体上,而填料不受负荷。但对不经常启闭而又需要严格保证在关闭状态下不漏的阀门(如加温阀),可有意识地反装,以借助介质压力使之紧闭;

6)大规格的闸阀、气动调节阀应该竖装,以免因阀芯的自重较大而偏向一方,增加阀芯与衬套之间的机械磨损,造成泄漏;

7)在拧紧压紧螺钉时,阀门应处于微开状态,以免压坏阀顶密封面;

8)所有阀门就位后,应再作一次启闭,灵活无卡住现象为合格;

9)大型空分塔在裸冷后,在冷态下对连接阀门法兰预紧一次,防止常温不漏而在低温下发生泄漏的现象;

10)严禁在安装时把阀杆当脚手架攀登。

512. 安全阀的起跳值是多少，如何进行调整？

答：安全阀是一种自动阀门，它的作用是保证机器或设备不致因超压而损坏。安全阀的起跳压力在工作压力 $p \geqslant 0.6MPa$ 时，应为 1.05～1.1 倍的工作压力；当工作压力 $p <$ 0.6MPa 时，应为 1.2～1.25 倍的工作压力。当压力超过规定值时，阀门就自动开启，排除部分气体使压力复原，阀门就自动关闭。安全阀在安装前，应根据使用情况调试后才准安装使用。安全阀一般每年至少校验一次。

安全阀宜在系统上进行调整，并应在工作压力下不得泄漏，然后予以铅封。

安全阀分弹簧式和杠杆式两种。弹簧式安全阀阀盘与阀座的密封是靠弹簧的作用力；而杠杆式安全阀的密封是靠重锤通过杠杆的作用力。弹簧式安全阀是通过上部的调节螺钉改变弹簧的压紧程度，压紧弹簧则起跳压力升高。在起跳压力调好后，应将锁紧螺母拧紧，防止调节螺钉松动，使起跳压力自行改变。同时应盖上罩壳，加以铅封，不得再任意变更。杠杆式安全阀是通过重锤在杠杆上的位置或改变重锤的重量来调整起跳压力。调整好后应加固定，并置于铁盒内加以保护，防止擅自移动位置。

513. 怎样正确安装自动阀？

答：自动阀未装入自动阀箱之前，须拆洗干净，并用干净的酒精去油。若已经过使用，自动阀必须研磨密封面，然后用专用工具试压。按制造的要求，在 0.6MPa 的压力下，其漏量小于 0.1L/min。实际工作中可盛煤油检漏或采用肥皂水检漏，先把自动阀装在专用工具内，通入 0.6MPa 压力，停压 3min，漏气量的标准是：3min 内吹出的直径为 40mm 的肥皂泡不得多于 6 个。经试压合格的自动阀应上好开口销备用。特别注意开口销一定要用耐低温的黄铜或不锈钢制品，不能随便用一般的开口销代用。

在空分塔安装完毕，并把蓄冷器（或切换式换热器）和塔内管道中的杂质彻底吹除干净以后，分馏塔准备加热以前，把自动阀装入自动阀箱内。自动阀箱应清洗干净，并用酒精去油。安装的方法是先装上面一层，后装下面一层。装的时候要注意将垫圈放正，特别是纯铝垫要完整。拧紧压紧螺母时要对称均匀用力。

在运行中若发现自动阀卡住，应将自动阀拆下，放在液氮中浸泡 15min，检查自动阀的灵活性。将卡死的阀挑出，适当加大阀杆与阀座孔之间的间隙。

514. 低温法兰泄漏有哪些原因，如何处理？

答：法兰是靠螺栓来连接管道、阀门的。低温法兰在常温下装配，低温下工作，往往出现常温下不漏，低温下泄漏的现象。

最容易发生泄漏的是液空、液氧吸附器、自动阀箱和膨胀空气过滤器的大法兰。

造成法兰在低温下泄漏的主要原因是法兰与螺栓的材质不同，线膨胀系数不同，在低温下收缩不一致。低温法兰是铝制的，而铝螺栓丝扣易磨损，因此，一般采用钢制螺栓。铝的线膨胀系数为 2.34×10^{-5}～$2.38 \times 10^{-5} ℃^{-1}$，而碳素钢的线膨胀系数为 1.06×10^{-5}～$1.22 \times 10^{-5} ℃^{-1}$，不锈钢（1Cr18Ni9Ti）的线膨胀系数为 $1.66 \times 10^{-5} ℃^{-1}$。在低温下铝的收缩比钢大，造成法兰盘连接松动。因此，应采用强度高的不锈钢或铜螺栓，在常温下施以预紧力，在裸冷结束后再均匀地拧紧。

其次,有的制造厂先加工法兰的肩圈,后焊接。焊接后会产生变形,使密封面高低不平,但已不再上车床加工。因此需要将法兰面修刮、铲平,在平板上研磨。建议制造厂改变工艺,焊接后再上车床车平。

再次,在安装时,如果垫片未放进垫片槽内,或垫片未对中;垫片上涂的低温密封胶或浸蜡涂层太厚;管路对中不好,造成法兰结合面歪斜;拧螺栓时施力不匀,不按对角方向拧紧等均可能造成法兰面泄漏。在安装时应认真、仔细。

现代的空分设备,为了减少低温法兰的泄漏现象,很少用法兰结构连接,尽量采用直接焊接结构。

515. 管道及设备如何进行脱脂?

答:管道及设备的脱脂首先应选好脱脂剂,对于脱脂剂可参照表43选用。

常用的脱脂方法有4种:灌注法、循环法、蒸汽冷凝法、擦洗法。空分塔、液氧容器以及管路的脱脂方法及脱脂剂用量列于表44中。脱脂质量可按脱脂后脱脂剂内含油量的相对增加量检定。一般内表面脱脂合格标准为:再次清洗时脱脂剂内含油相对增加量不大于20mg/L。外露表面的脱脂合格标准为:用白色滤纸擦拭脱脂表面,纸上看不出油渍。

脱脂时需要注意以下几点:

1)含油量小于50mg/L的脱脂剂可作为净脱脂用,含油量在50~500mg/L范围的脱脂剂,则只能作粗脱脂用,而后必须以净脱脂剂进行再次清洗。含油量大于500mg/L的则必须蒸馏再生,并检验其含油量后才能用来脱脂;

2)如果管道、阀件和设备在制造后已脱脂、并封闭良好,安装时可不必脱脂;

3)四氯化碳、水洗涤剂对金属的腐蚀性较强。为抑制其腐蚀性,应采用抑制添加剂如下:每升四氯化碳可添加1.34g酚和0.96g苯甲酸;水洗涤剂可在每升水内添加1g二铬酸钾或2g亚硝酸钠(不适用于有色金属脱脂);

4)因脱脂剂具有毒性或爆炸性,使用时必须注意防止中毒和形成爆炸混合气。

表43　脱脂剂选用表

脱脂剂名称	适 用 范 围	附 注
四氯化碳	铸铁件、钢、合金钢制件,铜制件	有毒
95%乙醇	铝制件	易燃、易爆
碱性清洗	油污较多的管道	10%氢氧化钠溶液加热至60~90℃,然后用15%硝酸中和,并用清水冲洗

表44　空分塔、液氧容器、管路的脱脂

设备种类		脱脂方法	脱脂剂	脱脂剂用量/L	脱脂时间/h
空分设备容量/m³·h⁻¹	20	灌注法	四氯化碳	145	1/2~2
	50	灌注法	四氯化碳	170	1/2~2
	150	灌注法	四氯化碳	200	1/2~2
	300	循环法	四氯化碳	500	1/2~2
	1000	循环法	四氯化碳	700	1/2~2

设备种类		脱脂方法	脱脂剂	脱脂剂用量/L	脱脂时间/h
类型	1500	循环法	四氯化碳	1100	1/2~2
	3200	循环法	四氯化碳	3500	1/2~2
			四氯化碳		
液氧容器	150~4000m³	蒸汽冷凝法	四氯化碳	0.3L/m²	0.1~0.5
	10t 以上贮槽	擦洗法	四氯化碳	(表面积)	
杜瓦容器/L	5	灌注法	四氯化碳	2	1/6~1/3
	10	灌注法	四氯化碳	4	1/6~1/3
	15	灌注法	四氯化碳	6	1/6~1/3
	25	灌注法	四氯化碳	10	1/6~1/3
管子公称直径/mm		15	20	25	50	80	100	125	300
每米管子脱脂剂用量/L		0.12	0.2	0.3	0.6	0.8	0.9	1.0	2.3

516. 空分设备的试压和检漏如何进行？

答：试压和检漏都是空分设备的气密性检查。其目的是考查安装、配管和焊接质量。空分设备的试压有两种：一是强度试压，考验设备安全性，一般是单体设备在制造厂或设备运抵现场后在安装前进行。二是气密性试验，目的是查漏。一般空分设备在安装中的全系统试压均指后一种而言。气密性试验的压力等级与试验方法视所试的对象而不同，应按制造厂的技术文件规定进行。一般空分设备安装后要进行全系统试压并计算残留率。残留率要求到95％以上为合格。残留率的计算方法如下：

$$A = \frac{p_2 \cdot T_1}{p_1 \cdot T_2}$$

式中　A——残留率，％；

p_1——停压前的气体绝对压力，MPa；

T_1——停压前的气体绝对温度，K；

P_2——停压后的气体绝对压力，MPa；

T_2——停压后的气体绝对温度，K。

517. 在试压时应注意什么问题？

答：在现场做气压试验主要是检查设备气密性。在试压时应注意下列问题：

1)严禁用氧气作为试压气源；

2)对试压后不再脱脂的忌油设备，应用清洁无油的试压气源；

3)对试压用的压力表应经校验，予以铅封后方得使用。试压前应仔细检查压力表阀是否已经打开；

4)试压时，不能对试压容器用锤敲击；

5)试压时，不能拆卸或拧紧螺钉；

6)用氮气瓶或压力等级较高的气源向较低压力的容器充气试压时，应安装减压阀，严禁直接充气。

7)试压充气达到规定压力后,应将充气管接头拆除。

518. 怎样装填分子筛纯化器的分子筛?

答:在充装分子筛前,要检查筛床不能有漏分子筛的问题,否则要进行处理。罐内不能有油及其他杂物;参加充装的人员不能穿有带钉子的工作鞋,以免踩坏筛床;要穿干净的、不能有油的工作服。在中间部位要做几个标准高度标记,先检查环室,并充装铝胶达到标准高度,然后充装分子筛。因分子筛用量大,一般不同窑次生产出的分子筛有些差别,所以,要将同一批窑的分子筛均匀地对两个分子筛罐进行平均充装。充装完成后先用扒平机构扒平,检查分子筛充装是否达到标准高度(环室内已被分子筛埋在下面)。再次对分子筛进行扒平工作,直到筛床上的分子筛平整,没有凹凸问题。检查无问题后可认为充装工作结束。

对有器外活化条件的用户,按下述步骤进行:

1)首先将准备装填的分子筛彻底活化、待填;

2)拆开准备装填分子筛的纯化器顶部的空气进口管和过滤管;

3)把经活化后的分子筛装入器内,装满为止,并注意记下装填分子筛的数量。为了装填密实,可用木锤在筒体的封头上敲击;

4)分子筛装完后,再装回管路、过滤管和阀门。并应注意:连接法兰的螺钉应均匀、对称地拧紧;阀门需经脱脂后装好填料;氮气加温阀的填料还应采用耐高温的膨胀石墨或石棉线。

对没有器外活化条件的用户,可将分子筛筛去粉末后直接入装纯化器内,装填步骤和注意事项与上述 2)、3)、4)相同,所不同的仅在于对新换上的分子筛,在装置内还有待进行再生后才能使用。具体的再生方法参看题 519。

519. 怎样在纯化器内对分子筛进行活化处理?

答:对于新换上的没有经过活化的分子筛,还要在装置内先进行活化再生。具体的再生方法和步骤如下:

1)打开第一组纯化器的空气进、出口阀和第二组纯化器的氮气进、出口阀,关闭第一组纯化器的氮气进、出口阀和第二组纯化器的空气进、出口阀;

2)将空压机出口压力保持在最高允许压力,引入少量高压空气进入分馏塔(约 350m³/h),经节流降压至 0.05MPa,全部经氮气出口管进入纯化器加热炉;

3)控制加热炉出口温度为 350～400℃,对第二组纯化器进行活化,当其出口管温度达150℃时可切断电源;

4)继续用空气冷吹,当加热炉出口温度降至约 100℃时,停止供气,并打开夹套冷却水进口阀,让其自然冷却至室温。这样,已经再生好的这组纯化器(第二组纯化器)即可供分馏塔加温时使用。

5)当分馏塔开始加温时,再密切注意对另一组未经活化过的纯化器(第一组纯化器)的再生。初次再生的进口温度仍控制在 350～400℃,并在出口温度达 150℃时切断电源,然后吹冷至室温备用。

利用系统活化分子筛应注意以下问题:

1)空压机要保持最高允许压力,进纯化器前的空气温度应尽可能低,水分离器要及时给予吹除,以减少带入纯化器的水分;

2)通过纯化器的高压空气气量,应尽可能地少,多余的气量可在进纯化器前排放掉,而分馏塔的节流空气要全部引入加热炉;

3)开始使用的纯化器切换周期要缩短,当另一组再生好时就应切换,切换后就应立即再生,工作三昼夜后才可按正常切换;

4)纯化器再生前,要调整好仪表,使其自动控制的仪表动作灵敏、准确。

520.空分塔为什么要吹除,怎样正确地进行吹除?

答:吹除是靠气流的冲击夹带作用去除固态杂物和游离水的操作,同时还能驱逐设备内所存的部分热量和冷量。在安装和检修后设备容易残存固态杂物和水滴,所以应该吹除;装置停车时为驱逐部分冷量应该吹除;加温操作后为驱逐部分热量、并进一步清除水分也应吹除。

吹除的方法大致有两种:连续吹除和间断吹除。所谓"连续吹除"就是吹除阀始终打开,延续一段时间的吹除方法。所谓"间断吹除"即吹除阀时关、时开,关闭时憋高压力后再突然打开,反复进行。这种方法对清除固体杂物及游离水效果较好。因憋压时增加了压差,打开吹除阀时气流速度加快,冲击夹带作用增强。

吹除过程假如不用干燥气体,遇到冷设备水分会达到饱和,水分就有可能在设备内析出,甚至水分结冰而冻坏管道和设备。而且,吹除完毕后设备内残存的是湿气体,温度变化时就容易析出水滴。欲达设备干燥的目的,吹除最好用干燥的气流。对冷设备,在温度未升到0℃以上时,切忌用湿空气进行吹除。

吹除的程序是把塔外管道先吹刷干净,防止杂质带入塔内;塔内首先吹刷空气热交换器,再吹刷下塔,最后吹刷上塔及液氧、液氮排放系统。

521.什么叫裸冷,为什么要进行裸冷?

答:塔内管路、阀门及现场安装的空分设备,在全部安装完毕、并进行全面加温和吹除后,在保冷箱内尚未填保冷材料的情况下进行开车冷冻,称为"裸冷"。

裸冷是对空分设备进行低温考核。其目的在于:

1)检验空分设备的安装或大修质量。如:检查管道焊缝及法兰连接处是否有漏点;

2)检验空分设备及管道、阀门在低温状态下冷变形情况及补偿能力;

3)检验设备和管路是否畅通无误;

4)在低温下进一步拧紧对接法兰螺钉,确保低温下不泄漏。

因此,裸冷是对在现场安装的设备,安装完毕后、正式试车前的一项不可缺少的工序,应给予足够的重视。

522.怎样进行裸冷,裸冷后要做些什么工作?

答:在裸冷中应依次把精馏塔、主冷凝蒸发器等主要设备冷却到最低温度,各保持2h。然后冷却整个空分设备,直至达平衡温度,使所有设备管道处表面都结上白霜,并保持3～4h。

在冷态下应详细检查各部位的变形和泄漏。泄漏点的位置可以根据结霜的情况加以判断，并应做好标记。冷冻后首先应将法兰螺钉再次拧紧，以弥补低温下由于热胀系数不同而引起的螺钉松弛现象。但亦应注意不可拧得太紧，以防预应力太大。然后扫霜，并勿使霜熔化在保冷箱内，影响保冷材料的充填。再加温至常温后作气密性试验。

若有处理项目，处理后需再次裸冷。裸冷的次数与合格标准视具体情况而定。裸冷合格后各吸附器装上吸附剂，保冷箱装保冷材料。

523. 充填保冷材料时要注意什么问题？

答：1）充填之前，应烘干保冷箱基础上面的水分；

2）充填时，空分设备内的各设备、管路均应充气，充气压力为 0.045～0.05MPa，并微开各计器管阀门通气。同时使各铂电阻通电，随时监视计器管和电缆是否发生故障；

3）注意保冷材料内不得混入可燃物，不得受潮；

4）不宜在雨、雪天装填；

5）装填应密实，不得有空区。装填矿渣棉时应用木锤或圆头木棍分层捣实，并在人孔取样检查其密度；

6）装填保冷材料的施工人员应采取劳保措施，并注意人身安全，在充填口加铁栅；

7）开车后保冷材料下沉时应注意补充。

524. 空分设备的保冷材料有几种，分别有何特性？

答：常用的保冷材料有碳酸镁、玻璃棉、珠光砂及矿渣棉，其特性如表 45 所示：

表 45 保冷材料的性能

名称牌号		体积质量 /kg·m⁻³	热导率 /W(m·K)⁻¹	比热容/ kJ(kg·K)⁻¹	其 他 特 性
碳酸镁		400	0.05～0.07	1.00	要求含水率不大于 2.5%
		130	0.03～0.04	1.00	
玻璃棉		130	0.047	0.84	直径 3～30μm
膨胀珍珠岩		≤80(一级)	0.04～0.058	0.67	晶粒 1mm 以下 90%；1～2mm 晶粒 10%；
(珠光砂)		150(二级)	0.04～0.05	0.84	含水率不大于 0.5%
矿渣棉	100 号	≤100	0.044	0.75	
	150 号	≤150	0.038～0.047	0.84	含水率不大于 2%
	200 号	≤200	0.033～0.052	0.84	

由于珠光砂重量轻，保冷性能好，价格较便宜，流动性好，易于装填，目前设备主要用它作保冷材料。在箱体底部可装一层矿渣棉，对经常需要检修的局部隔箱中也宜装矿渣棉或玻璃棉。

525. 小型空分设备分馏塔怎样吹除？

答：分馏塔加温后吹除的目的在于清除管道、容器中的机械杂质。吹除的步骤如下：

1）吹除前的准备工作：关闭加温空气总进口阀和所有加温阀，同时打开纯化器油水分离器吹除阀,放松膨胀机进、排气阀门顶杆,关闭通—6阀,拉开节—1阀阀杆,打开吹—1、吹—2阀和高压压力表阀,关闭纯化器油水分离器吹除阀;

2)高压吹除:待纯化器压力升至接近最高启动压力时,打开高压空气总进口阀,然后分别间断地打开氧气、氮气、馏分隔层的空气进口阀,反复地吹除,待吹出气体干净为止。当高压压力低于正常工作压力时,应暂时停止吹除,待升到接近最高启动压力时再吹;

3)中压吹除:高压吹除结束后,关闭高压空气总进口阀,同时打开油水分离器吹除阀。装好高压、中压压力表,装好并关闭节—1阀。关闭吹—1、吹—2阀,再打开高压空气总进口阀,关吹除阀。当热交换器高压压力升至接近最高启动压力时,打开节—1阀,并保持中压压力在 $0.4 \sim 0.5$ MPa 的范围,气体从节—3、节—4阀阀套排出。当高压压力低于正常工作压力时,可暂关节—1阀,待高压压力升高后再吹,直至吹出的气体中无杂质为止;

4)低压吹除:中压吹除完毕后,关闭节—1阀,打开吹—1、吹—2阀,装好节—3、节—4阀。关闭吹除阀,打开节—1阀,保持中压压力约在 0.5 MPa,同时打开节—3、节—4阀和氧、氮气放空阀及馏分排出阀,吹除低压,并注意低压压力不大于正常工作压力。间断吹除 $4 \sim 5$ 次。

526. 小型空分设备分馏塔加温吹除中应注意哪些问题?

答:1)空压机应同正常运转一样供给冷却水,不允许采用关小冷却水来提高加温气体的温度,并要及时吹除油水分离器;

2)纯化器要及时切换、再生,并为启动做好准备;

3)加温中要注意检查所有液面计、压力表、接头和分析阀是否通气;

4)加热炉中的加热水要及时补充;

5)吹除时要注意各部位压力不得大于工作压力。在高压、中压吹除过程中,身体不准对准气体排出口。检查气体中有无杂质时应戴上手套。要注意气量大小及声音是否正常。带有乙炔吸附器的设备,在吹除中压时要特别注意通过乙炔吸附器的气量不能太大。故在拉出节—2阀阀杆时,必须先拉出节—3、节—4阀阀杆,不能只单独拉出节—2阀阀杆进行吹除。

527. 小型空分设备分馏塔怎样进行加温?

答:新安装的分馏塔开车之前和长期停车后复工前,都必须进行彻底的加温吹除。投入运转后,当分馏塔遇到液悬故障无法消除,或运转周期末热交换器压力前后压差大于 0.5 MPa,或氧、氮纯度与产量下降时,均应进行加温吹除。

首先要做好加温前的准备工作:

1)排放塔内的液体;

2)拆除氧、氮、馏分排出处的流量计、温度计,拆除液空、液氧液面计上、下接头,拆除低压压力表以外的所有压力表;

3)关闭高压空气总进口阀、节—1阀和氧氮产品送出阀,以及加温入口总阀;

4)顶开膨胀机的进、出气阀门顶杆;

5)打开分馏塔筒壳上所有通过阀、节流阀、分析阀、吹除阀、液面计上、下阀、压力表阀、加温阀;

6)加满加热炉的蒸馏水。

加温的操作如下：启动空压机，待纯化器压力升到正常工作压力时，慢慢打开加温总入口阀，并用该阀控制纯化器的压力在正常工作压力。用干燥空气吹半小时后，接通加热炉电源，控制加热炉出口空气温度在 70～80℃之间。

加温中应经常调节各出口温度，把温度高的出口阀关小一点，温度低的出口阀开大一些，并随时注意上塔压力不得大于正常工作压力。当各出口温度高于室温（夏天 15℃，冬天 5℃以上）时，排出气体干燥后即可停止加温。

加温结束前 0.5～1h，应拉出各节流阀阀杆进行吹除，清除阀杆螺纹中的杂质和阀套中的水分，以防止正常工作时转动不灵活。

528. 小型空分设备加温时为什么要控制高压空气压力，控制在多少为宜？

答：由于进入纯化器的气体为饱和空气，所以小型空分设备在加温时要控制高压空气压力的目的在于：

1）减少加温气体带入纯化器（或干燥器）的水分；

2）保证纯化器（或干燥器）的使用周期；

3）延长吸附剂的使用寿命。

当温度一定时，饱和空气中的水蒸气分压力（即该温度下的水蒸气饱和压力）为定值，与饱和空气的总压力无关。也就是说，无论饱和空气的总压力多大，在相同体积的饱和空气中，水蒸气的质量含量是一样的。所以，相同质量的饱和空气的总压力控制得越高，总体积便越小，饱和空气中所包含的水分（质量）便越少。例如，在空压机的加工空气量和压缩后的温度一定时，如果加工空气分别被压缩到 1MPa（表压）和 2MPa（表压），由于前者的绝对压力几乎是后者的一半，即所占体积要几乎大一倍，所含水分的质量便也相差近一倍。

一般纯化器的设计参数是：工作压力为 2MPa（表压），工作温度为 30℃，切换时间为 8h。若分馏塔在加温时对高压空气的压力不加控制，工作压力很可能低于 1MPa（表压），纯化器工作温度虽仍为 30℃，但每小时带入纯化器的水分比设计值将成倍地增加。此时，如果为了保持加温气体出纯化器后的干燥度，就要每 4h 切换一次，但这样切换后的再生时间却来不及；如果不及时切换，使用时间便要超过 4h，加温气体出纯化器后的水分含量便会增加，从而影响分馏塔的加温效果。因此，为了减少加温气体带入纯化器（或干燥器）的水分，以保证纯化器（或干燥器）的使用周期，纯化器加温时的压力应控制为正常的工作压力（2MPa）。

另外，气体在纯化器内的流动速度也和压力成反比。如果纯化器加温时的压力控制得低于 1MPa（表压），则速度要比 2MPa 大一倍。而气流速度的大幅增大，还容易使吸附剂变成粉末。因此，纯化器加温时的压力控制为正常的工作压力（2MPa），有利于延长吸附剂的使用寿命。

但是，应注意对加温入口阀的控制，使进入加热炉的压力不高于 0.5MPa，上塔压力不高于正常的工作压力。

529. 小型空分设备分馏塔加温时，为什么要对低压压力进行控制？

答：分馏塔加温时控制低压的目的是加快分馏塔的加温速度。如果低压压力不加控制，加温气体很快从阻力较小的氧气、氮气排出管中排出，阻力较大的小管道（如分析阀、液面计阀等)和膨胀机部位的加热气量很小,易造成有的管道温度过高,而有的管路加温不彻底。因此一开始加温时要关小氧气、氮气放空阀,限制排放量,使低压压力提高,以增加阻力大的管路的气量,使加温彻底、速度加快。

在分馏塔加温的同时,往往分子筛纯化器也需加温。若低压压力过低,就会影响纯化器的再生。但是压力也不能超过正常工作压力,以保证安全。

530. 冷状态下的全面加温与热状态下全面加温有何不同,操作方法有什么区别?

答:冷状态下的全面加温是停车后的加温操作。主要目的是清除残留的水分、二氧化碳、乙炔等杂质,为下周期的长期运转或检修做好准备。

热状态下的全面加温是开车前的加温操作。其主要目的是清除水分和一些固体杂物。

热状态下的全面加温,塔内温差较少,一般小于 60℃;而冷状态加温,温差大于 200℃。为了防止塔内容器、管道的热应力过大而损坏,冷状态下的全面加温与热状态下的全面加温在操作程序上是有区别的。

冷状态下的全面加温程序是停机→排液→静置→冷吹→加温→系统吹除。加温终点是加温气体出口温度达到常温为止。热状态下的全面加温操作程序分加温和吹除两步。为彻底清除水分达到干燥的目的,加温气体的出口温度要高于常温。为了清除固态杂物,热状态下的全面加温操作中吹除的环节显得更为重要。

531. 液氧气化充灌系统液氧泵的配管应注意什么问题?

答:液体气化充灌系统由液体贮槽、液体泵和气化器组成。为保证液体泵的正常运转,除了泵本身结构的可靠性外,配管技术也是非常关键的。配管不当,轻则会造成液体泵有"气蚀现象",流量减小,泵的机械损耗较大;重则由于液体在管内严重气化,充灌压力无法提高,泵不能正常工作。所以在配管时应注意以下问题:

1)贮槽的基础应比液氧泵的中心高出 1m 以上,以保证泵的入口有较高的静压(高于温度对应的饱和压力);

2)尽可能缩短贮槽至泵进口的管道长度,以减小由于流动阻力造成的压降。泵的进口装设一段波纹管及过滤器;

3)加强进口管路的保温,以减少由于外部热量传入而造成的温升;

4)在泵的吸入腔内应配置一根回气管道,并装有吹除阀。一旦发生气蚀时可打开吹除阀排气。回气管连至贮槽顶部气相空间,不能有下弯段,并要包好绝热层;

5)泵的排出管应考虑能够补偿温度应力。管上装有止逆阀、截止阀、安全阀及带报警自控装置的压力表。

12 小型空分设备的启动、调试与维护

532. 小型空分设备启动前应做哪些准备工作?

答:小型空分设备由空压机、纯化器与空分塔、膨胀机、氧压机等主要部分组成。在启动前,各部分设备都要保证完好,随时都能投入运转。

(1)活塞式空压机的启动准备

空压机安装完毕后应按说明书进行试车。日常开车前的准备工作要记住"水、油、气、电、安"五个字,按照这五个方面去检查。

1)水:打开各级气缸套和冷却器的冷却水、油冷却器冷却水和进口阀,检查冷却水是否畅通并调节合适;

2)油:包括气缸润滑油和运转部分的润滑油两部分。用手摇柱塞油泵,直至打开各个注油点的止逆阀有油流出,并往注油器内加满气缸润滑油。运转部分的润滑油重点检查油箱(或曲轴箱)的油面计,其贮油量是否在 2/3 以上,油泵前的加油漏斗是否加满。若用循环油泵的空压机,应先启动油泵,并检查其油压是否正常,各润滑点是否畅通;

3)气:打开各级油水分离器吹除阀,打开纯化器的油水分离器吹除阀,接通一组纯化器的阀门,关闭高压空气进分馏塔的总进口阀。若空压机一级进气阀门设有"顶开装置"的,应将其顶开,使空压机轻负荷启动;

4)电:检查电动机的电刷手柄是否在"启动"位置。带低压综合启动器的设备,其转子"短接手柄"应放在"启动"位置;带电阻启动控制器的设备,应把手轮指针放在"0"位。接通电流,检查电压是否在 380V 左右;

5)安:安全方面检查切勿忘记以下几点:

各机械部分的联接与紧固螺钉是否松动;

空压机、电机的基础上的底脚螺钉是否松动;

压力表、油压表检验期是否过期,并打开其阀门;

安全阀校验期是否过期;

皮带的松紧度是否合适;

用人力盘动飞轮 2~3 转,检查气缸是否被卡住;

周围道路是否畅通,是否便于紧急停车处理。

(2)空分塔的启动准备

分馏塔启动前必须经过彻底加温吹除,并做如下的检查:

1)检查分馏塔的垂直度并调整之;

2)检查安全阀、压力表、温度计校验周期是否超过,装的位置是否正确。液面计、流量计内的液体是否在"0"位(液空液面应装着色水,液氧液面计和氧、氮流量计应装四氯化碳,馏分流量计应装水银);

3)准备好氧气、氮气分析仪;

4)检查分馏塔阀门的开关情况:全关节－1阀,通－6阀,氧、氮成品送出阀,所有加温阀,吹－1、吹－2阀。全开高压空气进口阀,氧、氮排出放空阀,馏分出口阀和通－7(或通－8阀)、通－1阀,所有压力表阀、分析阀,液面计上、下阀,液氧排放阀及上、下塔吹除阀。打开节－4阀和节－3阀各15转,打开节－2阀并转2~3转;

5)分馏塔外连接管路的气密性检查:在高压空气压力达到正常启动压力时,应检查高压空气进口法兰及膨胀机过桥连接管各接头不得有漏气。分馏塔与膨胀机的过桥管应根据不同情况作气密性检查,然后包扎好保温层。此项工作可与膨胀机进、排气阀门气密性试验一起进行。

(3)纯化器启动前的准备

1)新装入的吸附剂要进行活化。再生温度按说明书要求;

2)空分塔启动前预先应再生好一组纯化器待用。因此,空分塔在启动前的加温中就应注意做好纯化器的再生工作。在成套空分启动前,应检查阀门开关的正确性;

3)检查压力表、温度计是否在校验使用期内;

4)注意加温炉的工作是否正常,安全薄膜片是否定期更换;

5)接通使用一组纯化器的冷却水;

6)检查从空压机至分馏塔所有连接管路的气密性,并消除泄漏。

(4)活塞式膨胀机开车前的准备工作

1)检查底脚螺钉是否固紧,调整皮带松紧程度;

2)曲轴箱内加入N68机械油;

3)接好温度计、压力表、油压表并检验是否正确;

4)检查电机旋转方向是否正确;

5)检查进、排气阀门的气密性。对进气阀气密性的检查:用机械方法顶开排气阀门,活塞处于下死点,进气阀门都处于关闭,拆出排气压力表阀接头,若有膨胀机出口过桥阀,则将阀关闭。将高压空气通入。当压力达2MPa时,检查压力表阀接头是否漏气。进气阀检查完毕,暂停高压空气通入。松开排气阀门,使其处于关闭状态,用机械方法顶开进气阀门,使活塞处在下死点。缓慢地通入高压空气。当压力达2MPa时,检查压力表阀接头是否漏气。注意:通入高压空气时,膨胀机进气阀仅开30°左右,并有专人看管。万一飞车,应迅速将进气阀关闭;

6)调整进、排阀门杆与顶杆之间隙。先把凸轮调到"0"位(即最大进气位置),活塞放到下死点。松开中间顶杆上的防松螺母,调节螺钉使进气阀门顶杆与阀门杆的间隙保持在0.3~0.5mm之间,然后将防松螺母固紧。将活塞放置上死点,用同样的方法调节排气阀门的间隙;

7)检查机器四周有无障碍物,机器上是否存放工具等;

8)转动飞轮数转,检查进排气活门的开启及运动机构的运转是否正常。凸轮处在最小进气位置。

(5)透平式膨胀机开车前的准备工作

膨胀机进、出口管必须彻底加温吹除干净;在透平膨胀机的轴承气供气压力0.1~0.6MPa下,检查气浮情况或手感气浮良好;对轴承供气管和密封管路吹刷干净;接通轴承气,并控制压力在 0.55～0.6MPa;接通转速表;接通风机冷却水;打开膨胀机出口阀;关闭膨胀进口阀;接通密封气,并调节压力在 0.5～0.6MPa。

(6)氧压机的开车准备

当氧气贮气囊中充满 2/3 氧气时可作开车准备。其程序可参照空压机的开车准备工作:

1)水:接通气缸冷却水箱的循环水,并调节好水量。注意冷却水应清洁干净,不得有油脂及腐蚀性的物质;

2)油:检查曲轴箱内润滑油的油面高度约在油面计的 1/2 左右;

3)气:打开氧压机的进口阀门,打开气水分离器上的吹除阀,关闭氧气送往充氧台的阀门和通往贮气囊中的减压阀;

4)电:检查电动机的电刷、启动变阻器的手轮是否放在"启动"位置上(注:配用频敏变阻器的电机无启动电刷);

5)安:安全方面的检查与空压机相同。

通知充氧台做好充瓶的准备工作。氧压机气缸内润滑、冷却用的蒸馏水箱要加满蒸馏水,并在开车前半分钟左右打开滴水器,调节好流量。

以上准备工作完毕方可启动。

533. 小型空分设备缩短启动时间的操作要领是什么?

答:中压带膨胀机循环的小型空分设备缩短启动时间的操作要领如下。

(1)冷却阶段:

1)将高压压力保持在设备允许的最高工作压力;

2)使空气尽量通过膨胀机制冷;

3)降低中、低压压力;

4)控制 T_2(膨胀机后)温度在 $-140 \sim -155℃$ 之间。

(2)积液阶段:

1)保持高压压力;

2)控制 T_3(节-1 阀前)温度在 $-155 \sim -165℃$;

3)关小氧气流量至正常流量的 1/3 左右;

4)控制低压压力在 0.05～0.055MPa 之间;

5)控制热端温差。

(3)调纯阶段:

1)保持高压压力并及时降压;

2)保持 T_3 温度,液氧液面在 300～350mmCCl$_4$ 柱之间(相当于 4.8～5.6kPa,或液氧面高度 430～500mm);

3)缓慢关阀,并合理控制液空、液氮节流开度;

4)合理调整返流气体出口流量及温度。

534. 小型空分设备缩短启动时间的操作要领的主要原理是什么?

答:这是因为在启动阶段空分塔内的温度距正常工作温度($-172 \sim -194℃$)较大,精馏需要大量液体,因此,启动阶段需大量的冷量。生产冷量的多少,取决于膨胀机的制冷量和高压压力。膨胀制冷量多少决定于膨胀机效率、前后的压差、通过膨胀机的气量。当膨胀机效率一定时，扩大膨胀机前、后的压差和增大进气量就可增加制冷量。扩大膨胀机前、后压差的办法是：将高压压力控制在设备允许的最高压力，中压压力尽可能降低，要打开所有吹除阀、分析阀。低压压力对中压有影响，也应尽可能降低，只要能满足纯化器再生就可以。

冷却阶段，当膨胀机后温度 T_2 达 -140℃时打开节-1 阀。过早或过迟都不利于缩短启动周期。过早打开节−1 阀会减少膨胀机制冷量；过迟则会使热端冷损过大，并影响节−1 阀前温度的下降。从 -140℃开始至 T_2 温度达正常温度（$-155\sim-165$℃）之间，约有 1h 的气量分配、转换过程，即冷却阶段向积液阶段过渡。

由于通过膨胀机的气量是不能产生液体的，而液体只能在第二热交换器内进一步冷却后通过节−1 阀产生。严格地说，空气达 3.65MPa（绝压）、-140.68℃时开始液化，节流阀后达 0.6MPa、-173℃才能产生液体。为了减少节流气化，需要有一定过冷度。即要把节-1 阀前温度控制在 $-155\sim-165$℃之间。这一过渡阶段，为了确保膨胀机的制冷量，又要使 T_3 温度迅速下降。要合理地分配气量，就必须控制 T_2 温度在 $-140\sim-155$℃之间。

积液阶段：为了尽量多地产生液体、并尽快地积聚起来，一方面要保持高压压力和 T_3 温度；另一方面，关小氧流量和控制低压及出口温度差。关小氧流量，增加上塔底部蒸发量，有利于氧纯度的提高；减小冷凝蒸发器温差，有利液氧的积聚。从这个意义上讲，应将氧气出口阀全关。但这样会使热交换器传热面积减少，热端温差扩大。所以，氧气流量控制在正常流量的 1/3 为佳。提高低压压力的目的，是缩小上塔与下塔之间的压差，从而使冷凝蒸发器温差减少，有利于液氧的积聚。

在调纯阶段初期需要大量冷量。当液空、液氮节流阀关小时，下塔、上塔上升蒸气量增加，阻止小孔漏液，液体在塔板上积聚、并开始精馏。因此，关阀必须缓慢，确保液氧面稳定。该两阀开度是否合理的标志，是液氧液面是否保持在 430～500mm 的范围，关阀结束时液空、液氧纯度是否在设计范围内。

在关阀基本结束，塔内精馏工况已建立，冷量仅仅用来弥补绝热层的跑冷损失和热端温差的冷损。因此必须降压，以减少冷量的生产。冷量多少的标志是液氧液面。在保持液氧液面的前提下，高压压力越低越好。

生产的目的是获得成品。成品的产量与纯度成反比例，必须合理调节。由于流量改变，热端温差随之改变。为此，应及时调节入塔空气量的分配。

535. 小型空分设备高压压力与节流量、膨胀量的关系是怎样的？

答：中压小型空分设备无论在启动工况，还是在正常运转工况，都必须十分注意流程的工作压力与节流量、膨胀量的关系。它们之间的关系应满足两个条件：一是保证整个装置的热平衡，满足设备对冷量的需要；二是保证主换热器冷端部分的第二热交换器能够正常工作。

空分设备工作压力的高低，将直接影响到高压空气的等温节流效应和膨胀机的产冷量。也就是说，为了保证空分设备能正常工作，在高压压力发生变化时，应该及时地对节流量和膨胀量的分配比例进行调整。

如果空分设备的操作压力升高，则等温节流效应和膨胀机的实际焓降将增大。为平衡设备原有的冷损，膨胀量就可相应地减少。但是，从保证第二热交换器能正常工作的角度出发，则要求增加膨胀量,减少节流量。因为,空气压力提高后,它的比热容增大,冷却到同样温度所需的冷量增多。正流空气量过大,第二热交换器就不能正常工作。

当空分设备的操作压力降低时,为平衡设备的正常冷损,则应增加膨胀量,减少节流量。这时,在第二热交换器中,由于正流的节流量减少,返流的氮、氧气量没有多大变化,正流的节流空气就可能被过度冷却,而出现"零温差"或"负温差"现象。引起主换热器热端温差扩大,复热不足、冷损增加。反过来,又要求增加膨胀量。这样,第二热交换器的工况更加恶化,结果使整个空分设备热平衡遭到破坏。

目前有一种观点认为,欲减少空分设备能耗,只要降低操作压力,甚至希望设备的操作压力越低越好。其实并非如此。空分设备的最低操作压力必须满足设备冷损和保证第二热交换器能正常工作,降低操作压力是有一定限度的。因此,空分设备在操作过程中的压力改变,必须要同节流量和膨胀量的调节结合起来,进行综合考虑。只有这样,才能保证空分设备能在最佳参数条件下运转。

536. 带透平膨胀机的小型空分设备,在启动时压力应如何控制?

答:带透平膨胀机的小型空分设备(例如 KDON-150/155 型)在启动时,加工空气最高压力要控制在 1.96MPa,否则,空压机会超压。启动初期,为了充分发挥两台膨胀机的制冷潜力,使膨胀机全负荷运转,用膨胀机进口阀控制两台膨胀机转速在 $10.5 \times 10^4 \sim 11 \times 10^4$ r/min。空气节流阀(V_1)可以不开,用空压机放空阀控制加工空气压力在 1.8MPa 左右。

膨胀机制冷量的多少,与进入膨胀机的气量、膨胀机前后的压力差、膨胀机进气温度和膨胀效率等因素有关。进入膨胀机的气量越多、进气温度越高、前后压差越大、膨胀机效率越高,则制冷量越多;反之则制冷量越少。进入膨胀机的气量、膨胀机前的压力、温度、膨胀机的效率受到转速的限制,不能随意调节。而膨胀机后的压力降低,可以增大膨胀前后的压差。因此,启动初期,应设法降低下塔压力,降低下塔压力的办法是把液体节流阀(V_2、V_3 阀)全开,打开除热交换吹除阀以外的所有吹除阀、分析阀,同时在确保分子筛纯化器再生气量的前提下,尽量降低上塔压力。

随着启动时间的延长,塔内温度逐渐下降,高压压力自动降低。因此要及时关小空压机放空阀,以确保膨胀机转速;另一方面,当吹除阀、分析阀出口结霜时,应及时关闭。

当 T_2 温度达 -150℃时,打开 V_1 阀来保持高压压力在 1.96MPa。当空压机放空阀全关,高压压力和膨胀机转速下降时,应保持一台膨胀机满负荷运转,把另一台膨胀机减量运转。当运转的膨胀机进口压力低于 0.6MPa 时,可以停掉一台膨胀机来保持高压在 1.96MPa。

当关阀基本结束,液氧液面高于 0.5m 时,应逐渐开大 V_1 阀或膨胀机进口阀来降压。在膨胀机进口阀全开后,液氧液面还上升,可开大 V_1 阀来保持液氧液面。

KDON-150/155 型空分设备正常运转压力(表压)为:高压压力 1~1.4MPa,下塔压力 0.45~0.55MPa;上塔压力 0.045~0.055MPa。

537. 小型空分设备高压空气节流阀(节-1 阀)在各种场合下的作用原理是什么,如何操作?

答:空分塔安装或大修后,在加温前的吹除,节-1 阀(高压空气节流阀)应关闭,以防止水分及杂质带入下塔并防止下塔超压。

加温时,节－1阀应关闭,以免热交换器管内的水分带入下塔,另外可使膨胀机(或膨胀空气过滤器)的加温气量增多,有利于加温彻底。待分馏塔加温结束前半小时,打开节－1阀约转5～6转,使下塔至节－1阀前后的管道水分蒸发。

启动准备时,节－1阀应关闭,以防中压超压并有利于提高启动压力。在启动初期,为了使膨胀机充分发挥制冷效果,仍应关闭节－1阀,让高压空气全部通过膨胀机。当膨胀机已达到最大进气量而高压压力仍超过设备最高允许压力时,在中压压力允许的情况下,可用节－1阀来调节高压压力。

当膨胀机后 T_2 温度达－140℃时,应打开节－1阀(约 $90°～180°$)来保持 T_2。低于－140℃则开大节－1阀;高于－140℃则关小节－1阀。调节节－1阀的同时,应用凸轮来保持高压最大的允许压力。

当 T_3 温度达到－155～－165℃时,用节－1阀来保持,以利产生液体和液体的积累。空分塔调纯阶段直至降压前都得用节－1阀来保持 T_3 温度在－155～－165℃之间。

当开始降压时,根据 T_3 温度逐步开大节－1阀。当凸轮已开大到最大进气位置,液氧液面还在上升时,则可不受 T_3 温度限制,把节－1阀开大到使液氧面稳定时为止。

空分塔稳定阶段用节－1阀来控制液氧液面的稳定。开大节－1阀,高压压力下降,液氧液面降低;关小节－1阀,则高压压力上升,液氧液面上升。

当空分塔碰到停电停车、故障临时停车、间断制氧停车、周期末停车时,都应把节－1阀关闭。

当设备维修试气密性时,应将节－1阀关闭。遇到密封不好时,可在阀头上镀一层焊锡,以利密封。

综上所述,节－1阀起到控制压力、温度、液氧液面的作用,且还会影响氧、氮的纯度。关小节－1阀,则高压压力上升、 T_3 温度下降、液氧液面升高,而且还会暂时地引起中压压力下降、氧气纯度下降、氮气纯度升高等连锁反应;开大节－1阀,则与上述反应相反。

538. 小型空分设备液空节流阀(节－2或节－3阀)的作用原理是什么,如何操作?

答:液空节流阀在 150m³/h 空分塔上有两个:液空经乙炔吸附器的节流阀称节－2阀,液空直接进入上塔的节流阀称节－3阀。它们的作用原理相同,使用场合不一。实际上,节－3阀只有在启动时和乙炔吸附器再生时使用,其他时间是关闭的。

空分塔启动初期,将节－3阀开 12～15 圈,节－2阀可以不打开。当中压压力高于正常操作压力时,可把节－2阀转 2～3 圈,但不宜过大,以防气速过大把乙炔吸附器内的硅胶冲碎而堵塞塔板小孔。在下塔开始产生液空后,逐步开大节－2阀 12～15 转。

当冷凝蒸发器液氧液面达到 418mm(30cm 四氯化碳柱)时,应先把节－3阀关闭,然后把节－2阀逐步关小。关阀的速度快慢视中压压力和液氧液面而定。阀门开度大小的标准是保证通过液空节流阀的都是液体,一般控制液空液面在 10～15cm 水柱(液面高 115～170mm)。

空分塔稳定时用节－2阀来调节液空液面。如发现液空液面自动上升,液氧液面自动下降的现象,可能是节－2阀阀头被干冰堵塞所致,此时应快速来回地转动节－2阀,刮去阀头的结霜,然后恢复到正常的工作位置。

正常生产时,节－3阀一般处于关闭状态。当乙炔吸附器需要再生时,慢慢打开节－3阀半转,同时相应的关小节－2阀,最后节－2阀全关,用节－3阀来控制液空液面。当乙炔吸附器再生完毕,由节－3阀转为节－2阀工作时,交替应缓慢,不要使液氧液面和液空液面大幅度地波动。

当空分塔需要临时停车或间断生产时,应把节－2阀关闭,以保存下塔的冷量。再次复车启动时,要视液空、液氧液面的高低来决定节－2阀的开度。如果液面接近于正常范围,可以把开度处在停车前的位置;若已无液面,可按开车启动时的操作进行。

空分设备停车加温前应把节－2阀缓慢开大,使液空转入上塔。加温时可把节－2阀全开。

正常生产时液空节流阀的主要作用是控制液空液面。在液空液面基本稳定的情况下,想用节－2阀来调节下塔压力和液空纯度是不可能的。因为液空是从下塔底部抽出,不可能改变下塔的回流比。如果想用关小节－2阀的方法来提高下塔的压力和液空纯度,只能引起液空进入上塔的液体数量的减少,必然会使液空液面上升。如果不及时开大的话,会使下塔塔板淹没,精馏破坏。反之,想用开大节－2阀来降低中压压力,这当然是可行的。但是,这时通过节－2阀的将不全部是液体,而是气液混合物。由于通过节－2阀蒸气量的增加,下塔塔板的上升蒸汽量减少了,相应地下塔中汽、液交换接触的机会减少,其中一部分蒸气就会直接进入上塔,会使下塔精馏工况恶化,同时对上塔精馏也带来困难,这是不允许的。

因此,液空节流阀只能用于控制液空液面。实际上,保持液空液面稳定就意味着为下塔纯度调节奠定了基础。在液空液面稳定的情况下,液空纯度的调节主要靠液氮节流阀。反之,液空节流阀开得过大,大量蒸汽从下塔转入上塔,下塔精馏工况失常,液氮节流阀的作用也不可能发挥。正常时,不能依靠人为地改变液空、液氮节流阀的开度来控制下塔的压力,这是因为影响下塔压力的因素很多,其主要由冷凝器温差、液氧纯度、液氮纯度、加工空气量多少等因素决定。

开大液空节流阀,在液空液面下降的同时,会使液氧液面暂时地上升,氧气纯度暂时地降低。关小液空节流阀则反之。

539. 小型空分设备液氮节流阀(节－4阀)的作用原理是什么,如何操作?

答:液氮节流阀(节－4阀)在不同场合下的使用:空分塔启动初期应全开(约转12～15转)。当冷凝蒸发器液氧液面接近或达到430mm时,与节－2阀同时缓慢地关小。关阀的速度在初期以液氧液面和中压压力的情况而定;当节－4阀关至2转左右,在液空液面正常的情况下,应分析液空、液氮的纯度,视纯度的情况而定。最后将节－4阀的开度控制在液空、液氮纯度最佳的位置上。在正常生产的工况下,液氮节流阀不需要经常变动。当碰到液氮纯度自动升高,液空纯度自动下降,液空液面自动上涨时,可能是阀头被干冰所堵,应急剧转动阀门刮霜后复位。当间断制氧或临时停车时,应用节－4阀保持中压,以缩短重新启动时间。再次复车启动时,视液空、液氧液面的高低来决定。当设备准备停车加温时,停车前应开大节－4阀,将液体送往上塔。空分塔全面加温时,节－4阀应全开。

节－4阀的作用是将下塔液氮槽内的液氮经液氮过冷器送往上塔顶部的节流阀。正常生产期间,在开度合适的前提下起到控制液空、液氮纯度的作用,同时还会影响液空的液面和上塔液气比的改变,从而影响上塔的氮气纯度和氧气产量。在节－4阀关小后,液氮纯度提高,液空纯度下降,节-2阀开度不变时液空液面会升高。开大节-4阀则相反。

为什么节-4阀能控制液氮和液空纯度呢?因为进入下塔的空气是呈饱和的气、液混合状态,大多数是蒸气。蒸气沿下塔塔板的小孔上升,蒸气中的氧分子受到塔板上液体的冷凝,成为液氧进入液相;塔板上液体中的氮分子受到氧分子冷凝时放出的冷凝热而进入气相。每经一块塔板的传热、传质,使液体中氧分子含量增加,而上升蒸气中氮分子含量增加。蒸气经下塔的反复的冷凝蒸发,这样到下塔顶部,蒸气中的氮分子含量达到设计要求,然后在冷凝蒸发器内,被液氧冷凝成液氮,绝大部分液体积聚在液氮槽内。如果节-4阀开度过大,送入上塔的液体就多,回流入下塔的液氮量就减少。下塔塔板上回流液过少,就意味着下塔冷量不可能把蒸气中的氧分子充分地冷凝下来,上升到下塔顶部的蒸气中含氧量增加,使液氮纯度下降。又由于下塔的回流液过少,下塔塔板上的氮分子充分的蒸发,下流液体中氧分子含量增加,因此液空纯度提高。另外,下塔送入上塔顶部的液氮中氧分子较多,液氮本身含氧量较高,使上塔氮气中氧含量增加。因此,液氮纯度过低会引起出塔氮气降低,氧气产量减少。

关小节-4阀,去上塔的液氮量减少了,液氮槽内溢出、回流入下塔的液氮量增多,整个下塔的冷量增加,上升蒸气中的氧分子得到充分的冷凝,下塔顶部蒸气中氧分子含量减少,液氮纯度提高。但由于回流液的增多,塔板上液体中的氮分子得不到充分的蒸发,下塔底部的液空纯度下降,液空量增加。如果把节-4阀关得过小,液氮纯度过高,必然会带来液空纯度过低,液空量过多,进入上塔的液氮量过少。而从上塔精馏工况要求来说,提馏段回流比小一些好,以利氧气纯度的提高;精馏段回流比大一些好,有利于氮纯度的提高,若精馏段回流比过小,液氮的纯度虽很高,但由于量过少,气氮纯度反会下降,氧气量减少。

从上述分析来看,节-4阀的开度过大、过小都不利。因此节-4阀的调整要缓慢,有时仅仅只有1°～2°。据经验,高纯度设备(指气氮纯度在99.5%以上),用节-4阀控制液氮纯度可与气氮纯度相一致;单高氧气设备(气氮纯度在94%～96%),用节-4阀控制,液氮纯度(含氮)可比气氮纯度低1%～2%。

540. 小型空分设备氧、氮排出阀的作用原理是什么?

答:氧、氮排出阀是控制氧气、氮气的纯度和低压压力用的。当氧气纯度低于使用要求时,就应该把氧气排出阀关小,使氧气流量减少数格;同时开大氮气排出阀,把氮气流量开大数格,以保持低压压力。反之,氧气纯度过高而氮气纯度低于使用要求时,用"关氮开氧"的方法来提高氮气纯度。氧气与氮气纯度提高的方法是相反的,它们之间互相制约,但也是矛盾的统一,所以在调整时要缓慢。每次调整范围在流量计指示读数的1格左右,同时要注意滞后作用,要有预见性,一定要两面兼顾。

低压压力关系到上塔精馏工况的稳定。单纯从精馏的角度来说,上塔的压力越低越有利,但必须顾及到纯化器的再生需要,所以一般控制在0.05MPa(表压)左右。需要提高低压压力时,把氧、氮排出阀同时关小几格流量;反之,需要降低压力时可以同时开大几格流量,以保证氧、氮纯度稳定。

氧、氮排出阀的操作原理是:分馏塔内空气精馏过程必须具有一定的上升蒸气量和一定比例的回流液才能实现。冷凝蒸发器为上塔提供上升蒸气量,并从中抽出小部分作为氧气产品。当氧气排出阀关小或氮气出口阀开大时,抽出的氧气量减少,上塔上升的蒸气量增多,蒸气中的氧分子在塔板液层中冷凝量就增加。相应产生的冷凝热也增加,液层中的氮分子得到充分的蒸发,上塔塔板液相中氧分子相应增加,流入冷凝蒸发器中的液氧纯度就提高。同时在塔板上液相氮分子蒸发过程中,被带走的氧分子也相应地增加,出塔氮气中的氧含量也增加。

因此"关氧开氮"的结果是提高了氧气纯度,降低了氮气纯度,减少了氧气产量。反之,"开氧关氮"时(若不抽馏分工况下或馏分抽取量不变时),氮气抽取量的减少,必然增加了氧气抽出量。上塔上升的蒸气量就会减少,相对的回流比增大,蒸气中的氧分子在液相中总的冷凝量减少,相对地放出冷凝热也减少,液相中氮分子就不可能充分地蒸发。因此"开氧关氮"的结果,使出塔氮气纯度提高,氧气纯度下降,氧气产量增加。

541. 小型空分设备高压空气进口阀的作用原理是什么,如何操作?

答:高压空气进口阀分别控制进入主换热器各个隔层的空气量,以调节各隔层之间的热端温差。当氧气、氮气或馏分出口之间温度不一致时,可以改变进入这个隔层的空气量。例如氧气温度低于氮气出口温度时,可以开大氧气隔层高压空气进口阀。当这个阀全开,氧气出口温度还是低于氮气出口温度时,可以关小氮隔层高压空气进口阀。反之亦然。隔层间的温差愈小愈好,最大不超过2℃。

膨胀机高压空气进口阀,是高压空气进膨胀机的通过阀。这个阀平时处在开启状态,当设备发生故障,紧急停电,膨胀机开车、停车前应关闭。这个阀原则上不作调节用,但在启动后期,膨胀机凸轮已处于最小进气位置,膨胀后空气温度低于−160℃,且继续下降时,如果用开大高压空气节流阀的办法来减少膨胀量,势必使高压压力下降,高压空气节流阀前温度升高,节流后液化率减少,液体的生产量减少,会使整个启动时间延长。因此,短期利用膨胀机高压空气进口阀来控制膨胀机后的温度,将有利于塔内液体的积累。关小膨胀机高压空气进口阀,则热交换器高压压力升高,机前高压下降,中压下降,温度上升,液氧液面上升。开大则与上述情况相反。降压时,应先开大膨胀机高压空气进口阀,后开凸轮机构。但应注意这个阀门不要开得过大,只要热交换器与机前的两个压力表指示相同就可,以便在紧急停电时能迅速切断气源,防止膨胀机飞车。

542. 小型空分设备各冷角式弯阻阀的开、关操作要领如何?

答:冷角式弯阻阀主要由阀座、套管、阀体、填料、压帽、阀杆、阀头、手轮等组成。150m³/h 制氧机中的冷角式弯阻阀如下:

液空进乙炔吸附器通过阀(称通−1阀):只有在乙炔吸附器再生时是关闭的,加温、启动、停车、正常运转时都可以全开。这个阀的口径为DN25,不能从套管中拉出。

液氧排放阀(称通−2阀):停车加温、排放液氧、启动冷却时应打开,其余时间关闭。口径为DN15,可以从套管中取出来吹除。

馏分通过阀(称通−7阀或通−8阀):阀门口径为DN25,也是不能从套管中取出的。这两个阀是在不带氩塔工作时,为了同时获得双高产品而设计的。如以氧气为主产品的用户,应用通−7阀来抽取馏分。氮产量下降一些,而氮气纯度可达到99.95%。如果以氮气产量为主产品的单位,应打开通−8阀抽取馏分。馏分抽出的气量由馏分出口排出阀来控制。主塔带有氩塔时,通−7、通−8阀都应关阀。如果是双高设备而实际只需单高的氧气产品时,可以不抽取馏分,以利提高氧气产量。

543. 分馏塔启动后，为什么高压压力升不高？

答：分馏塔启动后，高压压力升不到设计值的可能原因主要有：

1）加工空气量不足；

2）膨胀机进、排气阀门严重泄漏；

3）高压向低压泄漏。究竟是什么具体原因，应进行检查后才能判断。现粗略介绍如下：

首先，测定空压机空气排气量是否达到设计要求。从氧、氮、馏分的排出量来判断，保持低压压力（表压）在 0.055MPa 时，一般氧气流量计压差是 6.23kPa（40cmCCl$_4$ 柱）以上，氮流量是 5.46kPa（35cmCCl$_4$ 柱）以上，馏分在 16kPa（12cm 汞柱）以上。说明空气量是达到设计要求的。

否则应检查：

1）各管路、纯化器进出口阀门、空压机各级吹除阀、油水分离器吹除阀是否漏气；

2）检查空气过滤器是否堵塞；

3）空压机阀门是否损坏；

4）气缸、活塞环是否磨损；

5）若空气量充足的话，看分馏塔中、低压是否过高；

6）如果中压压力明显大于正常值，则应检查膨胀机进排气阀门密封情况。

检查膨胀机阀门密封的方法：关闭节－1 阀和通－6 阀，放尽中压气，将膨胀机进气阀处于关闭状态。缓慢打开通－6 阀，当高压压力达到 2MPa 时，打开膨胀机出口压力表接头，检查是否漏气。若进气阀门良好，关闭通－6 阀，打开膨胀机吹除阀，放掉存气，再将膨胀机进气阀门处于升启状态，排气阀门处于关闭状态。缓慢打开通－6 阀，将高压压力升到 2MPa（表压），检查膨胀机出口压力表接头是否漏气。若进、排气阀泄漏，应拆开检修。

若膨胀机进、排气阀门均良好，就要检查热交换器管子是否开裂。检查方法是，将分馏塔所有阀门关闭，打开高压空气进口阀。将高压空气压力升到设备启动时的工作压力，检查低压系统是否有气体。若有气体，则意味着存在高压向低压泄漏的可能性，则进一步确定漏气部位和进行修理。

544. 小型空分设备启动初期，膨胀机已达到最大进气量，高压压力还继续升高，这时是开大节－1 阀好，还是将部分空气放空好？

答：这要视下塔压力而定。若下塔压力低于 0.55MPa（表压），则开大节－1 阀好。这是因为：

1）打开节－1 阀，可以充分利用第二热交换器传热面积，缩小热端温差。当 T_2 温度达－140℃后，此时分馏塔液空尚未产生，需要大量冷量。节－1 阀开得过小，还将部分空气放空，这就意味着高压空气通过第二热交换器的量很少，返流气体的冷量不能正常地传递给高压空气，从而进入第一热交换器的冷量比正常时增多，高压空气进膨胀机的温度下降过快，膨胀后的温度随着下降。同时由于第一热交换器负荷过重，致使热端温差扩大，冷损增加，使启动时间延长。如果开大节－1 阀，可使进入第二热交换器的高压空气量增多，返流气体交给高压空气的冷量也就增多。一方面可以使 T_3 温度逐渐下降；另一方面可以使进膨胀机前的温度提高，膨胀机后温度下降减缓。冷量得到充分回收，热端温差缩小，冷损减少；

2)充分利用等温节流效应,增加制冷量。高压空气通过节−1阀虽然不会产生冷量,但是可以降温,起到转换能量的作用。如果把部分高压空气放空掉,空压机白白消耗了能量,其等温节流效应得不到利用,使启动时间延长,这是很可惜的。如果开大节−1阀,高压空气通过节−1阀时,能使节流后的空气温度降低。这部分气体返回热交换器内,使高压空气温度进一步下降,等温节流效应就得到充分利用,可以使启动时间缩短。

具体操作方法如下:在 T_2 温度未达到−140℃之前,使高压空气尽可能地通过膨胀机制冷。如果空气有富裕,下塔压力低于 0.5MPa,也可开节−1阀调节高压。在 T_2 温度达−140℃后,此时,塔内温度普遍降低,中压压力也下降了,可以逐渐开大节−1阀,但必须保持高压压力在设备允许的最高操作压力。当 T_2 温度继续下降时,可减少膨胀量,即采取调低膨胀机转速或采取机前节流的办法来控制 T_2 温度。不必把空气放空。

3)当下塔压力高于 0.55MPa,接近下塔最高操作压力时,则应将部分空气放空为好。这是因为下塔最高操作压力为 0.6MPa,稍一疏忽,易引起下塔超压;另一方面,膨胀机前、后的压差缩小,产冷量相对减少。特别是透平式膨胀机启动时进气压力一般在 1.5～1.6MPa 已达到膨胀机最高转速,高压压力已不能再提高了。下塔压力过高,膨胀前、后压差缩小,总的制冷量反而会减少。因而,此时放空比开节−1阀为好。

545. 小型空分设备,降低膨胀机前进气温度为什么反而能使高压压力降低呢?

答:降低中压带膨胀机的小型空分设备的高压压力,就能降低空分设备能耗。膨胀机前温度对高压压力的影响的问题,这里作一简单分析。

在总冷损、膨胀前气体温度一定的情况下,从总装置的热平衡来看,提高高压压力,膨胀气量可减少;但从保证冷段换热器工况来看,随高压压力的提高要求增加膨胀量,减少进入冷段换热器的气量。因此,流程的工作压力和膨胀量的选择,应同时满足二者的要求。

当流程总冷损及工作压力不变的情况下,提高膨胀前进气温度,可以提高膨胀机的单位制冷量。但是,膨胀前的温度不是可以随意提高的。该温度的选择除保证流程热计算时,要求入塔空气具有一定的含湿量外,还必须保证冷段换热器的正常工况。

膨胀前温度提高,膨胀量是可以下降的。但为保证冷段换热器的正常工况,要求膨胀量的下降的幅度大于上述实际膨胀量所能降低的幅度。而保证冷段换热器的工况是主要因素,为此,要使膨胀量进一步下降,只有提高高压压力。

同理,在膨胀前温度下降时,从装置的热平衡来看,要求膨胀量增加。为保证冷段换热器工况,也要求增加膨胀量,并且其幅度大于前者。为此,只有进一步将高压压力降低。但是,降低膨胀前温度对高压压力的下降也是有一定限度的。因为高压压力过低,而要求提供的制冷量又一定,势必要求膨胀量大幅度增加,这时将造成通过冷段换热器的节流空气量过小,换热则会出现"零温差"或"负温差",破坏了正常工况;同时,热段换热器的热端温差增大,复热不完全冷损增加,最终使装置无法正常工作。

由于高压压力下降有一个极限,因此膨胀前的温度也不能认为越低越好。该温度除上述有关因素限制外,还受膨胀机的设计要求限制。也就是膨胀后不能出现液化,和顾及到膨胀机的绝热效率和膨胀机前、后的焓降。

546. 为什么小型中压流程空分设备在启动后阶段要关小通-6阀?

答:小型中压流程空分设备在启动后 1.5h 左右开启节-1阀。在 T_3 温度迅速下降的同时,膨胀后的温度(T_2)下降速度也是很快的。把膨胀机的凸轮关到最小进气位置以后,T_2 温度还会继续下降。若不采取措施,空气会在膨胀机气缸内液化,有损坏机件的危险,这是不允许的。如果采用开大节-1阀来减少膨胀量的办法,会使高压压力下降,T_3 温度升高,节-1阀后的气化率增大,液体的生产量减少,造成整个启动周期延长,这也是不经济的。

因此,如何既能保证膨胀机的安全运转,又能使启动周期缩短,采用关小通-6阀的办法来减少膨胀量是较合适的。空分塔的冷量可分为两大部分:即高温冷量和低温冷量。把膨胀机出来的气体理解成高温冷量;把通过节-1阀的气体理解成低温冷量。在启动 1.5h 以后,高温冷量显得太多,而低温冷量尚需大量地生产。在这种情况下,应该限制膨胀机的进气,因此要关小通-6阀。

但是,不能靠过早地关小通-6阀来提高节-1阀前的压力。只要 T_2 温度不低于 $-160℃$,T_3 温度不高于 $-160℃$,且高压压力能保持在设备允许的最高工作压力,则不必关小通-6阀。否则会使启动时间延长。

547. 小型空分设备什么时候打开节-1阀为好,为什么?

答:小型空分设备启动时,当 T_2 达 $-140℃$ 时打开节-1阀为好。因为在启动初期,T_2 温度未达到 $-140℃$ 之前过早地打开节-1阀,让部分空气通过节-1阀,这就意味着膨胀机的产冷量减少,设备冷却不彻底,液体就不易积累,启动时间要延长;反之,节-1阀到 $-140℃$ 后还不打开,第二热交换器内没有高压空气通过,返流气体的冷量不能回收,第一热交换器的热负荷加重,造成热端温差扩大,冷损增加,并使启动时间延长。

在启动的后阶段,既要生产冷量又要生产一定数量的液体,这就要注意低温冷量和高温冷量生产的比例。若不打开节-1阀,液体就不能产生。因此,过早或过迟打开节-1阀都不利于缩短启动时间。

548. 为什么节流前温度 T_3 上升时要关小节-1阀?

答:高压空气进入第一热交换器冷却后分两路进入下塔:一股气是通过膨胀机膨胀后进入下塔;第二股气是通过第二热交换器换热后,经节-1阀节流后进入下塔。而返流气体通过第二热交换器的量是一定的,且无法调节,所以进入第二热交换器的冷量也是一定的。

T_3 温度是第二热交换器后、节-1阀前的空气温度。若节-1阀开度过大,通过第二热交换器的空气量过多,使得出第二热交换器后的空气温度 T_3 升高;节-1阀关小则相反,通过第二热交换器的空气量减少,在返流气体冷量不变的情况下,经热交换器后的空气得到充分的冷却,温度 T_3 就会下降。

在实际操作中,节-1阀往往与膨胀机的进气量同时调节,才能保证操作压力、温度、纯度等参数的平稳变化,保持空分装置的物料平衡和冷量平衡。

549. 小型空分设备开大节-1阀为什么有时节流前温度会上升,有时反而会下降?

答:按一般的规律,开大高压空气节流阀(节-1),节流前的温度(T_3)应该上升;关小节

－1阀则T_3温度下降。因为在节－1阀开大后,高压空气通过第二热交换器的量增多了,相应地通过膨胀机的空气量减少了,空分装置总的产冷量减少了。同时由于开大节－1阀,高压压力下降,使总产冷量也减少,而返流气量则没有改变,所以T_3温度必然要上升。

但是,有时开大节－1阀,T_3温度反而会下降,这又是什么原因呢?这种情况通常发生在启动初期。主要是节流阀加工上的原因,最初打开的一圈实际上阀门很少开启或甚至没有开启,因而第二热交换器仍没有发挥作用。同时,周围的绝热层温度尚很高,随着装置的冷却,温度在慢慢降低,反映在温度T_3也在降低。因此,只有在节－1阀开启到一定程度,空气正常通过第二热交换器时,开大节－1阀会使T_3温度上升;关小节－1阀,T_3温度下降。

另外,在降压过程中有时开大节－1阀,温度T_3亦会有下降的现象。这与降压前对T_3温度的控制水平有关。假设降压前高压压力为4.5～5.0MPa,降压后的高压压力为2.0MPa。由于空气在2.0MPa时所对应的液化温度是在－152～－154℃,所以,若降压前T_3温度高于－150℃,则降压后T_3温度是下降的。若降压前T_3温度低于－155℃,则降压后T_3温度是上升的。

550. 小型空分设备启动时,为什么节－1阀开启过小,不会产生液氧?

答:对中压流程制氧机,膨胀机内是不允许出现液体的。当空气节流阀节－1阀尚未打开,第二热交换器尚未投入工作时,单靠膨胀空气进下塔是没有液体产生的。在冷却过程中,当膨胀机后温度达到－140℃时,需打开高压空气节流阀节－1阀。此时,节－1阀前的温度迅速下降,节流后才能有部分空气液化,在塔内开始逐渐积累起液体。

主冷中液氧的产生完全是靠下塔的液空节流至上塔,下流液体把塔板冷却后,才在冷凝蒸发器在逐渐积累起来的。因此,液体的积累归根结底取决于通过节－1阀产生的液体的数量。节－1阀的开度过大,流经第二热交换器的气量增加,节流前的温度升高,节流后就不会液化;若节－1阀开度过小,节流后的液体量也会过少。此时,通过膨胀机后的气体是过热的,它将使一部分液体又被气化。并且,膨胀量相对过大,第二热交换器换热不充分,则会加重第一热交换器的负担,使热交换器的热端温差增大,冷损增加。当其产冷量和冷损量相平衡时,就没有富裕的冷量用来产生液体,液氧面就可能不会产生。因此,在操作中必须使节－1阀的开度适当,与膨胀机的进气量相配合,在保持高压的同时,使膨胀机后温度保持在－140～－160℃之间。

551. 小型中压空分设备出现液空后的操作要点是什么?

答:在液空出现后为了尽快积累起液体,应尽可能制取更多的冷量和尽量减少冷损。为此,应注意以下几点:

1)高压压力要维持在空压机所允许的最高压力,尽量保持稳定,以制取更多的冷量;

2)合理地使用好冷量。即掌握好进入膨胀机和通过高压空气节流阀(节－1阀)的气量分配。具体地说,就是严格控制好温度。通过膨胀机的气量过多,膨胀机后及节－1阀前温度下降过低,将使热端温差扩大,冷损增加,冷量被浪费。同时,通过节－1阀的气量相对地过少,产生的液空量也会减少,液氧液面不易上升。反之,通过膨胀机气量过少,相对地通过节－1阀的气量增加,由于产冷量减少,热交换后的温度回升,经节－1阀后的气体不能液化,下塔的温度升高,这样也不利于液氧面上升。根据一般经验,节－1阀前温度(T_3)控制在

−155～−165℃为宜,这也是本阶段的重点;

3)中压(下塔)压力要尽量低一些,以加大膨胀前后的压差,增加制冷量。这时的液空、液氮节流阀应是全开的;

4)低压(上塔)压力要适当提高,氧气出口阀要关得小一点。以提高氧的液化温度,减少节流至上塔的液体蒸发量。因此,液空一出现就要把氧气出口阀关小到正常流量的30%左右。同时,为了使下塔尽快地建立起精馏工况,提高下塔顶部的氮气纯度,缩小主冷温差,在调整下塔工况时,液氮节流阀要比液空节流阀关得快一点。低压压力一般控制在0.045～0.05MPa。但是,氧气流量不能关得太小,否则热交换器的氧隔层不能发挥作用,氮隔层热负荷太大,会使热交换不完全损失增加;

5)随着返流气体流量的变化,应及时地改变高压空气流量分配,以防热端温差扩大。

552. 小型空分设备为什么要注意热端温差,怎样调节?

答:进主换热器的空气温度与出换热器的氧、氮温度之差,称为"热端温差"。空分设备的冷量损失一般由两部分组成:一是筒壳表面的跑冷损失(称 Q_3);二是热端温差造成的复热不足损失(称 Q_2)。产冷量等于冷损失,即产冷量=Q_2+Q_3 时,冷量才得到平衡,否则液氧液面就会下跌。当冷箱内温度工况稳定后,筒壳表面的跑冷损失基本固定,而热端产生的复热不足损失是可变的。冷量的损失应当愈小愈好,如果热端温差扩大,那么就得增加产冷量,就需要提高操作压力,从而增加耗电量。

从图141所示的中压空分流程的特性曲线图可以看出,不同的热端温差将对应不同的操作压力。图中的3条向下倾斜的曲线分别表示其热端温差为5℃、7℃和10℃。

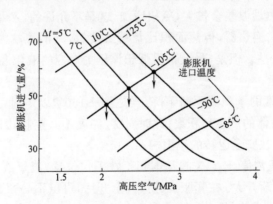

图141　中压空分流程特性曲线示意图

当膨胀机前温度为−105℃的情况下,当 $\Delta t=5$℃时,对应的高压压力 $p=2.1$MPa;当 $\Delta t=10$℃时,则 $p=2.7$MPa,并且膨胀量需从45%增加至55%;如果膨胀量不改变,$\Delta t=10$℃,则高压压力需增大至 $p=3.1$MPa。

对老式150m³/h制氧机来说,空气总管有个温度计,氧、氮、馏分出口各有一只玻璃温度计。总管空气分三路进入氧、氮及馏分隔层,支管中设有通−2、通−3、通−4三个阀门。哪一隔层的温差增大,只要将该隔层的通阀开大一点,增加该隔层的空气量即可。在启动时不要一开始就把通−2、通−3、通−4阀开到最大,要留有一定的调节余地。

另一方面,要尽可能地把热端温差调小,减少冷损。这需要合理地分配冷量,将凸轮和节

—1 阀的操作配合好。

553. 小型空分设备活塞式膨胀机改为透平膨胀机后，T_1、T_2、T_3 温度如何控制？

答：随着科学技术的发展，90 年代的 150m³/h 空分设备已改配透平膨胀机，有的老设备改造也采用透平膨胀机来替代活塞式膨胀机。因此，对分馏塔温度的控制也有些变化。

T_1 温度是指热交换器中部，即膨胀机进口温度；T_2 温度是指膨胀机出口进下塔前的空气温度；T_3 是指热交换器出口管、高压空气节流阀（V_1）前的温度。

T_1 的作用是显示膨胀机进气温度，并控制进膨胀机前空气温度不得接近该压力下的液化温度。在正常启动阶段是可以预测 T_2、T_3 温度的变化，从而便于将 T_2、T_3 控制在理想的范围内。T_1 温度高低的变化取决于膨胀量多少的变化。膨胀量越大，进入第二热交换器的高压空气量越少，返流气体进入第一热交换器的冷量就增多，T_1 温度降低；反之，膨胀量减少，T_1 温度就升高。

T_2 温度在设备启动初期和 T_3 温度达到 $-155℃$ 以下是不必控制的。因为在开车初期设备温度较高，为了充分发挥膨胀机的制冷潜力，两台膨胀机全负荷运转，T_2 温度逐渐下降。当 T_2 温度下降到 $-150℃$ 时，打开 V_1 阀，使 T_3 温度逐步下降。若 V_1 开启过大，通过第二热交换器的空气量过多，返流气体冷量被充分回收，进入第一热交换器的返流气体温度就会升高，T_1、T_2 温度也随之升高；若 V_1 阀开启过小，则反之。

因此，在这段时间可用 V_1 阀的开度来控制 T_2 温度。活塞式膨胀机的 T_2 温度一般控制在 $-140\sim-155℃$，而透平膨胀机的 T_2 温度可控制在 $-155\sim-165℃$。应该指出的是，T_2 温度水平高低与热交换器结构和热端温差有关。一般老式 150m³/h 空分设备是采用盘管式换热器，T_2 温度过低，热端温差会扩大，冷损增加，这是不允许的。新型 150m³/h 空分设备的热交换器是铝制板翅式换热器，传热面积比盘管式要大，一般热端温差不易扩大，因此，T_2 温度水平可控制得低一些。但是，最低不得低于该压力对应的液化温度，一般应高于该压力液化温度 $3\sim5℃$ 为安全。

T_3 温度随设备温度的下降而不断下降，当达到 $-160℃$ 以下时，应注意控制在 $-160\sim-170℃$ 为宜，有利于液体的产生和积聚。此时对 T_2 温度不必控制，因为只要将 T_3 温度控制好，T_2 温度也就会稳定在安全运转的范围内。

当液氧液面达到正常值，V_2、V_3 阀基本到正常工作位置，液氧液面还继续上升时，可将膨胀机进口阀、V_1 阀逐渐开大。在膨胀机进口阀全开后，可以不必顾及 T_3 温度的高低，靠开大 V_1 阀来维持液氧液面稳定。因此，在正常运转下，T_1、T_2、T_3 温度是用不着控制的。只有在设备启动阶段、变工况运行、不正常运转时或发生故障时，可根据 T_1、T_2、T_3 温度的变化来判断问题，排除故障。

554. 小型中压空分设备在关阀调纯之初，为什么冷凝蒸发器中液面先上涨后下降，而后再复涨呢？

答：在启动阶段冷凝蒸发器积累液体的时候，通过液空、液氮节流阀是气、液混合物。当开始关小节流阀时，由于原先阀门开度较大，下塔进到上塔的气、液混合物量变化不多，下塔压力没有明显的上升，说明冷凝蒸发器的温差没有增大。这时，冷凝蒸发器和周围绝热层已经冷至积液阶段的低温，由于产冷量多，液化量大，因此，冷凝蒸发器中液体的蒸发量也增大,产生的上升蒸气阻止了筛板小孔的流液,在塔板上逐渐积累起液体,因此液面会下降。另外,由于节流阀关小,返流气体暂时会减少,换热器温度有所升高,也会使中压上升,液面下降。当阀门关至正常工作位置时,中压、低压也不再升高,上、下塔温度不再改变,由于高压压力没有降低,冷量显得过剩,液面就又开始上涨了。因此,必须这时需采取降低高压的办法,来使液面稳定在一定的高度上。

555. 小型空分设备中液空的液面怎样控制?

答:液空液面在一定范围内,它的高低对液空、液氮纯度没有什么影响。但是,如果液空液面太低,会造成液空节流阀导入上塔的液体中夹带蒸气,使下塔的上升蒸气减少,同时使液空的氧纯度下降,氧、氮纯度下降。严重时还会产生漏液,液空、液氮纯度均下降。如果液空液面过高,液体淹没下层塔板,使其失去精馏作用。因此,液空液面要保持在规定的范围内。

液空液面的控制主要是靠液空节流阀。关小节流阀,则液面上升。反之则液面下降。液空节流阀的开度应控制液空液面在正常范围内。

有时,液空节流阀被固体二氧化碳所阻塞,导致液空液面上升。此时,应急剧转动节流阀,以清除冻结的干冰,称之为"刮霜"。

若关小液氮节流阀,会使下塔回流液增多,液空液面稍见上升,纯度下降;反之,液空液面有所下降。此时应相应地调节液空节流阀开度。

下塔出现液悬时,塔板上的液体间歇性地倾流而下,会导致液空液面时高时低。此时,应及时消除液悬,才能使液空液面稳定。

556. 小型空分设备在调整阶段关节流阀时,操作应注意什么问题?

答:在关节流阀前首先要创造好关阀的条件:液氧液面接近正常的液面,并且液面有上升的趋势。节-1阀前的温度保持在$-155\sim-165℃$之间。低压压力控制在$0.05MPa$,中压压力小于$0.3MPa$(表压)。

当开始关阀时,应掌握关阀的速度。若关得过快,会引起液悬;若关得过慢,会造成液氧液面计过满。关阀的速度以液氧液面稳定为原则。液氧液面上升快,阀可关得快些;液氧液面上升慢,则关得慢些。若液氧液面有下降的趋势,则应停止关阀。若液面下降很快,而且中压有明显上升时,应重新打开节流阀,待液面回升后再关小。在关阀的同时应注意中压压力的变化。随着两个阀门的关小,中压上升是正常的。但上升的速度不能过快,一般情况以半小时内上升$0.1MPa$左右为宜。若有时中压压力上升较快,而液氧液面暂不下降甚至还上升,在这种情况下就不能再关阀,待中压稳定后、液面不下降时再关。

启动时液空、液氮节流阀各打开$12\sim15$圈,在开始关阀初期把两阀各关2圈。隔$3\sim5min$后,视液氧面和中压压力情况再关2圈。在两阀关至8圈以后,每次只能以各关半圈的速度进行。在两阀关到6圈以后,先把液氮节流阀关小$1.5\sim2$圈。以后的速度应更缓慢,只能以$90°$、$60°$、$30°$的速度关小。当液空节流阀关到4圈,液氮节流阀关到2圈时,应根据液空、液氮的纯度分析结果来关。当液空、液氮的纯度接近正常要求时,先把液空液面计控制在$1.0\sim1.5kPa$,然后用液氮节流阀调整液空和液氮的纯度,以达到最佳工况。此时的阀门开关幅度仅仅在$1°\sim5°$的范围内调整。

557. 小型空分设备液氧液面怎样控制?

答:在生产气氧的设备中,液氧液面的稳定与否是判断冷量平衡的主要标志。设备在正常运转的情况下,液氧面应稳定在一个设计高度附近。如果液氧面上升,即说明冷量过剩;液面下降,则说明冷量不足。冷量过剩或不足都难以同时提取纯氧和纯氮。

液氧液面的高低影响冷凝蒸发器的有效换热面积,液面控制得高一些,调整时可以减小产品纯度的波动。液面控制得过低时,使冷凝蒸发器的有效换热面积减少,氮蒸气不易冷凝而使下塔压力升高(传热温差扩大)。因此,液氧面的高度应控制在同时有利于氮蒸气充分冷凝、液氧充分蒸发的理想高度。对不同的设备有其最佳点。例如,对50型分馏塔液氧面可控制在 6.4kPa(40cm 四氯化碳柱)。如果冷凝蒸发器传热面脏污,导致传热性能降低时,液氧面要适当控制得高一点,但液面不超过冷凝器管长的 80%~90%。

控制液氧面高度的手段是膨胀机的凸轮和高压节流阀。液氧面小范围波动,可单独用节流阀调节。节流阀关小时,高压上升,膨胀机进气量增加,产冷量增多,液面上升;反之,节流阀开大时液氧面下降。如果液面升降范围较大或需制取部分液氧时,必须节流阀和凸轮配合调节。凸轮开大、相应关小节一1阀,维持高压压力不变,则冷量增加,液氧面上升。

在液空液面过高的情况下,液空节流阀开大时,液氧面上升。液空节流阀关小时,液氧面下降。如果阀被二氧化碳阻塞,液氧面要下降。此时要急剧转动阀杆进行刮霜,必要时适当开大液空节流阀。

随着上塔压力的升高,液氧沸点就会升高,从而使主冷的温差缩小,液氧面将因其蒸发减慢而暂时上升。反之,如上塔压力降低,能导致液氧面下降。

558. 为什么小型空分设备的下塔压力不能操作得过低或过高?

答:在正常情况下,下塔压力是受液氮纯度、上塔压力和冷凝蒸发器温差所决定的。一般,上塔压力的变化幅度是不大的,主冷的热负荷也基本不变,下塔液氮纯度变化也较小,因此下塔压力也就被确定了。

在空气量等条件不变的情况下,想人为地将下塔压力降低,那就只有开大液氮节流阀。如果开大节流阀,就会使下塔精馏工况变坏。因为它将造成通过节流阀的液体中夹带蒸气,使液空、液氮纯度降低。如果单开大液氮节流阀,将使液氮纯度下降,从而影响上塔的排氮纯度和氧的提取率。

关小液空、液氮节流阀会使下塔压力升高。但这样会使液氧液面降低,液空液面升高,以致充满下塔液釜。液氧液面过低是不利的,而下塔液体充满到塔板,会导致下塔精馏工况的破坏。

过分地开大或关小高压空气节流阀也会使下塔压力升高。那是因为膨胀量与节流量配合不好,使下塔液空量减少所造成的。这样的结果会减少上塔回流液和液氧液面,破坏塔内的热平衡,从而破坏了精馏工况。

从上面的分析来看,下塔压力偏离正常工况压力是不利的,所以我们人为地使下塔压力升高或降低。由于上塔压力变化而引起下塔压力的变化是正常的。但有一个变化范围,离开了这个范围就不正常了。这个范围一般说就是 0.5~0.55MPa。这时上塔压力的变化范围为 0.05~0.06MPa(表压)。如果加工空气量增加而造成冷凝蒸发器负荷增加,随之主冷温差增大,那么下塔压力必然上升,这也是正常的。

559. 小型空分设备下塔压力变化与哪些因素有关?

答:下塔压力变化与下列因素有关:

1)液空、液氮节流阀开得太大,下塔压力下降;关小,下塔压力上升(但是正常范围不明显);

2)入塔空气的焓值降低,下塔压力下降(因为含湿增多,蒸气减少。若是过冷,高压、中压明显下降)。如果空气焓值升高,则下塔压力升高;

3)冷凝蒸发器内液氧面太低时,传热面显得不足,为保证下塔氮蒸气冷凝,传热温差将扩大,这将导致下塔压力升高;

4)氖氦气在冷凝器内积聚,影响传热效果,会使下塔压力上升;

5)加工空气量增多时,冷凝蒸发器的热负荷增大,下塔压力上升;

6)塔板脏污、或周期末塔板小孔被固体二氧化碳和冰花堵塞时,蒸气上升阻力增大,将导致下塔压力上升。这种情况极易造成液悬。当阻力增加到一定时,下塔压力呈周期性波动,而且波动越来越频繁。随之阻力、纯度、液面等参数跟着波动,这说明空分塔已产生液悬,需停车加温;

7)液空节流阀阻塞时,主冷液氧液面下降,液空液面上升。如不及时处理,使液空过满,下塔压力表针抖动,导致下塔压力上升;

8)高压节流阀或膨胀机的凸轮开关时,会使下塔压力暂时波动;

9)膨胀机进、排气阀开启高度不够时,下塔压力要下降;关闭迟滞或不严时,下塔压力上升;

10)高压节流阀开度过小或被阻塞时,下塔压力下降;

11)下塔压力与液氧纯度和氮气(下塔顶部)有关。液氧纯度越高,下塔顶部氮气纯度越高,下塔压力就越高;反之,则越低;

12)下塔压力随上塔压力升降而升降。

560. 为什么小型空分设备的节－2阀(液空节流阀)、节－3阀(液氮节流阀)在调纯的时候,阀位在 4～9 圈时最难关小?

答:在启动初期,通过节－2(液空节流)阀、节－3(液氮节流)阀的都是气体。由于塔内温度高、体积大,必须把两阀开大(一般开到 12 圈左右,再开大已不起调节作用)。随着塔内温度下降,气体的质量流量不变,而体积流量减少了,表现在中压压力自动下降。到关阀阶段,通过该两阀的状态呈气、液混合物(极大部分还是气态)。

当从第 12 圈开始关小时,由于阀门的开度大,不影响气液物的流通;到了 9 圈以下时,就有部分气体被阻止通过,沿下塔上升到冷凝蒸发器中的气体增多了,中压压力开始上升。由于冷凝蒸发器热负荷的增加,液氧液面开始下降。因此,在此期间关阀的幅度要小,要密切注意中压压力和液氧液面的变化,切忌过快,以免造成液泛。

随着阀门的关小,通过两阀的液体量增多,下塔上升蒸气的增加量逐渐减少,最后达到平衡。冷凝蒸发器的热负荷增加量也逐渐减少,直至稳定。所以,关阀关到一定位置时,阀门的开大、关小,对下塔压力和液氧液面影响已不大。但此时应注意液空、液氮的纯度,液氮节流阀要更加注意,有时只有 1°～3°的变动范围。

561. 为什么小型空分设备中有时会出现"冷量过剩",如何处理？

答:在小型中压空分设备中,当空气进塔温度降低到一定的程度时,即使把膨胀机凸轮与节－1阀都开至最大开度,设备的产冷量仍可能超过设备的总冷损。这时高压压力已无法降低,液氧面慢慢上升,出现"冷量过剩"的情况。为什么会出现这种情况呢？这是由于气温的降低,高压空气入塔温度也随着降低,节流效应制冷量增加。而分馏塔筒壳内外的温差缩小,冷损减少。另外,气温的降低促使空压机吸气量增加,设备的相对冷损减少。这样,设备产冷量增加和冷损减少要求将高压降低到更低的压力,以满足冷量平衡。

例如,150m³/h 制氧机设计的高压压力为 2～2.5MPa,而当进塔温度降到 5℃时,高压压力可降到 1.7MPa,此时膨胀机凸轮与节－1阀都已开至最大开度。由于节－1阀阀口的限制,通过的气量已无法增加。在这种情况下,如果进塔温度再进一步降低,就会出现上述"冷量过剩"现象。严重时将有大量液氧进入热交换器,氧气纯度下降。遇到这种情况,可采取如下措施:

1)适当关小送氧、送氮阀,提高低、中压压力,以减少制冷量;

2)适当地排掉部分液氧,以消耗掉部分冷量。但不宜过多,液氧面应不低于 4kPa(25cm四氯化碳柱);

3)适当地控制空压机冷却水,提高高压空气入塔温度;

4)打开热交换器底部吹除阀,排除部分过冷的液化空气;

5)根本的解决办法是把节－1阀口径适当的扩大,以增加流通能力,降低高压压力。

562. 小型空分设备生产部分液氧时如何操作？

答:当小型空分设备打算生产部分液氧时,首先要求装置生产更多的制冷量,以便在蒸发器内积聚起更多的液氧。所以,要关小节－1阀,控制 T_3 温度在 －155～－160℃,适当关小凸轮,把高压压力控制在设备允许的最高压力。

待液氧面将上升到比生产气氧时更高的高度[6.1kPa(39cm 四氯化碳柱)]时,可以打开液氧排放阀或氧分析阀抽取液氧。同时要适当关小氧气流量,以确保氧气纯度的使用要求。当液氧液面低于 4.8kPa(30cm 四氯化碳柱)时,应停止排放。待液氧液面升到 6.3kPa(39cm 四氯化碳柱)时再排放。

当不需要液氧时,应进行降压,以保持液氧液面的稳定,恢复抽取液氧前的工况。

563. 小型空分设备生产部分液氮时如何操作？

答:由正常工况转为生产部分液氮时,其操作方法与抽取液氧时相同。保持液氧面在 4.8～6.3kPa(30～39cm 四氯化碳柱)的范围,打开下塔液氮分析阀抽取液氮。为了保证液氮纯度,应适当关小液氮节流阀。抽取液氮时,气氮纯度会有明显的下降。这对有纯氮用户的生产部门需要注意。

如果用户需要长期抽取液氮,则应将分馏塔进行改装。即在液氮节流阀后装一个3L左右的气液分离器,再从分离器引一根 $\phi10mm \times 1mm$ 的紫铜管与筒壳上的抽液阀连接。这样可以减少气化损失,1h 可抽取约 30L 左右的液氮,对氧气的产量和纯度基本不受影响。

564. 为什么小型空分设备的液氮节流阀也需要刮霜?

答:在小型空分设备的纯化器中,未被除净的二氧化碳随高压空气经空气节流阀入下塔,除少部分溶解于液空中外,大部分二氧化碳是以微小的颗粒状态悬浮于液空表面上。进入下塔的二氧化碳主要积聚在液空内,但也有少量的二氧化碳被上升气体带到塔板上,在下塔各层塔板的液体中都含有数量不等的二氧化碳。在最上层塔板的液体中的二氧化碳又被上升的氮气带入冷凝器中,随着氮气冷凝,部分液氮流入液氮槽中。它们在通过节流阀时二氧化碳冻结在节流阀上,到一定时候,液氮节流阀就需要刮霜。

在启动之初,进入下塔的二氧化碳随气体分别通过液空、液氮节流阀,也会冻结在这些节流阀上。但由于此时阀的开度较大,影响相对较小,一般不需要刮霜。在设备正常运转时,虽然冻结在液氮节流阀上的二氧化碳不会太多,但由于液氮节流阀比较灵敏,对产品纯度影响较大,所以也需要刮霜。

565. 小型空分设备采取间断制氧时,停车前应如何操作?

答:在采取间断制氧时,每次停车前应为下次启动创造好条件。其操作步骤可按如下进行:

1)适当地提高压力,将液氧液面升高到 5.6~6.4kPa(35~40cm 四氯化碳柱);
2)停车前应与空压机操作者联系,注意空压机的压力不要超压;
3)关闭液氧、液空液面计的上、下阀,以防止液面过满致使上阀接管堵塞;
4)关小膨胀机凸轮和关闭高压空气进膨胀机阀门(通-6阀),停止膨胀机运转;
5)关闭液空和液氮节流阀,当中压压力达 0.5~0.55MPa 时关闭高压空气节流阀;
6)当高压压力达到允许的最高工作压力时,迅速关闭热交换器高压空气进口阀,同时打开干燥器(或纯化器)的油水分离器吹除阀;
7)空压机操作者应按正常步骤停车;
8)关闭送氧、送氮阀和馏分排出阀,微开氮气放空阀,压力保持在 0.055MPa。

566. 小型制氧机在间断制氧时停车期间应注意哪些问题?

答:停车期间最主要的任务是保存塔内的冷量,提高冷凝蒸发器中液氧的纯度,以缩短再次启动的时间。为此必须尽可能保持塔内的压力。

在正常停车时,塔内的冷量通过以下途径损失了:

1)热交换器内的高压空气通过干燥器的油水分离器放空,它的冷量也会随高压空气放掉;
2)由于液空、液氮节流阀全开着,下塔的低温蒸气通过上塔,与低压系统的冷气一起通过热交换器的低压隔层而放空;
3)由于塔内压力降低,加快了液体的蒸发速度。它的冷量将随着蒸发产生的蒸气从低压管道排出。

因此,保住塔内压力,可以减少上述各项冷损。但是,高压和中压是无法控制的,温升随周围的环境温度、绝热材料保温性能和停车时间的长短而变化,只有低压可以人为控制。所以,停车期间必须有专人看管分馏塔。当上塔压力超过工作压力时,应微开氮气放空阀,反之则应关严。

567. 间断制氧操作,在重新恢复制氧时应如何启动?

答:在开车前,慢慢打开液空和液氧液面计的上、下阀,检查液氧液面,并根据液氧液面的高低来决定液空、液氮节流阀的开度和启动步骤。若液氧液面已蒸发完,可以按正常开车启动;若液氧液面仍有 4kPa(25cm 四氯化碳柱)以上,可按如下方法启动:

1)打开氮气放空阀,打开氧气放空阀(约转 1 圈),打开液空、液氮节流阀至停车前的位置;

2)按正常启动步骤启动空压机和纯化器。在压力稳定后慢慢打开分馏塔高压空气进口阀;

3)当热交换器压力达正常工作压力时,打开高压空气节流阀(转半圈至 1 圈)。当压力继续升高时再启动膨胀机,保持高压在启动压力上。然后根据 T_1、T_2、T_3 温度情况,再调整节—1 阀和凸轮的开度。

4)开车后液氧液面有所下降是正常的。若下降过快,则应开大液空、液氮节流阀保持之。待液氧液面升高到 4.7kPa(30cm 四氯化碳柱)时可调整下塔和分析氧气纯度。以后的操作与正常启动时相同。

568. 小型空分设备实行间断制氧应注意哪些问题?

答:实行间断制氧不但可以节约电能,还可以延长设备的使用寿命。实行间断制氧必须对设备和操作注意以下问题:

1)空分塔的所有阀门密封要严密,特别是高压空气进口阀和节流阀,以减少冷损;

2)膨胀机进、排气阀门和活塞环密封要良好;

3)停车前和开车后要进行液氧中的乙炔和含油量的分析。当液氧中乙炔含量大于 $0.1cm^3/L$ 时应排放部分液体;若大于 $0.3cm^3/L$ 时要排除全部液氧。液氧中的含油量大于 $0.0125mg/L$ 时应停车清洗;

4)空分塔要定期加温吹除,一般运转 40 天左右加温一次。平时若发现堵塞或油迹要及时加温和清洗。

5)为了防止分馏塔发生静电感应而放电,应加装接地装置,电阻值不大于 4Ω。位置最好选在冷凝蒸发器下部,可从液氧分析阀接出;

6)纯化器要及时切换,并有计划地做好再生。在停车期间要把纯化器的进、出口阀门关严,防止外界空气进入;

7)对空压机要加强管理,严格控制气缸润滑油量;

8)应注意分馏塔绝热层的干燥。要防止因低温管路泄漏而产生外壳结冰的现象。

569. 怎样正确地吹除油水分离器?

答:小型空分设备在运转过程中,经过一定的时间间隔就需要将空压机各级油水分离器、干燥器油水分离器、分子筛吸附器前的油水分离器等进行吹除。正确的吹除方法是将吹除阀慢慢打开,而且开度要小。由于水在底部,油在水上,所以首先是将水压出,而油的黏度较大,不易排除。这时可将吹除阀再稍开大一点,将油吹出,即将阀门关死。

有些操作工在吹除时,一下子将吹除阀开得很大,很短时间就算"完成"了吹除。实际上这样的操作并不能把油水吹除干净。因为流过阀门的气速过高,反而会把沉积于分离器底部的油水压向器壁,大部分沿器壁上升,待吹除阀关闭后,油水又重新积聚器底。这样既浪费了空气,没有吹净的油水又可能被空气带到塔内。所以,在吹除时要注意掌握正确的吹除方法。

570. 小型中压空分设备在正常运转时,打开第二热交换器吹除阀,出现液体是否属于正常现象?

答:这是正常现象。因为空气的临界温度为$-140.7℃$,相应的临界压力为$3.65MPa$。如果温度高于临界温度,则压力再高也不可能使空气液化。当温度低于临界温度时,则在低于临界压力的某一压力以上就可能液化。不同的温度对应的最低液化压力(饱和压力)如表46所示。

表46 空气在不同的温度下对应的最低液化压力(饱和压力)

空气温度/℃	-140.7	-142	-145	-150	-153
相应的最低液化压力/MPa	3.65	3.43	2.94	2.45	1.96

反之,在表中所示的压力下,将空气冷却到它对应的温度时,空气就可能液化。在第二热交换器中,空气的压力在$1.96MPa$左右,它被返流的低温氧气、氮气冷却,它们的温度在$-178\sim-179℃$。因此,完全可能将空气冷却到$-153℃$,并使部分空气液化。

从装置的热平衡考虑,要求进塔的空气状态应为含湿,而膨胀机后的空气是过热状态,因此,液体应是来自第二热交换器底部。所以,打开第二热交换器吹除阀,出现液体是正常现象。

571. 带透平膨胀机的小型空分设备在临时停车后如何恢复开车?

答:空分设备在停车时,空分塔板上的液体下流到冷凝蒸发器中,使液氧面升高。如果液氧面满出氧气出口管,液氧就会流到板翅式换热器内,使换热器的温度降低。重新启动时,高压空气温度会下降($T_3=-180\sim-190℃$),膨胀机前温度也会降至$-160℃$。若马上启动膨胀机,则会有液体带入膨胀机内,造成膨胀机损坏。

因此,在临时停车后恢复开车时,如果T_2、T_3温度过低,可先打开节-1阀,使高压空气进板翅式换热器,先使热交换器内的液体气化,温度升高,并促使膨胀机机前温度回升。当T_1温度高于$-150℃$时,再启动膨胀机。打开轴承气、密封气,并调节压力在$0.5\sim0.6MPa$,然后全开膨胀机排气阀,再缓慢打开进气阀,使压力逐渐上升。控制膨胀机转速在$10^5r/min$左右,再调好密封气压力,使其高于排气压力约$0.05MPa$。

膨胀机运转正常后,再进行空分塔工况的调整,直至设备稳定生产。

572. 带活塞式膨胀机的小型中压空分设备能否改用透平膨胀机制冷?

答:新型小型中压空分设备采用了透平膨胀机,降低了工作压力,节约了能耗。那么,旧式带活塞式膨胀机的小型中压空分设备能否改用透平膨胀机呢。

从技术上说,应该是可行的。但是,新型设备的节能不仅仅是靠透平膨胀机,而是通过三

方面改造的综合效果。三者紧密相连,缺一不可。所以,在改造时,要三方面同时进行:

1)用两台透平膨胀机替代活塞式膨胀机,使效率提高,机前温度降到-150℃以下;

2)用板翅式换热器替代原先的盘管式热交换器,使热端温差从5℃缩小到2～3℃,以减小冷损;中抽气体温度从-100℃降至-150℃,与透平膨胀机匹配,充分发挥透平膨胀机的潜力;

3)纯化器前增加一套预冷机组,使纯化器的空气进口温度从30℃降至5～8℃。因改造后操作压力将降低,带到纯化器的水分增加。在不改变纯化器的情况下,通过将低空气温度的办法来降低纯化器的清除水分的负荷。

573. 如何降低小型空分设备的产品单位电耗?

答:空分设备的单位电耗与空压机的单位电耗(压缩每 1m³ 空气的电耗 kWh/m^3)W_K 成正比;与氧的提取率(从空气中的氧分离出产品的比例)φ 成反比。因此,要降低空分设备的单位电耗,就是要设法降低空压机的单位电耗和提高氧的提取率。

空压机的单位电耗与压力比的对数成正比。所以,在操作时,首先要尽可能降低装置的工作压力;在空气量和产品纯度一定的情况下,氧的提取率与氧气产量成正比,因此,又要尽可能地提高氧气产量。

(1)降低高压空气压力的操作

对中压流程,当膨胀机的效率不变时,降低膨胀机的进气温度就可以降低空气压力。对中压透平膨胀机,进气温度可降到-140℃,所以工作压力也可降到 1.0～1.2MPa。但是,对于活塞式膨胀机,当进气温度下降时,效率下降很快,所以,随着温度的降低,存在一个最低压力,如图 142 所示。当温度进一步降低时,由于效率下降和第二热交换器出现负温差,使热端温差加大,反而要靠提高工作压力才能保持冷量平衡。

此外,中压流程还有一个特性,它可以通过调节节-1 阀和膨胀机凸轮来保持冷量平衡。即在平衡工况下可对应不同的操作压力。例如,它可以在

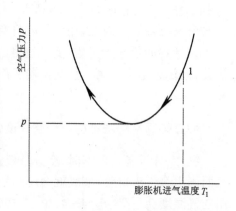

图 142　活塞式膨胀机进气温度
与空气压力的关系

2.5MPa 下操作,也可以在 1.8MPa 下操作,但二者的能耗不同。在操作时要寻求一个工况稳定的最低压力,这需要在实践中摸索。从进气温度 T_1 较高(-90℃)开始,逐渐关小节-1 阀,使 T1 降低,同时压力也会降低。不断寻找压力为最低的新的平衡点。

(2)提高氧气产量的操作

要使氧气产量最大,可通过调节液氮节流阀(节-4 阀),使上塔处于最佳回流比状态下来实现。如图 143 所示。节-4 阀在某一开度下,氧气产量可以达到最大。因此,在调节时,先将节-4 阀开到较大的位置1,化验氧气纯度。如果氧纯度下降,可采用关氧开氮的方法来提高氧纯度,同时保持上塔压力不变。通过逐步摸索,可以找到氧产量为最大的节-4 阀的最佳开度。

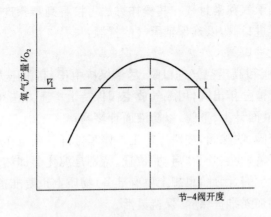

图 143　氧气产量与节–4 阀开度的关系

574. 小型空分设备运转周期缩短与哪些因素有关？

答：小型空分设备的运转周期比大型空分设备运转周期要短，这是由于小型空分设备对杂质的净除程度没有大型空分设备彻底。因此，要延长空分塔的运转周期，必须从清除水分、二氧化碳和油脂的问题着手：

1)空气中的水分大部分在空压机压缩和冷却过程中析出，在油水分离器中清除掉，少量在干燥器（或纯化器）中吸附掉。若进入纯化器的水分增多，它的清除负荷就加重，使用周期缩短，带入塔内的水分就增多。因此，各级油水分离器定期地正确吹除是很重要的。压缩空气中的含水量与温度有关，所以，空压机的冷却效果也不能忽视，对各级冷却器应保证有足够的温度较低的冷却水。

带入塔内水分量的多少，最后与纯化器的净化程度有关。而它的效果与工作压力和温度、再生完善程度、吸附剂的性能及加工空气量的多少有关。当条件变化时，应及时调整工作周期。这可以根据出口的水分分析结果来确定。在硅胶干燥器后的露点应为-52℃；分子筛纯化器后的露点应小于-72℃；

2)二氧化碳的净除过去是用碱洗法，现在已被分子筛吸附法所代替。它的操作要点是保证再生完善和控制使用周期，确保工作周期短于分子筛吸附转效点，使净化后的空气中的二氧化碳的含量小于 2×10^{-6}；

3)油脂的来源有两方面：一是空压机气缸的润滑油量过多；二是膨胀空气过滤器失效。对有润滑的压缩机，要注意控制润滑油量（配 150m³/h 制氧机的 1-15/50 型空压机的油量为 250g/h）；对有膨胀空气过滤器的要定期加温吹除。目前绝大多数新设备已采用无润滑空压机及膨胀机，可彻底解决带油的问题。

此外，要注意空压机、膨胀机等运转机械的日常维护和保养；要定期清洗空气滤清器；要保证纯化器再生加热炉的正常等也会影响到整个装置的运转周期。

575. 小型空分设备遇到紧急停电时应如何操作？

答：小型空分设备遇到紧急停电时（特别是夜间），首先要沉着冷静。对于不同类型的设备采用不同操作方法。对分子筛纯化器带气体轴承透平膨胀机的新流程，由于气体轴承透平膨胀机采用风机制动，不会因停电而产生"飞车"的事故。但膨胀机停车后运转惯性较大，必须保持较长时间供给轴承气和密封气。其操作方法可按下列步骤进行：

1）迅速关闭纯化器进口阀，以确保轴承气的气源；

2）迅速关闭膨胀机进口阀；

3）关闭 V_2、V_3、V_1 阀和高压空气进口阀，尽量保持中压、高压压力；

4）关闭送氧、送氮、馏分排出阀，用氮气放空阀保持上塔压力在 0.055MPa（表压）；

5）关闭液空、液氧液面计上、下阀，以防液面计堵塞；

6）空压机打开放空阀、吹除阀，按空压机正常停车做好各项工作；

7）切断所有电气开关，使它处于"启动"位置。特别是纯化器加热炉的电源，切不可忽视。

紧急停电是经常发生的，因此，思想上要有准备，物质上也要准备好事故照明灯。对膨胀机的高压空气进口阀要加强维护保养，保持灵活。

576. 小型空分设备临时停车和紧急停车如何操作？

答：（1）临时停车

某一机械或设备发生故障，或者暂时不需要氧气、氮气，而在近几个小时内马上要求继续供氧的，可按临时停车操作方法进行：

1）打开氮气放空阀，关闭送氧、送氮和馏分排出阀，然后用氮气放空阀控制低压压力；

2）关闭节－2、节－4 阀，以保持中压压力；

3）关闭通－6 阀，切断膨胀机电源；

4）关闭节－1 阀和高压空气总进口阀，保持热交换器的冷量，然后打开油水分离器吹除阀；

5）通知空压机操作者按正常次序停车；

6）停车期应注意：凡是塔内保存着压力，应有人值班，并注意塔内压力的变化；若是采取这种方法长期、经常间断制氧的话，分馏塔上阀门的密封性应良好；注意乙炔和其他碳氢化合物的分析；严格注意空压机油量和油质，如发现分馏塔里有油迹应及时清洗；要注意分馏塔定期的加热吹除。

（2）紧急停车

若紧急停电或设备发生事故时，应采取紧急停车，操作方法是：

1）迅速关闭通－6 阀，并切断膨胀机的电源开关；

2）关闭节－1 阀和高压空气总进口阀，关闭节－2、节－4 阀，关闭氧、氮送出阀和馏分排出阀，然后用氮气放空阀来保持低压压力；

3）根据不同情况作出下步工作的准备，待故障处理完毕后再进行开车。

新流程的小型空分设备的临时停车和紧急停车也可参照 575 题的操作步骤。

577. 小型空分设备紧急停车和临时停车后如何进行再启动？

答：（1）按正常启动程序启动空压机和纯化器

在纯化器压力升到 2MPa 后，缓慢开启空气进分馏塔的总阀。然后根据设备停车时间的长短和液面的高低，决定高压压力及节－2、节－4 阀的开度。

若停车时间已很长，已几乎没有液面，则应按正常启动步骤进行。

若停车时间较短，液面较满，则应先打开节－1 阀，保持高压压力，并略高于停车前的压力。再打开节—2、节—4阀到停车前开度,然后再启动膨胀机。打开氧气放空阀,控制氧流量压差在 1.5kPa(10cm 四氯化碳柱),用氮放空阀来控制低压压力在 0.05MPa 左右。

(2)分馏塔启动后,根据 T_2 和 T_3 温度来调节膨胀机和节—1阀的开度,使液氧液面恢复到正常液面。要及时地分析下塔和上塔产品的纯度,当产品纯度达到规定要求时就可送氧、送氮。纯度的调整方法同正常启动时相同。

(3)临时停车后恢复操作的注意事项:

1)开启阀门应缓慢,特别是各节流阀,以免塔内工况的急剧变化;

2)注意各部位的压力不要超过正常工作压力。必要时应开大节—2、节—4阀,然后再关小;

3)注意液氧液面不能过低,并要注意液氧中乙炔和其他碳氢化合物的含量。必要时应排除液氧,确保安全生产。

578. 小型空分设备在低温温度计失灵时如何操作?

答:空分塔低温计三点温度是:T_3 温度是指高压空气节流前的温度;T_2 温度是指膨胀后空气的温度;T_1 是指第一热交换器后、膨胀机前的温度。三点温度的作用主要是空分塔启动阶段控制膨胀机与节—1阀之间的气量分配。正常稳定运转时已不必控制。若只是其中的 1 点或 2 点温度计失灵,则可以根据完好的温度点推测工况进行操作。当三点温度全部失灵时,可以根据热交换器热端温差(即加工空气进气装置温度和氧气、氮气、馏分出口温度之差)来操作,使热端温差不大于正常值。

若热端温差在正常值,可以尽量开大凸轮机构,相应地关小高压空气节流阀。当凸轮机构已开到最大进气位置时,可以用节—1阀根据液氧液面的需要进行调整。若热端温差大于正常值,则开大节—1阀,关小凸轮机构。这种情况的操作要有预见性,注意滞后反应。

因为热交换器热端温差的改变是第一、第二热交换器内部温度变化的结果。当通过膨胀机的空气过多时,相应地通过节—1阀的气量减少,第二热交换器正流空气减少,而返流的氧气、氮气量不变,第二热交换器的作用没有充分发挥。相反地第一热交换器的负荷加重,返流气体的冷量回收不完善,热端温差扩大。启动时液氧液面不易上升,降压时不能降压。在原来热端温差较大,经调整节—1阀的和凸轮开度后,热端温差已将近正常值时,应仔细、缓慢地把它稳定住。没有低温度计指示的操作,完全要凭个人的经验,以往的操作记录可作参考。

579. 小型空分塔液空液面计失灵时应怎么办?

答:当液空液面计失灵时,首先应判断是液面计本身不准,还是塔内小管堵塞。排除液面计本身问题后,若是二氧化碳或脏物堵塞,可采取倒吹的方法,一般可以吹通。属于水分堵塞或吹不通时,可以找代用阀,液空液面计下阀本身有备用。若都堵塞可用液空分析阀代用。若是上阀管堵塞,可用下塔压力表接头做三通管来解决。如果无效,可用下述方法判断液空液面高度:

1)根据液氧面及压力变化进行判断。如果将液空节流阀开大或关小,液氧液面有明显的升高或降低,而上、下塔压力没有变化,说明通过液空节流阀的都是液体,液空液面有一定高度。

如果将液空节流阀开大,不但液氧面明显升高,而且上塔压力有上升,下塔压力有下降的现象,这说明液面高度已经很低了,应适当关小液空节流阀。因为在液空液面很低的情况下,通过液空节流阀的不只是液体,还伴有气体。上、下塔压力差减小会使冷凝器温差减少,液氧蒸发量减少,液氧面也会上升。

2)根据液空、液氮纯度判断。如果液空液面过低,则往往会使液空、液氮纯度同时下降。反之,液空液面过高,将塔板淹没的话,也会影响下塔的纯度,还会使下塔压力表指针激烈抖动,严重时还会引起中、低压自动下降,破坏氧、氮纯度。通常,若液空、液氮纯度能达到正常值时,液空液面也基本在正常值。

3)根据声音判断。液体流过节流阀与气、液混合物流过时的声音是不同的。液体流过时是"嘶嘶"声音,而有气体通过时是"嗡嗡"声音。可在日常多注意积累经验,用听音棒勤听流过节流阀时的声音变化,以便正确地加以判断。

4)根据以往的操作记录作为参考。

5)把冻结的管道设法弄通。卸开冻结管道接头,冷箱外露管段用热空气长期加热。待解冻后,再投入使用。

580. 小型空分设备液氧液面计管堵塞时应如何操作?

答:在接管堵塞引起液氧液面计失灵时,可用氖氩吹除阀与堵塞管连通进行反吹,也可用氮气瓶减压至 1MPa 后进行反吹。在采用反吹无效时,下阀可用液氧分析阀或液氧排放阀接管代用。上阀管堵塞往往是由于气流冲击,使液体进入管中而引起堵塞。因此,采用增加气、液分离器的办法可以避免这种弊病。上阀管堵塞可用气氧分析阀代用,也可以从上塔压力表阀的阀杆上引出来(即拆除阀杆,另用一个接头加蜡棉线接上)。上述方法无效时可凭经验判断。

若液氧液面过满时,少量液滴会进入压力表管内。由于温度升高而又蒸发,体积膨胀,压力升高;没有液体时压力又下降。因此,上塔压力表会抖动,氧气流量计也跳动厉害,严重时会使 T_3 温度迅速下降。这说明液氧因过满而注入热交换器,应适当地降低高压压力。

如果液氧液面过低,中压压力会自动升高,此时必须提高高压压力。若中压还是上升,应打开液空、液氮节流阀,待中压压力稳定到正常值时再关小,直至下塔的纯度符合要求为止。

另外,液氧面的上升或下降还可参考氧、氮纯度。若是氧纯度下降、氮纯度升高则表明液氧面上升,反之,则表明液氧面下降。

581. 怎样判断小型空分设备热交换器冻结?

答:小型空分塔热交换器冻结的明显象征是热端温差增大,热交换器前后压差不断增加,高压空气节流阀前的温度升高。这是因为热交换器内的小管被油脂、水分和二氧化碳堵塞,换热性能降低的缘故。

小型设备的热端温差是指高压空气进塔前的温度与返流氧,氮和馏分出塔的平均温度之差。对一般的气体设备是 5~8℃;液体设备是 8~12℃。热交换器前后的压差是指干燥器(或纯化器)进口的压力与热交换器末端高压空气压力之差,正常情况这个压差在高压表上是很难看出来的。

热端温差增大并不一定是热交换器冻结。因为凸轮和节-1阀的开度不合适,高压空气进入氧、氮、馏分隔层的分配量不合理,加工空气量过多或热交换器制造不良等都会引起热端温差的增加。但是,由于这些原因造成的热端温差增加,到一定程度就会稳定住,不会持续增大。

热交换器前后压差的增加也不一定是热交换器冻结。因为纯化器中的分子筛破碎,或使用周期过长,出口管口的粉末过滤器被堵塞,或者管路的阀门开度过小等,都会引起热交换器前后压差增大。但是,这种压差增大不会引起热端温差的扩大。

当热交换器小管被堵时,热端温差和热交换器前后压差不断增加,而且热交换器后的高压空气温度会升高。特别是压差愈来愈大,甚至无法维持继续运转。发现热交换器冻结时应检查纯化器的使用周期。若切换后冻结现象仍消除不了,应停车加温。

582. 怎样鉴别板翅式换热器是否漏气?

答:板翅式换热器一般有两个以上的通道。每个通道由隔板、翅片、导流片、封条等组成,用隔板将通道分开。冷、热流体同时流过不同的通道,通过隔板和翅片进行传热。当隔板有穿孔或损坏时,通道之间就发生窜气,压力高的介质流向压力低的介质通道。所以在板翅式换热器试压时,要按通道分别试压。当将一组通道升压到规定值时,在另外的通道检查是否气漏出来。一般是接上橡皮管,一头放在水中,看其是否有气泡;或接一根橡皮管与"U"形管相联。"U"形管中装水,看其是否有水柱上升。

板翅式换热器在制造过程中每道工序都经严密的质量控制,检验合格才能出厂。但若运输中遭到碰撞,或因保管不良造成腐蚀,均可能造成板翅式换热器漏气。因此,在安装之前必须再次进行气密性试验。

某厂在安装前试压中发现 4 台板翅式换热器都有"漏"的现象。当时的试压现场在露天,受太阳直照,板翅式换热器表面温度达 40~45℃。当对一个通道试压时,另外的通道都慢慢地微微"冒泡",以为是板翅式换热器漏气。实际上这是一种物理现象。当对一个通道试压时,该通道两侧的隔板向外发生弹性变形,旁边的其他通道的体积相应地减少,表现为微微地冒泡,再加上在太阳光照射下,气体温度升高,更显得冒泡的时间延长。

为了证实板翅式换热器不漏气,在无太阳光直射的情况下,将试压的通道升压至规定的压力,拆除进气管,停压半小时,记下压力 p_1 和板式表面温度 T_1。在其他通道接上装水的"U"形管,到第二天早上(即停压 14h 后),检查"U"形管中水柱并没有上升。检查压力表压力 p_2 和温度 T_2,并进行换算。结果 $p_1T_2 = p_2T_1$,说明板翅换热器没有泄漏。

制造厂在对类似产品试压时,也常碰到一腔试压,另一腔有气泡。一般来说,若是漏气,试压腔的压力随着时间的延长会不断地降低,另一腔会一直较均匀地冒气泡,接上装水的"U"形管,可以测出有压力。若只是物理现象,则试压腔的压力经温度换算后不是降低的。冒泡现象随时间的延长而逐渐减弱,直至不冒泡。接上装水的"U"形管,压差升到一定程度就停止,并随着温度下降会慢慢下降。

583. 怎样判断绕管式热交换器是否漏气?

答:空分设备运转中发现产品纯度下降或产量减少时,人们就会联想到热交换器是否会漏气。一般,产品纯度下降是高压空气漏入低压系统;产量减少是产品漏入冷箱。但是,隔层之间的相互漏气,则既影响氧气产量,又影响氮气纯度。现将几种判断情况介绍如下:

1)高压空气漏入氧气隔层:分析冷凝蒸发器氧气纯度和氧气管氧气纯度(可从氧气流量计接管上取样),根据两者纯度差来判断。两者纯度一致,表明热交换器不漏,反之则漏。少量的漏气,对冷凝蒸发器纯度不会有影响,低压也不会升高;大量的漏气,两者存在显著的纯度差,同时低压压力上升,高、中压力下降。并且,冷凝蒸发器的液氧纯度与气氧纯度也会出现明显的不平衡。

2)高压空气漏入氮气隔层:分析上塔出塔氮气纯度和氮气出口管纯度(可从氮气流量计管上取样),根据两者之间的纯度差来鉴别。两者纯度相一致,则表明不是热交换器泄漏,是其他原因;若存在纯度差,则有可能是热交换器泄漏。但是,液空过冷器泄漏,也有可能使氮气纯度下降,这需要进一步检查。有乙炔吸附器的 $150 m^3/h$ 空分设备,可以打开节-3阀,关通-1阀和节-2阀,排除压力。若纯度差消失,则有可能是液空过冷器泄漏;若纯度差不变,则热交换器泄漏的可能性大。少量漏气不会影响压力,而大量漏气时,不仅影响纯度,还会使高压、中压压力降低。

3)高压漏入馏分隔层:少量漏气在运转中难以发现,只有漏到一定程度,才能使氮气纯度下降,高压、中压压力下降,低压压力上升。

4)高压空气漏入冷箱绝热层:由于管板脱焊、管子裂开、法兰松开等原因产生泄漏。它会使高压空气压力下降,氧、氮产量下降,并影响纯度。珠光砂会从冷箱中吹出。

5)氧、氮或馏分隔层漏气:产品氧、氮气或馏分漏入绝热层,氧、氮的产量减少或馏分流量减少,严重时珠光砂会向外吹出。若是热交换器底部漏气,会使冷箱"出汗"或结霜。

6)氧气漏入氮气隔层:当氧、氮气隔层的包皮脱焊时,由于氧气隔层的压力略高于氮气隔层,所以氧气会漏入氮气中,使氮纯度下降,氧气产量下降,而氧气纯度可调到要求。

以上几种分析是在空分塔运行中的初步判断。为了证实初步判断的准确性,尚需作进一步的分析检查:

1)空分塔停车,彻底加温吹除,关闭分馏塔上所有的阀门,准备分馏塔做初步气密性试验。

将高压空气引入热交换器,待高压压力达到最高工作压力时,停压 1h,若高压压力经温度换算,压力并不下降,低压压力也不上升,则可以说高压没有漏入低压;若是高压压力下降,低压压力明显上升,则是高压空气漏入低压;若是高压压力下降,低压压力不上升,应仔细检查高压下降的原因。若找不出高压下降的原因,则要检查低压系统阀门、法兰泄漏的地方。必要时在氧、氮、馏分出口管低压安全阀法兰上加盲板,先把低压系统漏气消除,对低压系统进行试压,以停压 4h 不漏为合格。再将高压系统升至工作压力,若高压下降,低压压力保持不变,则有可能是高压漏入冷箱。若低压压力不能停压或停压 4h 后压力下降大于0.005MPa,外部找不到漏处,则有可能是冷箱内低压系统漏气,应扒出珠光砂检查。

2)扒出珠光砂后,对高、中低压系统保持工作压力,全面进行检漏。

先消除外表漏气处,消除高压向冷箱绝热层泄漏和低压系统的氧、氮、馏分隔层的包皮的泄漏。然后再试高压和低压,确定是否高压向低压泄漏。若是氮气纯度下降,应将中压压力升至工作压力,看低压是否上升。若是中压漏向低压,就应检查中压节流阀的密封性和液空过冷器是否泄漏。若氧气纯度下降,则应检查冷凝蒸发器是否泄漏。

3)高压漏向低压确认后,要具体确定泄漏部位。

将热交换器卸下,氧、氮、馏分进出口分别装上闷板、压力表和放气阀门,再将高压缓慢升压。若低压隔层压力上升,则表明该隔层漏气。应停止试高压,拆除该隔层热交换器进口法兰和集合器法兰,将该隔层通氮气试压至工作压力,检查高压管是否漏气,确定是第一热交换器泄漏还是第二热交换器泄漏。若是第一热交换器泄漏,应将高压进口管板的管子用橡皮塞堵住,用肥皂水检查中部集合器管,确定漏气的管子并作好记号。然后再用橡皮塞堵住,在进口管板上找出漏气的管子,并作记号。若是第二热交换器漏气,先将末端集合器的管子用橡皮塞堵住,在中部集合器找出漏气的管子。然后用橡皮塞堵住漏气的管子,在末端集合器找出漏气的管子。找到漏气管子后,两端用铜锥体闷住,再铺上锡焊。堵死的管子不得大于15%,以免降低装置的性能。

4)在氧气隔层逐渐升至工作压力时,检查氮气、馏分隔层是否气体排出。

在升压过程中,由于包皮的变形,体积有变化,会有少量气泡排出是正常的,不一定是漏气。随着时间延长,气泡消失,氧气隔层压力不下降,证明没有漏气。若是氧气隔层压力不断下降,氮气或馏分隔层气泡不断,或接上"U"形管后能测出有水柱压差,则说明氧气漏入该隔层。应拆开包皮和绕管,进行焊补。

5)热交换器修理完毕,应进行高压试压,检查氧、氮、馏分隔层是否漏气。

高压在升压力过程和停压初期,低压隔层有气泡是正常的。这是由于容积和气温变化所致,停压半小时后即可消失。若是高压下降,气泡不断,则可能尚有漏气的部位,应进一步消除。

热交换器发生内漏,一般要请制造厂派专业人员进行修理。

584. 怎样判断液空、液氮过冷器泄漏?

答:液空、液氮过冷器是以氮气为冷源来冷却液空或液氮的。过冷器有管式、板式两种。当发生泄漏时,就会影响分馏塔的正常工作。它分两种情况:

1)液空、液氮漏向氮气侧。由于液空漏到氮气侧,它将在换热器中进一步被回收冷量,所以冷损增加并不明显,但冷端温度T_3会下降,冷端过冷。如果是液空泄漏,由于液空的氮浓度低,漏入气氮中就会使气氮纯度下降。液体泄漏后,进上塔的液体量减少,回流液减少,会使精馏工况恶化,氧产量下降,严重时分馏塔无法正常工作。

2)气氮漏出器外。这一般发生在连接管焊缝或法兰处。当气氮外漏时,进入热交换器的气氮量减少,液体的过冷度减小,节流后气化率增大。同时,由于这部分没有经过复热的氮气通过绝热材料漏掉,使气氮产量下降,冷损增加,筒壳结霜,冷凝蒸发器的液氧液面下降。

为了进一步判断液空、液氮过冷器是否泄漏,需将分馏塔停车加热。将中压系统和低压系统隔开,尽量做到不漏气,然后分别对中压系统、低压系统试压。若中压系统升至工作压力,低压系统有气或低压系统升至工作压力,中压系统有气时,在排除冷凝蒸发器、液空节流阀、液氮节流阀等中低压连接阀门不漏的情况下,可进一步确认是液空、液氮过冷器泄漏。此时应扒掉珠光砂,拆开处理。

585. 小型空分设备液体进入热交换器的原因是什么,如何操作?

答:小型空分设备在运转中,造成液体进入热交换器的原因是:

1)分馏塔在启动阶段关阀和降压速度太慢,液氧液面太满,使液体进入热交换器。这时的象征是上塔压力表指针波动,氧流量计跳动厉害,T_3温度下降,随之,高、中压力自动下降。碰到这种情况可适当加快关阀和降压速度,开大节-1阀,使通过第二热交换器的气量增加。并可适当地排掉部分液氧。在关小液空、液氮节流阀或降压时,中压微微上升是正常的(约每1h内上升0.05MPa)。待液氧面降到正常位置,温度和压力自行恢复正常。但是,千万不能操之过急,不要使中压明显的上升,以免产生液泛。

2)上塔液泛引起。其象征先是液氧面迅速下降,上塔压力上升,氧纯度暂时升高,氮纯度下降;紧接着 T_3 温度和高、中压力下降,有时氮气流量计会跳动;随后由于中压压力下降,氧蒸发量减少,上塔压力降低,液氧液面开始迅速上升,上塔带液减少或消失,热交换器的温度和压力开始回升,中压压力开始慢慢上升;然后液氧液面又开始下降,重复上述过程。根据液泛的不同程度,周期性的间隔时间也不同。短则几十分钟,长则几个小时一次。碰到液泛造成带液的时候,应具体分析原因,根据不同的原因采取不同的方法。若是关阀或降压造成的液泛,应重新打开液空、液氮节流阀,待液氧液面升至正常高度后再进行调整。如果是调整不好,可采取停车静止半小时左右再开车调整。如仍消除不了,只得停车加温,重新开车。若是加工气量过多造成液泛,应放掉部分空气,待设备正常后再逐步送入。若是运转周期末,塔板小孔被水分或二氧化碳堵塞引起的液泛,可以减量生产,或停车加温,重新开车。但是,不论是何种原因造成的液泛,如果带液严重的话,为了不使液体进入膨胀机,可以暂时把液氮节流阀关闭,把节-1阀尽量开大。待温度恢复正常时,再慢慢地打开液氮节流阀和关小节-1阀。

586. 小型空分设备冷凝蒸发器液氧中呈现浑浊、沉淀是什么原因,如何处理?

答:液氧中发现有浑浊乳白色沉淀物,且沉淀物呈雪状,随温度升高而挥发,这显然是二氧化碳进塔所致。二氧化碳进塔是纯化器工作不佳或是分子筛老化等因素造成的。因此,在操作时必须注意:

1)对水冷式纯化器,在纯化器加温时,必须遵循先把水放掉、在吹冷及工作周期内再加水冷却这样一个操作顺序进行。加温时外围有冷水会使纯化器周围的分子筛再生不完善,并逐渐失去吸附作用。

2)再生气出口温度和再生氮气量(不要太小)要配合好。纯化器出口温度达到要求后,还要再加温一段时间,接着再吹冷。吹冷时,出口温度开始应上升,随后才下降。至于升到什么温度,则要符合操作说明书规定。

3)纯化器出故障,往往与三级冷却器工作不正常(指泄漏)以及水分离器吹除不当有关,即有水进入纯化器。停车时应检查一下,冷却器有没有泄漏。因为停车时,水会从缝隙进入空气冷却管,再开车时水就会进入纯化器。水分离器要按规定定期吹除,吹除要讲求方法得当。有的水分离器设计不好,吹除又太猛,水没有被吹走,导致水分进入纯化器。最好不要将吹除管与总管连接,否则,无法判断水分是否已被吹除掉。吹除要缓慢。特别在夏季,气温高,水分多,操作要特别注意。

4)分子筛一般使用寿命为2000h,相当于长期运转,8h切换一次的纯化器每隔4年至5年更换一次。

5)应尽可能地降低进入分子筛纯化器前的空气温度。一是可以减少水分带入;二是可以提高分子筛的吸附容量。

6)在纯化器空气出口管处,定期测定气体中的二氧化碳含量。最好能配二氧化碳自动分析仪,但价格较高。纯化器出口空气中二氧化碳的体积分数应小于2×10^{-6}。一旦达到转效点,二氧化碳含量就会直线增加。因此,知道了转效点,纯化器的工作周期应提前半小时左右切换,以确保二氧化碳不带入塔内。

587. 小型空分设备暂停膨胀机时如何操作?

答:若膨胀机出了故障,估计在短期内可以修复,或急需用氧,不能停车时,可以继续保持分馏塔的暂时运转。其操作步骤如下:

1)切断膨胀进、排气阀,停止膨胀机运转,立即投入膨胀机抢修;

2)关小节－1阀,控制高压压力在设备允许的最高压力,其他阀门可暂时不变;

3)随着温度的上升,液氧蒸发量增加,气氮纯度逐步下降,需要将液氮节流阀相应地开大;

4)当中压压力开始明显上升时,要适当地减少加工空气量,并继续保持高压压力不变;

5)若液氧液面继续下降到3.2kPa(20cm四氯化碳柱)以下时,则应采取分馏塔保压停车。即关节－1、节－2、节－4阀,关闭高压空气总进口阀,关闭氧气出口阀,用氮气放空阀保持上塔压力;

6)如果事先估计到膨胀机要停车,可先将液氧面提高到6.4kPa(40cm四氯化碳柱),准备好修理工具、零件、加温气源管道等,再停膨胀机。这样可更有把握,检修进度也可加快。

588. 小型空分设备氧、氮的产量和质量下降,甚至出不了氧,是由哪些原因引起的?

答:其原因有以下四个方面:

1)空压机排气量不足,造成分馏塔原料空气不足,引起塔板漏液,影响分馏效果。而空压机排气不足的原因有:

①进、排气阀门不密封。由于阀门弹簧弹力不匀或弹力不足、弹簧断裂、阀门磨损、升高限制器磨损、阀片断裂、阀门结炭结垢等;

②气缸或活塞环磨损、漏气,填料函装配不好或磨损漏气;

③吹除阀及其他阀门大量漏气。特别是吹除阀,因使用频繁,容易损坏,产生漏气;

④电机转速不够或电压过低,造成排气量减少;

⑤空气过滤器严重堵塞,冷却器漏气或外部管路连接法兰泄漏等等。

原料空气量的严重不足,会延长分馏塔的出氧时间。特别是带氩塔或制高氮的设备,空气量减少对产品质量有很大影响。

2)纯化器吸附水分、二氧化碳的效果不好,使大量水分与二氧化碳带入分馏塔,堵塞热交换器和塔板筛孔,造成塔内阻力增大,运转不稳定,甚至产生液悬,将精馏过程破坏。引起纯化器吸附效果下降的主要原因是:

①纯化器使用时间过长,吸附剂再生不彻底或未再生好就提前切换使用;

②吸附剂被油、灰尘污染,气流阻力增大,导致吸附能力下降。

3)膨胀机产冷严重不足,使分馏塔冷量不足。引起膨胀机产冷量减少的主要原因有(指活塞式膨胀机):

①进排气阀芯磨损漏气。由于弹簧疲劳,弹力不足,阀门关闭不严;

②密封圈螺母拧得太紧,使阀杆升降迟缓;

③气缸、活塞环磨损严重,气缸拉毛,导致漏气;

④膨胀机皮带过松,进入膨胀机气量达不到设计要求,使冷量减少,并会引起飞车;

⑤膨胀机进气调节阀损坏(例如通-6阀、安全截止阀、凸轮调节器等),使进膨胀机的气量、温度无法控制;

4)分馏塔精馏效果下降。除上述外,主要原因还有:

①分馏塔内漏气、漏液,气量损失大,冷损大;

②分馏塔运转周期末期,被水分、二氧化碳或灰尘等堵塞;

③保冷箱内绝热材料受潮,受振后下沉,使塔顶外露,冷损增大;

④塔体不垂直,使塔板上液面不均匀;

⑤不常见的故障有:冷凝蒸发器或液空、液氮过冷器的中、低压之间窜气,热交换器中氧、氮隔层之间窜气。

当然,影响分馏塔氧、氮纯度及产量下降的原因还很多,例如由于操作过快引起液悬等。因此,平时要精心操作,仔细观察,发现故障及时消除,并重视机器、设备的日常维护保养。

589. 小型空分设备分馏塔内漏气位置怎样判断和处理?

答:在分馏塔气密性试验中,消除外部漏气后做停压试验时,如果压力明显下降,则表明塔内有漏气。

(1)热交换器压力下降

可能有三种情况:

1)高压漏向中压:高压空气节流阀关不严或有脏物卡住,或者使用日久,密封面破坏而引起漏气。如果确实仅仅是高压节流阀漏气而使压力下降的话,也无需修理。因为在正常运转期间,该阀是开着的,不会影响运转。但是,为了确认是该阀漏,可在热交换器停压期间,将下塔系统密封,然后从下塔液空分析阀处接一根橡皮管引到水中,打开该阀,水中若有气泡冒出,证明是高压空气节流阀漏气。如果热交换器压力表下降的速度过快,怀疑其他部位还存在漏气,则应先消除高压空气节流阀的泄漏。此时可将高压空气节流阀阀杆拉出来,在其密封阀头上涂上一层薄薄的焊锡,然后将阀关严,再查中压系统有无气泡冒出。若虽无气泡冒出,而热交换器压力还是下降,则表明可能存在后一种泄漏;

2)高压漏向低压:热交换器停压期间,将上塔系统的所有阀门关闭,从液氧分析管接一根橡皮管,并将其引入水中。若水中长期、连续冒气泡,则表明热交换器管子泄漏。在上塔系统密封,热交换器逐渐升压之初,由于热交换器管内压力升高,管径膨胀,使上塔低压系统容积相应缩小,会有少量气泡冒出,这是正常现象。这时,打开上塔系统阀门停10min左右,再进行检查就不会有气泡了。若继续有气泡,则可将橡皮管插入水中深达100mm,再观察一段时间,若仍然有气泡,则可认为高压漏向低压。

高压漏向低压的故障消除办法是:卸掉冷箱内的珠光砂,拆除热交换器管板连接法兰,在低压系统充以0.065MPa压力,找出泄漏的管子,然后用锥体铜棒挂锡将漏管的两头堵塞;

3)高压漏向塔内空间:排除上述两种泄漏后,剩下的就是高压向塔内空间泄漏的可能。可卸掉冷箱内的珠光砂,对高压系统的连接法兰,包括管板、温度计接头以及各焊口用肥皂水查出漏处,并消除之。

（2）下塔系统压力明显下降

在确认无外部泄漏的情况下，可将液空进乙炔吸附器的阀门关闭。若下塔压力表不下降，而乙炔吸附器压力下降，则首先要判断是塔内漏还是外漏。

1）判断内漏与外漏的方法：可将低压系统密封，引一橡皮管至水中，观察是否气泡。若无气泡，则是外漏；若有气泡，则是内漏。

2）内漏又有两种可能：一是液空节流阀漏，二是液空过冷器管子漏。液空节流阀泄漏可用阀头挂锡的办法消除；而液空过冷器泄漏需卸掉珠光砂，拆开右筒壳板，拆开进出口管板，将低压升至 0.065MPa，找到漏处，将管子堵塞。

3）若是外漏，可先拆开后门板，检查乙炔吸附器部分是否泄漏。若消除后仍然停不住压，则只能卸掉全部珠光砂，检查其他部分。若是 150m³/h 制氧机带氩塔的设备，还应检查分馏塔的氩塔节−1 阀、通−9 阀之间的管路是否泄漏。

4）若乙炔吸附器系统压力不下降，而下塔压力表下降，这也有两种可能：一是塔内内漏；二是塔内外漏。内漏和外漏的判断方法如同前述。但是，此时的内漏可能是液氮节流阀、液空旁通节流阀、液氮过冷器和冷凝蒸发器管泄漏。

节流阀和液氮过冷器泄漏消除方法如同前述。而冷凝蒸发器的泄漏则应作进一步检查：拆除上塔，在冷凝蒸发器管间放满清洁、无油迹的水，下塔充入 0.6MPa 压力。若有气泡冒出来，即可证实漏气。冷凝蒸发器的修理，一般要送到制造厂进行或让制造厂派员来修理。若用户自行修理，应制作专用模具，在管间试到 0.9MPa 压力，找出漏气的管子。然后将两头堵塞，再进行安装、试压合格为止。在修理冷凝蒸发器时，要逐根检查管子，两头必须畅通，堵塞的管子两头必须密封。堵塞的管子数不得大于总管数的 10%。下塔外漏的检查，只能卸掉珠光砂进行。

（3）低压系统压力明显下降。低压系统只存在外漏。需卸掉珠光砂，检查出泄漏处，并消除之。

590. 小型空分设备有时启动时间过长是何原因？

答：有以下几方面的原因：

1）膨胀机效率降低。影响膨胀机效率的因素有：进气阀门漏气或排气阀漏，造成部分气体在膨胀机内节流；膨胀机活塞环磨损，造成漏气；或者因长期运转，使气缸磨损，间隙增加，活塞与缸头之间余隙过大；进、排阀门顶杆间隙过小等因素。要根据机器的说明书规定进行检查，检测膨胀机的效率。可根据进、排气压力和进、排气温度，在 $T\text{-}s$ 图中查到膨胀机的实际焓降和理论焓降，然后计算出效率。一般，活塞式膨胀机的效率应大于 65%；

2）加工空气量偏少。当将该设备的出分馏塔的氧气流量、氮气流量、馏分流量三者加起来，低于空压机的排出量时，则可认为压缩机或纯化器及其管道有外漏存在。这时应检查：压缩机的转速、阀门、活塞环、气缸、空气过滤器、冷却器等是否有故障；管道连接法兰，吹除阀、纯化器切换阀门是否漏气，并消除之；

3）分馏塔外筒壳结霜、冒汗，说明塔内有低温泄漏。这时应对分馏塔进行加温，扒掉珠光砂，进行试压。发现有泄漏处应补焊；

4）珠光砂受潮，包括膨胀机过桥管的绝热材料受潮。若手捏紧后，珠光砂结块，说明含水大，保冷性能降低，使冷损增加。这时应将珠光砂烘干或更换；

5)纯化器分子筛再生不彻底。要检查再生的气量、温度是否符合要求,新分子筛装入前是否进行过活化。

小型空分设备启动时间延长的因素很多,除了上述的原因外,还有空压机油水分离器是否及时吹除;分馏塔加热吹除是否彻底;氖氦吹除阀是否微开;中、低压力控制是否正常等。应按有关说明书和资料,先易后难地逐项检查、排除。

591. 分馏塔在什么情况下需要清洗?

答:分馏塔内积聚水分、二氧化碳等杂质是可以通过加热方法清除的。但是,如果带入了油脂、碱液、硅胶粉末,则单用加热方法是无法解决的,需要进行清洗。

对于采用油润滑的活塞式压缩机、膨胀机,并采用碱塔清除二氧化碳的小型空分设备,如果润滑油量过多,吹除不及时,三级油水分离不净,膨胀过滤器损坏,就很容易将油带入塔内;当碱塔跑碱时,会将碱液带入塔内;当吸附器过滤网损坏时,会将硅胶(或分子筛)粉末带入塔内。油脂进塔将威胁空分设备的安全,碱液会腐蚀金属,粉末会堵塞塔板。因此,当发现塔内有油或碱液进入时,应及时清洗。一般一年清洗一次。

对于全低压空分设备,由于空压机采用透平式,空气中不含油分,同时对水分、二氧化碳是采用自清除方法,一般不必清洗。但在特殊情况下,例如油浸式过滤器大量带油,透平膨胀机轴承漏油,随膨胀空气带入上塔等,塔内发现有油迹,则也应及时清洗。

592. 怎样进行分馏塔的清洗?

答:清洗方法是先用热水(80℃左右)清洗,而后将水放净,经加温干燥后,再用四氯化碳、酒精、二氯乙烷等药剂清洗。若是因碱液进塔而进行清洗,可用 60～80℃的温水洗,并用酚酞检查清洗后的水,直到没有碱性为止。

清洗过程一般是先上塔,后下塔,再洗主热交换器,以节省清洗药剂。方法一般是用淋洗法。可用泵或氮气将清洗液压至洗涤部位的顶部,洗涤液即沿塔板、管壁淋下,从底部排出回收。

洗涤后,整个空分设备必须加温吹除,而加热时间应比一般加温时间长,以免残留洗涤液。同时应注意将液面计阀、压力表阀和分析阀均打开,以防液体积存在小管中。加热后吹除时间不小于 8h,直至吹除气体中无洗涤液气味为止。因二氯乙烷易燃,吹除时必须用热氮气。四氯化碳对铝的腐蚀性大,清洗后应注意及时吹除彻底。

593. 什么叫"鼓泡"洗塔法,如何操作?

答:分馏塔在清洗时,为了提高清洗效果,在塔的下部通入一定气量清洁、无油的空气或氮气,从清洗液中穿过时产生"鼓泡",而后从塔顶排出。这种方法叫"鼓泡"清洗法。

其清洗方法如下(以 150m³/h 分馏塔为例):

(1)清洗前的准备工作

1)分馏塔清洗前必须经彻底加温吹除,一般不少于 8h;

2)准备好清洗液压送器,容器应能承受压力 0.2MPa。压送器应装有进气减压阀、压力表、液面计、放空阀、加液口、出口阀和送液管、排液管等附件,以及压送和鼓泡的气源;

3)根据被清洗设备的不同情况,事先作好阀门的开关和进、出口导管连接工作。

为了提高清洗效果,节约昂贵的去油剂,一般可先用 60～80℃的热水清洗。

(2)热交换器氧气隔层(管间)的清洗

1)拆开氧气出塔法兰,并与压送器的送液管连接;

2)打开液氧排放阀(通－2)和氮气放空阀,关闭塔上其他阀门;

3)打开减压阀,使清洗液压送器内保持 0.1MPa 压力;

4)打开送液出口阀,向器内灌充清洗液,经管间至冷凝蒸发器的液氧排出阀排出,直至排出液体中无明显的油脂为止;

5)清除器内及管内的残液。可利用压送器的气源,保持压力 0.07～0.1MPa,向隔层吹除,直至吹除气体不带水雾为止。

(3)上塔的清洗

1)打开筒壳的盖板,扒出部分珠光砂,在氮气出口管弯头处开孔,插入一根 φ18mm×1mm,长约 100mm 的铜管(防止清洗液流入热交换器氮隔层),并与压送器连通;

2)打开氮气放空阀和液氧排放阀(通－2),关闭其他所有阀门;

3)接一根气源管与液氧分析阀连通;

4)打开减压阀,使清洗液压送器内保持 0.15～0.2MPa,向上塔灌送清洗液,直至冷凝蒸发器(通－2)阀排出的液体干净为止;

5)停止送液后,从液氧分析阀通入 0.01～0.015MPa 压力的气体进行鼓泡,以提高清洗效果;

6)清洗液排放时应打开液氧液面计上、下阀、液氧分析阀、低压压力表阀、上塔吹除阀,以使这些管道也得到清洗。

(4)下塔的清洗

1)拆开下塔加温阀接头,并打开加温阀、液氮分析阀;

2)拆开膨胀空气进下塔的过桥接头,并连通送液管;

3)打开减压阀,保持压送器内压力在 0.1～0.2MPa,压送 300L 左右。液氮分析阀流出液体时应停止送液;

4)从液空分析阀通入 0.1～0.15MPa 的气体鼓泡;

5)清洗液在下塔停留 0.5～1h,打开下塔液空液面计上、下阀、液空分析阀、中压压力表阀、过桥管接头,排出液体。若排出液体不干净,可重复几次。

(5)热交换器管内的清洗

1)拆开高压空气到热交换器的连接法兰,并接上排液管;

2)打开下热交换器吹除阀(吹－1),并与压送器送液管连接;

3)拆开进膨胀机高压空气管接头,并加以堵塞。关闭吹－2、节－1 和压力表阀;

4)打开减压阀,保持压送器压力在 0.15～0.2MPa。向热交换器送液,清洗液从高压进口法兰排出。水洗时可连续送液,直至排出水中无明显油脂为止;

5)拆除送液接管,打开压力表阀、吹－1、吹－2 阀,放尽积液;

6)用四氯化碳清洗时,待高压法兰处排出液体时停止送液,然后静置 1.5～2h,打开吹－1、吹－2 阀排出。

(6)清洗过程中的注意事项

1)若分馏塔进了碱水,只要用 60～80℃的热水清洗。待排出水用酚酞或芯纸检查,无碱性反应即可；

2）清洗后的管路、容器，一定要逐一吹洗干净。特别是死气管道，如氩塔的备用管等，要拆开接头吹刷干净；

3）吹洗加温后要检查乙炔吸附器的硅胶是否受损，决定是否要更换；

4）清洗剂一般采用四氯化碳为妥，其含油量应小于 50mg/L。如含油是 50～500mg/L 的清洗剂，则只能作粗脱脂用。大于 500mg/L 的要经再生后才能使用；

5）清洗后加温要彻底，加温排出气体无气味为止。加温时间一般不少于 24h。

13 低压空分设备的启动、调试与维护

594. 分子筛吸附净化流程的空分设备在启动上有何特点,操作时应注意什么问题?

答:分子筛净化流程的空分设备,由于空气经分子筛吸附除去了水分和二氧化碳等杂质,与切换净化流程相比,启动操作简单容易控制。它不需要考虑诸如水分和二氧化碳的自清除,膨胀机内水分和二氧化碳析出等复杂影响,启动过程的注意力主要集中在充分发挥膨胀机的制冷能力,合理分配冷量,全面冷却设备上。可分为冷却设备,积累液体,调整精馏工况三个阶段。与切换流程的启动方式相比,它可称做"全面冷却法"或"一次冷却法"。

在启动操作时应注意以下几点:

1)首次使用的分子筛要进行一次活化再生,目的是清除运输和充填过程吸附的水分和二氧化碳。活化的温度一般应高于 200℃,低于 250℃。当出口温度达 80℃时就可冷吹。活化时间不少于两个切换周期;

2)分子筛吸附器启动时送气升压过程要缓慢,放空阀关小时要谨慎,防止因压力波动而破坏床层内的分子筛;

3)需要启动两台膨胀机时,要全开增压机的出口回流阀,将先运转的膨胀机的压力降下来,然后两台膨胀机同时加负荷,防止后启动的增压机发生喘振;

4)注意主换热器中部温度的控制:

①控制单元间的中部温差,一般不大于 3～5℃;

②中部温度不宜过低,冷量不要过多集中在主换热器,造成热端温差增大。在冷端温度达到空气液化温度后,冷量应向精馏系统转移,使精馏系统充分冷却,尽快积累液体,建立精馏;

5)注意空气冷却塔的工作,确保预冷后的空气温度达到设计要求。要防止压力和水位波动,以免空气带水,影响分子筛的性能。

595. 分子筛吸附净化能否清除干净乙炔等碳氢化合物,为保证装置的安全运行,在操作上应注意什么问题?

答:分子筛吸附器在常温条件下吸附水分和二氧化碳同时,能够吸附乙炔等碳氢化合物。根据林德公司提供的资料,分子筛清除乙炔等烃类的吸附效率公式与实验数据如下:

$$\eta_x = \left(1 - \frac{y_{ci}}{y_{ji}}\right) \times 100\%$$

式中 η_x ——对某种碳氢化合物 C_nH_m 的平均吸附效率;

y_{ci} ——吸附器出口某种碳氢化合物 C_nH_m 的浓度;

y_{ji} ——吸附器进口某种碳氢化合物 C_nH_m 的浓度。

其中,对 CH_4,C_2H_6 的吸附效率几乎为零;对 C_3H_8 为 89%;C_2H_4 为 97%;C_3H_6、C_2H_2 和

C_4H_{10}几乎为100%。从以上数据可见,分子筛净化对乙炔、丙烯等是可以清除的,但对甲烷、乙烷是无效的。

为保证装置的安全运行,在操作中应注意以下问题:

1)分子筛吸附器应处于良好的工作状态,解吸再生完全,床层充实平整,无短路气流通过;

2)保持主冷液氧有一定的排放量(一般不少于产品氧量的1%);

3)保持主冷液位的稳定。全浸操作的主冷,液位不得降到全浸位置以下;

4)设有液氧保安吸附器的,应保持吸附器的正常工作和再生;

5)注意监视主冷液氧中碳氢化合物的含量,超过规定时应采取相应措施。

596.分子筛净化系统在操作时应注意哪些问题?

答:分子筛净化系统的净化效果的好坏,影响到装置的运转周期。对相同的设备,如果操作不当也可能影响净化效果。在操作时应注意以下问题:

1)对分子筛吸附器的安装要求:要认真检查上、下筛网有无破损,固定是否牢固;分子筛是否充填满,并且扒平;认真封好内、外筒人孔,防止相互窜气;

2)分子筛吸附器在运行时,要定期监视分子筛温度曲线和出口二氧化碳的含量,以判断吸附器的工作是否正常;

3)要密切监视吸附器的切换程序、切换压差是否正常。如遇故障,要及时处理;

4)要密切注意冷冻机的运行是否正常。如遇短期故障,造成空气出口温度升高时,应及时缩短吸附器的切换周期,并及时排除故障;

5)空压机启动升压时,应缓慢进行,防止空气气速过大。向低温系统充气,或系统增加负荷(启动膨胀机、开启节流阀等)时,要缓慢进行,防止系统压力波动;

6)空分设备停车时,应立即关闭吸附器后空气总阀,以免再启动时气流速度过大而冲击分子筛床层。

597.如何根据分子筛纯化器的吸附温度曲线判断其工作是否正常?

答:分子筛纯化器典型的吸附温度曲线如图144所示。一般情况下,只要空气预冷系统正常,空气进纯化器的温度不会变化,温度曲线基本上是一条水平的直线。空气出吸附器的温度由于吸附放热的影响,温度略高于进口温度,大部分时间也近似为一条直线。

空气进出口温度的差值与空气进口温度的高低有关。因为空气进口的温度越高,说明其中的饱和水分含量越大,吸附器的清除负荷越高,产生的吸附热越大,温差也会相应地增大。当空气进口温度为10℃时,其温升约为4℃。

如果纯化器在使用过程中出口温度突然升高,则表示空气已将空冷塔中的水带入了吸附器,应紧急进行处理。

由图可见,在切换之初,进出口有较大的温差,甚至高达20℃。这是由于吸附器在切换至充压的过程是一升压的过程,分子筛的吸附容量增大,在充压过程中也有部分分子(包括氧、氮分子)被吸附掉,相应地产生的吸附热在转为使用时再被空气带出。加之吸附器刚开始使用时,分子筛的吸附容量大,所以温度升高显著,这不是由于冷吹不彻底的原因。

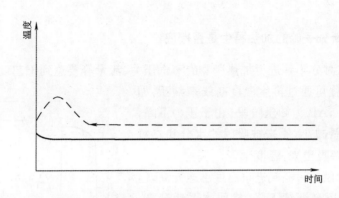

图 144　吸附温度曲线

598. 分子筛纯化器的加热再生采用蒸汽加热和电加热设备各有什么特点,在再生操作中应注意什么问题?

答:蒸汽加热器是用过热水蒸气作为热源,因此在使用过程中易发生泄漏而污染加热介质,所以在制造方面要求严格,设备的造价也比较高;使用蒸汽进行加热,其价格比电要便宜,但冬天要进行防冻处理。从操作上看,电加热不会因蒸汽泄漏而影响吸附器再生的问题,所以设备造价较低。

分子筛纯化器的加热再生采用蒸汽还是电加热与设备容量及工厂条件有关。一般设备容量较大、而且工厂有充足的蒸汽源的,多采用蒸汽加热;设备容量较小且工厂蒸汽源有困难的,则采用电加热。有的也采用先是蒸汽加热而后是电加热的。

一般在正常生产中,使用蒸汽加热器进行加热。当蒸汽压力不足或分子筛需要进行活化时,才投入电加热器,以提高加热介质的温度。

再生操作中应注意以下问题:

1)无论哪种加热方式,都要注意吸附器再生过程中的加热和冷吹的温度曲线变化。温度曲线的异常变化说明:

①再生热源(蒸汽或电)不足或气量不足;

②吸附器负荷(尤其是吸附水量)有的变化,应查明原因;

2)注意吸附器再生时的压力变化。压力升高说明吸附器阻力增大或吸附器的进出口阀没关严,应查明原因;

3)注意加热时间的变化。加热时间的延长应查明是热源问题还是吸附器的负荷增大的影响;

4)在操作蒸汽加热器时注意:

①要经常检查蒸汽加热器的冷凝水的液位情况。水液位高将会影响换热的温度;

②当发生蒸汽换热器漏气时,将影响加热再生的效果。所以要经常检查换热后的气体中的含湿情况,一般水分含量应小于 1×10^{-6}(露点温度-65℃)。否则要检查换热器的工作情况并进行处理。加热器后一般设有露点检测仪,要注意露点的变化;

5)在使用电加热器时注意加热介质流量不能小于工艺流量要求,否则将会发生烧毁事故。在冷吹时要注意检查是否已断开电源,防止烧坏电热元件。

599. 怎样判断分子筛的加热再生是否彻底？

答：首先要求对分子筛进行加热所需的蒸汽压力、流量等要达到工艺设计要求的条件。

加热再生过程可通过再生温度曲线来判断，如图145所示。图中，AB为卸压阶段。由于压力下降，分子筛的吸附容量减小，原来被吸附的水分和二氧化碳分子有部分解吸出来，温度下降。

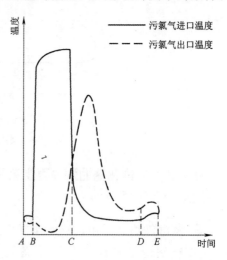

BC为加热阶段。污氮气进口温度迅速升高，但是出口温度开始还会继续下降，然后才逐渐升高。因为此时的热量首先消耗在解吸所需的热量上，将床层的中上部分子筛解吸，并将热量贮存在床层中。这一阶段对再生效果的影响因素是：氮气流量、加热时间和再生温度。主要是监控污氮进口温度。

CD为冷吹阶段。污氮出口温度会继续升高。在该阶段之初，是利用贮存在分子筛床层内的热量对下部的分子筛继续进行解吸，直至冷吹曲线的最高点——"冷吹峰值"。该温度是整个床层再生是否彻底的标志。因为在出口部位最不容易再生彻底。如果该处的温度能达到要求，内部的温度肯定要超过此温度，表示内部均已再生完毕。因此，在冷吹阶段主要是监视出口的峰值温度。

图145　分子筛加热再生温度曲线

600. 在分子筛纯化器再生时，有时冷吹曲线会出现多个峰值是什么原因？

答：在对分子筛纯化器进行再生时，在冷吹阶段之初，氮气的出口温度会继续升高，形成一个峰值。但是，有的吸附器的冷吹曲线会出现两个或三个峰值，如图146所示，或整个峰顶是比较平坦，峰值不明显，这是什么原因呢？

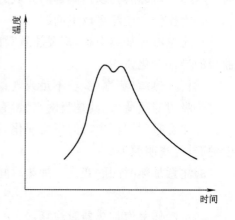

在冷吹阶段氮气出口温度会继续升高的原因是床层内积蓄的热量将气体及下部的分子筛进行加热。如果床层平坦，同一截面上分子筛的温度均匀，则随着气流通过，温度变化向出口方向的推移过程也大致是相同的，所以在出口同时达到一个最高温度，形成一个峰值。如果床层高低不平，气流在不同的部位通过的床层厚度不同，则在出口不是同时达到最高温度，混合后的峰值可能出现几个，或整个峰顶比较平坦，峰值温度降低，冷吹曲线的形状也会变得"矮胖"一些。出现这种情况，加热及冷吹到指定温度往往需要更长的时间。应查明原因，予以解决。

图146　冷吹温度曲线

601. 分子筛纯化器的切换系统可能发生什么故障，应如何处理？

答：分子筛纯化器的切换系统的常见故障及处理方法见表47。

表 47　切换系统故障情况及处理方法

序号	故　障　情　况	处　理　方　法
1	控制系统故障,程序出现错误	1)转入手动操作,如有备用控制器,转换到备用控制器上; 2)如手动操作无效,或无法实现手动操作,应停机检查处理
2	电磁阀故障,切换阀不能开或关	1)检查电源、气源是否正常。有问题要做处理; 2)以上处理无效时,进行手动操作,并更换电磁阀
3	行程开关故障,切换程序进行中断	1)处理行程开关; 2)行程开关损坏,予以更换
4	切换阀动作缓慢	1)检查气源压力。压力低时,进行调节; 2)机械卡阻。处理卡阻或加以润滑
5	切换阀门泄漏	1)检查行程。如行程不足或过度,调至正常位置; 2)执行机构与阀杆联接松动,重新紧固; 3)阀门密封坏,处理和更换密封

602.出分子筛纯化器后空气中的水分和二氧化碳含量超标如何判断,是什么原因造成的?

答:出分子筛纯化器后空气中的水分和二氧化碳含量超标的判断,通常有以下方法:

1)设在分子筛吸附器后的水分和二氧化碳检测仪表的指示值,在周期末上升很快,并且很快达到报警值;

2)主换热器内水分和二氧化碳有冻结现象。热端温差明显增大,空分装置的冷量不足,需要增加膨胀空气量。在水分和二氧化碳检测仪表失灵时要特别注意这种情况。

出现这种情况可能有以下原因:

1)分子筛长期使用,吸附性能下降;

2)分子筛再生不完全,或者蒸汽再生加热器泄漏,再生气体潮湿;或者分子筛吸附水分负荷过大,影响对二氧化碳的吸附;

3)对于卧式分子筛吸附器,由于气流脉动等原因造成床层起伏不平,出现气流短路;

4)对于立式分子筛吸附器,由于吸附床层出现空隙,造成气流短路。

603.分子筛净化流程的空分设备在突然断电时应如何操作?

分子筛净化流程的空分设备在突然断电时应进行以下操作:

1)首先打开空压机的放空阀(防喘振阀),防止空压机发生喘振,或空气倒流造成空压机反转;

2)分子筛吸附器的切换阀应连锁关闭。如没有关闭,应手动关闭。并记录断电前分子筛吸附器进行的程序状态。膨胀机、冷冻机、空气预冷系统、氩净化系统应连锁停机。如没有停机,应手动停机;

3)停止氧、氮等产品的送出,停止液氧、液氮、液氩的取出;

4)关闭空气预冷系统与外部联通的水阀。

其余按正常停机的要求进行操作。

完成上述操作后,查明故障原因,做好重新启动的准备。

604.分子筛吸附净化流程的空分设备在停电后再恢复供电时应如何操作?

答:分子筛吸附净化流程的空分设备在停电后再恢复供电时,操作应按以下步骤进行:

1)应对突然断电时给空压机等机械设备可能造成的影响作出判断。如没有影响,按空压机的操作规程进行空压机的启动准备;

2)对连锁停机的设备阀门的开关状态进行检查和确认;

3)对空分装置的报警连锁项目检查和确认。对断电时失灵的连锁控制进行重新校验和确认;

4)按规程启动空压机和空气预冷系统;

5)按规程启动分子筛吸附器。继续完成停机前的进行程序。如果停机时间较长(超过24h),分子筛吸附器宜循环再生一个周期;

6)根据停机时间长短、主换热器的冷端温度及主冷液位等情况,按规程确定空分设备的启动步骤启动。

605.分子筛净化系统的操作对空分设备运行周期有何影响?

答:空分设备在两次大加热之间的运转周期长短与很多因素有关,从操作的角度,主要取决于主换热器的空气通道何时被堵塞。而堵塞的主要原因是进装置的空气中的水分、二氧化碳的含量超标(对水分要求露点低于$-65℃$,二氧化碳含量小于1×10^{-6}),在主换热器内积累、冻结,直至堵塞。

分子筛净化系统操作不正常,会缩短装置的运转周期。主要由以下几方面原因引起的:

1)分子筛吸附器床层短路。在开车过程中由于空气气速控制不稳,或切换时两罐压差过大,会对床层产生冲击,使分子筛床层凹凸不平,造成床层短路。严重时会将吸附器的防尘网冲破,将分子筛粉末带进换热器通道,造成堵塞;

2)喷淋冷却塔带水。空气通过喷淋冷却塔的气速过大,将水雾带进吸附器,使吸附器清除水的负荷大大增加,出口空气中的水分、二氧化碳的含量超标,带入主热交换器而产生冻结,使阻力增大。如果是冷段的阻力增大,则是二氧化碳冻结;如果是热段阻力增大,则是水分冻结;整个换热器阻力增大,则二者都冻结,或是分子筛粉末堵塞;

3)冷冻机工作不正常,造成冷冻水温度升高,空气不能冷却到正常的温度。一方面使得空气离开喷淋塔时的饱和水含量增加;另一方面使得分子筛的吸附能力下降;

4)喷淋塔断水或水位过高,将造成分子筛吸附器温度升高,或产生带水事故。

606.分子筛纯化系统为什么有时会发生进水事故,怎样解决?

答:在分子筛纯化器前,为了降低加工空气进入纯化器的温度,全低压制氧机多设有氮水预冷系统,其中包括空气冷却塔和水冷却塔。在空气冷却塔中,空气自下而入,从塔顶引出,进入分子筛纯化器,水从塔顶喷淋与空气接触、混合而使空气冷却,空冷塔内设置多块穿流筛板或填料,以增加气液接触面积。为了水分离在塔顶设有水捕集层,当空冷塔中空气流速过快,挟带水分过多或者喷淋水量过多,水位自动调节失灵时,就会造成分子筛纯化器进水事故发生。

例如某厂 30000m³/h 制氧机,在空压机自动停车后,空气冷却塔内压力下降,空压机再启动时,发生了分子筛纯化器进水事故。分析其原因,是由于水位自动调节阀及回水系统的逆止阀失灵。当空压机自动停车时,空冷塔空气进口至空压机出口逆止阀处积满水,空压机再启动,空气从空气冷却塔下部进入时,将这部分水全部压入空气冷却塔,使空气冷却塔中水位上升至顶部后沿出口管道进入分子筛纯化器。

分子筛纯化器进水时,分子筛的压力忽高、忽低地波动,吸附器的阻力升高,加热和冷吹后曲线发生变化。其中最明显的是冷吹后的温度下降,并出现平头峰。平头峰的曲线距离越长,表示分子筛进水越多。

为了防止分子筛纯化器发生进水事故,在操作上注意:

①空冷塔应按操作规程操作,先通入气,待压力升高稳定后再通入水;

②不能突然增大或减少气量;

③保持空冷塔的水位;

④水喷淋量不能过大;

⑤水质应达到要求,降低进水温度,并减少水垢。

发生进水事故后,首先应处理空冷塔的工况,停止水泵供水,把空冷塔的水液位降下来,并使之恢复到正常工况。同时对空分设备进行减量生产,以减少分子筛的负荷量,并对分子筛进行活化操作。活化时注意首先用大气流冷吹。在游离水吹净时再加热。如果活化操作不成功,则只能更换分子筛。

607. 纯化器再生操作怎样进行?

答:分子筛纯化器在 0.5~0.6MPa 下吸附达到饱和后应进行再生。再生操作分 4 个阶段进行:即卸压、加热、冷吹、充压。再生一般在 10~15kPa 下完成。卸压时,分子筛所吸附的水分、二氧化碳、乙炔等分子会部分解吸出来。因脱附需要能量,故必须吸收热量。这部分热量来自分子筛床层本身,因此床层温度下降,气体出口处温度都随之下降。

在加热阶段,加热气体通常采用污氮气。污氮通过蒸汽加热器或电加热器。对于单层分子筛纯化器,加热气体的温度为 280~300℃;对于双层分子筛纯化器,加热温度为 200℃。加热气体进入分子筛床层,一般气体从上部进入,将出口侧及中部床层加热,使之被吸附的杂质解吸,并将足够的热量贮存在床层中。污氮出口温度作为操作的依据。加热阶段刚开始,加热气体使靠近空气出口分子筛床层的温度升高,并供给水分、二氧化碳脱附能,故本身温度又迅速下降,污氮出口温度甚至会降低到 -10℃,然后才逐渐升高。当污氮出口温度达到 100℃时,停止加热。

在冷吹阶段所用气体仍然是污氮,污氮不再经过加热。显然,气体进入分子筛床层温度将迅速下降,靠近入口侧的床层温度也随之下降。由于热量向污氮出口侧推移,出口侧床层将继续升高,这部分分子筛将继续再生。污氮出口温度也将逐渐升高,可达到峰值温度一般为 160℃,尔后又下降,直到常温。这说明分子筛已再生完毕、待用。冷吹阶段污氮出口温度也可能出现两个或三个峰值,这往往是由于纯化器分子筛床层不平整,有薄、有厚所致。

在充压阶段,纯化器内通入空气,纯化器内的压力升高。由于空气中的杂质、水分、二氧化碳、乙炔被吸附床层吸附,温度将升高,空气出口温度一般会升高 2~4℃。

608. 冷冻机预冷系统发生故障时,对空分设备的运转有何影响,应该如何操作?

答:分子筛的工作温度适用范围一般在 8~15℃,在这个范围内能够正常工作,一旦超出这个范围,将会增加负荷量、降低吸附效果甚至失去吸附作用。

当冷冻机发生故障时,空气进入分子筛吸附器的温度升高,空气中饱和含水量也增高,若仍按原来的设定吸附周期运转,在吸附周期后期将会有大量二氧化碳未能被清除,而被带入主热交换器和精馏塔,将使主热交换器、液化器堵塞,精馏塔阻力上升。严重时必须停止运转,重新全加温。

带有加氢制氩的装置,一旦冷冻机停止运转,氩气生产将立即停止。

为了避免空分系统堵塞,可在冷冻机故障期间,适当减少空气量,以减轻吸附器的负荷;缩短吸附周期,以保证在吸附容量允许的范围内工作;注意监控好吸附器出口空气中二氧化碳的含量在 $1×10^{-6}$ 以下。同时适当减少产品氮流量,增加去污氮冷却塔氮气流量,以尽可能降低冷却水的温度;增大普通冷却水的流量等措施。采取这些措施,空分装置在短期内尚可维持运转。

609. 分子筛吸附器的切换操作应注意什么问题?

答:分子筛吸附器在切换时,首先要进行均压。由于均压管在出口处,在均压过程中如果均压阀开得过快,势必造成空气量有大的波动,而影响空分的稳定生产;如果均压阀开得过慢,将会延长分子筛的使用时间,对吸附效果不利。

在卸压时,如果卸压过快,由于卸压阀在分子筛床的下面,分子筛下部的压力卸掉得快,而分子筛床层上面的压力必须通过分子筛层才能卸掉压力。其压力差越大,对筛床的压力也将大大增加,这将对分子筛床的安全不利。

所以,要密切注意分子筛加热、冷吹等工艺情况。均压和卸压的时间过长和过短都不利。

610. 分子筛吸附净化流程的空分设备在短期停车后重新恢复启动时应注意什么问题?

答:分子筛吸附净化流程的空分设备,在短期停车后重新恢复启动时应注意:
1)空压机应缓慢升压,防止因压力突然升高,造成对空冷塔的冲击。应先升压后开水泵;
2)注意空冷塔的水位,防止因水位过高而造成分子筛吸附器进水;
3)短期停车时如再生的分子筛吸附器已经冷吹即将结束,可以手动切换使用经再生的分子筛吸附器;
4)在分子筛吸附器再生系统调整到正常工艺条件,且分子筛后分析点的二氧化碳含量小于 $1×10^{-6}$ 时,将空气缓慢导入空分塔;
5)在调整空分工况的同时,缓慢切换分子筛再生气,并改用污氮,保证再生气流量。

611. 空分设备冷开车前的短期吹除的目的是什么,应注意哪些问题?

答:空分设备冷开车前的短期吹除与系统吹除不同,它只是对蓄冷器(或切换式换热器)及蓄冷器前的设备管道中残留的水分、杂质进行短时间、小范围的吹除。短期吹除是用空压机的气体进行的。为了减少带入蓄冷器的湿气,同时有利于下一步空分设备的冷却,用于吹除的空气温度宜低不宜高。为此应投入氮水预冷系统,以降低空气温度,减少空气含水量。但在操作中要谨慎、认真,严防空气从氮水预冷系统带水入蓄冷器。通常空冷塔和水分离器的压力保持高一些(0.4MPa),并要避免压力波动过大,然后经过阀门节流。吹除的气体压力为0.2~0.3MPa。这样做,吹除气体中的含水量处于不饱和状态,更有利于清除蓄冷器前设备管道中的残留水分。

612. 空分塔为什么要进行加温?

答:在切换式换热器中,水分及二氧化碳不可能全部、彻底清除。尽管残留的量是极微的,但日积月累也会逐渐地堵塞切换式换热器。在生产中表现为切换式换热器的阻力不断增加,气体流通的自由截面减少,空气量进不来。此外,在切换式换热器冷段,理论上已基本清除干净了二氧化碳,但由于气流的夹带作用,带入塔内的二氧化碳量比理论含量多得多。这些二氧化碳除被吸附过滤器部分清除外,其余将在塔内逐渐积累而使塔板、管道和阀门堵塞。加之空气中还含有微量的乙炔及碳氢化合物,虽经乙炔吸附器吸附,其吸附效率只能达到97%左右,其余部分也将威胁到空分设备的安全生产。为了消除这些积聚的水分、二氧化碳、乙炔等杂质,当空分设备运行到一定的时间,就需要停车进行加温吹除操作。

另外,在空分设备运转中,有时因设备或机器的故障而被迫停车检修前,为了消除低温,也必须进行加温吹除。在空分设备全部安装完毕、启动试车前,为了清除设备内残存的杂质和水分,也需要进行加温吹除操作。

对于单体倒换使用的设备(如液空吸附器),当硅胶被乙炔和二氧化碳饱和时,为了恢复其吸附能力,要定期进行加温再生。当膨胀过滤器、膨胀机被二氧化碳冻结时,为了解冻,也需要进行单体加温操作。

613. 如何缩短分子筛净化流程空分设备的冷开车时间?

答:通常大型空分设备从启动冷却、积液、调纯到出合格产品,需要36h以上的时间,其中,冷却约10h,积液约20h,调纯6h。对分子筛净化流程空分设备,没有渡过水分析出、冻结和二氧化碳析出期的问题,但是,整个启动过程,装置所需的冷量是一定的。要缩短冷开车时间,一是要最大限度地发挥膨胀机的制冷能力,二是要缩短调纯的时间。根据一些厂的操作经验,具体可作以下改进:

1)尽可能降低膨胀机后压力,增大膨胀机的单位制冷量。例如,在冷却阶段,打开上塔的所有排出阀,使上塔的压力(即膨胀机出口压力)从0.065MPa降至0.04MPa,则约可使制冷量增加15%;

2)在积液过程要提高上塔压力。当设备冷却到液化温度时,开始出现液体。由于液化温度随压力增高而提高,相应的冷凝潜热减小。因此,在积液阶段,将上塔的压力从0.04MPa提高到0.065MPa,氧的液化温度可从−180℃提高到−178.3℃。可加快液化速度;

3)提前开始调纯阶段。当液面达到正常液面的60%时,实际上在塔板上也已有液体,已在进行着气液的热质交换的精馏过程,因此,可以根据以往的操作经验,提前进入调纯阶段。

采取上述措施,有的厂将冷开车的时间缩短到20h以下,减少了开车电耗,及时提供氧、氮产品。

614. 如何缩短自清除流程全低压空分设备的启动时间？

答：板翅式切换式换热器的热容量小，空分设备的启动时间较短，在 30～36h 的水平；带石头蓄冷器的空分装置的启动时间则需要 48～60h。

就操作来说，要掌握操作要领：防止水分和二氧化碳带入塔内；严格控制好冷端和热端温差；注意主冷的冷却；充分发挥多台膨胀机的制冷能力；合理分配、利用冷量，依靠设备本身的潜力使启动时间缩短。

对石头蓄冷器由于热容量大，加温后冷却至常温就需要相当的时间。可以采用透平空压机的空气先将填料吹到接近常温后再启动膨胀机，热空气可从自动阀箱排出。这样可缩短填料的预冷时间。

此外，借助外部冷源也是缩短启动时间的有效办法。当主冷冷却结束，出现液体时，从外部输入液氧、液空或液氮。输液的方法是将液体来源与液氧排放阀接通，打开液氧排放阀，把外部液体注入主冷。当主冷液面达到正常液面时可停止输液，空分塔可进入调纯阶段。采用这种输液技术，启动时间可缩短 12h 以上。这是一种很经济的方法，已在不少单位应用，并取得实际的节能效果。

液体的来源可以由另外的在运转的空分设备提供；也可在停车时先将液体排入贮槽中备用；也可从液氧低温贮槽增压引入。

615. 切换式净化流程空分设备在短期停车后重新恢复启动时，应注意什么问题？

答：切换式净化流程空分设备是指通过切换阀的切换，在切换式板翅换热器（或蓄冷器）的通道内进行水分和二氧化碳的自清除。切换式净化流程空分设备多采用环流或中抽的办法降低板翅式换热器（或蓄冷器）的冷端温差；采用膨胀换热器回收冷量，进一步降低膨胀气体温度；采用液空过冷器进一步降低节流入上塔液空温度。因此，切换式净化流程空分设备在短期停车后重新恢复启动时应注意：

1）恢复前根据冷端温度回升情况确定启动回路；

2）有液空过冷器的空分设备，在启动前将下塔及主冷的液体排掉一部分，以防止液空过冷器堵塞；

3）在冷端温度达 -150℃ 时，应尽量降低环流量，防止二氧化碳堵塞环流通道；

4）缩短切换时间，尽快降低冷端温度；

5）在冷端温度达到工艺要求，空分启动进入第四阶段时，先不启动膨胀换热器，以防止二氧化碳堵塞膨胀换热器。

616. 为什么空气冷却塔启动时要求先充气，后开水泵？

答：空气冷却塔投入使用时都要求先导气，后启动水泵。这是防止空气带水的一种措施。因为充气前塔内空气的压力为大气压力，当把压力约为 0.5MPa（表压）的高压空气导入塔内时，由于容积扩大，压力会突然降低，气流速度急剧增加，它的冲击、挟带作用很强。这时如果冷却水已经喷淋，则空气出冷却塔时极易带水，所以要求塔内先充气，待压力升高、气流稳定后再启动水泵供水喷淋。

再则，如果先开水泵容易使空气冷却塔内水位过高，甚至超过空气入口管的标高，使空压机出口管路阻力增大,引起透平空压机喘振。有些设备规定空气冷却塔内压力高于0.35MPa(表压)后才能启动循环水泵。运行中当压力低于此值时水泵要自动停车。

617. 如何防止氮水预冷器带水事故,带水后应如何处理?

答:所谓氮水预冷器带水,一般是指空气出喷淋冷却塔时带水过多的故障。空冷塔是通过空气与水直接接触对空气进行冷却的。从理论上说,出塔空气所含的水分是当时温度下饱和空气对应的含水量。但是,如果操作不当,有可能将机械水随空气带出,进入分子筛净化器或切换式换热器,破坏装置的正常运转。

造成这种故障的原因有以下一些原因:

1)筛板的筛孔部分堵塞。空冷塔的喷淋水通过穿流筛板下流,与空气不断接触。当筛孔被水垢、污物部分堵塞时,空气流速增大,超过一定流速后空气就会带水;

2)循环冷却水水分配器注水孔堵塞。这时冷却水难以往下流动,水在上部塔板上积聚起来,造成液泛而导致带水;

3)冷冻水水分配器注水孔堵塞,导致冷冻水回水槽中水位满溢至升气管口后,部分水被空气带入纯化器;

4)喷淋水量过多或水分离装置(包括塔顶设置的水捕集层或单独设置的水分离器)分离效果不好也会造成带水;

5)使用杀菌灭藻剂不当。对水质不佳的冷却水,如果使用了杀菌灭藻剂,会在冷却水中产生大量泡沫,造成空气带水。这时,需注意加入杀菌灭藻剂量,要量少多次,或同时加入消泡剂;

6)巡检操作不精心。一般喷淋冷却塔都设有水位自动调节装置。当水位过高时,控制排水的气动薄膜阀自动开大。也有些装置由人工控制液位。如果检查不周或仪表、阀门等发生故障,就会使水位升高。当水位高于空气入口管时,水就会被气流冲到塔顶,使大量的水带入分子筛吸附器或空分塔。此外,当空分系统压力突然下降时(如强制阀、自动阀关不严),通过喷淋冷却塔的空气量猛增。由于气流速度增大,压力降低,回水量减少,喷淋量增多,也会将大量的水带入空分塔。纯化器切换时,由于速度过快,造成气流冲击而出现带水。

为了防止带水事故,应加强对氮水预冷器的精心管理及操作。喷淋冷却塔填料结垢不仅使塔空气容易带水,而且还会使出塔空气温度升高,这对空分生产都是不利的。因此,应改善水质,使喷淋水尽可能干净。为防止结垢,要设法降低空气进入喷淋塔的温度。例如在透平空压机末段加一个冷却器,把空气温度降到100℃以下后再进入喷淋塔。对于填料环、水分离装置要定期检查、清洗或更换。液位自调装置要加强维护保养,确保水位计的正常指示,自动水位调节阀动作准确、可靠。即使投入自调,也应经常检查水位高度,严格控制在规定的范围内。

当空气压力突然降低时,应尽快关闭空气喷淋冷却塔的上水阀门(或停泵)。如果空分系统压力暂时恢复不了,应尽快关闭空气进装置的阀门。在空气送气没有稳定之前,一般不给水,以免压力波动,造成空气挟带水量增多。

当发现大量水涌入空分塔时,应在空压机紧急放空的同时,关闭入空分设备空气进口阀门及空气冷却塔的上水阀门。冷端在上、热端在下安装的切换式换热器的进水比较容易排除故障,不容易造成严重的冰冻现象。而热端在上、冷端在下的蓄冷器则很怕进水,一旦进水容易造成冰冻堵塞,这时只有停车加温解冻一条办法可施。因此,应该以预防为主,加强管理。

618. 什么叫阶段冷却法,它有什么优缺点?

答:阶段冷却法是采用切换式换热器自清除水分和二氧化碳的空分设备的启动操作方法之一。在全低压空分设备中,在 0.5MPa(表压)的操作压力下,水分在 $-40 \sim -60 ℃$ 已基本上冻结完毕。而二氧化碳要在 $-133℃$ 以下才开始析出、冻结,直至 $-165 \sim -170℃$ 冻结完毕。由此可见,在 $-60℃$ 至 $-133℃$ 的区间是干燥区。利用这一原理,将启动操作中的设备冷却过程分阶段进行,即为阶段冷却法。整个冷却过程分为 4 个阶段:第一阶段为水分析出、冻结阶段。该阶段只对切换式换热器进行初冷,到冷端温度达到 $-60℃$ 时为止;第二阶段为干燥阶段,可利用水分已经清除,而二氧化碳尚未析出之机,对其他设备进行初冷,到膨胀机后温度达 $-130℃$ 时结束;第三阶段为二氧化碳析出阶段。该阶段又只对切换式换热器进行深冷,让二氧化碳冻结在换热器内,由低压返流气体带出,直至冷端温度达到 $-170℃$ 时终止;第四阶段是利用已经净化的低温气体对其他设备进一步冷却,直至塔内积累起液体,再进一步调整精馏工况。

该方法因对各个设备的冷却是分阶段进行的,所以冷却均匀,热应力小。并且,由于在第二冷却阶段冷却塔内的各个设备,需要的冷量较大,使膨胀机在较高的入口温度下运转的时间较长,从而能够发挥透平膨胀机在高温下制冷量大的特点,使启动时间缩短。但由于需对设备反复进行冷却,阀门开闭次数多,操作较为复杂。

619. "开—关—开"操作法的实质是什么,怎样掌握操作要领?

答:"开—关—开"操作法实际上是通过恰当地分配冷量,使主冷尽快积累起液体,从而缩短空分装置启动时间的一种行之有效的操作方法。

在启动积液阶段,主冷液面涨不上去的原因,一方面是主冷没有预冷透;另一方面是切换式换热器出现过冷,出现冷量过剩。同时解决好这两个问题,冷量才能在塔内积聚,液面才能不断上升。

"开—关—开"操作是指液氮调节阀在装置启动的不同阶段的开与关。其操作要领是:

1)在启动的第四阶段一开始,要全开液氮调节阀和上塔吹除阀,以便从主冷中压通道和低压侧导走热量,把主冷冷透。到液氧出现、液面上升时,液氮调节阀继续保持开的位置,吹除阀可断续开关。

2)当膨胀机满负荷运转,而液面开始停滞时,应逐渐关小液氮调节阀,直至关死。要掌握好关阀的时机和速度。关得太慢或太晚,则板式换热器中部温度会太低,出现过冷,使膨胀机前温度过低而无法调节;过早关死,则可能减少入塔空气量。如果调节得当,膨胀机可保持全开,主冷液面不断上涨。如果关得太慢,切换式换热器出现过冷,则可能不得不停一台膨胀机,以减少分配给切换式换热器的冷量。

3)当液面上升到规定液面的 80% 时,再把液氮调节阀逐渐打开,以调节下塔液空纯度和上塔液氧纯度,改善上、下塔精馏工况。这时膨胀机已可减量,切换式换热器已不可能过冷,进入了调纯阶段。

按照以上的操作,在发挥膨胀机最大制冷能力,而又不致使切换式换热器过冷的情况下,可尽快积累起液体,缩短整个启动时间。

620. 什么叫集中冷却法，它有什么优缺点？

答：集中冷却法又称为完全冷却法，也是冻结法自清除流程空分设备的启动操作方法之一。此方法是利用膨胀机的冷量先单独将蓄冷器冷却到操作温度，也就是冷端温度达$-170 \sim -172℃$为止，使它完全渡过水分及二氧化碳冻结阶段，而后再进行其他设备的冷却、积累液体和调整精馏工况。

这种操作方法操作简单，能使蓄冷器较快地通过水分及二氧化碳冻结阶段，更有效地防止水分及二氧化碳带入精馏塔内，并能使膨胀机在水分及二氧化碳析出阶段的工作时间较短，减少了水分及二氧化碳冻结和堵塞膨胀机的可能性。但该法是利用低温液体来冷却其他常温设备的，不可逆损失较大，在冷量的使用上不够合理。而且，设备会产生较大的热应力，对使用寿命有影响。与阶段冷却法比较，膨胀机在较高入口温度条件下运转的时间较短，因而未能充分发挥透平膨胀机在高温下制冷量较大的特点，启动时间相对要长些。

621. 对自清除流程的全低压空分设备，在启动阶段为什么要缩短切换周期？

答：我们知道，全低压空分设备为了保证自清除，切换式换热器的冷端温差必须控制在为保证自清除所允许温差范围内。冷端自清除温差是正流空气通过冷端截面与返流气体通过该截面时的温度之差。在正常操作时，测定的冷端温差即为自清除温差。但在空分装置的启动阶段，切换式换热器的温度随时间在不断降低，正返流气体流过该通道的温度的自清除温差还远大于测得的冷端温差。并且，随切换时间的延长及温降速度的加快，冷端自清除温差将扩大。所以，在空分装置在启动阶段，随着切换式换热器的冷却，为了能确保自清除，必须缩短切换周期。

切换周期的缩短，有利于对冻结下来的水分及二氧化碳的清除。但此时的空气切换损失较大。

对于蓄冷器来讲，由于它是蓄冷式的换热器，切换时间越短，冷端温差就越小，而且冻结下来的水分及二氧化碳的量减少，冻结层薄，就更容易清除。

总之，在空分设备启动中，缩短切换周期是保证切换式换热器自清除的有效措施。

622. 在启动阶段空气至污氮管的旁通阀起什么作用，何时开始使用，何时关闭？

答：在全低压切换式空分设备的流程中，在空气出切换式换热器与污氮进切换式换热器的管路上通常装有一个旁通阀，在启动阶段起到很重要的作用：

1)经冷却后的一部分空气通过旁通阀可返回到切换式换热器放出冷量。这相当于增加了一股全环流气，可起到缩小冷端温差、保证自清除的作用；

2)经旁通阀节流的空气所具有的节流效应制冷量可通过污氮通道回收其冷量；

3)使板式换热器冷量下移，扩大冻结区。但有扩大热端温差，增加冷损的副作用。

在启动阶段的初期，进装置的空气全部要经过膨胀机制冷，而膨胀机的容量有限，加之在启动初期进膨胀机的空气温度远高于设计工作温度。因此，实际能进入膨胀机膨胀的气量受到限制。这样，在切换式换热器内由于气量不足，很容易产生气流分配不均匀，即产生"偏流"。偏流会使换热及自清除工况恶化，尤其是多单元的板翅式换热器，就更容易产生偏流。使用旁通阀可以增加进入切换式换热器的空气量，有效地防止偏流的产生。通常用旁通阀调节,可使启动时的空气量达到正常生产时空气量的 80% 左右,也有把气量确定为污氮量的 80%～100%。与此同时,旁通空气的节流效应制冷量可在切换式换热器中加以回收利用。

一般情况下,旁通阀在冷却切换式换热器时就可逐步开启。但也有人为了尽快渡过水分冻结区,习惯于在冷端温度降至 -45℃ 以下才开始使用旁通阀。对于具有启动干燥器的流程,由于启动干燥器吸附了空气中的水分,渡过水分冻结阶段不需要控制冷端温差,所以应先不使用旁通阀。否则因空气量的增加,反而会加重了启动干燥器的负担。

在启动的第二阶段,没有水分、二氧化碳析出、冻结的顾虑,可以充分发挥旁通阀的作用,开大旁通阀,增加进气量,延长该阶段的时间,使装置得到较好的预冷,对缩短整个启动时间有利。

在渡过二氧化碳冻结区的第三阶段,当膨胀机出口温度降至 -150℃ 以下至 -165℃ 时,二氧化碳析出量较多。所以,在温度未降到该值时,可以开大旁通阀;当温度达到 -150℃ 时,则关闭旁通阀和环流,让它快速渡过二氧化碳冻结区,不致堵塞膨胀机。

当切换式换热器冷却到接近正常工况时,即自清除工况已基本建立,冷端温差已基本稳定,旁通阀就逐步失去作用。如果继续开启,反而会造成切换式换热器冷量过剩,热端温差扩大,热交换不完全损失增加,冷量不能充分利用来积累液体。所以这时应逐步关闭旁通阀。当转入液体积累阶段,需要增加进精馏塔空气量时,旁通阀应全关。

623. 启动阶段什么时候使用环流为宜?

答:一般的操作规程规定,当切换式换热器冷端温度达到 -60～-150℃ 时可开始使用环流。大家知道,环流的作用是缩小冷端温差。在 -60℃ 以前渡过水分冻结阶段时,因水分自清除允许温差比较大(在 12～28℃ 之间),较容易保证,可以不使用环流。尤其是集中冷却法,晚使用环流,可加速切换式换热器冷端的冷却。

一旦切换式换热器冷端达到 -150℃,如果还不使用环流,膨胀机前温度也将是 -150℃,机后温度就会到 -185℃ 以下,膨胀机内可能产生液体。因此必须在冷端达到 -150℃ 以前使用环流。

有人在启动操作中,冷端温度达到 -10℃ 时就用环流。提前使用环流既可以缩小冷端温差,保证自清除,又可以使切换式换热器冷却均匀。在采用阶段冷却法启动时,尽早使用环流还可以使膨胀机在较高的入口温度工况下运转时间加长,可更好地发挥透平膨胀机高温下制冷量大的特点,从而可以缩短启动时间。并且,经环流复热后的气体中,水分和二氧化碳处于未饱和状态,这样也有利于防止水分和二氧化碳在膨胀机内析出。

总之,提早使用环流较为有利,最迟在切换式换热器冷端温度达 -150℃ 以前必须使用。

624. 全低压制氧机在启动时如何防止膨胀机堵塞?

答:全低压制氧机在启动过程中,切换式换热器的自清除工况尚未建立,必然有一部分水分或二氧化碳通过膨胀机。经膨胀后温度降低,就有可能在机内析出,造成膨胀机的堵塞。但是,只要进入膨胀机的水分或二氧化碳的含量低于膨胀后温度所对应的饱和含量,水分或二氧化碳就不会在膨胀机内析出。

在切换式换热器冷端达到 -60℃ 以前,水分在换热器内还没有全部析出,带入膨胀机的水分量是冷端温度所对应的饱和含量。经膨胀后由于压力降低,体积膨胀,在每 $1m^3$ 的空气中的水分含量减少;但是,由于温度也降低,机后温度对应的水分饱和含量也降低。如果实际含量大于饱和含量时,就会有水分析出。因此,根据冷端温度(决定带入膨胀机的水分量)、冷端压力与膨胀后压力之比(决定体积膨胀的倍数,即每 $1m^3$ 空气中水分含量减少的倍数),可以确定出机后不析出水分所允许的最低温度,如表 48 所示。表中数据是按冷端绝对压力为 0.6MPa,膨胀后绝对压力为 0.135MPa 给出的。

表 48　膨胀机后不析出水分所允许的最低温度

冷端温度/K	300	290	280	270	260	250	240	230	220
允许机后最低温度/K	277	269	261.5	253	244.5	235.5	226.5	218	209
温差/K	23	21	18.5	17	15.5	14.5	13.5	12	11

实际的膨胀机温降远大于上述温差。控制机后温度的措施,一是提前使用环流,以提高机前温度,使进膨胀机的空气处于不饱和状态;二是采取机前节流,以减小膨胀机温降。后一种方法减少了膨胀机制冷量,延长了启动时间,一般不宜采用。

对于二氧化碳,冷端温度要降至−133.5℃以下才开始有部分在换热器内析出。出冷端的二氧化碳含量为当时温度所对应的饱和含量。按上述方法,同样可以确定二氧化碳在膨胀机内不析出允许的最低温度,如表 49 所示。

表 49　膨胀机后不析出二氧化碳允许的最低温度

冷端温度/K	133	128	123	118	113	108	103
允许机后最低温度/K	124.5	121	116	111	107	103	98
温差/K	8.5	7	7	7	6	5	5

由表可见,它的温差很小,实际上是难以控制的。最有效的方法是采用先加大环流,以维持机前处在较高的温度(例如−120℃左右),使机前的二氧化碳含量处于未饱和状态,膨胀后二氧化碳就不易在机内析出。待冷端温度达−150℃时,这时带入膨胀机的二氧化碳量已很少,可以暂时切断旁通和环流,使机前温度迅速降低,在约 10min 内强行渡过二氧化碳冻结区,可以不致造成膨胀机堵塞。

625. 在积液阶段如何强化液化器的工作?

答:全低压制氧机在积液阶段,液体主要靠液化器产生。它是靠膨胀后的低温气体(−185∼−189℃)来液化已经换热器冷却的低温正流空气。正流空气的压力在 0.5∼0.6MPa,出切换式换热器的温度在−171∼−172℃,液化温度为−172.5∼−176.5℃。

在液化器尺寸一定的情况下,要让液化器产生尽可能多的液体,即强化膨胀气体与低温正流气体之间的换热,可采取下列措施:

1)提高正流空气的压力。正流空气压力越高,液化温度也提高,冷凝潜热减少。即液化所需的冷量减少,同样的冷量可使更多的空气液化。例如,绝对压力从 0.55MPa 提高到 0.6MPa,液化温度可提高 1℃左右,冷凝 1kg 空气所需的冷量差有 2kJ 左右。这时应关闭空气至污氮管路的旁通阀,以提高下塔压力。当然,压力的提高是有限度的。

2)降低膨胀后的温度。膨胀后的温度越低,与正流空气的温差越大,传热越强。因此,在此阶段应将膨胀机后温度控制在不产生液化情况下尽可能低一些,例如在−180∼−185℃左右。

3)增加通过液化器的膨胀量。经膨胀后的气体一路直接至切换式换热器冷端;另一路经过液化器。如果通过液化器的气量增加,冷量充足,同时流速增加,可增强换热,能增加液化量。因此,应关小旁通阀,让更多的气体通过液化器。

4)排放不凝结气体。空气在液化器中液化时,低沸点的氖、氦气在液化器中不冷凝,会逐渐积聚而占据一部分传热面积,影响传热效果,因此要及时排放掉。

检查液化器工作的好坏,可通过膨胀机后温度与污氮出液化器的温度之差来判断。如果温升大,说明工作情况良好;如果温升不明显,就有可能液化器发生堵塞而不起液化作用。

626. 液化器过早出现液体有何不利,如何防止?

答:液化器过早出现液体,就是说明液化器接通得太早。假如在切换式换热器的温度工况还没有建立时,液化器就出现液体,这样会因液体的产生而造成切换式换热器返流气体量减少,从而无法保证自清除。并且,空气部分液化会使体积缩小,压力降低,从而正流空气量有所增加,这对切换式换热器的自清除也不利。此外,返流气体过早将一部分冷量用于液化,会使空气在切换式换热器中不能尽快冷到工作温度,甚至可能发生温度回升。这样就会有更多的二氧化碳带入塔内。因此,液化器过早出现液体是不利的。

在启动操作中,只要我们适时地接通液化器,就可避免液化器过早地出现液体。通常是在切换式换热器的温度工况基本建立,其他设备大致冷却好后,再关液化器的旁通阀,接通液化器为宜。

627. 全低压制氧机在开始积累液氧时,是否一定要保持液空液面,为什么?

答:全低压制氧机的启动积液阶段,是下塔首先出现液空,然后在上塔出现液氧。塔内积累液体所需的冷量主要来自膨胀机,利用膨胀后的低温气体使一部分空气在液化器中液化。而上塔本身并不能产生液体,它主要是靠将下塔的液体打入上塔。在积液阶段,为了尽快地积累起液面,主要是应使冷量尽可能多地转移到塔内,要避免切换式换热器冷量过剩而出现过冷以及热端温差扩大、冷损增加的现象。

至于如何将膨胀空气冷量回收和转移到塔内,无论是靠液化器先将冷量转移给下塔,然后再供给上塔,还是通过过冷器直接转移给上塔都是可以的。如果液空过冷器的冷流体通道可以与膨胀机后的通道直接接通的话(例如将过冷器与液化器设置成一体),也就可以利用液空过冷器回收膨胀气体的部分冷量直接给上塔,过冷器同时起到液化器的作用。即同时靠液化器与过冷器将冷量转移到塔内,可加速液体的积累。在这种情况下,可暂时不顾及保持下塔的液面,开大液空节流阀,让尽可能多的液空夹带气体通过过冷器,加强过冷器的换热,以回收更多的冷量。有的制氧机在流程设计中甚至不设置液化器,只靠过冷器在启动时作为液化器使用,先从上塔开始积累液体。

628. 为什么主冷液面出现之前,上塔下部阻力计先有指示?

答:主冷中液体的产生和积累全靠下塔的液空节流入上塔。当下塔出现液空、并且节流到上塔时,节流后有部分液体气化,而温度进一步降低。靠这些低温液体和气体对上塔继续进行冷却。最初由于塔温较高,液空在下流过程中逐渐全部被汽化,在主冷中尚积累不起液体。随着液空不断从液空进料口逐渐往下流动,塔板自上而下逐渐被冷却,一部分液体将开始在塔板上积累。它靠另一部分下流液气化而产生的蒸气将液体托住。因此,在主冷出现液面之前,首先在液空进料口至主冷的各块塔板上依次地铺上了一层液体,并有不断产生的上升蒸气穿过各块塔板上的液层。从下部阻力计可反映出蒸气穿过塔板时所克服的阻力。在启动阶段,当上塔下部阻力计开始有指示时,就可估计液氧面即将出现。

629. 全低压制氧机启动时为什么原料空气不能完全进入分馏塔?

答:全低压制氧机在启动之初,进装置的空气全部经膨胀机膨胀,而装置所设置的膨胀机(包括备用的)的总膨胀量要比空压机的排气量小得多。并且,开始时膨胀机的进气温度比设计值高得多,实际能进膨胀机的气量要小于设计膨胀量。因此,必然有一部分空气要先放空,以免空压机超压或产生喘振。

当开始积累液体时,空气送入下塔,再经节流阀节流至上塔,然后与膨胀气体汇合至换热器回收冷量。但是,开始空分塔能吃进的空气量很少,因为液空、液氮管路及调节阀是按流过液体量考虑的,而气体的比体积要比液体的大得多,因此通过气体的能力有限。

随着液体的积累,当主冷内出现液体时,则冷凝蒸发器开始投入工作,下塔的上升蒸气一部分将在主冷中冷凝成液体。下塔由于一部分气体冷凝而压力降低,使更多的空气"吸入"。因此,随着主冷液面的上涨,下塔冷凝液体量增多,进塔空气量也逐渐增加。这时应逐渐关小空气放空阀,让空气全部进塔。

如果液氧面已达正常高度,而空气仍是吃不进,这是属于不正常工况。若主冷中有氖、氦气积聚;或液氮回下塔的阀门开度过小,使液氮液面过高等,会造成主冷的实际传热面不足,均会使冷凝量减少而空气不能完全进塔。这时应根据具体情况,采取吹除氖、氦气或开大液氮回下塔的阀门等具体措施。

630. 管式全低压制氧机启动时,蓄冷器什么时候开始中抽为宜?

答:在正常操作时的中抽温度为 $-110\sim-120℃$。此时水分已基本被清除,二氧化碳由吸附器清除,进入膨胀机的空气将是无水、无二氧化碳的洁净气体。但是,在启动初期,蓄冷器尚处于冷却阶段。由于蓄冷器的热容量很大,当冷端温度达到 $-60℃$,渡过了水分冻结阶段时,中抽温度仍在0℃以上。所以,对于中抽流程,除了蓄冷器冷端空气有渡过水分和二氧化碳冻结阶段的问题外,还有中抽空气渡过水分冻结阶段的问题。

为了缩小冷端温差,并且加速蓄冷器中部的冷却,提前使用中抽是有利的。这时二氧化碳吸附器需先当干燥器使用。但是,有时也会发生自动阀因冻结而卡住,抽气阻力增加,抽气量自行减少、甚至抽不出来的情况。这主要是因为一开始中抽量太大的缘故。目前较常用的方法是当蓄冷器冷端达到 $-130\sim-150℃$,中抽温度接近0℃时使用中抽。如果抽气过迟,进入膨胀机的空气温度过低,膨胀机内可能出现液体。

631. 蓄冷器的中部抽气应怎样操作?

答:蓄冷器的中部抽气(简称中抽)流程的示意图如图147所示。每个蓄冷器的中抽口通过中抽阀进入中抽自动阀箱。每对蓄冷器中的一个走正流空气时,部分空气从中部抽出,汇合后(图中未画出)通过调-7阀至二氧化碳吸附器。从蓄冷器冷端出来的空气经自动阀箱(未画出)后通过通-1阀进下塔。在启动时是通过通-2阀去膨胀机膨胀;另外可引一股空气通过通－4阀进入二氧化碳吸附器再至膨胀机。

开始中抽时，主要是要掌握好抽气的速度问题。抽气速度过慢，抽气量过少，则蓄冷器中部温度长期降不下来，冷端温差大，不利于建立蓄冷器的自清除工况；抽气速度过快，会使二氧化碳吸附器温度升高，机前温度回升而造成冷端温度回升。同时会使二氧化碳吸附器、机前过滤器及膨胀机加温频繁，温度波动大，操作困难，使整个启动时间反而拖长。

开始中抽以前，通－2、通－4阀是打开的，空气通过两路再合并至膨胀机。中抽的方法是先将通抽阀各开4～5圈，然后慢慢打开调－7阀，一部分空气就可以从中部抽出，与来自通－4阀的低温空气汇

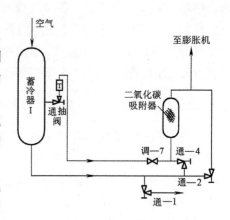

图147　蓄冷器中抽流程图

合，一起进入二氧化碳吸附器。当中部抽气暂时抽不出来时，说明中抽管路阻力大，空气只走通－2阀与通－4阀，中抽自动阀顶不开。如果采用关小通－2阀的方法，很容易产生关到某一程度后，中抽自动阀突然被顶开，中抽量猛然增加，二氧化碳吸附器温度很快回升。为了避免这种现象，应先开大调－7阀，逐渐关小通－4阀。如果还是抽不出气来，可适当关小通－2阀。

中抽量开始时要小，对于 6000m³/h 制氧机先抽 200m³/h 即可。随着中抽温度的不断下降，再逐渐增加抽气量。每次增加 500m³/h 左右，以不使蓄冷器底部温度剧烈回升，膨胀机出口温度不低于－180℃为准。

为了维持二氧化碳吸附器的温度，在抽气量增加后可逐渐开大通－4阀。如果抽气量减少，再适当关小通－2阀。如果两组抽气量不等，致使中抽温度不平衡，可通过改变通抽阀的开度来调整。

632. 蓄冷器中抽时，中抽温度下降很慢应当怎么办？

答：蓄冷器带中抽流程的制氧机在启动时，如果中抽温度下降很慢，会造成操作困难。原因是石头蓄冷器卵石的热容量大，加温温度过高。解决的办法有：

1）石头蓄冷器加温温度不宜过高，以 25～30℃ 为宜。如果加温温度过高，应在开车前用空气吹除。当吹出温度低于室温时再开车。

2）如果在冷端温度达到－130℃开始中抽，中抽温度约在 15～25℃ 之间，则二氧化碳吸附器很易堵塞。这时可采取勤交换吸附器的办法来解决。

3）可以在第一阶段就开始中抽，把二氧化碳吸附器当干燥器使用。当冷端温度达－20℃时开始预冷另一吸附器。当中抽温度达 0～－5℃ 时，倒换吸附器，把它当雪花过滤器使用，将第一个吸附器较彻底地加温再生。这样可使整个蓄冷器的温度水平较快降低，中抽温度不断下降。在吸附器后空气温度低于－60℃后，膨胀空气才允许进塔。

这样的操作方法可避免吸附器交换过于频繁，而且还有透平膨胀机不会被水分冻结的好处。实践表明，这种操作方法并没有出现吸附器性能下降或硅胶被严重粉碎的现象。

633. 为什么在积液前预先将主冷冷透与靠液空蒸发来冷却主冷其效果不一样？

答：在全低压制氧机启动时，主冷的冷却需要消耗冷量，将它冷却到工作温度所需的冷量也是一定的。有人认为，在第二阶段用气体预冷主冷与第四阶段用液空来预冷，都是转移一部分冷量给主冷，效果应该相同，因此忽略了对主冷的预冷工作，结果造成在积液阶段切换式换热器过冷。这是什么原因呢？

这是因为在积液阶段，切换式换热器的温度工况已趋正常，膨胀机的制冷量除弥补冷损外，其余部分应转移给塔内，用来积累液体。它的冷量回收主要是靠液化器来进行的。例如，液化 1kg 空气约回收 174kJ 的冷量。如果这部分液体进入上塔，因主冷温度还很高而将全部汽化。虽然也会将一部分冷量转移给上塔，但是，蒸发的蒸气离开上塔后又通过液化器，而低温气体在液化器中的温升是有限的（例如从 −189℃ 复热到 −175℃），因此，它在液化器中所能产生的液空量不到原来的 10%，也就是说只有少量的冷量又通过液化器转移给塔内，余下的大部分冷量将转移给切换式换热器，从而造成切换式换热器过冷，中部温度下降，热端温差扩大。

由此可见，预先将主冷冷透与靠液空来冷却，在冷量分配的效果上是不一样的。在需要将更多的冷量转移到塔内的积液阶段，不应再用液体来冷却主冷设备，以免冷量又从塔内回到切换式换热器中去。

634. 全低压制氧机在积累液氧阶段应如何操作才能加速液面的上涨？

答：全低压制氧机在启动时，到了积累液氧的阶段，应将膨胀机富裕的制冷量尽可能地转移到塔内，用于积累液体。由于上塔主冷中的液体全部来自下塔，要使主冷中能积累起液体，首先应发挥液化器的作用，提供尽可能多的液体。

要使主冷预冷彻底，必须在冷却阶段使主冷通道内的气体畅通。为此，必须开大纯液氮调节阀，关闭液氮回流阀和污液氮调节阀，利用下塔来的冷空气通过主冷的氮通道加以冷却。同时开大液氧侧的吹除阀，利用进上塔的膨胀空气和液空来降低主冷温度，如图 148 所示。有的设备在液氮管路上加一供主冷冷却用的支管，如图中的虚线所示。在冷却主冷时，可开启阀 6，使冷空气流过主冷的氮通道，然后再送至膨胀机或作为吹除气。冷却完毕后关闭阀 6。

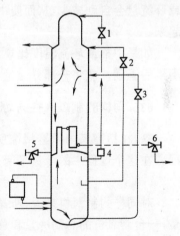

图 148　主冷的冷却

当主冷中开始积累起液体时，下塔顶部主冷的氮气通道中的温度已高于液氧温度。如果温差太大，液体蒸发得太快，液氧面上涨就慢，甚至不上涨。这时应关小调−1 阀，稍开液氮回流阀，使下塔尽快建立起精馏工况，提高下塔顶部的氮纯度，从而降低氮侧的温度，缩小主冷温差，减少液氧的蒸发，液面的上涨速度就会加快。

当液氧面上涨到一定程度时，主冷的热负荷逐渐增加。如果调阀−1 继续处于关闭状态，则主冷中液氮面会过高，影响主冷的换热，空气量进不来。同时，下塔的回流液过多，不但液空纯度会过低，而且可能造成下塔液泛。因此，这时应开大调阀−1，提高液空、液氧纯度，在液面继续上涨的同时,使上、下塔精馏工况逐渐趋于正常。

由此可见,在积累液氧时,掌握好几个阀门的开关时机和相互配合,是加快液氧面上涨的重要方法,需在实际操作中很好摸索、掌握。

635. 为什么在积液阶段往往会出现切换式换热器过冷,膨胀机后温度过低,如何防止?

答:在积液阶段,为了加速液体的积累,需要发挥膨胀机的最大制冷潜力,将几台膨胀机全量运转。为了不使膨胀机温度过低,采用加大中抽或环流的办法来提高机前温度。但往往事与愿违,随着中抽或环流量的不断增加,环流温度越来越低,切换式换热器冷端越来越冷,膨胀机前温度仍无法提高,最后失去了调节手段,造成了被动的局面。

产生这种情况的原因是:在积液前没有对中抽或环流量进行适当限制;液化器接通过晚,或液化器的液化效果不良;主冷没有预先冷透,从而造成在积液阶段无法将冷量转移到塔内,而切换式换热器显得冷量过剩,出现过冷。在此阶段,如果空气的液化量越大,就越有利于膨胀机制冷能力的发挥,才可加快液体的积累。其操作要领是:

1)在液空出现之前,中抽或环流量要适当,需留有相当的调节余地。一般中抽温度以不低于—100℃为宜。

2)液空出现前后要尽快把主冷冷透,以便液空出现后能尽快出现液氧。不致因液空节流到上塔又很快蒸发。

3)在切换式换热器的温度工况基本建立,其他设备也基本上冷却完毕的情况下,要及时接通液化器,回收冷量,防止冷端过冷,热端温差扩大。

4)在液氧出现后,应设法减少液体的蒸发。例如适当关小氧流量,提高上塔压力;提高液氮、液氧纯度,以缩小主冷温差。

当出现切换式换热器过冷,膨胀机温度过低时,可停一台膨胀机,减少产冷量。这时中抽或环流量会自动减少,从而使中部温度提高。待冷好主冷,中部温度提高后,再将膨胀机开动起来。

如果中抽或环流温度比规定值不是低很多,也可采取机前节流的方法来减少制冷量,提高机后温度。或将一部分冷量用来冷却吸附器等。

636. 同样的制氧机在启动时为什么积累液体所花费的时间不一样?

答:在精馏塔内积累精馏所必需的低温液体的过程,实际上就是一种"储存冷量"的过程。在这个过程中的冷量平衡关系是:

$$总制冷量=总冷损+积液所需的冷量$$

对同样的制氧机来说,所需积累液体的数量是相同的,因此所需的冷量也是一样的。但是,一台制氧机的总制冷量和总冷损量却与具体条件有关,有时相差甚为悬殊。它与制氧机的安装、检修质量及启动阶段的操作有关。

影响总制冷量的关键是膨胀机的检修、安装质量及操作水平的高低。在启动阶段,防止水分和二氧化碳在膨胀机内冻结,防止膨胀机过滤器被堵塞,尽量延长膨胀机在较高入口温度工况下运转的时间等等,都是增加总制冷量、缩短启动阶段的措施。

在启动操作中,必须注意逐渐减小蓄冷器或切换式换热器的热端温差;在没有积累起足够的液体以前,不要急于启动液氧泵或送氧。把冷损限制在最低程度,就可以使更多的冷量用来液化气体,缩短启动时间。

与"储存冷量"密切相关的还有一个"分配冷量"的问题。我们希望将抵消冷损后余下的冷量尽量留在精馏塔系统(包括过冷器和液化器)内,用于液化空气。但是,如果在操作中不注意发挥液化器及液空过冷器在积液阶段的液化作用,不注意利用液氮过冷器回收冷量,就会造成过多的冷量被返流气体带到蓄冷器(或切换式换热器),造成蓄冷器"过冷",并使热端温差扩大,冷损增大。在这种情况下,膨胀机的入口及出口温度都会降得很低,制冷量减少,运转也不安全。同时,液面也会处于"徘徊不升"的情况。这时应减少膨胀量,并充分发挥过冷器及液化器的作用。有的单位将膨胀后空气提前导入上塔,使蓄冷器冷端返流气体温度升高,改变过冷工况。

积累液体所花费的时间还和启动前设备的加温(包括绝热层的加温)情况及启动后冷却塔内设备及绝热层是否冷却均匀、彻底有关。如果加温终了温度过高,冷却阶段又未冷透,则较早出现的液体打入上塔后将大量蒸发。同时,绝热层中贮存的热量(为冷却绝热层所需冷量往往大于整个积液阶段所需的冷量)继续传入塔内,都会造成液面迟迟不上涨或涨势缓慢,拖长这一阶段所需的时间。

637. 空分设备在启动阶段膨胀空气什么时候送入上塔为宜?

答:膨胀空气何时送入上塔,要根据空分的具体流程来决定。但是所依据的道理都是一样的,这就是尽量发挥膨胀机的制冷能力和合理地分配冷量。

有的空分流程上塔氮气出口有一个蝶阀,可用关小这个蝶阀的办法来提高上塔压力。同时,膨胀后的空气先进入过冷器,再进入液化器,最后送到切换式换热器复热。对这样的流程就不宜过早地向上塔送气,因为向上塔送气必然会使膨胀机后压力升高,不利于发挥膨胀机的制冷能力。同时,由于过冷器、液化器可以充分回收膨胀空气的冷量,也不必要过早地向上塔送气。待主冷液面积累足够,正常精馏工况建立,停止一台膨胀机后再向上塔送气是适宜的。

有的空分流程则不同,上塔氮气出口没有蝶阀,同时,膨胀后空气只送入液化器,不经过冷器。对这样的流程可以在积累液体一开始就向上塔送气。因为这样可以充分利用低温气体冷却上塔,从上塔排出的气体的冷量还可以在过冷器及液化器中得到充分回收。同时,返回切换式换热器冷端的气体温度也不会太低,这样既有利于切换式换热器的自清除,也不会造成切换式换热器过冷。并且,膨胀空气送入上塔还会使上塔压力稍稍上升,对积累液体也是有利的。

638. 全低压制氧机的膨胀量、进上塔空气量和环流量这三者之间有什么关系?

答:环流的目的是为了缩小切换式换热器的冷端温差,以保证二氧化碳的自清除。环流量大小是由自清除条件决定的。膨胀量是为了保证冷量平衡,由装置的冷损大小决定的。而进上塔的空气量受上塔精馏潜力所限制。膨胀量在保证上塔精馏所需的最小回流比允许的范围内(小于加工空气量的 20%~25%)则可以全部进塔。否则不能全部进塔,部分膨胀空气只产冷,不参与精馏。这三个量存在着互相制约的关系。例如,膨胀量由环流量和来自下塔的旁通量两部分汇合而成,因此,环流的温度和气量将直接影响到膨胀机的进气状态。

在正常操作中,环流量及温度受切换式换热器温度工况的制约,在空气量一定的情况下不应有太大的变化。当调节制冷量而需要改变膨胀量时,主要是调节下塔的旁通空气量。因旁通空气的温度为进塔空气压力下的饱和温度,基本不变,所以当膨胀量增加时,膨胀机前温度下降,膨胀后过热度减小。如果膨胀量在上塔精馏潜力允许的范围内,仍可全部送入上塔,则会使氧的提取率降低。反之,膨胀量减少则膨胀机前的温度提高。由此可见,在运转中当需要增加制冷量时,想不增加膨胀量,只采用提高膨胀机前温度的办法来增加单位制冷量,实际上是难以实现的。

639. 空分设备在启动和正常操作中能靠冷凝蒸发器积累液体吗?

答:这个问题要对启动和正常操作两个阶段分别来分析。

在启动阶段,积累液体的任务是靠液化器来完成的,而不能靠冷凝蒸发器。即使把膨胀空气引入冷凝蒸发器,由于传热效果很差,也不能胜任积累液体的工作。不仅如此,问题还在于冷凝蒸发器的结构上并没有膨胀气体进出的回路。

在正常操作阶段,表面上看液氧面的升降是从冷凝蒸发器反映出来的,实际上是一系列传热的结果。怎样把冷量转化为产生液体呢?当冷凝蒸发器处在冷量平衡阶段,如果还要液氧面上涨,就得增加膨胀量或提高膨胀机前压力,即增加制冷量。由于膨胀量的增加,进下塔的空气量减少,使冷凝蒸发器的热负荷减少,蒸发的液氧就相对地减少了,表现为液氧面上涨;如果膨胀量未变,只是提高单位制冷量,即提高膨胀前温度(减少旁通量),则必然使环流气体在切换式换热器中放出的冷量增多,使正流空气进塔的能量(焓值)降低,也将减小冷凝蒸发器的热负荷,液氧蒸发量减少,液氧面上涨。因此,多余的冷量通过换热器转移到塔内,而不是靠冷凝蒸发器积累的。

此外,在正常运行中,上塔底部主冷液氧面的表压力约为 0.04MPa,氧的蒸发潜热为 6700kJ/kmol;气氮的冷凝压力约 0.48MPa(表压),氮的冷凝潜热为 4815kJ/kmol。氮的冷凝潜热小于氧的蒸发潜热,即把 1kmol 的气氮冷凝为液氮所需的冷量比蒸发 1kmol 液氧所放出的冷量少。而冷量是平衡的,所以相应地气氮的冷凝量要大于液氧的蒸发量。这样会有液体积累起来吗?不会的。因为液氮节流到上塔,压力降低,必然有一部分气化,所以流至冷凝蒸发器的量还是等于液氧蒸发量,不会因此而有液体积累起来。

640. 为什么全低压空分设备中规定要经常排放相当于 1 %氧产量的液氧到塔外蒸发呢?

答:以往认为,分馏塔爆炸的原因是乙炔引起的,在防爆系统中设有液空和液氧吸附器,吸附乙炔的效率可达 98%左右。国外经过多年实践和研究发现,爆炸源除了乙炔之外,尚有饱和及不饱和的碳氢化合物——烃类,如乙烷、乙烯、丙烷、丙烯等在液氧中富集。这些物质在吸附器中也能被吸附掉一部分,但是吸附效率只有 60%~65%。由于它们在液氧中的分压很低,随气氧一起排出的数量很少(除甲烷外),剩下的就会在液氧中逐渐浓缩,一旦增浓到爆炸极限就有危险。

为了避免液氧中烃类浓度的增加,根据物料平衡,需要从主冷引出一部分液氧,把烃类从主冷抽出一部分。抽出的液氧最小量相当于气氧产量的1%再另行气化。还规定把液氧面提高,避免产生液氧干蒸发(在蒸发管出口不含液氧),防止碳氢化合物附着在管壁上,以增加设备的安全性。在国产全低压空分流程中也已采用了这项措施。

641. 氧产量达不到指标有哪些原因？

答：影响氧气产量主要有下列因素：

1) 加工空气量不足。空气量不足的原因有：

① 环境温度过高；

② 大气压力过低；

③ 空气吸入过滤器被堵塞；

④ 电压过低或电网频率降低，造成转速降低；

⑤ 中间冷却器冷却效果不好；

⑥ 级间有内泄漏；

⑦ 阀门、管道漏气，自动阀或切换阀泄漏；

⑧ 对分子筛纯化流程来说，可能是切换蝶阀漏气。

2) 氮平均纯度过低。原因有：

① 精馏塔板效率降低；

② 冷损过大造成膨胀空气量过大；

③ 液氮纯度太低，液氮量太大；

④ 液氮量过小；

⑤ 液空或液氮过冷器泄漏；

⑥ 污氮（或馏分）取出量过大；

⑦ 液空、液氮调节阀开度不当，下塔工况未调好。

3) 主冷换热不良。主冷换热面不足，或氮侧有较多不凝结气体，影响主冷的传热，使液氧的蒸发量减少。

4) 设备阻力增加。由于塔板、液空吸附器或过冷器堵塞，液空、液氮节流阀开度过小或被堵塞，将造成下塔压力升高，进塔空气量减少。当切换式换热器冻结时，也将造成系统的阻力增加，进塔空气量自动减少。

5) 氧气管道、容器存在泄漏。

642. 如何把氧气产量调上去？

答：影响氧产量的因素，除了尽可能减少空气损失，降低设备阻力，以增加空气量；尽可能减少跑冷损失、热交换不完全损失和漏损，以减少膨胀空气量外，这里主要从调整精馏工况的角度，分析一下调整产量的方法：

1) 液面要稳定。液氧液面稳定标志着设备的冷量平衡。如果液氧面忽高忽低，调整纯度就十分困难。合理调节膨胀量和液空、液氧调节阀开度，使液氧面稳定。

2) 调节好液空、液氮纯度。下塔精馏是上塔的基础。液空、液氮取出量的变化，将影响到液空、液氮的纯度，并且影响到上塔精馏段的回流比。如果液氮取出量过小，虽然氮纯度很高，但是，给精馏段提供的回流液过少，将使氮气纯度降低。此时，由于液空中的氧浓度低，将造成氧纯度下降，氧产量减少。因此，下塔的最佳精馏工况应是在液氮纯度合乎要求的情况下，尽可能加大取出量。一方面为上塔精馏段提供更多的回流液；另一方面使液空的氧浓度提高，减轻上塔的精馏负担，这样才有可能提高氧产量。这里需要说明的是，液氮纯度的调节要用液氮调节阀,不能用下塔液氮回流阀。回流阀在正常情况下应全开。

3)调整好上塔精馏工况,努力提高平均氮纯度。平均氮纯度的高低标志着氧损失率的大小。而平均氮纯度又取决于污氮纯度的高低,因为污氮气量占的比例大。污氮的纯度主要也是靠下塔提供合乎要求的液氮来保证的。当下塔精馏工况正常,而污氮纯度仍过低时,则可能是上塔的精馏效率降低(例如塔板堵塞或漏液);或是膨胀空气量过大;或是氧取出量过小、纯度过高,使上升蒸气量增多,回流比减小。要改善上塔的精馏工况,主要是控制氧、氮取出量。一方面二者的取出量要合适;另一方面阀门开度要适度,以便尽可能降低上塔压力,有利于精馏,以提高污氮纯度。

643. 能否采用往塔内充灌液氧来缩短空分设备启动阶段的时间?

答:空分设备的启动包括设备的冷却、积液和调纯三个阶段。对一定的设备来说,启动所需要的时间大致是一定的。对低压空分设备,空压机的压力没有什么调节的余地,一般靠配备两台膨胀机同时工作,以增大启动阶段的制冷量,缩短启动时间。即使如此,按最大的制冷能力和装置冷却、积液所需的冷量,装置的启动时间也需要在 36h 以上。

大型空分设备一般还配置有液氧储罐,作为紧急备用氧。如果有必要,能否采用往塔内充灌液氧来缩短空分设备启动阶段的时间呢?从理论上来说是完全可能的。例如,如果向主冷内反充 $1m^3$ 的液氧,相当于从外部提供了 $0.47 \times 10^6 kJ$ 的冷量,约为 $5000m^3$ 的膨胀空气在 2h 内的制冷量。有的厂曾做过试验,启动时往塔内充灌 $20m^3$ 的液氧,对 $6500m^3/h$ 空分设备可缩短启动时间 16.5h;对 $10000m^3/h$ 空分设备可缩短启动时间 8h 以上。

当然,往塔内充灌液氧时,一是要注意时机,一定要等装置冷却到开始在主冷内产生液体时,再往里灌,以免因温差过大产生热应力而破坏设备;二是要注意充灌压力。因为只有高于上塔底部压力才能灌入液氧,但又不能超过液氧储罐的安全阀设定压力,以免安全阀动作。

644. 如何提高制氧机运转的经济性?

答:制氧机的经济性主要是指生产单位产品(每 $1m^3$ 氧气)所需的成本。成本费中包括电耗、水耗、油耗、蒸汽消耗、辅助物料消耗、维修费及生产管理费用等。为了提高制氧机运转的经济性,应该力求生产更多的产品,降低生产成本。

在成本费中,电耗占主要部分。而电耗中主要是压缩空气消耗的能量,其次是压缩氧气的能耗。所以,通常以生产 $1m^3$ 氧气所消耗的电能$(kW \cdot h)$作为衡量制氧机性能的一项指标。而压缩机的能耗与压缩空气量、排气压力及压缩机的效率有关。提高氧气生产的经济性的关键是提高管理水平和人员素质。应从以下几方面着手:

1)降低制氧机的操作压力,以减少空压机的电耗。为此应尽可能减少设备、管路的阻力,降低上塔压力;应保持一定的主冷液面,使主冷在最佳的传热工况下工作,以缩小主冷温差,降低下塔压力;尽量减少冷损。

2)提高压缩机的效率。首先要加强中间冷却器管理,使空气得到良好的冷却。

3)增加空气量。要减少切换损失,杜绝漏损,以便有更多的加工空气进塔参加分离。

4)增加氧气产量,提高氧的提取率。在调整中应力求降低氮中的含氧。

5)延长设备的连续运转周期,减少停机检修时间。为此要加强设备的日常维护,定期检修设备。要保证水分及二氧化碳的清除效果。

6)绝对避免塔内低温液体、低温气体的泄漏。在对单体设备加温时,温度也不宜过高。

7)综合利用生产多种产品。

645. 低压空分设备的负荷调节范围与哪些因素有关,当氧气富裕而需要减少氧气产量时在调节上应注意什么问题?

答:低压空分设备的负荷调节范围与原料空压机调节性能、膨胀机的调节性能、精馏塔的结构特点等因素有关。目前设有进口导叶的透平空压机的流量调节范围在 75%～100%;设有可调喷嘴的透平膨胀机调节范围可在 65%～100%。关键是精馏塔的调节余地如何。目前,采用规整填料的精馏塔的负荷调节范围可达 50%～100%,而传统的筛板塔最好的调节范围在 70%～100%,负荷再低则可能因蒸气通过筛孔的速度过低而导致漏液。

当氧气有富裕而需要减少氧产量时,首先要减少氧产品的输出,再相应地减少空气流量,并根据主冷液位调节膨胀空气量。送往上塔的液空、液氮调节阀也要根据精馏工况相应地关小。应该注意的是,整个操作要缓慢和逐步完成,以保持减量过程中精馏工况的稳定。

如果有液氧贮存系统,减少氧产量可增加液氧的产量,将液氧贮存起来更为便利。可先将氧产量减下来,然后增加膨胀空气量,在保持主冷液位不变的情况下增加液氧的取出量。为保持上塔精馏工况的稳定,必要时可将部分膨胀空气走旁通。

646. 切换式换热器在哪些部位容易发生泄漏,是什么原因造成的,怎样检查,如何处理?

答:切换式换热器最容易发生泄漏的地方是焊缝,特别是封头和管道连接处。造成泄漏的原因多是属于制造、安装质量问题,也与维护、保养有关。切换式换热器的工作条件较差,不仅受交变气流的冲击,而且气流温度变化很大,在长期运转中,薄弱的部位就容易产生泄漏。

因此,在制造、安装时要严格保证焊接质量。安装完毕,开车以前,必须进行严格的检漏和试压,发现问题要及时处理,以免开车后造成被动。

在运行中检查切换式换热器是否泄漏的方法可归纳为三种:

1)流量法。当产品氧或产品氮的通道与空气通道间发生大量泄漏时,氧或氮的产量明显增加。空气进气量也要增加。同时,空气压力降低,上塔压力升高。

2)纯度法。产品氧、氮通道与空气通道间发生少量泄漏时,则可由产品纯度分析的结果来判定,出切换式换热器的产品纯度下降。

3)温度法。空气通道和污氮通道间发生泄漏时,中部温度会发生明显的变化,从其温度变化来判定是哪个单元发生了泄漏。而且,空气进气量也会增加。

判明泄漏的部位后要进行补焊。如果是个别通道内漏,可把该通道封死。严重泄漏而无法解决时,需更换该换热器单元。

647. 怎样判断主冷凝蒸发器泄漏?

答:主冷严重泄漏时,压力较高的氮气大量漏入低压氧侧,则上、下塔压力,产品纯度将发生显著变化,直至无法维持正常生产而停车。

当主冷轻微泄漏时,往往不会引起上、下塔压力的显著变化,也没有引起主冷内液氧纯度的显著降低.普遍现象是主冷气氧和液氧纯度相差较大,气相浓度低于与液氧相平衡的浓度值。例如,某厂化验液氧浓度为99%,气氧浓度为96%,结果在检修时发现有7根主冷管泄漏。

产生泄漏的原因有以下几方面:

1)管子因振动而相互磨漏。对长管式冷凝蒸发器,装有上万根管径只有10mm,管长为8m的紫铜管,管间距很小。在运转过程中,由于气流的冲击、振动,很容易在管子中部发生挠曲变形而互相摩擦,时间长有可能磨漏。

2)管内积水而冻裂。当加温不彻底,特别是小管堵塞而给积存水造成机会,加温时又无法吹除掉时,在低温下水冻结成冰,体积膨胀,就有可能将小管冻裂。

3)主冷轻微地局部爆炸。当主冷中局部范围由于乙炔或碳氢化合物积聚,在一定条件下可能发生爆炸。这种轻微爆炸发生时,外部没有任何反映,也听不到声音,开始往往无法察觉。只有当氧纯度自动发生变化而又无法调整时,才有发生这种情况的可能。

648. 蓄冷器(或切换式换热器)发生进水事故如何处理?

答:蓄冷器(或切换式换热器)进水常见的有以下两种情况:

1)氮水预冷系统的空气冷却塔水位自动调节系统失灵,使得水位过高。或操作不当,例如空气冷却塔启动不合理或空分塔压力突然下降等,造成大量进水事故。

2)由于空压机一级冷却器泄漏,大量水进入空气中(当空气压力低于冷却水压力时)。若没有氮水预冷器或完善的水分离设备,就会把水带入空分设备,造成带水事故。空压机后几级冷却器泄漏,在运转中不会发生进水事故(因空气压力高于冷却水压力)。当空压机停车时,冷却水仍然可能进入空气通道内。如果不排掉,一旦重新启动空压机,水就会涌入空分装置。

除了上述两种大规模的进水情况外,蓄冷器(或切换式换热器)解冻加温时,若加温气体不干燥,也会把水分带入。

水进入蓄冷器(或切换式换热器)冻结堵塞通道,会使阻力大大增加,上塔压力和空压机的排气压力都要升高,切换声音也变得沉闷而且拉长,污氮排放管中能看到有大量水气。由这些现象可判断蓄冷器(或切换式换热器)的进水事故。

对微量进水、轻微冻结的情况,可不停车处理。例如采用缩短切换时间、增加返流比(返流气体与正流气体量之比)等,或短期停车进行反吹(从冷端污氮管道上的加热入口管道通入低温或常温干燥气体,从热端排出)。冻结较严重时,只有停车对蓄冷器(或切换式换热器)进行单独加热。这是消除冻结最有效的办法。当通道完全被冰冻结、堵塞,加温气体无法通入时,可灌入热水使冰慢慢融化。

蓄冷器(或切换式换热器)进水事故后果严重,应该尽量杜绝。为了防止进水事故的发生,一是要正确使用和维护管理好氮水预冷器;二是空压机的操作人员要经常排放冷却水的积水,注意巡回检查。空压机停车期间,冷却水出、入阀门均应关闭。启动后,要将管道内的积水吹除干净。冷却器泄漏严重时,应停车检修或更换;三是加温气体必须干燥。

649. 为什么低温阀门容易发生卡死扳不动的现象,如何解决?

答:低温阀门在常温下安装、低温下工作,温度变化范围很大。如果设计、安装不当就很容易产生热应力或变形。同时,阀门的操作部分处于常温,流通部分处于低温。为了减少冷损,阀杆往往做得很长,也就容易产生变形而卡住。

低温阀门往往是在常温下转动灵活,低温下就很紧,甚至打不开。阀门在低温下卡住的主要原因有:

1)安装时,阀门与管道配置不合理而产生预应力;或管道冷补偿能力差,低温下阀位改变;或阀门缺少支架,在低温产生变形;或阀门固定不当,保冷箱在低温下变形而影响阀杆与阀体的同心度。

2)在设计上,由于阀杆与阀套的材质不同,线膨胀系数不同。一般阀杆用不锈钢,线膨胀系数为 $1.73 \times 10^{-6} \text{℃}^{-1}$;阀套为黄铜,线膨胀系数为 $19.9 \times 10^{-6} \text{℃}^{-1}$,即黄铜的收缩比不锈钢大,低温下可能将丝扣咬住。特别是当采用暗杆结构及细牙螺纹时,丝扣的温度变化范围大,螺纹间隙小,更容易产生咬住的现象。

3)在运转中,由于阀门处加温不彻底,或阀门填料处进水,在低温下造成冻结,或在常温下将阀门关闭过紧,使丝扣咬坏等。

为了防止发生阀门卡住的现象,在设计上宜采用明杆结构和粗牙梯形螺纹;在安装上应在阀门处有牢固的支架,以防止阀门随管道产生位移而将阀杆拉弯。阀门与保冷箱的固定可采用弹性连接,防止阀杆变形而与阀体不同心;在裸冷期间,要在冷状态下检查和调整阀门安装情况,当发现阀门冷却后有卡住的现象时,可调整阀在筒壳上的固定法兰,使之开关自如。

在操作中,对启动前的加温应该彻底,关闭阀门时以不漏气为原则,不要用力过猛。

650. 低温阀门容易发生什么故障,如何防止和处理?

答:低温阀门的种类、型式很多,现以低温截止阀为例,常见的故障可分为三类:

第一类:发生在阀顶上的故障。这种阀的阀顶(阀头)与阀杆是活动联结,以便在阀门关闭时两个密封面能"自动找正"。在长期使用后,有时因防退垫片损坏,使锁紧螺帽松脱,最后在开阀时使阀顶脱落。这时阀门将失去关闭作用。有时锁紧螺帽的损坏是材质不当,用冷脆性金属代用所造成的。还有一种常见的故障是阀顶关闭不严,即阀门漏气。常见的原因是阀顶、与阀座密封面被硬物(例如硅胶、金属屑、焊渣等硬物)压伤,形成凹痕。在这种情况下,为了关严阀门,常常用很大的力气,结果反而使压伤加重。有时阀门的阀杆中心线与阀座密封面(阀面)不垂直,或阀顶与阀面因长期使用而磨损,都会造成阀门泄漏。

第二类:发生在阀杆上的故障。比较常见的故障是阀杆与螺套上的丝扣磨损,使阀门无法关闭。一般阀杆的丝扣不易磨坏,而螺套(黄铜)上的阴螺纹容易损坏。原因多数是因为阀门开启时用力过大,或者开、关到头后仍使劲硬拧,使丝扣咬坏。有时丝扣完全"咬光",阀门只能开,不能关,要关闭阀门只能用临时外加的螺栓将阀杆向内顶死,等待检修时再修理。要防止这类故障发生,最主要的是开、关阀门时不要用力过大,开、关不动不要硬开、硬关。

第三类:故障发生在各个连接处。属于这类故障的有阀门填料跑冷冻结,阀座与管道连接法兰泄漏,阀门螺套两端灌锡螺纹处泄漏等。阀杆填料一般都在阀杆紧贴冷箱壁处的填料槽内。当填料填装不匀、不紧,或阀杆不直、不圆时,低温液体或气体就会顺填料处的缝隙外漏。由于冷量外传,空气中的水分会冻结在填料上,将阀杆冻住。遇到这种情况只有采用蒸汽或热水加热填料才能开关阀门。但是,阀门开关完毕后,填料中积存的水又会结冰。由于阀门开关费力,常常造成阀杆扭断,手轮断裂等后果。因此,在检修阀门后,应将填料装匀、装紧,将压紧螺帽拧紧。在空分整体试漏时,也应检查一下阀杆填料处的泄漏,在冷开车之前将这个问题解决好。法兰泄漏的常见原因是密封面不光洁、不平整,管道补偿不足,螺栓未均匀上紧,螺栓材质不当等。阀杆外螺套的两端是采用灌锡螺纹连接的,长期使用后容易产生裂纹,发生泄漏。当试压试漏时,若发现这种泄漏,最好将阀杆抽出重新灌锡、拧紧,并最好采用银焊焊接。

低温阀门在空分设备的正常运转中是一个应该经常注意维护的设备,我们应该高标准、严要求,精心维护好、使用好。

651. 液体排放阀打开后关不上是什么原因,怎么办?

答:液空、液氧中的乙炔含量每天都需要分析,因此每天都得操作液空、液氧排放阀。往往出现当打开阀门时很轻松,而关闭时很困难,有时甚至一点也关不动。这主要是因为阀门填料函处有水分。当排放液体时,温度下降就产生冻结。为了防止这种情况,在排放液体初期应不断地转动阀门,不致使阀杆冻住。如果已发生了冻结现象,可用蒸汽加热填料函,然后再关闭。

652. 强制阀发生故障时有哪些现象,如何处理?

答:强制阀是制氧机的咽喉,是生产中非常关键的部件。它的动作频繁,也是最容易发生故障的部位。一旦发生故障,往往是来得快,情况急,不迅速加以处理就会造成严重后果,所以要求判断准确、迅速,处理及时、果断。

强制阀常见的故障有两类:一是阀门未打开;二是阀门未关闭或关不严。第一种情况常引起故障阀前管网中压力升高,流量减少;第二种情况则引起相反的结果,阀前管网中压力降低,流量增大,而且常伴有气流的鸣叫声。可以根据模拟盘上的信号灯和空气总管压力表,切换式换热器的各组压力表,上、下塔压力表以及空气、氧气、氮气流量表的变化来判断。

一般的切换式换热器各种强制阀发生故障时的主要现象如表 50 所示。

表 50　强制阀常见故障

故障名称		主　要　现　象	危　　害
空气阀	未打开	信号灯不亮,空气总管压力上升,流量下降,塔内压力下降	空压机出口压力升高发生超压或喘振
	未关闭	信号灯不灭,空气压力下降,流量增加,下塔压力下降	空气短路,产量下降
污氮阀	未打开	信号灯不亮,交换无放空声,上塔压力升高	上塔超压
	未关闭	信号灯不灭,空气压力下降,流量增大,阀处有气流响声	空气短路,产量下降
均压阀	未打开	信号灯不亮,不均压,切换声沉闷	气流冲击增大,空气切换损失增加
	未关闭	信号灯不灭,空气压力下降,流量增大、有响声	空气短路,产量下降
氮三通阀	未放空	信号灯不亮,空气压力、流量无变化,水冷却塔有大量水喷出	切换时氮水冷却塔超压碰坏冲碎
	未停止放空	信号灯不灭、压力流量无变化	氮水冷却塔内氮气中断,水温升高

强制阀发生严重故障多是由于切换系统故障引起的。当出现故障时,首先应判断是哪个

阀发生故障,并立即检查此阀的气源压力及四通电磁阀,用手推电磁阀手柄使阀动作。在来不及时,可迅速采用手动切换,然后再检查处理。最主要的是要避免上塔超压等严重事故的发生,必要时可先将气放空。

653. 强制阀本身可能发生哪些故障,如何处理?

答:强制阀是靠气源压力推动活塞使阀启闭的。其故障包括气缸内故障和阀体内故障两个方面。

气缸内的故障主要是造成切换动作迟缓,阀门不易打开或关闭不严。这是由于气源压力过低、气源太脏或管路阻力过大造成的。也可能是活塞环磨损,润滑油量过少而造成活塞漏气。当密封填料过紧时,也会造成动作缓慢的现象。为了防止漏气,除了在检修时要经常检查密封件是否完好外,还应注意气缸内要保持足够的润滑油。气缸内壁生锈或进入异物等也可能发生卡死现象,造成强制阀不动作。

阀体内的故障主要是阀顶与阀座的密封面不严而造成阀关不死的现象。最常见的是O型橡胶密封圈脱落。这主要与粘结面不清洁,黏结剂质量不好有关。此外,阀座处有异物;阀杆与阀顶两端的凹凸球面垫圈拧得过死或过松;固定螺帽没有拧紧,造成阀顶松动;阀杆发生弯曲等均可能造成阀关闭不严等现象。

654. 四通电磁阀常见什么故障,如何处理?

答:电磁凸轮式切换机构,是通过四通电磁阀来改变气源方向,使强制阀动作的。电磁阀发生故障将直接影响到切换阀的正常切换。电磁阀的动作原理是当线圈通电时,动铁芯吸合,推动滑阀芯动作;失电时靠弹簧使滑阀回到原来位置,从而改变气流方向。气流分别供至强制阀的活塞两端,控制强制阀的启闭。电磁阀常见故障有:

1)电磁线圈烧坏,使电磁阀不能动作。原因是线圈受潮,引起绝缘不好而漏磁,造成线圈内电流过大而烧毁,因此要防止雨水进入电磁阀。此外,弹簧过硬,反作用力过大;线圈匝数太少,吸力不够也可能使线圈烧毁。紧急处理时可用手动按钮按到极限位置,再转过四分之一圈,用圆柱销锁住。

2)电磁阀卡住。电磁阀的滑阀套与阀芯的配合间隙很小(小于0.008mm),一般都是单件装配。当有机械杂质带入或润滑油太少时,很容易卡住。处理办法可用钢丝从头部小孔捅入,使其弹回。根本的解决办法要拆开油雾器,检查喷油孔是否堵塞,润滑油是否足够。一般只要保持良好的润滑,就不容易发生卡住事故。

3)漏气。漏气会造成空气压力不足,使强制阀启闭困难。原因是密封垫片损坏或滑阀磨损而造成几个空腔窜气。

电磁阀损坏时需要及时更换。应注意选择适当的时机,等该电磁阀处于失电时进行处理。如果在一个切换间隔内处理不完,可将切换机停下,从容处理。

655. 自动阀发生故障对制氧机生产有什么影响,如何判断自动阀故障?

答:自动阀实际上是一种单向阀,安装在切换式换热器的冷端和中抽处。它与强制阀相配,当走正流空气时,空气(以及中抽气)自动阀开启,污氮(或氧、氮)自动阀关闭;走返流气体时,污氮自动阀开启,空气自动阀关闭。一个阀箱内常有多个自动阀,很少会同时发生故障。因此,它对压力、流量的影响一般比强制阀要小。

自动阀打不开的故障较少见,主要发生在启动冷却阶段,自动阀被水分冻结或被卵石中的草屑、石粉等卡住,造成中抽气抽不出来,或两组空气流量相差很大。流量小的那组走空气时,空气总管压力升高,中部温度偏低,这说明有部分空气自动阀未被打开。当部分污氮自动阀未打开时,将造成上塔压力升高,中部温度偏高。

自动阀常见的故障是关不严,造成中、低压冷端窜气。其反映为空气流量增加,压力降低。同时造成低压系统的压力升高。

自动阀故障对制氧机的正常生产同样有极大的威胁。自动阀打不开(或开不全)会造成阻力增大,各换热单元之间物流不平衡。中抽阀打不开会使抽气中断,自清除条件破坏。

自动阀关不严,空气从换热器跑掉,将使进塔空气量减少,氧、氮产量下降。同时,由于返流量增加,将使热端的冷损增加,严重时会造成热端温度急剧降低。此外,当自动阀掉落时,就有可能发生低压系统超压事故。

656. 如何判断是自动阀关不严还是强制阀关不严?

答:自动阀关不严会造成中、低压窜气,使空气流量增加和空气压力降低。这一现象与强制阀关不严相同。要区分是自动阀故障还是强制阀故障,可从以下三方面加以判断:

1)自动阀关不严将造成上塔气体难以排出,而使低压系统压力升高,并且影响较大。而强制阀不严时上塔压力通常是降低的。

2)自动阀不严时,走正流空气的通道(或蓄冷器)因空气量增加而温度升高,污氮通道(或走氮、氧的蓄冷器)因返流量也加大而使中部温度降低。

3)自动阀故障将使切换式换热器内返流气体的纯度降低,而强制阀故障只影响到出装置的返流气体纯度。可以分别化验自动阀前、强制阀前和后三处气体纯度的变化来判断。

657. 如何判别是空气自动阀还是污氮(或氧气)自动阀故障?

答:判别空气自动阀还是污氮(或氧气)自动阀故障,可从切换前后的工况变化来判断。当空气自动阀损坏时,走污氮时有"哗哗"的响声,下塔压力下降,空气流量增加。在均压时,下塔空气会漏到空气通道,均压后压力较高,并有上升趋势。在切换后走空气时,工况较为正常。

若是污氮自动阀损坏,当走空气时,上塔压力升高,走污氮时压力正常。均压时因空气漏入低压系统,造成均压后通道内压力降低,低压系统压力有所升高。

658. 自动阀发生故障有哪些原因,如何处理?

答:自动阀发生故障的原因有:

1)阀被水分、二氧化碳冻住,或被其他杂物卡住。如果在密封面有少量杂质,就会造成阀门关闭不严。

2)自动阀座固定螺栓没有均匀上紧,从垫片的缝隙漏气,有时会将垫片损坏,越漏越大。

3)阀杆脱落。原因有:固定开口销断裂、螺帽松动、脱落,弹簧断裂等。

4)固定螺栓脱落,造成整个自动阀脱落。

5)阀杆断裂。主要是阀杆材质不佳,制造有缺陷。或弹簧太硬,阀门在启闭过程中阀杆受力过大等。

6)阀杆与阀座孔之间的间隙过小,在低温下卡死。

当发现自动阀损坏时,应采取临时停车,单独对阀箱加温。当排出温度达10℃左右时就可以进行检修。如果发现箱内自动阀零件短缺,应设法反吹出来。

659. 碟阀的开度与流量的大小有怎样的关系?

答:在全低压制氧机中,常用碟阀调节空气、氧气及氮气的流量、制动风机的风量等,并一般采用遥控电动碟阀。碟阀指示的开度用0%～100%表示。指示值与流量的大小是否成正比的关系呢?

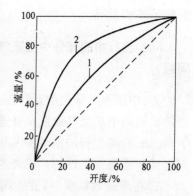

图149 碟阀开度与流量的关系
1—碟阀的口径合适;
2—碟阀的口径过大

实际上,当碟阀的开度较小时,改变碟阀的开度,流量变化较大;当碟阀开大到一定程度,再改变阀门的开度,对流量影响就较小,其关系大致如图149所示。碟阀刚开启时,由于在阀盘处的通路减小,流体流动出现收缩,在阀盘后产生涡流,流动阻力较大。随着阀门开度增大,涡流减弱,阻力减小较多,流量增加较快。当开度达到某一个角度(38°～42°)时,涡流基本消失,再增大开度,阻力变化较小,流量变化也不大。即在开度较大时出现调节流量不灵的情况。因此,用碟阀调节流量一般不是在整个开度范围内进行,而是在开度小于70°的范围内调节的。

为了使碟阀调节流量的性能较好,即随着阀门的开度流量能较均匀地变化,可选择碟阀的口径比管径小一些。其特性曲线如图149中的曲线1所示。

660. 全低压制氧机上塔超压是由哪些原因造成的,应如何处理?

答:上塔超压很危险,不及时处理会造成上塔爆炸。造成全低压制氧机上塔压力突然升高的主要原因,是污氮切换阀打不开,上塔气体排出量突然减少;或自动阀发生故障,大量正流空气窜入污氮通道所引起的。当碰到上塔表压力超过0.06MPa,而上塔安全阀未动作或安全阀跳开后仍然不能消除时,应迅速打开上塔紧急放空阀,并开大氧、氮送出阀。

若采取上述措施上塔压力还降不下来,应紧急制动膨胀机,切断膨胀机进气,停止膨胀机运转,并关闭进塔空气阀或手动强制阀,切断进塔空气。并及时与空压机岗位联系,打开空压机放空阀,降低压力,防止空压机超压。然后查明原因,消除故障后再启动。

661. 对上、下塔分置的制氧机当进装置空气压力突然下降时,为什么上塔液氧液面会猛涨,氧气产量、纯度下降?

答:对上、下塔分置的制氧机,上塔底部的液氧靠液氧泵打至下塔顶部的主冷。当进装置空气压力突然大幅度下降时(例如强制阀发生故障),上塔压力、主冷压力也都先后降低。对液氧泵来说,其进口的液氧应处在过冷状态下,因为如果部分液氧在泵中气化,将使泵的能力下降,不能顺利地向主冷输送液氧。当上塔压力下降太大时,液氧泵进口的液氧温度将超过该压力对应的饱和温度,造成部分液氧气化而产生"带气"现象,使液氧无法送出,造成上塔底部液面上涨。

此外,当空气旁通,下塔表压力突然降到 0.2MPa 时,使主冷温差减小,主冷的热负荷降低很多,液氧蒸发不出去,甚至可能引起塔板漏液,造成液面猛涨。这时,如果氧产量不及时调小,上塔上升的蒸气必然减少,提馏段的液气比增加,液氧纯度变坏。如果塔板漏液,纯度将破坏得更快。

因此,强制阀发生故障时,将会引起塔内一系列的变化,工况遭到破坏,危害很大,必须引起足够的重视。

662. 运行中的部分中压氧气管道或球罐停运、放散和投运时,操作氧气阀门应注意哪些问题?

答:中压氧气管网的运行压力一般在 1.8～3.0MPa。当某根分支管道或球罐需检修时,必然会遇到中压氧气放散和开通的情况。为了确保开关氧气阀门时的安全性,要求将直径小于 50mm 的氧气阀的前后压差控制在 0.3MPa 以下。但这一点在实际运行的管网中,如果不细心操作是很难实现的。正确的做法是:

1)在停运放散前,将放散阀(50～100mm)后的放散短管(应是不锈钢材质)拆下,用氯烷类溶剂清洗,防止管内存有鸟粪等可燃物;

2)停运或开通前将整个氧气管网的运行压力用氧压机调节,降至 1.8MPa(最低允许的运行压力)。尽量减少氧气阀前后压差,减少停运管道或球罐的放散容积;

3)在打开放散阀前,首先应确认氧气入口阀已关闭;在氧气管道开通前,首先应确认放散阀已关闭。防止氧气入口阀与放散阀同时开启而使流速过大;

4)在放散时,应渐开放散阀,注意放散管的结霜状况。防止氧气流速太大,并应控制球罐压力慢慢下降,压降速度为 0.3～0.4MPa/h,防止球罐焊缝产生裂纹;

5)直径大于 50mm 的氧气截止阀应设置外旁通阀,阀径以 25～40mm 为宜。在氧气管道开通时,先开启外旁通阀,向管道或球罐充氧气,直至阀前、后压力平衡(无流动),然后再渐开氧气阀至全开。如果氧气阀直径小于 50mm,没有设置外旁通阀,应在阀门下游管段或罐内充 50～100kPa 的氮气,稍开动氧气截止阀,听到气流声即停,待其慢慢充压至没有气流声后再渐渐开大阀门至全开,切不可来回开关阀门;

6)如果管网允许全部停运,则可用氧压机降压来停运,用氧压机升压来投运。这比上述局部管道或球罐的停运和投运方法简单。

总之,氧气阀门的开启应注意控制氧气流速和阀后管道的清洁度,以防止燃烧,这样才能做到安全运行。

663. 空分设备的运转周期与哪些因素有关?

答:空分设备的运转周期的确定,在设计时主要是根据微量二氧化碳带入空分塔后逐步积累,直至因造成堵塞而无法继续运转的时间间隔。在正常情况下,全低压制氧机的连续运转时间应在一年以上,新的分子筛吸附流程连续运转的时间可以长达二年以上。但是,在实际运转中,情况要比设计情况复杂得多。影响运转周期的主要因素包括制氧机设备及运转机械连续工作的能力,启动前加温吹除的好坏,启动阶段及正常运转中操作水平的高低,空气负荷的大小等。

造成制氧机未到规定周期即需停机检修的原因，大部分是由于运转机械及切换系统的故障。主要是空压机、膨胀机、液氧泵的故障，同时，空分的强制阀、自动阀，某些换热器的内部泄漏，及内部低温阀门的损坏、内部泄漏，管道膨胀节疲劳断裂等，都会使制氧机在中途需要停车检修。

制氧机启动前的加温吹除及启动阶段的操作，也直接影响运转周期。常常有这种情况发生：由于急于制氧，加温吹除不彻底，塔内残存水分，造成启动后蓄冷器或可逆式换热器阻力过大，有时精馏塔阻力也过大，以致经常发生液泛。在启动阶段中，渡过水分及二氧化碳冻结区的时间拖长，切换式换热器冷端温差没有控制在允许范围（在启动阶段，这个温度范围是随着温度降低而逐渐减小的）之内，都会造成带入空分塔的水分及二氧化碳杂质增多。空分设备的启动过程中断或多次启动，都会造成蓄冷器或切换式换热器温度的回升而使二氧化碳大量带入塔内，从而使运转周期缩短。

正常操作中，对运转周期影响最大的是切换式换热器冷端温差控制的好坏。这个温度控制不好，一方面会造成切换式换热器的自清除效果不好，二氧化碳在换热器内积累而使其阻力上升；另一方面会使少量的二氧化碳带入塔内。由于气流的冲击作用，蓄冷器和切换式换热器冷端的空气中，二氧化碳的实际含量会超过饱和含量，这也会对运转周期造成影响。尤其是切换式换热器的冷段过短，二氧化碳的析出区缩短，更容易将部分二氧化碳带入塔内，造成精馏塔阻力增加，主冷换热减弱，过冷器堵塞，下塔压力升高，进塔空气量和氧产量下降。

切换式换热器带水也将使运转周期缩短。通常是由于氮水预冷器操作不当引起的。而轻微进水往往是由于忽视了对水分离器的吹除和进切换式换热器空气总管中冷凝水的排放。

进空分设备加工空气的状态也是影响运转周期的一个重要因素。因为空气量或进装置空气温度提高，都会使蓄冷器或切换式换热器清除水分的负担加重，换热温差增大。在冷端就表现为自清除不良，阻力上升加快。因此，高负荷生产时运转周期一般也会缩短，而低负荷时运转周期一般可延长。

延长空分设备的运转周期有很大的经济意义。它可以减少备机、减少检修时间，节省资金，多生产产品氧、氮。因此在操作中应精心管理，精心维护。

664. 全低压制氧机碰到紧急停电时应怎样操作？

答：全低压制氧机碰到紧急停电时，首先的任务是迅速打开空压机末端的放空阀和关闭空气进入精馏塔的阀门，以免空压机出口逆止阀失灵引起压缩空气倒回而使空压机倒转烧坏轴承。然后可按下列步骤进行：

1)把切换机构由自动转为手动，关闭空气进塔的强制阀、均压切换阀。打开污氮放空阀。

2)切断膨胀机电磁阀，关闭膨胀机进口调节阀和膨胀机进、出口阀门。

3)关闭液空、液氮、污液氮的调节阀。

4)全关氧、氮产品送出阀，并打开放空阀，将污氮放空三通阀处在放空侧。

5)全关膨胀空气进入上塔的碟阀，并打开旁通阀。

6)关闭氧气调节碟阀，全开污氮和纯氮调节碟阀。

7)关闭蒸汽加热器的蒸汽气源。

8)切断电器设备的电源开关,并使其处在启动位置。

待查明停电的原因,消除故障后,作好开车的准备。

665. 石头蓄冷器中卵石充填不足有什么危害,如何判断,怎样补充?

答:蓄冷器运行一段时间后,由于气流来回冲击,充填的卵石会逐渐被夯实而下沉,另外卵石磨损或破碎也会造成卵石量不足。卵石充填不严实,气流带动卵石上下跳动,容易砸坏盘管,这可从撞击管壁的声音来判断。卵石不足对蓄热能力也有影响。因此,要及时进行补充。

补充卵石可在不停车的情况从蓄冷器上部卵石补充口加入。补充口都设有密封装置,以防止充填时漏气、跑冷。充填前卵石要清洗干净,以免杂草、泥沙等杂物进入蓄冷器,影响换热,增加阻力。

666. 液氧、液氮蒸发器在操作上要注意什么问题?

答:低温液体蒸发器有大气式和蒸汽水浴式等型式。大气式蒸发器由带翅片的蒸发管组成,分几组并列放置,体积较大。随着低温液体的流过,蒸发翅片表面会逐渐结霜。该冰霜要覆盖在蒸发器表面。当其厚度增加时,蒸发效率下降,蒸发量随时间急剧递减,如图 150 所示,一般需采取除霜手段,如用蒸汽吹去或扫帚扫去冰霜,可使蒸发量恢复。

蒸汽水浴式蒸发器是用热水加热蒸发管内的低温液体,使之蒸发。在低温液体流入前,应先将纯净水(无氯)灌入蒸发筒内至溢流口,再慢慢通入蒸汽,并将温控设定在 60℃左右(不宜太高)。先打开气体出口阀,然后慢慢送入低温液体,用流量调节阀调节到所需流量,并控制出口气体温度大于−15℃,防止出口管道结霜。

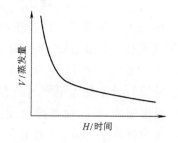

图 150 蒸发器的蒸发量随时间的变化

在冬季,蒸发器停止使用期间,应注意把蒸发筒内剩水排放完,或吹入少量蒸汽,或保持溢流状态,水温控制在 20～40℃,防止水浴结冰。蒸汽管道疏水器应该保持完好的工作状态。液体蒸发器的盘管一般应按压力容器管理。因此要定期按国家对压力容器的规定进行检查,检查合格后方可投入运行。

667. 在中压贮氧球罐的使用维护方面应注意哪些问题?

答:贮氧球罐每隔两年至少应进行一次内部检查,每隔 5 年测定一次壁厚。对腐蚀严重者,应缩短上述检查年限,并采取防腐措施。在罐的内壁可涂以长期耐腐蚀的无机富锌涂料(由锌粉和水玻璃为主配制而成)。

设置在北方地区的球罐,在冬季停产时应降压或卸压,以降低罐壁的工作应力。

668. 液体贮槽在贮存、运输过程中应注意什么问题?

答:液体贮槽在贮存、运输过程中应注意:

1)贮槽的防护设备及仪表应完好;

2)贮槽在贮运过程中应有良好的通风,周围不得存放易燃物质,无任何火种;

3)贮槽的充满率小于95%,严禁过量充装,不得超压;

4)贮槽内有液体时,严禁动火修理;

5)设备管道解冻要缓慢加热,不要用过热的工质或明火化冻;

6)接触低温液体时应戴好防护手套,避免皮肤与低温液体直接接触;

7)运输过程中要平稳,不要有大的颠簸。

669. 粗氩塔怎样投入,操作中应注意哪些问题?

粗氩塔的原料气及冷源来自主塔又返回主塔,所以粗氩塔与主塔是密切相关、互相影响的。粗氩塔的投入需有以下条件:

1)主塔工况稳定;

2)氧、氮产品的产量和质量接近或达到正常值;

3)氩馏分的含氩量接近正常;

4)主冷液位较高,有充足的冷量。

粗氩塔投入过程中,首先引出氩馏分预冷粗氩塔,然后逐渐将液空送入粗氩冷凝器。随着粗氩塔的冷却,粗氩塔逐渐建立起精馏工况。其标志是粗氩塔的阻力、粗氩的纯度、氩馏分的取出量不断增加,直至达到正常指标。开始时,主冷液位可能略有下降,随着粗氩塔精馏的建立,主冷液位将会恢复。

操作时应注意以下问题:

1)氩在上塔的富集情况不是固定不变的,氧、氮产品纯度变化时,氩在上塔的分布将发生变化,氩馏分的组成也随之改变。氧纯度的变化对氩馏分组成的影响比较敏感,氧纯度变化0.1%,氩馏分的氩含量将变化0.8%~1%。氧纯度提高,富氩区将上移,馏分的含氩量下降。因此,应保持适宜的氧纯度,并保持稳定,以获得含氩量较高的馏分气;

2)主冷液位的波动也会影响馏分的组成和取出量。经验表明,主冷液位波动为5~10cm,粗氩塔就会出现明显的反映;

3)防止粗氩冷凝器发生氮冻结。由于操作调节不当,液空温度过低,冷凝器温差增大,就会在冷凝表面有氮固化。这时冷凝量减少,氩馏分的组成以及主塔提馏段的回流比都将改变,破坏了主塔的精馏。出现这种情况应首先停止粗氩塔的工作,提高粗氩冷凝器的温度。待解冻后重新逐渐将粗氩塔投入;

4)注意馏分中的氮含量。当氮含量超过0.1%时不但会使馏分的冷凝困难,还会使粗氩的氮含量增高,影响精氩塔的工作。因此,馏分中的氮含量一般不得大于0.01%。

总之,粗氩塔的投入的操作应该是逐渐增加粗氩冷凝器的负荷,过快的操作将适得其反,使整个系统发生波动。

670. 投入氩净化系统应如何操作?

答:投入氩气净化系统的操作,主要是要注意加氢除氧的操作。加氢除氧的反应炉的投入,必须在粗氩气中含氧量小于2%以下才能进行。当粗氩中含氧小于2%以下时,启动氢气压缩机,用纯净的氮气对氢气管路进行置换。在确认置换干净无误后,才可以进行加氢工作。

一般加氢量应按照氢氧完全反应要求所需的氢量再增加1%的过量氢。目的是使粗氩中的氧充分反应,进一步提高精氩纯度。按照计算出的加氢量并开始加氢时,其过程应缓慢进行。在加氢量达到计算数值的10%左右时,注意反应炉温度。在反应炉温度逐渐上升并达到稳定后,可以继续加氢,直到加至计算值为止。检查除氧炉的温度是否小于450℃。在温度逐渐达到稳定后,将分析过量氢仪表投入使用。在过量氢达到1%～2%约1h后,准备投入含氧分析仪表(在进行分析工艺氩之前,要先手动分析工艺氩中的含氧,是否已小于10^{-5}左右,以防止把微量氧分析表冲击坏)。当工艺氩中的含氧小于10^{-6}时,可以进行精氩塔的投入操作。

671. 怎样调节氩纯度和氩产量?

答:调节氩气产品纯度的方法是:

1)调节加氢除氧中的过量氢,使之达到工艺规定要求。调节除氧炉的工况,一般炉温稳定在350～450℃之间(如果炉温达不到要求,可能是钯触媒表面的钯金属因长期使用造成损耗,效率下降,可更换钯触媒);

2)调节主塔工况,保证粗氩气体中的氮气加氧气的总含量小于3%;

3)产品中氮气含量高时,增加精氩塔的气侧的排气量;

4)调节分子筛干燥器工况,使之达到工艺要求。

调节氩产量的步骤是:

1)调节空分冷量平衡,增加氩系统冷量;

2)调节主塔工况,增加氩馏分的取出量;

3)调节粗氩塔工况,增加粗氩量;

4)调节精氩塔工况,提高氩产量。

14　安全技术

672. 制氧机哪些部位最容易发生爆炸?

答:制氧机爆炸的部位在某种程度上与空分设备的型式有关。在高、中压、双压流程中,发生爆炸的可能性相对较多;生产液氧的装置,主冷未发生过爆炸,而气氧装置的主冷却是爆炸的中心部位。爆炸破坏的程度与爆炸力有关,微弱的爆炸可能只破坏个别的管子,甚至未被操作人员所察觉。

冷凝蒸发器的爆炸部位,随其结构型式不同而有所不同。一般易发生在液氧面分界处,以及个别液氧流动不畅的通道,也有发生在下部管板处或上顶盖处。对辅助冷凝蒸发器,爆炸易发生在液氧接近蒸发完毕的下部。

据统计,除冷凝蒸发器外,在其他部位也发生过爆炸。计有:下塔液空进口下部;液空吸附器;上塔液空进口处的塔板;液氧排放管;液氧泵;切换式换热器冷端的氧通道;辅助冷凝蒸发器后的乙炔分离器等。

不论在哪个部位爆炸,其原因均有液氧(或富氧液空)的存在,并在蒸发过程中造成危险物的浓缩、积聚或沉淀,组成了爆炸性混合物,在一定条件下促使发生爆炸。

673. 主冷发生爆炸的事故较多是什么原因,应采取什么防患措施?

答:空分设备爆炸事故中,以主冷爆炸居多。产生化学性爆炸的因素是:

1)可燃物质;

2)助燃物质;

3)引爆源。

在主冷中有充分的助燃物质——氧,为碳氢化合物的氧化、燃烧、爆炸提供了必要条件。爆炸严重的会造成整个设备破坏,甚至人员伤亡;轻微的爆炸在局部位置产生,使氧产品纯度降低,无法维持正常生产。爆炸都与易燃物质——碳氢化合物在液氧中积聚有关。

引爆源主要有:

1)爆炸性杂质固体微粒相互摩擦或与器壁摩擦;

2)静电放电。液氧中有少量冰粒、固体二氧化碳时,会产生静电荷。当二氧化碳的含量为 $2 \times 10^{-4} \sim 3 \times 10^{-4}$ 时,所产生的静电位可达 3000V;

3)气波冲击。产生摩擦或局部压力升高;

4)存在化学活性特别强的物质(臭氧、氮氧化物等),使爆炸的敏感性增大。

主冷中有害杂质有乙炔、碳氢化合物和固态二氧化碳等。它们随时都可以随气流进入主冷。为了安全,预先在净化装置中,例如分子筛吸附器中,其杂质予以清除。但是对切换式换热器自清除流程就做不到这一点。为此,在流程设计和操作中采取以下措施:

1)规定原料空气中乙炔和碳氢化合物的体积分数分别不得超过 0.5×10^{-6} 和 $30 \times$

10^{-6};

2）安装液空吸附器，吸附其中有害杂质；

3）采用液氧循环吸附器吸附进入液氧中的杂质，并定期切换；

4）如果液氧中乙炔或碳氢化合物含量超过标准，就开始报警。除规定每小时排放相当于气氧产量的 1% 的液氧外，再增加液体排放量；

5）板式主冷采用全浸式操作；

6）主冷应有良好的接地装置。

即使如此，主冷仍然有可能产生爆炸，并且往往是在事先没有迹象的情况下发生的。这一方面，实际上只有对主冷的液氧才有分析仪表和杂质限量指标，以及规定报警排液和停车制度。对空气、液空等没有进行分析，也没有规定指标。另一方面，对液氧的分析不准确。很可能乙炔在局部死角位置积聚而发生微爆。加之液氧的排放量没有计量，难以掌握。有的是液氧循环吸附系统未能正常地投入运转，有的是接地装置不合要求等原因造成的。

总之，主冷发生爆炸的原因是多方面的。一旦发生爆炸将在经济上及人身安全上带来重大损失。要思想上重视，防患于未然。建议采取以下措施：

1）采用色谱仪连续分析乙炔和碳氢化合物含量。在没有条件分析原料空气时，要经常注意风向。在原料空气处于乙炔站附近的下风向时，要采取缩短液空吸附器的切换周期等措施。液氧中杂质含量至少 8h 要分析一次。规定指标见表 51；

表 51　空分装置中乙炔和碳氢化合物的控制值

杂质名称	含量单位	正常值	报警值	停车值
乙炔	体积分数	0.01×10^{-6}	0.1×10^{-6}	1.0×10^{-6}
碳氢化合物	液氧中碳含量/mg·L^{-1}		30	100

2）减少二氧化碳的进塔量。将分子筛吸附器后空气中二氧化碳的含量控制在 0.5×10^{-6} 以下；

3）要制定吸附器前后的杂质含量指标。液空中乙炔含量应小于 2×10^{-6}，吸附器后乙炔含量应小于 0.1×10^{-6}。超过规定时吸附器要提前切换再生。要避免吸附剂粉碎；

4）要保证液氧循环吸附系统的正常运转。采用液氧自循环系统较为简单、可靠；

5）板式主冷改为全浸式操作，以免在换热面的气液分界面处产生碳氢化合物局部浓缩、积聚；

6）液氧排放管应保温，以保证 1% 的液氧能顺利排出，并有流量测量仪表。液氧中杂质超过警戒点时应增加液氧排放量；

7）主冷必须按技术要求严格接地，并按标准进行检测和验收。接地电阻应低于 10Ω；氧管道上法兰跨接电阻应小于 0.03Ω；

8）在设计时要改善主冷内液体的流动性，避免产生局部死角。例如，将上塔的液氧由相错 180° 双管进入主冷中部，以改善主冷中液氧的混合；主冷底部液氧抽出口由相差 120° 的三抽口组成，以防止有害杂质在局部区域沉积；

9）要严格执行安全操作规定，以防止杂质在主冷内过量积聚。特别要注意停车后的再启动操作，避免由于液氧因大量蒸发而产生杂质的积聚，在加温启动时发生爆炸。要减少压力脉冲。升压操作必须缓慢进行。

674. 氧气管道发生爆炸有哪些原因,要注意哪些安全事项?

答:企业内的氧气输送管道为 3MPa 以上的压力管道,曾经发生过多起管道燃烧、爆炸的事故,并且多数是在阀门开启时。氧气管道材质为钢管,铁素体在氧中一旦着火,其燃烧热非常大,温度急剧上升,呈白热状态,钢管会被烧熔化。其反应式为

$$Fe + \frac{3}{4}O_2 \rightarrow \frac{1}{2}Fe_2O_3 + 408.6kJ/mol$$

分析其原因,必定要有突发性的激发能源,加之阀门内有油脂等可燃物质才能引起。激发能源包括机械能(撞击、摩擦、绝热压缩等)、热能(高温气体、火焰等)、电能(电火花、静电等)等。

气体被绝热压缩时,其温度升高与压力升高的关系为

$$T = T_1 (\frac{p_2}{p_1})^{\frac{k-1}{k}} = T_1 (\frac{p_2}{p_1})^{\frac{1.4-1}{1.4}}$$

如果初温 $T_1 = 300K$,$(p_2/p_1) = 20$,则压缩后的温度可达 $T_2 = 704K$。当突然打开阀门时,压力为 $p_2 = 2MPa$ 的氧气充至常压的管道中,会将内部压力为 $p_1 = 0.1MPa$ 的氧气压缩,温度升高。

如果管道内有铁锈、焊渣等杂物,会被高速气流带动,与管壁产生摩擦,或与阀门内件、弯头等产生撞击,产生热量而温度升高。

如果管道没有良好的接地,气流与管壁摩擦产生静电。当电位积聚到一定的数值时,就可能产生电火花,引起钢管在氧气中燃烧。

为了防止氧气管道的爆炸事故,对氧气管道的设计、施工作了以下规定:

1)限制氧气在碳素钢管中的最大流速。见表 52;

表 52　碳素钢管中氧气的最大流速

氧气工作压力/MPa	≤0.1	0.1～0.6	0.6～1.6	1.6～3.0
氧气流速/m·s⁻¹	20	13	10	8

2)在氧气阀门后,应连接一段长度不小于 5 倍管径、且不小于 1.5m 的铜基合金或不锈钢管道;

3)应尽量减少氧气管道的弯头和分岔头,并采用冲压成型;

4)在对焊的凹凸法兰中,应采用紫铜焊丝作 O 型密封圈;

5)管道应有良好的接地。接地电阻应小于 10Ω,法兰间总电阻应小于 0.03Ω;

6)车间内主要氧气管道的末端,应加设放散管,以利于吹扫和置换;

7)管道及附件应严格脱脂,并用无油干空气或干氮气吹净。

在操作、维护时,应注意以下事项:

1)对直径大于 70mm 的手动氧气阀门,只有当前后压差小于 0.3MPa 以内才允许操作。氧气阀门的操作必须缓慢;

2)氧气管道要经常检查、维护。除锈刷漆 3 至 5 年一次。应与氧气贮罐相配合。3 至 5 年测一次壁厚。管路上的安全阀、压力表每年要作校验,以保证其正常工作;

3)当氧气管道系统带有液氧气化设施时,切忌低温液氧进入常温氧气管道,以免气化超压;

4)保证氧气管道的接地装置完善、可靠;

5)要有氧气管网完整的技术档案、检修记录。

675. 如何防止氧气系统内静电积聚?

答:静电积聚是可爆系统(氧——可燃物)的引爆源之一。由于液氧的单位电阻值较大,因而易产生静电积聚现象。试验证明,液氧静电积聚很大程度上与其含二氧化碳、水的固体颗粒及其他固体粒子有关。液氧在不接地的管路内,有可能产生电位为数千伏的静电,因此必须采取防止静电积聚的措施。具体是:

1)空分塔必须在距离最大的两个部位接地;

2)空分塔主塔、副塔、冷凝蒸发器、液体吸附器、液体排放管和分析取样管应单独地接通回路,或法兰处有跨接导电措施;

3)保证空分塔内液流的清洁,防止各种粉末的进入;

4)空分塔内液体管路的管径,应保证液体具有最低允许流速。

676. 为什么分子筛纯化器的加热炉会发生爆炸事故,如何防止?

答:分子筛纯化器加热炉用于加热分子筛再生用的氮气。氮气是低压气体,加热炉的设计工作压力也是低压的。在实际运转中,加热炉发生过几例爆炸的事故。分析其爆炸的原因,都是由于高压空气串入而造成的。

高压空气串入加热炉的原因有两个:一是在切换时阀门没有关严。如果正在工作的吸附筒的氮气进口阀关闭不严,高压空气就会串入加热炉;如果正在再生的吸附筒的高压空气进口阀和出口阀关闭不严,高压空气会进入吸附筒,从而串入加热炉。二是阀门维护不好,检修质量差。若吸附筒氮气进口阀门及高压空气进、出口阀门的密封面密封不好或密封面上有杂质,使阀门关不严,也有可能使高压空气串入加热炉。

如果高压空气串入加热炉,加热炉上又没有装安全阀,就可能发生爆炸。一旦发生爆炸,不仅会损坏加热炉,影响正常生产,而且高压空气还可能串入上塔,造成上塔超压。

防止发生加热炉爆炸的安全措施有:

1)在加热炉上应装设安全阀;

2)在切换时,吸附筒的氮气进口阀门和高压空气进、出口阀门一定要关严;

3)在安装、检修时,应将空气管路和阀门吹扫干净。要检查阀门的密封情况,研磨损坏了的密封面,以保证其密封性;

4)吸附筒试压时,应将加热炉氮气出口管路上的阀门打开。

677. 为什么在空分设备中乙炔是最危险的物质?

答:因为乙炔是一种不饱和的碳氢化合物,具有高度的化学活性,性质极不稳定。固态乙炔在无氧的情况下也可能发生爆炸,分解成碳和氢,并放出热量。产生的爆炸热量为8374kJ/kg,形成的气体体积为 0.86m³/kg,温度达 2600℃。如果乙炔在分解时存在氧气,则生成的碳和氢又与氧化合,发生氧化反应而进一步放出热量,从而加剧了爆炸的威力。

此外,乙炔与其他碳氢化合物相比,它在液氧中的溶解度极低,如表 53 所示:

表 53 乙炔在液氧中的溶解度

温度/K	104	99.4	98.6	83
溶解度/cm^3·L^{-1}	13	10.4	9.9	3
	22.8×10^{-6}	13.5×10^{-6}	12.9×10^{-6}	3.6×10^{-6}

乙炔在液氧内以固态析出的可能性最大。

为了保证安全,乙炔在液氧内的极限许可含量一般控制在其溶解度的 1/3～1/50 的范围内,即在每升液氧内的含量控制在 0.1～2mg/L 以下。在每天进行分析液氧中乙炔含量时,国内一般规定:

报警极限   0.4mg/L

停车极限   1.0mg/L

678. 为什么乙炔含量没有超过标准,主冷也可能发生爆炸?

答:有的厂定期化验液氧中的乙炔含量并未超过许可极限,但仍多次发生爆炸事故,这是什么原因呢?据分析,可能有以下几方面的原因:

1)主冷的结构不合理或某些通道堵塞,液氧的流动性不好,造成乙炔在某些死角局部浓缩而析出;

2)液氧中二氧化碳等固体杂质太多,加剧液氧中静电积聚;

3)对其他碳氢化合物含量未做化验,而硅胶对其他碳氢化合物的吸附效率较低。当大气中碳氢化合物的含量较高时,有可能在液氧中积聚而形成爆炸的根源。因此,对较大的全低压制氧机,应加强对碳氢化合物的分析。每 1L 液氧中碳的总含量控制在:

报警极限   30mg/L

停车极限   100mg/L

679. 如何防止小型制氧机空分塔的爆炸?

答:小型制氧机一般采用活塞式空压机,必然有少量润滑油带入塔内。同时,清除乙炔等碳氢化合物的措施也不如大型全低压制氧机完善;站址的选择条件不可能很良好。因此,爆炸事故发生较多。为此应引起足够的重视,加强安全措施。具体也注意下列问题:

1)氧气站距乙炔站的直线距离应在 300m 以上,氧气站附近严禁存放乙炔发生器或乱倒电石渣;

2)严格控制压缩机的润滑油量和排气温度,并勤吹除油水;

3)加强油的分离和过滤措施;

4)乙炔吸附器内应采用细孔硅胶,并应定期再生、更换。在采取增产措施时,应考虑吸附器的容量是否足够;

5)定期进行液空、液氧中乙炔含量的分析,控制在规范允许的范围内;

6)短期停车时,一般应排掉液氧。否则应化验乙炔含量,决定排放部分或全部液氧。以防乙炔积聚,在重新开车时发生爆炸;

7)将空压机、膨胀机改为无油润滑;碱洗－干燥设备改为分子筛纯化器是对旧设备较为彻底的改造办法。

680. 液氧泵爆炸的原因是什么，如何防止？

答：液氧泵的密封形式有端面机械密封和充气迷宫密封两种。液氧泵爆炸均发生在迷宫密封结构的液氧泵。多数是在启动前，进行人工盘车时发生。

产生燃烧或爆炸需要有三个必要和充分条件：即有可燃物质、助燃物质和明火源（引爆源）。可燃物质是轴承润滑脂，微量的油脂或油蒸气可能进入靠近轴承处的密封室。助燃物质氧气来自液氧泵本身，泄漏到密封室。虽然在操作中规定，密封室的密封气压力要略高于密封前的压力，但是当精馏塔内压力波动时难以绝对保证。此外，如果迷宫间隙过大，则在停车时由于迷宫内处于静止状态，泄漏量会更大。氧气不但会充满迷宫密封室，还可能进入电机机壳。明火的产生有两种可能：一是迷宫密封间隙过小，尤其在低温状态下发生变形，加之如果密封的动静环均采用黑色金属，在盘车时用力过猛，发生金属相碰，就会产生火花；另一种是电机受潮漏电，也会产生火花。

液氧泵爆炸事故并不是不可预防和避免的。除了在结构上改进，使电机与泵轴分开、远离；密封件（首先是静止零件）采用有色金属，以防产生火花外，在操作上要严格遵守操作规程。在液氧泵冷却启动前，应将吹除阀打开，先对迷宫密封通以常温干燥氮气吹除 $10\sim20\min$，一方面将其中的氧气驱走，同时使密封恢复到常温间隙。然后再打开泵的出口阀、进口阀，让液氧进入泵冷却。这时的密封气压力必须高于泵进口压力 0.05MPa 左右。待泵启动、压力趋于稳定后，再控制密封气压力比密封前的压力高 $0.005\sim0.01$MPa。

在停泵时，必须先关闭泵进口阀，打开吹除阀。当泵内已无液氧时才能关闭泵出口阀。最后等泵的温度回升后，才能撤除密封气。

681. 空分设备在停车排放低温液体时，应注意哪些安全事项？

答：空分设备中的液氧、液空的氧含量高，在空气中蒸发后会造成局部范围氧浓度提高，如果遇到火种，有发生燃烧、爆炸的危险。某化肥厂曾由于将大量液氧排到地沟中，又遇到电焊火花而发生爆炸伤人事故。因此，严禁将液体随意排放到地沟中，应通过管道排至液体蒸发罐或专门的耐低温金属制的排放坑内。

排放坑应经常保持清洁，严禁有有机物或油脂积存。在排放液体时，周围严禁动火。

低温液体与皮肤接触，将造成严重冻伤。轻则皮肤形成水泡、红肿、疼痛；重则将冻坏内部组织和骨关节。如果落入眼内，将造成眼损伤。因此，在排放液体时要避免用手直接接触液体，必要时应戴上干燥的棉手套和防护眼镜。万一碰到皮肤上，应立即用温水（45℃以下）冲洗。

682. 在扒装珠光砂时要注意哪些安全事项？

答：目前，空分设备的保冷箱内充填的保冷材料绝大多数都是用珠光砂。

珠光砂是表观密度很小的颗粒，很容易飞扬。会侵入五官，刺激喉头和眼睛，甚至经呼吸道吸入肺部。因此，在作业时要戴好防护面罩。

珠光砂的流动性很好，密度比水小，人落入珠光砂层内将被淹没而窒息，因此，在冷箱顶部人孔及装料位置要全部装上用 $8\sim10\mathrm{mm}$ 钢筋焊制的方格形安全铁栅，以防意外。

在需要扒珠光砂时，都是发现冷箱内有泄漏的部位。如果是氧泄漏，会使冷箱内的氧浓度增高,如果动火检修就可能发生燃爆事故;如果泄漏的是氮,冷箱内氮浓度很高,可能造成窒息事故。因此,在进入冷箱作业前,一定要预先分析冷箱内的氧浓度是否在正常范围内(19%～21%)。

此外,保冷箱内的珠光砂是处于低温状态(-50～-80℃),在扒珠光砂时要注意采取防冻措施。同时要注意低温珠光砂在空气中会结露而变潮,影响下次装填时的保冷性能。

683. 在检修氮水预冷系统时,要注意哪些安全事项?

答:氮水预冷系统的检修,最需注意的是防止氮气窒息事故的发生。国内已发生过几次检修工人因氮气窒息而死亡的教训。在检修时,往往同时在对装置用氮气进行加温,而加温的氮气常会通过污氮三通阀窜入冷却塔内,造成塔内氮浓度过高。

因此,在对装置进行加温前,要把空冷塔、水冷塔用盲板与装置隔离开;要分析空冷塔、水冷塔内的氧含量。当氧含量在19%～21%之间,才允许检修人员进入;若在含氧量低于19%的区域内工作,则必须有人监护,并戴好隔离式面具(氧呼吸器、长管式面具等)。

684. 在检查压力管道时要注意哪些安全事项?

答:对带压管道,在生产过程中最易发生的问题是,在联接法兰处发生泄漏。一旦发现泄漏,切忌在带压情况下去拧紧螺栓。因为在运转过程中产生泄漏是有一定的原因的,例如垫片损坏、管道受到热应力等。这时,单靠拧螺栓不能解决问题,往往因泄漏未消除而使劲拧螺栓,直至螺栓拧断,管内高压气体喷出,造成伤人事故。已有几个厂发生过因带压拧螺栓而发生螺栓断裂,法兰盘飞出的伤亡事故教训。

因此,必须严格遵守不准带压拧螺栓的规定,不能为了抢时间,赶任务而抱有侥幸心理,违反操作规程。

685. 在检修空分设备进行动火焊接时应注意什么问题?

答:当制氧机停车检修,需要动火进行焊接时,应注意下列问题:

1)制氧机生产车间如需要动明火,应得到上级的批准,并化验现场周围的氧浓度,加强消防措施。当焊接场所的氧浓度高于23%时,不能进行焊接。对氧浓度低于19%时要防止窒息事故;

2)对有气压的容器,在未卸压前不能进行烧焊;

3)对未经彻底加温的低温容器,不许动火修理,以免产生过大的热应力或无法保证焊接质量。严重时,如有液氧、气氧泄出,还可能引起火灾;

4)动火的全过程要有安全员在场监护。

686. 在接触氧气时应注意哪些安全问题?

答:氧气是一种无色、无嗅、无味的气体。它是一种助燃剂。它与可燃性气体(乙炔、甲烷等)以一定比例混合,能形成爆炸性混合物。当空气中氧浓度增到25%时,已能激起活泼的燃烧反应;氧浓度到达27%时,有个火星就能发展到活泼的火焰。所以在氧气车间和制氧装置周围要严禁烟火。当衣服被氧气饱和时,遇到明火即迅速燃烧。特别是沾染油脂的衣服,遇氧可能自燃。因此,被氧气饱和的衣服应立即到室外通风稀释。同时,制氧机操作工或接触氧气、液氧的人不准抹头油。

687. 在接触氮气时应注意哪些安全问题?

答:氮气为无色、无味、无嗅的惰性气体。它本身对人体无甚危害,但空气中氮含量增高时,就减少了其中的氧含量,使人呼吸困难。若吸入纯氮气时,会因严重缺氧而窒息以致死亡。

为了避免车间内空气中氮含量增多,不得将空分设备内分离出来的氮气排放于室内。在有大量氮气存在时,应戴氧呼吸器。检修充氮设备、容器和管道时,需先用空气置换,分析氧含量合格后方允许作业。在检修时,应有人监护,对氮气阀门严加看管,以防误开阀门而发生人身事故。

688. 氨对人体有何危害,接触时应注意哪些问题?

答:氨是无色、有刺激嗅味。氨水溅入眼内,可使眼结膜迅速充血、水肿,有剧痛感,并且角膜会发生混浊,甚至失明。应立即用大量清水冲洗(不少于 15min),并从速进行治疗。

氨水或高浓度氨气接触皮肤,可引起烧伤,出现红斑、水泡,直至坏死。皮肤受氨烧伤后,先用大量清水冲洗 15min 以上,然后用 2%醋酸洗涤患处,也可用 5%硼酸湿敷。

吸入氨气能引起中毒。症状为眼黏膜和鼻黏膜受刺激,流泪、打喷嚏,胸部抑郁,咳嗽,还会引起胃痛。严重时可能引起肺部肿胀,以致死亡。在每 1L 空气中含有氨 1.5mg/L 时,即有中毒危险;在含有 3mg/L 时,停留 5~6min 即可致死。一般允许浓度为 0.03mg/L。发生中毒后应迅速脱离现场,带到空气新鲜的地方,即进行治疗。

在接触氨时应戴胶皮手套和多层湿防护口罩,浓度大时需戴防毒面具或氧呼吸器。在应急情况下处理漏氨故障时,可用湿毛巾捂住呼吸道尽快离开现场。

689. 保存和使用火碱时应注意哪些问题?

答:火碱又叫烧碱,学名是氢氧化钠。它是白色固体,极容易溶解于水。氢氧化钠容易吸收空气中的水蒸气而逐渐溶解,这种现象称为潮解。而且它还会与空气中的二氧化碳起作用而变质。它与玻璃能发生化学反应,生成叫亚硫酸钠的一种黏性物质。火碱对皮肤、眼睛和棉织品有强烈的腐蚀作用。所以在保存和使用火碱时应注意以下几点:

1)火碱必须密封保存。

2)用玻璃容器盛火碱时,不能用玻璃瓶塞,而要用橡皮塞。以防粘结后无法打开。

3)使用火碱时,要防止火碱溅到皮肤、眼睛和衣服上。一旦沾上火碱,应立即用水冲洗,然后用 3%的硼酸冲洗。

4)接触火碱操作时,应戴上橡皮手套。

690. 在使用强酸时需要注意哪些问题?

答:在化学工业中将硫酸、盐酸和硝酸称为三强酸。小型制氧机进行碱液利用率测定时,需要使用硫酸或盐酸。在进行冷却器管束除水垢时,通常使用稀盐酸。强酸具有强烈的腐蚀性,触及皮肤会造成严重灼伤,难以治愈,而且还能引起腐蚀性中毒。因此在使用时应注意下面几点：

1)使用强酸时应穿耐酸防护衣,戴橡皮手套。

2)量取强酸时要用量筒,绝对不要用吸液管。

3)稀释酸时,一定要把浓酸慢慢地沿器壁倒入水中,并且边倒边搅拌,使产生的热量迅速扩散,切不可把水倒入在敞口容器的浓酸里。否则会引起水局部剧烈沸腾,浓酸飞溅,造成灼伤事故。一旦发生酸溅到皮肤或衣服上,应立即用大量水冲洗。然后再用稀碳酸钠(纯碱)溶液冲洗。

4)强酸的化学性质很活泼,所以盛酸的瓶子应该密封,并要加以保护,以防破裂。盛酸的瓶子不得受热或日光晒,更不允许接触可燃物。

5)发生强酸腐蚀性中毒的症状是唇、口灼伤,喉和胃灼痛,还会发生呕吐或窒息。此时应用小苏打、苦土、石灰水或肥皂水作为解毒剂。

691. 进行氩弧焊时应注意哪些安全问题？

答:氩弧焊在焊接过程中会产生有害气体和高频电,所以防护和安全措施有以下几项:

1)钨极手工氩弧焊目前均采用具有微量放射性的钍钨作为电极。当在密闭场所或采用大电流焊接时,则应加强通风和采用专用防护面罩。

2)因工作需要用砂轮磨钍钨极端头时,由于灰尘中有放射性粒子存在,必须具有良好的通风。并且工作人员应戴口罩。最好采用机械化密闭式磨削钍钨极的装置。

3)氩弧焊的紫外线强度要比手工电弧焊强 5～19 倍。为了防止强烈的紫外线辐射伤害眼睛和皮肤,在焊接时,一定要戴头罩,穿白色工作服,戴手套,并且不要卷起袖口。

4)为了减少焊接时高频电对人体的影响,焊枪的焊接电缆外面应有用软金属丝编织成的软管进行屏蔽。软管的一端接在焊枪上,另一端接地,在外面不包绝缘。此外,为了防止触电,应在工作台附近地面加绝缘橡皮,工作人员应穿绝缘胶鞋。

5)氩弧焊产生的有害气体,主要是臭氧及氮氧化物和金属烟尘,所以氩弧焊工作场所要有良好的自然通风和机械通风装置。

692. 使用液氧贮槽时应注意哪些问题？

答:液氧贮槽与气氧贮罐不同之处是:随液氧的蒸发,槽内乙炔的浓度有可能提高;液氧自然蒸发会使槽内的压力升高;槽内排出的液氧或气体的温度均很低。因此,在使用维护时,要严格遵 JB6898－1997《低温液体贮运设备使用安全规则》,还应注意下列事项:

1)贮槽安装场所应有良好的通风,一般宜安装在室外,四周有栅栏,5m 内不得有明火、可燃易爆物及低洼处;

2)贮槽必须有导除静电的接地装置和防雷击装置。防静电接地电阻不大于10Ω;防雷击装置最大冲击电阻为 30Ω,并至少每年检测一次;

3)贮槽的充满率不得大于 95%,严禁过量充装;

4)压力表严禁油,并定期校验;安全阀必须是不锈钢或铜制,定期校验,严格去油;

5)当设备上阀门、仪表、管道等冻结时,应用 70～80℃的氮气、空气或热水解冻,严禁明火加热;

6)贮槽内有液体时,禁止动火修理,必须加温至常温才能修理;

7)操作人员要经专业培训,并考试合格才能上岗。不得穿戴有油污或有静电效应的化纤服装,不得穿带钉子的鞋子。操作中启闭阀门要缓慢。停用时增压阀要关严;

8)定期(例如 15 天)分析液氧中的乙炔浓度,其浓度控制在 0.1×10^{-6} 以下,否则应排放液氧;

9)液氧密闭贮存时,必须有人监视压力,不得超压;

10)液氧不允许溅到无保护的皮肤上,以免发生严重冻伤;

11)当贮槽已经排空液体,又不能马上进行加热时,必须立即关闭全部阀门。因为槽内温度很低,湿空气会通过相连的管道侵入内部,造成结冰堵塞管道的事故。

693. 噪声对人体有何危害,如何消除噪声?

答:噪声是包含多种音调成分的无规律的复合声,对人体的危害主要是损伤听觉。声音的强度以"分贝"(dB)为计量单位。如果长期在 100dB 以上的噪声条件下工作(对高频噪声为 80~90dB),就能造成听觉损伤。噪声对人体的神经及心血管系统也能产生不良的影响。因此,目前规定在工作场所允许的噪声不应超过 90dB。

氧气站的噪声主要来自高速运转的压缩机和气体排放口。噪声的频谱特性与压缩机的种类和转速、管道的布置、阀门的结构型式和开启度、气体排放的压力及流速等因素有关。

降低噪声的方法,一种是通过吸音材料(玻璃棉、泡沫塑料和微孔吸音砖等)吸音,它对频率高的噪声有显著的消音作用;另一种是干涉、变更声音的传播方向,它对低频噪声较为有效。目前,在气体排放口均设置有消声器或消音坑。对螺杆压缩机,在吸、排气口也装有消声器。

为了降低操作现场的噪声强度,对透平空压机的管路可包以隔音材料,或对整个压缩机加以隔音罩,或单独设置空压机的隔音操作控制室,通过双层玻璃观察运转情况,定期到机器间进行巡回检查。

694. 制氧车间遇到火灾应如何抢救?

答:造成火灾的原因很多,有油类起火、电气设备起火等。氧气车间存在着大量的助燃物(氧气和液氧),具有更大的危险性。灭火的用具有灭火器、砂子、水、氮气等。对不同的着火方式,应采用不同的灭火设备。首先应分清对象,不可随便乱用,以免造成危险。

当密度比水小,且不溶于水的液体或油类着火时,若用水去灭火,则会使着火地区更加扩大。应该用砂子、蒸汽或泡沫灭火器去扑灭,或者用隔断空气的办法使其熄灭。

电气设备着火时,不可用泡沫灭火器,也不可水去灭火,而需用四氯化碳灭火器。因为水和泡沫都具有导电性,很可能造成救火者触电。电线着火时,应先切断电源,然后用砂子去扑灭。

一般固体着火时,可用砂子或水去扑灭。

氧气管道着火时,则首先要切断气源。

身着衣服着火,不得扑打,应该用救火毯子将身体裹住,在地上往返滚动。

在车间危险的部位,可预先准备些氮气瓶或设置氮气管路,以供灭火用。

695. 在接触电器设备时应注意哪些事项？

答：使用电器设备时，主要的危险是发生电击和电伤。所谓电击，就是在电流通过人身体时能使全身受害；仅使人体局部受伤时称为电伤。最危险的是电击。

电流对人的伤害是：烧伤人体，破坏机体组织，引起血液及其他有机物质的电解和刺激神经系统等。

电流对人体的危害程度与通过人体的电流强度、作用时间及人体本身的情况等因素有关。事实证明，通过人体的电流在 0.05A 以上时就要发生危险；0.1A 以上时可以致人死亡。触电的时间愈长，危险程度愈大。若触电时的电流在 0.015A 时，人就不易脱离电源。

人体有一定的电阻，尤其是皮肤的电阻较大。在每 1cm² 的接触面上的电阻约在 1000～180000Ω 之间。在皮肤潮湿时电阻会显著降低。如果电阻越小，在一定的电压下通过的电流就越大，危险性也就越大。一般地说，当电压在 45V 以下时，电流即使通过人体也是安全的。因此，安全电压（例如安全灯）应在 45V 以下。

发生触电事故的主要原因有：

1)在已损坏的设备（例如电动机、导线、电气开关等）上作业；

2)接触带电的裸线或破旧的导线；

3)没有接地装置或接地装置不良；

4)缺乏必要的防护用具。

安全使用电气设备，除要严格执行安全技术规程外，还应注意下列基本安全知识：

1)电线外面的绝缘如有破损，不得将就使用，必须将绝缘包好；

2)要经常检查各电气设备的接地装置是否脱开；

3)推、拉电气开关的动作要迅速，脸部应闪开，并应戴好必要的防护用具；

4)检查电动机外壳温度时，宜用手背接触外壳，不可用手掌接触，以免被电吸住而脱离不开；

5)不熟悉电气设备的人员不可乱动或擅自修理设备；

6)清理电器设备时，不得用水冲洗或用湿布擦拭；

7)在电气开关前应放置一块 10mm 厚的橡皮绝缘板。

696. 在使用再生用电加热器时，应注意哪些安全问题？

答：电加热器作为一种电气设备，在操作时应注意人身安全和设备安全。具体有：

1)严格按操作规程进行操作。在加温时，应先通气后通电，并密切注意气体流量是否正常。在停止加温时，应先停电后断气。严禁在不通气或气量很小的情况下通电。

此外，要谨慎操作，防止开错阀门，将高压气通入电炉。安全薄膜因损坏需要更换时，应用同一规格，严禁随意替代；

2)当电路发生故障而出现自动跳闸或熔断器熔断，或通电后温度不上升等情况时，应请电工检查修理；

3)温控仪表应定期校验，以保证其灵敏度和准确性。要避免因仪表失灵而造成炉温失控。继电器等要定期进行清洁除尘，并避免受潮；

4)电炉的非带电金属部分（外壳、支架等）均应可靠接地；

5)注意不使炉壳温度过高(温升超过 60℃),以免使电源线老化或绝缘破坏;

6)长期不使用的电炉在使用前必须检查绝缘电阻,用 500V 兆欧表测量,不应低于 0.38MΩ。每年雷雨季节前也应测量绝缘电阻;

7)操作人员应经过安全用电知识培训。

697. 在使用脱脂剂时应注意什么问题?

答:管道和设备的脱脂溶剂通常采用四氯化碳或二氯乙烷,二者均具有毒性。因为二氯乙烷还有燃烧和爆炸的危险,所以最常用的溶剂是四氯化碳。

四氯化碳对人体是有毒的。它是脂肪的溶剂,有强有力的麻醉作用,且易被皮肤吸收。四氯化碳中毒能引起头痛、昏迷、呕吐等症状。四氯化碳在 500℃ 以下是稳定的。在接触到烟火,温度升至 500℃ 以上时,四氯化碳蒸气与水蒸气化合可生成光气。在常温下四氯化碳与硫酸作用也能生成光气。光气是剧毒气体,极其微量也能引起中毒。此外,四氯化碳与碱发生化学反应,会生成甲烷而失效。所以在使用四氯化碳脱脂时应注意以下几点:

1)脱脂应在露天或通风良好的地方进行。工作人员应有防毒保护措施,戴多层口罩和胶皮手套,穿围裙与长统套靴。浓度大时还应戴防毒面具。

在连续工作 8h 的情况下,空气中的四氯化碳含量不得超过 0.05mg/L。

2)脱脂现场严禁烟火。

3)溶剂严禁与强酸接触。

4)溶剂应保存在密封的容器内,不得与碱接触,以防变质。

5)需要脱脂的部件,在脱脂前不应沾有水分。

6)阀门脱脂时,应解体在四氯化碳溶液中浸泡 4~5min,不宜过久。

7)脱脂后的零部件要用氮气或干燥空气吹干后才能组装使用。否则易发生腐蚀、生锈。

8)管式冷凝蒸发器脱脂时,要严防四氯化碳积存在换热管内。特别是换热管被焊锡等杂物堵塞时更要注意。在脱脂后应用热空气将其吹除到无气味为止。若在管内有四氯化碳积存,投入运行后会冻结、膨胀,将管胀裂。同时,解冻后有水分存在时,会产生强烈的化学腐蚀,能把 0.5mm 厚的管蚀穿。

698. 活塞式液氧泵在安全使用上有哪些要求?

答:活塞式液氧泵广泛地应用于液体气化站。使用中应注意下列要求:

1)凡是与氧接触的零件、管道、阀门、密封圈等必须经严格地去油;

2)液体泵传动装置的油面应经常检查。减速箱的最低油面不得低于大齿轮齿顶以下,测油杆所标的最低位置;

3)拆装液体泵内部零件时,工作环境应无灰尘。所用工具、工作服必须干净、无油腻。清洗好的零件要用氮气吹干,防止受潮和灰尘污染。所有管口要用白布封住,以防进入脏物,拉毛活塞和气缸;

4)液体泵在未预冷彻底前不得启动。不得在无流动介质的情况下运转;

5)液体工作时的最高压力不得超过允许的最高工作压力;

6)液体泵因故障需要拆开时,应先用热空气或氮气加热至常温后方可解体;

7)低温液体泵安装时宜比储槽液面低 2~3m,进液泵离泵越近越好,以减少气化。进口

压力不得大于 0.2MPa,以防进口波纹管变形和爆破;

8)液体泵的进出口管道中前后有截止阀时,在两阀间要装放空阀和安全阀,以防误操作而超压;

9)液体泵停止工作后应立即关闭贮槽送液阀,排净管道和泵内的液体,防止因温度升高造成液体气化而超压。

699. 低温液氧气化充灌系统应注意哪些安全问题?

答:液氧是强烈助燃物质,在气化充瓶时压力很高,所以在系统配置时,应采取特殊的安全措施:

1)在泵与贮槽相连的进液管和回气管路上,要分别装有紧急切断阀,并与泵联锁,以便在发生意外事故时,可远距离及时切断液体和气源,紧急停止液体泵运转;

2)液氧泵出口处应设置超压报警及联锁停泵装置;

3)高压气化器后氧气总管上应设有温度指示和温度报警装置,以防液氧进入钢瓶,发生意外事故;

4)在液氧泵周围应设置厚度在 5mm 以上的钢板组成防护隔离墙;

5)在液氧泵的轴封处,要设置氮气保护气管;

6)充灌汇流排应采用新型的带防错装接头的金属软管进行充灌,严禁用其他材质的软管。高压阀门与管道应采用紫铜丝做的 O 型密封圈;

7)汇流排上应接有超压声光报警装置;

8)汇流排的充瓶数量由泵的充灌量、充灌速度来决定,要防止流速过高。

700. 低温液体气化器在使用中应注意哪些安全问题?

答:液氧、液氮、液氩等低温液体气化器广泛应用于液体气化站,直接供气或充瓶。为了保证气化器安全运行,应设置安全控制点,并注意下述事项:

1)设置低温液体出气化器的低温控制联锁点。将气体出口温度控制在 5~30℃。当出口温度低于 0℃时,自动切断液体泵,中止液体进入气化器。不带液体泵的气化器则发出声光报警;

2)设置气化器水温控制联锁点。控制水温在 40~60℃。当水温低于 30℃时自动切断液体泵,中止液体进入气化器;

3)设置气化气体出口压力控制联锁点,将压力控制在设定值。当出口气体压力高于设定值时,会发出声光报警;压力继续升高则会自动切断液体泵,中止液体进入气化器;

4)在液体泵两头设有截止阀的部位应装设安全阀和放空阀,以保证误操作时的安全;

5)气化器配套的压力表、安全阀应定期校验;

6)用水浴加热的气化器使用前必须先将水槽的水充满,并加热到 40~60℃后才能供入液体。在停气化器之前,则应先切断输液阀,热后再切断加热电源。气化过程中应经常注意水位,及时补充水量;

7)工作过程中由于流量的改变,会影响气化后的温度,所以要及时调整水温;

8)若发生水温降至 30℃以下,应检查电热管是否损坏。必要时应减少输出流量,确保气化后的温度。气化器至充装的管道发现结冰或结霜时应停止充装。

701. 液氧贮罐在使用时应注意什么安全问题?

答:液氧是一种低温、强助燃物质。液氧罐内贮存有大量的液氧,除了要防止泄漏和低温灼伤外,更应对其爆炸的危险性有所警惕。因为虽然来自空分设备的液氧应该是基本不含碳氢化合物的,但是,经过长期使用,微量的碳氢化合物还有可能在贮罐内浓缩、积聚,在一定的条件下,就可能发生爆炸事故。因此,在使用时应注意以下问题:

1)液氧罐内的液位在任何时候,均不得低于 20%;

2)罐内液氧中的乙炔含量要按规定期限(例如半个月一次)进行分析,发现异常要及时采取措施解决;

3)罐内的液体不可长期停放不用,要经常充装及排放,以免引起乙炔等有害杂质的浓缩。

702. 为何对制氧工要求穿棉织物的工作服?

答:制氧工如同其他工种的工人一样,在生产时必须穿工作服。但是,对制氧工更有特殊的要求:只能穿棉织物的工作服。这是为什么呢? 由于在氧气生产现场免不了与高浓度氧气接触,这是从生产安全的角度规定的。因为

1)化纤织物在摩擦时会产生静电,容易产生火花。在穿、脱化纤织物的服装时,产生的静电位可达几千伏甚至一万多伏。当衣服充满氧气时是十分危险的。例如当空气中含氧量增加到 30%时,化纤织物只需 3s 的时间就能起燃。

2)当达到一定的温度时,化纤织物便开始软化。当温度超过 200℃时,就会熔融而呈黏流态。当发生燃烧、爆炸事故时,化纤织物可能因高温的作用而粘附在皮肤上无法脱下,将造成严重伤害。

棉织物工作服则没有上述的缺点,所以,从安全的观点,对制氧工的工作服应有专门的要求。同时,制氧工自己也不要穿化纤织物的内衣。

703. 不同气瓶的漆色是如何规定的?

答:不同的气体应用专门的气瓶灌装,绝对不允许混用。已发生过多次气瓶爆炸伤人的事故,均是因为不遵守规定,将氢气瓶用来灌装氧气。为了明确区分,对不同的气瓶的颜色做了统一的规定,如表 54 所示。对标识不清或根本没有标识的气瓶绝对不要盲目使用。

表 54 气瓶的漆色

序 号	介质名称	化学式	瓶 色	字 样	字 色
1	氧	O_2	淡酞蓝	氧	黑
2	空气		黑	空气	白
3	氮	N_2	黑	氮	淡黄
4	氩	Ar	银灰	氩	深绿
5	氦	He	银灰	氦	深绿
6	氖	Ne	银灰	氖	深绿
7	氪	Kr	银灰	氪	深绿
8	氙	Xe	银灰	氙	深绿
9	氢	H_2	淡绿	氢	大红
10	二氧化碳	CO_2	铝白	液化二氧化碳	黑

704. 引起氧气瓶爆炸的原因主要有哪些?

答:氧气瓶爆炸根据其起因不同,有物理爆炸和化学爆炸之别。

引起物理爆炸的主要原因有:

1)充装压力过高,超过规定的允许压力。

2)气瓶充至规定压力,而后气瓶因接近热源或在太阳下曝晒,受热而温度升高,压力随之上升,直至超过爆炸超过极限。

3)气瓶内、外表面被腐蚀,瓶壁减薄,强度下降。

4)气瓶在运输、搬运过程中受到摔打、撞击,产生机械损伤。

5)气瓶材质不符要求,或制造存在缺陷。

6)气瓶超过使用期限,其残余变形率已超过10%,已属于报废气瓶。

7)气瓶充装时温度过低,使气瓶的材料产生冷脆。

8)充装氧气或放气时,氧气阀门开启操作过急,造成流速过快,产生气流摩擦和冲击。

引起化学爆炸的主要原因有:

1)瓶内渗入或玷污油脂,与压缩氧接触后急剧氧化燃烧,放出大量热,并使温度上升很高,瓶内压力升高。当超过钢瓶应力极限时,便会发生爆炸。与此同时,钢瓶也会发生强烈氧化作用。据资料介绍,氧气压力超过3MPa时,油脂与氧气直接接触就可能自燃。

2)将充其他易燃气体或液体的瓶子误用来充氧。用户自行改装钢瓶,将氢气瓶或氟利昂钢瓶刷上天蓝漆用来充氧,在充氧过程中发生爆炸。

3)氧气瓶中混入可燃气体。例如氧气瓶压力过低,乙炔气窜入氧气瓶;水电解制氢得到的氧副产品中含有氢等。

4)氧气瓶阀的垫片等零件采用了含有油脂或有机易燃材料,在启闭阀门时产生摩擦或静电火花引起燃烧、爆炸。

705. 氧气瓶的物理爆炸和化学爆炸各有何区别?

答:判断氧气瓶是物理爆炸还是化学爆炸,可以从以下方面加以区别。

(1)物理爆炸破坏的特征

1)物理爆炸可分为延性破裂和脆性破裂、疲劳破裂和腐蚀破裂,并分别具有明显的特征:

延性破裂的特征:破裂容器发生明显的变形,直径增大,壁厚减薄;破裂断口呈暗灰色锯齿形的纤维状,没有闪烁金属光泽,断口不齐平,与主应力方向成45°角,断口是斜断的;一般不产生碎裂;实际爆炸压力接近计算压力。

脆性破坏的特征:没有明显的伸长变形,壁厚一般没有减薄;裂口齐平,断口呈闪烁金属光泽结晶状,有人字形纹路;常破裂成碎块。常发生于温度较低或容器本身有裂纹及高强度钢制造的容器,因此破裂时压力水平较低。

疲劳破裂的特征:容器没有明显的塑性变形,直径没有明显增大,壁厚没有明显减薄;破裂断口存在两个区域,一是疲劳裂纹产生及扩展区,另一个是最后断裂区;不像脆性产生碎片而只有一个开裂破口;破裂是在压力反复交变后发生。

腐蚀破裂的特征:均匀腐蚀使容器壁均匀减薄,当其厚度不能承受压力时破裂。具有延性破裂的特征;晶间腐蚀是沿金属晶间局部腐蚀、破坏;应力腐蚀或疲劳腐蚀都是在腐蚀介质和应力共同作用下的一种破坏形式。

2)物理爆炸时没有烟火,但氧气喷出时遇到明火会引起火灾。

3)物理爆炸多数发生在装卸、倾倒时,也可能发生在充装、贮运过程中。

4)物理爆炸的威力与理论计算相接近。

（2）化学爆炸破坏的特征

化学爆炸是在具备了可燃物、助燃剂、引燃引爆能量三个条件下发生的。它的爆炸威力大。

1)化学爆炸兼备延性和脆性破坏的特征。爆炸发生在高应力状态,气瓶呈现较大的变形,但升压过程极短,未达到完全变形就破裂,所以变形量不大,断裂口呈延性破坏的特征,与主应力方向成 45°角。也有的呈脆性破坏的特征,裂口与主应力方向垂直、齐平,或呈 U 形;爆炸成碎片或碾成平板。

2)爆炸能量远远大于物理爆炸所释放的能量。根据可燃气体的成分和含量不同,爆炸能量可达物理爆炸时的 4～90 倍。

3)爆炸时发出火光,引起可燃物燃烧。爆炸后的残片中一般留有炭黑物。

4)具有特定的爆炸时机。当氧气瓶内存在一定的油脂时,一般发生在氧气充装压力超过 3MPa 以后,也有发生在关瓶阀的瞬间。可燃性气体引起的爆炸一般发生在充装关瓶时,或打开瓶阀用气时。也有发生在气割或气焊时。

706. 为什么氢、氧气瓶绝对不能混用？

答:虽然在气瓶安全规程中明确规定,不同的气瓶绝对禁止混用,但是有些操作人员对其严重性认识不足,以致造成气瓶爆炸的重大事故。

氢是一种无色、无嗅和无味的气体。它在常温下不活泼,但在高温时或有催化剂存在时则十分活泼,能燃烧,易爆,是一种危险气体。

氧也是一种无色、无嗅和无味的气体。它是一种强烈的氧化剂,与可燃性气体(乙炔、氢、甲烷等)按一定比例混合就形成爆炸性混合物。

氢、氧混合物具有爆炸性。2 份氢和 1 份氧的混合物称为爆鸣气体。在 180℃时,开始发生明显的化合反应。随着温度的升高,反应速度加剧。在静电火花、火星、火焰或高温的作用下,爆鸣气体即发生异常激烈的爆炸。在有催化剂和水汽存在时,会加剧氢、氧的化合反应,促进爆鸣气体的强烈爆炸。

氢、氧按其他比例混合,同样有爆炸危险。按体积分数其爆炸极限如下:

上限	93.9%H_2 与 6.1%O_2
下限	4.65%H_2 与 95.35%O_2

由此可见,氢、氧瓶如果混用,在充瓶时遇到气流冲击就很容易发生爆炸。因此,在充瓶时必须严格遵守安全规程,对不能判别是否是氧气瓶时,严禁充瓶。

707. 预防氧气瓶爆炸应采取哪些措施？

答:预防氧气瓶爆炸的根本措施是根据国家规定的有关规范,制定出切实可行的安全规章制度,并在操作时严格予以遵守执行。国家有关的规定要点是:

1)氧气站房的设计应根据 GB—50030《氧气站设计规范》和 GBJ16—87《建筑设计防火规范》的有关规定,由相应设计资格的单位承担设计,并经有关政府部门批准后方能建站施工;

2)充氧站的安装施工单位必须具备相应的资质证书,并遵守 GBJ232—82《电气装置安装工程施工及验收规范》、GBJ235—82《工业管道工程施工及验收规范》及设计图纸的规定进行施工;

3)充氧站必须符合 GB17264—1998《永久气体气瓶充装站安全技术条件》的规定,建立安全质保体系,制定相应的规章制度,经省级安全监察机构批准办理注册登记手续,并经现场考核合格后方可充装;

4)充装管理人员和充装工必须经过专业培训,考核合格,发给合格证书后方能上岗;

5)充氧站应设置可靠的防雷装置。接地电阻不得大于10Ω;管道、阀门应设置导除静电的接地装置,接地电阻不得大于10Ω;

6)充氧站中设置的安全阀、压力表应定期进行校验;

7)气瓶充装前必须进行安全检查。属于下列气瓶则严禁充装:

①钢印标志、颜色标志不符合规定及无法判定瓶内气体的;

②改装不符合规定的或用户自行改装的;

③附件不全、损坏或不符合规定的;

④瓶内无剩余压力的;

⑤超过检验期限的;

⑥经外观检查,存在明显损伤,需进一步检查的;

⑦气瓶沾有油脂的;

⑧无制造许可证制造的气瓶或未经安全检察机关批准认可的进口气瓶;

⑨阀门螺纹不符合规定的;

⑩瓶内压力大于 10MPa 的;

⑪充瓶前钢瓶温度低于 0℃或高于 60℃的;

8)气瓶充装中要严格遵守规程:

①操作工手上、劳保用品、工具要忌油。沾有油脂时禁止与氧气瓶、充氧阀门接触;

②开启、关闭阀门要缓慢;

③空瓶装上台位均压时,若发现有激烈的气流声时应立即停止,卸下气瓶检查;

④充装过程要检查气瓶温度。发现温度异常要停止充气,卸下检查;

⑤瓶子要有防倒链条保护;

⑥用多台氧压机充气时要注意流速不得大于该压力下允许的范围;

⑦要注意钢瓶充气压力等级,不得超压;

⑧用液氧气化充气时,温度不得低于规定温度;

⑨充瓶时若发现漏气,应先切断气源,不得带压修理;

⑩当充氧台压力大于 10MPa 时,严禁中途再装上空瓶充灌;

⑪气瓶充装夹具不准直接夹在瓶阀的安全帽上;

9)气瓶搬运时要装上安全帽、防震圈;要轻装、轻卸,严禁抛扔、滚碰;运输工具应有安全标识;夏季应有遮阳设施;严禁烟火;不得与易燃、易爆物一起运输;

10)气瓶贮存、使用时离明火距离不得小于10m;充满的气瓶不得在阳光下曝晒;冬季使用时如发现瓶阀冻结,严禁用明火烤,应用开水解冻;使用中立放时应有防倾倒措施;严禁敲打、碰撞;瓶内气体不得用尽,必须留有0.05MPa的剩余压力;启闭阀门要缓慢;

11)氧气瓶必须每三年定期检验一次。有怀疑时要及时检验;阀门及瓶阀修理时要严格去油;垫片、垫圈要用规定的材质,不得改用未经安全试验的材料;充氧软管必须用铜合金或不锈钢,不准用橡胶软管;充氧站用的灭火器药剂不得含油。

708. 怎样判明氧气瓶内是否有油脂?

答:油脂是可燃物质,与压力大于3MPa的压缩氧气接触时会引起自燃。如果氧气瓶阀上粘有油脂,在氧气瓶充装和使用过程中,氧气高速流过瓶阀时,就能引起瓶阀着火,甚至使氧气瓶爆炸。所以,氧气瓶是严禁沾上油脂的。

瓶阀上的油脂都是由于忽视安全,严重违反安全操作规程造成的。在充装、使用过程中由操作者有油污的手、手套、工作服和工具沾上去的;也可能在检验、更换瓶阀时未作严格的脱脂处理。

瓶内的油脂可能是气瓶曾装过含有油脂的气体。在作气瓶的定期检验时,为了判别气瓶内壁是否有油脂,可采用下列方法:

1)将涮洗气瓶的水倒在杯中,静置一段时间后,在水面上放一张香烟纸,停留片刻后取出烘干。若在纸上留有油污痕迹,则表明瓶内含有油脂;

2)将涮洗气瓶的水倒在杯中,用小勺取少许纯樟脑粉洒于杯内水面。若樟脑粉在水面发生强烈旋转,则表明瓶内含有油脂。这是因为樟脑粉不溶于水,但能溶于油脂。在溶解时产生溶解热而使水局部汽化,造成樟脑粉产生旋转。

需进行除油处理时,应用干净的去油剂去油。

709. 在对氧气瓶进行水压试验时应注意哪些安全问题?

答:对氧气瓶进行水压试验时应注意以下几点:

1)在卸下瓶阀前,必须排除气瓶中的剩余压力,以免卸瓶阀时伤人;

2)氧气瓶在试压现场直立时要放稳,以免歪倒而伤人;

3)在检查氧气瓶内表面时,要用12V以下的低压灯照明;

4)水压试验现场应宽敞;操作者的手套、工作服严禁有油脂,以免带入氧气瓶内;

5)水压试验前要仔细检查试压泵、试压管路是否畅通;排尽泵及管路内的空气;当确认没有异常时方可进行水压试验;

6)在进行水压试验时,氧气瓶与操作者之间应设置可靠的防护设施。氧气瓶周围1m以内不得站人;

7)试压用瓶嘴接头应上紧,以免在进行水压试验时压力升高时冲出伤人;

8)在进行水压试验中,要按操作规程操作试压泵;不能敲击氧气瓶、试压泵;不能松动或上紧试压泵及试压管路接头的螺丝;不能拧紧试压用瓶嘴接头;

9)在进行水压试验中要注意观察压力表的指示,不得超过试验压力;注意观察氧气瓶、试压管路、试压泵的情况。同一气瓶不准重复进行超压试验;

10)试验结束后上瓶阀时要涂上黑铅粉。但只能用水玻璃调和,不能用铅油调和。所用工具也要禁油；

11)试验完后按指定地点存放气瓶。堆放气瓶时必须确认氧气瓶放稳后才能离开。

710. 为什么氧气瓶在使用中要留有一定压力的余气？

答：在《气瓶安全监察规程》中规定：凡瓶内没有余压的气瓶严禁充装气体。氧气瓶更是如此，为什么要做这样的规定呢？

1)气瓶氧主要用于氧－乙炔焰切割或气焊。如果氧气瓶内没有剩余压力，则乙炔气就可能倒流进入氧气瓶内。在下一次充装氧气时，气瓶就可能发生爆炸事故。所以，在正常使用时，就不允许将氧气用完，应留有剩余压力。如果无剩余压力，就可能不是正常的气瓶；

2)有余气便于对可疑的气瓶在充装氧气前进行介质检查和确认；

3)如果氧气瓶内没有剩余压力的话，则在开启瓶阀或存放时，空气很可能进入瓶内。当下一次充气时就会降低氧气的纯度，影响正常的使用。

所以，为了保证氧气瓶中氧气的纯度和氧气瓶的安全使用，在使用时应留有压力不低于0.05MPa的余气。

711. 在检查气瓶和排放余气时应注意哪些安全事项？

答：对不同的气瓶，排放余气时有不同的要求：

1)氧气瓶。在氧气瓶检验场所要严禁烟火，严禁存放易燃易爆物质；开阀应缓慢，以防瓶内有高压氧冲出，产生静电火花；不能与其他可燃性气瓶同时存放或排放；

2)氮气瓶。氮气瓶排放余气时要打开门窗，注意空气流通，防止发生窒息事故。余气排放要缓慢进行；

3)氩气瓶。注意事项与氮气相同。但是，因为它的密度比空气大，易在低处浓缩，所以排放时要注意把门打开；

4)乙炔瓶。应注意用排口高于厂房的管道密封排放；排放速度要缓慢，以防产生静电火花；检验现场严禁烟火；不得与其他气瓶同时排放余气。

712. 对气瓶充装单位安全技术管理有哪些要求？

答：1)必须按照国务院颁布的《化学危险物品安全管理条例》和《气瓶安全监察规程》的规定，经有关部门审查批准后方可建站；

2)充装站应经劳动部门锅炉压力容器安全监察机构办理注册登记手续，在现场考核合格后，方可从事气体充装工作；

3)充装站的生产装置、建筑和安全设施必须符合防火、防爆和环境保护的规定；

4)充装站必须建立确保充装质量和安全的管理制度，如安全教育、培训、防火防爆、贮运及设备检修等制度，并具有与所充装气体、气瓶相关的标准、规范等技术资料；

5)充装站应有符合环保、公安、劳动等部门要求的置换或处理瓶内可燃气体和有害气体的设施；

6)充装站应具有与所充气体种类、产量相适应的厂房、场地、充装设备、安全设施以及化验、检测仪器和工具；

7)根据气体特性，按照GB1894的具体规定，应在充装站室内外醒目处设置安全标志；

8）充装站应配备工程师技术职称以上（含工程师）的专职技术负责人；

9）充装站应配备有高中以上学历、经专业技术培训合格的专职安全员；

10）充装站应配备有初中以上学历、经专业技术培训合格的气体充装检查员、产品质量化验员及气瓶管理员；

11）充装站应配备有初中以上学历、经专业技术培训和当地劳动部门考核合格的气体充装员，且每工作班不得少于两名；

12）充装站的气瓶装卸、搬运及收发人员应掌握所充气体及其气瓶的有关安全知识、法规和标准。

713. 在接收用户送来的气瓶时，应做哪些检查和记录？

答：在接收用户送来的气瓶时，应做如下的检查和记录：

1）检查气瓶外表面有否裂纹、凹陷、弯曲及垂直度差等情况是否存在烧伤、电弧伤及严重腐蚀等现象。漆色是否符合要求；

2）检查瓶阀是否符合要求，有否弯曲、变形、裂纹等情况；

3）检查检验周期（钢瓶上次试压时间）是否到期或超期。对超期未检的应查明原因；

4）对进口的新瓶应作全面的检验、登记；

5）询问用户原来的介质、余压情况；

6）对用户自行改装，不符合法规的气瓶应查明原因；

7）检查气瓶制造厂是否是持有国家生产许可证的厂家；

8）检查公称工作压力是否适应介质相应压力级别使用；

9）检查出厂日期，判别是否是已属于报废的气瓶；

10）检查原始壁厚是否符合要求；

11）检查氧气瓶、瓶阀是否受油污染；

12）对安全附件不全或使用不正确的，应询问用户，查明原因；

13）对钢印标志不清、不全的应检查登记，询问用户。并要求用户提供原始证件，以供考证。

参 考 文 献

1 北京钢铁学院制氧教研组编. 制氧工问答. 北京：冶金工业出版社，1978
2 杭州制氧机研究所. 深冷技术. 1987～2000
3 张祉祜、石秉三主编. 低温技术原理与装置，北京：机械工业出版社，1987
4 机械工业部统编，制氧工操作技能与考核，北京：机械工业出版社，1996
5 GB50030－91氧气站设计规范，北京：中国标准出版社，1992
6 计光华编. 透平膨胀机，北京：机械工业出版社，1989
7 高原编. 气体分离用透平机械，北京：石油工业出版社，1991
8 何其高编. 空分装置自动化，北京：机械工业出版社，1988
9 陈长青、沈裕诰编. 低温换热器，北京：机械工业出版社，1993

冶金工业出版社部分图书推荐

书 名	作 者	定价（元）
楔横轧零件成型技术与模拟仿真	胡正寰 等著	48.00
冶金工程建设技术	李慧民 主编	30.00
材料的力学性能（英文版）	于海生 等	30.00
轧制工程学（本科教材）	康永林 主编	32.00
塑性加工金属学（本科教材）	王占学 主编	25.00
轧钢机械（第3版）（本科教材）	邹家祥 主编	49.00
金属压力加工概论（本科教材）	李生智 主编	25.00
制轧工艺参数测试技术（第2版）（本科教材）	黎景全 主编	25.00
金属塑性加工学——挤压、拉拔与管材冷轧	马怀宪 主编	35.00
加热炉（职业技术学院教材）	戚翠芬 主编	26.00
参数检测与自动控制（职业技术学院教材）	李登超 主编	39.00
有色金属压力加工（职业技术学院教材）	白星良 主编	33.00
黑色金属压力加工实训（职业技术学院教材）	袁建路 主编	22.00
金属压力加工理论基础（职业技术学院教材）	段小勇 主编	36.00
轧钢车间机械设备（职业技术学院教材）	潘慧勤 主编	32.00
加热炉基础知识与操作（职业技能培训教材）	戚翠芬 主编	29.00
中型型钢生产（职业技能培训教材）	袁志学 主编	28.00
中厚板生产（职业技能培训教材）	张景进 主编	29.00
高速线材生产（职业技能培训教材）	袁志学 主编	39.00
热连轧带钢生产（职业技能培训教材）	张景进 主编	35.00
热工仪表及其维护（职业技能培训教材）	张惠荣 主编	26.00
连续铸钢生产（职业技能培训教材）	冯 捷 主编	45.00
电气设备故障检测与维护（职业技能培训教材）	王国贞 主编	28.00
冶金液压设备及其维护（职业技能培训教材）	任占海 主编	35.00
冶炼设备维护与检修（职业技能培训教材）	时彦林 主编	49.00
轧钢基础知识（职业技能培训教材）	孟延军 主编	估40.00
机械基础知识（职业技能培训教材）	马保振 主编	26.00